逐条解説

環境影響評価法

改訂版

編集：環境影響評価研究会

ぎょうせい

はじめに

環境影響評価（環境アセスメント）制度は、事業者が開発事業の内容を決めるに当たって、それが環境にどのような影響を及ぼすかについて、あらかじめ事業者自らが調査・予測・評価を行い、環境保全に配慮していくものであり、環境行政において環境への負荷を未然に防ぐための基盤となる仕組みです。

我が国における環境影響評価制度は、昭和五十九年に閣議決定された環境影響評価実施要綱をはじめとする行政措置によって長く運用されてきましたが、平成九年に環境影響評価法が成立し、平成十一年に完全施行されました。環境影響評価法は、最初の法制化の試みから約二十年という長い年月を経て成立し、その後の点検・見直しを経て、約二十年の運用を行っています。法律の制定に至るには長い道のりがありましたが、現在、法律に基づく手続実績も多く積み上がり、都道府県等の地方公共団体における環境影響評価条例の整備が進むなど、我が国において環境影響評価は十分に定着したものと思います。この制度は、恵み豊かな我が国の環境を守り、将来世代に引き継いでいこうとする国民各層の高い意識と事業者の強い社会的責任感に支えられています。この法律に携わる事業者、環境保全団体・研究者、行政機関、そして一般の国民・地域住民の方々など関係者それぞれが、この制度の意義や内容を理解し、積極的に活用していくことが求められます。

本解説書は、平成十一年五月に刊行した初版をベースとしていますが、その後、法律の完全施行後十年の経過を受け、環境省において法律の見直しに向けた点検作業を行い、平成二十三年に大規模な法改正が行われ、計画段階配慮書の手続、環境保全措置等の結果の報告・公表手続等の仕組みが新たに加わっています。また、法律に基づく基本的事項の改正、法律の対象事業種の追加等も累次行われています。この第二版では、このような制度改正等の内容を反映して加筆、修正し、改訂をしています。初版に引き続き、環境影響評価法の意義や詳細な内容についての関係各位の共通の理解の礎となれば幸いです。

なお、本解説書は環境省の公式見解ではなく、当研究会の見解であり、その責は当研究会に帰するものですので、あらかじめご了解願います。

令和元年七月

環境影響評価研究会代表
環境省大臣官房環境影響評価課長　熊　倉　基　之

目次

第3部　環境影響評価法施行令別表第一の解説

第4部　資料編

第二章　資料

凡　例

一、環境影響評価法の条文ごとに、これに関する政令、総理府令の条文を枠で囲み、使用上の利便を図った。

一、文中における略号は次のとおりとした。

法　　　環境影響評価法（平成九年法律第八十一号）
政令又は施行令　　環境影響評価法施行令（平成九年政令第三百四十六号）
総理府令又は施行規則　　環境影響評価法施行規則（平成十年総理府令第三十七号）

一、法令の内容は、令和元年七月五日現在である。

第1部

環境影響評価法制定・改正の経緯と法の概要

第一章　環境影響評価法の制定・改正の経緯

1　背景

環境影響評価（環境アセスメント）は、環境に著しい影響を与えるおそれのある行為の実施・意思決定に当たりあらかじめ環境への影響について適正に調査、予測及び評価を行い、その結果に基づき、環境の保全について適正に配慮しようとするものである。こうした環境影響評価は、一九六九年（昭和四四年）にアメリカにおいてNEPA（National Environmental Policy Act：国家環境政策法）により世界で初めて制度化された。

わが国においても、昭和四五年のいわゆる「公害国会」に象徴される、激甚な公害とそれに対する反省から環境影響評価への取組は早く、昭和四七年六月には「各種公共事業に係る環境保全対策について」の閣議了解を行い、国の行政機関はその所掌する公共事業について、事業実施主体に対し「あらかじめ、必要に応じ、その環境に及ぼす影響の内容及び程度、環境破壊の防止策、代替案の比較検討等を含む調査検討」を行わせ、その結果に基づいて「所要の措置」を取るよう指導することとし、これにより本格的な環境影響評価に対する取組が始まった。

また、昭和四七年七月に示された四大公害裁判の一つである四日市公害裁判の判決理由においては、事前に環境に与える影響を総合的に調査研究し、その結果を判断して立地する注意義務がある旨が述べられ、その欠如をもって被告企業の「立地上の過失」があるとしたが、これは、環境影響評価の必要性を判例上明確にしたものとして位置づけられている。

その後、港湾法や公有水面埋立法の改正（昭和四八年）等により、港湾計画の策定や公有水面埋立の免許等に際し、環境に与える影響について事前に評価することとされた。また、瀬戸内海環境保全臨時措置法（昭和四八年制定。昭和五三年に瀬戸内海環境保全特別措置法と改正）にも環境影響評価に関する規定が設けられた。さらに、自然環境保全基本方針（昭和四八年）が定められ、この中でも環境影響評価に関する方針が示された。同時に、こうした制度的取組以外にも、苫小牧東部やむつ小川原等の大規模工業開発や本州四国連絡橋児島・坂出ルート建設事業等の大規模な国家プロジェクトについて、それぞれ環境影響評価が実施された。

また、地方公共団体においても、条例については川崎市（昭和五一年）、要綱については福岡県（昭和四八年）を始めとして、環境影響評価の制度化が進められた。

こうして環境影響評価の必要性の認識が高まり、実績も積み重ねられていくなかで、環境庁（当時。以下同じ。）は環境影響評価制度の確立を目指して昭和五〇年一二月に中央公害対策審議会に「環境影響評価制度のあり方について」諮問を行った。この諮問により、環境影響評価制度の法制化についての議論が本格化することになり、その後昭和五〇年代前半において法案提出を目指す環境庁と関係省庁の間で厳しい調整が続けられることとなった。

一方、法制化への調整作業と並行して関係省庁においては自らの所管事業での独自の環境影響評価制度への取組を本格化させ、発電所の立地（昭和五二年通商産業省省議決定）、建設省所管事業（昭和五三年建設省通達）、整備五新幹線（昭和五四年運輸省通達）と、行政指導等の形でも環境影響評価が幅広く行われることとなった。

このように、個別法、事業官庁による行政指導等により具体的な環境影響評価事例が積み重ねられる中で、統一的な手続等による環境影響評価の適切かつ円滑な実施が益々重要な政策課題となってきた。このため、環境庁においては、環境影響評価法案提出のための調整を一層積極的に進め、昭和五四年には「速やかに環境影響評価の法制化を図られたい」旨の中央公害対策審議会の答申を得るに至った。答申後も調整は難航したものの、次第にこの問題は重大な政治問題となり、昭和五五年には当時の大平内閣総理大臣の意向により「環境影響評価法案に関する関係閣僚協議会」が設置され、同年五月には政府としての法案が取りまとめられるに至った。しかしながら、この政府原案については電源立地への影響などを懸念する産業界の反発が強く、昭和五五年には国会提出に至らず、更に政府・与党の調整が続けられた。その結果、昭和五六年四月、環境影響評価法案（以下、「旧法案」という。）が政府原案から発電所を削除した形で国会に提出された。

しかし、旧法案については、開発行為の遅延を懸念する産業界等の反発と法案の内容が不十分とする野党の反発が共に強い中、衆議院環境委員会で審議が行われたものの採決には至らず、その後継続審査を繰り返した後、昭和五八年一一月の衆議院の解散に伴い、審議未了・廃案となった。また、旧法案の国会再提出も見送られることとなったため、当面の事態に対応するため行政ベースで実効ある措置を早急に講ずるべく、昭和五九年八月、「環境影響評価の実施について」の閣議決定を行い、政府として旧法案の要綱を基本とした統一的なルールに基づく環境影響評価を実施することとなった。

2　閣議決定要綱に基づく環境影響評価制度

「環境影響評価の実施について」の閣議決定は、その趣旨等を述べた前文、環境影響評価の対象事業、手続等を定めた環境影響評価実施要綱（以下「閣議決定要綱」という。）及び環境影響評価実施推進会議の構成等を定めた別紙から構成されていた。

閣議決定要綱は、旧法案の要綱を基本として定められたものであり、対象事業、手続及び免許等の行政への反映が規定されていた。対象事業については、国が実施し、又は免許等で関与する事業で、規模が大きく、環境に著しい影響を及ぼすおそれがあるものとして、表１に示す一一種類の事業が定められており旧法案を踏襲して発電所は除外されていた。

事業者が行う手続等は図１に示すとおりであり、事業者は指針に従って事前に調査、予測及び評価を行って環境影響評価準備書を作成し、これを関係地域を管轄する都道府県知事等に送付するとともに、公告・縦覧、説明会の開催等の住民に対する周知の措置を行い、関係住民の意見、関係都道府県知事の意見を聴いて環境影響評価書を作成し、これを関係都道府県知事等に送付するとともに、公告・縦覧を行うべきことが定められていた。

さらに、対象事業の免許等を行う者は、免許等に際し、当該免許等に係る法律の規定に反しない限りにおいて、環境影響評価書の結果に配慮することとされていた。その際、環境庁長官の意見（主務大臣は、環境への影響について特に配慮する必要があると認められる事項があるときに環境庁長官の意見を求めることとされている。）が述べられているときは、その意見に配意して審査等を行うこととされていた。

表１　閣議決定要綱の対象事業一覧

⑴　道路の新設など ・高速自動車国道 ・一般国道（４車線10km以上のもの） ・首都高速道路、阪神高速道路、指定都市高速道路（４車線以上のもの）
⑵　ダムの新築その他河川工事 ・ダム（湛水面積が200ha以上で一級河川に係るもの） ・堰（湛水面積が100ha以上の新築及び改築後の湛水面積が100ha以上となる改築） ・湖沼開発、放水路（土地改変面積100ha以上のもの）
⑶　鉄道の建設など ・新幹線鉄道
⑷　飛行場の設置など ・滑走路2,500ｍ以上のもの
⑸　埋立・干拓（廃棄物最終処分場を含む） ・面積が50haを超えるもの ・廃棄物最終処分場については、面積が30ha以上のもの
⑹　土地区画整理事業 ・面積が100ha以上のもの
⑺　新住宅市街地開発事業 ・面積が100ha以上のもの
⑻　工業団地造成事業 ・面積が100ha以上のもの
⑼　新都市基盤整備事業 ・面積が100ha以上のもの
⑽　流通業務団地造成事業 ・面積が100ha以上のもの
⑾　特別の法律により設立された法人によって行われる土地の造成（住宅・都市整備公団、地域振興整備公団、環境事業団、農用地整備公団の事業） ・面積が100ha以上のもの ・農用地については、面積が500ha以上のもの
⑿　⑴～⑾に準ずるもの

図１　閣議決定要綱の手続等の流れ

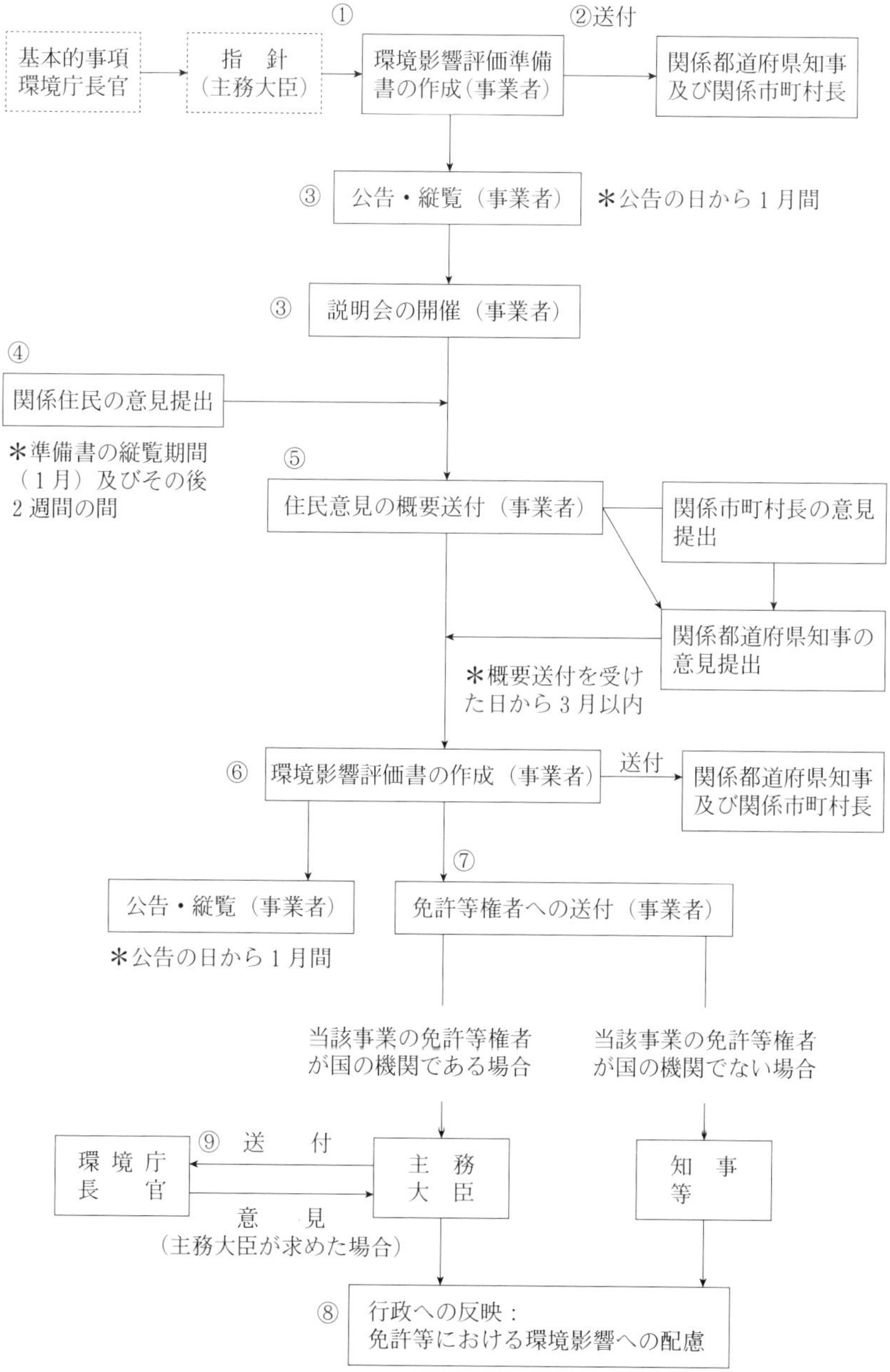

閣議決定要綱においては、国の行政機関（主務省庁）が環境庁と協議して各事業ごとの具体的な技術指針の策定等を行い、事業者に対し環境影響評価を行うよう行政指導することとされていた。このため、「環境影響評価実施要綱に基づく手続等に必要な共通的事項」及び主務大臣が調査等の指針を定める際に考慮すべき「環境影響評価に係る調査、予測及び評価のための基本的事項」が、昭和五九年一一月にそれぞれ環境影響評価実施推進会議（内閣官房副長官を議長に関係省庁の局長クラスで構成）及び環境庁長官によって決定され、各主務省庁が定めるべき対象事業の具体的な規模要件等や技術指針については、昭和六〇年一二月一日に公害防止事業団（平成四年に環境事業団となり、平成一六年に廃止）事業環境影響評価技術指針が施行されたのを始めとして、順次施行された。

閣議決定要綱に基づく環境影響評価は、昭和六一年八月に評価書が公告された淀川左岸線（道路）を最初に、平成一〇年三月末までに四〇〇件の事業が要綱の手続を終えている。このうち、事業所管大臣から環境庁長官の意見を求められたのは、計二四件でいずれも道路事業となっている。

3　環境影響評価法の制定

(一)　環境影響評価法制定の経緯

平成五年一一月に施行された環境基本法（平成五年法律第九一号）において、第二〇条に環境影響評価の推進に係る条文が盛り込まれた。また、平成六年一二月の環境基本計画においては、「環境影響評価制度の今後の在り方については、我が国におけるこれまでの経験の積み重ね、環境の保全に果たす環境影響評価の重要性に対する認識の高まり等にかんがみ、内外の制度の実施状況等に関し、関係省庁一体となって調査研究を進め、その結果等を踏まえ、法制化も含め所要の見直しを行う」との政府方針が示された。

環境庁においては、このような政府方針に沿って、内外の環境影響評価制度の実施状況、環境影響評価の技術手法の状況等について調査研究を行うため、平成六年七月に環境庁企画調整局長の委嘱により「環境影響評価制度総合研究会」（会長：加藤一郎成城学園名誉学園長。学識経験者一七名）を設置し、機動的に調査を実施するための「調査小委員会」（座長：小高剛名城大学教授。総合研究会メンバーから加藤会長を除く一六名）と、環境影響評価の技術手法に係る科学的知見の状況について専門的に調査研究するための「技術専門部会」（部会長：中西弘大阪工業大学教授。学識経験者一九名）が設けられた。

また、総合研究会における調査研究を関係省庁一体となって取り運ぶため、環境庁、防衛庁、国土庁、大蔵省、厚生省、農林水産省、通商産業省、運輸省、建設省及び自治省、計一〇省庁の課長級による「幹事会」が設けられた。

調査小委員会は計一三回、技術専門部会は計九回、総合研究会は計七回開催され、平成八年六月三日に「環境影響評価制度の現状と課題について」と題する報告書がとりまとめられた。

このような検討結果を踏まえ、平成八年六月二八日に内閣総理大臣より中央環境審議会へ「今後の環境影響評価制度の在り方について」の諮問が行われた。諮問は、中央環境審議会企画政策部会（部会長：森嶌昭夫上智大学教授。部会長代理：清水汪農林中金総合研究所理事長）に付議され、審議は同部会において行われた。

中央環境審議会の諮問に併せて、関係省庁の局長クラスからなる幹事会が審議会委員を補佐するために設けられた。幹事会参加省庁は、環境庁、公害等調整委員会、北海道開発庁、防衛庁、経済企画庁、科学技術庁、沖縄開発庁、国土庁、大蔵省、文部省、厚生省、農林水産省、通商産業省、運輸省、郵政省、労働省、建設省及び自治省の一八行政機関である。さらに、平成八年七月一日付けで、環境影響評価制度推進室が環境庁内に設置され、同室が審議会の事務局を務めた。

企画政策部会においては、まず、国民各界各層の意見を幅広く審議に反映させるため、ヒアリング及び一般意見の受付を実施した。ヒアリングは、関係省庁、各種団体（経済団体、環境関係ＮＧＯ等で全国的に活動を行っている団体）等のほか、地方公共団体、地域的な活動を行う団体及び個人について公募等による地域のブロック毎に六カ所で実施した。さらに、今後の環境影響評価制度はいかに在るべきかについての意見を、郵送、ＦＡＸ及び電子メールを通じて受け付けるとともに、ヒアリング会場においても、一般意見を受け付けた（意見提出者の総数は五一七人（団体を含む：部会ヒアリング二三、ブロック別ヒアリング八九、一般意見四〇五））。

ヒアリングで出された意見や一般意見受付を通じて集められた意見は、事務局において「今後の環境影響評価制度の在り方に関する国民各界各層の意見の概要」として取りまとめられ、延べ四、五九六件が企画政策部会に報告された。企画政策部会では、意見のとりまとめを受けて、一二の課題ごとに公開で自由討議が行われた。その結果を踏まえ、小委員会（委員長：清水汪部会長代理）において三回、部会において二回にわたり審議が行われた。これを踏まえ、平成九年一月に、小委員会において答申案が起草され、公開の部会において二回にわたり審議され、一部修正された上で、二月一〇日に審議会より法制化に向けた答申として公表された。

環境庁では、中央環境審議会の答申で示された基本原則を受けて、平成九年三月二八日に「環境影響評価法案」を閣議決定し第一四〇回国会に提出した。

この際、発電所に関しては、環境影響評価法案の対象とするが、環境影響評価法案の規定する手続に加えて、手続の各段階における国の関与を電気事業法に規定することとなった。電気事業法の一部を改正する法律案は、環境影響評価法案と同日付けで閣議決定され、国会に提出された。

衆議院においては、四月一〇日に本会議において趣旨説明及び質疑が行われた後、同日環境委員会に付託された。環境委員会では、翌一一日に提案理由の説明を行い、質疑に入り、特に、環境庁の役割の重要性及び環境庁長官意見の形成に当たって学識経験者及び審議会等を活用する必要性、地方公共団体の環境影響評価制度と本法制度との関係のあり方、環境保全対策のための複数案に関する規定のあり方、事業実施後の事後調査及び環境保全措置の実効性の確保並びにモニタリングの必要性、発電所の環境影響評価を本法において統一的に行う必要性、いわゆる計画アセスメントあるいは戦略的環境アセスメントの早期導入の必要性、本制度見直しの検討時期のあり方、環境影響評価の適正な運用の前提となる関係情報の公開の必要性等、各般の問題点にわたり熱心な論議が交わされた。

四月二二日に委員会における質疑を終了し、二五日に、新進党、民主党及び太陽党の共同提案による修正案、及び日本共産党による修正案がそれぞれ提出されたが、いずれも否決され、本案は全会一致をもって原案のとおり可決された。その後、本法案は、五月六日に衆議院本会議において可決され、同日付けで参議院に送付された。

参議院においては、五月一四日に本会議において趣旨説明及び質疑が行われた後、同日環境特別委員会に付託された。環境特別委員会では、同日に提案理由の説明を行い、二一日から質疑に入り、特に、環境庁長官の役割の強化、対象事業の拡大、環境保全措置についての複数案の明確化、フォローアップ措置の内容、第三者審査機関の必要性、本法律案と条例との関係、諫早干拓問題等の諸問題について、熱心な論議が交わされた。

六月六日に委員会における質疑を終了し、同日、平成会、民主党及び自由の会の共同提案による修正案が、また、日本共産党からも修正案が提出されたが、いずれも否決され、本案は全会一致をもって原案のとおり可決された。その後、本法案は、六月九日に参議院本会議において可決成立し、六月一三日に公布された。

本法の公布後は、その本格施行に向けての作業が進められた。

まず、平成九年一二月一二日に、対象事業・対象港湾計画を定める「環境影響評価法施行令」（平成九年一二月三日政令三四六号）が施行された。

また、環境庁長官が公表する主務大臣が環境影響評価の方法に関する技術指針等を定めるに当たり基本とすべき事項（基本的事項）については、技術的な知見を踏まえて制定することが必要であったため、環境庁に対して専門的な観点から助言を行うことを目的として、平成九年八月に「環境影響評価の基本的事項に関する技術検討委員会」が環境庁企画調整局長の委嘱のもとに設置された。同委員会では、技術的課題についての一般意見の募集を行い、その結果等を踏まえつつ、六回にわたる会合を重ね、平成九年一一月二五日に「環境影響評価の基本的事項に盛り込むべき事項報告」を公表した。環境庁では、委員会報告を踏まえて、法律に基づく関係省庁との協議を行い、平成九年一二月一二日に基本的事項を環境庁告示として公表した。

平成一〇年五月一三日には、「環境影響評価法の施行期日を定める政令」が公布された。この政令により、環境影響評価法の施行期日が平成一一年六月一二日、方法書手続の前倒しに関する規定の施行期日が平成一〇年六月一二日と定められた。

平成一〇年六月一二日には、公告・縦覧の方法等を定める「環境影響評価法施行規則（平成一〇年六月一二日総理府令第三七号）」が公布された（平成一一年六月一二日施行、ただし方法書手続に関する規定は公布の日から施行）。さらに、第二種事業の判定基準、環境影響評価の項目及び手法を選定するための指針、環境の保全のための措置に関する指針、方法書の記載事項等に関する、対象事業種ごとの主務省令が公布・施行された。併せて、法の経過措置に関する法附則第二条に基づく書類の指定が行われた。

平成一〇年八月一二日には、「環境影響評価法施行令及び電気事業法施行令の一部を改正する政令」が公布され、方法書及び準備書に対し都道府県知事が意見を述べる期間等が定められた（平成一一年六月一二日施行）。さらに、平成一〇年一二月二八日には、「環境影響評価法施行令の一部を改正する政令」が公布され、手続を再び行う必要のない事業内容の修正等が定められた。

(二)　環境影響評価法制定の意義と閣議決定要綱からの主要な改善点

環境影響評価法制定の意義は、まず環境影響評価が法律による制度として確立されたことがあげられよう。もともと多くの主体が関与する制度は法律によることが当然であること、平成五年の行政手続法（平成五年法律第八八号）の制定に見るように行政指導の限界が明らかになってきていたことに加え、閣議決定要綱等の環境影響評価制度においては、行政指導であることに伴い、許認可等への反映や国と地方の制度の調整などの面で不透明な点や混乱が生じていたのである。

同時に環境影響評価法は、その立案の過程で内外の制度を調査研究し、単に閣議決定要綱等の制度を法律化するということではなく、環境基本法の制定を受けた環境政策の枠組みに対応するとともに、当時の諸外国の制度の長所を取り入れ、あるいは従来のわが国での環境影響評価に対する批判に応えるなど数多くの制度改善がなされた。以下に制度上の主要な改善点を述べる。

①　対象事業の拡大

環境影響評価法では、閣議決定要綱の対象外であった発電所及び港湾計画も一定の特例を設けた上で対象とされた。また、同時に政令において閣議決定要綱の対象外であった大規模林道及び在来線鉄道が対象事業として追加された。

また、制度的側面では必ず環境影響評価を実施する事業（第一種事業）に加え、第一種事業に準ずる一定規模以上のものについて、個別の事業ごとに環境影響評価の実施の要否が判定される第二種事業という事業類型を設け、個別事業ごとに環境影響評価の要否を判定する制度（スクリーニング）を導入した。これは、事業の環境への影響の程度は個々の事業の事業特性や地域特性によって大きく異なることから、第一種事業の規模以下でも環境影響の観点からは環境影響評価を実施することが合理的な事業が存在するという考え方に基づくものである。

表２　環境影響評価法の対象となる事業の概要（環境影響評価法制定時。※は閣議決定要綱からの主要変更点。）

	第１種事業（必ず環境アセスメントを行う事業）	第２種事業（環境アセスメントが必要かどうかを個別に判断する事業）
１　道路（※大規模林道を新規追加。）		
高速自動車国道	すべて	―
首都高速道路など	４車線以上のもの	―
一般国道	４車線以上・10km以上	４車線以上・7.5km～10km
大規模林道	幅員6.5m以上・20km以上	幅員6.5m以上・15km～20km
２　河川（※二級河川に係るダム、建設省所管以外の堰（上水道用水堰、工業用水堰、かんがい用水堰）を新規追加。ダムの規模要件を閣議決定要綱の200haから100haに引き下げ。）		
ダム、堰	湛水面積100ha以上	湛水面積75ha～100ha
放水路、湖沼開発	土地改変面積100ha以上	土地改変面積75ha～100ha
３　鉄道（※普通鉄道、軌道（普通鉄道相当）を新規追加。）		
新幹線鉄道	すべて	―
鉄道、軌道	長さ10km以上	長さ7.5km～10km
４　飛行場	滑走路長2,500m以上	滑走路長1,875m～2,500m
５　発電所　（※新規追加）		
水力発電所	出力３万kW以上	出力2.25万kW～３万kW
火力発電所	出力15万kW以上	出力11.25万kW～15万kW
地熱発電所	出力１万kW以上	出力7,500kW～１万kW
原子力発電所	すべて	―
６　廃棄物最終処分場	面積30ha以上	面積25ha～30ha
７　埋立て、干拓	面積50ha超	面積40ha～50ha
８　土地区画整理事業	面積100ha以上	面積75ha～100ha
９　新住宅市街地開発事業	面積100ha以上	面積75ha～100ha
10　工業団地造成事業	面積100ha以上	面積75ha～100ha
11　新都市基盤整備事業	面積100ha以上	面積75ha～100ha
12　流通業務団地造成事業	面積100ha以上	面積75ha～100ha
13　宅地の造成の事業（注１）	面積100ha以上	面積75ha～100ha

○港湾計画（注２）	埋立・掘込み面積の合計300ha以上

（注１）「宅地」には、住宅地以外にも工業用地なども含まれる。

（注２）港湾計画については、港湾環境アセスメントの対象となる。

②　方法書の手続の導入

環境影響評価法制定前の閣議決定要綱をはじめとするわが国の環境影響評価制度の大半では、事業者が調査、予測、評価という一連の作業を完了した後、準備書という形で初めて情報が公開されていた。これについては、準備書完成時点では実態として事業の内容がほぼ決定されており、環境影響評価のなかで得られた外部からの情報が適切に事業計画に反映されていないという批判があった。同時に事業者にとってみれば、準備書段階で無視し得ない環境情報や調査の不備が指摘された場合、大幅な調査の手戻りが必要になるという問題もあった。

同時に、従来はどのような案件の環境影響評価であっても、主務大臣の定める技術指針によって全国どこでも画一的な項目や手法により環境影響評価が行われてきた。このことにより現実の事業と地域の実態からみて過剰な調査等が行われる一方で、必要な調査等が不足しているという指摘もなされていた。

環境影響評価法では、事業者が実際の調査、予測、評価を開始する前に、事業の概要と実施しようとする環境影響評価の内容を方法書として公開し、それについて地域住民、専門家、行政等の外部の意見を聴取することによって、環境影響評価の内容を絞り込む手続（スコーピング手続）を新たに導入した。この手続により、地域住民、専門家、行政等から事業者に対して、例えば希少な動植物の存在や既存の参考となるデータあるいは地域特性等に基づく調査手法の提案などが提示され、これを参考として事業者がより効率的でメリハリの効いた環境影響評価を行うとともに、調査の手戻りを避けるという効果が期待された。同時に、このスコーピングの導入により、事業計画の早期の段階で、地域住民、専門家、行政等の環境保全の観点からの助言が示されることとなり、閣議決定要綱等に比べ、環境配慮が事業計画に組み入れられる余地を大幅に拡大する効果を持つことも期待された。

③　評価項目の拡大と新たな評価の視点

環境影響評価法では第一一条において、同法に基づく環境影響評価は環境基本法第一四条各号に掲げる事項の確保を旨とすることを明らかにしている。このことは、閣議決定要綱等が典型七公害と学術的に貴重な自然環境に評価対象を事実上限定していたことに対し、生物多様性や身近な自然あるいは地球環境等環境基本法における「環境」一般が広く環境影響評価の対象となることを意味している。

また、同法第三条では、国、地方公共団体、事業者及び国民の責務規定という形で環境影響評価の目的が事業の実施による環境への負荷をできる限り回避し、又は低減することにあることを明らかにしている。すなわち環境影響評価法に基づく環境影響評価では、許認可のようにある一定の基準を満足すればよいという視点ではなく、実行可能な範囲内でできる限り環境への負荷を回避・低減する姿勢が要請され、そのような視点からの評価がされるものである。閣議決定要綱等の環境影響評価では環境基準等の数値的・画一的な環境保全目標があらかじめ設定され、それへの適合関係のみが問題とされる傾向にあったが、このような保全目標クリア型の評価は、画一的な基準さえ満足すれば更に環境保全上望ましい事業計画を作成しようとするインセンティブが働きにくいという問題があるとともに、生物多様性や身近な自然等の自然環境や温室効果ガスの排出等の地球環境の問題のように画一的な基準が定めがたいものについて、評価が困難であるという問題があったものである。

環境影響評価法は主として手続を規定しているため、閣議決定要綱等からの改善点として、スコーピング等の手続の追加等に目が奪われがちになるが、環境基本法に対応した評価項目の拡大と新しい評価の視点の導入は、わが国の環境影響評価を変えるものであった。なお、この点をはじめとした環境影響評価の内容面の改善は法律から委任されている環境庁長官の定める基本的事項（平成九年環境庁告示第八十七号）において明瞭にされ、この基本的事項に基づいて制定された、対象事業種ごとの主務省令にも継承されているところである。

④　情報交流の拡大等

環境影響評価は、基本的には事業者の十全な環境配慮を環境保全に関する情報交流の外部手続を義務づけることにより確保するための制度であり、情報交流の機会及び範囲をいかに充実させるかが制度の根幹である。環境影響評価法では、地域住民、専門家、ＮＧＯ等一般の関与については、閣議決定要綱等に比べ、方法書手続の導入により、方法書及び準備書の二回に関与の機会が増大した。同時に閣議決定要綱での意見提出者の地域限定を撤廃し、環境保全の見地から意見を有する者は誰でも意見が提出できるようにした。

一方、環境大臣の関与について、閣議決定要綱では主務大臣から意見を求められたときしか環境庁長官は意見が述べられなかったが、環境影響評価法では、環境庁長官（環境省設置後は環境大臣）が必要に応じて意見が述べられることとした。これは環境保全の責任官庁としての環境省の関与により、環境影響評価の質を確保するとともに、国の行政機関において事業官庁とは別の第三者的立場の環境大臣が関与することにより、環境影響評価の信頼性を確保するものである。

なお、閣議決定要綱等では環境庁長官や許認可等権者の関与の前に評価書が確定し公告されていたものを、環境影響評価法では、環境大臣や免許等権者の意見があれば、事業者が評価書を再検討し必要に応じ補正した上で公告することとしている。これにより、環境大臣を含め環境影響評価に関与した者の意見が全て最終評価書に反映できる手続となったものである。

図２　環境影響評価法の手続の流れ（環境影響評価法制定時）

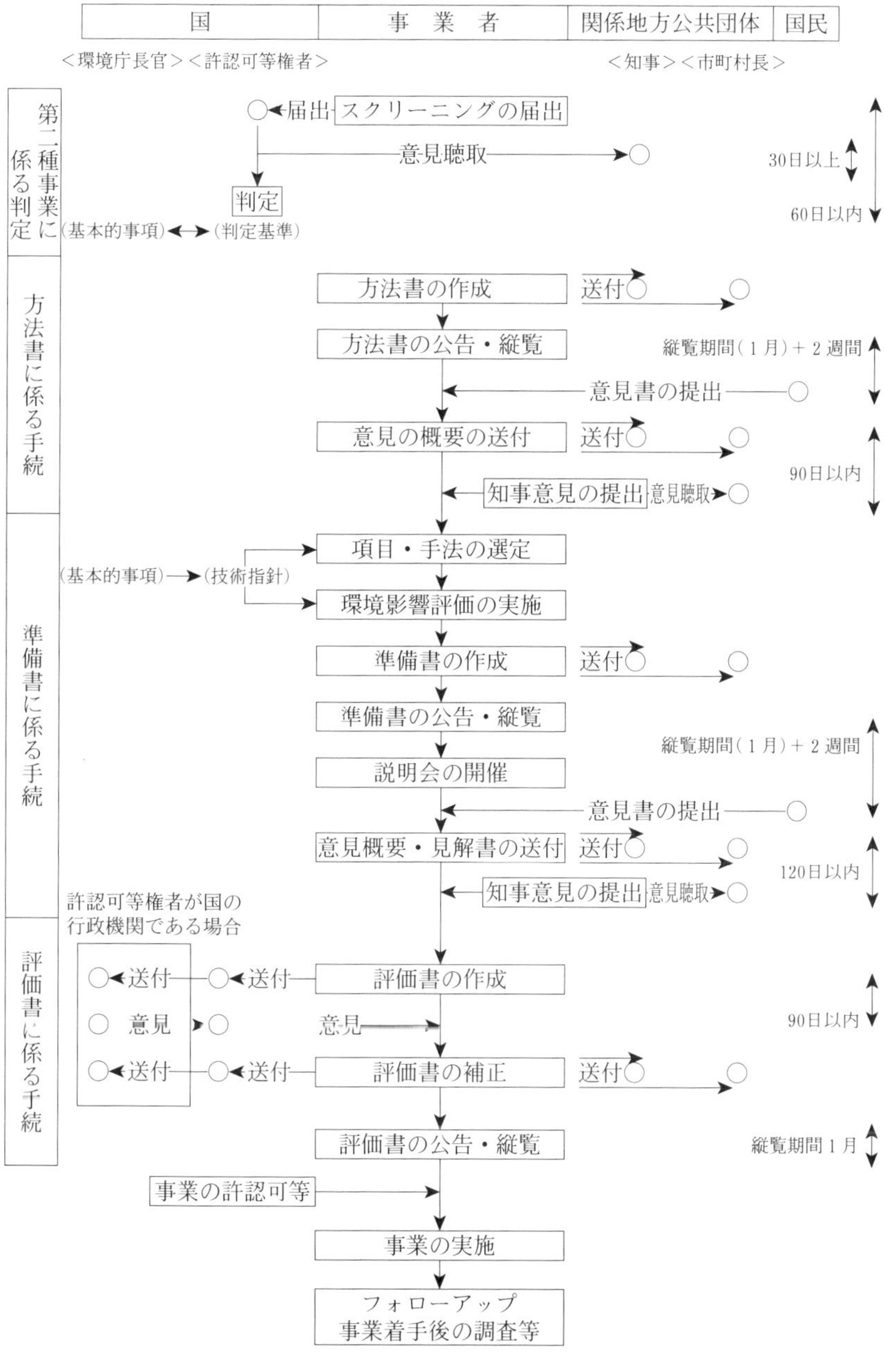

⑤　準備書等の記載事項の充実

環境影響評価法では、準備書等への記載事項についても、閣議決定要綱では明確でなかった点を含め記載事項の充実が図られた。たとえば、法第一四条において、不確実性に関連する記述、環境の保全のための措置の検討の状況の記述、環境影響評価終了後の事後調査等についての記述及び調査受託者の名称の記述等が義務付けられた。

なお、環境影響評価法では準備書等とは別に準備書等の内容を要約した要約書を作成することとしており、大部かつ難解になりやすい準備書等の一般の理解に資することが期待された。

4　環境影響評価法の改正

㈠　環境影響評価法改正の経緯

平成一一年六月の環境影響評価法の完全施行以降、本法に基づく環境影響評価の適用実績は着実に積み重ねられてきており、各地方公共団体でも本法の趣旨を踏まえた環境影響評価条例の制定・改正が進められた結果、法と条例とが一体となって幅広い規模・種類の事業を対象に、環境影響評価の所要の手続を通じて、より環境保全に配慮した事業の実施を確保する機能を果たしてきた。

施行から一〇年が経過する中で、本法の施行を通して把握された課題等を踏まえ、更なる取組の充実が求められる一方、今日の環境政策の課題は、生物多様性の保全や地球温暖化対策等、一層多様化・複雑化しており、その中で環境影響評価が果たすべき機能や評価技術をめぐる状況も変化してきた。例えば、生物多様性基本法（平成二十年法律第五十八号）において、国は、事業に関する計画の立案段階等での生物多様性に係る環境影響評価を推進することとされており（同法第二五条）、環境影響評価法においても、生物多様性基本法の趣旨を踏まえ、生物多様性の保全の観点から、早期段階における環境配慮の充実が求められることとなった。

さらに、行政全体の動きとして、「国から地方へ」の流れ（地方分権）が進められ、環境行政の分野においても、都道府県の公害防止事務の多くが政令指定都市・中核市等に移管されている状況にある。これに加えて、行政におけるインターネット等の情報技術の活用や、双方向のコミュニケーション手法の活用も進んでいる。

法附則第七条においては、「政府は、この法律の施行後十年を経過した場合において、この法律の施行の状況について検討を加え、その結果に基づいて必要な措置を講ずるものとする」こととされており、前述の状況も踏まえ、平成二一年八月一九日、環境大臣から中央環境審議会（会長：鈴木基之東京大学名誉教授）に対し、今後の環境影響評価制度の在り方について諮問がなされた。法の施行の状況及び今後の環境影響評価制度の在り方についての調査・審議は、中央環境審議会総合政策部会に設置された専門委員会（座長：浅野直人福岡大学教授）において主になされ、平成二二年二月二二日に中央環境審議会から「今後の環境影響評価制度の在り方について」答申がなされた。

答申においては、事業の早期段階での環境配慮について、事業の実施段階での環境影響評価の限界を補う等の有効性や、国や地方公共団体における取組の実績や諸外国の状況等を踏まえ、法制化の必要性が示された。また、補助金の交付金化への対応や事後調査の制度化等に関する必要性等、後述する法の改正事項に関する方針が示された。

法改正事項以外の重要事項としては、風力発電所の設置事業を環境影響評価法の対象事業として追加することを検討すべき旨が示されたことが挙げられる。また、環境影響評価における審査の透明性を高める等の観点から、有識者の意見をより的確に踏まえるための具体的な方法について検討する必要性や、環境基本法第一九条に示されているような、政策の検討段階等を対象とした環境配慮の枠組みを導入する検討の必要性等、環境影響評価制度において今後取り組むべき事項が数多く示された。

中央環境審議会により示された答申に基づき、政府部内において法制化の検討を進め、「環境影響評価法の一部を改正する法律案」が平成二二年三月一九日に閣議決定され、国会に提出された。第一七四回通常国会においては、先議院である参議院において、本会議及び参考人質疑を経て、環境委員会において配慮書手続の意義、複数案や事業を実施しない案（いわゆるゼロ・オプション）といった配慮書手続の実施方法に関するもの、より上位の段階における手続の必要性、適用除外に係る規定等の論点が活発に議論された。最終的に、参議院本会議において全会一致で可決し、衆議院に送付されたが、衆議院において、本会議、参考人質疑、環境委員会における審議を経たものの、衆議院解散に伴い、継続審議となった。

続く第一七六回臨時国会においては、衆議院環境委員会において、政令で定める市や配慮書段階での意見聴取等に関する論点について活発に議論がなされた上、参考人質疑も行われ、最終的に衆議院本会議において全会一致で可決し、参議院に送付された。しかし、審議が未了のまま臨時国会の会期を迎えたことから、再び参議院において継続審議となった。

続く第一七七回通常国会中に、平成二三年三月一一日に東日本大震災が発生し、東京電力株式会社及び東北電力株式会社において、原形に復旧することが不可能となった自社の発電設備の電気供給量を補うために、当該発電設備に係る発電所以外の場所で行う発電設備の設置等の事業は、一定の要件の下、旧環境影響評価法第五二条第二項に基づく環境影響評価その他の手続の適用除外の対象となることを確認した。その後の参議院及び衆議院における法案審議においては、この点に関する議論がなされたほか、放射性物質による環境汚染についての適用関係についても質疑がなされたが、最終的には両院において全会一致で可決され、同年四月二七日に「環境影響評価法の一部を改正する法律」（平成二三年法律第二七号）として公布された。

この法律の公布後、その本格施行に向けての作業が進められた。本法は、段階的に施行されることとなっており、本法に基づく政省令等の諸規定も段階的に定められた。

平成二四年四月一日からの交付金の法対象化、方法書説明会の義務化等の施行に伴い、平成二三年一〇月一四日には「環境影響評価法施行令の一部を改正する政令」（平成二三年政令第三一六号）及び「環境影響評価法施行規則の一部を改正する省令」（平成二三年環境省令第二七号）が公布された。

さらに、平成二五年四月一日からの完全施行（配慮書手続等の導入）に伴い、平成二四年一〇月二四日には「環境影響評価法施行令の一部を改正する政令」（平成二四年政令第二六五号）及び「環境影響評価法施行規則の一部を改正する省令」（平成二四年環境省令第三二号）が公布されたほか、平成二四年四月二日に基本的事項の改正が告示（平成二四年環境省告示第六三号）されたことを受け、対象事業種ごとの主務省令が公布・施行された。

このほか、答申に基づき、「風力発電施設に関する環境影響評価の基本的考え方に関する検討会」において制度的、技術的な検討がなされ、平成二三年六月二一日に報告書が取りまとめられ、公表された。本報告書を踏まえ、平成二三年一一月一六日、風力発電所の設置の工事の事業等のうち、出力が一万キロワット以上のものを第一種事業とすること等を定めた「環境影響評価法施行令の一部を改正する政令」（平成二三年政令第三四〇号）が公布された。

(二)　環境影響評価法の改正事項の概要

①　計画段階環境配慮書手続の導入（法第二章第一節）

事業に係る環境の保全について適正な配慮がなされるためには、可能な限り早期の段階において、環境の保全の見地からの検討を加え、事業に反映していくことが望ましい一方、施行当初の環境影響評価法では、事業の内容が概ね決定した後で環境影響評価を実施することが多いため、事業者が環境保全措置の実施や複数案の検討等について柔軟な措置をとることが困難な場合が多かった。事業の位置・規模や施設の配置・構造等の検討段階における環境配慮の検討は、早期段階での重大な環境影響の回避につながり、当初の制度では困難であった柔軟な措置の実施を可能とするものである。また、上述の生物多様性基本法第二五条の趣旨を踏まえ、生物多様性の保全の観点から、早期段階における環境配慮の充実が求められていたところである。

以上のことから、対象事業に関する位置等の計画の立案の段階において配慮すべき環境配慮事項（計画段階配慮事項）について検討し、その検討の結果についてまとめた計画段階環境配慮書（配慮書）を作成する制度を法律に基づくものとして位置づけ、その結果を踏まえ方法書以降の手続を行うことを法制度上明確にした。

計画段階配慮事項についての検討の義務づけの対象となる事業は、環境影響評価法において第一種事業として規定されている事業とし、義務を負う者は、第一種事業を実施しようとする者である。第二種事業については、

・環境影響評価の実施が義務づけられている事業ではなく、環境影響の程度が著しいものとなるおそれがあるかどうかを個別に判定するという位置づけの事業であること

・事業内容の熟度が低い段階においては、環境影響の程度が著しいものとなるおそれがあるかどうかを判定することは困難であること

から、計画段階配慮事項についての検討の実施は義務づけないこととされた。

ただし、第二種事業を実施しようとする者が自主的な判断により計画段階配慮事項についての検討の手続を実施することは環境の保全の観点からは望ましいことであることから、事業者が必要と判断した場合には計画段階配慮事項についての検討の手続を実施することを可能とし、実施する場合は第一種事業を行おうとする者による計画段階配慮事項についての検討の手続と法律上同様に取り扱うこととされている。

配慮書手続の内容は、方法書以降の手続に反映されることとなる。すなわち、事業者は、事業の位置等を決定するに

当たって、当該配慮書の内容を踏まえるとともに、配慮書手続における主務大臣の意見が述べられたときはこれを勘案することとなる。こうした過程を経た上で、事業に係る詳細な環境影響評価を行うに当たり、項目や手法等必要な情報を整理し、配慮書の内容等も含めた形で、方法書としてまとめることとしたものである。

自主的に計画段階配慮事項についての検討を行った第二種事業についても、第四条によるスクリーニングの判定の結果、引き続き方法書以降の手続を進めることになれば、配慮書の内容等も踏まえて方法書を作成することとなる。

②　情報交流の拡大

ｉ）　インターネットによる公表（法第七条、第一六条、第二七条）

環境影響評価制度は、環境保全に関する外部との情報交流を義務づけることにより事業者の適正な環境配慮を確保する制度であり、環境影響評価図書へのアクセスの利便性を向上させることによる情報交流の充実は制度の根幹に関わる重要な問題である。方法書及び準備書手続において意見提出ができる「環境の保全の見地からの意見を有する者」とは、関係地域周辺の住民等のみならず、広く一般の者を想定しているが、縦覧場所が事業者の事務所あるいは関係都道府県の庁舎等に限られている実態があり、方法書及び準備書を閲覧するためには、実際に当該縦覧場所に行く必要があった。このため、関係地域の近傍に居住していない者が、意見提出の前提となる方法書及び準備書の閲覧をすることは事実上困難な状況にあった。また、評価書段階では意見提出の手続は設けられていないものの、評価書は方法書及び準備書に対する意見提出等も踏まえた実質的な最終成果物であることから、方法書及び準備書と同様に、アクセスの利便性を向上させることが必要であった。このような課題を解決するため、インターネットの普及状況も鑑み、事業者が環境影響評価図書を作成したときは、事業者の事務所等において当該図書を縦覧に供するとともに、インターネットによる公表を新たに義務付けることとされた。

ⅱ）　方法書説明会の開催（法第七条の二）

方法書は、法制定当初においては、準備書に比べて内容が簡易で分量も多くないと見込まれていたこと等から、これまでは、方法書段階での説明会の開催は義務づけられていなかった。一方、法施行後の運用実態を見ると、方法書のページ数は増加傾向にあり、平成二〇年三月末時点で環境影響評価法に基づく手続が完了した一一九件のうち、手続の当初から法に基づく手続が行われた七四件については、方法書のページ数が最大で五〇〇ページ超、平均して一七〇ページと大部にわたっていた。また、環境や土木等に関する専門用語が多用されており、閲覧しても理解が困難なものとなっていた。他方、事業者が自主的に方法書段階での説明会を開催した事例は、前述の七四件のうち二件のみであった。

こうした状況を踏まえ、方法書の記載事項について周知させるための説明会の開催を法律により一律に義務づけることとされた。

③　環境大臣意見の提出機会の拡大

ｉ）　環境影響評価の項目等の選定段階における環境大臣の関与（法第一一条第三項）

事業者は、対象事業に係る環境影響評価の項目並びに調査、予測及び評価の手法の選定に当たり、事業者が必要と認めるときは、主務大臣に対し、技術的な助言を記載した書面の交付を受けたい旨の申出を書面によりすることができる（法第一一条第二項）。

当初の環境影響評価法における環境大臣の関与は、評価書に対し環境の保全の見地からの意見を述べることとなっているが、環境大臣意見中、本来は方法書段階において指摘すべき事項が含まれている事例が見られた。具体的には、法に基づく手続が完了し環境大臣が関与した案件六二件（平成一九年三月末時点）のうち、環境大臣意見に、評価項目等の選定に関する内容が含まれていた案件が三割程度（一六件）見られた。

こうした状況を踏まえ、環境影響評価項目等の選定段階においても、環境大臣が関与する機会を設けるため、技術的な助言を記載した書面の交付を受けたい旨の申出を事業者から受けた主務大臣は、その申出に応じて、技術的な助言を記載した書面の交付をしようとするときは、あらかじめ、環境大臣の意見を聴かなければならないこととした。

ⅱ）　免許等を行う者が地方公共団体等である場合の環境大臣の助言（法第二三条の二）

当初の環境影響評価法においては、地方公共団体が免許等を行う事業の場合、環境大臣が免許等を行う者に対して意見を述べる手続は設けられていなかった。

しかし、環境大臣と地方公共団体の長とでは、

・国が定める計画や目標との整合を図る視点
・国際的視点（環境保全に関する国際条約等の実効性を確保していく立場からの視点）
・全国的視点（環境保全に関する国民的ニーズや地域横断的な課題に対応していく立場からの視点）
・技術的視点（環境影響評価に関する最先端の技術的知見や全国各地の事例を集積している立場からの視点）

において、環境の保全の見地からの意見に相違があると考えられる。

地方公共団体の自主性を尊重し、評価書の写しの送付について地方公共団体に対する新たな義務づけを行うのは好ましくない一方、環境大臣の見解は、上述のとおり免許等を行う者である地方公共団体の長とは異なる観点から述べられるものであり、規模が大きく環境影響の程度が著しいものとなるおそれがある事業について、環境の保全に適正な配慮がなされることを確保するためには、免許等を行う者が地方公共団体の長であっても、専らわが国の環境行政を総合的に推進する任に当たる環境大臣が助言を行う仕組みを法に位置づけることが望ましい。

こうした背景から、免許等を行う者が地方公共団体である場合、当該地方公共団体が事業者に対して意見を述べる必要があると認める場合には、当該地方公共団体の長が環境大臣に評価書の写しを送付し、助言を求めるよう努めなければならないことと規定された。

本改正事項における改正法の規定は、「地方公共団体その他公法上の法人で政令で定めるもの」とされており、法上の免許等を行う者になりうる公法上の法人として、改正政令において、港湾法（昭和二五年法律第二一八号）第四条第一項の規定による港務局を指定している。

④　政令で定める市の意見提出機会の創設（法第一〇条、第二〇条）

当初の環境影響評価法では、方法書及び準備書の段階における都道府県知事の意見提出（法第一〇条第一項及び第二〇条第一項）に当たり、都道府県知事は、市町村長に期間を定めて意見を求めることとされていた（法第一〇条第二項及び法第二〇条第二項）が、このような仕組みについて、関係市長が、関係都道府県知事を介さず事業者に対して直接意見提出することを可能にするよう求める地方公共団体側からの要望があった。このような要望については、

・地方分権の進展により都道府県が担う公害防止事務の多くが政令指定都市等に移管され、政令指定都市等が地域環

境管理の観点から果たす役割は大きくなっているという状況がみられること

・大半の政令指定都市等において独自の環境影響評価条例が制定されていること

等を踏まえ、事業の影響が単独の政令で定める市の区域内のみに収まると考えられる場合は当該市に対し事業者への直接の意見提出権限を付与することが適当と考え、政令で定める市については、事業者に対して直接意見を述べるものと規定された。

なお、対象事業に係る環境影響を受ける範囲であると認められる地域は事業者が主務省令の判断基準に基づき設定するものであるが、当該地域が政令で定める市の区域内に収まっていると事業者が判断した場合であっても、他の市町村への影響が懸念されるケース、又は都道府県全体の環境保全に係る計画・政策との整合性等の観点から都道府県知事の意見提出が必要とされるケースが想定されるため、都道府県知事は任意に意見提出を行うことができることとされた。

改正政令においては、方法書及び準備書に係る適切な意見を形成し、述べることができるだけの能力、体制及び意志を具備している市のみを政令で定める市として指定することが適当であることから、以下の基準に適合する市を政令で定めることとなった。

ⅰ）適切な意見形成のための能力が十分であることを示すものとして、次の二点を満たす環境影響評価に係る条例を有していること。

➢法とおおむね同様の事業種（当該市においての実施がほぼ想定され得ない事業種を除く。）を対象事業としていること。

➢法とおおむね同様の環境影響評価項目を、環境影響評価の対象としていること。

ⅱ）適切な意見形成のため、地域の環境保全の観点から、広範かつ専門的な知見をもって審査を行うことのできる体制を有していること。

ⅲ）政令で定める市への指定を自ら希望していること。また、当該市の属する都道府県の同意が得られていること。

以上の条件を満たす市は、令和元年七月現在、札幌市、仙台市、さいたま市、千葉市、横浜市、川崎市、相模原市、新潟市、静岡市、浜松市、名古屋市、京都市、大阪市、堺市、吹田市、神戸市、尼崎市、岡山市、広島市、北九州市及び福岡市の二一市であり、これらが政令において指定されている。

⑤　環境保全措置等の結果の報告・公表手続の導入（法第三八条の二～第三八条の五）

当初の環境影響評価法では、事業者は、評価書において、環境影響評価の結果として、事業の実施が環境に及ぼす影響の調査、予測及び評価の結果に加えて、

・講ずることとした環境の保全のための措置（以下「環境保全措置」という。）の内容（第一四条第一項第七号ロ）

・当該環境保全措置が「将来判明すべき環境の状況に応じて講ずるものである場合」には、「環境の状況の把握のための措置」（以下「事後調査」という。）の内容（第一四条第一項第七号ハ）

を記載することとされていた。

このうち、事後調査については、事業着手後に当該事後調査を実施することにより初めて環境の状況が明らかとなるものであり、当該事後調査により判明した環境状況に応じて講ずる環境保全措置についても、評価書の公告時点では、詳細までは確定できていないものである。

また、事後調査の結果に応じて講ずるものではない環境保全措置であっても、動植物の生息又は生育環境の創出等といった一部の措置については、評価書作成の時点では予測した効果が得られるかどうか確実ではない。

一方で、事業者には、法第三八条第一項の規定により、事業の実施に当たり環境の保全に配慮する責務があり、環境影響評価手続における不確実性を補う観点から、当該手続を含めて事業の実施に係る手続に関与してきた主な行政機関や事業に関心を有する住民等一般に対して、その配慮の状況を明らかにしていく一般的な責務を有すると解される。

また、これらの措置は技術的にも高度な内容を有していることから、その実施を事業者の内部で完結させるのではなく、措置の内容や実施状況を事業者の外部の者に対して明らかにすることにより、環境保全に関する知見を有する環境大臣や、個別の事業の特性に通じている免許等を行う者等が助言することにより、措置内容の充実が期待できる。さらに、事後調査及び環境保全措置の内容及び実施状況を行政機関や事業者等が共有することにより、以後実施されるその他の対象事業における各事業者の対応や、環境大臣・免許等を行う者等による審査のための知見として役立てられるという効果も期待できる。

これらを踏まえ、事後調査の結果や、環境保全措置（当該事後調査により判明した環境状況に応じて講ずる環境保全措置及び評価書作成の時点では効果が得られるかどうか確実でない環境保全措置等）の内容、効果等を記載した報告書

について、事業者に対して、免許等を行う者等への送付及び公表を義務づけることとされた。

⑥　対象事業の拡大（施行令第一条（別表第一））

低炭素社会への転換に当たっては、再生可能エネルギーの導入等により、化石燃料への依存から脱却していく必要がある。中でも、風力発電は、出力が不安定といった課題が指摘されているものの、再生可能エネルギーの中ではポテンシャルが高く、相対的に発電コストが低いこともあり、導入拡大が期待されている。

その一方で、風力発電の導入に伴う周辺環境への影響が国内外で顕在化していた。風力発電設備からの騒音・低周波音についての健康被害の苦情等が発生したり、風況が良く風力発電に適した地点は渡り鳥のルートや希少な鳥類の生息地と重なることがあり、鳥類が風力発電設備の羽根（ブレード）に衝突する事故（いわゆる「バードストライク」）が発生したりしていた。また、風力発電所が自然度の高い地域に立地することで、土地の改変に伴う動植物の生息・生育環境や水環境に対する影響が懸念された。この他にも、風力発電設備は相当の高さがあり、かつ、見通しの良い場所に設置される場合が多いことから、景観への影響に関する問題が生じている事例があった。

風力発電事業は、一部の地方公共団体において環境影響評価条例による環境影響評価が義務づけられていたものの、多くの場合は、補助事業についてＮＥＤＯ（独立行政法人　新エネルギー・産業技術総合開発機構）が作成した「風力発電のための環境影響評価マニュアル（平成一四年）」による自主的な環境影響評価が実施されてきた。ところが、風力発電施設の設置に当たっては、騒音、バードストライク等の影響が報告された他、条例以外による環境影響評価を実施した案件のうち約四分の一で住民の意見聴取手続が行われていなかったこと等から、平成二二年中央環境審議会答申において「風力発電施設の設置を法の対象事業として追加することを検討すべき」とされたことを受け、平成二四年一〇月一日から一万kW以上の風力発電所の設置事業が環境影響評価法の対象事業となった。これは、風力発電事業を行うに当たり、早い段階で事業の実施に伴う環境影響を把握することや、地域住民等の意見を聴いてその理解を得ることが、円滑な事業の実施においても重要であるとの考えに基づいている。

㈢　東日本大震災等への対応

①　放射性物質に係る対応

平成二三年三月の東日本大震災及び東京電力福島第一原子力発電所の事故を契機に、環境法体系の下で放射性物質による環境の汚染の防止のための措置を行うことができることを明確に位置付けるため、平成二四年通常国会において成立した原子力規制委員会設置法（平成二四年六月二七日法律第四七号）の附則により、環境基本法から放射性物質による大気等の汚染の防止について原子力基本法等に対応を委ねるとの規定が削除された。

この環境基本法の改正を受け、環境影響評価法等個別環境法で規定されている放射性物質による環境汚染に係る適用除外規定を削除する「放射性物質による環境の汚染の防止のための関係法律の整備に関する法律」が第一八三回通常国会で成立した（平成二五年法律第六〇号）。これにより、環境影響評価法が改正され、放射性物質による環境の汚染を防止するため、環境影響評価手続の対象に放射性物質による環境への影響を含めることとなった（平成二七年六月一日施行）。

これを受け、「環境影響評価の基本的事項等に関する技術検討委員会」を開催し、平成二六年六月に報告書を取りまとめ、その内容を踏まえ、平成二六年六月二七日に基本的事項を改正した。また、環境影響評価法の対象事業種ごとの主務省令が改正された。さらに、環境省では、事業者が環境影響評価の際に参考とする、放射性物質に係る調査等の手法や環境保全措置の内容について、「環境影響評価技術ガイド（放射性物質）」として取りまとめた。

②　災害復旧事業等の適用除外

東日本大震災により原形復旧することが不可能となった自社の発電設備の電気供給量を補うために、東京電力株式会社及び東北電力株式会社が当該発電設備に係る発電所以外の場所で行う発電設備の設置の事業で、災害復旧事業として復旧計画に位置づけられるものについては、環境影響評価法第五二条第二項（当時）の規定に基づき、同法の適用除外となることを確認した。

ただし、これらの事業の実施による環境への負荷をできる限り回避・低減し、環境保全について適正な配慮が行われるよう、当該事業による環境影響を最小化するための実行可能な最大限の配慮を行うことや、関係地方公共団体及びその地域住民に対する説明や意見聴取等の措置をとるよう、政府として指導した。

③　復興特区における特定環境影響評価手続

東日本大震災復興特別区域法（平成二三年一二月一四日法律第一二二号）において、被災した地域での迅速な復興を図るための復興整備計画に位置づけられる復興整備事業のうち、環境影響評価法の対象事業となる土地区画整理事業並びに鉄道・軌道の建設及び改良事業については、手続の簡略化を図ることとし、方法書、準備書、評価書の手続を特定評価書に一本化する特例規定を設けるとともに、現地調査を必須とせず既存の資料の活用により評価を行うことを可能としている。地方公共団体等への意見聴取及び環境大臣意見の提出等は行われるが、検討を並行して実施し、審査期間の短縮化を図った。また、特例規定の円滑な推進に資することを目的に、特定評価書の作成にあたり必要な技術的な情報を提供する技術手引を関係地方公共団体に向けて配布した。

表３　我が国における環境影響評価制度の経緯

昭和47年６月６日	「各種公共事業に係る環境保全対策について」閣議了解 （公共事業における環境影響評価の実施を閣議了解）
７月24日	四日市公害訴訟判決 （開発事業者に環境影響評価を行う注意義務があることを指摘）
昭和47年～48年	港湾法・公有水面埋立法の改正、瀬戸内海環境保全臨時措置法の制定等 （個別法改正等による環境影響評価の導入）
昭和49年７月１日	環境庁組織令の改正（環境庁の所掌事務に環境影響評価を明記）
昭和50年12月23日	環境庁長官から中央公害対策審議会に対し、「環境影響評価制度のあり方について」諮問
昭和51年９月	環境庁「むつ小川原総合開発計画第２次基本計画に係る環境影響評価の実施についての指針」提示 （大規模工業開発に係る環境影響評価の実施の指針作成）
10月	「川崎市環境影響評価に関する条例」制定（初の環境影響評価条例の制定）
昭和52年７月４日	通産省「発電所の立地に関する環境影響調査及び環境審査の強化について」通達（通商産業省省議決定）
昭和53年７月１日	建設省「建設省所管事業に係る環境影響評価に関する当面の措置方針について通達（建設事務次官通達）
昭和54年１月23日	運輸省「整備５新幹線に関する環境影響評価の実施について」通達（運輸大臣通達）
４月１日	中央公害対策審議会「環境影響評価制度のあり方について」答申
昭和56年４月28日	環境影響評価法案（旧）閣議決定、国会提出（第94回国会）
昭和58年11月28日	法案、衆議院の解散に伴い、審議未了・廃案となる。（第100回国会）
昭和59年８月28日	「環境影響評価の実施について（環境影響評価実施要綱）」閣議決定
11月21日	環境影響評価実施推進会議「環境影響評価実施要綱に基づく手続等に必要な共通的事項」決定
11月27日	環境庁長官「環境影響評価に係る調査、予測及び評価のための基本的事項」決定
昭和60年１月14日	環境庁長官「相当手続等（経過措置）に係る条例等」指定
３月29日～ ６月５日	主務大臣が環境庁長官に協議して対象事業の規模等を決定
４月１日～ 12月12日	基本通達等（国の行政機関が、環境影響評価実施要綱に基づき事業者に対して指導等を実施）
12月１日～ 昭和62年12月22日	主務大臣が環境庁長官に協議して、対象事業の種類毎の技術指針を策定
平成５年11月19日	環境基本法公布・施行
平成６年７月11日	環境影響評価制度総合研究会第１回会合

12月28日	環境基本計画の策定・公表
平成８年６月３日	環境影響評価制度総合研究会報告書公表
６月28日	内閣総理大臣より中央環境審議会に対し、「今後の環境影響評価制度の在り方について」諮問
平成９年２月10日	中央環境審議会、内閣総理大臣に対して「今後の環境影響評価制度の在り方について」答申
３月28日	環境影響評価法案閣議決定、国会提出（第140回国会）
５月６日	環境影響評価法案衆議院可決（同）
６月９日	環境影響評価法案参議院可決・成立（同）
６月13日	環境影響評価法（平成９年法律第81号）公布
12月３日	環境影響評価法施行令（平成９年政令第346号）公布
12月12日	・環境庁長官が公表する主務大臣が環境影響評価の方法に関する技術指針等を定めるに当たり基本とすべき事項（基本的事項）公表 ・環境影響評価法第１次施行 ・環境影響評価法施行令施行
平成10年５月13日	環境影響評価法の施行期日を定める政令公布
６月12日	環境影響評価法第２次施行
８月12日	環境影響評価法施行令及び電気事業法施行令の一部を改正する政令公布
12月28日	環境影響評価法施行令の一部を改正する政令公布
平成11年６月12日	環境影響評価法完全施行
平成20年６月26日	環境影響評価制度総合研究会第１回会合
平成21年７月30日	環境影響評価制度総合研究会報告書公表
８月19日	環境大臣より中央環境審議会に対し、「今後の環境影響評価制度の在り方について」諮問
平成22年２月22日	中央環境審議会、環境大臣に対して「今後の環境影響評価制度の在り方について」答申
３月19日	環境影響評価法の一部を改正する法律案閣議決定、国会提出（第174回国会） 法案が国会で継続審議
平成23年４月15日	環境影響評価法の一部を改正する法律案参議院可決（第177回国会）
４月22日	環境影響評価法の一部を改正する法律案衆議院可決・成立（同）
４月27日	環境影響評価法の一部を改正する法律（平成23年法律第27号）公布
10月14日	環境影響評価法施行令の一部を改正する政令（平成23年政令第316号）公布 環境影響評価法施行規則の一部を改正する省令（平成23年10月環境省令第27号）公布
11月16日	環境影響評価法施行令の一部を改正する政令（平成23年政令第340号）公布 （風力発電事業を法対象に追加）

平成24年４月１日	改正環境影響評価法第１次施行（交付金の法対象化、方法書説明会の義務化、インターネットによる公表の義務化等）
４月２日	計画段階配慮事項等を選定するための指針、計画段階における意見聴取に関する指針、報告書の記載事項等に関する指針を含む基本的事項告示
10月１日	環境影響評価法施行令の一部を改正する政令（風力発電事業の法対象化等）施行
10月24日	環境影響評価法施行令の一部を改正する政令（平成24年政令第265号）公布
	環境影響評価法施行規則の一部を改正する省令（平成24年10月環境省令第31号）公布
平成25年４月１日	改正環境影響評価法完全施行（配慮書手続の創設、報告書手続の創設）
５月28日	放射性物質による環境の汚染の防止のための関係法律の整備に関する法律案衆議院可決（第183回国会）
６月17日	放射性物質による環境の汚染の防止のための関係法律の整備に関する法律案参議院可決・成立（同）
６月21日	放射性物質による環境の汚染の防止のための関係法律の整備に関する法律（平成25年法律第60号）公布
平成27年６月１日	放射性物質による環境の汚染の防止のための関係法律の整備に関する法律施行
令和元年７月５日	環境影響評価法施行令の一部を改正する政令（令和元年政令第53号）公布
令和２年４月１日	環境影響評価法施行令の一部を改正する政令（太陽電池発電所の法対象化）施行（予定）

第二章　環境影響評価法の概要

１　環境影響評価法の概要

㈠　法の体系

環境影響評価法は、規模が大きく環境影響の程度が著しいものとなるおそれのある事業について環境影響評価の手続を定め、環境影響評価の結果を事業内容に関する決定（事業の免許等（許認可、補助金の交付等））に反映させることにより、事業が環境の保全に十分に配慮して行われるようにすることを目的としている。また、法律の実施のために必要な細目を環境影響評価法施行令や環境影響評価法施行規則で定めている（図３）。

本法の対象となる個別の事業（対象事業）については、適切な環境影響評価が実施されるよう、その具体的な実施方法（基準・指針）に関して、事業の種類にかかわらず横断的な基本となるべき事項を環境省が基本的事項として定めるとともに、この基本的事項に基づき、事業所管大臣が環境大臣と協議の上、事業特性や立地条件等を勘案して事業種ごとに、各事業に係る環境影響評価の実施方法を、主務省令で定めている。

また、本法においては、地方公共団体における環境影響評価に関する条例との関係を整理し、法対象事業の規模要件を満たさない事業や、法対象となっていない事業を含めた幅広い事業を条例の対象として位置づけうるものとして、法と条例が一体となって体系的な環境影響評価が行われる仕組みとしている。

図３　環境影響評価法の体系

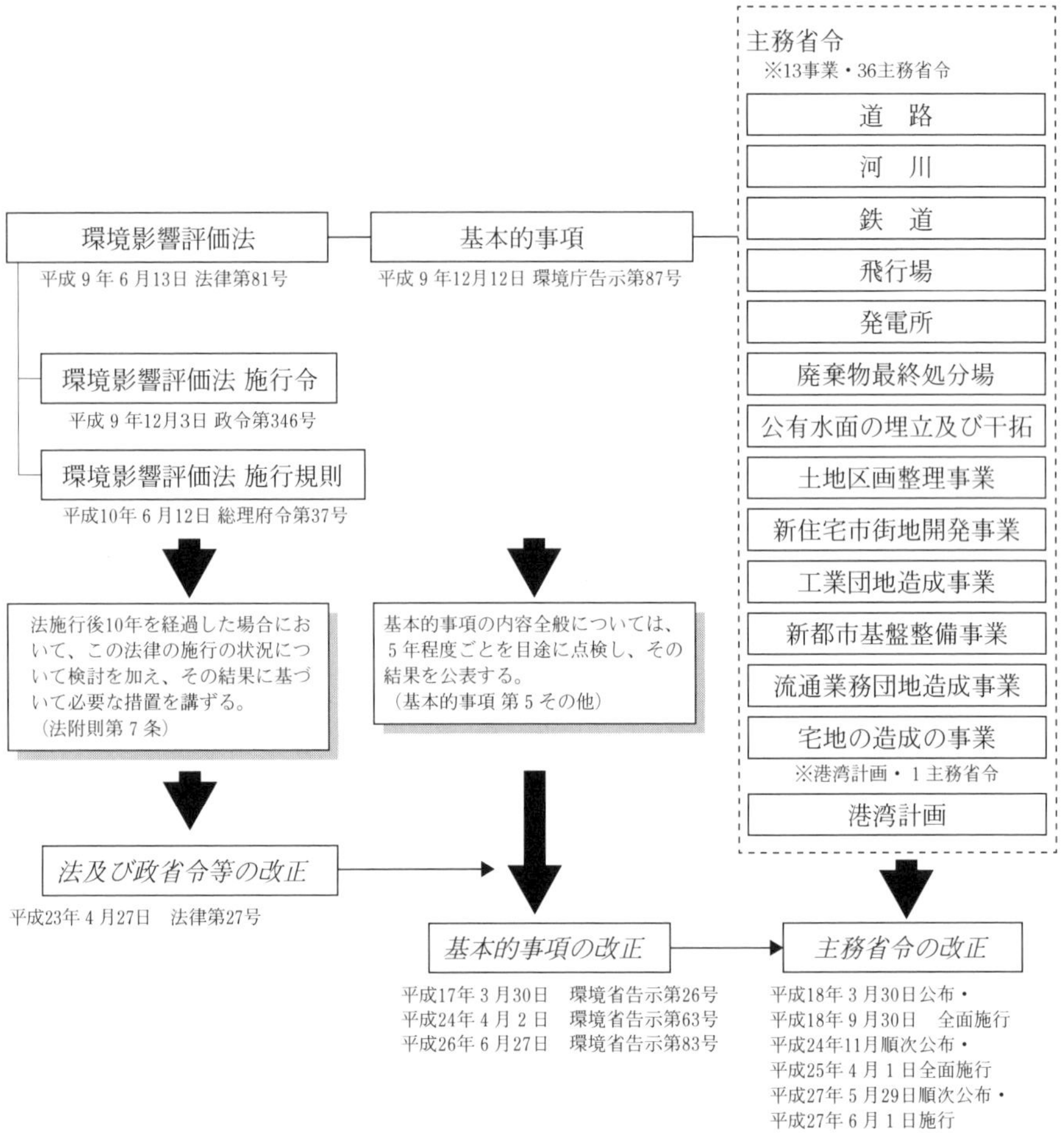

㈡　環境影響評価の実施者

環境影響評価は、対象事業を実施しようとする者が行う。これは、そもそも環境に著しい影響を及ぼすおそれのある事業を行おうとする者が、自己の責任で事業の実施に伴う環境への影響について配慮することが適当と考えられるためである。また、事業者が事業計画を作成する段階で環境影響についての調査、予測及び評価並びに環境保全措置の検討を一体として行うことにより、その結果を事業計画や施工時、供用時の環境配慮等に反映しやすくなると考えられる。

㈢　対象事業

本法の対象とする事業については、規模が大きく環境影響の程度が著しいものとなるおそれがあり、かつ、

①　法律により免許、許可、認可等が必要な事業
②　国から補助金や交付金等が交付される事業
③　独立行政法人が行う事業
④　国が行う事業

といった、法律上当該事業の内容の決定に環境影響評価の結果を反映させる方途があるものについて選定している。環境影響評価は、事業者自らの責任で行うことが基本であるが、右記の方途を活用して環境影響評価の結果を反映させ、その実施における環境配慮が確実に担保されるようにしている。

ただし、環境に及ぼす影響の大きさは、当該事業の実施場所や実施方法によるところもあり、事業の規模のみによって決まるものではない。このため、一定規模以上の事業（第一種事業）は必ず環境影響評価を行うものとするとともに、第一種事業に準ずる規模を有する事業（第二種事業）を定め、個別の事業や地域の違いを踏まえ環境影響評価の実施の必要性を個別に判定する仕組みを導入している（図４）。この過程を「ふるいにかける」という意味で「スクリーニング」という。判定は、前述の①にあっては免許等を行う者、②にあっては補助金等の交付の決定を行う者、③にあっては当該法人を監督する者、④にあっては当該事業を行う主任の大臣等（以下「免許等を行う者等」という。）が行う。

第一種事業及び第二種事業の具体的な事業種や規模については、政令で定められており、その概要は表４のとおりで

ある。なお、本法における「対象事業」とは、第一種事業及び環境影響評価の実施が必要と判定された第二種事業を指すものである。また、「第二種事業」は、スクリーニングの判定が行われる前の事業を指し、スクリーニングの判定が行われた後は第二種事業とはされない。

図４　対象事業に係る概念図

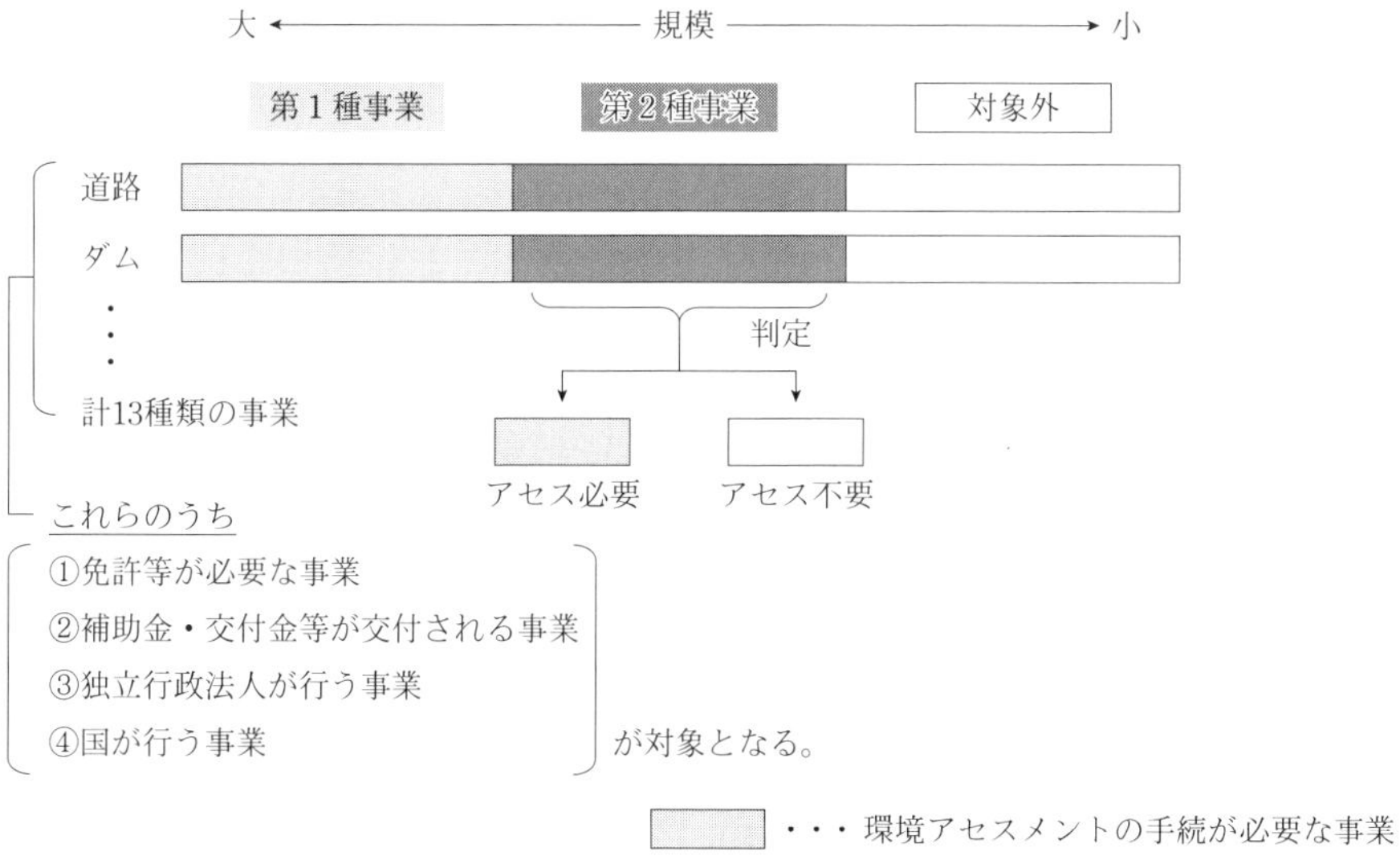

表４　環境影響評価法の対象事業及びその規模要件

事業の種類	第一種事業	第二種事業
１．道路		
・高速自動車国道	すべて	—
・首都高速道路など	４車線以上のもの	—
・一般国道	４車線以上・10km以上	４車線以上・7.5km～10km
・林道	幅員6.5m以上・20km以上	幅員6.5m以上・15km～20km
２．河川		
・ダム、堰	湛水面積100ha以上	湛水面積75ha～100ha
・放水路、湖沼開発	土地改変面積100ha以上	土地改変面積75ha～100ha
３．鉄道		
・新幹線鉄道	すべて	—
・鉄道、軌道	長さ10km以上	長さ7.5km～10km
４．飛行場	滑走路長2500m以上	滑走路長1875m～2500m
５．発電所		
・水力発電所	出力３万kW以上	出力2.25万kW～３万kW
・火力発電所	出力15万kW以上	出力11.25万kW～15万kW
・地熱発電所	出力１万kW以上	出力7500kW～１万kW
・原子力発電所	すべて	
・風力発電所	出力１万kW以上	出力7500kW～１万kW
・太陽電池発電所[1]	出力４万kW以上	出力３万kW～４万kW
６．廃棄物最終処分場	面積30ha以上	面積25ha～30ha
７．埋立て、干拓	面積50ha超	面積40ha～50ha
８．土地区画整理事業	面積100ha以上	面積75ha～100ha
９．新住宅市街地開発事業	面積100ha以上	面積75ha～100ha
10．工業団地造成事業	面積100ha以上	面積75ha～100ha
11．新都市基盤整備事業	面積100ha以上	面積75ha～100ha
12．流通業務団地造成事業	面積100ha以上	面積75ha～100ha
13．宅地の造成の事業（「宅地」には、住宅地、工場用地も含まれる。）	面積100ha以上	面積75ha～100ha
○港湾計画[2]	埋立・掘込み面積の合計300ha以上	

１　太陽電池発電所については、令和２年４月１日より対象事業として追加される予定。

２　港湾計画については、事業ではなく、計画について環境影響評価が行われる。

㈣　環境影響の審査

前述のとおり、法による環境影響評価の結果については、免許等の審査にかからしめ、実効性を担保しているが、これらの免許等は事業を所管する立場の行政機関が行うものであり、これに加え客観的、科学的に環境保全上の観点からの審査が必要となる。このため、法では、環境影響評価に係る必要な各段階において、環境保全に責任を有する環境大臣も意見を述べることができるようにしている。

㈤　手続の流れ

環境影響評価法の手続は概ね、①配慮書、②第二種事業に係る判定（スクリーニング）、③方法書（スコーピング）、④環境影響評価の実施、⑤準備書、⑥評価書、⑦事業への反映、⑧報告書に係る手続に分けられる（図５）。

①　配慮書手続（法第三条の二～第三条の一〇）

「計画段階環境配慮書」（配慮書）は、事業への早期段階における環境配慮を可能にするため、第一種事業を実施しようとする者が、事業の位置・規模や施設の配置等の計画段階において、環境の保全のために適正な配慮をしなければならない事項について検討を行い、その結果をまとめたものである。

配慮書の作成の際には、事業の位置、規模等に関する複数案の検討を行うとともに、対象事業の実施が想定される地域の生活環境、自然環境等に及ぼす影響について、地域の環境を熟知している住民その他の一般の方々、専門家、地方公共団体などの意見を取り入れるよう努めることとされている。

配慮書は、事業所管大臣に送付されるとともに、公表される。環境大臣は必要に応じて事業所管大臣に環境の保全の見地からの意見を述べることができる。また、事業所管大臣は必要に応じて環境の保全の見地からの意見を述べることができ、この場合において、環境大臣の意見があるときは、これを勘案しなければならない。第二種事業については、配慮書の作成は義務ではないが、事業者は任意で実施できる。

事業者は、作成した配慮書の内容（環境配慮の検討の経緯及びその内容に関する情報等）を方法書以降の手続に反映させることとなっている（「先行評価の活用（ティアリング）」と呼ばれている。）。

配慮書の手続は、平成二三年の法改正により導入されたものである。法改正前の環境影響評価は、事業の枠組み（位置や規模）がほとんど決定済みの段階で行われることが多く、柔軟に環境保全措置を検討することが困難な場合があった。配慮書は、事業計画の検討段階を対象としているため、より柔軟な環境配慮が可能となり、重大な環境影響の回避・低減が効果的に図られ、その後の環境影響評価の充実及び効率化が期待できる。

② 第二種事業に係る判定手続（スクリーニング）（法第四条）

前述のとおり、第二種事業については、個別の事業や地域の違いを踏まえ環境影響評価の実施の必要性を個別に判定する。判定は、事業の免許等を行う者等（国の行政機関）が、地域の状況を熟知している都道府県知事の意見を聴いた上で、判定基準に従って行う。

判定基準は、環境大臣が定める基本的事項に基づき、事業所管大臣が主務省令で定めている。具体的には、(a)事業の内容の基準としては、工法等の実施事例が少なく環境影響の知見が十分でないため著しい環境影響が生じるおそれがあるものや、他の道路等の事業と一体となって総体として大きな環境影響が予想されるもの等がある。(b)地域の状況による基準としては、希少な野生生物の生息地周辺や自然公園など優れた自然環境を有する地域、また、大気汚染物質等の環境基準を超えている地域等が挙げられる。

③ 方法書手続（スコーピング）（法第五条～第一〇条）

「環境影響評価方法書」（方法書）は、対象事業に係る環境影響評価において、どのような項目について、どのような方法で調査・予測・評価をしていくのかという計画を示したものである。地域に応じた環境影響評価を行うことが必要であるため、その項目や方法を確定するに当たっては、方法書を公表し、地域の環境を熟知している住民その他の一般の方々や、地方公共団体等の意見を聴く手続を設けている。この一連の手続を、項目及び手法を「絞り込む」という意味で「スコーピング」という。スコーピングにより、調査の手戻りを防ぎ、効率的な環境影響評価を実施することが可能となる。

具体的には、事業者は、方法書を作成し、都道府県知事と市町村長に送付する。事業者は、方法書を作成したことを公告・縦覧するとともに、方法書の内容についての理解を深めるために説明会を開催し、環境の保全の見地からの意見のある者は誰でも意見書を提出することができる。事業者は、提出された意見の概要を都道府県知事と市町村長に送付する。その後、都道府県知事等は、市町村長や一般の方々から提出された意見を踏まえて事業者に意見を述べる。

事業者は必要に応じて主務大臣へ技術的助言を申し出ることができ、主務大臣が助言をする際には、あらかじめ環境大臣の意見を聴くこととなっている。ただし、発電所については特例として、事業者の意向にかかわらず経済産業大臣は方法書に対して審査し、勧告することができる。

調査・予測・評価の対象となる環境要素については、環境省から事業者の参考となる項目を示している。具体的には、大気環境（大気質、騒音等）、水環境（水質、底質等）、土壌環境等（地形・地質、地盤等）、動植物・生態系、景観・人と自然との触れ合い活動の場、廃棄物、温室効果ガス、放射線等の区分を掲げ、影響要因として工事によるものか、施設の存在や供用によるものかを区分して、環境影響評価の項目を選定することとしている。

④　環境影響評価の実施（法第一一条～第一三条）

事業者は、スコーピングの手続による意見を踏まえ、環境影響評価の項目や方法を決定し、これに基づいて、環境影響評価を実施する。環境影響評価は、(a)地域の環境情報を収集するための「調査」、(b)その環境が事業を実施した結果どのように変化するのかの「予測」、(c)事業を実施した場合の環境への影響の「評価」から成り、並行して環境保全のための対策を検討し、これらの対策がとられた場合における環境影響を総合的に評価する。

評価に当たっては、一定の基準を満たすのみならず、実行可能なより良い対策を採用し、環境影響を可能な限り回避、低減するという「ベスト追求型」の考え方を求めている。

環境保全対策としては、環境影響を「回避」することに努め、それが実施困難な場合でもできるだけ「低減」すべく検討される。回避又は低減を優先的に検討してもなお環境保全措置が必要な場合には、その事業の実施により損なわれる環境要素と同種の環境要素を創出する等の「代償」措置も検討することとしている。

⑤　準備書手続（法第一四条～第二〇条）

事業者は、環境影響評価を実施した後、調査・予測・評価・環境保全対策の検討の結果を示し、環境の保全に関する事業者自らの考え方を取りまとめた「環境影響評価準備書」（準備書）を作成し、都道府県知事と市町村長に送付するとともに、準備書を作成したことを公告・縦覧する。また、方法書と同様に縦覧期間中に準備書の内容についての説明会を開催し、環境の保全の見地からの意見のある者は誰でも意見書を提出することができる。事業者は、提出された意見の概要と意見に対する見解を都道府県知事と市町村長に送付する。その後、都道府県知事等は、市町村長や一般の方々から提出された意見を踏まえて事業者に意見を述べる。

⑥　評価書手続（法第二一条～第三〇条）

「環境影響評価書」（評価書）は、事業者が準備書に対する地域の意見の内容を検討し、必要に応じて準備書の内容を見直した上で、環境影響評価を実施した結果としてとりまとめたものである。評価書は、事業の免許等を行う者等と環境大臣に送付され、環境大臣は必要に応じて事業の免許等を行う者等に環境の保全の見地からの意見を述べ、事業の免許等を行う者等は環境大臣の意見を踏まえて事業者に意見を述べる。事業者は、意見の内容を十分に検討し、必要に応じて評価書を修正した上で、最終的に評価書を確定し、事業の免許等を行う者等や都道府県知事、市町村長に送付する。また、評価書を確定したことを公告や縦覧により広く周知する。

なお、発電所については特例として、経済産業大臣が環境大臣の意見を聴いて事業者に勧告をするのは準備書に対してであり、評価書に対しては変更命令をかけることも可能としている。

⑦　評価結果の事業への反映（法第三一条～第三八条）

事業者は、評価書を確定したことを公告するまでは事業を実施することはできず、評価結果の事業への反映を担保している。また、事業の免許等を行う者等は、対象事業の免許等の審査に当たり、評価書及び評価書に対して述べた意見に基づき、対象事業が環境の保全について適切な配慮がなされたものであるかどうかを審査し、その結果を免許等に反映させる。環境の保全についての審査の結果と免許等の審査の結果を併せて判断し、免許等を拒否したり、条件を付けることができる。

また、事業者は、評価書に記載されているところにより、環境の保全について適正な配慮をして事業を実施しなければならない。

⑧　報告書手続（法第三八の二〜第三八条の五）

報告書は、評価書の手続が終わり、基本的に工事を完了した段階において、事業者が事後調査（工事中及び供用後の環境の状況等を把握するための調査）の結果やそれにより判明した環境の状況に応じて講ずる環境保全措置、評価書に記載した環境保全措置のうち効果が不確実なものの実施結果等を取りまとめ、報告・公表するものである。報告書は、免許等を行う者等に送付され、免許等を行う者等は環境大臣の意見を踏まえて、事業者に意見を述べることができることとなっている（ただし、発電所については特例として、報告書は公表のみ。）。

事後調査の必要性については、環境影響の予測の不確実性が高い場合や当該環境保全措置の実績が少ない場合等、環境への影響の重大性に応じて検討し、評価書に記載される。

報告書に係る手続を行うことにより、環境影響評価後の環境配慮の実効性を担保し、住民等からの信頼性や環境影響評価制度自体の信頼性の確保につながるとともに、予測・評価技術の向上にも資するものとなる。

図５　環境影響評価法の手続の流れ

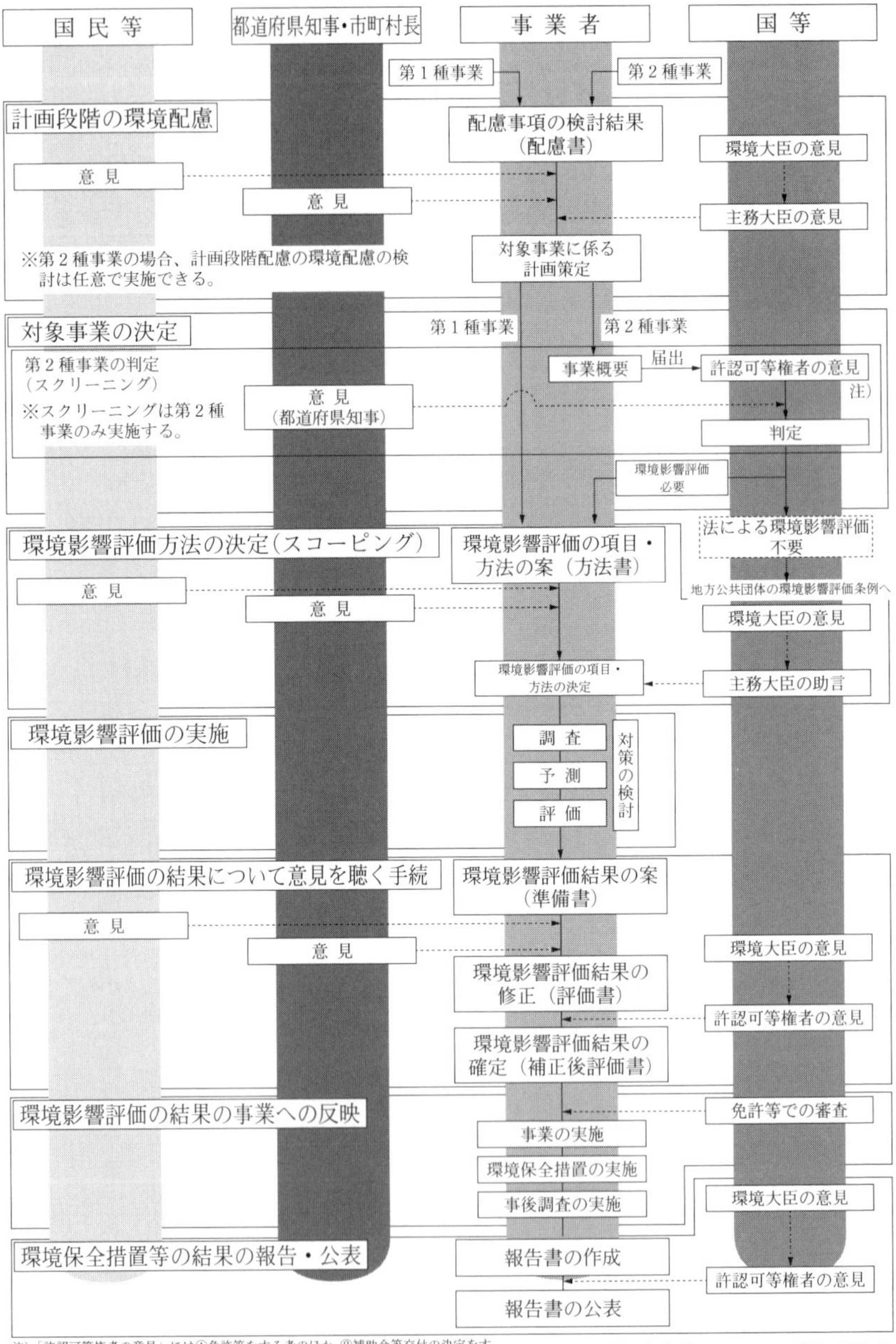

注）「許認可等権者の意見」には①免許等をする者のほか、②補助金等交付の決定をする者、③独立行政法人の監督をする府省、④直轄事業を行う府省が含まれる。

2　環境影響評価法手続に係る特例の概要

都市計画に位置づけられる対象事業及び港湾計画については、環境影響評価法においてそれぞれ特例的な手続が規定されている。また、発電所事業に係る環境影響評価手続については本法とともに、電気事業法（昭和三九年法律第一七〇号）の規定が適用される（図6、7、8）。

㈠　都市計画に定められる対象事業等に関する手続について（第三十八条の六〜第四十六条）

①　特例の趣旨

対象事業が市街地開発事業として都市計画に定められる場合又は対象事業に係る施設が都市施設として都市計画に定められる場合には、当該都市計画の決定又は変更をする都道府県、市町村等の「都市計画決定権者」が、事業者に代わるものとして、当該対象事業についての環境影響評価手続を行うこととしている。

②　特例の概要

㈦　第二種事業に係る判定

第二種事業に係る判定については、第二種事業に係る届出を行う主体を都市計画決定権者とするほか、届出先に都市計画の認可を行う国土交通大臣又は都道府県知事（以下「都市計画同意権者」という。）を加え、届出を受けた免許等を行う者等と都市計画同意権者が、都道府県知事の意見を求めた上で、第二種事業に係る判定を行うものとする（第三九条関係）。

㈧　方法書から準備書までの手続

方法書から準備書までの手続については、環境影響評価手続を行う主体を都市計画決定権者とする（第四〇条関係）。この場合において、次のような規定を整備している。

a　準備書の公告を都市計画の案の公告と併せて行うこと（評価書についても同様の規定を整備）（第四一条第一項関係）。

ｂ　準備書の縦覧を都市計画の案の縦覧と併せて行うこと（評価書についても同様の規定を整備）（第四一条第二項及び第三項関係）。また、これに伴い、都市計画の案の縦覧期間等を準備書の縦覧期間等と合わせること（第四二条第一項関係）。

ｃ　一般意見の内容が、準備書に対するものか都市計画の案に対するものか判別できないときに、そのいずれでもあるとみなすこと（第四一条第四項関係）。

(ウ)　評価書の作成等

評価書の作成等を行う主体を都市計画決定権者とするとともに、免許等を行う者等と都市計画同意権者の両者が、環境大臣の意見を聴いた上で、都市計画決定権者に対し評価書について意見を述べることができるものとする（第四〇条第二項で読み替える第二四条関係）。また、都市計画決定権者は、評価書の補正の判断に当たり、都道府県都市計画審議会又は市町村都市計画審議会に都市計画の案と併せて付議する（第四一条第五項関係）。

(エ)　環境影響評価の結果の反映

環境影響評価の結果は、許認可等の処分に反映されるほか、都市計画決定権者が、都市計画決定を行うに当たり評価書の記載により環境の保全が図られるようにするとともに、都市計画認可権者が、当該都市計画が環境の保全について適正な配慮がなされるものであるかどうかを審査する（第四二条第二項及び第三項関係）。

(オ)　その他

報告書の作成、公表等を行う主体を都市計画事業者とする（第四〇条の二関係）。また、事業者の行う環境影響評価との調整規定を整備するとともに（第四四条関係）、都市計画決定権者が環境影響評価手続を行うために必要な協力を事業者に求めることができるものとする（第四六条関係）。

図６　都市計画に定められる対象事業等に関する特例の手続の流れ

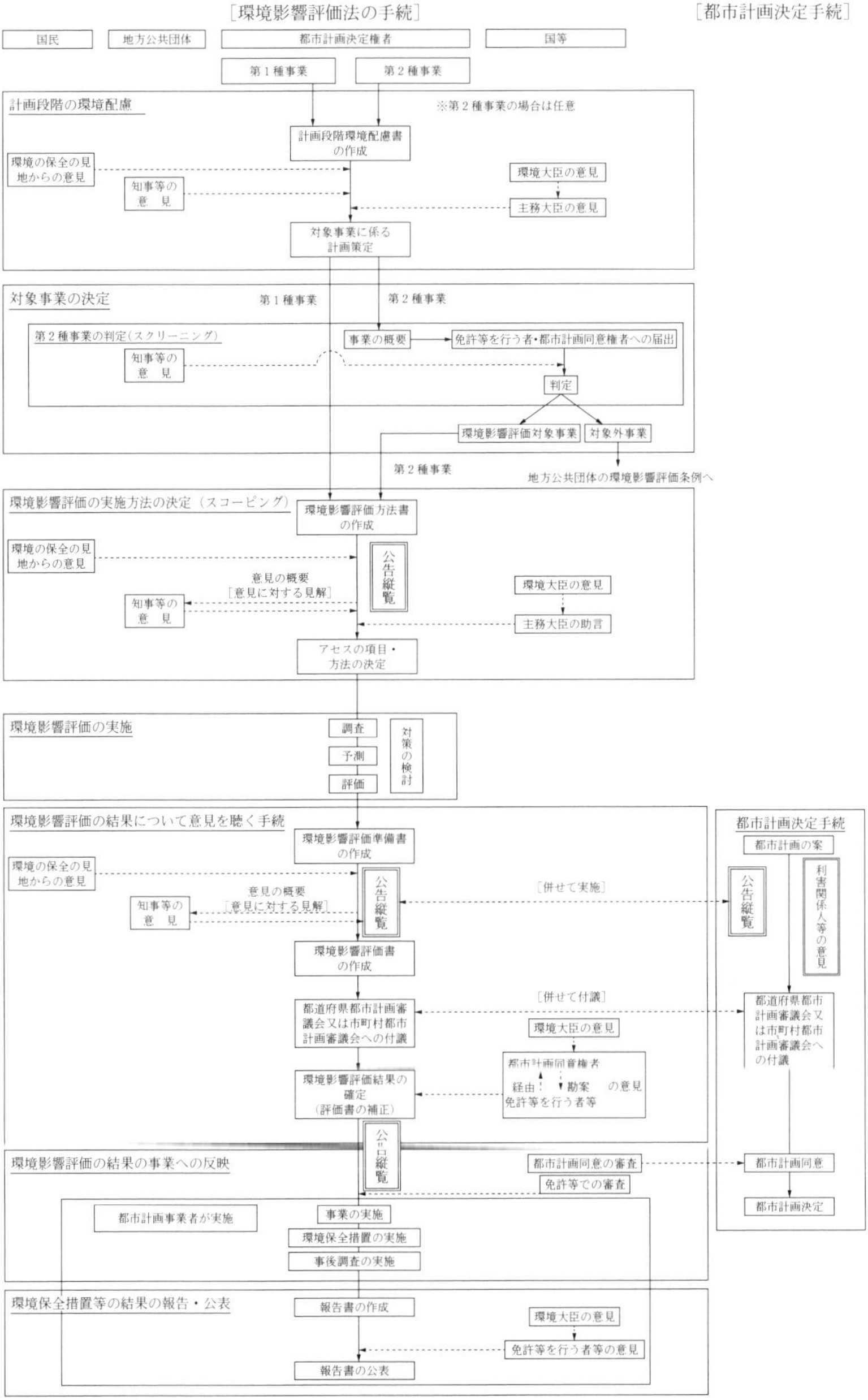
［環境影響評価法の手続］
［都市計画決定手続］
国民
地方公共団体
都市計画決定権者
国等
第１種事業
第２種事業
計画段階の環境配慮
※第２種事業の場合は任意
計画段階環境配慮書の作成
環境の保全の見地からの意見
知事等の意見
環境大臣の意見
主務大臣の意見
対象事業に係る計画策定
対象事業の決定
第２種事業の判定（スクリーニング）
事業の概要
免許等を行う者・都市計画同意権者への届出
判定
環境影響評価対象事業
対象外事業
地方公共団体の環境影響評価条例へ
環境影響評価の実施方法の決定（スコーピング）
環境影響評価方法書の作成
公告縦覧
意見の概要
［意見に対する見解］
主務大臣の助言
アセスの項目・方法の決定
環境影響評価の実施
調査
予測
評価
対策の検討
環境影響評価の結果について意見を聴く手続
環境影響評価準備書の作成
［併せて実施］
環境影響評価書の作成
都道府県都市計画審議会又は市町村都市計画審議会への付議
［併せて付議］
都市計画同意権者
経由
勘案
の意見
免許等を行う者等
環境影響評価結果の確定（評価書の補正）
都市計画決定手続
都市計画の案
利害関係人等の意見
都市計画同意
都市計画決定
環境影響評価の結果の事業への反映
都市計画同意の審査
免許等での審査
都市計画事業者が実施
事業の実施
環境保全措置の実施
事後調査の実施
環境保全措置等の結果の報告・公表
報告書の作成
免許等を行う者等の意見
報告書の公表

(二)　港湾計画に係る手続について（第四七条〜第四八条）

①　特例の趣旨

港湾法に規定する国際戦略港湾等に係る港湾計画に定められる港湾の開発、利用及び保全並びに港湾に隣接する地域の保全が環境に及ぼす影響について、環境影響評価手続を行うこととしている。港湾計画特例は他の環境影響評価法の対象事業とは異なり、埋立等の個別事業の上位に位置する計画についての環境影響評価であるため、計画段階配慮書の手続等は行われない。いわゆる「計画アセスメント」「戦略的環境アセスメント（Starategic Environmental Assessment:SEA）」的側面を持つものである。

②　特例の概要

(ア)　対象となる港湾計画

国際戦略港湾等の港湾管理者は、港湾計画の決定又は変更のうち、規模の大きい埋立に係るものであることその他の政令で定める要件（埋立及び掘込み面積三〇〇ha以上）に該当する内容のものを行おうとする場合には、環境影響評価（港湾環境影響評価）その他の手続を行わなければならない（第四八条第一項関係）。

(イ)　第二種事業に係る判定に相当する手続及び方法書の作成手続の省略

港湾計画は計画段階での環境影響評価であることにかんがみ、第二種事業に係る判定に相当する手続及び方法書の作成手続を行わない（第四八条第二項関係）。なお、こうした手続の省略は港湾計画が港湾という同質的な地域において埋立、埠頭整備等ほぼ共通の事業内容を持っていることも考慮されたものである。

(ウ)　環境影響評価の結果の反映

港湾管理者は、港湾計画の決定又は変更を行う場合には、評価書に記載されているところにより、当該港湾計画に定められる港湾開発等に係る港湾環境について配慮し、環境の保全が図られるようにする（第四八条第三項関係）。

図7　港湾計画に関する特例の手続の流れ

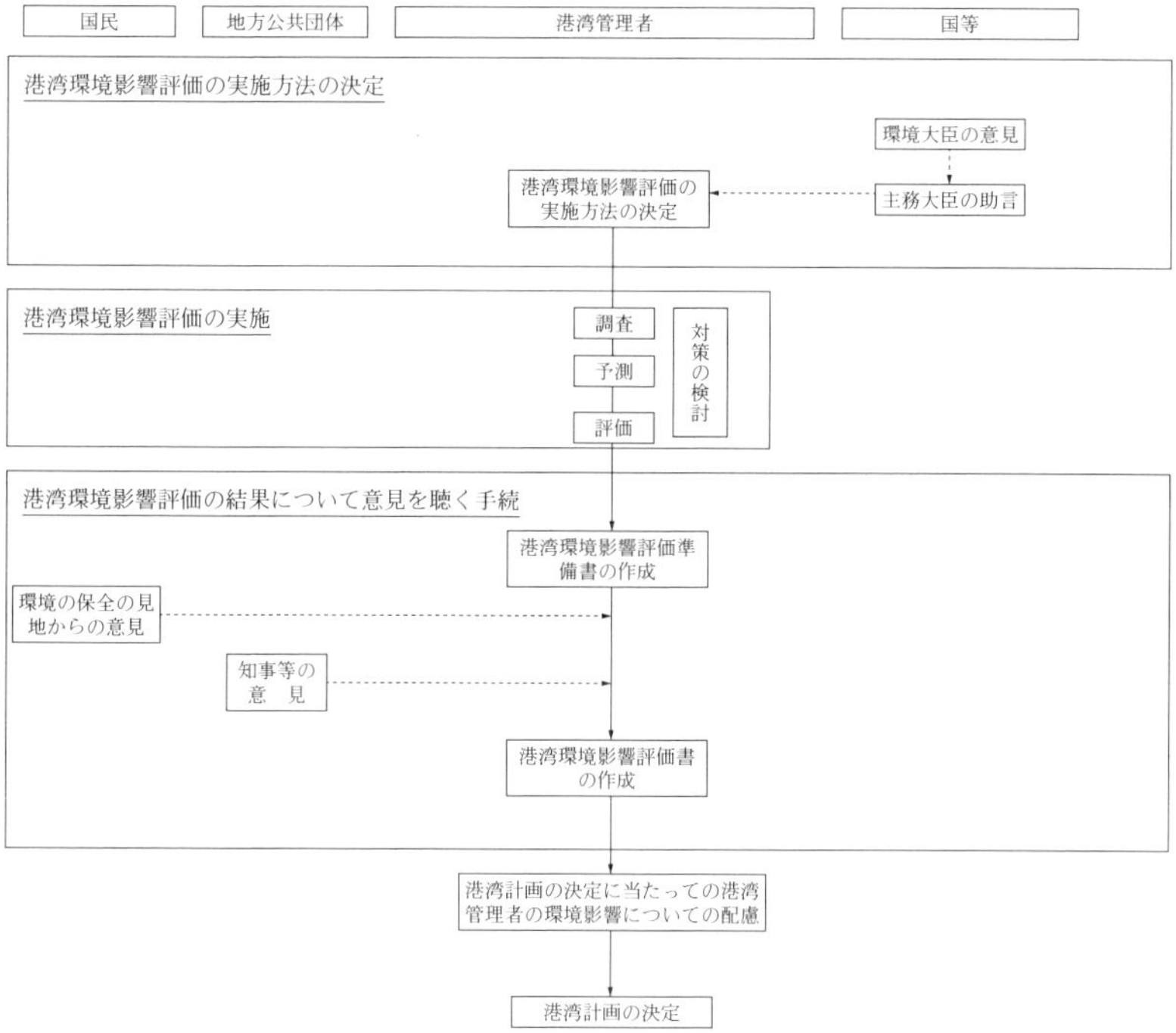
国民
地方公共団体
港湾管理者
国等
港湾環境影響評価の実施方法の決定
環境大臣の意見
港湾環境影響評価の実施方法の決定
主務大臣の助言
港湾環境影響評価の実施
調査
予測
評価
対策の検討
港湾環境影響評価の結果について意見を聴く手続
港湾環境影響評価準備書の作成
環境の保全の見地からの意見
知事等の意　見
港湾環境影響評価書の作成
港湾計画の決定に当たっての港湾管理者の環境影響についての配慮
港湾計画の決定

㈢　発電所に係る手続について（第六〇条及び電気事業法）

①　特例の趣旨

環境影響評価法の制定に当たり、発電所については、

ア　過去二〇年間、電源立地の円滑化のため、経済産業省の省議アセス制度において、手続の各段階から国が監督指導し、十分な実績を上げてきていること。

イ　民間事業者の個別事業が電力の安定供給という国の施策と強い関わりを持つという特殊な性格を有するものであること。

から、環境影響評価法の手続に加えて、電気事業法を改正し、手続の各段階で国が関与する特例を設けることとした。なお、こうした形式により発電所の特例の大半は電気事業法において規定されているが、電気事業法での規定はあくまで特例部分に限られており、発電所の環境影響評価についても特例部分以外は環境影響評価法の一般則に従い環境影響評価が行われるものである。

②　特例の概要

環境影響評価法の手続に、次の手続を加えるとともに、環境影響評価書に従っているものであることを工事計画の認可の要件としている。

○　環境影響評価の項目や手法の選定の手続（方法書の手続）における経済産業大臣の勧告
○　準備書に対する経済産業大臣の勧告
○　評価書に対する経済産業大臣の変更命令
○　報告書の経済産業大臣への送付や同大臣の意見の適用除外
○　各種書類の記載事項の追加
・第二種事業の判定に係る届出書類に、簡易な環境影響評価の結果を添付
・方法書に詳細な環境影響評価の手法を記載
・準備書及び評価書に勧告・命令の内容を記載

図８　発電所に係る特例の手続の流れ

(1)　第一種事業の手続き

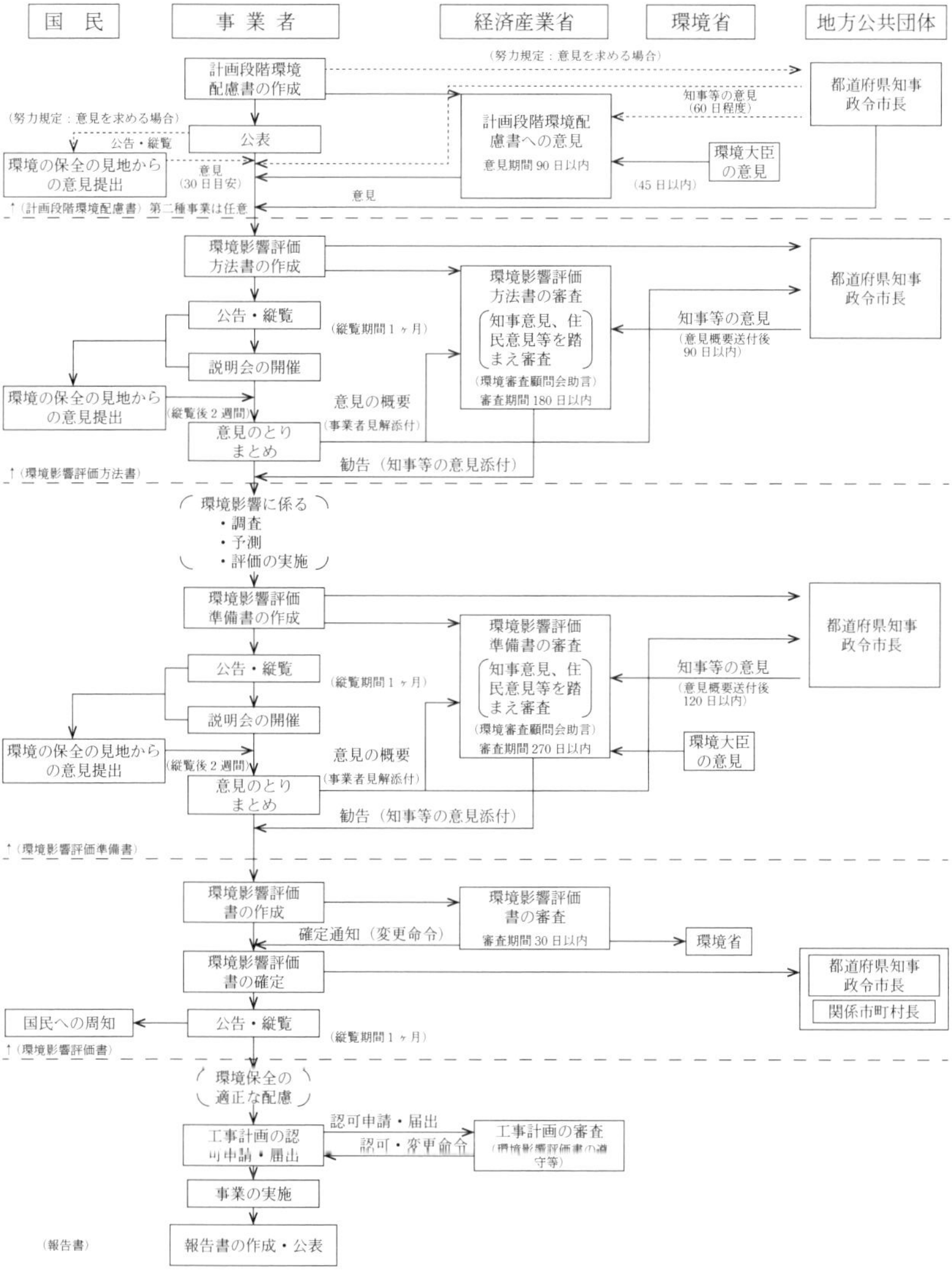

(2) 第二種事業の手続き

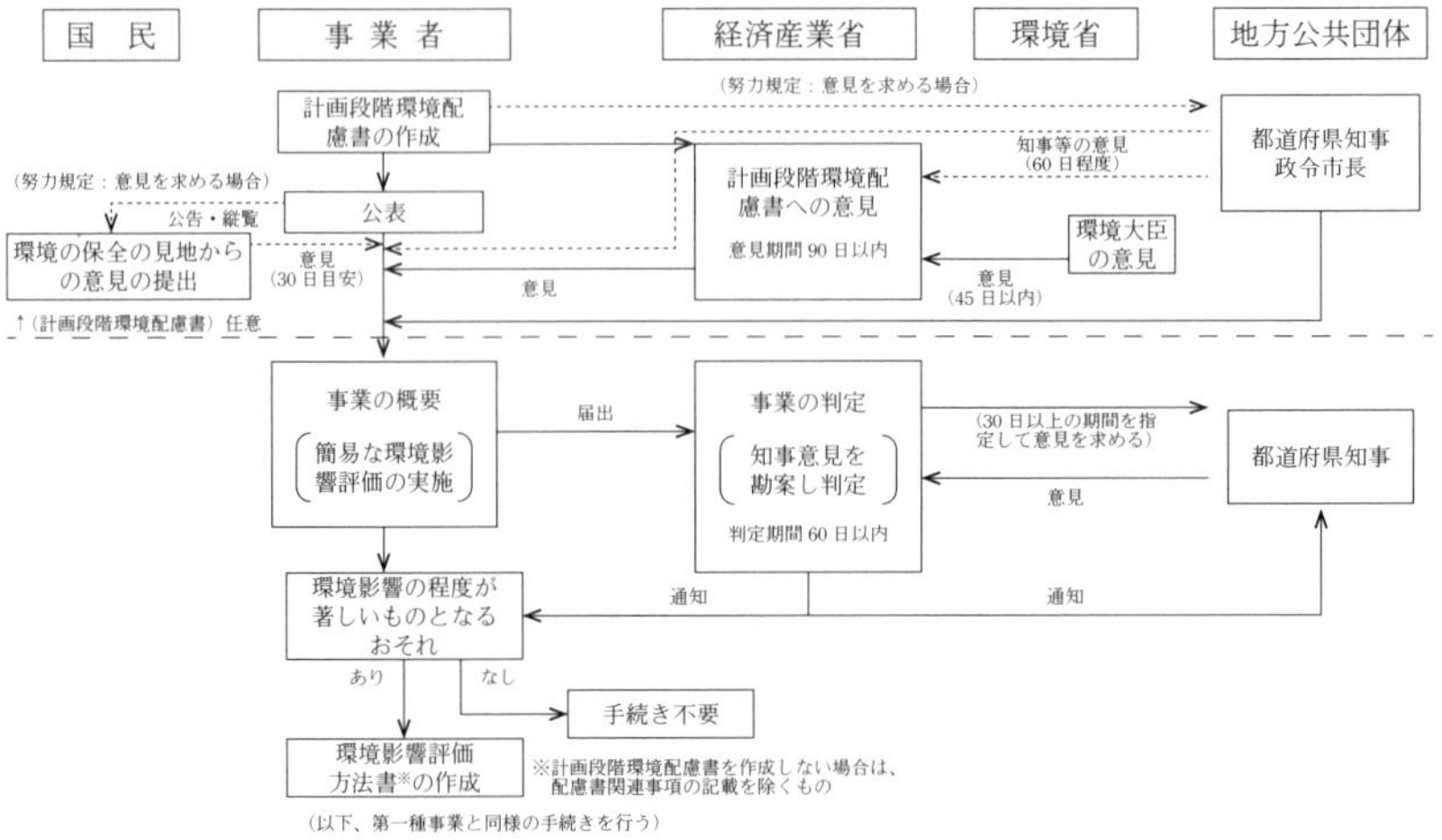
国　民
事業者
経済産業省
環境省
地方公共団体
（努力規定：意見を求める場合）
計画段階環境配慮書の作成
都道府県知事
政令市長
知事等の意見
（60日程度）
計画段階環境配慮書への意見
意見期間90日以内
（努力規定：意見を求める場合）
公表
公告・縦覧
環境の保全の見地からの意見の提出
意見
（30日目安）
環境大臣の意見
意見
意見
（45日以内）
↑（計画段階環境配慮書）任意
事業の概要
簡易な環境影響評価の実施
届出
事業の判定
知事意見を勘案し判定
判定期間60日以内
（30日以上の期間を指定して意見を求める）
都道府県知事
意見
環境影響の程度が著しいものとなるおそれ
通知
通知
あり
なし
手続き不要
環境影響評価方法書※の作成
※計画段階環境配慮書を作成しない場合は、配慮書関連事項の記載を除くもの
（以下、第一種事業と同様の手続きを行う）

第2部

環境影響評価法の逐条解説

第一章　総則

（目的）

第一条　この法律は、土地の形状の変更、工作物の新設等の事業を行う事業者がその事業の実施に当たりあらかじめ環境影響評価を行うことが環境の保全上極めて重要であることにかんがみ、環境影響評価について国等の責務を明らかにするとともに、規模が大きく環境影響の程度が著しいものとなるおそれがある事業について環境影響評価が適切かつ円滑に行われるための手続その他所要の事項を定め、その手続等によって行われた環境影響評価の結果をその事業に係る環境の保全のための措置その他のその事業の内容に関する決定に反映させるための措置をとること等により、その事業に係る環境の保全について適正な配慮がなされることを確保し、もって現在及び将来の国民の健康で文化的な生活の確保に資することを目的とする。

趣旨

本条は、本法の目的を定めた規定である。本法の解釈、運用等に当たっては、本条の定めが基本となる。

解説

①「土地の形状の変更、工作物の新設等の事業」

本法で対象とするのは、土地の形状の変更、工作物の新設等のいわば土木工事又は建設工事として捉えられるものである。土地の形状の変更、工作物の新設等の事業の実施に当たりあらかじめ環境影響評価を行うことの重要性は、環境基本法第二〇条において明らかにされているところである。

環境影響評価は、事業計画の熟度を高めていく過程のできるだけ早期に行い、総合的、効果的な環境保全対策を講じることを可能ならしめることが肝要であるが、本法においては、具体的な「工事」として捉えられる行為で把握することとしたものである。

②　「事業者が」

環境影響の程度が著しいものとなるおそれのある事業に係る環境影響評価については、閣議決定要綱等の制度の実績も踏まえて規定された環境基本法第二〇条を受けて、事業者が行うこととしているが、これは、①事業を行おうとする者が自らの責任と負担で事業の実施に伴う環境への影響について配慮することが適当であること、②事業者が事業計画を作成する段階で環境影響についての調査、予測、評価を一体として行うことにより、その結果を事業計画や環境保全対策の検討、施工・供用時の環境配慮等に反映できることによる。この場合、事業者が自らの名、責任で行うのであれば、委託等により代行機関を利用することを排除するものではない。

なお、法第九章第一節「都市計画に定められる対象事業等に関する特例」においては、対象事業又は対象事業に係る施設が都市計画に定められる場合には、事業者ではなく、都市計画決定権者が環境影響評価を行う旨の特例が設けられているが、これは、事業者に環境影響評価その他の手続が義務づけられていることを前提に、都市計画決定権者が事業者に代わるものとしてこれを行うこととしているものである。

③　「事業の実施に当たりあらかじめ」

本法は、事業の実施による環境影響に着目し、その事業に係る環境の保全について適正な配慮が行われることを確保することを目的とするものであるから、当然に環境影響評価は事業の実施前に行われる必要がある。法第四条第五項及び第三一条第一項に、それぞれ第二種事業及び対象事業の実施制限の規定を設けているのは、その現れである。

具体的にどの時期から環境影響評価に着手すべきかについては、配慮書手続の導入により、事業に係る環境の保全について適正な配慮がなされ重大な環境影響を回避するために、対象事業に関する位置等の計画の立案段階において環境配慮事項を検討する必要がある（第二章第一節参照）と規定された。また、方法書以降の手続に着手する時期についても、環境影響評価の結果を事業計画や環境保全対策に反映させることを予定していることから、事業計画が固まる前に環境影響評価を行うことが求められているところである。一方、本法が想定する程度の詳細さで調査、予測、評価を行うためには、調査、予測、評価を行う際に、ある程度、事業の諸元が具体的に想定されることが必要となろう。したがって、方法書以降の手続は、配慮書手続を経て事業の位置等を決定した段階において、事業者としてある程度具体的な事業計画を想定できる時期であって、その変更が可能な時期に開始されるよう、個別の事業ごとに適切に検討されることが期待されているところである。

④　「環境影響評価」

環境影響評価については、法第二条第一項で定義されており、方法書や準備書の周知、地方公共団体や一般の人々からの意見聴取などの外部手続を含まない概念として整理されている。（詳細は、法第二条の解説参照）

⑤　「規模が大きく環境影響の程度が著しいものとなるおそれがある事業」

第一種事業等の定義において詳述するが、本法は、国家的な見地から環境影響評価を行わしめる必要のある事業を対象とすることとしており、およそ我が国において行われる環境影響評価総体を規律するという考え方に立つものではない。地方公共団体においても地域の環境保全の観点から広範に環境影響評価が実施されていることにかんがみ、国と地方が適切な役割分担の下にそれぞれの制度を運営するという考え方により、本法の対象は、規模が大きく環境影響の程度が著しいものとなるおそれがある事業とし、その他の事業について環境影響評価を行わせるかどうかは、地方公共団体の判断や、個別事業ごとの国の判断に委ねることとしたものである。

⑥　「その他所要の事項」

法第九章「環境影響評価その他の手続の特例等」及び法第十章「雑則」のことをさす。

⑦　「環境影響評価の結果をその事業に係る環境の保全のための措置その他のその事業の内容に関する決定に反映させるための措置」

本法は、事業者に一定の手続を履行させることによって、事業者において自主的に環境保全上の適正な配慮がなされることを期するというセルフコントロールの考え方を基礎としている。したがって、事業者が環境影響評価の意義を十分に理解し、法に規定する手続を実施することにより、事業計画の立案や策定において環境保全上の適正な配慮がなされることが期待される。その意味で、環境影響評価その他の手続によって得られた環境情報は、まず、事業者自身によって環境保全のための措置をはじめとする事業の内容に反映されることが求められる。

しかしながら、セルフコントロールのみによっては、例えば事業者が重要な環境情報を見落とした結果、重大な環境の保全上の支障を招くおそれのある事業計画が策定されてしまうといったケースも生じうる。このようなケースに対応するため、国としても環境の保全上の支障が生じないことを確保する手段を用意しておく必要がある。特に、事業の実施について国自ら判断し、又は関与するものである場合にはなおさらである。このようなことから、本法では、対象事業の実施に係る許認可等の審査に際し、行政として環境影響評価の結果を審査し、その結果を当該許認可等に係る法令の目的や許認可等の要件と併せて判断してその許認可等を行うこととする「横断条項」（法第三三条～第三七条）を規定している。これにより、事業者におけるセルフコントロールが不十分であり、環境の保全上の支障が生じるおそれがある場合には、許認可等を行わないこととし、あるいは、環境の保全上の支障が生じないよう所要の環境保全対策を実施することを条件に付して許認可等を行うことができることとなる。

⑧　「その事業に係る環境の保全について適正な配慮」

環境影響評価は、環境悪化の未然防止を旨とするものであり、事業の実施に係る環境の保全以外の公益も含めた総合判断は本法の外の問題である。したがって、本法は、「事業の実施」に適正を期すのではなく、「事業に係る環境の保全」に適正を期すこととしているものである。

「配慮」とは、その事業の実施に関し、環境の保全が図られるように、悪影響の減殺を図るための措置を講ずることを指す。

「適正な」とは、恣意に流れることなく、公正・客観的に配慮を行うとの趣旨である。

参考

１．環境政策における環境影響評価の位置づけ

環境影響評価は、事業者自らが事業の環境影響を事前に調査、予測、評価することを通じ、環境保全対策を講じるなど事業計画を環境保全上より望ましいものとしていくセルフコントロール（自制）を基本とするプロセスである。土地の形状の変更、工作物の新設等の事業の実施前に環境影響評価を行うことの重要性は広く認められるところであり、我が国においては、本法制定以前から、環境影響評価実施要綱（昭和五九年八月二八日閣議決定。いわゆる「閣議アセス」）等により実績が積み重ねられた環境政策の重要なツールとして定着している。

平成五年に制定された環境基本法は、環境の保全の基本的理念とこれに基づく基本的施策の総合的枠組みを示したものであるが、同法第二〇条は、環境影響評価を推進するため国に所要の措置を講ずることを求めている。ここでは、環境影響評価は、同法に規定された事業活動に係る環境配慮責務（同法第八条第一項）及び事業活動に伴う環境

への負荷の低減その他の環境の保全に自ら努める責務（同条第四項）の履行手法の一つとして位置づけられ、土地の形状の変更、工作物の新設その他これらに類する事業（環境に影響を与えるおそれのある事業）を行おうとする事業者において幅広く実施することが期待されている。

＊環境基本法第二〇条（環境影響評価の推進）

国は、土地の形状の変更、工作物の新設その他これらに類する事業を行う事業者が、その事業の実施に当たりあらかじめその事業に係る環境への影響について自ら適正に調査、予測又は評価を行い、その結果に基づき、その事業に係る環境の保全について適正に配慮することを推進するため、必要な措置を講ずるものとする。

本法は、この環境基本法第二〇条を受けて、国の制度として、環境影響評価の具体的な手続等を規定したものである。

本条は、環境政策における環境影響評価の重要性を明記し、この認識の上に立って、環境影響評価が適切かつ円滑に行われるための手続、環境影響評価の結果を事業の内容に関する決定に反映させるための措置をとること等の規定を設けることを示したものである。

2．環境影響評価制度の目的

①　環境情報の的確な収集のための手続規定等の整備

環境影響評価制度の目的の第一は、環境影響の程度が著しいものとなるおそれのある事業計画の立案・決定に際して、環境保全を不可欠な配慮要因として、社会的・経済的要因とともに事業者が配慮するようにさせることである。

このため、本法は、国、地方公共団体、住民等に幅広く分散して保有されている環境情報（環境の保全の見地からの意見）を事業計画の熟度を高めていく過程で考慮すべきものとし、事業者が適切にこれら環境情報を収集し、考慮できるよう、一定水準の環境影響評価その他の手続を行うことを、事業の実施制限規定（法第三一条第一項）をもって事業者に義務づけることとしている。

②　環境影響評価の結果を国の政策に反映させるための規定の整備

環境影響評価を行った事業についいては、事業者自らが適正な環境配慮を行うことが基本であるが、国としても当該事業の許認可等に環境影響評価の結果を反映させる仕組みを設けることにより、環境保全上の支障が生じないよう確保することが適当である。これが環境影響評価制度の目的の第二である。
このため、本法は、環境影響評価の結果を当該事業の実施に係る許認可に反映させる規定（いわゆる「横断条項」）を設けている（法第三三条～第三七条）。

3．手続法としての性格

以上のように、本法は、主として手続を定める法律として構成されている。すなわち、事業者が、事業の実施が環境に及ぼす影響について調査、予測及び評価等を行う環境影響評価を実施することとし、配慮書、方法書、準備書、評価書、報告書の順を踏んで、地方公共団体や環境の保全の見地からの意見を有する者、環境大臣の意見を勘案した免許等を行う者等から意見を聴取して必要な書面を作成するとともに、これを事業に係る許認可等に反映するという手続を定め、この手続の履行を通じて、その事業に係る環境の保全について適切な配慮がなされることを確保しようとするものである。

ここで、環境の保全に適正な配慮をして事業を実施するという場合、その配慮の仕方としては様々な方法が考えられるところであり、特に事業や環境保全措置の代替案がある場合にいずれを選択するかは事業者の自主的な判断に委ねられるべきものである。本法は、このような考えに立って本法に定める手続を履行することによって、事業者において自主的に環境の保全に適切な配慮がなされるというセルフコントロールの考え方を基礎としている。

（注）本法における手続（特に外部手続）の義務づけの意義は、大きく次のとおりである。

①　広く分散して保有されている環境情報を的確かつ効率的に収集する手続を設けること。

調査・予測・評価の基礎となる環境情報については、事業者が自らの責任と負担で収集することが基本であるが、環境情報は、国、地方公共団体及び一般の人々の間に広く分散して保有されており、地域の自然環境の状況や、住民の環境との触れ合いの状況、住民が懸念をもっている環境汚染の要素など地方公共団体や一般の人々に広く提供を求めることにより、事業者が単独で収集するより的確かつ効率的に収集できるものが少なくない。

また、環境に対する人々の価値観は多様であることから、環境の価値を適切に評価するに当たっては、多様な人々の意見を収集しておく必要がある。

したがって、一定の事業を対象として環境影響評価の実施を義務づける制度を構築する場合には、地方公共団体や一般の人々に広く環境情報の提供を求めるシステム（事業計画の概要や調査の方法、環境影響等に関する情報を公表し、これに対する環境の保全の見地からの意見の提出を求め、提出された意見を検討し、これについて事業者としての見解を表示する等の一連の手続）を設けることとしているものである。

② ①を通じ、当該事業の実施に際して配慮がなされるべき個別具体の環境保全上の価値を的確に把握すること。

環境基本法第一四条においては、環境保全に関する施策が確保することを旨とすべき事項として、多様な自然環境が地域の自然的社会的条件に応じて体系的に保全されることや、人と自然との豊かな触れ合いが保たれることなどが示されている。

これらの環境の価値は、地域住民の環境に対する価値観その他地域び自然的社会的条件により異なることがありうるものであり、事業者がこれらについて適正に環境保全上の配慮を行っていくには、これらの具体的な環境保全に対するニーズが的確に把握されることが必要である。そのためには、前記①のように広く環境情報を求める手続が重要な役割を果たすこととなる。

③ 環境影響評価の客観性、透明性、信頼性を確保すること。

環境基本法第二〇条において、環境影響評価は「適切に」、すなわち恣意に流れることなく、公正・客観的に行われることが求められている。本法においては、科学的知見に基づき合理的な調査等の指針を定めるとともに、環境影響評価がより幅広い環境情報を基礎として行われるための手続のルールを定めることにより、一連の環境影響評価手続が透明で客観的なものとして捉えられることとなり、これが環境影響評価の信頼性の確保・向上に資することとなる。

また、これらを通じ、事業に対する住民等の理解が進み、環境保全をめぐる紛争の防止にも資することとなる。

④ 関係者の行動のルールを明らかにすること。

環境影響評価は様々な主体が関与するものであるから、これが円滑に行われるためには、それぞれの主体の役割を明確にするとともに、意見を求めるための周知、意見の提出方法、提出された意見への事業者の見解の表示方法等の手続をルールとして定めておくことが必要である。特に、本法が事業者のセルフコントロールを基礎としていることから、事業者が行うべき事項を法律により国の意思として明らかにすることにより、事業者にとって義務の範囲が明確になるとともに、社会的にもそれが認知されるという効果を持つこととなる。

4．事業の可否の判断と環境影響評価

環境影響評価においては事業が環境に及ぼす影響について地方公共団体や一般の人々の意見を聴くこととなるが、事業の経済的効果や社会的影響など環境影響以外の面についても制度の対象として広く一般に周知して事業の可否に関わる総合的な判断をする制度とすべきであるという考え方がある。

事業の可否は、当該事業を必要とする公共性、社会性やその雇用効果、経済効果なども考慮の上、さらには時として政治的判断も加えられ、まさに総合的見地から決せられるものである。一方、環境影響評価は、閣議アセスの制度以来、事業の可否を問うものとは位置づけられていない。また、主要諸国においても、主に環境に配慮した合理的な意思決定のための情報の交流を促進する手段として位置づけられ、個々の事業に係る政府の意思決定そのものに一般の人々が参加するための制度とはされていない。こうした主要諸国の状況にもかんがみ、平成九年中央環境審議会答申（平成九年二月九日）においては、我が国においても同様の考え方に立つことが適当であるとされたところである。

したがって、本法においては、事業に係る意思決定に反映させるべき環境情報の形成を図る観点から、環境影響評価制度を規定したものである。

5．環境の保全の範囲について

本法が対象とするのは、「環境の保全」である。

閣議アセスでは、調査、予測、評価の対象を典型七公害（大気汚染、水質汚濁、騒音、振動、悪臭、地盤沈下、土壌汚染）及び自然環境保全に係る五要素（動物、植物、地形・地質、景観、野外レクリエーション地）に限定していた。一方、本法では、環境基本法の制定により、公害と自然という区分を超えた統一的な環境行政の枠組みが形成され、大気、水、土壌その他の環境の自然的構成要素を良好な状態に保持すること、生物の多様性の確保を図るとともに多様な自然環境を体系的に保全すること、人と自然との豊かな触れ合いを保つことが求められるようになったことを踏まえ、環境基本法での環境保全施策の対象を評価できることとしている。

（定義）

第二条　この法律において「環境影響評価」とは、事業[1]（特定[2]の目的のために行われる一連の土地の形状の変更[3]（これと併せて行うしゅんせつを含む。）並びに工作物の新設及び増改築をいう。以下同じ。）の実施が環境[4]に及ぼす影響（当該事業の実施後の土地又は工作物において行われることが予定される事業活動その他の人[5]の活動が当該事業の目的に含まれる場合には、これらの活動に伴って生ずる影響を含む。以下単に「環境影響」という。）について環境の構成要素[6]に係る項目ごとに調査[7]、予測及び評価を行うとともに、これら[8]を行う過程においてその事業に係る環境の保全のための措置[9]を検討し、この措置[10]が講じられた場合における環境影響を総合的に評価することをいう。

＜法第二条第一項「環境影響評価」について＞

趣旨

法第二条第一項では、この法律における「環境影響評価」の用語の定義を行う。

この法律においては「環境影響評価」とは、事業者内部において行われる行為を指しており、外部の者の意見を聴取することや、許認可等に反映させること等の外部手続を含んだものとして定義されていない。この定義は、環境基本法第二〇条における、「土地の形状の変更、工作物の新設その他これらに類する事業を行う事業者が、その事業の実施に当たりあらかじめその事業に係る環境への影響について自ら適正に調査、予測又は評価を行い」という部分を詳細に定義したものである。

なお、意見の聴取や許認可等への反映については、この法律においては「環境影響評価その他の手続」との用語のうち、「その他の手続」に該当するところである。

解説

①　「事業（特定の目的のために行われる一連の土地の形状の変更（これと併せて行うしゅんせつを含む。）並びに工作物の新設及び増改築をいう。以下同じ。）」

「事業」という用語は、通常、「一定の目的をもって反復継続的に遂行される同種の行為の総体」を指すが、この法律においては、「事業」という用語に、土木工事・建設工事を行うものという特別な意味合いを持たせている。これは、環境基本法第二〇条において、「土地の形状の変更、工作物の新設その他これらに類する事業」と規定されていることと同様である。

② 「特定の目的のために行われる一連の土地の形状の変更並びに工作物の新設及び増改築」

実施する事業の「一連性」の判断については、工事の実施場所や時期によるものではなく、事業の目的が同一であり、かつ、構想及び決定の時期が同一か否か等により、総合的に判断されるものである。したがって、環境影響評価手続を行う事業単位が、事業の許認可等を受ける事業単位とは異なることもあり得る。

付帯的な工事や工作物の設置等（例えば、工事用道路、付替え道路、発生土置き場の設置等）であって、専ら当該事業の目的達成のために行うものであれば、一連の事業の一部としてみなされる。

また、事業者が複数であっても事業目的・構想及び決定の時期が同一であれば、一連の事業とみなされる場合がある。

なお、本法においては環境影響評価の実施主体が事業者であることから、この判断は一義的には事業者が行うものであるが、その判断に至った根拠について、以上を踏まえて合理的な説明が必要である。

③ 「（これと併せて行うしゅんせつを含む。）」

土地には水底が含まれないため、「これと併せて行うしゅんせつを含む。」と規定し、水底の形状を変更する行為も環境影響評価の対象としたものである。

④ 「環境に及ぼす影響（当該事業の実施後の土地又は工作物において行われることが予定される事業活動その他の人の活動が当該事業の目的に含まれる場合には、これらの活動に伴って生ずる影響を含む。以下単に「環境影響」という。）」

事業の実施が環境に及ぼす影響には、土木工事・建設工事の実施中の影響にとどまらず、当該事業が完成した後に当該事業の成果物が存在し、または供用されることによる影響を含めることが適切である。例えば、道路の事業の場合、道路が建設されることに伴う自然環境への影響のみではなく、道路が供用された場合に当該道路を走行する自動車による騒音や大気汚染も環境影響に含め、環境影響評価の対象とすることが妥当である。飛行場についても当該飛行場が供用された場合の騒音等の影響も検討することが求められる。

⑤　「その他の人の活動」

その他の人の活動としては、道路において自動車を走行させる行為などが含まれる。

⑥　「環境の構成要素に係る項目ごと」

環境影響評価を実施する際には、まず、大気、水、土壌その他の環境の構成要素に係る項目ごとに調査、予測、評価を実施することとなる。例えば、大気であれば、窒素酸化物、硫黄酸化物等の項目が想定される。なお、環境基本法第一四条第一号には「大気、水、土壌その他の環境の自然的構成要素」という用例があるところである。

⑦　「調査、予測及び評価」

調査とは、対象事業の実施が環境に及ぼす影響を予測し、評価するために必要とされる環境の現状に関する情報を既存文献資料の調査、現地調査等により収集し、その結果を整理解析することにより行うものである。また、予測は、調査結果の整理、解析を踏まえ、数理モデルによる数値計算、既存事例の引用又は解析により、事業の実施が環境に及ぼす影響を定量的又は定性的に明らかにするものである。さらに、評価は、調査、予測の結果を踏まえ、各種の環境保全施策における基準・目標を考慮するとともに、環境の保全のための措置の効果を勘案して、個々の事業者にとって実行可能な範囲内で環境への影響をできる限り回避し、低減するものかどうかという観点で当該事業に伴う環境影響の程度を明らかにするものである。

なお、調査、予測、評価の具体的な方法については、環境大臣が公表する基本的事項を踏まえて主務大臣が環境大臣と協議して定める指針において、参考となる項目及び手法並びにその選定の考え方が示され、個々の事案ごとにスコーピングの手続（方法書の手続）を経て、事業者が決定することとされている。

⑧　「これらを行う過程において」

個別の項目ごとに調査、予測、評価を行う過程において、事業者において環境の保全のための措置が検討されることを想定している。具体的には、調査、予測、評価の過程で新たな事実が判明し、あるいは環境影響の程度が明らかになり、これらを受けて環境の保全のための措置が検討され、当該措置を実施した場合の環境影響についての調査、予測、評価が補足されるというフィードバックの過程がとられる場合や、複数の環境の保全のための措置を実施した場合の環境影響が調査、予測、評価の過程で比較検討される場合などが想定されるところである。

⑨「**環境の保全のための措置**」

個々の事業者にとって実行可能な範囲内で環境への影響をできる限り回避し、低減するという観点から、対象事業を実施する区域の位置、対象事業の規模、建造物の構造・配置、環境保全設備、工事の方法等を検討したり、予測等の不確実性を補うという観点から、事後の環境の状態等を監視したりするものである。

⑩「**この措置が講じられた場合における環境影響を総合的に評価する**」

環境要素の項目ごとにとりまとめた調査、予測、評価の結果の概要を一覧できるように整理し、とりまとめること等により、項目の相互間の関係を含めて事業による環境影響の全体を把握できるようにし、評価するものである。

第二条（続き）

2　この法律において「第一種事業」とは、[①]次に掲げる要件を満たしている事業であって、[②]規模（形状が変更される部分の土地の面積、新設される工作物の大きさその他の数値で表される事業の規模をいう。次項において同じ。）が大きく、環境影響の程度が著しいものとなるおそれがあるものとして[③]政令で定めるものをいう。

一　次に掲げる事業の種類のいずれかに該当する[④]一の事業であること。

イ　高速自動車国道、一般国道その他の[⑤]道路法（昭和二十七年法律第百八十号）第二条第一項に規定する道路その他の道路の新設及び改築の事業

ロ　[⑥]河川法（昭和三十九年法律第百六十七号）第三条第一項に規定する河川に関するダムの新築、堰《せき》の新築及び改築の事業（以下この号において「ダム新築等事業」という。）並びに[⑦]同法第八条の河川工事の事業でダム新築等事業でないもの

ハ　鉄道事業法（昭和六十一年法律第九十二号）による鉄道及び軌道法（大正十年法律第七十六号）による軌道の建設及び改良の事業

ニ　[⑧]空港法（昭和三十一年法律第八十号）第二条に規定する空港その他の飛行場及びその施設の設置又は変更

の事業

ホ　[9]電気事業法（昭和三十九年法律第百七十号）第三十八条に規定する事業用電気工作物であって発電用のものの設置又は変更の工事の事業

ヘ　[10]廃棄物の処理及び清掃に関する法律（昭和四十五年法律第百三十七号）第八条第一項に規定する一般廃棄物の最終処分場及び同法第十五条第一項に規定する産業廃棄物の最終処分場の設置並びにその構造及び規模の変更の事業

ト　公有水面埋立法（大正十年法律第五十七号）による公有水面の埋立て及び干拓その他の水面の埋立て及び干拓の事業

チ　[11]土地区画整理法（昭和二十九年法律第百十九号）第二条第一項に規定する土地区画整理事業

リ　[12]新住宅市街地開発法（昭和三十八年法律第百三十四号）第二条第一項に規定する新住宅市街地開発事業

ヌ　[13]首都圏の近郊整備地帯及び都市開発区域の整備に関する法律（昭和三十三年法律第九十八号）第二条第五項に規定する工業団地造成事業及び[14]近畿圏の近郊整備区域及び都市開発区域の整備及び開発に関する法律（昭和三十九年法律第百四十五号）第二条第四項に規定する工業団地造成事業

ル　[15]新都市基盤整備法（昭和四十七年法律第八十六号）第二条第一項に規定する新都市基盤整備事業

ヲ　[16]流通業務市街地の整備に関する法律（昭和四十一年法律第百十号）第二条第二項に規定する流通業務団地造成事業

ワ　イからヲまでに掲げるもののほか、一の事業に係る[17]環境影響を受ける地域の範囲が広く、その一の事業に係る環境影響評価を行う必要の程度がこれらに準ずるものとして[18]政令で定める事業の種類

二　次のいずれかに該当する事業であること。

イ　法律の規定であって[19]政令で定めるものにより、その実施に際し、免許、特許、許可、認可、承認若しくは同意又は届出（当該届出に係る法律において、当該届出に関し、当該届出を受理した日から起算して一定の期間内に、その変更について勧告又は命令をすることができることが規定されているものに限る。ホにおいて同じ。）が必要とされる事業（ホに掲げるものを除く。）

ロ　国の[20]補助金等（補助金等に係る予算の執行の適正化に関する法律（昭和三十年法律第百七十九号）第二条第一項第一号の補助金、同項第二号の負担金及び同項第四号の政令で定める給付金のうち[21]政令で定めるものをいう。以下同じ。）の交付の対象となる事業（イに掲げるものを除く。）

ハ　[22]特別の法律により設立された法人（国が出資しているものに限る。）がその業務として行う事業（イ及びロに掲げるものを除く。）

ニ　[23]国が行う事業（イ及びホに掲げるものを除く。）

ホ　国が行う事業のうち、法律の規定であって[24]政令で定めるものにより、その実施に際し、免許、特許、許可、認可、承認若しくは同意又は届出が必要とされる事業

政令

（第一種事業）

第一条　環境影響評価法（以下「法」という。）第二条第二項の政令で定める事業は、別表第一の第一欄に掲げる事業の種類ごとにそれぞれ同表の第二欄に掲げる要件に該当する一の事業とする。ただし、当該事業が[3-1]同表の一の項から五の項まで又は八の項から十三の項までの第二欄に掲げる要件のいずれかに該当し、かつ、公有水面の埋立て又は干拓（[3-2]同表の七の項の第二欄に掲げる要件に該当するもの及び[3-3]同表の七の項の第三欄に掲げる要件に該当することを理由として法第四条第三項第一号の措置がとられたものに限る。以下「対象公有水面埋立て等」という。）を伴うものであるときは、[3-4]対象公有水面埋立て等である部分を除くものとする。

（法第二条第二項第一号ワの政令で定める事業の種類）

第二条　法第二条第二項第一号ワの政令で定める事業の種類は、[18-1]宅地の造成の事業（[18-2]造成後の宅地又は当該宅地の造成と併せて整備されるべき施設が不特定かつ多数の者に供給されるものに限るものとし、[18-3]同号チからヲまでに掲げるものに該当するものを除く。）とする。

（免許等に係る法律の規定）

第三条　法第二条第二項第二号イの法律の規定であって政令で定めるものは、別表第一の第一欄に掲げる事業の

種類（第二欄及び第三欄に掲げる事業の種類の細分を含む。）ごとにそれぞれ同表の第四欄に掲げるとおりとする。

（法第二条第二項第二号ロの政令で定める給付金）

第四条　法第二条第二項第二号ロに規定する給付金のうち政令で定めるものは、次に掲げるものとする。

一　沖縄振興特別措置法（平成十四年法律第十四号）第百五条の三第二項に規定する交付金

二　社会資本整備総合交付金

（法第二条第二項第二号ホの法律の規定であって政令で定めるもの）

第五条　法第二条第二項第二号ホの法律の規定であって政令で定めるものは、公有水面埋立法[㉔-1]（大正十年法律第五十七号）第四十二条第一項（土地改良法[㉔-2]（昭和二十四年法律第百九十五号）第二条第二項第四号の事業に適用される場合に限る。）の規定とする。

＜法第二条第二項「第一種事業」について＞

趣旨

法第二条第二項では、第一種事業、すなわち法第三条の二（計画段階配慮事項についての検討）以下（法第四条（第二種事業に係る判定）を除く。）に定める環境影響評価その他の手続を必ず行うべき事業を定める。

第一種事業は、法第二条第二項第一号に掲げる事業の種類に該当し、かつ、同項第二号に掲げる要件のいずれかに該当する事業であって、規模が大きく、環境影響の程度が著しいものとなるおそれがあるものとして政令で定めるものをいう。

1．対象とする事業の基本的な考え方

環境影響評価法の対象とする事業の基本的な考え方は、事業の態様等から規模が大きく環境影響の程度が著しいものとなるおそれがある事業であって、かつ、法律上、当該事業の内容の決定に環境影響評価の結果を反映させる方途があるものについて、当該方途を活用して環境影響評価の結果を反映させ、その実施における環境の保全上の配慮が確保されるようにするというものである。

これは、平成九年中央環境審議会答申で示された「国の立場からみて一定の水準が確保された環境影響評価を実施することにより環境保全上の配慮をする必要があり、かつ、そのような配慮を国として確保できる事業を対象とすることが適当である。このような観点から、新たな制度においては、規模が大きく環境に著しい影響を及ぼすおそれがあり、かつ、国が実施し、又は許認可等を行う事業を対象事業に選定することが適当」との考え方に即したものとなっている。

２．第一号要件（事業種要件）

全国的に法による環境影響評価を行わしめる必要が高いと認められる事業の種類として、道路、ダム、鉄道、飛行場その他の一二の事業種を列挙している。これら事業種選定の基本的な考え方としては、事業形態として環境影響著しいかどうか、国家的な問題か地方公共団体に委ねるべき問題か、環境影響評価を行うべしとする社会的要請が高い事業かどうか、環境影響評価の実効を期することができるかどうか（環境影響評価を行う能力や実績）等の諸点も勘案しつつ、閣議決定要綱等の実績を踏まえて選定されたものである。

なお、事業種の規定順については、事業形態により、①道路のように一定の長さを有する線的開発事業、②発電所のように特定の地点を中心に影響が広がる点的開発事業、③埋立て、干拓のように一定の広さを有する面的開発事業の三つのグループに分け列挙している。

３．第二号要件（法的関与要件）

国として環境影響評価の結果を事業の内容の決定に反映させる方途としては、①法律による免許等を受けて事業が実施される場合の当該免許等、②国の補助金等を受けて事業が行われる場合の当該補助金等の交付決定、③独立行政法人によって事業が行われる場合の当該法人に対する国の監督、④国が自ら事業を実施する場合の自律が挙げられる。

本法では、これら四つの場合のいずれかに該当する事業を対象とすることとし、本号においてこれを第一種事業の要件としてイからホの五つに分けて列挙している。

また、この号に掲げられた要件の区分は、当該事業の内容等に係る決定権の所在と対応するものであるため、この条のほか、法第四条第一項（第二種事業に係る判定を行う者）、第二二条第一項（評価書の送付先）、第三八条の三第一項（報告書の送付先）及び第五八条（主務大臣）でも引用されるほか、環境影響評価の結果を事業の内容の決定に反映させるための一連の条項（法第三三条〜第三七条）も、基本的にこの区分によっている。

第二号要件の規定順については、当該要件に定められた環境影響評価の結果の反映の方途について他律性の強い順、すなわち、当該事業につき、より客観的な視点で環境影響評価の結果の反映がなされると考えられる順序となっている。

解説

①**「次に掲げる要件を満たしている事業」**

第一号に掲げる事業種要件と第二号に掲げる法的関与要件の双方を満たすことが必要となる。

②**「規模（形状が変更される部分の土地の面積、新設される工作物の大きさその他の数値で表される事業の規模をいう。次項において同じ。）」**

「規模」とは、形状が変更される部分の土地の面積、新設される工作物の大きさその他の数値で表される事業の規模をいい、事業の態様に応じ、面的な開発事業であれば面積、道路等の線的事業では延長、点的な環境影響発生源としては発電所であれば出力といった適切な数値で定められることとなる。

③**「政令で定めるもの」（＝施行令第一条）**

③―１**「同表の一の項から五の項まで又は八の項から十三の項までの第二欄に掲げる要件のいずれかに該当」**

道路、ダム・堰等、鉄道・軌道、飛行場、発電所、土地区画整理事業、新住宅市街地開発事業、工業団地造成事業、新都市基盤整備事業、流通業務団地造成事業又は宅地の造成の事業のいずれかに該当すること（廃棄物最終処分場又は公有水面の埋立て又は干拓に該当しないこと）を指している。

③―２**「同表の七の項の第二欄に掲げる要件に該当するもの」**

公有水面の埋立て又は干拓のうち、第一種事業の規模要件を満たすものである。

③―３**「同表の七の項の第三欄に掲げる要件に該当することを理由として法第四条第三項第一号の措置がとられたもの」**

公有水面の埋立て又は干拓のうち、第二種事業の規模要件を満たしており、それについて行われた第二種事業の判定手続の結果、法の規定による環境影響評価その他の手続が行われる必要があることとされたものである。

③―4　「対象公有水面埋立て等である部分を除くものとする。」

ただし書の規定の趣旨は、③―１に該当する事業が公有水面埋立・干拓を伴う場合に、③―１に該当する事業としての手続と、公有水面埋立・干拓の事業としての手続が重複して義務付けられることのないようにするものである。

③―１に該当する事業に伴う公有水面埋立・干拓が、公有水面埋立・干拓の事業としても対象事業となる場合には、③―１に該当する事業の一部としてではなく、公有水面埋立・干拓の事業として捉えることとなる。なお、公有水面埋立・干拓の事業として対象事業とならない場合には、③―１に該当する事業の一部として、それぞれの事業種に該当する対象事業に係る法の手続の中で環境影響評価が行われることとなる。

施行令別表第一の六の項の廃棄物最終処分場の設置又は規模の変更の事業であって、公有水面埋立を伴う場合に、当該埋立てが公有水面埋立の事業として対象事業になる場合については、廃棄物最終処分場の事業と公有水面埋立の事業を切り分けることが困難であることから、前記のような取り扱いは行わず、あえて重複して双方の事業として捉えることとしている。

なお、この規定は、面積をもって規模要件を定めている事業について、公有水面埋立・干拓を行った土地の上で行われる部分を除いて規模を算定する趣旨のものではない。

④　「一の事業」

政令において、ひとつの手続が行われる事業としてどのような範囲を捉えるべきかを示し得るように、「一の事業」を政令で規定することとしたものである。具体的には、埋立て等を含めるか否かにつき、政令で規定されているところである（前項参照）。なお、どのような範囲である事業を「一の事業」と捉えるかについては、法第二条第一項の規定「特定の目的のために行われる一連の土地の形状の変更（これと併せて行うしゅんせつを含む。）並びに工作物の新設及び増改築」に照らし、それぞれの事業の性質により判断されるべきものである。

⑤　「道路法（昭和二十七年法律第百八十号）第二条第一項に規定する道路その他の道路」

道路には、道路法の道路とそれ以外の道路がある。本法は、その双方を対象としている。道路法の道路は、高速自動車国道、一般国道、都道府県道、市町村道の四種類である。道路法の道路でない道路としては、林道、農道などがあるが、政令では、このうち森林法第百九十三条に規定する林道の開設又は拡張の事業が本法の対象とされている。

【参照条文】

◎道路法（昭和二十七年法律第百八十号）（抄）

（用語の定義）

第二条　この法律において「道路」とは、一般交通の用に供する道で次条各号に掲げるものをいい、トンネル、橋、渡船施設、道路用エレベーター等道路と一体となつてその効用を全うする施設又は工作物及び道路の附属物で当該道路に附属して設けられているものを含むものとする。

２～５　（略）

（道路の種類）

第三条　道路の種類は、左に掲げるものとする。

一　高速自動車国道

二　一般国道

三　都道府県道

四　市町村道

⑥「河川法（昭和三十九年法律第百六十七号）第三条第一項に規定する河川に関するダムの新築、堰《せき》の新築及び改築の事業」

河川法第三条第一項に規定する河川とは、一級河川と二級河川を指す。一級河川・二級河川に関するダムの新築、堰の新築・改築であれば、ダム・堰の建築の目的如何にかかわらず、法の対象となり得る。

なお、増加する貯水面積が大きいダムのかさ上げ等の事業は、ダムの新築の事業として対象事業となる点に留意が必要である。

【参照条文】

◎河川法（昭和三十九年法律第百六十七号）（抄）

（河川及び河川管理施設）

第三条　この法律において「河川」とは、一級河川及び二級河川をいい、これらの河川に係る河川管理施設を含むものとする。

2　（略）

⑦　「同法第八条の河川工事の事業でダム新築等事業でないもの」

河川法第八条の河川工事とは、「河川の流水によって生ずる公利を増進し、又は公害を除却し、若しくは軽減するため」に行われるものであり、特定の利益のために行われる工事は含まれない。具体的には、湖沼水位調節施設、放水路が政令で定められている。なお、発電、水道等のためのみのダムの建設、かんがい用の取水堰の設置等は、その目的が特定の利益のためにのみ行われるものであることから河川工事には含まれないが、ダム、堰については河川工事であるか否かにかかわらず、本法の対象となる（前号参照）。

【参照条文】

◎河川法（昭和三十九年法律第百六十七号）（抄）

（河川工事）

第八条　この法律において「河川工事」とは、河川の流水によつて生ずる公利を増進し、又は公害を除却し、若しくは軽減するために河川について行なう工事をいう。

⑧　「空港法（昭和三十一年法律第八十号）第二条第一項に規定する空港その他の飛行場」

空港法第二条に規定する空港とは、主として航空運送の用に供する公共用飛行場を指す。その他の飛行場には、自衛隊用飛行場、米軍用飛行場などが含まれる。

【参照条文】

◎空港法（昭和三十一年法律第八十号）（抄）

（定義）

第二条　この法律において「空港」とは、公共の用に供する飛行場（附則第二条第一項の政令で定める飛行場を除く。）をいう。

⑨　「電気事業法（昭和三十九年法律第百七十号）第三十八条に規定する事業用電気工作物であって発電用のもの」

電気工作物は、一般用電気工作物と事業用電気工作物からなるが、両者の違いは、設備の種類、規模に応じてより危険性の低いものが一般用電気工作物であり、より危険性の高いものが事業用電気工作物であるという点にある。したがって、「事業用」電気工作物とあっても、発電事業の用に供するもののみならず、自家発電のために用いられるものも含まれる概念である。

また、法の対象となるのは、「発電用のもの」であり、変電・送電用の電気工作物は事業種として挙げられていない。

【参照条文】

◎**電気事業法**（昭和三十九年法律第百七十号）（抄）

第三十八条　この法律において「一般用電気工作物」とは、次に掲げる電気工作物をいう。ただし、小出力発電設備以外の発電用の電気工作物と同一の構内（これに準ずる区域内を含む。以下同じ。）に設置するもの又は爆発性若しくは引火性の物が存在するため電気工作物による事故が発生するおそれが多い場所であつて、経済産業省令で定めるものに設置するものを除く。

一　他の者から経済産業省令で定める電圧以下の電圧で受電し、その受電の場所と同一の構内においてその受電に係る電気を使用するための電気工作物（これと同一の構内に、かつ、電気的に接続して設置する小出力発電設備を含む。）であつて、その受電のための電線路以外の電線路によりその構内以外の場所にある電気工作物と電気的に接続されていないもの

二　構内に設置する小出力発電設備（これと同一の構内に、かつ、電気的に接続して設置する電気を使用するための電気工作物を含む。）であつて、その発電に係る電気を前号の経済産業省令で定める電圧以下の電圧で他の者がその構内において受電するための電線路以外の電線路によりその構内以外の場所にある電気工作物と電気的に接続されていないもの

三　前二号に掲げるものに準ずるものとして経済産業省令で定めるもの

2　前項において「小出力発電設備」とは、経済産業省令で定める電圧以下の電気の発電用の電気工作物であつて、経済産業省令で定めるものをいうものとする。

3　この法律において「事業用電気工作物」とは、一般用電気工作物以外の電気工作物をいう。

4　この法律において「自家用電気工作物」とは、次に掲げる事業の用に供する電気工作物及び一般用電気工作物以外の電気

工作物をいう。
一　一般送配電事業
二　送電事業
三　特定送配電事業
四　発電事業であつて、その事業の用に供する発電用の電気工作物が主務省令で定める要件に該当するもの

⑩「廃棄物の処理及び清掃に関する法律（昭和四十五年法律第百三十七号）第八条第一項に規定する一般廃棄物の最終処分場及び同法第十五条第一項に規定する産業廃棄物の最終処分場」

一般廃棄物・産業廃棄物の双方とも最終処分場が対象となり、焼却施設、中間処理施設は、本法の対象とはされていない。

なお、一般廃棄物・産業廃棄物の最終処分場とは、単に埋立地のみを指すのではなく、「一般廃棄物の最終処分場及び産業廃棄物の最終処分場に係る技術上の基準を定める命令の運用に伴う留意事項について（平成十年七月十六日環水企第三百一号・衛環第六十三号環境庁・厚生省通知）」に規定されているように、「埋立地のほか、埋立処分を行うために必要な場所及び関連付帯設備を併せた総体としての施設をいう」ものである。

【参照条文】

◎廃棄物の処理及び清掃に関する法律（昭和四十五年法律第百三十七号）（抄）

（一般廃棄物処理施設の許可）

第八条　一般廃棄物処理施設（ごみ処理施設で政令で定めるもの（以下単に「ごみ処理施設」という。）、し尿処理施設（浄化槽法第二条第一号に規定する浄化槽を除く。以下同じ。）及び一般廃棄物の最終処分場で政令で定めるものをいう。以下同じ。）を設置しようとする者（第六条の二第一項の規定により一般廃棄物を処分するために一般廃棄物処理施設を設置しようとする市町村を除く。）は、当該一般廃棄物処理施設を設置しようとする地を管轄する都道府県知事の許可を受けなければならない。

2～6　（略）

（産業廃棄物処理施設）

第十五条　産業廃棄物処理施設（廃プラスチック類処理施設、産業廃棄物の最終処分場その他の産業廃棄物の処理施設で政令で定めるものをいう。以下同じ。）を設置しようとする者は、当該産業廃棄物処理施設を設置しようとする地を管轄する都道府県知事の許可を受けなければならない。

２～６　（略）

⑪　「土地区画整理法（昭和二十九年法律第百十九号）第二条第一項に規定する土地区画整理事業」

土地区画整理法に基づく事業であり、土地所有者等から提供された土地を道路・公園等の公共用地として活用し、整然とした市街地を形成することを通じて、居住環境を向上し、利用増進を図るものである。

【参照条文】

◎土地区画整理法（昭和二十九年法律第百十九号）（抄）

（定義）

第二条　この法律において「土地区画整理事業」とは、都市計画区域内の土地について、公共施設の整備改善及び宅地の利用の増進を図るため、この法律で定めるところに従つて行われる土地の区画形質の変更及び公共施設の新設又は変更に関する事業をいう。

２～８　（略）

⑫　「新住宅市街地開発法（昭和三十八年法律第百三十四号）第二条第一項に規定する新住宅市街地開発事業」

新住宅市街地開発事業は、大都市や人口集中の著しい市街地における住宅用地の供給等を図るために、創設された事業である。大規模な土地を全面的に買収して、住宅地のみならず、公園、上・下水道等の公共施設や学校、病院、共同店舗などの公益的施設を整備した住区、住区間を結ぶ幹線道路などを総合的に供給する事業である。この事業はすべて都市計画法第五九条の規定による認可又は承認を受ける都市計画事業として行われる。

【参照条文】

◎新住宅市街地開発法（昭和三十八年法律第百三十四号）（抄）

（定義）

第二条　この法律において「新住宅市街地開発事業」とは、都市計画法（昭和四十三年法律第百号）及びこの法律で定めるところに従って行なわれる宅地の造成、造成された宅地の処分及び宅地とあわせて整備されるべき公共施設の整備に関する事業並びにこれに附帯する事業をいう。

２～11　（略）

⑬　「首都圏の近郊整備地帯及び都市開発区域の整備に関する法律（昭和三十三年法律第九十八号）第二条第五項に規定する工業団地造成事業」

前項の新住宅市街地開発事業と同様に、土地を全面的に買収して、工業団地を計画的に作り出す事業である。この事業はすべて都市計画事業として行われる。

【参照条文】

◎首都圏の近郊整備地帯及び都市開発区域の整備に関する法律（昭和三十三年法律第九十八号）（抄）

（定義）

第二条　（略）

２～４　（略）

５　この法律で「工業団地造成事業」とは、近郊整備地帯内又は都市開発区域内において、都市計画法（昭和四十三年法律第百号）及びこの法律で定めるところに従って行われる、製造工場等の敷地の造成及びその敷地と併せて整備されるべき道路、排水施設、鉄道、倉庫その他の施設の敷地の造成又はそれらの施設の整備に関する事業並びにこれに附帯する事業（造成された敷地又は整備された施設の処分及び管理に関するものを除く。）をいう。

６～８　（略）

⑭　「近畿圏の近郊整備区域及び都市開発区域の整備及び開発に関する法律（昭和三十九年法律第百四十五号）第二条第四項に規定する工業団地造成事業」

⑬の事業と事業手法は同じである。

【参照条文】

◎近畿圏の近郊整備区域及び都市開発区域の整備及び開発に関する法律（昭和三十九年法律第百四十五号）（抄）

（定義）

第二条　（略）

２・３　（略）

４　この法律で「工業団地造成事業」とは、近郊整備区域内又は都市開発区域内において、都市計画法（昭和四十三年法律第百号）及びこの法律で定めるところに従つて行なわれる、製造工場等の敷地の造成及びその敷地とあわせて整備されるべき道路、排水施設、鉄道、倉庫その他の施設の敷地の造成又はそれらの施設の整備に関する事業並びにこれに附帯する事業（造成された敷地又は整備された施設の処分及び管理に関するものを除く。）をいう。

５～７　（略）

⑮ **「新都市基盤整備法（昭和四十七年法律第八十六号）第二条第一項に規定する新都市基盤整備事業」**

施行区域内の一定比率の土地を施行者が買収して都市の根幹的な施設を作り出すために造成するとともに、その他の土地を土地区画整理事業の手法を用いて整序する手法を用いて、新たな都市を作り出す事業である。この事業はすべて都市計画事業として行われる。

【参照条文】

◎新都市基盤整備法（昭和四十七年法律第八十六号）（抄）

（定義）

第二条　この法律において「新都市基盤整備事業」とは、都市計画法（昭和四十三年法律第百号）及びこの法律に従つて行なわれる新都市の基盤となる根幹公共施設の用に供すべき土地及び開発誘導地区に充てるべき土地の整備に関する事業並びにこれに附帯する事業をいう。

２～８　（略）

⑯ **「流通業務市街地の整備に関する法律（昭和四十一年法律第百十号）第二条第二項に規定する流通業務団地造成事業」**

土地区画整理事業から新都市基盤整備事業までは、市街地開発事業として都市計画に定められる。一方、流通業務団地は、都市計画には、都市施設のひとつとして定められることとなるが、過去の実績、環境への影響等を考慮して本法の対象とされているものである。

【参照条文】

◎流通業務市街地の整備に関する法律（昭和四十一年法律第百十号）（抄）

（定義）

第二条　（略）

2　この法律において「流通業務団地造成事業」とは、第七条第一項の流通業務団地について、都市計画法（昭和四十三年法律第百号）及びこの法律で定めるところに従つて行なわれる同項第二号に規定する流通業務施設の全部又は一部の敷地の造成、造成された敷地の処分並びにそれらの敷地とあわせて整備されるべき公共施設及び公益的施設の敷地の造成又はそれらの施設の整備に関する事業並びにこれに附帯する事業をいう。

3～9　（略）

⑰　「環境影響を受ける地域の範囲が広く、その一の事業に係る環境影響評価を行う必要の程度がこれらに準ずるもの」

法第二条第二項第一号イからヲまでの事業種は立法時点で環境影響評価を行わしめる必要が明らかな事業であるが、「必要に応じ事業種の見直しができる仕組みとすることが適当」との平成九年中央環境審議会答申を受け、その他の事業種についても必要に応じて政令で追加し得るよう「ワ」として包括条項（バスケットクローズ）を設けている。当該条文は、どのようなものを政令で追加指定するかの基準を敷衍して規定しているものである。

⑱　「政令で定める事業の種類」（＝施行令第二条）

⑱—1　「宅地の造成の事業」

ここでいう「宅地」とは、住宅、工場・事業場等の用に供される土地のことを指し、農用地、森林、原野の用に供される場合以外の、かなり幅広い用途を示す概念として用いられている。

⑱—2　「造成後の宅地又は当該宅地の造成と併せて整備されるべき施設が不特定かつ多数の者に供給されるものに限る」

第一号ワに定める事業の種類は、一の事業に係る環境影響を受ける地域の範囲が広く、その一の事業に係る環境影響評価を行う必要の程度が同号イからヲまでに掲げるものに準ずるものとして定められるものであることから、同号チからヲまでに掲げる事業の種類に準ずることにより定めた宅地の造成の事業について、その準じている内容を明らかにしたものである。

具体的には、これらの土地においては、多数の住宅、工場・事業場等が立地されることとなるが、これらにおいて実施される人の活動に伴う環境影響は、当該事業の計画が環境の保全に適正に配慮されているかどうかによって左右される。また、分譲・賃貸等によって多数の者の用に供される場合には、特定の企業等の用に供される宅地造成に比して、事業の実施後の土地において活動を行う者が事後的に改善を図ることが著しく困難であることから、このような点に着目して政令で規定したものである。

⑱―３　「同号チからヲまでに掲げるものに該当するものを除く」

ここで想定している事業としては、独立行政法人都市再生機構又は独立行政法人中小企業基盤整備機構が行う宅地の造成の事業であるが、第一号チからヲまでの事業をこれらの独立行政法人が行う場合には、双方に該当することとなることから、その場合には、同号チからヲまでの事業に該当するものとして対象事業となることとしたものである。

⑲　「政令で定めるもの」（＝施行令第三条）

本規定により政令で定められる免許等は、その審査における環境の保全に係る配慮等の規定（いわゆる「横断条項」）でも位置づけられているように、環境影響評価の結果を事業の内容に適切に反映させる方途であり、次のような考え方を基本として選定されることとなる。

本法では、その事業の実施の中核的なもの、すなわち、どこでその事業を行うとしても必要となる、次のような事業実施そのもののための許認可等を「免許等」として捉えている。

- 一般国道　→　道路法第七四条に規定する都道府県知事が行う国道の新設又は改築に対する国土交通大臣の認可
- ダム　→　河川法第七九条第一項に規定する都道府県知事が行う河川管理に対する国土交通大臣の認可
- 鉄道　→　鉄道事業法第八条第一項に規定する鉄道事業者の工事計画に対する国土交通大臣の認可

一方、我が国の法体系では、一定の土地改変行為を行うとすれば、その実施地域によっては、次の例のような様々な許認可等が必要となる。（例：市街化区域～都市計画法、緑地保全地域～都市緑地法、農業振興地域～農業振興地

域の整備に関する法律、保安林内～森林法、自然公園地域～自然公園法、海岸保全区域～海岸法、漁港区域～漁港漁場整備法、宅地造成工事規制区域～宅地造成等規制法、砂防指定地～砂防法、河川区域～河川法）

しかしながら、これらの許認可等は、事業実施そのもののための許認可等ではなく、地域外で事業を実施するときは、これらの許認可等は必要とされない。したがって、これらの許認可等を本法の「免許等」として捉えることはしない。

ダムのように河川においてしか実施されない対象事業もあるが、この場合も、河川区域等における規制に着目して許認可等を捉えるのではなく、河川管理行為としての事業実施の側面から許認可等を捉えることとなる（河川管理行為としての直轄事業（河川法第九条）、河川管理行為の認可（河川法第七九条））。

このような考え方に従い、水道事業者等が行うダムの新築等は、河川区域内の規制としての河川法第二六条の許可を捉えるのではなく、当該水道事業等の実施自体に認可を与える水道法第六条第一項の事業の認可等を捉えることとなる。

なお、水面の埋立・干拓については、公有水面という地域に着目した規制である免許を捉えている。これは、水面の埋立・干拓自体が極めて環境影響が大きい行為類型であり、本法においては、これを独立した事業と捉えることとしたためである。したがって、公有水面埋立・干拓については、事業実施そのもののための許認可等（土地改良事業である埋立て・干拓、発電所の設置、飛行場の設置等）と重なる場合が生ずることとなる。

以上のような整理に従えば、公有水面埋立・干拓以外については、本法上に捉えるべき許認可等が二重に生ずるということはなく、すべて、事業実施の中核的許認可等として一つに定まることとなる。

⑳　「補助金等」

補助金等に係る予算の執行の適正化に関する法律（昭和三〇年法律第一七九号。以下「補助金適化法」という。）において、補助金等とは①補助金、②負担金、③利子補給金、④その他政令で定めるものとされており、本法においては、環境影響評価その他の手続を義務づけ、その結果を事業の内容に反映させるという本法の趣旨に鑑み、通常少額の③を除き、①、②及び④を対象としている。

なお、旧法案や閣議決定要綱では、間接補助金についても環境影響評価の結果を反映させる手段として規定されていたところであるが、間接補助金の交付決定者は都道府県知事であり、国は、間接補助金の原資となる補助金の交付者として知事を通じて間接的に事業者に関与するものであり、地方分権の考え方が進展、定着した状況に鑑み、本法においては、間接補助金を受けて行われる事業を対象事業として捉えることとはしていない。

㉑　**「政令で定めるもの」**

具体的に法的関与要件に該当する交付金として政令で定めるものは、

(ア)　法対象事業の「事業種」であって法第二条第二項第二号ロ以外の法的関与要件に該当しないものが含まれ得る交付金であって、

(イ)　交付決定権者が審査の際に交付対象事業を審査する等、環境影響評価の結果を反映する担保があるものを想定している。例えば、都道府県知事等が実施主体となるダム（一級河川以外について事業を実施する場合）や堰については許認可が存在せず、補助金又は交付金の交付を捉えて審査が行われるが、このような事業種が交付対象に含まれ得る交付金として、政令において「社会資本整備総合交付金」等を定めている。

㉒　**「特別の法律により設立された法人（国が出資しているものに限る。）」**

特別の法律により設立された法人、いわゆる特殊法人は、法制定当初、本来国が行うべき事業を行うために設けられるものであるから、国と同様に扱うこととしていた。その後の法人改革により、各府省の行政活動から政策の実施部門のうち一定の事務・事業を分離した独立行政法人も同様に扱うこととした。ただし、これらの法人の中には、国が出資できないこととされており国の関与の度合いが低いものがある。このため、環境影響評価の結果を事業の内容の決定に反映させることができる、国が出資している法人に限定したものである。

㉓　**「国が行う事業」**

国が直轄事業として行う事業である。この事業には、国の地方支分部局が行う事業も含まれる。

㉔　**「政令で定めるもの」（＝施行令第五条）**

第二号イに規定する免許等を要する事業の中には、当該免許等を所管する主任の大臣と同等ないしそれ以上に、当該事業における環境配慮について知見を有する大臣が事業者として存在する事業がありうる（具体的には、農用地干拓事業の事業者たる農林水産大臣）ことから、このようなケースについては、当該事業実施大臣が免許等を所管する大臣と並んで主務大臣として指針の策定を行うなど、一定の位置づけを行うことが環境影響評価の適切かつ円滑な実施の観点で適当であることから、ホを規定している。

㉔―１「公有水面埋立法（大正十年法律第五十七号）第四十二条第一項」

公有水面埋立法第四二条第一項は、国が埋立て・干拓を行おうとする場合には、都道府県知事の承認が必要である旨の規定である。

㉔―２「土地改良法（昭和二十四年法律第百九十五号）第二条第二項第四号の事業に適用される場合」

第二号ホの規定の趣旨は、主務大臣が事業実施大臣及び免許等を所管する大臣の両者になる場合を定めるものであるが、国の直轄事業のうち、国営土地改良事業である埋立て・干拓の事業については、当該事業に係る環境への配慮について農林水産大臣も総合的な知見を有していること等から、この場合には、農林水産大臣及び公有水面埋立法の主務大臣である国土交通大臣の双方が法の主務大臣となることとしたものである。

第二条（続き）

３　この法律において「第二種事業」とは、前[①]項各号に掲げる要件を満たしている事業であって、第[②]一種事業に準ずる規模（その規模に係る数値の第一種事業の規模に係る数値に対する比が政令で定める数値以上であるものに限る。）を有するもののうち、環境影響の程度が著しいものとなるおそれがあるかどうかの判定[③]（以下単に「判定」という。）を第四条第一項各号に定める者が同条の規定により行う必要があるものとして政[④]令で定めるものをいう。

政令

（第二種事業の規模に係る数値の比）

第六条　法第二条第三項の政令で定める数値は、〇[②―1]・七五とする。

（第二種事業）

第七条　法第二条第三項の政令で定める事業は、別表第一の第一欄に掲げる事業の種類ごとにそれぞれ同表の第三欄に掲げる要件に該当する一の事業とする。ただし、当該事業が[④-1]同表の一の項から五の項まで又は八の項から十三の項までの第三欄に掲げる要件のいずれかに該当し、かつ、[④-2]対象公有水面埋立て等を伴うものであるときは、[④-3]対象公有水面埋立て等である部分を除くものとする。

＜法第二条第三項「第二種事業」について＞

趣旨

本項は、第二種事業について規定している。第二種事業は、第一種事業と同じ要件に該当する事業のうち第一種事業に準ずる規模を有するものであって、環境影響の程度が著しいものとなるおそれがあるかどうかについて、法第四条に規定する手続により個別に判定する必要があるものとして政令で定めるものである。

なお、第二種事業の規模要件は、本法においては環境影響評価その他の手続を行わしめる事業の規模の下限となっているが、これは、「国の立場からみて」「一定の水準が確保された」環境影響評価を行わしめる必要がある事業の規模の下限を意味している。

つまり、この規模要件を下回る規模の事業について、地方公共団体の立場からみて環境影響評価が必要であるとして条例でこれを義務づけること、国が本法による環境影響評価以外の方法により環境配慮を義務づけることは、何ら差し支えない。

解説

①「前項各号に掲げる要件」

第二種事業についても、第一種事業と同様に、事業種要件と法的関与要件の双方を満たしていることが必要となる。

②「第一種事業に準ずる規模（その規模に係る数値の第一種事業の規模に係る数値に対する比が政令で定める数値以上であるものに限る。）」

第二種事業の規模要件は、法第二条第二項第一号に規定する事業種に対応してそれぞれ個別に定められるものであるが、「準ずる規模」という言葉のみでは、どこまでの幅を第二種事業として定めうるのかが明確ではない。このため、行政裁量の幅を明確にするために、第二種事業の規模を定めうる範囲を、第一種事業の規模に対する比として政令で定めることとした。第一種事業の規模要件にこの比を乗じた規模が、第二種事業の規模を定めうる下限値となる。

②―1　「〇・七五」

法令用語の前例に照らしつつ、「準ずる」という語義から見て妥当な数値として、〇・七五としたものである。

③　「判定」

法第四条の手続による判定をいう。判定の結果、法第四条第三項第一号の措置（本法の規定による環境影響評価その他の手続を行う必要がある旨の通知）がとられた事業は、法第二条第四項の規定により対象事業となる。一方、判定の結果、法第四条第三項第二号の措置（本法の規定による環境影響評価その他の手続を行う必要のない旨の通知）がとられた事業は、第二種事業でも対象事業でもない事業となり、この法律の体系から外れることとなる。

④　「政令で定めるもの」

④―1　「同表の一の項から五の項まで又は八の項から十三の項までの第三欄に掲げる要件のいずれかに該当」

④―2　「対象公有水面埋立て等」

④―3　「対象公有水面埋立て等である部分を除くものとする。」

いずれも、施行令第一条と同趣旨であり、そちらの解説を参照されたい。

> **第二条**（続き）
>
> 4　この法律において「対象事業」とは、第一種事業又は第四条第三項第一号[①]（第三十九条第二項の規定により読み替えて適用される場合を含む。）の措置がとられた第二種事業[②]（第四条第四項（第三十九条第二項の規定により読み替えて適用される場合を含む。）及び第二十九条第二項（第四十条第二項の規定により読み替えて適用される場合を含む。）において準用する第四条第三項第二号の措置がとられたものを除く。）をいう。

＜法第二条第四項「対象事業」について＞

趣旨

法第五条（方法書の作成）以下に定められる環境影響評価その他の手続を経ることが義務づけられる事業を対象事業として定義するものである。

解説

①　**「第四条第三項第一号（第三十九条第二項の規定により読み替えて適用される場合を含む。）の措置」**

法第四条第三項第一号の措置とは、スクリーニングの判定の結果、この法律によって環境影響評価その他の手続をとるべき旨を通知することを指す。また、都市計画に係る特例において読み替えて適用される条項につき適用関係を入念的に明らかとするかっこ書が付されている。

②　**「（第四条第四項（第三十九条第二項の規定により読み替えて適用される場合を含む。）及び第二十九条第二項（第四十条第二項の規定により読み替えて適用される場合を含む。）において準用する第四条第三項第二号の措置がとられたものを除く。）」**

第二種事業については、図に示すように、事業規模や位置の変更により再度判定を受けた結果、法第四条第四項又は第二九条第二項において準用する法第四条第三項第二号の措置がとられたものについては、本法の義務は解除されるため、この旨をかっこ書において明らかにしている。

図　第二種事業の判定に関するフロー図

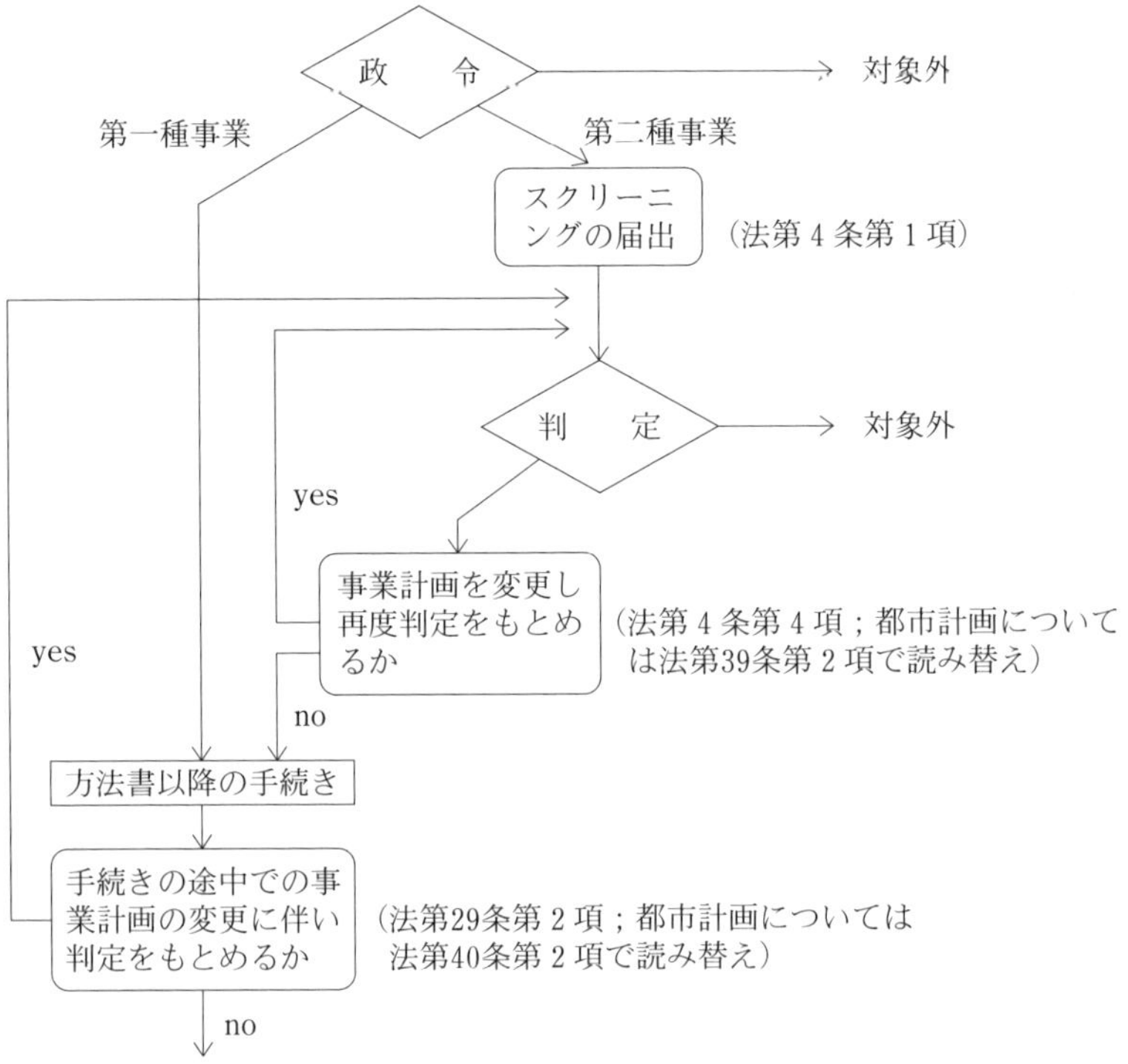

第二条（続き）
５　この法律[①]（この章を除く。）において「事業者」とは、対象事業を実施[②]しようとする者（国[③]が行う対象事業にあっては当該対象事業の実施を担当する行政機関（地方支分部局を含む。）の長、委託[④]に係る対象事業にあってはその委託をしようとする者）をいう。

＜法第二条第五項「事業者」について＞

趣旨

第四項に定義される「対象事業」を実施しようとする者を、本法において「事業者」という。事業者は、法第三条の二（計画段階配慮事項の検討）以降の規定により、配慮書の作成から評価書の公告・縦覧及び報告書の作成・公表までの環境影響評価その他の手続を行わなければならない。

解説

①「（この章を除く。）」

本項で定義された「事業者」は、以降の規定において、環境影響評価その他の手続を行う義務を負う者として登場することとなるが、法第一章（具体的には法第三条（国等の責務））においては、より一般的な意味合いで「事業者」の用語を用いているため、このかっこ書を規定したものである。

②「実施しようとする」

環境影響評価法の義務が課せられる事業者は「事業を実施しようとする者」である。

なお、報告書手続（法第三八条の二及び第三八条の三）については、事業に着手した後に行うものであるが、あくまで「事業を実施しようとする者」が行った環境影響評価の不確実性等を補う観点から行うものと整理される。

③「国が行う対象事業にあっては当該対象事業の実施を担当する行政機関（地方支分部局を含む。）の長」

国が事業を行う場合については、その事務及び権限が国家行政組織法等により行政機関に分配されていることから、具体の事業について主体的に法に定める環境影響評価その他の手続を行うことができる者を事業者として特定することが適当であることから、当該事業の実施を担当する行政機関の長（当該行政機関内部でさらに地方支分部局の長に当該事業の実施の事務が委任されている場合には当該地方支分部局の長）を事業者としている。

④「委託に係る対象事業にあってはその委託をしようとする者」

委託とは、法律行為又は事実行為をすることを他人又は他の機関に依頼することをいい、事業実施に当たっての工事の請負の場合はこれに該当しない。

この規定は、事業者が重複する場合、例えば、地方公共団体が補助金の交付を受けて対象事業を行おうとする場合において、当該対象事業の実施を特殊法人に委託するような場合には、当該法人は自らの名において当該対象事業を実施することになり、このような場合には当該地方公共団体と特殊法人の両者が事業者たりうることとなるが、このような場合、当該対象事業の内容等について最終的な意思決定の権限は委託する側にあることから、委託する側を本法の事業者とするものである。

（国等の責務）

第三条　国、地方公共団体、事業者及び国民は、事業の実施前における環境影響評価の重要性を深く認識して、この法律の規定による環境影響評価その他の手続が適切かつ円滑に行われ、事業の実施による環境①への負荷をでき②る限り回避し、又は低減すること③その他の環境の保全についての配慮が適正になされるように④それぞれの立場で努めなければならない。

趣旨

本条は、環境影響評価を行うことが環境の保全上極めて重要であることに鑑み（法第一条）、この環境影響評価の重要性を国、地方公共団体、事業者及び国民という関係者すべてが深く認識して、手続が適切かつ円滑に行われ、事業の実施に際し環境の保全についての適正な配慮がなされるという本法の目的の遂行に、それぞれの立場において努めなければならないことを規定したものである。

解説

①　「環境への負荷」

「環境への負荷」は、環境基本法において「人の活動により環境に加えられる影響であって、環境の保全上の支障の原因となるおそれのあるもの」と定義されている。つまり、「環境への負荷」とは、蓄積・累積等を経て、あるいは直接に、公害などの「環境の保全上の支障」の原因となるおそれのある人為的な環境影響について、それが「加えられる」時点で捉えるものである。例えば、温室効果ガスの排出は地球の温暖化の原因となる「環境への負荷」であり、温室効果ガスの排出量が環境への負荷の量となる。また、「環境への負荷」には、物質の排出に係る負荷のみならず、自然環境の改変に係る負荷も含まれている。この場合、改変量が大きいほど、環境への負荷は大きくなる。

②　「できる限り回避し、又は低減すること」

環境保全対策を講ずることにより汚染物質の排出を少なくするなど環境への負荷を低める措置を「低減」といい、事業の実施予定地の変更などにより環境への負荷を全くなくす措置は特に「回避」と称している。

③　「その他の環境の保全についての配慮」

環境影響の回避又は低減を優先しつつも、それでもなお残る環境影響に対して代償措置（事業の実施により損なわれる環境要素を人為的に創出すること）を講じることや、緑化の促進など良好な環境の創出、汚染土壌の回復など既に損なわれている環境の回復などを行うことが含まれる。

④　「それぞれの立場」

具体的には、それぞれの立場に応じて、以下のような役割が想定される。

(1)　国の役割

国の環境影響評価制度の適切な管理・運用を行うことのほか、環境影響評価の結果を施策に的確に反映すること、環境影響評価に関する情報の収集・整理・提供など環境影響評価を支える基盤の整備に努めること等の役割が想定される。

(2)　地方公共団体の役割

地域の環境保全に責任を有する立場から手続の各段階で適正に意見を述べるほか、地域の環境の状況に関する情報を収集・整備し、事業者、地域住民等に提供するよう努め、国の環境影響評価制度に基づく手続が円滑に進むよう事業者等の求めに応じて必要な協力を行うよう努めること等の役割が想定される。

⑶　事業者の役割

制度の趣旨に即してできる限り早い段階から事業に関する情報を提供しつつ有益な環境情報を幅広く収集して環境影響評価を適切に実施すること、環境影響評価に基づき自主的かつ積極的に環境の保全に適正な配慮を払い、自らの事業に係る環境影響をできる限り回避し低減すること等の役割が想定される。

⑷　国民の役割

環境影響評価の趣旨に即して、環境影響評価の過程において適正に環境の保全の見地からの意見を述べること、環境影響評価制度の適正な運用に関する施策に協力すること等の役割が想定される。

第二章　方法書の作成前の手続

第一節　配慮書

（計画段階配慮事項についての検討）

第三条の二　第①一種事業を実施しようとする者（国が行う事業にあっては当該事業の実施を担当する行政機関（地方支分部局を含む。）の長、委託に係る事業にあってはその委託をしようとする者。以下同じ。）は、第一種事業に係る計②画の立案の段階において、当③該事業が実施されるべき区域その他の第二条第二項第一号イからワまでに掲げる事業の種類ごとに主務省令で定める事項を決定するに当たっては、同④号イからワまでに掲げる事業の種類ごとに主務省令で定めるところにより、一⑤又は二以上の当⑥該事業の実施が想定される区域（以下「事業実施想定区域」という。）における当⑦該事業に係る環境の保全のために配慮すべき事項（以下「計画段階配慮事項」という。）についての検討を行わなければならない。

2　前⑧項の事業が実施されるべき区域その他の事項を定める主務省令は、主⑨務大臣（主務大臣が内閣府の外局の長であるときは、内閣総理大臣）が環境大臣に協議して定めるものとする。

3　第⑩一項の主務省令（事業が実施されるべき区域その他の事項を定める主務省令を除く。）は、計⑪画段階配慮事項についての検討を適切に行うために必要であると認められる計⑫画段階配慮事項の選定並びに当該計画段階配慮事項に係る調査、予測及び評価の手法に関する指針につき主⑬務大臣（主務大臣が内閣府の外局の長であるときは、内閣総理大臣）が環境大臣に協議して定めるものとする。

趣旨

本条は、第一種事業を実施しようとする者が、その計画の立案の段階において環境の保全のために配慮すべき事項

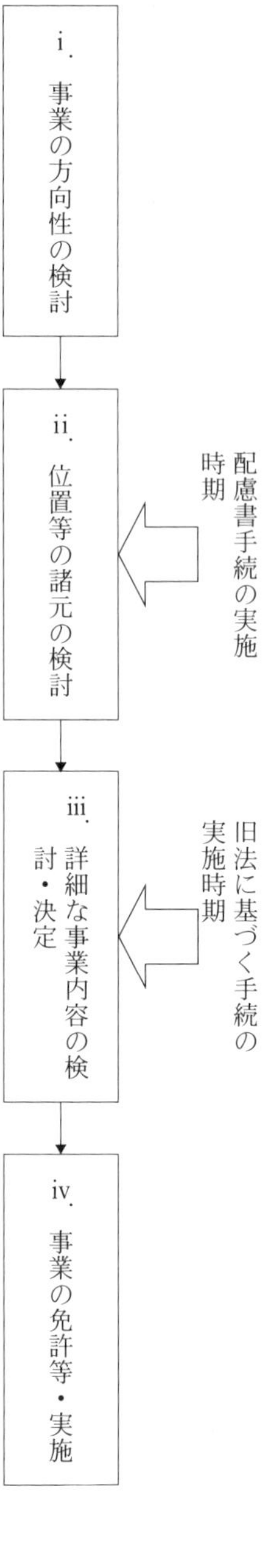

（計画段階配慮事項）についての検討を行うことを規定するものである。

解説

①「第一種事業を実施しようとする者」

計画段階配慮事項についての検討の義務づけの対象となる事業は、第一種事業として規定されている事業であり、義務を負う者は、第一種事業を実施しようとする者である。

ただし、当然ながら事業によっては位置等の検討を行う主体とその後の実施主体が異なる場合もあり得るため、そのような場合には位置等の検討を行う主体が計画段階配慮事項についての検討を行い、配慮書手続で検討した事項は、その後詳細な計画の検討を行う事業実施主体に引き継ぐこととなる。（第三条の九参照）

また、計画段階配慮事項についての検討において第一種事業を実施しようとする者は位置等の複数案を示すことが基本となるが、当該複数案の中に第一種事業に相当する案が一つでも含まれる場合は、第一種事業を実施しようとする者は計画段階配慮事項についての検討を履行する義務を負うこととなる。

②「計画の立案の段階」

事業の実施に至るまでの検討のプロセスは、一般的にはⅰ．事業の方向性の検討、ⅱ．位置等の諸元の検討、ⅲ．詳細な事業内容の検討・決定、ⅳ．事業の免許等・実施という手順を踏むことが想定される。

平成二三年改正前の環境影響評価法（以下「旧法」という。）に基づく手続は、事業の大まかな位置等が決定した後の詳細な事業内容を検討するⅲ．の段階で実施されることが一般的となっていたが、我が国におけるこれまでの対応状況等も踏まえつつ、より柔軟な環境保全措置の実施を可能とするために、計画段階配慮事項についての検討の実施時期は、ii．に相当する「第一種事業に係る計画の立案の段階において、当該事業が実施されるべき区域」等の主務省令で定める事項を決定する段階（以下「計画段階」という。）とする。

③　**「当該事業が実施されるべき区域その他の第二条第二項第一号イからワまでに掲げる事業の種類ごとに主務省令で定める事項」**

計画段階配慮事項についての検討を行うべき段階は事業種ごとに異なり、一様ではないため、その代表的なものである「対象事業が実施されるべき区域」を例示とした上で、「その他の第二条第二項第一号イからワまでに掲げる事業の種類ごとに主務省令で定める事項」とし、具体的には、事業を実施する区域の位置、事業の規模又は事業に係る建造物等の構造若しくは配置等が主務省令において定められている。

なお、事業に係る環境の保全について適正な配慮がなされるよう、可能な限り早期の段階において環境の保全の見地からの検討を加え、事業に反映させるという本手続の趣旨に鑑みれば、可能な限り上位の意思決定段階で環境の保全の見地からの検討を行うことが望ましいことは言うまでもない。上述の例示においては、建造物等の構造又は配置より、事業を実施する区域の位置又は事業の規模についての決定段階の方が一般的には上位であると考えられる。主務省令は、事業特性とともに、このような法の趣旨を踏まえて定められている。

④　**「同号イからワまでに掲げる事業の種類ごとに主務省令で定めるところにより」**

計画段階配慮事項の選定並びに当該計画段階配慮事項に係る調査、予測及び評価の手法に関する指針を指す。具体的には、複数案の設定、事業特性及び地域特性の把握、計画段階配慮事項の検討に係る調査、予測及び評価の手法等について、基本的事項に基づき、事業種ごとの主務省令が定められている。

⑤　**「一又は二以上の」**

基本的に、位置に関する計画段階配慮事項の複数案を対象に評価を行うべきであるが、事業特性や地域特性からやむを得ず位置に関する複数案を設定しない場合には、単一の事業実施想定区域における検討を行うこととなる。

⑥　**「当該事業の実施が想定される区域」**

計画の立案の段階において第一種事業を実施しようとする者が想定している事業の実施区域を指し、概ねの位置が分かれば足りるものである。

⑦　**「当該事業に係る環境の保全のために配慮すべき事項」**

計画段階配慮事項についての検討の内容としては、重大な影響の回避又は低減のため環境配慮が必要と考えられる事項を選定し、その環境影響について調査、予測及び評価を行い、複数案ごとに整理・比較することとなる。

⑧　「前項の事業が実施されるべき区域その他の事項を定める主務省令」

第三条の二第一項の「当該事業が実施されるべき区域その他の第二条第二項第一号イからワまでに掲げる事業の種類ごとに主務省令で定める事項」とある「主務省令」を指す。

※「その他の事項」に関しては、③参照。

⑨　「主務大臣（主務大臣が内閣府の外局の長であるときは、内閣総理大臣）が環境大臣に協議して定める」

事業種ごとの計画段階は事業の特性を考慮し主務省令において定めるものであるが、計画段階配慮事項についての検討その他の手続の対象となる事業の計画段階は、事業に係る環境の保全について適正な配慮がなされるよう、可能な限り早期の段階において環境の保全の見地からの検討を加え、事業に反映させるという本手続の趣旨に鑑みて極めて重要な要素である。このため、主務大臣がこの主務省令を定めるに当たって環境大臣と協議することとした。

⑩　「第一項の主務省令（事業が実施されるべき区域その他の事項を定める主務省令を除く。）」

第三条の二第一項の「同号イからワまでに掲げる事業の種類ごとに主務省令で定める」とある「主務省令」を指す。

⑪　「計画段階配慮事項についての検討を適切に行うために必要であると認められる」

環境大臣及び主務大臣が、基本的事項及び主務省令の策定において判断するものである。

⑫　「計画段階配慮事項の選定並びに当該計画段階配慮事項に係る調査、予測及び評価の手法に関する指針」

指針においては、複数案の設定、事業特性及び地域特性の把握、計画段階配慮事項の検討に係る調査、予測及び評価の手法等を定めている。

⑬　「主務大臣（主務大臣が内閣府の外局の長であるときは、内閣総理大臣）が環境大臣に協議して定める」

事業の種類ごとに定められる主務省令は、事業の種類が違っても環境の保全という目的は同じであることから、確保すべき環境の保全の内容が、事業横断的な事項について整合が図られるよう、環境大臣との協議を規定したものである。

（配慮書の作成等）

第三条の三　第一種事業を実施しようとする者は、計画段階配慮事項についての検討を行った結果について、次に掲げる事項を記載した計画段階環境配慮書（以下「配慮書」という。）を作成しなければならない。

一　第一種事業を実施しようとする者の氏名及び住所（法人にあってはその名称、代表者の氏名及び主たる事務所の所在地）

二　[①]第一種事業の目的及び内容

三　[②]事業実施想定区域及びその周囲の概況

四　[③]計画段階配慮事項ごとに調査、予測及び評価の結果をとりまとめたもの

五　その他[④]環境省令で定める事項

2　[⑤]相互に関連する二以上の第一種事業を実施しようとする場合は、[⑥]当該第一種事業を実施しようとする者は、これらの第一種事業について、[⑦]併せて配慮書を作成することができる。

環境省令

（配慮書の記載事項）

第一条　環境影響評価法（平成九年法律第八十一号。以下「法」という。）第三条の三第一項第五号の環境省令で定める事項は、法第三条の七第一項の規定により配慮書の案についての意見を求めた場合における関係する行政機関の意見又は一般の意見の概要とする。

2　法第三条の三第一項の規定により配慮書を作成するに当たっては、前項の意見についての第一種事業を実施しようとする者の見解を記載するように努めるものとする。

趣旨

第一項は、第一種事業を実施しようとする者に、計画段階配慮事項についての検討結果等を記載した配慮書の作成

を義務づけている。

また、第二項は、相互に関連する二以上の第一種事業を実施しようとする場合に、併せて配慮書を作成することができる旨を確認的に規定したものである。

解説

①「**第一種事業の目的及び内容**」
第一種事業の「内容」には、第一種事業の種類、規模、事業実施想定区域、その他事業の基本的諸元が含まれる。複数案については、各案を示すこととなる。

②「**事業実施想定区域及びその周囲の概況**」
事業実施想定区域そのものは、「第一種事業の目的及び内容」として記載され、本項では、事業実施想定区域の概況を記載するものである。

「その周囲の概況」とは、計画段階配慮事項についての検討に当たって把握することが必要な範囲で記述される。なお、この概況は、基本的に文献調査によって把握できる範囲で足りるものである。

③「**計画段階配慮事項ごとに調査、予測及び評価の結果をとりまとめたもの**」
計画段階配慮事項に係る調査、予測及び評価の結果を、計画段階配慮事項ごとに整理したものである。複数案ごとに整理・比較される。

④「**環境省令で定める事項**」
全事業種に共通して適用されるものとして、施行規則第一条において、配慮書の案について意見を求めた場合における関係行政機関や一般の意見の概要等を定めている。

⑤「**相互に関連する二以上の第一種事業**」
相互に関連するかどうかは事業を実施しようとする者によって判断される事項であり、特段の基準が示されるものではない。例えば、空港とその取り付け道路、道路と鉄道が併設される架橋などが、相互に関連する二以上の対象事業となりうる。

⑥「**当該第一種事業を実施しようとする者**」

「当該第一種事業を実施しようとする者」が複数の場合もあり得る。この場合、連名で配慮書を作成することとなる。

⑦　「**併せて配慮書を作成する**」

併せて配慮書を作成する場合、対象事業種が異なるケースと対象事業種が同一のケースがある。対象事業種が異なる場合は、異なる主務省令の双方を満たす形で、配慮書が作成されることが必要となる。この場合、二つの配慮書を合本して一つの配慮書として取り扱うことも可能である。

（配慮書の送付等）

第三条の四　第一種事業を実施しようとする者は、配慮書を作成したときは、速やかに、環境省令で定めるところにより、これを主務大臣に送付する①とともに、当該配慮書及びこれを要約した書類を公表しなければならない②。

２　主務大臣（環境大臣を除く。）は、配慮書の送付を受けた後、速やかに、環境大臣に当該配慮書の写しを送付して意見を求めなければならない。

環境省令

（配慮書の公表）

第一条の二　法第三条の四第一項の規定により配慮書及びこれを要約した書類（以下この条において「配慮書等」という。）を公表する場所は、第一種事業に係る環境影響を受ける範囲であると想定される地域内において、次に掲げる場所のうちから、できる限り一般の参集の便を考慮して定めるものとする。

一　第一種事業を実施しようとする者の事務所

二　関係都道府県の協力が得られた場合にあっては、関係都道府県の庁舎その他の関係都道府県の施設

三　関係市町村の協力が得られた場合にあっては、関係市町村の庁舎その他の関係市町村の施設

四　前三号に掲げるもののほか、第一種事業を実施しようとする者が利用できる適切な施設

２　法第三条の四第一項の規定による配慮書等の公表は、前項の場所において行うとともに、次に掲げるイン

ターネットの利用による公表の方法のうち適切な方法により行うものとする。
一　第一種事業を実施しようとする者のウェブサイトへの掲載
二　関係都道府県の協力を得て、関係都道府県のウェブサイトに掲載すること。
三　関係市町村の協力を得て、関係市町村のウェブサイトに掲載すること。
3　前二項に規定する方法による公表は、配慮書等の内容を周知するための相当な期間を定めて行うものとする。

趣旨

第一項は、配慮書を作成した際は、速やかに主務大臣に送付するとともに、配慮書及びその要約書を公表することを義務づけている。

第二項は、配慮書の送付を受けた主務大臣は、速やかに環境大臣に配慮書の写しを送付し、意見を求めることを義務づけている。

解説

①　「主務大臣に送付」

評価書手続では対象事業の免許等を行う者等が事業者に対して意見を述べる仕組みとなっているが、配慮書の段階では具体的な事業実施区域や事業の規模を検討している段階で、免許等を行う者等が確定しない場合が生じ得る。このため、配慮書について主務省令に基づき環境保全への配慮事項の検討が適切になされているかを確認する観点から、主務大臣が意見を述べることとした。

②　「これを要約した書類」

環境影響評価手続を円滑に進めるためには、必ずしも専門的知識を有しない一般住民等にも内容をわかりやすく周知し、理解してもらうことが必要であることから、配慮書の内容を要約した書類として、要約書を作成する義務を課すこととしている。具体的にどのような内容とするかは、配慮書の内容をわかりやすく周知するという趣旨を踏まえて、事業者の責任により適切に判断することが求められる。

（環境大臣の意見）

第三条の五　環境大臣は、前条第二項の規定により意見を求められたときは、必要に応じ、①政令で定める期間内に、主務大臣（環境大臣を除く。）に対し、配慮書について②環境の保全の見地からの意見を書面により述べることができる。

政令

（配慮書についての環境大臣の意見の提出期間）

第八条　法第三条の五の政令で定める期間は、四十五日とする。

環境省令

（学識経験を有する者からの意見聴取）

第一条の三　③環境大臣は、法第三条の五の規定により意見を述べるに当たって必要があると認めるときは、学識経験を有する者の意見を聴くことができる。

趣旨

本条は、環境大臣が必要に応じ主務大臣に対して環境の保全の見地からの意見を述べることができる旨を規定した。国においては各大臣がそれぞれの事務を分担処理する仕組みとなっているが、環境保全の適正な配慮を確保する上では、専ら我が国の環境行政を総合的に推進する任に当たる環境大臣が意見を述べ、これが主務大臣の判断に適切に反映される仕組みを法律上位置づけたものである。

解説

①「政令で定める期間内」

計画段階配慮事項についての検討は、事業計画の熟度が低い段階で行うものであることから、調査、予測及び評価は比較的簡易な手法によりなされることが想定される。しかしながら、事業の位置等について複数案が設定され、当該案ごとに調査・予測・評価がなされたり、場合によっては詳細な検討がなされたりすることが想定される。このため、評価書に対する環境大臣の意見提出期間と同様に四五日としている。

②　**「環境の保全の見地からの意見」**

環境大臣は、専ら我が国の環境行政を総合的に推進する任に当たる立場として、科学的かつ客観的な観点により審査し、主務大臣に対して、事業計画の立案という早期の段階から環境の保全の見地からの意見を述べることとしたものである。

③　**「環境大臣は、法第三条の五の規定により意見を述べるに当たって必要があると認めるときは、学識経験を有する者の意見を聴くことができる」**

環境大臣意見の形成過程において透明性や社会的な理解を高める等の観点から、必要に応じて有識者の意見を聴くことができることとしている。

趣旨

（主務大臣の意見）

第三条の六　主務大臣は、第三条の四第一項の規定による送付を受けたときは、必要に応じ、政令[①]で定める期間内に、第一種事業を実施しようとする者に対し、配慮書について環境の保全の見地からの意見を書面により述べることができる。この場合において、前条の規定による環境[②]大臣の意見があるときは、これを勘案しなければならない。

政令

（主務大臣の意見の提出期間）

第九条　法第三条の六の政令で定める期間は、九十日とする。

配慮書について主務省令に基づき環境保全への配慮事項の検討が適切になされているかを確認する観点から、主務大臣が、環境大臣の意見があるときはこれを勘案して、事業を実施しようとする者に対して意見を述べることとしている。評価書と違い免許等を行う者等ではなく主務大臣が意見を述べる理由については第三条の四の解説を参照。

解説

①「**政令で定める期間内**」

前条における環境大臣の意見提出期間と同様の考え方により、評価書に対する免許等を行う者等の意見提出期間と同様、九〇日間を確保している。

②「**環境大臣の意見があるときは、これを勘案しなければならない**」

環境大臣の意見は、専ら我が国の環境行政を総合的に推進する立場から述べられるものであり、主務大臣において適切に取り扱われる必要がある。

（配慮書についての意見の聴取）

第三条の七　第一種事業を実施しようとする者は、第二条第二項第一号イからワまでに掲げる事業の種類ごとに主①務省令で定めるところにより、配慮書の案又は配慮書について関係する行政機関及び一般の環境の保全の見地からの意見を求めるように努めなければならない。②③④

２　前項の主務省令は、計画段階配慮事項についての検討に当たって関係する行政機関及び一般の環境の保全の見地からの意見を求める場合の措置に関する指針につき主務大臣（主務大臣が内閣府の外局の長であるときは、内閣総理大臣）が環境大臣に協議して定めるものとする。

趣旨

計画段階配慮事項についての検討を行う段階における関係する行政機関及び一般からの意見聴取については、環境の保全の観点からは、事業を実施しようとする者の環境情報の形成に資する一方、事業によっては配慮書作成の段階において一般の意見を求めるべく情報を開示することが困難な場合もあることが考えられる。

他方、事業によっては、事業を円滑に進めるべく、配慮書作成前であっても事業に係る情報を公開して意見を求める場合もあり、事業ごとに関係する行政機関及び一般からの意見聴取の実施が可能な時期は異なる。このため、配慮書の作成に当たり、又はその公表の際に、意見の聴取に努めなければならないことを規定し、意見聴取の時期等については、事業種ごとに主務省令で定めることとしている。

解説

① 「**主務省令で定めるところにより**」

配慮書の案及び配慮書について関係する行政機関及び一般の環境の保全の見地からの意見を求める時期に関する事項、意見を求める措置の方法について、基本的事項に基づき、事業種ごとの主務省令を定めるものである。

② 「**配慮書の案**」

関係する行政機関及び一般からの意見聴取の実施が可能な時期は事業ごとに異なるため、配慮書の公表前後にかかわらず、意見聴取が実施できるよう便宜的に設けられた規定である。「配慮書」は作成されたら速やかに主務大臣に送付し、公表することとなっているため、主務大臣から意見を聴取する前に、関係する地方公共団体や一般からの意見を聴取したい場合は「配慮書の案」として公表し、意見を求めることとなる。他方、配慮書の主務大臣への送付及び公表後に意見聴取を実施する場合は「配慮書」について意見を求めることとなる。

③ 「**一般の環境の保全の見地からの意見**」

対象事業に係る環境情報は地域住民に限らず、環境の保全に関する調査研究を行っている専門家等の広い範囲にわたって所有されているため、意見提出者の地域的範囲を限定することは、有益な環境情報を収集するという本法における意見提出手続を設ける目的に合致しない。このため、環境の保全の見地からの意見を有する者であれば、その者がどこに住んでいるかにかかわらず、意見が提出できることとした。

ただし、本法において位置づけられている意見は「環境の保全の見地からの意見」であり、事業に対する単なる反対あるいは賛成とのみ記した意見は事業者及び都道府県知事が配意すべき対象とはならない。環境の保全上の理由を述べた上で反対あるいは賛成と記した意見は配意すべき対象となる。

なお、意見を提出できる者には、自然人、法人のほか、権利能力のない団体も含まれる。

④　「努めなければならない」

環境の保全の観点からは、事業を実施しようとする者の環境情報の形成に資するため関係する行政機関及び一般から意見を聴くことが望ましく、意見聴取は実施されるべきものであるが、事業によっては配慮書作成段階での情報開示が困難な場合もあることが考えられるため、努力義務としている。

一方で、本規定は、事業者が事業計画を策定する際に、当該計画の内容について関係地方公共団体に相談することが多く、このような連携には様々な形態があることから、関係地方公共団体が柔軟に関われる制度とすべきとの中央環境審議会答申を受けたものである。事業の立案段階から適切な環境配慮を盛り込むためには、当該事業の実施が想定される区域に係る環境情報の収集が必要不可欠であるため、地方公共団体においては、積極的な情報提供に協力することが期待される。

（基本的事項の公表）

第三条の八　環境大臣は、関係する行政機関の長に協議して、第三条の二第三項[①]及び前条第二項[②]の規定により主務大臣（主務大臣が内閣府の外局の長であるときは、内閣総理大臣）が定めるべき指針に関する基本的事項を定めて公表するものとする。

趣旨

主務大臣が定める次の二つの配慮書手続に関する指針について、一定の水準を保ちつつ適切な内容となるよう、全ての事業種に共通となる基本的な事項を環境大臣が定め、公表することとしている（「環境影響評価法の規定による主務大臣が定めるべき指針等に関する基本的事項」（平成九年一二月一二日環境庁告示第八七号。最終改正は平成二六年六月二七日環境省告示第八三号））。

・計画段階配慮事項の選定並びに当該計画段階配慮事項に係る調査、予測及び評価の手法に関する指針

・計画段階配慮事項についての検討に当たって関係する行政機関及び一般の環境の保全の見地からの意見を求める場合の措置に関する指針

解説

① **「第三条の二第三項」**
計画段階配慮事項の選定並びに当該計画段階配慮事項に係る調査、予測及び評価の手法に関する指針を指す。

② **「前条第二項の規定」**
計画段階配慮事項についての検討に当たって関係する行政機関及び一般の環境の保全の見地からの意見を求める場合の措置に関する指針を指す。

（第一種事業の廃止等）

第三条の九　第一種事業を実施しようとする者は、第三条の四第一項の規定による公表を行ってから第七条の規定による公告を行うまでの間において、次の各号のいずれかに該当することとなった場合には、配慮書の送付を当該第一種事業を実施しようとする者から受けた者にその旨を通知するとともに、環境省令で定めるところにより、その旨を公表しなければならない。

一　①第一種事業を実施しないこととしたとき。

二　第三条の三第一項第二号に掲げる事項を修正した場合において当該修正後の事業が第一種事業又は第二種事業のいずれにも該当しないこととなったとき。

三　第一種事業の実施を他の者に引き継いだとき。

2　前項第三号の場合において、当該引継ぎ後の事業が第一種事業であるときは、同項の規定による公表の日以前に当該引継ぎ前の第一種事業を実施しようとする者が行った計画段階配慮事項についての検討その他の手続は②新たに第一種事業を実施しようとする者となった者が行ったものとみなし、当該引継ぎ前の第一種事業を実施しようとする者について行われた計画段階配慮事項についての検討その他の手続は新たに第一種事業を実施しようとする者となった者について行われたものとみなす。

環境省令

（第一種事業の廃止等の場合の公表）
第一条の四　法第三条の九第一項の規定による公表は、次に掲げる方法のうち適切な方法により行うものとする。
一　官報への掲載
二　関係都道府県の協力を得て、関係都道府県の公報又は広報紙に掲載すること。
三　関係市町村の協力を得て、関係市町村の公報又は広報紙に掲載すること。
四　時事に関する事項を掲載する日刊新聞紙への掲載
２　法第三条の九第一項の規定による公表は、次に掲げる事項について行うものとする。
一　第一種事業を実施しようとする者の氏名及び住所（法人にあってはその名称、代表者の氏名及び主たる事務所の所在地）
二　第一種事業の名称、種類及び規模
三　法第三条の九第一項各号のいずれかに該当することとなった旨及び該当した号
四　法第三条の九第一項第三号に該当した場合にあっては、引継ぎにより新たに第一種事業を実施しようとする者となった者の氏名及び住所（法人にあってはその名称、代表者の氏名及び主たる事務所の所在地）

趣旨

配慮書の公表から方法書の公告に至るまでの間に、
・第一種事業を実施しないこととした場合
・事業内容を見直した結果、第一種事業又は第二種事業のいずれにも該当しないこととなった場合
・第一種事業の実施を他の者に引き継いだ場合
のいずれかに該当することとなった場合、これまでの手続において関係した者にその旨を周知する観点から、関係した行政機関に通知するとともに、公告を行うこととするものである。

また、第二項は、対象事業の実施を他の者から引き継いで新たに事業者となった者は、引継ぎ前の事業者が既に実

施した手続を行わなくともよいこととするものである。

解説

①　**「第一種事業を実施しないこととしたとき」**

この条文は、第一種事業を実施しないこととなった事業者として、制度の対象外となる旨を周知させるための通知・公表を義務づけるものである。この法律においては「対象事業を実施しようとする者」が環境影響評価手続を行うべき事業者とされているため、対象事業を実施しない者は事業者ではなくなり、この法律における義務はかからないこととなる。

②　**「新たに第一種事業を実施しようとする者となった者」**

第一種事業を引き継いだ者は、「第一種事業を実施しようとする者」に該当することとなり、「新たに第一種事業を実施しようとする者となった者」となる。

（第二種事業に係る計画段階配慮事項についての検討）

第三条の十　第二種事業[①]を実施しようとする者（国が行う事業にあっては当該事業の実施を担当する行政機関（地方支分部局を含む。）の長、委託に係る事業にあってはその委託をしようとする者。以下同じ。）は、第二種事業に係る計画の立案の段階において、第三条の二第一項の事業が実施されるべき区域その他の主務省令で定める事項を決定するに当たっては、一又は二以上の当該事業の実施が想定される区域における当該事業に係る環境の保全のために配慮すべき事項についての検討その他の手続を行うことができる。この場合において、当該第二種事業を実施しようとする者は、当該事業の実施が想定される区域における環境の保全のために配慮すべき事項についての検討その他の手続を行うこととした旨を主務大臣に書面により通知するものとする。

２　前項の規定による通知をした第二種事業を実施しようとする者については、第[②]一種事業を実施しようとする者とみなし、第三条の二から前条までの規定を適用する。

趣旨

第二種事業を実施しようとする者であっても、第二種事業に係る計画の立案の段階において、当該事業が実施されるべき区域の位置等を選定するに当たって、計画段階配慮事項についての検討その他の手続を行うことができることを規定している。

この場合において、当該第二種事業を実施しようとする者は、計画段階配慮事項についての検討その他の手続を行うこととした旨を主務大臣に書面により通知するものとする。

当該通知をした第二種事業を実施しようとする者は、計画段階配慮事項についての検討その他の手続について、第一種事業を実施しようとする者とみなし、その義務の対象となる。

解説

①「第二種事業を実施しようとする者」

第二種事業は、環境影響評価の実施が義務づけられている事業ではなく、環境影響の程度が著しいものとなるおそれがあるかどうかを個別に判定するという位置づけの事業であること、また、事業計画の熟度が低い位置等の検討段階においては、環境影響の程度が著しいものとなるおそれがあるかどうかを判定することは困難であることから、計画段階配慮事項についての検討の実施は義務づけないこととしている。

ただし、第二種事業を実施しようとする者が自主的な判断により計画段階配慮事項についての検討その他の手続を実施することは環境の保全の観点からは望ましいことであることから、事業を実施しようとする者が必要と判断した場合には計画段階配慮事項についての検討その他の手続を実施することを可能とし、実施する場合は第一種事業を行おうとする者によるものと法律上同様に取り扱うこととしている。

②「第一種事業を実施しようとする者とみなし」

第二種事業を実施しようとする者は、計画段階配慮事項についての検討その他の手続を行うこととした旨を主務大臣に書面で通知することにより、法律上は第一種事業を実施しようとする者と同様に扱われる。すなわち、当該第二種事業を実施しようとする者は、配慮書を作成し、これを速やかに主務大臣へ送付するとともに、当該配慮書及び要約書を公表する義務を負う（第三条の四第一項）。また、事業を廃止等する場合の規定（第三条の九）も適用されることとなる。当該第二種事業を実施しようとする者から配慮書の送付を受けた主務大臣は、配慮書の写しを環境大臣へ送付するとともに、環境大臣の意見があるときはこれを勘案する義務を負うこととなる（第三条の六）。

第二節　第二種事業に係る判定

第四条　第①二種事業を実施しようとする者は、第二条第二項第一号イからワまでに掲げる事業の種類ごとに主②務省令で定めるところにより、その氏名及び住所（法人にあってはその名称、代表者の氏名及び主たる事務所の所在地）並びに第二種事業の種類及び規模、第③二種事業が実施されるべき区域その他第二種事業の概要（以下この項において「氏名等」という。）を次の各号に掲げる第二種事業の区分に応じ当該各号に定める者に書面により届け出なければならない。この場合において、第四号又は第五号に掲げる第二種事業を実施しようとする者が第四号又は第五号に定める主任の大臣であるときは、主④任の大臣に届け出ることに代えて、氏名等を記載した書面を作成するものとする。

一　第二条第二項第二号イに該当する第二種事業　同号イに規定する免許、特許、許可、認可、承認若しくは同意（以下「免許等」という。）を行い、又は同号イに規定する届出（以下「特定届出」という。）を受理する者

二　第二条第二項第二号ロに該当する第二種事業　同号ロに規定する国の補助金等の交付の決定を行う者（以下「交付決定権者」という。）

三　第二条第二項第二号ハに該当する第二種事業　同号ハに規定する法律の規定に基づき同号ハに規定する法人を当該事業に関して監督する者（以下「法人監督者」という。）

四　第二条第二項第二号ニに該当する第二種事業　当該事業の実施に関する事務を所掌する主⑤任の大臣

五　第二条第二項第二号ホに該当する第二種事業　当該事業の実施に関する事務を所掌する主任の大臣及び同号ホに規定する免許、特許、許可、認可、承認若しくは同意を行う者又は同号ホに規定する届出の受理を行う者

2　前項各号に定める者は、同項の規定による届出（同項後段の規定による書面の作成を含む。以下この条及び第二十九条第一項において「届出」という。）に係る第二種事業が実施されるべき区域を管轄する都道府県知事に

届出に係る書面の写しを送付し、⑥三十日以上の期間を指定して⑦この法律（この条を除く。）の規定による環境影響評価その他の手続が⑧行われる必要があるかどうかについての意見及びその理由を求めなければならない。

3　第一項各号に定める者は、前項の規定による都道府県知事の意見が述べられたときはこれを勘案して、第二条第二項第一号イからワまでに掲げる事業の種類ごとに⑨主務省令で定めるところにより、⑩届出の日から起算して六十日以内に、届出に係る第二種事業についての判定を行い、環境影響の程度が著しいものとなるおそれがあると認めるときは第一号の措置を、⑪おそれがないと認めるときは第二号の措置をとらなければならない。

一　この法律（この条を除く。）の規定による環境影響評価その他の手続が行われる必要がある旨及びその理由を、書面をもって、届出をした者及び前項の都道府県知事（第一項後段の場合にあっては、前項の都道府県知事）に通知すること。

二　この法律（この条を除く。）の規定による環境影響評価その他の手続が行われる必要がない旨及びその理由を、書面をもって、届出をした者及び前項の都道府県知事（第一項後段の場合にあっては、前項の都道府県知事）に通知すること。

4　⑫届出をした者で前項第一号の措置がとられたものが⑬当該第二種事業の規模又はその実施されるべき区域を変更して当該事業を実施しようとする場合において、⑭当該変更後の当該事業が第二種事業に該当するときは、その者は、当該変更後の当該事業について、⑮届出をすることができる。この場合において、前二項の規定は、当該届出について準用する。

5　第二種事業（対象事業に該当するものを除く。）を実施しようとする者は、第三項第二号⑯（前項及び第二十九条第二項において準用する場合を含む。）の措置がとられるまで⑰（当該第二種事業に係る第一項各号に定める者が二以上である場合にあっては、当該各号に定める者のすべてにより当該措置がとられるまで）は、当該第二種事業を実施してはならない。

6　第二種事業を実施しようとする者は、第一項の規定にかかわらず、判定を受けることなくこの法律（この条を除く。）の規定による環境影響評価その他の手続を行うことができる。この場合において、当該第二種事業を実施しようとする者は、同項第四号又は第五号に定める主任の大臣以外の者にあってはこの法律（この条を除く。）の規定による環境影響評価その他の手続を行うこととした旨を同項各号に掲げる第二種事業の区分に応じ当該各号に定める者に書面により通知し、これらの主任の大臣にあってはその旨の書面を作成するものとする。
7　前項の規定による通知を受け、又は同項の規定により書面を作成した者は、当該通知又は書面の作成に係る第二種事業が実施されるべき区域を管轄する都道府県知事に当該通知又は作成に係る書面の写しを送付しなければならない。
8　第六項の規定による通知又は書面の作成に係る第二種事業は、当該通知又は書面の作成の時に第三項第一号の措置がとられたものとみなす。
9　第三項の主務省令は、第二種事業の種類及び規模、第二種事業が実施されるべき区域及びその周辺の区域の環境の状況[18]その他の事情を勘案して判定が適切に行われることを確保するため、判定の基準につき主務大臣[19]（主務大臣が内閣府の外局の長であるときは、内閣総理大臣）が環境大臣に協議して定めるものとする。
10　環境大臣は、関係する行政機関の長に協議して、前項の規定により主務大臣（主務大臣が内閣府の外局の長であるときは、内閣総理大臣）が定めるべき基準に関する[20]基本的事項を定めて公表するものとする。

趣旨

本条は、第二種事業について、方法書の作成以降の手続を要するかどうかを判定する手続を定めるものである。第二種事業については、本条の手続を行うまでは、第五項の規定により実施制限がかけられている。

1．判定手続を設ける理由

閣議決定要綱等では、対象となる事業をその規模のみで決定していたが、事業の行われる地域の環境の状況によってはその規模に満たない事業であっても環境影響の程度が著しい場合もあると考えられる。また、中央環境審議会が法制定時の審議に当たり受け付けた国民等の意見では、対象となる事業の規模にわずかに満たない事業が多いとの指摘も多かった。

このような事情に鑑み、一定規模以上の事業については、第一種事業として、環境影響評価手続を必ず要するものとするとともに、第一種事業の規模に準ずる規模を有する第二種事業について、個別に環境影響評価手続の要否を判定する仕組みを導入することとしたものである。この判定の仕組みは、事業を「ふるいにかける」という意味で「スクリーニング」と呼ばれる。

2．判定手続の仕組み

第二種事業を実施しようとする者は、法第四条第一項各号に定める者（以下「免許等を行う者等」という。）に第二種事業の概要を届け出なければならないものとし、届出を受けた者が、事業が実施されるべき区域を管轄する都道府県知事の意見を聴いて、主務省令で定める基準に従い、六〇日以内に方法書作成以降の手続の要否を判定し、その結果を事業者に通知する仕組みとしている。

(1)　判定を行う者について

事業の実施による環境影響は、事業種によって大きく異なるものである。また、法では、手続の最終段階で環境影響評価の結果を免許等に反映させ、免許等を行う者等が環境面も含めた事業の実施の可否等の判断を行う仕組みとしている。さらに、実際にも、事業者は、免許等を行う者等に対し、事業の実施に関し事前の相談等を行っているところである。

こうしたことに鑑み、事業について十分な知見を有する免許等を行う者等がスクリーニングの判定を行うこととしたものである。また、ある事業がある地域で行われることによる環境影響の程度は、その事業の特性のみならず、その地域の特性にも左右されるため、免許等を行う者等が判定を行うに当たって、当該地域を管轄する都道府県知事の意見を聴くことにより、地域特性に関する情報を補うこととしている。

(2)　届出の内容について

判定を行う段階では事業の諸元が固まっていないことも想定されるため、事業の種類及び規模と事業が実施されるべき区域など事業の概要について事業者に届出を求めることとしている。届出書に記載すべき具体的な内容については、第一項の主務省令で定めることとしており、どの程度の詳細さを要するか等がこれにより示されることとしている。

(3)　都道府県知事の意見聴取について（第二項）

判定は、前述のとおり、事業特性と地域特性から環境影響評価手続の要否を判断するものであるため、免許等を行う者等が必ずしも十分な知見を有しないと考えられる地域の環境情報については、事業が実施されるべき区域を管轄する都道府県知事の意見により補うこととしている。

(4) 判定結果の通知について（第三項）

第三項において、届出を受理した者が判定を行い、その結果を理由とともに事業者及び都道府県知事に通知することとしている。なお、当該判定は、行政不服審査法（平成二六年法律第六八号）上の処分に該当するものである。

ア　第三項第一号の通知の法的性格について

第三項第一号の通知は、行政手続法上の不利益処分に当たるものであり、当該通知を行うに当たっては、あらかじめ同法の規定による弁明の機会の付与が必要となる。また、行政不服審査法上の処分にも当たるものであり、同法の規定による審査請求又は異議申立てを、処分があったことを知った日の翌日から起算して六〇日以内にすることができることとなる。

イ　第三項第二号の通知の法的性格について

第三項第二号の通知は、法の手続を行うことを要しないという事業者に対する利益付与的な行政行為であり、行政不服審査法における処分に当たるものの不服申立がなされることは想定し難く、また、行政手続法における不利益処分ではない。

(5) 再度判定を求める届出について（第四項）

事業が実施されるべき区域に環境保全上非常に重要な地域があることを理由に第三項第一号の通知がなされた事業について、事業規模や事業が実施されるべき区域を変更する場合のように、事業内容を見直すことにより、環境影響の程度が著しいものとなるおそれがなくなる場合がある。このような環境影響の程度を軽減する事業規模の縮小や事業実施地域の変更を行う事業者については、事業者の時間的・経済的利益に配意し、方法書手続を行う以前に、再度判定の機会を与えることとしている。

(6) 実施制限について（第五項）

環境影響の程度が著しいものとなる可能性のある事業について、方法書以降の手続を要するかどうかの判定がされる前に環境を改変する行為が行われては、事業の実施に当たりあらかじめ環境影響を評価し、必要な対策を講ずることにより環境悪化を未然防止しようという環境影響評価制度の趣旨が損なわれてしまう。このため、第二種事業について、判定結果の通知がなされるまでは、事業を実施してはならないこととしている。

第三項第一号の通知がなされれば、事業者には法第三一条第一項の規定による対象事業に対する実施制限がかかり、第三項第二号の通知がなされれば、事業者は事業を実施してよいこととなる。

なお、実施制限の対象となる行為等の詳細については、法第三一条の解説参照。

(7) 判定を経ずして方法書手続に進める仕組みについて（第六項〜第八項）

第六項においては、判定を受けることなく方法書以降の手続を行うことができることとしている。これは、第二種事業を実施しようとする者で法の手続を進んで行う意思を有する事業者については、環境基本法にある事業者の責務にかなうものであり、そのような事業者の意思を尊重することが、環境悪化を未然防止するだけでなく、持続可能な社会づくりを進めていく上で、より適切と考えられることによるものである。

また、これにより、事業者は判定手続を受けるより最大六〇日早く方法書の手続を開始できることとなる。

(8) 判定の基準について（第九項、第十項）

判定の基準は、事業種ごとに、主務省令によって明らかにされている。これらの主務省令の基本となるべき事項（基本的事項）は、環境大臣によって定められている。

解説

① 「第二種事業を実施しようとする者」

「事業者」とは、法第二条第五項により、対象事業を実施しようとする者とされているため、事業が対象事業であるかどうかを判定する段階にあるスクリーニングの手続を受ける主体は、「事業者」ではなく『第二種事業を実施しようとする者』としている。

② 「主務省令で定めるところにより」

「主務省令」とは、事業に関する免許等を所管する主務大臣が定める命令である。省令レベルで定めるべき内容のうち、事業種ごとに別々に定めるものが、「主務省令」で定められることとなる。

主務省令においては、事業種ごとに、届出の記載事項などを定めることとなる。

③　**「第二種事業が実施されるべき区域」**

届出の段階で、事業者として、事業が実施されるべきと考えている区域の意であり、その後の手続の中で得られた環境情報に基づいて区域に修正が行われ、あるいは区域の幅を狭めていくことが想定されている段階のものである。どの程度の詳細さで届出を求めるかについては、②の主務省令において定められることとなる。

④　**「主任の大臣に届け出ることに代えて、氏名等を記載した書面を作成する」**

国の直轄事業については、事業を実施する者と判定を行う主任の大臣が同一になる場合がある。この場合においては、その主任の大臣は届出事項を記載した書面を作成して都道府県知事の意見を求めるとともに、判定の結果を都道府県知事に通知することとしている。

このような仕組みにおいては、事業を実施しようとする者と判定を行う者が同一になるが、判定の基準があらかじめ公にされていること、また、判定の結果のみならずその理由を都道府県知事に通知しなければならないこととしていることから、判定手続の透明性が確保されている。

⑤　**「主任の大臣」**

「主任の大臣」とは本法以外の法律によって当該大臣の所掌である旨が定められている場合に用いている用語である。一方、「主務大臣」とは本法によって当該大臣の所掌である旨が定められている場合に用いている用語である。

⑥　**「三十日以上の期間を指定して」**

スクリーニングの判定については、詳細なデータ解析等は要さないものの、都道府県知事と免許等を行う者等が、判定基準に基づき、事業の概要、地域の環境情報、類似例の有無等を総合的に勘案して、それぞれの行政機関としての意思形成をしなければならないことから、それぞれの判断に要する期間を三〇日間としたものである。この規定により、都道府県知事は、少なくとも三〇日間の検討期間を与えられることとなる。

⑦　**「この法律（この条を除く。）の規定による環境影響評価その他の手続」**

方法書の作成から実施制限の解除までに至る一連の手続を指し、法第三条の二から第三条の一〇までの計画段階配慮事項についての検討その他の手続は含まれない。また、法第三八条の二の規定により、環境影響評価その他の手続を行った事業者、すなわち評価書を作成した旨等の公告を行った事業者は、報告書の作成の義務が課される。「この法律の規定による」の語は「環境影響評価その他の手続」を修飾しており、「その他の手続」に、条例による手続など、この法律以外の手続が入り込むことはない。この法律において「環境影響評価」は、事業者の内部行為として定義されているところであり（法第二条第一項の解説参照）、「その他の手続」とは、送付、公告、縦覧等の手続を指すところである。

⑧　「行われる必要があるかどうかについての意見及びその理由」

都道府県知事は、主務省令によって定められる判定基準に照らして、当該判定基準に該当するか否かを検討し、「〇〇との理由で判定基準に該当するためこの法律の規定による手続が行われる必要がある」等の意見を述べることとなる。

この場合、スクリーニングに関する判定基準には該当しないとして、免許等を行う者等に対して法律による環境影響評価は不要との意見を提出する一方、地域の環境保全の観点から条例による環境影響評価を行わせるとの判断をすることは可能である。

⑨　「主務省令で定めるところにより」

判定基準は主務省令によって定められる。この主務省令に何を定めるべきかは第九項に規定され、この主務省令に関する基本的事項が環境大臣によって公表される（第一〇項）こととなっている。

⑩　「届出の日から起算して六十日以内に」

都道府県知事の検討期間（少なくとも三〇日間）を除けば、免許等を行う者等は、最長で三〇日間の検討期間が与えられることとなる。

⑪　「おそれがないと認めるとき」

この法律において環境影響評価その他の手続を行わせることが必要な程度に環境影響の程度が著しいものとなるおそれがないと認めるという趣旨であり、国の他の施策において事前の環境保全上の配慮を求める必要がないことを認めるという趣旨、あるいは、条例や要綱において環境影響評価を求める必要がないことを認めるという趣旨ではない。

⑫　「届出をした者で前項第一号の措置がとられたもの」

第四項の規定は、第三項第一号の措置（この法律による手続が必要である旨の通知）を受けてから、方法書を作成する前に、第二種事業の規模又は実施されるべき区域を変更する場合に適用される。この法律による手続が必要である旨の通知に示された理由を勘案して、環境影響を低減させるよう規模等を変更した場合には、再度、判定を受けられるようにしたものである。

なお、第二項以降における「届出」という用語には、第一項後段の規定による書面の作成が含まれている。

⑬　「当該第二種事業の規模又はその実施されるべき区域を変更して当該事業を実施しようとする場合」

第一項において届出事項とされている「第二種事業の規模」、「第二種事業が実施されるべき区域」を変更しようとする場合にこの規定が適用されるという意である。

⑭　「変更後の当該事業が第二種事業に該当するとき」

規模を変更した事業であって、第二種事業の規模要件未満の規模になった事業は、そもそも再度判定を受けるまでもなく、本制度の対象外となる。なお、方法書以降の手続が進行している場合に、第二種事業の規模要件未満の規模になった場合は、混乱を防止するために、法第三〇条第一項において、関係者への通知や公告を行うべき旨を定めているが、方法書作成前における段階で第二種事業未満の規模になった場合は、このような義務を定めていない。

また、変更後の当該事業が第一種事業になった場合は、義務的に方法書作成に入ることとなる。

⑮　「届出をすることができる」

第三項第一号の措置をとられた者には、対象事業としての手続を進行させるか、あるいは、第三項第二号の措置を受けるべく、事業内容を変更した上で再度届出を行うかという二つの選択肢があることとなる。

「届出をすることができる」と、義務づけではない「できる規定」になっているのは、第三項第一号の措置をとられた者は、事業内容を変更した場合にあっても、対象事業としての手続を進行させることが原則となっているため、事業内容を変更してもなお環境影響評価手続を行おうとする事業者に届出を行わせる必要はないからである。また、第三項第一号の措置をとられた者であって、事業内容を変更した上で環境影響評価手続を行おうとする者は、第六項の通知を行う必要はない。

⑯　「（前項及び第二十九条第二項において準用する場合を含む。）」

前項において準用する場合とは、方法書を作成する前に事業内容を変更して再度判定を受ける場合であり、法第二九条第二項において準用する場合とは、方法書の公告後、評価書の公告前に、事業内容を変更して再度判定を受ける場合である。つまり、事業内容を変更して第二種事業となる場合には、対象事業として手続を終了させる場合を除き、変更後の事業について第三項第二号の措置が講じられない限り、第二種事業を実施してはならないこととなる。

⑰　「（当該第二種事業に係る第一項各号に定める者が二以上である場合にあっては、当該各号に定める者のすべてにより当該措置がとられるまで）」

第二種事業の中には、第一項各号に定める者が復数に及ぶ場合がある。例えば、法第二条第二項第二号ホに該当する第二種事業については、第一項第五号の規定により、常に、復数の者が第二種事業の判定を行うこととなる。また、複数の者が許認可等を行う事業（たとえば、公有水面の埋立ての事業は、港湾区域においては港湾管理者の長が、その他の区域においては都道府県知事が免許を行う。）もある。

このように複数の判定権者が存在する場合、すべての者が第三項第二号の措置を講じない限り、当該第二種事業を実施してはならないとするものである。一方で、ひとりでも第三項第一号の措置を講じた場合は、対象事業として方法書以降の手続を行うことが必要となる。

⑱　「その他の事情」

判定に際して勘案されるべき内容としては、「第二種事業の種類及び規模、第二種事業が実施されるべき区域及びその周辺の環境の状況」という法文に掲げられているものの他に、第二種事業の内容、人口等の増加・分布の状況などが想定される。

⑲　「主務大臣が内閣府の外局の長であるとき」

主務大臣が内閣府の外局の長であるときは、事業に係る主務省令は内閣府令として定められる。

⑳　「基本的事項を定めて公表する」

主務大臣が定める判定の基準について、一定の水準を保ちつつ適切な内容となるよう、全ての事業種に共通となる基本的な事項を環境大臣が定め、公表することとしている（平成九年一二月一二日環境庁告示第八七号。最終改正は平成二六年六月二七日環境省告示第八三号）。

第三章　方法書

（方法書の作成）

第五条　事業者は、配慮書を作成しているときはその配慮書の内容を踏まえるとともに、第三条の六の意見が述べられたときはこれを勘案して、①第三条の二第一項の事業が実施されるべき区域その他の主務省令で定める事項を決定し、対象事業に係る②環境影響評価を行う方法（調査、予測及び評価に係るものに限る。）について、第二条第二項第一号イからワまでに掲げる事業の種類ごとに③主務省令で定めるところにより、次に掲げる事項（配慮書を作成していない場合においては、第四号から第六号までに掲げる事項を除く。）を記載した環境影響評価方法書（以下「方法書」という。）を作成しなければならない。

一　事業者の氏名及び住所（法人にあってはその名称、代表者の氏名及び主たる事務所の所在地）

二　④対象事業の目的及び内容

三　⑤対象事業が実施されるべき区域（以下「対象事業実施区域」という。）及びその周囲の概況

四　⑥第三条の三第一項第四号に掲げる事項

五　⑦第三条の六の主務大臣の意見

六　⑧前号の意見についての事業者の見解

七　対象事業に係る⑨環境影響評価の項目並びに調査、予測及び評価の手法⑩（当該手法が決定されていない場合にあっては、対象事業に係る環境影響評価の項目）

八　⑪その他環境省令で定める事項

2　⑫相互に関連する二以上の対象事業を実施しようとする場合は、⑬当該対象事業に係る事業者は、これらの対象事業について、⑭併せて方法書を作成することができる。

環境省令

（方法書の記載事項）

第一条の五　法第五条第一項第八号の環境省令で定める事項は、次に掲げるものとする。

一　法[⑪-1]第三条の三第一項の規定により配慮書を作成した場合については、次に掲げるもの

イ　法第三条の七第一項の規定により配慮書の案又は配慮書について関係する行政機関又は一般の意見を求めたときは、関係する行政機関の意見又は一般の意見の概要

ロ　前号の意見についての第一種事業を実施しようとする者の見解

ハ　法第三条の二第一項の規定による事業が実施されるべき区域その他の主務省令で定める事項を決定する過程における環境の保全の配慮に係る検討の経緯及びその内容

二　条例[⑪-2]又は行政手続法（平成五年法律第八十八号）第三十六条に規定する行政指導（地方公共団体が同条の規定の例により行うものを含む。）その他の措置（以下「行政指導等」という。）の定めるところに従って、対象事業に係る計画の立案の段階において、当該事業が実施されるべき区域その他の事項を決定するに当たって、一又は二以上の当該事業の実施が想定された区域における当該事業に係る環境の保全のために配慮すべき事項についての検討を行った書類を作成した場合については、次の各号に掲げる事項のうち、条例又は行政指導等において法第五条の方法書に相当する書類の記載事項として定められているもの

イ　当該書類[⑪-3]の内容

ロ　当該書類についての関係する行政機関の意見がある場合には、その意見

ハ　当該書類についての一般の意見がある場合には、その概要

ニ　前二号の意見についての事業者の見解

ホ　当該事業が実施されるべき区域[⑪-4]その他の事項を決定する過程における環境の保全の配慮に係る検討の経緯及びその内容

趣旨

環境影響評価の実施に先立ち、対象事業に係る環境影響評価（調査、予測、評価）を行う方法の案について、環境の保全の見地からの意見を求めるために事業者に作成を義務づけるものである。事業者は、配慮書を作成しているときは、事業が実施されるべき区域等を決定するに当たって、当該配慮書の内容を踏まえるとともに、配慮書手続における主務大臣の意見が述べられたときはこれを勘案することとなる。こうした過程を経た上で、環境影響評価を行うに当たり必要な項目や手法等の情報を整理し、配慮書の内容等も含め、方法書としてまとめることとしている。方法書手続は、重要な項目及び手法を「絞り込む」という意味で「スコーピング」と呼ばれ、調査、予測及び評価の手戻りを防ぎ、効率的な環境影響評価を実施する上で極めて重要なものである。

解説

①　「第三条の二第一項の事業が実施されるべき区域その他の主務省令で定める事項を決定し」

配慮書の段階では事業の位置等について原則として複数案が示されることとなるが、方法書以降の段階では位置等が単一案に絞り込まれた上で手続が進められることを念頭においたものである。ここでいう「決定」とは方法書に示す案として決定するという趣旨であり、方法書以降の環境影響評価手続の結果、位置等を含めた事業内容の見直しが行われることは十分に想定される。

方法書においては、施行規則第一条の五第一項ハ及び同条第二項ホの規定により、事業が実施されるべき区域その他の事項を決定する過程における環境の保全の配慮に係る検討の経緯及び内容について明らかにすることとしている。なお、事業の位置等に関する意思決定の際には環境面のみならず、社会面・経済面等の様々な要素を総合的に考慮した上で複数案の中から絞り込む判断がなされるものであるため、社会面・経済面等の様々な要素を方法書に記載することを排除するものではない。

②　「環境影響評価を行う方法（調査、予測及び評価に係るものに限る。）」

環境影響評価を行う方法としては、環境の構成要素ごとの調査、予測及び評価に係る方法のほか、環境の保全のための措置の検討の方法及び総合的な評価の方法が含まれるが、方法書においては、調査、予測及び評価に係る方法について扱うこととしたものである。

これは、方法書の手続は、調査等において何を重点的に行うべきかについて事業者が判断する際に外部の情報を取り入れることにより、調査等の手戻りを防止し、効率的でメリハリの効いた調査等を実施するための手続であるため、調査、予測及び評価の方法に絞って方法書で取り扱うこととしたものである。なお、環境の保全のための措置については、調査、予測及び評価を行う過程で検討されるものであり、総合的な評価の結果とともに、準備書において明らかにされることとなる。

③　「主務省令で定めるところにより」

主務省令においては、方法書の記載要領等を定めることとなる。具体的には、事業種ごとに、事業の目的及び内容等の各記載事項をどのような詳細さで記述させるのかが、主務省令で明らかにされることとなる。

④　「対象事業の目的及び内容」

「対象事業の目的及び内容」中「対象事業の内容」には、対象事業の種類、規模、実施されるべき区域、その他事業の基本的諸元が含まれる。

⑤　「対象事業が実施されるべき区域（以下「対象事業実施区域」という。）及びその周囲の概況」

「対象事業が実施されるべき区域」とは、方法書を作成する段階で事業者が想定している事業の実施区域を指すものである。付帯的な工事や工作物の設置等（例えば、工事用道路、付替え道路、発生土置き場の新設等）であって、専ら当該事業の目的達成のために実施される区域であれば、一連の事業の一部として「対象事業が実施されるべき区域」に含まれる。調査、予測及び評価によって得られた情報や、外部の意見聴取によって得られた情報によって、区域の精度が上がり、または必要に応じて変更されることも想定される。

なお、この項では、「対象事業が実施されるべき区域の概況」を記載するものであり、「対象事業が実施されるべき区域」そのものは、「対象事業の目的及び内容」として記載されることとなる。

また、「その周囲の概況」とは、当該事業に伴う環境影響の調査、予測及び評価を行う方法を決定するに当たって把握することが必要な範囲で記述される。この「概況」は、文献調査によって把握できる程度のものを想定しており、現地調査を義務づける趣旨のものではない。

⑥　「第三条の三第一項第四号に掲げる事項」

配慮書に記載した計画段階配慮事項ごとに調査、予測及び評価の結果をとりまとめたものを記載することとなる。

⑦　**「第三条の六の主務大臣の意見」**
配慮書に対する主務大臣の意見を記載することとなる。

⑧　**「前号の意見についての事業者の見解」**
配慮書に対する主務大臣の意見についての事業者の見解を記載することとなる。

⑨　**「環境影響評価の項目並びに調査、予測及び評価の手法」**
環境影響評価の項目とは、環境影響評価の定義中、「環境の構成要素に係る項目」とあるものを指す。各項目は、環境への影響を及ぼす事業の要因と、影響を受ける環境の要素の組み合わせからなり、例えば、「完成後の道路を自動車が走行すること」という影響要因による、「二酸化窒素による大気の汚染」という環境要素への影響が項目となる。

調査、予測及び評価は、選定された項目について結果として行われるものであるため、調査、予測及び評価の項目ではなく、環境影響評価の項目と規定したところである。一方、調査、予測及び評価の手法は、調査の手法、予測の手法、評価の手法のそれぞれを指す。

⑩　**「（当該手法が決定されていない場合にあっては、対象事業に係る環境影響評価の項目）」**
当該手法が決定されていない場合とは、方法書を作成する段階で事業者として調査、予測及び評価の手法を決めていない場合を指す。この場合にあっては、少なくとも環境影響評価の項目は記載すべきこととしている。ただし、平成二三年の法改正で配慮書手続が導入されたことにより、方法書手続の開始の時点では具体的な調査、予測及び評価の手法の記載が可能な場合が大部分であると想定され、次の準備書段階で外部から再調査等を求められるリスクを避けるためにも、できるだけ記載することが望ましい。発電所については、発電所特例（法第六〇条の解説参照）において、これらは必須の記載事項とされている。

⑪　**「その他環境省令で定める事項」**

⑪―１　**「法第三条の三第一項の規定により配慮書を作成した場合」**
第一種事業を実施しようとする者が配慮書を作成した場合、又は第二種事業を実施しようとする者が法第三条の

一〇の規定により配慮書を作成した場合である。

⑪―2　「条例又は行政手続法（平成五年法律第八十八号）第三十六条に規定する行政指導（地方公共団体が同条の規定の例により行うものを含む。）その他の措置（以下「行政指導等」という。）の定めるところに従って、……当該事業に係る環境の保全のために配慮すべき事項についての検討を行った書類を作成した場合」

第二種事業者を実施しようとする者が、本法に規定する配慮書手続を実施しなかった場合であって、地方公共団体が制定する環境影響評価に係る条例又は行政指導等の規定により、本法に規定する計画段階配慮事項に相当する環境の保全のために配慮すべき事項について検討を行った書類を作成した場合は、当該書類の内容等について条例又は行政指導等において「方法書に相当する書類」に記載すべき事項として定められているものを方法書に記載することとなる。これは、条例又は行政指導等に基づいて配慮書に相当する書類について地方公共団体や一般の意見聴取を行った事業者が、その後法に基づいて方法書を作成した場合に、当該意見に対する見解を方法書に記載することを担保し、当該意見を環境影響評価手続に反映させるために設けた規定である。

【参照条文】

◎行政手続法（平成五年法律第八十八号）（抄）

（複数の者を対象とする行政指導）

第三十六条　同一の行政目的を実現するため一定の条件に該当する複数の者に対し行政指導をしようとするときは、行政機関は、あらかじめ、事案に応じ、行政指導指針を定め、かつ、行政上特別の支障がない限り、これを公表しなければならない。

⑪―3　「当該書類の内容」

条例又は行政指導等により本法の配慮書相当の書類を作成した場合は、本法に基づいた公表等の手続を経ていないことから、その内容を明らかにするために、方法書に記載することとなる。

⑪―4　「その他の事項」

条例又は行政指導等により本法の配慮書相当の書類を作成した場合は、当該書類の段階における複数案から単一案に選定した際の環境面からの検討の経緯等を記載することとなる。

⑫　「相互に関連する二以上の対象事業」

第二項は、相互に関連する二以上の対象事業を実施しようとする場合に、方法書を併せて作成することができる旨を確認的に規定したものである。相互に関連するかどうかは事業者によって判断される事項であり、特段の基準が示されるものではない。たとえば、空港とその取り付け道路、道路と鉄道が併設される架橋などが、相互に関連する二以上の対象事業となりうる。

⑬　「当該対象事業に係る事業者」

「当該対象事業に係る事業者」が複数の場合もあり得る。この場合、連名で方法書を作成することとなる。

⑭　「併せて方法書を作成する」

併せて方法書を作成する場合、対象事業種が異なるケースと対象事業種が同一のケースがある。対象事業種が異なる場合は、異なる主務省令の双方を満たす形で、方法書が作成されることが必要となる。この場合、二つの方法書を合本して一つの方法書として取り扱うことも可能である。

参考

１．ティアリングについて

配慮書の内容を踏まえて方法書を作成し、配慮書における評価結果をその後の環境影響評価へ活用することを「ティアリング」という。これにより、環境影響評価が効果的に実施されることとなり環境配慮の充実に資するとともに、手続の効率化が図られるため事業者にとってもメリットがあると考えられる。

２．配慮書から方法書に至る過程で事業内容の修正が生じた場合について

環境影響評価法では、方法書以降の手続の過程において事業内容の修正（軽微な修正等を除く。）が生じた場合、方法書から環境影響評価手続をやり直すこととしている（法第二一条第一項第一号、第二五条第一項第一号及び第二八条）。配慮書から方法書に至る過程で事業内容の修正が生じた場合については手続のやり直しの規定は設けておらず、方法書以降の過程において事業内容の修正が生じた場合についても、配慮書に戻るのではなく従来どおり方法書から手続をやり直すこととなる。これは、配慮書は事業の計画段階において複数案を含む一定の幅を持って作成されることを踏まえたものである。

（方法書の送付等）
第六条　事業者は、方法書を作成したときは、第二条第二項第一号イからワまでに掲げる事業の種類ごとに主務省令で定めるところにより、[①]対象事業に係る環境影響を受ける範囲であると認められる地域を管轄する都道府県知事及び市町村長（特別区の区長を含む。以下同じ。）に対し、[②]方法書及びこれを要約した書類（次条において「要約書」という。）を送付しなければならない。[③]
2　前項の主務省令は、同項に規定する地域が対象事業に係る環境影響評価につき環境の保全の見地からの意見を求める上で適切な範囲のものとなることを確保するため、その基準となるべき事項につき主務大臣（主務大臣が内閣府の外局の長であるときは、内閣総理大臣）が[④]環境大臣に協議して定めるものとする。[⑤]

趣旨

本条は、有益な環境情報を幅広く収集することを目的に、事業の実施により環境影響を受ける地域を管轄する地方公共団体に対し方法書の送付を行う旨を規定するものである。

このとき、事業者が方法書を送付しなければならない地方公共団体の範囲は、主務省令で定める基準により当該事業の実施により環境影響を受ける範囲であると認められる地域を管轄する地方公共団体である。

解説

①　**「主務省令で定めるところにより、」**
主務省令で定めるべき内容は、第二項で明らかにされているように、環境影響を受ける範囲であると認められる地域の設定に関する基準である。

なお、この地域基準は、準備書の送付（法第一五条）の際にも用いられるものである。

②　**「対象事業に係る環境影響を受ける範囲であると認められる地域」**
環境の保全の見地からの意見を提出できる者には地域的な範囲を設けていないが（法第八条の解説参照）、事業者が周知を行う地域については、一定の地域的な範囲を念頭において行われることとなる。この点について、平成九年

中央環境審議会答申においては、「環境影響評価における意見提出手続は、地域の環境情報を収集することが主たる目的となるので、意見の提出を求めるべき範囲は、事業が環境に影響を及ぼす地域の住民が中心となる。」とされている。これと同様の考え方から、方法書の送付の対象となる地方公共団体の範囲についても「対象事業に係る環境影響を受ける範囲であると認められる地域」を管轄する地方公共団体に限ったものである。

方法書の送付の時点では、未だ事業者によって環境影響評価が行われていないため、主務省令で定める地域基準にあてはめるべき情報が十分には収集されていない。このため、方法書の時点での情報を地域基準にあてはめて得られる「対象事業に係る環境影響を受ける範囲であると認められる地域」は、方法書手続を進めるためのいわば暫定的なものである。法第一五条において、準備書段階での情報を地域基準にあてはめて、改めて「対象事業に係る環境影響を受ける範囲であると認められる地域」を決め、これを「関係地域」と呼ぶこととしている。

③　「これを要約した書類（次条において「要約書」という。）」

環境影響評価手続を円滑に進めるためには、必ずしも専門的知識を有しない一般住民等にも内容をわかりやすく周知し、理解してもらうことが必要であることから、方法書の内容を要約した書類として、要約書を作成する義務を課すこととしている。具体的にどのような内容とするかは、方法書の内容をわかりやすく周知するという趣旨を踏まえて、事業者の責任により適切に判断することが求められる。

④　「対象事業に係る環境影響評価につき環境の保全の見地からの意見を求める上で適切な範囲のもの」

地域基準は、事業の種類に応じて適切に定められることが必要であることから、事業の種類ごとに主務省令で定めることとされている。しかし、事業の種類が違っても環境の保全という目的は同じであることから、環境保全の見地から、環境基本法第一四条各号に掲げる事項の確保を旨として地域基準を設定する必要があり、具体的には、人の健康又は生活環境に影響を受けるおそれがあると認められる地域のみならず、自然環境や生物多様性等に影響を受けるおそれがあると認められる地域等も含まれるものとする必要がある。

【参照条文】

◎環境基本法（平成五年法律第九十一号）（抄）

第十四条　この章に定める環境の保全に関する施策の策定及び実施は、基本理念にのっとり、次に掲げる事項の確保を旨として、各種の施策相互の有機的な連携を図りつつ総合的かつ計画的に行わなければならない。
一　人の健康が保護され、及び生活環境が保全され、並びに自然環境が適正に保全されるよう、大気、水、土壌その他の環境の自然的構成要素が良好な状態に保持されること。
二　生態系の多様性の確保、野生生物の種の保存その他の生物の多様性の確保が図られるとともに、森林、農地、水辺地等における多様な自然環境が地域の自然的社会的条件に応じて体系的に保全されること。
三　人と自然との豊かな触れ合いが保たれること。

⑤　「環境大臣に協議して定める」

地域基準は、事業の特性を考慮したものとなるよう事業種ごとに定めることとなっているが、各事業種間の不整合が生じないよう主務大臣がこの基準を定めるに当たって環境大臣に協議することとしたものである。

（方法書についての公告及び縦覧）
第七条　事業者は、方法書を作成したとき[①]は、環境影響評価の項目並びに調査、予測及び評価の手法について環境の保全の見地からの意見を求めるため、環境省令[②]で定めるところにより、方法書を作成した旨その他環境省令[③]で定める事項を公告し、公告の日[④]から起算して一月間、方法書及び要約書[⑤]を前条第一項に規定する地域内[⑥]において縦覧に供するとともに、環境省令[⑦]で定めるところにより、インターネット[⑧]の利用その他の方法により公表[⑨]しなければならない。

環境省令

（方法書についての公告の方法）
第一条の六　法第七条の規定による公告は、次に掲げる方法のうち適切な方法により行うものとする。
一　官報への掲載
二　関係都道府県の協力を得て、関係都道府県の公報又は広報紙に掲載すること。
三　関係市町村の協力を得て、関係市町村の公報又は広報紙に掲載すること。

四　時事に関する事項を掲載する日刊新聞紙への掲載

（方法書の縦覧）

第二条　法第七条の規定により方法書及びこれを要約した書類（以下「方法書等」という。）を縦覧に供する場所は、次に掲げる場所のうちから、できる限り縦覧する者の参集の便を考慮して定めるものとする。

一　事業者の事務所

二　関係都道府県の協力が得られた場合にあっては、関係都道府県の庁舎その他の関係都道府県の施設

三　関係市町村の協力が得られた場合にあっては、関係市町村の庁舎その他の関係市町村の施設

四　前三号に掲げるもののほか、事業者が利用できる適切な施設

（方法書について公告する事項）

第三条　法第七条の環境省令で定める事項は、次に掲げるものとする。

一　事業者の氏名及び住所（法人にあってはその名称、代表者の氏名及び主たる事務所の所在地）

二　対象事業の名称、種類及び規模

三　対象事業が実施されるべき区域

四　法第六条第一項の対象事業に係る環境影響を受ける範囲であると認められる地域の範囲

五　方法書等の縦覧の場所、期間及び時間

六　方法書について環境の保全の見地からの意見を書面により提出することができる旨

七　法第八条第一項の意見書の提出期限及び提出先その他意見書の提出に必要な事項

（方法書の公表）

第三条の二　法第七条の規定による方法書等の公表は、[⑨-1]次に掲げる方法のうち適切な方法により行うものとする。

一　事業者のウェブサイトへの掲載

二　関係都道府県の協力を得て、関係都道府県のウェブサイトに掲載すること。

三　関係市町村の協力を得て、関係市町村のウェブサイトに掲載すること。

趣旨

本条は、環境影響評価の項目や調査等の手法について、一般の意見を求めるため、方法書に係る公告・縦覧及びインターネットによる公表の手続を規定するものである。

なお、インターネットによる公表については、近年のインターネットの発達及び行政手続の電子化の進展を踏まえ、平成二三年の法改正により追加された。

解説

①「**方法書を作成したとき**」

法第六条（方法書の送付等）においても、本条と同様に「方法書を作成したとき」に行うこととされており、両手続の先後関係は規定されていないが、条文の配列からいって、事業者が関係する地方公共団体への送付を行うことなく、本条に規定する方法書の公告・縦覧の手続を行うことは想定されていない。

②「**環境省令で定めるところにより**」（＝施行規則第一条の六、第二条）

公告の方法及び縦覧の場所についての規定が置かれている。このうち、公告の方法については、関係地域内で誰でも容易に入手できる出版物である、官報、地方公共団体の公報・広報紙又は新聞への掲載としている。

③「**その他環境省令で定める事項**」

事業者は、「方法書を作成した旨」に加えて、事業者の氏名・住所等、施行規則第三条に規定する事項を公告することとなる。

④「**公告の日から起算して一月間**」

方法書の縦覧期間は、準備書・評価書の縦覧期間などを勘案して、一ヶ月間としている。

また、インターネットの利用等により公表しなければならない期間も、縦覧期間と同様、方法書の公告の日から一ヶ月間である。ただし、方法書の内容は次の段階の準備書等の図書にも継続するものであることから、事業者の自主的判断として、公表義務期間以降も引き続き公開することは、準備書等の図書を閲覧する者の理解を得るために望ましいことと考えられる。

⑤ **「方法書及び要約書」**

閲覧する者の理解の促進に資するために、要約書を併せて縦覧に供することとしている。なお、この要約書は第一項の規定により方法書とともに地方公共団体に送付したものと同じ文書を想定している。

また、方法書・要約書ともにインターネットの利用等による公表の義務の対象となる。

⑥ **「前条第一項に規定する地域内において」**

意見の提出を求めるべき範囲は、事業が環境に影響を及ぼす地域の住民が中心となるとの考え方（法第六条の解説④参照）から、法第六条第一項における「対象事業に係る環境影響を受ける範囲であると認められる地域」において方法書を縦覧することとしたものである。なお、一定の人数を収容可能な施設を要する説明会に比較して、縦覧の場所は施設面での制約が少ないため、「対象事業に係る環境影響を受ける範囲であると認められる地域」内に適当な場所がないときについての規定は設けられていない。

⑦ **「環境省令で定めるところにより」**

事業者のウェブサイトへの掲載等、施行規則第三条の二に規定する方法により方法書を公表することになる。

⑧ **「インターネットの利用その他の方法」**

「その他の方法」とは、近年の情報通信技術の進展等に鑑み、インターネット以外の公表方法も将来的にはあり得ることから入念的に定めたものであり、現時点において具体的な方法は特に想定していない。

⑨ **「公表」**

ここでの「公表」とは、広く一般が確認することのできる状態に置くことを意味する。「公告」、「公表」ともに、一般的には、「ある事項を広く一般の人に知らせること」を言うが、「公告」は官報、新聞等に掲載すること等、公共性の高い方法がとられるものであり、一方で「公表」は、必ずしも官報、新聞等への掲載によることを要せず、インターネットの利用等により「一般の人に知らせること」ができる方法であればよいと解され、使い分けをしている。

⑨―1 **「次に掲げる方法」**

環境影響評価図書の公表は原則として事業者のウェブサイトにおいて公表されることを想定しているが、より円滑に閲覧できるように、関係都道府県や関係市町村の協力を得て同地方公共団体のウェブサイトでの公表もできることとしている。

（説明会の開催等）

第七条の二　事業者は、環境省令で定めるところにより、①前条の縦覧期間内に、②第六条第一項に規定する地域内において、③方法書の記載事項を周知させるための説明会（以下「方法書説明会」という。）を開催しなければならない。この場合において、④当該地域内に方法書説明会を開催する適当な場所がないときは、⑤当該地域以外の地域において開催することができる。

2　事業者は、方法書説明会を開催するときは、その開催を予定する日時及び場所を定め、環境省令で定めるところにより、これらを方法書説明会の開催を予定する日の一週間前までに公告しなければならない。

3　事業者は、方法書説明会の開催を予定する日時及び場所を定めようとするときは、第六条第一項に規定する地域を管轄する都道府県知事の意見を聴くことができる。

4　事業者は、⑥その責めに帰することができない事由であって環境省令で定めるものにより、第二項の規定による公告をした方法書説明会を開催することができない場合には、当該方法書説明会を開催することを要しない。

5　前各項に定めるもののほか、方法書説明会の開催に関し必要な事項は、⑦環境省令で定める。

環境省令

（方法書説明会の開催）

第三条の三　法第七条の二第一項の規定による方法書説明会は、できる限り方法書説明会に参加する者の参集の便を考慮して開催の日時及び場所を定めるものとし、対象事業に係る環境影響を受ける範囲であると認められる地域に二以上の市町村の区域が含まれることその他の理由により事業者が必要と認める場合には、方法書説明会を開催すべき地域を二以上の区域に区分して当該区域ごとに開催するものとする。

（方法書説明会の開催の公告）

第三条の四　第一条の六の規定は、法第七条の二第二項の規定による公告について準用する。

２　法第七条の二第二項の規定による公告は、次に掲げる事項について行うものとする。

一　事業者の氏名及び住所（法人にあってはその名称、代表者の氏名及び主たる事務所の所在地）

二　対象事業の名称、種類及び規模

三　対象事業が実施されるべき区域

四　対象事業に係る環境影響を受ける範囲であると認められる地域の範囲

五　方法書説明会の開催を予定する日時及び場所

（責めに帰することができない事由）

第三条の五　法第七条の二第四項の事業者の責めに帰することができない事由であって環境省令で定めるものは、次に掲げる事由とする。

一　天災、交通の途絶その他の不測の事態により方法書説明会の開催が不可能であること。

二　事業者以外の者により方法書説明会の開催が故意に阻害されることによって方法書説明会を円滑に開催できないことが明らかであること。

趣旨

本条は、事業者に、方法書の縦覧期間内に、対象事業に係る環境影響を受ける範囲であると認められる地域内において、方法書の説明会を開催することを義務づける旨を規定したものである。

本法では、文書に係る周知の方法として公告・縦覧・インターネットその他の方法による公表をベースとしているが、方法書については、事業者が事業の実施に係る環境影響評価を行うに当たりどのような項目をどのような手法で調査、予測、評価を行うかという点について自らの考え方をとりまとめた文書であり、図書紙数の分量が多く、内容も専門的なものとなっている。このため、方法書段階でのコミュニケーションを充実させるべく、説明会を開催して周知を図ることとしている。

解説

①　「**前条の縦覧期間内に**」
説明会については、方法書の縦覧期間内に行うこととされている。なお、この規定は、事業者が任意の説明会について縦覧期間外に行うことを妨げる趣旨ではない。

②　「**第六条第一項に規定する地域内において**」
方法書の縦覧が対象事業に係る環境影響を受ける範囲であると認められる地域内において行われることと同様の考え方に沿って、説明会についても原則として当該地域内において行うこととされている。

③　「**方法書の記載事項を周知させるための説明会**」
説明会が実質的に意見交換の場として機能することはあるが、法律上の義務として行うべき説明会は、方法書の記載事項を周知するためのものである。

④　「**当該地域内に説明会を開催する適当な場所がないとき**」
説明会を開催できるだけの収容能力のある施設が手当てできない場合などが想定される。

⑤　「**当該地域以外の地域において**」
対象事業に係る環境影響を受ける範囲であると認められる地域以外の地域といえども、当該地域から容易にアクセスすることが可能な地域において説明会を開催することが必要である。

⑥　「**その責めに帰することができない事由**」
方法書段階の説明会の開催に当たっては、開催日時や場所等の公告義務を課しているが、事業者の責めに帰することができない事情により公告どおりの説明会が開催できない場合の例外規定を定めている。なお、環境影響評価法制定当初の準備書段階の説明会に係る規定では、説明会が開催できない場合の周知義務が規定されていたが、インターネットを利用した公表の義務付けにより、方法書及び要約書はインターネット上で公表されることとなり、当該周知義務は意味をなさないものとなることから、これを除いている。

⑦　「**環境省令で定める**」
この環境省令は、現在定められていない。

（方法書についての意見書の提出）

第八条　方法書について①環境の保全の見地からの意見を有する者は、第七条の公告の日から、同条の縦覧期間満了の日の翌日から起算して二週間を経過する日までの間に、事業者に対し、意見書の提出により、これを述べることができる。

2　前項の意見書の提出に関し必要な事項は、環境省令で定める。

環境省令

（方法書についての意見書の提出）

第四条　法第八条第一項の規定による意見書には、次に掲げる事項を記載するものとする。

一　意見書を提出しようとする者の氏名及び住所（法人その他の団体にあってはその名称、代表者の氏名及び主たる事務所の所在地）

二　意見書の提出の対象である方法書の名称

三　方法書についての環境の保全の見地からの意見

2　前項第三号の意見は、日本語により、意見の理由を含めて記載するものとする。

趣旨

本条は、方法書に意見を有する一般の者が意見書の提出によりその意見を述べることができる旨を規定するものである。本条により述べられた意見は、事業者、都道府県知事によって配意されることにより、環境影響評価の項目及び手法に反映されることとなる。

解説

①「方法書について」

方法書を作成する段階で事業者として調査、予測又は評価の手法を決めていない場合には、その方法書にはこれらの手法が記載されないが、このような方法書に対しても、調査、予測又は評価の手法に係る意見を述べることができる。

②　「環境の保全の見地からの意見を有する者」

対象事業に係る環境情報は地域住民に限らず、環境の保全に関する調査研究を行っている専門家等の広い範囲にわたって所有されているため、意見提出者の地域的範囲を限定することは、有益な環境情報を収集するという本法における意見提出手続を設ける目的に合致しない。また、全国から多くの者が訪れる傑出した自然環境や地球温暖化等の地球規模の環境問題等、事業が及ぼす影響が地域の問題にとどまらないものも含まれる。このため、環境の保全の見地からの意見を有する者であれば、その者がどこに住んでいるかにかかわらず、意見が提出できることとした。

ただし、本法において位置づけられている意見は「環境の保全の見地からの意見」であり、事業に対する単なる反対あるいは賛成とのみ記した意見は事業者及び都道府県知事が配意すべき対象とはならない。環境の保全上の理由を述べた上で反対あるいは賛成と記した意見は配意すべき対象となる。

なお、意見を提出できる者には、自然人、法人のほか、権利能力のない団体も含まれる。

③　「同条の縦覧期間満了の日の翌日から起算して二週間を経過する日」

閣議決定要綱等の実績などを勘案して、意見提出期間は縦覧期間に二週間を加えた期間とした。意思表示に関する民法の到達主義の原則（民法第九七条第一項）により、この期間の満了の日までに事業者に到達しているものが効力を有する。期間経過後に到達した意見書であっても、事業者の自主的判断でこれに配意したり、その概要を都道府県知事に送付することは差し支えない。

なお、意見提出期間の末日が休日であるときは、事業者が国の機関である場合にあっては行政機関の休日に関する法律（昭和六三年法律第九一号）第二条、事業者が地方公共団体である場合にあっては地方自治法（昭和二二年法律第六七号）第四条の二第四項が適用され、当該休日の翌日までが意見提出期間となる。また、事業者が民間企業である場合もこれに準じた取り扱いをすることが適当である。

（方法書についての意見の概要の送付）

第九条　事業者は、前条第一項の期間を経過した後、①第六条第一項に規定する地域を管轄する都道府県知事及び当該地域を管轄する市町村長に対し、前条第一項の規定により述べられた意見②の概要を記載した書類を送付しなければならない。

趣旨

本条は、事業者に対し、方法書に係る一般の意見の概要を関係の地方公共団体に送付させる旨を規定するものである。

1．意見の「概要」を送付させる理由

準備書があまりにも膨大なものとなることを避けるため、準備書には方法書について提出された意見そのものではなく意見の要約を記載することとなるが、関係の地方公共団体にも、準備書に記載するものを送付することとしたものである。なお、要約することが困難な場合や短い意見書が寄せられる場合など、そのまま手を加えず送付し、準備書に記載しても差し支えない。

2．意見書に係る事業者の見解を付けることを要しない理由

方法書以降の手続において、提出された意見も踏まえ相当の期間にわたり調査等を行っていくものであり、その過程においても状況に応じ調査項目や手法が見直されうるものであることから、方法書についての意見を送付する時点で事業者が個々の意見についてその採否等の判断をすることにはなじまないためである。

なお、方法書に寄せられた意見への事業者の見解は、準備書の作成時点では確定していることから、準備書の記載事項として規定されている。

解説

①　**「前条第一項の期間を経過した後」**

意見の概要の送付は、意見提出期間を経過した後に行われるものである。意見の概要を記載した書類を作成するために要する時間は特に規定されておらず、事業者の準備の状況によって、意見の概要を記載した書類の送付の時期が決まってくることとなる。

②　**「意見の概要を記載した書類」**

意見の概要を記載した書類の作成方法は特に規定されていないが、方法書に対して提出された環境の保全上の意見については、もれなく意見の概要を記載した書類において扱われる必要がある。ただし、意見の概要であるので、重複した意見をとりまとめること、個々の意見を要旨のみにとどめることなどは当然許容される。

なお、意見の提出がなかった場合は、意見の提出がなかった旨が記載された「意見の概要を記載した書類」が作成されることとなる。

（方法書についての都道府県知事等の意見）

第十条　前条に規定する都道府県知事は、①同条の書類の送付を受けたときは、②第四項に規定する場合を除き、③政令で定める期間内に、事業者に対し、方法書について環境の保全の見地からの意見を書面により述べるものとする。

2　前項の場合において、当該都道府県知事は、④期間を指定して、方法書について前条に規定する市町村長の環境の保全の見地からの意見を求めるものとする。

3　第一項の場合において、当該都道府県知事は、⑤前項の規定による当該市町村長の意見を勘案するとともに、前条の書類に記載された意見に配意するものとする。

4　⑥第六条第一項に規定する地域の全部が一の政令で定める市の区域に限られるものである場合は、当該市の長が、前条の書類の送付を受けたときは、⑦第一項の政令で定める期間内に、事業者に対し、方法書について環境の保全の見地からの意見を書面により述べるものとする。

5　⑧前項の場合において、前条に規定する都道府県知事は、同条の書類の送付を受けたときは、必要に応じ、第一項の政令で定める期間内に、事業者に対し、方法書について環境の保全の見地からの意見を書面により述べることができる。

6　第四項の場合において、当該市の長は、⑨前条の書類に記載された意見に配意するものとする。

政令

（方法書についての都道府県知事の意見の提出期間）

第十条　法第十条第一項の政令で定める期間は、九十日[③-1]とする。ただし、同項の意見を述べるため実地の調査を行う必要がある場合において、積雪[③-2]その他の自然現象により長期間にわたり当該実地の調査が著しく困難であるときは、百二十日を超えない範囲内において都道府県知事が定める期間とする。

2　都道府県知事は、前項ただし書の規定により期間を定めたときは、事業者に対し、遅滞なくその旨及びその理由を通知しなければならない。

（法第十条第四項の政令で定める市）

第十一条　法第十条第四項の政令[⑥-1]で定める市は、札幌市、仙台市、さいたま市、千葉市、横浜市、川崎市、相模原市、新潟市、静岡市、浜松市、名古屋市、京都市、大阪市、堺市、吹田市、神戸市、尼崎市、岡山市、広島市、北九州市及び福岡市とする。

趣旨

本条は、都道府県知事等が方法書に対する意見を述べる旨を規定したものであり、この際、都道府県知事は、市町村長の意見を勘案するとともに、一般の意見に配意するものとされている。本条により述べられた意見は、事業者によって勘案されることにより、環境影響評価の項目及び手法に反映されることとなる。

対象事業に係る環境影響を受ける範囲であると認められる地域が政令で定める市の区域内に限られている場合は、当該市の長が、方法書に係る意見を事業者に直接述べることとしている。

解説

① **「同条の書類の送付を受けたときは」**

一般の意見が一通も提出されなかった場合にあっても、意見の提出がなかった旨が記載された「意見の概要を記載した書類」が作成されることとなる（法第九条の解説②参照）ため、「同条の書類の送付」がない場合はない。

② **「第四項に規定する場合を除き」**

対象事業に係る環境影響を受ける範囲であると認められる地域が一の政令で定める市の区域に限られずに複数にわたる場合は、引き続き都道府県知事が関係市町村長の意見を集約し、勘案した上で、事業者に対して意見を述べるここととしている。

③　「政令で定める期間内に」（＝施行令第十条）

方法書及び準備書についての都道府県知事等の意見提出期間は、地方公共団体における適切な意見形成に必要な期間が確保され、かつ、事業者にとって過重な負担とならないよう設定することとなる。

③－１　「九十日」

閣議決定要綱における準備書についての意見提出期間が九〇日であったが、閣議決定要綱と比べて審査対象項目が質的にも量的にも増加することを勘案して、準備書についての意見提出期間を原則として三〇日長い一二〇日とし、方法書については準備書と比べて検討すべき情報の量が少ないことから、原則として三〇日短い九〇日としている。

③－２　「積雪その他の自然現象により長期間にわたり当該実地の調査が著しく困難であるとき」

都道府県知事等は、意見を述べるに当たっては地域の環境情報を十分に把握する必要があり、文献等による情報収集に加え、現地調査が必要と判断する場合がある。しかし、現地調査は野外で行うものであるため、積雪その他の自然現象により現地へのアクセスが困難となった場合等にはその実施が困難となり、原則として定めた期間内には適切な意見を述べるために必要な情報を収集することができないことがあり得る。

したがって、そのような場合には、都道府県知事が三〇日以内で期間を延長することができることとしている。また、期間を延長したときは、意見提出の相手方である事業者に対しその旨を通知することとしている。

④　「期間を指定して」

市町村長の意見提出期間については、都道府県知事の意見提出期間が遵守でき、かつ、市町村における適切な意見形成に必要な期間が確保されるように、都道府県知事において適切な期間を指定することとなる。

⑤　「前項の規定による当該市町村長の意見を勘案するとともに、前条の書類に記載された意見に配意する」

都道府県知事の意見提出に当たっては、市町村長の意見及び一般の意見に勘案・配意すべきことをしているものである。ただし、都道府県知事はその意見の形成に当たって、審査会や公聴会を開催することが法第六一条第二号において許容されており、当然ながら、このような地方公共団体における手続を設けた場合には、その結果についても知事意見に反映させることになる。なお、「勘案」と「配意」の用語の使い分けについては、この項の「参考」を参照のこと。

⑥　**「第六条第一項に規定する地域の全部が一の政令で定める市の区域に限られるものである場合」**

対象事業に係る環境影響を受ける範囲であると認められる地域が、政令で定める一つの市の区域内に収まっている場合は、当該市の長は、都道府県知事に対してではなく事業者に対して直接方法書に対する意見を述べることとしている。

これは、地方分権の進展により都道府県の担う公害防止事務等の多くが政令指定都市等に移管され、政令指定都市等が地域環境管理の観点から果たす役割が大きくなっているという状況がみられ、大半の政令指定都市等において独自の環境影響評価条例が制定されていること等によるものである。

なお、対象事業に係る環境影響を受ける範囲であると認められる地域又は関係地域の範囲は、方法書又は準備書の公告（法第七条及び第一六条）を行う際の公告する事項の中に含まれており（法施行規則第三条及び第七条）、都道府県及び政令で定める市は、これにより当該地域が当該市の区域内に収まっているかどうかを判断することが可能である。

⑥—１　**「政令で定める市」**

「政令で定める市」は、環境影響評価条例を制定している市であって、当該市が単独で意見を形成し、提出することができるだけの能力と審査体制等を有している市であり、政令において指定している。なお、「政令で定める市」は、地方自治法第二五二条の一九に規定する指定都市（いわゆる政令指定都市）の大半が含まれてはいるが、必ずしも一致はしていない。

⑦　**「第一項の政令で定める期間」**

政令で定める市の長による意見提出期間は、方法書段階においては都道府県知事と同様に原則九十日としている。

⑧　**「前項の場合において、前条に規定する都道府県知事は、……環境の保全の見地からの意見を書面により述べることができる」**

対象事業に係る環境影響を受ける範囲であると認められる地域又は関係地域が政令で定める市の区域内に収まって

いる場合であっても、都道府県全体の環境保全に係る計画・政策との整合性や他の市町村への影響が懸念される等の観点から都道府県知事の意見提出が必要とされる場合が想定されるため、都道府県知事は任意に意見提出を行うことができることとしている。

⑨　「前条の書類に記載された意見に配意するものとする」

政令で定める市の長が事業者に対し直接意見を述べるときは、都道府県知事と同様、方法書に対し述べられた一般の意見の概要等を記載した書類に対し配意するものとしている。

なお、⑧により都道府県知事が意見提出を行う場合は、市町村長意見に対する勘案義務及び一般の意見に対する配意義務はない。これは、都道府県知事が並行して意見を述べる場合には政令で定める市の長による意見は別途述べられる前提となっており、かつ、当該市の長による意見は一般の意見に配意した上で述べられるものであることから、重複して配意義務を課す必要性はないためである。

参考

本法における「勘案」と「配意」の使い分けについて

本法においては、各方面から提出される意見の取り扱いについて、「勘案」と「配意」の二つに分けて規定しており、「勘案」は行政主体（免許等を行う者等、環境大臣、都道府県知事、市町村長）からの意見について、「配意」は国民一般からの意見について使用している。

行政主体から提出される意見は、それぞれの行政分野において責任を有する立場から述べられるものであり、意見を受ける側において十分重く受けとめ、事業計画等に反映することを検討する必要があるものである。

一方、国民一般から提出される意見は、様々な立場からの多様な方向性を持った幅広いものであるため、意見を受ける側は、それぞれに意を配りつつ、その中から有用な環境情報等を事業計画等に反映させていくこと等を検討する必要があるものである。

このように意見を受け取る側の受け止め方の違いから、それぞれの取り扱いについて適切な用語を当てはめたものである。

第四章　環境影響評価の実施等

（環境影響評価の項目等の選定）

第十一条　事業者は、①前条第一項、第四項又は第五項の意見が述べられたときはこれを勘案するとともに、第八条第一項の意見に配意して②第五条第一項第七号に掲げる事項に検討を加え、第二条第二項第一号イからワまでに掲げる事業の種類ごとに③主務省令で定めるところにより、対象事業に係る環境影響評価の項目並びに調査、予測及び評価の手法を選定しなければならない。

2　事業者は、前項の規定による選定を行うに当たり④必要があると認めるときは、主務大臣に対し、⑤技術的な助言を記載した書面の交付を受けたい旨の申出を書面によりすることができる。

3　主務大臣は、前項の規定による事業者の申出に応じて技術的な助言を記載した書面の交付をしようとするときは、あらかじめ、⑥環境大臣の意見を聴かなければならない。

4　第一項の主務省令は、⑦環境基本法（平成五年法律第九十一号）第十四条各号に掲げる事項の確保を旨として、⑧既に得られている科学的知見に基づき、⑨対象事業に係る環境影響評価を適切に行うために必要であると認められる環境影響評価の項目並びに当該項目に係る調査、予測及び評価を合理的に行うための手法を選定するための指針につき主務大臣（主務大臣が内閣府の外局の長であるときは、内閣総理大臣）が環境大臣に協議して定めるものとする。

趣旨

第一一条では、環境影響評価方法書に対する意見等を踏まえた環境影響評価の方法の決定を規定している。

1．第一項

事業者が、方法書に対する知事等の意見（法第一〇条第一項、第四項又は第五項）及び一般の意見（法第八条第一項）を踏まえ、主務省令で定めるところにより、環境影響評価の項目並びに調査、予測及び評価の手法を選定する。これは、第二条第一項に定義する「環境影響評価」に含まれる行為である。

２．第二項

環境影響評価の項目等の選定は、主務省令によって示される選定指針にしたがって、方法書について出された意見を勘案・配意しつつ、事業者の判断で行われるものであるが、事業者が判断に迷う場合、選定指針の作成を行った主務大臣に対して助言を求めることができることとしたものである。

３．第三項

第二項の規定により技術的な助言を受けたい旨の申出を事業者から受けた主務大臣は、その申出に応じて、技術的な助言を記載した書面の交付をしようとするときは、あらかじめ、環境大臣の意見を聴かなければならないこととしている。

４．第四項

第一項の主務省令は、環境基本法第一四条各号に掲げる事項の確保を旨として、既に得られている科学的知見に基づき、主務大臣が環境大臣と協議して定める。

主務省令は、事業の種類に応じて適切に定められることが必要である事項について、各事業の主務大臣が定めるものである。しかし、事業の種類が違っても環境の保全という目的は同じであることから、確保すべき環境の保全の内容が、環境基本法第一四条各号に掲げる事項であることを明示するとともに、事業種横断的な事項について整合が図られるよう、主務省令を定めるに当たっての環境大臣との協議を規定した。また、主務省令の基本的事項については、環境大臣が定めることとしている（法第一三条）。

解説

①「前条第一項、第四項又は第五項の意見が述べられたときはこれを勘案するとともに、第八条第一項の意見に配意して」

知事又は政令で定める市の長の意見が期間内に述べられない場合は、意見が述べられなかったものとして取り扱うこととなる。「勘案」と「配意」の使い分けについては、法第一〇条の**参考**参照。

②　**「第五条第一項第七号に掲げる事項に検討を加え」**

「第五条第一項第七号に掲げる事項」とは、方法書に記載した「対象事業に係る環境影響評価の項目並びに調査、予測及び評価の手法」を指す。一般の意見、都道府県知事等からの意見のほか、その間に事業者自ら気づいた事項があれば、これも参考にして検討を加えることとなる。

③　**「主務省令で定めるところにより、対象事業に係る環境影響評価の項目並びに調査、予測及び評価の手法を選定しなければならない」**

選定する主体は事業者である。選定の結果は準備書で明らかにされることとなり、それ以前に明らかにすることを求められる手続はない。これは、事業者が調査、予測及び評価を行う過程において、環境影響評価の項目や調査、予測及び評価の手法を修正し、あるいは補足していくことを予定しているためである。調査、予測及び評価を行った結果を記載する時点で最終的に確定したものが、この事業者によって選定された環境影響評価の項目並びに調査、予測及び評価の手法となる。

④　**「必要があると認めるとき」**

事業者が環境影響評価の項目等の選定を行うに当たって、主務省令によって示される選定の指針をみてもなお判断に迷う場合を想定している。

⑤　**「技術的な助言」**

本条に基づく助言は書面にて行われ、その内容は、準備書・評価書に記載されて公開されることとなる。なお、本条の規定は、主務大臣による書面によらない一般的な助言を認めないという趣旨ではない。

⑥　**「環境大臣の意見を聴かなければならない」**

本法では、主務大臣の判断に当たっては、環境保全の適正な配慮を確保するため、専ら我が国の環境行政を総合的に推進する任に当たる環境大臣が意見を述べ、適切に反映される仕組みとしている。

⑦　**「環境基本法（平成五年法律第九十一号）第十四条各号に掲げる事項」**

環境基本法第一四条各号においては、環境の保全に関する基本的な施策の策定及び実施を行うに当たって、旨としなければならない三つの事項が掲げられている。

環境影響評価の項目等の選定の指針に関する主務省令は、環境影響評価のあり方を規定する重要な命令であり、それを定めるに当たっても、前記の事項を旨とすべきことを確認的に定めているものである。

なお、環境基本法第一四条各号の解説は、『環境基本法の解説』（ぎょうせい）一七八―一八五頁参照。

【参照条文】

◎環境基本法（平成五年法律第九十一号）（抄）

第十四条　この章に定める環境の保全に関する施策の策定及び実施は、基本理念にのっとり、次に掲げる事項の確保を旨として、各種の施策相互の有機的な連携を図りつつ総合的かつ計画的に行わなければならない。

一　人の健康が保護され、及び生活環境が保全され、並びに自然環境が適正に保全されるよう、大気、水、土壌その他の環境の自然的構成要素が良好な状態に保持されること。

二　生態系の多様性の確保、野生生物の種の保存その他の生物の多様性の確保が図られるとともに、森林、農地、水辺地等における多様な自然環境が地域の自然的社会的条件に応じて体系的に保全されること。

三　人と自然との豊かな触れ合いが保たれること。

⑧　「既に得られている科学的知見に基づき」

既に得られている科学的知見に基づいて指針を定めることを確認的に定めているものである。

⑨　「対象事業に係る環境影響評価を適切に行うために必要であると認められる環境影響評価の項目並びに当該項目に係る調査、予測及び評価を合理的に行うための手法を選定するための指針」

主務省令においては、項目及び手法を選定するための指針が定められることとなる。主務省令で定められるのは、あくまでも環境影響評価の項目並びに当該項目に係る調査、予測及び評価を合理的に行うための手法を選定するためのの指針であり、具体的な事業についての項目や手法が定められているものではない。すなわち、主務省令に書かれているとおりに調査、予測及び評価を行えばよいということにはならず、個別の事業ごとに、方法書の手続を通じて、事業内容や地域の状況に応じた調査、予測及び評価の方法を検討していくことが必要となる。

（環境影響評価の実施）

第十二条　事業者は、前条第一項の規定により選定した項目及び手法に基づいて、第二条第二項第一号イからワまでに掲げる事業の種類ごとに[①]主務省令で定めるところにより、対象事業に係る環境影響評価を行わなければならない。

2　前条第四項の規定は、前項の主務省令について準用する。この場合において、同条第四項中「環境影響評価の項目並びに当該項目に係る調査、予測及び評価を合理的に行うための手法を選定するための指針」とあるのは、[②]「環境の保全のための措置に関する指針」と[③]読み替えるものとする。

趣旨

第一二条では、法第一一条第一項により決定した環境影響評価の方法に基づく環境影響評価の実施を規定している。

第一項は、事業者による環境影響評価の実施を規定するものである。

第二項は、主務省令の定め方について、環境影響評価の項目及び手法の選定に関する指針の定め方についての法第一一条第四項の規定を準用するものである。なお、環境影響評価のうち調査、予測及び評価の方法については、法第一一条第一項に基づき既に選定されていることから、本条に基づく主務省令は、残りの「環境の保全のための措置」に関する指針となる。

解説

①　「主務省令で定めるところにより、対象事業に係る環境影響評価を行わなければならない」

「環境影響評価」は、法第二条第一項の定義によって次の要素から成ることが明らかにされている。

㈠　環境影響評価の項目ごとに調査、予測及び評価を行うこと

㈡　これらを行う過程においてその事業に係る環境の保全のための措置を検討すること

㈢　この措置が講じられた場合における環境影響を総合的に評価すること

本条に基づく主務省令は、第二項に定められているように㈡の環境の保全のための措置に関する指針である。㈠に当たる部分については、法第一一条第一項に基づき環境影響評価項目等選定指針が定められることとなる。

②　「環境の保全のための措置に関する指針」

事業者が、その事業に係る環境の保全のための措置を検討する際に従うべき指針である。環境の保全のための措置には、回避（環境影響を及ぼさないようにすること）、低減（環境影響の程度を小さくすること）、代償（環境影響を及ぼす代わりとなる措置を講ずること）等のいくつかの種類があるが、指針においては、このような措置の間の優先順位等が示されることとなる。

③「読み替えるものとする」

読み替え後の法第一一条第四項の条文は次のようになる。

４　第一項の主務省令は、環境基本法（平成五年法律第九十一号）第十四条各号に掲げる事項の確保を旨として、既に得られている科学的知見に基づき、対象事業に係る環境影響評価を適切に行うために必要であると認められる環境の保全のための措置に関する指針につき主務大臣（主務大臣が内閣府の外局の長であるときは、内閣総理大臣）が環境大臣に協議して定めるものとする。

（基本的事項の公表）

第十三条　環境大臣は、関係する行政機関の長に協議して、第十一条第四項①（前条第二項において準用する場合を含む。）②の規定により主務大臣（主務大臣が内閣府の外局の長であるときは、内閣総理大臣）が定めるべき指針に関する基本的事項を定めて公表するものとする。

趣旨

主務大臣が定める省令について、一定の水準を保ちつつ適切な内容となるよう、全ての事業種に共通となる基本的な事項を環境大臣が定め、公表することとしている（平成九年一二月一二日環境庁告示第八七号。最終改正は平成二六年六月二七日環境省告示第八三号）。

解説

①「第十一条第四項」

環境影響評価の項目並びに当該項目に係る調査、予測及び評価を合理的に行うための手法を選定するための指針を指す。

②　「前条第二項において準用する場合を含む。」
環境の保全のための措置に関する指針を指す。

第五章　準備書

（準備書の作成）

第十四条　事業者は、第十二条第一項の規定により対象事業に係る環境影響評価を行った後、当[1]該環境影響評価の結果について環境の保全の見地からの意見を聴くための準備として、第二条第二項第一号イからワまでに掲げる事業の種類ごとに主[2]務省令で定めるところにより、当該結果に係る次に掲げる事項を記載した環境影響評価準備書（以下「準備書」という。）を作成しなければならない。

一　第[3]五条第一項第一号から第六号までに掲げる事項
二　第[4]八条第一項の意見の概要
三　第[5]十条第一項の都道府県知事の意見又は同条第四項の政令で定める市の長の意見及び同条第五項の都道府県知事の意見がある場合にはその意見
四　前[6]二号の意見についての事業者の見解
五　環[7]境影響評価の項目並びに調査、予測及び評価の手法
六　第[8]十一条第二項の助言がある場合には、その内容
七　環境影響評価の結果のうち、次に掲げるもの
イ　調[9]査の結果の概要並びに予測及び評価の結果を環[10]境影響評価の項目ごとにとりまとめたもの[11]（環境影響評価を行ったにもかかわらず環境影響の内容及び程度が明らかとならなかった項目に係るものを含む。）
ロ　環[12]境の保全のための措置[13]（当該措置を講ずることとするに至った検討の状況を含む。）
ハ　[14]ロに掲げる措置が将来判明すべき環境の状況に応じて講ずるものである場合には、当該環境の状況の把握のための措置
ニ　対[15]象事業に係る環境影響の総合的な評価

八　環境影響評価の全部又は一部を他の者に委託して行った場合には、その者の氏名及び住所（法人にあってはその名称、代表者の氏名及び主たる事務所の所在地）[16]
九　その他環境省令で定める事項[17]
2　第五条第二項の規定は、準備書の作成について準用する。[18]

環境省令

（準備書の記載事項）
第四条の三　第一条の五の規定は、法第十四条第一項第九号の環境省令で定める事項について準用する。[17-1]

趣旨

本条は、法第一二条の規定に基づいて事業者が環境影響評価を実施した結果をまとめる文書（環境影響評価準備書）の作成について規定する。

なお、「準備書」とされるのは、これを用いて関係各者の環境の保全上の意見を聴き、それらを踏まえて最終的な評価書を作成するからである。

解説

①　**「当該環境影響評価の結果について環境の保全の見地からの意見を聴くための準備として」**

「準備書」は何について「準備」するものであるかを示す部分である。「環境の保全の見地からの意見を聴くための準備」として作成されるものであるので、「準備書」と言う。

②　**「主務省令で定めるところにより」**

この主務省令においては、準備書の記載要領が規定される。

③　**「第五条第一項第一号から第六号までに掲げる事項」**

方法書の記載事項のうち、次の事項が準備書においても記載されることとなる。

・　事業者の氏名及び住所（法人にあってはその名称、代表者の氏名及び主たる事務所の所在地）［法第五条第一項

第一号に掲げる事項］
・対象事業の目的及び内容［法第五条第一項第二号に掲げる事項］
・対象事業が実施されるべき区域（以下「対象事業実施区域」という。）及びその周囲の概況［法第五条第一項第三号に掲げる事項］
・計画段階配慮事項ごとに調査、予測及び評価の結果をとりまとめたもの［法第五条第一項第四号に掲げる事項］
・配慮書に対する環境の保全の見地からの主務大臣の意見［法第五条第一項第五号に掲げる事項］
・前号の意見についての事業者の見解［法第五条第一項第六号に掲げる事項］

ただし、特に「対象事業の目的及び内容」についての準備書における具体的な記載ぶりについては、方法書の記載ぶりと全く同じこととなることを想定しているわけではなく、調査、予測及び評価の過程で行われた環境の保全に関する措置の検討を適切に反映しつつ、準備書の段階での事業内容を記載することとなる。

④　**「第八条第一項の意見の概要」**

方法書に対して述べられた一般の意見の概要を記載する。意見が述べられなかったときはその旨を記載することとなる。

事業者は、例えば同種の意見が複数寄せられた場合には一括すること、長文の意見書が寄せられた場合には内容を要約すること等の対応をとることが可能である。

⑤　**「第十条第一項の都道府県知事の意見又は同条第四項の政令で定める市の長の意見及び同条第五項の都道府県知事の意見がある場合にはその意見」**

方法書に対して述べられた都道府県知事意見を記載する。対象事業に係る環境影響を受ける範囲であると認められる地域の全部が一の政令市の区域に限られる場合は、政令市の長及び都道府県知事の意見を記載する。意見が述べられなかったときはその旨を記載することとなる。

⑥　**「前二号の意見についての事業者の見解」**

一般の意見、都道府県知事等の意見それぞれの意見についての事業者の見解を記載する。一般の意見については、意見の概要に対応する形で見解を記述することとなる。

⑦　「環境影響評価の項目並びに調査、予測及び評価の手法」
法第一一条の選定の結果又は法一一条の選定後実際に調査、予測及び評価を行う過程で新たな事実が判明し、その手法を変更した場合はその内容が、この記載事項に表れることとなる。

⑧　「第十一条第二項の助言」
主務大臣の技術的な助言があった場合は、その内容を記載することとなる。助言を求めなかった場合には、記載の必要はない。

⑨　「調査の結果の概要並びに予測及び評価の結果」
調査の結果については、概要を記載することとなる。

⑩　「環境影響評価の項目ごとにとりまとめたもの」
調査の結果の概要、予測の結果、評価の結果については、環境影響評価の項目ごとにひと続きに記載することとなる。たとえば、ＮＯｘについての調査の結果の概要、予測の結果、評価の結果が引き続いて記載されることを想定している。閣議決定要綱に基づく環境影響評価においては、調査の結果の概要をすべて記載した後に、予測の結果を記載し、その後に評価の結果を記載する形となっていたが、記載に重複があるなどして必ずしも読みやすい準備書にならなかったことを踏まえて、記載の自由度が高まるように本法制定時に修正したものである。

⑪　「（環境影響評価を行ったにもかかわらず環境影響の内容及び程度が明らかとならなかった項目に係るものを含む。）」
情報、手法等の限界や環境の条件の変化等に起因して、予測等の結果には多かれ少なかれ不確実性が伴うものであり、閣議決定要綱に基づく環境影響評価においては、この不確実性の内容や程度が明らかにされることは少なかった。これを明らかにすることは、予測結果の正しい理解、影響の重大性や評価後の調査の必要性の判断等、適切な評価の促進に資するものであり、また、制度の信頼性確保の観点からも重要な事項であり、この点を記載事項において明示したものである。

⑫　「環境の保全のための措置」
環境の保全のための措置とは、事業位置の変更、基本的構造の変更から、工期の変更、運用条件の変更まで含んだ

幅広い概念である。事業位置の変更、基本的構造の変更など、「対象事業の目的及び内容」に記載されるべき事業内容を変更する環境保全のための措置が講じられた場合には、この項に記載されるとともに、「対象事業の目的及び内容」にも反映されることとなる。

⑬「（当該措置を講ずることとするに至った検討の状況を含む。）」

本法に基づく環境影響評価では「個々の事業者により実行可能な範囲内で環境への影響をできる限り回避し低減するものであるか否かを評価する視点を取り入れていくことが適当」との平成九年の中央環境審議会答申に従い、その評価の方策として複数案からの決定や実効可能なより良い技術を導入したものであるか否かの検討の結果を記載する旨を明示したものである。

閣議決定要綱では、事業者自らが環境保全目標を設定し、これと予測結果との比較により環境への影響を評価し、環境保全目標を満たしていれば「環境への影響は軽微である」と評価する方法が流布していたが、本法に基づく環境影響評価では、このような○×式の評価方法ではなく、環境の保全の観点からより良い事業計画であることが準備書において明らかにされることとなる。

⑭「ロに掲げる措置が将来判明すべき環境の状況に応じて講ずるものである場合には、当該環境の状況の把握のための措置」

将来判明すべき環境の状況は様々であり得るものであり、それに応じて採られる措置も、当初から採られることが確定している措置に比べて、その内容は抽象的なものとなり、また、得られる効果は不確実性が高くなることが多いと考えられる。

このため、環境保全措置には、予測結果等に伴う不確実性の内容や程度に応じて、工事中や供用後の環境の状態や環境への負荷の状況、環境保全対策の効果を調査し、その結果に応じて必要な対策を講ずることが重要となる。

このように、将来の一定の状況の発生等を条件として一定の環境保全措置を講ずることとする場合には、当該保全措置を「ロ　環境の保全のための措置」として記載するとともに、その発動条件が成就するかどうか状況を把握するための措置（事後調査）についても、その項目、手法、期間等を明らかにしておくこととしたものである。

どのような場合に事後調査を行うこととするかについては、環境の保全のための措置に係る指針（法第一二条第一項の主務省令）において明らかにされている。

⑮　**「対象事業に係る環境影響の総合的な評価」**

「総合的な評価」は、項目ごとに取りまとめられた調査、予測及び評価の結果を一覧できるように整理することその他の方法により記載されることとなる。

これは、項目ごとに結果を取りまとめるだけでは、事業の実施による全体としての環境影響が把握し難いことに対し、総合的な評価を記載することにより、全体としての適切な環境保全対策につなげることができるものと考えられるためである。

また、全体としての環境影響を整理することにより、住民等の理解も進み、より有益な環境情報が得られるという意義も認められる。

⑯　**「全部又は一部を他の者に委託して行った場合」**

事業者は、コンサルタント会社等に環境影響評価の実施や準備書の作成を委託することがあるが、閣議決定要綱に基づく環境影響評価では、どの会社が委託を受けた準備書かが準備書に記載されていなかった。そのため、本法では、委託を受けた者の名称等を準備書に記載させることにより、コンサルタント会社等の調査技術の向上を促し、環境影響評価の質の確保を図るものである。ただし、委託先の選択を含め、準備書の内容に関する最終的な責任は事業者にあることには変わりはない。

⑰　**「その他環境省令で定める事項」**

前第一号から八号に定める事項の他、施行規則第四条の三に規定する事項について記載することを規定するものである。

⑰―１　**「第一条の五の規定は、法第十四条第一項第九号の環境省令で定める事項について準用する」**

準備書の記載事項は、施行規則第一条の五で規定する方法書の記載事項の規定を準用するとしている。具体的には、配慮書を作成した場合における関係行政機関の意見又は一般の意見等を記載することとなる。

⑱　**「第五条第二項の規定」**

方法書と同様、相互に関連する二以上の対象事業に係る事業者は、併せて準備書を作成することができることを規定するものである。

（準備書の送付等）
第十五条　事業者は、準備書を作成したときは、[①]第六条第一項の主務省令で定めるところにより、対象事業に係る環境影響を受ける範囲であると認められる地域[②]（第八条第一項及び第十条第一項、第四項又は第五項の意見並びに第十二条第一項の規定により行った環境影響評価の結果にかんがみ第六条第一項の地域に追加すべきものと認められる地域を含む。以下「関係地域」という。）を管轄する都道府県知事（以下「関係都道府県知事」という。）及び関係地域を管轄する市町村長（以下「関係市町村長」という。）に対し、準備書及び[③]これを要約した書類（次条において「要約書」という。）を送付しなければならない。

趣旨

本条は、有益な環境情報を幅広く収集することを目的に、事業の実施により環境影響を受ける地域を管轄する地方公共団体に対し準備書の送付を行う旨を規定するものである。

解説

①　「第六条第一項の主務省令で定めるところにより」

準備書を送付する地方公共団体の範囲についても、方法書段階と同じ基準によって定められることとなる。ただし、次項に解説するように、同じ基準を用いていても方法書段階での地域と準備書段階の地域は異なりうるものである。

②　「（第八条第一項及び…にかんがみ第六条第一項の地域に追加すべきものと認められる地域を含む。以下「関係地域」という。）」

方法書手続は環境影響評価を行う前に行われるため、基準へのあてはめに用いられる情報はある程度定型的なものとなる一方、準備書段階では、環境影響評価の結果を踏まえてより具体的な情報をもって基準へのあてはめが行われることとなる。このため、準備書段階において、方法書段階での地域に追加される地域又は方法書段階での地域から削除される地域が出てくることもありうる。

③　**「これを要約した書類（次条において「要約書」という。）」**

環境影響評価手続を円滑に進めるためには、必ずしも専門的知識を有しない一般住民等にも内容をわかりやすく周知し、理解してもらうことが必要であることから、準備書の内容を要約した書類として、要約書を作成する義務を課すこととしている。具体的にどのような内容とするかは、準備書の内容をわかりやすく周知するという趣旨を踏まえて、事業者の責任により適切に判断することが求められる。

（準備書についての公告及び縦覧）

第十六条　事業者は、前条の規定による送付を行った後、準備書に係る環境影響評価の結果について環境の保全の見地からの意見を求めるため、環境省令で定めるところにより、準備書を作成した旨その他環境省令で定める事項を公告し、公告の日から起算して一月間、準備書及び要約書を関係地域内において縦覧に供するとともに、環境省令で定めるところにより、インターネットの利用その他の方法により公表しなければならない。

環境省令

（準備書についての公告の方法）

第五条　第一条の六の規定は、法第十六条（法第四十八条第二項において準用する場合を含む。）の規定による公告について準用する。

（準備書の縦覧）

第六条　第二条の規定は、法第十六条の規定による縦覧について準用する。この場合において、第二条中「方法書及びこれを要約した書類（以下「方法書等」という。）」とあるのは「準備書及びこれを要約した書類（以下「準備書等」という。）」と読み替えるものとする。

２　（略）

（準備書について公告する事項）

第七条　法第十六条の環境省令で定める事項は、次に掲げるものとする。
一　事業者の氏名及び住所（法人にあってはその名称、代表者の氏名及び主たる事務所の所在地）
二　対象事業の名称、種類及び規模
三　対象事業が実施されるべき区域
四　関係地域の範囲
五　準備書等の縦覧の場所、期間及び時間
六　準備書について環境の保全の見地からの意見を書面により提出することができる旨
七　法第十八条第一項の意見書の提出期限及び提出先その他意見書の提出に必要な事項
2　（略）

趣旨

本条は、有益な環境情報を収集するため、準備書に係る環境影響評価の結果について一般の意見を求めるため、準備書に係る公告・縦覧、及びインターネットによる公表の手続を規定するものである。

解説

①　**「前条の規定による送付を行った後」**
準備書を関係地方公共団体に送付した後に、公告・縦覧の手続を行うこととするものである。
②　**「環境省令で定めるところにより」**
③　**「その他環境省令で定める事項」**
方法書に係る公告・縦覧と同様であり、法第七条の解説参照。
④　**「公告の日から起算して一月間」**
準備書の縦覧期間は、閣議決定要綱における準備書・評価書の縦覧期間などを勘案して、一ヶ月間としている。
⑤　**「関係地域内において」**
意見の提出を求めるべき範囲は、事業が環境に影響を及ぼす地域の住民が中心となるとの考え方（法第六条の解説

④参照）から、関係地域内において準備書を縦覧することとしたものである。

（説明会の開催等）

第十七条　事業者は、環境省令で定めるところにより、前条の縦覧期間内に、[1] 関係地域内において、[2] 準備書の記載事項を周知させるための説明会（以下「準備書説明会」という。）を開催しなければならない。[3] この場合において、[4] 関係地域内に準備書説明会を開催する適当な場所がないときは、関係地域以外の地域において開催することができる。[5]

2　第七条の二第二項から第五項までの規定は、前項の規定により事業者が準備書説明会を開催する場合について準用する。この場合において、同条第三項中「第六条第一項に規定する地域」とあるのは「第十五条に規定する関係地域」と、同条第四項中「第二項」とあるのは「第十七条第二項において準用する第二項」と、同条第五項中「前各項」とあるのは「第十七条第一項及び第二項において準用する前三項」と読み替えるものとする。

環境省令

（準備書説明会の開催）

第八条　第三条の三の規定は、法第十七条第一項の規定による準備書説明会について準用する。この場合において、第三条の三中「方法書説明会」とあるのは「準備書説明会」と、「対象事業に係る環境影響を受ける範囲であると認められる地域」とあるのは「関係地域」と読み替えるものとする。

2　第三条の三の規定は、法第四十八条第二項において準用する法第十七条第一項の規定による説明会について準用する。この場合において、第三条の三中「方法書説明会」とあるのは「準備書説明会」と、「事業者」とあるのは「港湾管理者」と読み替えるものとする。

（準備書説明会の開催の公告）

第九条　第一条の六の規定は、法第十七条第二項において準用する法第七条の二第二項の規定による公告について準用する。

２　第三条の四第二項の規定は、法第十七条第二項において準用する法第七条の二第二項の規定による公告について準用する。この場合において、第三条の四中「方法書説明会」とあるのは「準備書説明会」と、同条第二項第四号中「対象事業に係る環境影響を受ける範囲であると認められる地域」とあるのは「関係地域」と読み替えるものとする。

３　（略）

（責めに帰することができない事由）

第十条　第三条の五の規定は、法第十七条第二項において準用する法第七条の二第四項の事業者の責めに帰することができない事由について準用する。この場合において、第三条の五中「方法書説明会」とあるのは「準備書説明会」と読み替えるものとする。

２　（略）

（準備書の記載事項の周知）

第十一条　法第十七条第四項（法第四十八条第二項において準用する場合を含む。）の規定による準備書の記載事項の周知は、次に掲げる方法のうち適切な方法により行うものとする。

一　要約書を求めに応じて提供することを周知した後、要約書を求めに応じて提供すること。

二　準備書の概要を公告すること。

三　前二号に掲げるもののほか、準備書の記載事項を周知させるための適切な方法

２　第一条の規定は、前項第二号の規定による公告について準用する。

趣旨

本条は、事業者に、準備書の縦覧期間内に原則として関係地域内において準備書の説明会を開催すること義務づける旨を規定したものである。

本法では、文書に係る周知の方法として公告・縦覧・インターネットその他の方法による公表をベースとしているが、準備書については、事業者が各種の調査等を経て事業及びその環境影響について自らの考え方をとりまとめた文

書であり、図書紙数の分量が多く、内容も専門的なものとなっている。このため、準備書段階でのコミュニケーションを充実させるべく、説明会を開催して周知を図ることとしている。

解説

① 「前条の縦覧期間内に」
② 「関係地域内において」
③ 「準備書の記載事項を周知させるための説明会」
④ 「関係地域内に説明会を開催する適当な場所がないとき」
⑤ 「関係地域以外の地域において」

準備書説明会の開催に係る本条の趣旨は、方法書説明会と同様であり、第七条の二の解説参照（「対象事業に係る環境影響を受ける範囲であると認められる地域」は「関係地域」と読み替える。）。

（準備書についての意見書の提出）
第十八条　準備書について環境の保全の見地からの意見を有する者は、第十六条の公告の日から、同条の縦覧期間満了の日の翌日から起算して二週間を経過する日までの間に、事業者に対し、意見書の提出により、これを述べることができる。
2　前項の意見書の提出に関し必要な事項は、環境省令で定める。

環境省令

（準備書についての意見書の提出）
第十二条　第四条の規定は、法第十八条第一項（法第四十八条第二項において準用する場合を含む。）の規定による意見書について準用する。この場合において、第四条中「方法書」とあるのは「準備書」と読み替えるものとする。

趣旨

本条は、準備書に意見を有する一般の者が意見書の提出によりその意見を述べることができる旨を規定するものである。

解説

① 「**環境の保全の見地からの意見**」
② 「**同条の縦覧期間満了の日の翌日から起算して二週間を経過する日**」
準備書についての意見書の提出の趣旨は、方法書についての意見提出と同様であり、法第八条の解説参照。

（準備書についての意見の概要等の送付）
第十九条　事業者は、前条第一項の期間を経過した後①、関係都道府県知事及び関係市町村長に対し、同項の規定により述べられた意見の概要②及び当該意見についての事業者の見解③を記載した書類を送付しなければならない。

趣旨

本条は、事業者に対し、準備書に係る一般の意見の概要及び当該意見についての事業者の見解を関係の地方公共団体に送付させる旨を規定するものである。

解説

① 「**前条第一項の期間を経過した後**」
② 「**意見の概要**」
準備書についての意見の概要の作成方法等については、方法書の場合と同様であり、法第九条の解説参照。
③ 「**当該意見についての事業者の見解**」
意見の概要に対応する形で、事業者の見解を記述することとなる。なお、意見の提出がなかった場合は、事業者の見解は記述する必要がない。

（準備書についての関係都道府県知事等の意見）

第二十条　関係都道府県知事は、①前条の書類の送付を受けたときは、第四項に規定する場合を除き、②政令で定める期間内に、事業者に対し、準備書について環境の保全の見地からの意見を書面により述べるものとする。

２　前項の場合において、当該関係都道府県知事は、③期間を指定して、準備書について関係市町村長の環境の保全の見地からの意見を求めるものとする。

３　第一項の場合において、当該関係都道府県知事は、④前項の規定による当該関係市町村長の意見を勘案するとともに、前条の書類に記載された意見及び事業者の見解に配意するものとする。

４　⑤関係地域の全部が一の第十条第四項の政令で定める市の区域に限られるものである場合は、当該市の長が、前条の書類の送付を受けたときは、⑥第一項の政令で定める期間内に、事業者に対し、準備書について環境の保全の見地からの意見を書面により述べるものとする。

５　前項の場合において、関係都道府県知事は、前条の書類の送付を受けたときは、⑦必要に応じ、第一項の政令で定める期間内に、事業者に対し、準備書について環境の保全の見地からの意見を書面により述べることができる。

６　第四項の場合において、当該市の長は、⑧前条の書類に記載された意見及び事業者の見解に配意するものとする。

政令

（準備書についての関係都道府県知事の意見の提出期間）

第十二条　法第二十条第一項の政令で定める期間は、百二十日とする。ただし、同項の意見を述べるため実地の調査を行う必要がある場合において、積雪その他の自然現象により長期間にわたり当該実地の調査が著しく困難であるときは、百五十日を超えない範囲内において関係都道府県知事が定める期間とする。

２　第十条第二項の規定は、前項ただし書の規定により期間を定めた場合について準用する。

趣旨

本条は、都道府県知事が準備書に係る意見を述べる旨を規定したものであり、この際、都道府県知事は、市町村長の意見を勘案するとともに、一般の意見に配意するものとされている。本条により述べられた意見は、事業者によって勘案されることにより、評価書の作成に反映されることとなる。

対象事業に係る環境影響を受ける範囲であると認められる地域が政令で定める市の区域内に限られている場合は、当該市の長が、準備書に係る意見を事業者に直接述べることとしている。

解説

① **「前条の書類の送付を受けたときは」**

一般の意見が一通も提出されなかった場合にあっても、意見の提出がなかった旨が記載された「意見の概要を記載した書類」が作成されることとなるため、「前条の書類の送付」がない場合はない。

② **「政令で定める期間内に」**（＝施行令第一二条）

準備書についての関係都道府県知事の意見提出期間は、原則として一二〇日とした。閣議決定要綱における準備書についての意見提出期間は九〇日であったが、閣議決定要綱と比べて審査対象項目が質的にも量的にも増加することを勘案して、三〇日長くした。

③ **「期間を指定して」**

市町村長の意見提出期間については、都道府県知事の意見提出期間が遵守でき、かつ、市町村における適切な意見形成に必要な期間が確保されるように、都道府県知事において適切な期間を指定することとなる。

④ **「前項の規定による当該関係市町村長の意見を勘案するとともに、前条の書類に記載された意見及び事業者の見解に配意する」**

都道府県知事の意見提出に当たって、知事に求められる事項を規定しているものである。これに加え、都道府県において審査会や公聴会を開催することが法第六一条第二号において許容されており、都道府県知事はその意見の形成に当たって、このような審査会や公聴会における意見を知事意見に反映させることも想定される。なお、「勘案」と「配意」の用語の使い分けについては、第一〇条解説の参考参照。

⑤　**「関係地域の全部が一の第十条第四項の政令で定める市の区域に限られるものである場合」**

政令で定める市からの直接意見提出について、方法書段階では、ある程度定型的な情報により判断された環境影響を受ける範囲であると認められる地域が、一つの市域内に限られる場合となるが、準備書段階ではより具体的な情報により判断された環境影響を受ける範囲であると認められる地域（関係地域）が、一つの市域内に限られた場合となる（両地域の考え方については、法第一五条の解説②参照）。

したがって、方法書段階では法第一〇条第四項の規定により政令で定める市から直接意見を提出していたとしても、準備書段階において対象事業に係る環境影響が二以上の市域にまたがることが判明した際には、本条第三項の規定により都道府県知事が政令で定める市等の意見を集約して意見を述べる場合（又はこの逆の場合）もありうる。

⑥　**「第一項の政令で定める期間」**

政令で定める市の長による意見提出期間についても、都道府県知事と同様に原則一二〇日である。

⑦　**「必要に応じ、………準備書について環境の保全の見地からの意見を書面により述べる ことができる」**

第四項の規定により政令で定める市の長が準備書に係る意見を直接事業者に対して述べる場合においても、都道府県知事は任意に意見提出を行うことができる。

⑧　**「前条の書類に記載された意見及び事業者の見解に配意する」**

政令で定める市の長が事業者に対し直接意見を述べるときは、準備書に対し述べられた一般の意見の概要等を記載した書類に対し配意するものとした。第一項においても、都道府県知事が意見を述べる際には同様の配意義務が設けられていたことを踏まえた規定である。

なお、⑦により都道府県知事が任意の意見提出を行う場合は、市町村長意見に対する勘案義務及び一般の意見に対する配意義務はない。これは、都道府県知事が並行して意見を述べる場合には政令市の長による意見は別途述べられる前提となっており、政令市の長による意見は一般の意見に対し配意した上で述べられるものであることから、重複して配意義務を課す必要性はないためである。

第六章　評価書

第一節　評価書の作成等

（評価書の作成）

第二十一条　事業者は、①前条第一項、第四項又は第五項の意見が述べられたときはこれを勘案するとともに、第十八条第一項の意見に配意して②準備書の記載事項について検討を加え、当該事項の③修正を必要とすると認めるとき（④当該修正後の事業が対象事業に該当するときに限る。）は、次の各号に掲げる当該修正の区分に応じ当該各号に定める措置をとらなければならない。

一　⑤第五条第一項第二号に掲げる事項の修正（事業規模の縮小、⑥政令で定める軽微な修正⑦その他の政令で定める修正に該当するものを除く。）　同条から第二十七条までの規定による環境影響評価その他の手続を経ること。

二　⑧第五条第一項第一号又は第十四条第一項第二号から第四号まで、第六号若しくは第八号に掲げる事項の修正（前号に該当する場合を除く。）　次項及び次条から第二十七条までの規定による環境影響評価その他の手続を行うこと。

三　⑨前二号に掲げるもの以外のもの　⑩第十一条第一項及び第十二条第一項の主務省令で定めるところにより⑪当該修正に係る部分について対象事業に係る環境影響評価を行うこと。

2　事業者は、⑫前項第一号に該当する場合を除き、同項第三号の規定による環境影響評価を行った場合には当該環境影響評価及び準備書に係る環境影響評価の結果に、同号の規定による環境影響評価を行わなかった場合には準備書に係る環境影響評価の結果に係る次に掲げる事項を記載した環境影響評価書（以下第二十六条まで、第二十九条及び第三十条において「評価書」という。）を、第二条第二項第一号イからワまでに掲げる事業の種類ごとに主務省令で定めるところにより作成しなければならない。[13]
一　第十四条第一項各号に掲げる事項[14]
二　第十八条第一項の意見の概要[15]
三　前条第一項の関係都道府県知事の意見又は同条第四項の政令で定める市の長の意見及び同条第五項の関係都道府県知事の意見がある場合にはその意見
四　前二号の意見についての事業者の見解

政令

（法第二十一条第一項第一号の政令で定める軽微な修正等）
第十三条　法第二十一条第一項第一号の政令で定める軽微な修正は、別表第二の第一欄に掲げる対象事業の区分ごとにそれぞれ同表の第二欄に掲げる事業の諸元の修正であって、同表の第三欄に掲げる要件に該当するもの（当該修正後の対象事業について法第六条第一項の規定を適用した場合における同項の地域を管轄する市町村長（特別区の区長を含む。以下同じ。）に当該修正前の対象事業に係る当該地域を管轄する市町村長以外の市町村長が含まれるもの及び環境影響が相当な程度を超えて増加するおそれがあると認めるべき特別の事情があるものを除く。）とする。
2　法第二十一条第一項第一号の政令で定める修正は、次に掲げるものとする。
一　前項に規定する修正
二　別表第二の第一欄に掲げる対象事業の区分ごとにそれぞれ同表の第二欄に掲げる事業の諸元の修正以外の修正
三　前二号に掲げるもののほか、環境への負荷の低減を目的とする修正であって、当該修正後の対象事業について法第六条第一項の規定を適用した場合における同項の地域を管轄する市町村長に当該修正前の対象事業に係る当該地域を管轄する市町村長以外の市町村長が含まれていないもの

趣旨

本条は、都道府県知事等及び一般の意見を受けて、事業者が準備書の記載事項に検討を加え、評価書を作成すべき旨を規定したものである。

準備書の公告・縦覧から評価書の作成に至る手続は、本法の核となる手続である。すなわち、本法は、事業者が、地方公共団体や一般の意見を聴取しつつ、自らの事業の環境影響についての調査、予測及び評価並びに環境保全対策の検討を行い、事業に係る環境の保全について適正な配慮を確保することを目的とするものであり、事業者自らが環境影響評価を行った結果を準備書という形で取りまとめ、外部手続を経てこれを適宜修正して評価書を作り上げる手続は、本法において中心的な位置づけを有するものである。このような意味で、評価書は、環境影響評価の結果を集約した書面であり、本法が基礎とする事業者による事業のセルフコントロールの成果物であり、環境保全のための計画書としての意義を有する。

環境影響評価の結果は、最終的にはその過程で手続に関与した者（地方公共団体及び一般の人々）に周知する必要がある。また、環境影響評価の結果を、当該事業に係る許認可等の判断の用に供するとともに、事業の実施の際の環境の保全上の配慮の基礎とすることが、当該事業に係る環境の保全について適正な配慮がなされることを確保する上で必要である。このような意味で、事業者に書面としての評価書の作成を義務づけるものである。

準備書に係る手続が終了した後、事業者は、都道府県知事等からの意見を勘案し、一般からの意見に配意して、準備書の記載事項について検討を加える。その結果、準備書の記載事項について修正を必要とすると認めるときは、その内容及び程度に応じて次の措置をとることが求められる。

(1)　事業の目的及び内容に修正を加える必要がある場合は、事業規模の縮小、軽微な修正等の場合を除き、方法書手続から再度手続を経ること。

(2)　事業者の住所・氏名等形式的な修正を加える必要がある場合は、引き続き評価書の作成以降の手続を経ること。

(3)　(1)又は(2)以外の場合、例えば、環境影響評価の項目や調査等の手法の修正、環境影響評価の結果の修正、環境保全対策の修正が必要な場合は、その修正部分に係る環境影響評価（追加調査、環境保全対策の再検討等）を行うこと。

前記⑴の場合は手続は方法書に戻ることとなるが、⑵及び⑶の場合並びに修正の必要がないと判断される場合は、評価書の作成を行うこととなる。

解説

①「**前条第一項、第四項又は第五項の意見が述べられたときはこれを勘案するとともに、第十八条第一項の意見に配意して**」

知事の意見が期間内に述べられない場合は、意見が述べられなかったものと取り扱うこととなる。「勘案」と「配意」の使い分けについては、法第一〇条の**参考**参照。

②「**準備書の記載事項について検討を加え**」

一般からの意見、関係都道府県知事からの意見のほか、その間に事業者が自ら気づいた事項があれば、これも参考にして検討を加えるとの趣旨である。

③「**修正を必要とすると認めるとき**」

本法は、事業者による事業のセルフコントロールを基礎とするものであり、修正の必要があるかどうかの判断は、事業者が行うこととなる。ただし、準備書に対する各種の意見について、事業者は真摯に検討を行うことが求められるものである。

④「**（当該修正後の事業が対象事業に該当するときに限る。）**」

修正の結果、事業が対象事業に該当しないこととなったときは、当然に本法に基づく手続を継続する必要はなくなる。

⑤「**第五条第一項第二号に掲げる事項の修正**」

「対象事業の目的及び内容」に係る記載を修正する場合が該当する。

⑥「**政令で定める軽微な修正**」（＝**施行令第一三条**）

事業の諸元のうち、修正することによって環境影響が相当な程度を超えて増加するおそれがあるものを設定し、当該事業の諸元が一定の基準以上に変わらない場合（環境影響が相当な程度を超えて増加するおそれがあると認めるべき特別の事情があるものは除く。）であって、環境影響を受ける範囲であると認められる市町村の区域が増加しない修正を「軽微な修正」とした。

⑦　**「その他の政令で定める修正」**（＝施行令第一三条）

①軽微な修正、②事業の諸元以外の修正、③環境への負荷の低減を目的とする修正であって環境影響を受ける範囲であると認められる市町村の区域が増加しない修正を、手続を再び行う必要がない「政令で定める修正」とした。環境への負荷の低減を目的とする修正については、環境影響が相当な程度を超えて増加するおそれがあるものとなることはないため、これについても手続の再実施が不要な修正としたものである。

⑧　**「第五条第一項第一号又は第十四条第一項第二号から第四号まで、第六号若しくは第八号に掲げる事項の修正（前号に該当する場合を除く。）」**

この号においては、次の事項についての誤記等の修正を想定している。この場合には、単純に修正した上で手続を先に進めることとなる。

・事業者の氏名及び住所（法第五条第一項第一号）
・方法書に対する一般の意見の概要（法第一四条第一項第二号）
・方法書に対する都道府県知事、政令で定める市の長からの意見（法第一四条第一項第三号）
・方法書に対する各種意見についての事業者の見解（法第一四条第一項第四号）
・主務大臣の助言の内容（法第一四条第一項第六号）
・委託先の氏名及び住所（法第一四条第一項第八号）

⑨　**「前二号に掲げるもの以外のもの」**

第一項第一号に該当して方法書の作成以降の手続を再度行う場合と、同項第二号に該当して誤記修正を行った上で先の手続に進む場合を除き、修正する部分に関する環境影響評価を行った上で記載内容を修正すべきことを規定している。

⑩　**「第十一条第一項及び第十二条第一項の主務省令で定めるところにより」**

法第一一条第一項の主務省令とは環境影響評価の項目等の選定のための指針であり、法第一二条第一項の主務省令とは環境の保全のための措置に関する指針である。この時点において補足的に行われる環境影響評価についても、環境影響評価の項目等を選定する場合には選定指針によることが求められ、環境保全措置を検討する場合には環境保全措置指針によることが求められることを示すものである。

⑪　「**当該修正に係る部分について対象事業に係る環境影響評価を行う**」

環境影響評価（調査、予測及び評価並びに環境保全対策の検討）のうち、修正に係る部分について必要な部分を行うことが求められるものであり、その事業に係る環境影響評価をすべてやり直すことが求められるものではない。具体的には、追加的な調査、環境保全対策の再検討などが考えられ、一つの項目について調査、予測及び評価並びに環境保全対策の検討をワンセットで行うことが求められるものではない。

なお、この法律において「環境影響評価」は事業者の内部行為として定義されており、環境影響評価を行うといっても、意見聴取手続をやり直すという趣旨ではない。

⑫　「**前項第一号に該当する場合を除き**」

方法書の作成以降の手続を再度行う場合を除く趣旨である。

⑬　「**主務省令で定めるところにより**」

評価書の記載要領について定めるものである。

⑭　「**第十四条第一項各号に掲げる事項**」

準備書の記載事項を指しているが、当然に、検討が加えられ修正された後の内容を記載するものである。

⑮　「**第十八条第一項の意見の概要**」

準備書に対して述べられた一般の意見の概要を記載する。意見が述べられなかったときはその旨を記載することとなる。

事業者は、例えば同種の意見が複数寄せられた場合には一括すること、長文の意見書が寄せられた場合には内容を要約すること等の対応をとることが可能である。また、事業の可否のみを表明する意見など環境の保全の見地からの意見と捉えられないものについては、特段対応すべき義務は生じない。

（免許等を行う者等への送付）

第二十二条　事業者は、評価書を作成したときは、速やかに、次の各号に掲げる評価書の区分に応じ当該各号に定める者にこれを送付しなければならない。
一　第二条第二項第二号イに該当する対象事業[①]（免許等に係るものに限る。）に係る評価書　当該免許等を行う者
二　第二条第二項第二号イに該当する対象事業[②]（特定届出に係るものに限る。）に係る評価書　当該特定届出の受理を行う者
三　第二条第二項第二号ロに該当する対象事業に係る評価書　交付決定権者[③]
四　第二条第二項第二号ハに該当する対象事業に係る評価書　法人監督者[④]
五　第二条第二項第二号ニに該当する対象事業に係る評価書　第四条第一項第四号に定める者[⑤]
六　第二条第二項第二号ホに該当する対象事業に係る評価書　第四条第一項第五号に定める者[⑥]
2　前項各号に定める者（環境大臣を除く。）が次の各号に掲げる者であるときは、その者は、評価書の送付を受けた後、速やかに、当該各号に定める措置をとらなければならない。
一　内閣総理大臣若しくは各省大臣又は委員会の長である国務大臣　環境大臣に当該評価書の写しを送付して意見を求めること。
二　委員会の長（国務大臣を除く。）若しくは庁の長又は国の行政機関の地方支分部局の長　その委員会若しくは庁又は地方支分部局が置かれている内閣府若しくは省又は委員会の長である内閣総理大臣又は各省大臣を経由して環境大臣に当該評価書の写しを送付して意見を求めること。

趣旨

本条は、最終的な審査を行う機関に評価書の送付を行う旨を規定するものである。

本条による評価書の送付先は、図のとおりとなる。

解説

①「免許等」

法第四条第一項第一号において定義が行われており、「第二条第二項第二号イに規定する免許、特許、許可、承認若しくは同意」のことである。免許等を規定する法律の規定は政令で定められている（施行令第二条）。

②　「特定届出」

法第四条第一項第一号において定義が行われており、「第二条第二項第二号イに規定する届出」のことである。この「届出」は、法第二条第二項第二号イにおいて、「当該届出に係る法律において、当該届出に関し、当該届出を受理した日から起算して一定の期間内に、その変更について勧告又は命令をすることができることが規定されているものに限る」ものとされている。特定届出を規定する法律の規定は政令で定められている（施行令第三条）。

図　評価書の送付先

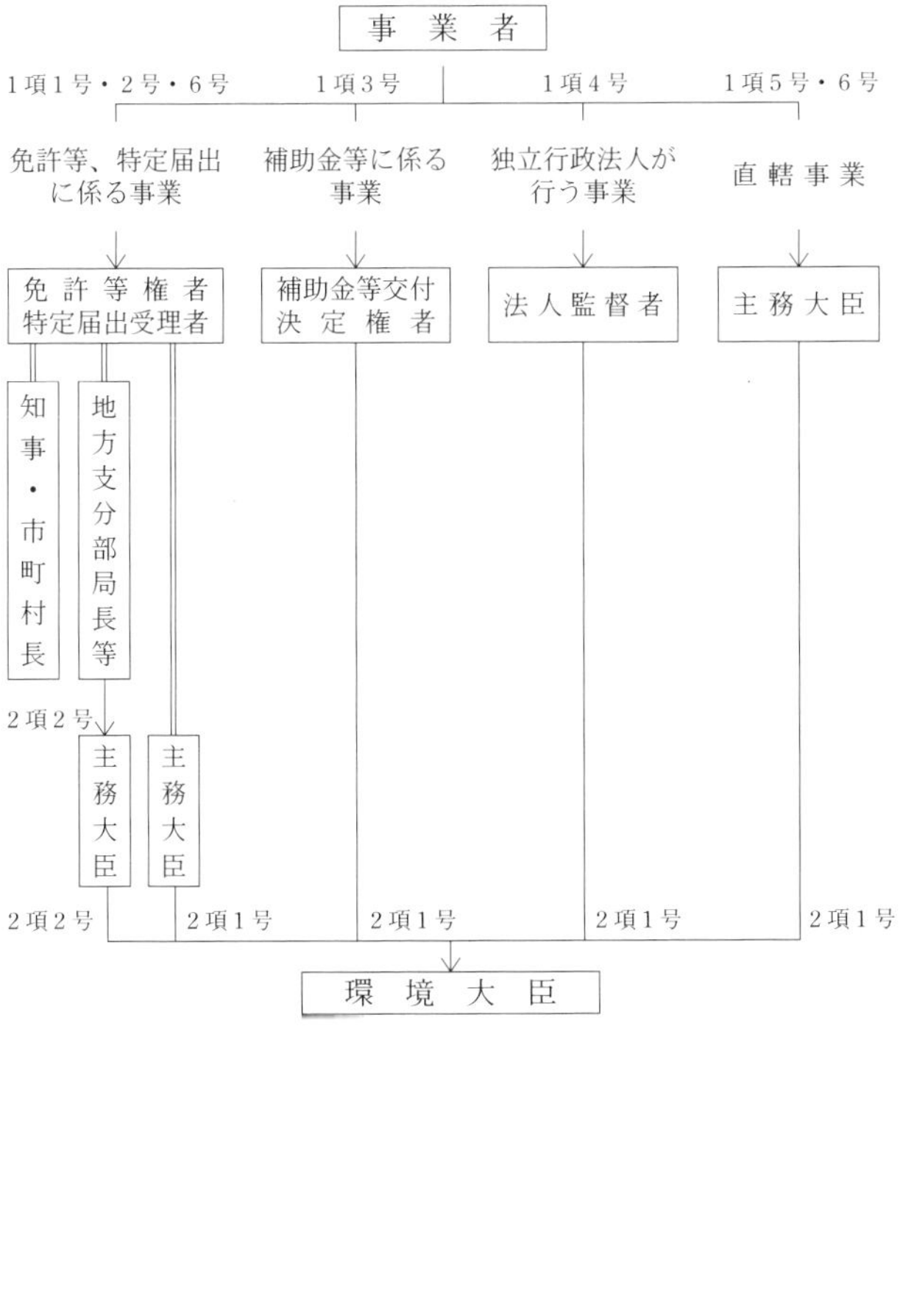

③　**「交付決定権者」**

法第四条第一項第二号において定義が行われており、「第二条第二項第二号ロに規定する国の補助金等の交付の決定を行う者」のことである。

④　**「法人監督者」**

法第四条第一項第三号において定義が行われており、「第二条第二項第二号ハに規定する法律の規定に基づき同号ハに規定する法人を当該事業に関して監督する者」のことである。

⑤　**「第四条第一項第四号に定める者」**

法第四条第一項第四号に定める者とは、「当該事業の実施に関する事務を所掌する主任の大臣」であり、法第二条第二項第二号ニに該当する対象事業の実施に関する事務を所掌する主任の大臣を指す。

⑥　**「第四条第一項第五号に定める者」**

法第四条第一項第五号に定める者とは、①法第二条第二項第二号ホに該当する対象事業の実施に関する事務を所掌する主任の大臣、②法第二条第二項第二号ホに規定する免許、特許、許可、認可、承認若しくは同意を行う者又は法第二条第二項第二号ホに規定する届出の受理を行う者の両者を指す。この場合、二つの送付先があることとなる。

（環境大臣の意見）

第二十三条　環境大臣は、前条第二項各号の措置がとられたときは、[①]必要に応じ、[②]政令で定める期間内に、同項各号に掲げる者に対し、評価書について[③]環境の保全の見地からの意見を書面により述べることができる。この場合において、同項第二号に掲げる者に対する意見は、同号に規定する[④]内閣総理大臣又は各省大臣を経由して述べるものとする。

政令

（評価書についての環境大臣の意見の提出期間）

第十四条　法第二十三条の政令で定める期間は、四十五日とする。

趣旨

本条は、評価書について、環境大臣が必要に応じ免許等を行う者等に対して意見を述べることができる旨を規定したものである。

１．環境大臣が意見を述べることの意義

本法は、事業者による事業のセルフコントロールの考え方を基礎に、事業者が外部から意見を聴取しつつ評価書を作成していくために一定の手続の実施を義務づけるとともに、最終的にはその結果を行政における意思決定に反映させることとしており、そのために評価書は、免許等の審査が行われる時点で免許等を行う者等の審査に供されることとなる。この場合、法第二四条において、評価書が確定する前に免許等を行う者等が事業者に対して環境の保全の見地からの意見を述べることができることとし、これを踏まえて事業者が評価書を補正することにより、セルフコントロールによる環境配慮の仕上げが行われることとなる。

ところで、免許等を行う者等が中央官庁の機関である場合には、国においては各大臣がそれぞれの事務を分担処理する仕組みとなっていることから、免許等を行う者等は自らの判断に環境行政の立場を反映させることはできない構造になっている。そこで、環境影響評価手続において環境保全への適正な配慮を確保していく上では、環境の保全に関する行政を総合的に推進することを任務とする環境大臣が意見を述べ、これが免許等を行う者等の判断に適切に反映される仕組みを法律上位置づけることが必要である。

また、平成九年の中央環境審議会答申でも述べられているように、環境影響評価の審査のプロセスでは、その信頼性を確保する観点から、免許等を行う者等による審査のほか、第三者が参画することが必要である。そのような意味でも、地域の環境保全に責任を有する都道府県知事等とともに、環境行政を総合的に推進する任に当たる環境大臣が意見を述べることが必要である。

２．環境大臣が意見を述べる時期

閣議決定要綱では、国の行政機関の審査が行われる前に、関係住民及び地方公共団体の意見のみによって、必要に応じて準備書を修正して、評価書が確定することとされていた。したがって、完成された評価書に対して述べられる環境庁長官（当時）の意見は、免許等に反映されるのみで、評価書の内容には反映されていない。これに対して、本法は、評価書が確定する前に環境大臣及び免許等を行う者等が意見を述べることとし、必要に応じ評価書が補正される仕組みを設けている。

また、環境大臣の意見は、環境の保全上の支障の防止のレベルにとどまらず、より高い環境の保全のレベルを目指し、事業者の自主的努力を促進する観点を含めて述べられるべきものである。このため、環境大臣の意見は、免許等を行う者等が行政処分を行う段階（この段階では、環境の保全上の支障の防止の観点から適正な配慮の確保が求められる。）で述べるのではなく、免許等を行う者等が評価書について意見を述べる段階で述べることとしたものである。

解説

①**「必要に応じ」**

閣議決定要綱においては、環境庁長官は、主務大臣から意見を求められた場合に限って意見を述べられることになっていたが、本法においては、関係行政機関の環境の保全に関する事務の調整を行う所掌の下、環境大臣が主体的に判断して必要に応じ意見を述べることとしたものである。

②**「政令で定める期間内」（＝施行令第一四条）**

環境大臣の意見は、法第二四条により免許等を行う者等が意見を述べる際に勘案されることとなる。このため、環境大臣が意見を述べる期間は、免許等を行う者等が意見を述べる期間（法第二四条の政令で定める期間）の範囲内で定められることとなる。

この期間は、政令で四五日と定められている。これは、閣議決定要綱において環境庁長官が意見を提出した事例の実績を踏まえて定めたものである。

③**「環境の保全の見地からの意見」**

環境大臣は、関係行政機関の環境の保全に関する事務の調整を所掌する立場として、業種間の整合、環境行政の基本的な方向性との整合を図る観点から、免許等により事業内容を決定する者に対して、環境の保全の見地からの意見を述べることとしたものである。

④**「内閣総理大臣又は各省大臣を経由して述べる」**

免許等を行う者等が、国務大臣でない委員会の長、庁の長であるとき、国の行政機関の地方支分部局の長であるときは、評価書の写しは内閣総理大臣又は各省大臣を経由して環境大臣に送付されることとされており（法第二二条第二項第二号）、これに対して環境大臣が意見を述べる際も、同様としたものである。

（環境大臣の助言）

第二十三条の二　第二十二条第一項各号に定める者が地方公共団体その他公法上の法人で政令で定めるもの（以下この条において「地方公共団体等」という。）であるときは、当該地方公共団体等の長は、次条の規定に基づき環境の保全の見地からの意見を書面により述べることが必要と認める場合には、評価書の送付を受けた後、環境大臣に当該評価書の写しを送付して助言[①]を求めるように努めなければならない。

政令

（法第二十三条の二の政令で定める公法上の法人）

第十五条　法第二十三条の二の政令で定める公法上の法人は、港湾法（昭和二十五年法律第二百十八号）第四条第一項の規定による港務局[②]とする。

趣旨

免許等を行う者等が地方公共団体等であるとき、当該地方公共団体等の長が事業者に対して意見を述べる必要があると認める場合には、当該地方公共団体等の長が環境大臣に評価書の写しを送付し、助言を求めるよう努めなければならない旨を規定したものである。

環境大臣と地方公共団体の長とでは、

- 国が定める計画や目標との整合を図る視点
- 国際的視点（環境保全に関する国際条約等の実効性を確保していく立場からの視点）
- 全国的視点（環境保全に関する国民的ニーズや地域横断的な課題に対応していく立場からの視点）

・技術的視点（環境影響評価に関する最先端の技術的知見や全国各地の事例を集積している立場からの視点）において、環境の保全の見地からの意見に相違があると考えられる。このため、規模が大きく環境影響の程度が著しいものとなるおそれがある事業について、環境の保全に適正な配慮がなされることを確保するため、免許等を行う者等が地方公共団体の長であっても、専ら我が国の環境行政を総合的に推進する任に当たる環境大臣が助言を行う仕組みを設けたものである。

解説

① **「助言を求めるよう」**

免許等を行う者等（国）に対し、環境大臣が評価書について述べた意見は、必ず勘案しなくてはならない性質のものである。しかし、免許等を行う者等である地方公共団体等は、国の機関の場合とは異なり、地域における行政を自主的かつ総合的に担い、その一環として環境分野も担当しており、特定の分野を所掌する国の機関とは自ずと扱いが異なるものであることから、国と同様の扱いとすべきものではない。このため、環境大臣が述べるものは、地方公共団体によって勘案されるべき「意見」ではなく、地方公共団体が参考とすべき「助言」としたものである。

② **「港務局」**

公有水面埋立法（大正一〇年法律第五七号）に基づく公有水面の埋立て又は干拓の事業については、同法上、都道府県知事（指定都市においては当該指定都市の長を含む。以下同じ）が免許等を行う者とされているが（同法第二条第一項及び第四二条第一項）、港湾法（昭和二五年法律第二一八号）第五八条第二項の規定により、都道府県知事の職権は「港湾区域内又は港湾区域内の公有水面の埋立てに係る埋立地については港湾管理者（河川区域内における港湾区域内又は港湾区域内の公有水面の埋立てに係る埋立地については都道府県知事及び港湾管理者）が行う」とされており、同法第二条第一項の定義規定により、「港湾管理者」には、港湾管理者としての地方公共団体の他に、港務局が含まれるため、この港務局を定めることとした。

（免許等を行う者等の意見）

第二十四条　第二十二条第一項各号に定める者は、同項の規定による送付を受けたときは、必要に応じ、政令①で定める期間内に、事業者に対し、評価書について環境の保全の見地からの意見を書面により述べることができる。この場合において、第二十三条の規定による[②]環境大臣の意見があるときは、これを勘案しなければならない。

政令

（評価書についての免許等を行う者等の意見の提出期間）
第十六条　法第二十四条の政令で定める期間は、九十日とする。

趣旨

本条は、免許等を行う者等が、評価書が確定する前に、事業者に対し評価書について環境の保全の見地からの意見を述べることができる旨を規定したものである。

1．免許等を行う者等が意見を述べることの意義

本法は、環境影響評価の結果を事業の内容に関する決定に反映させることとしているが、本条は、免許等の行政処分に環境影響評価の結果を反映させる場面よりも前に、免許等を行う者等が評価書について事業者に対して意見を述べることとしている。

免許等を行う者等は、法第三条に規定されているように、「事業の実施による環境への負荷をできる限り回避し、又は低減することその他の環境の保全についての配慮が適正になされるように努める」責務を有する。このため、免許等を行う者等は、免許等の処分に当たって環境の保全上の支障が生じないように環境影響評価の結果を用いることに加え、事業者のより高いレベルでの環境の保全に向けた自主的努力を促進する観点から、事業者に対し環境の保全の見地からの意見を述べることとしたものである。

なお、法第三三条以降においては、免許等を行う者をはじめとする事業の内容に関する決定を行う者は、事業を監督する各制度の中で、免許等の事業内容を決定する行政処分を行う場面において、環境影響評価の結果を判断材料の一つとして用い、その事業に係る環境の保全について適正な配慮がなされていない場合に、免許等を与えないこととし、又は条件を付すことにより、環境の保全についての適正な配慮を確保する旨の規定（いわゆる「横断条項」）を

設けているが、そこでは、評価書の記載事項とともに、本条により述べられた意見に基づいて審査が行われることとなる。

２．免許等を行う者等が意見を述べる時期

免許等を行う者等の意見は、「環境の保全上の支障の防止」のレベルにとどまらず、より高い「環境の保全」のレベルを確保する観点から事業者の自主的な取組を促進するために述べられるものである。行政処分の段階では、申請の内容について「環境の保全上の支障の防止」の観点からの判断を行えるにとどまるため、事業者の自主的な取組を促進する観点からの意見は、行政処分の段階よりも早い段階で述べられることが必要である。

一方、免許等を行う者等が環境の保全上の意見を述べることは、事業者に対し、当該意見に適切に対応さえすれば免許等が与えられるのではないかという予見を与える効果を有する。このことは、他の意見に真摯に対応するインセンティブを削ぐことになるため、事業計画の熟度が低い段階で、個別の事業に伴う環境影響に関し十分に情報をもっていない免許等を行う者等が意見を述べる制度とすることは適切ではない。そこで、免許等を行う者等が意見を述べる段階は、事業者によって評価書が取りまとめられた段階とすることとした。

３．行政手続法との関係

免許等を行う者等の環境の保全の見地からの意見は、行政手続法（平成五年法律第八八号）上は行政指導として位置づけられる。

行政手続法第三二条は、行政指導について、「当該行政機関の任務又は所掌事務の範囲を逸脱してはならないこと」、「行政指導の内容があくまでも相手方の任意の協力によってのみ実現されるものであること」に留意すべき旨を定めている。前者については、本条という意見を述べるための根拠となる規定があることから、免許等を行う者等の「任務又は所掌事務の範囲」に含まれることとなる。後者については、事業者は免許等を行う者等の意見を「勘案」して評価書の記載事項に検討を加えることとなる（法第二五条）が、その意見に従うかどうかは事業者の任意によることとなる。

行政手続法第三三条は、「申請者が当該行政指導に従う意思がない旨を表明したにもかかわらず当該行政指導を継続すること等により当該申請者の権利の行使を妨げるようなことをしてはならない」と規定している。本法における免許等を行う者等の意見は、政令で定める期間内に一回出されるのみであり、事業者はその意見の後（述べられないときは期間経過後）、評価書を補正することができるわけであり、行政手続法第三三条に抵触することはありえない。

行政手続法第三四条は、許認可等の「権限を行使することができない場合又は行使する意思がない場合においてする行政指導にあっては、行政指導に携わる者は、当該権限を行使し得る旨を殊更に示すことにより相手方に当該行政指導に従うことを余儀なくさせるようなことをしてはならない」と規定している。免許等を行う者等は、法第三三条等（横断条項）により、個別免許等の審査に際し環境保全上の適切な配慮についての審査を行い、前者と後者を併せて判断する権限を与えられている。したがって、行政手続法第三四条にいう「権限を行使することができない」という場合は、制度上はないものと考えられる。また当該権限を行使する意思がないのに行政指導をするようなことがあってはならないことももちろんである。

行政手続法第三五条は、「行政指導の趣旨及び内容並びに責任者を明確に示さなければならない」と規定している。免許等を行う者等の意見は、書面により述べることとしており、行政指導の趣旨及び内容（環境の保全の配慮が適正に行われるかどうかという環境の保全の見地からの意見）及びその名義人（行政機関の長）が当該文書で明らかとされるものであり、行政指導の方式として問題はないものである。

解説

① **「政令で定める期間内に」**（＝施行令第一六条）

免許等を行う者等の意見の提出期間は九〇日とされている。

これは、免許等を行う者等における適切な意見形成に必要な期間という観点から、環境大臣の意見の提出期間が四五日間であること等を考慮して定めたものである。

② **「環境大臣の意見があるときは、これを勘案」**

環境大臣の意見は、専ら我が国の環境行政を総合的に推進する任に当たり、関係行政機関の環境の保全に関する事務の調整を所掌する立場から述べられるものであり、免許等を行う者等において適切に取り扱われる必要がある。本法においては、行政機関の意見の取り扱いについては「勘案」、一般の意見の取り扱いについては「配意」の用語を用いて整理しており、本条においてもこれに従ったものである。

第二節　評価書の補正等

（評価書の再検討及び補正）

第二十五条　事業者は、前条の意見が述べられたときはこれを勘案して、評価書の記載事項に検討を加え、当該事項の修正を必要とすると認めるとき（当該修正後の事業が対象事業に該当するときに限る。）は、次の各号に掲げる当該修正の区分に応じ当該各号に定める措置をとらなければならない。

一　第五条第一項第二号に掲げる事項の修正（事業規模の縮小、政令で定める軽微な修正その他の政令で定める修正に該当するものを除く。）　同条から第二十七条までの規定による環境影響評価その他の手続を経ること。

二　第五条第一項第一号、第十四条第一項第二号から第四号まで、第六号若しくは第八号又は第二十一条第二項第二号から第四号までに掲げる事項の修正（前号に該当する場合を除く。）　評価書について所要の補正をすること。

三　前二号に掲げるもの以外のもの　第十一条第一項及び第十二条第一項の主務省令で定めるところにより当該修正に係る部分について対象事業に係る環境影響評価を行うこと。

2　事業者は、前項第三号の規定による環境影響評価を行った場合には、当該環境影響評価及び評価書に係る環境影響評価の結果に基づき、第二条第二項第一号イからワまでに掲げる事業の種類ごとに主務省令で定めるところにより評価書の補正をしなければならない。

3　事業者は、第一項第一号に該当する場合を除き、同項第二号又は前項の規定による補正後の評価書の送付（補正を必要としないと認めるときは、その旨の通知）を、第二十二条第一項各号に掲げる評価書の区分に応じ当該各号に定める者に対してしなければならない。

政令

（法第二十五条第一項第一号の政令で定める軽微な修正等）

第十七条　第十三条の規定は、法第二十五条第一項第一号の政令で定める軽微な修正及び同号の政令で定める修正並びに法第二十八条ただし書の政令で定める軽微な修正及び同条ただし書の政令で定める修正について準用する。

趣旨

本条は、事業者が、免許等を行う者等の意見を勘案して必要に応じ評価書の補正を行うべき旨を定めるものである。

本法では、事業者が作成する配慮書、方法書、準備書、評価書といった書面について、地方公共団体、一般、環境大臣、主務大臣、免許等を行う者等がそれぞれの立場で意見を述べ、環境情報を集約していく手続を定めている。閣議決定要綱においては、環境大臣や免許等を行う者等に評価書が送付される前に評価書が確定し、これらの者の意見が評価書の内容に反映されない仕組みとなっていた。本法においては、これらの者の意見を踏まえて評価書を補正する仕組みを導入することによって、評価書は環境影響評価手続の最終成果物という位置づけになる。

ところで、環境大臣及び免許等を行う者等の意見は、「環境の保全上の支障の防止」のレベルにとどまらず、より高い「環境の保全」のレベルを確保する観点から述べられるものであり、これに対して事業者がどのように対応するかは、事業者の自主的な判断に委ねられることとなる。このような意味で、評価書の補正は、事業者による事業のセルフコントロールの仕上げとしての意義を有する。

もちろん、事業者の対応の結果、なお「環境の保全上の支障の防止」の観点から適正な配慮が行われていないと認められる場合は、法第三三条から第三七条までの横断条項により、適切な対応が行われることとなる。

免許等を行う者等の意見が述べられた後、事業者は、その意見を勘案し、評価書の記載事項について検討を加える。この場合、環境大臣の意見は、免許等を行う者等が意見を述べる際に勘案されているので、免許等を行う者等の意見を通して事業者の検討に反映されることとなる。

事業者は、検討の結果、評価書の記載事項について修正を必要とすると認めるときは、その内容及び程度に応じて、次の措置をとることが求められる。

⑴　事業の目的及び内容に修正を加える必要がある場合は、事業規模の縮小、軽微な修正等の場合を除き、方法書手続から再度環境影響評価手続を経ること。

⑵　事業者の住所・氏名等形式的な修正を加える必要がある場合は、評価書について所要の補正を加えること。

⑶　⑴又は⑵以外の場合、例えば、環境影響評価の項目や調査等の手法の修正、環境影響評価の結果の修正、環境保全対策の修正が必要な場合は、その修正部分に係る環境影響評価（追加調査、環境保全対策の再検討等）を行い、その結果を踏まえて評価書の補正を行うこと。

前記⑴の場合は手続は方法書にもどることとなるが、⑵及び⑶の場合は補正された評価書を免許等を行う者等に送付し、補正の必要がないと判断される場合はその旨の通知を免許等を行う者等に対して行うこととなる。

解説

①　**「政令で定める軽微な修正」**（＝施行令第一七条）

②　**「その他の政令で定める修正」**（＝施行令第一七条）

これらについては評価書が公告される前の修正であることから、同じく評価書公告前の修正に適用される規定である法第二一条第一項第一号の「政令で定める軽微な修正」と「その他の政令で定める修正」の内容を定める政令第一三条を準用することが定められている。

③　**「第五条第一項第一号、第十四条第一項第二号から第四号まで、第六号若しくは第八号又は第二十一条第二項第二号から第四号までに掲げる事項の修正（前号に該当する場合を除く。）」**

この号においては、次の事項についての誤記等の修正を想定している。この場合には、単純に修正した上で手続を先に進めることとなる。

・事業者の氏名及び住所（法第五条第一項第一号）

・方法書に対する一般の意見の概要（法第一四条第一項第二号）

・方法書に対する都道府県知事、政令で定める市の長からの意見（法第一四条第一項第三号）
・方法書に対する各種意見についての事業者の見解（法第一四条第一項第四号）
・主務大臣の助言の内容（法第一四条第一項第六号）
・委託先の氏名及び住所（法第一四条第一項第八号）
・準備書に対する一般の意見の概要（法第二一条第二項第二号）
・準備書に対する都道府県知事、政令で定める市の長からの意見（法第二一条第二項第三号）
・準備書に対する各種意見についての事業者の見解（法第二一条第二項第四号）

④　**「前二号に掲げるもの以外のもの」**

第一項第一号に該当して方法書の作成以降の手続を再度行う場合と、同項第二号に該当して誤記修正を行った上で先の手続に進む場合を除き、修正に係る部分について環境影響評価を行った上で記載内容を修正すべきことを規定している。

⑤　**「第十一条第一項及び第十二条第一項の主務省令で定めるところにより」**

法第一一条第一項の主務省令とは環境影響評価の項目等の選定のための指針であり、法第一二条第一項の主務省令とは環境の保全のための措置に関する指針である。この時点において補足的に行われる環境影響評価についても、環境影響評価の項目等を選定する場合には選定指針によることが求められ、環境保全措置を検討する場合には、環境保全措置指針によることが求められることを示すものである。

⑥　**「第一項第一号に該当する場合を除き」**

方法書の作成以降の手続を再度行う場合を除く趣旨である。

⑦　**「第二十二条第一項各号に掲げる評価書の区分に応じ当該各号に定める者」**

評価書の送付先となった者と同じ者に送付することとなる。

（環境大臣等への評価書の送付）

第二十六条　第二十二条第一項各号に定める者（環境大臣を除く。）が次の各号に掲げる者であるときは、その者は、前条第三項の規定による送付又は通知を受けた後、当該各号に定める措置をとらなければならない。
一　内閣総理大臣若しくは各省大臣又は委員会の長である国務大臣　環境大臣に前条第三項の規定による送付を受けた補正後の評価書の写しを送付し、又は同項の規定による通知を受けた旨を通知すること。
二　委員会の長（国務大臣を除く。）若しくは庁の長又は国の行政機関の地方支分部局の長　その委員会若しくは庁又は地方支分部局が置かれている内閣府若しくは省又は委員会の長である内閣総理大臣又は各省大臣を経由して環境大臣に前条第三項の規定による送付を受けた補正後の評価書の写しを送付し、又は同項の規定による通知を受けた旨を通知すること。

2　事業者は、前条第三項の規定による送付又は通知をしたときは、速やかに、関係都道府県知事及び関係市町村長に評価書（同条第一項第二号又は第二項の規定による評価書の補正をしたときは、当該補正後の評価書。次条及び第三十三条から第三十八条までにおいて同じ。）、これを要約した書類[①]及び第二十四条の書面[②]（次条並びに第四十一条第二項及び第三項において「評価書等」という。）を送付しなければならない。

趣旨

本条は、免許等を行う者等の意見を受けて、事業者が評価書の補正を行いこれを免許等を行う者等に送付するか、又は補正を行わない旨を免許等を行う者等に通知し、評価書が確定したときに、これまで手続に関与した行政機関に対して評価書の送付等を行うべき旨を規定したものである。環境影響評価手続の最終成果物たる評価書を関係者に送付する趣旨である。

免許等を行う者等は、環境大臣に対し、補正された評価書を送付するか、又は評価書の補正が行われない旨の通知を行う（第一項）。これは、法第二三条の評価書の送付と同様の経路で行われる。

また、事業者は、確定した評価書、その要約書及び免許等を行う者等の意見を関係都道府県知事及び関係市町村長に送付する（第二項）。

解説

①　「これを要約した書類」

要約書を具体的にどのような内容とするかは、評価書の内容をわかりやすく周知するという趣旨を踏まえて、事業者の責任により適切に判断することが求められる。

② 「第二十四条の書面」

免許等を行う者等の意見は評価書に記載されないこととなるが、評価書の補正の手続に関する透明性を確保するため、評価書とともに関係者に送付することとした。

（評価書の公告及び縦覧）

第二十七条　事業者は、[①]第二十五条第三項の規定による送付又は通知をしたときは、環境省令で定めるところにより、評価書を作成した旨その他環境省令で定める事項を公告し、公告の日から起算して[②]一月間、[③]評価書等を関係地域内において縦覧に供するとともに、環境省令で定めるところにより、インターネットの利用その他の方法により公表しなければならない。

環境省令

（評価書についての公告の方法）

第十三条　第一条の六の規定は、法第二十七条（法第四十八条第二項において準用する場合を含む。）の規定による公告について準用する。

（評価書の縦覧）

第十四条　第二条の規定は、法第二十七条の規定による縦覧について準用する。この場合において、第二条中「方法書及びこれを要約した書類（以下「方法書等」という。）」とあるのは「評価書、これを要約した書類及び法第二十四条の書面（以下「評価書等」という。）」と読み替えるものとする。

2　（略）

（評価書について公告する事項）

第十五条　法第二十七条の環境省令で定める事項は、次に掲げるものとする。

一　事業者の氏名及び住所（法人にあってはその名称、代表者の氏名及び主たる事務所の所在地）
二　対象事業の名称、種類及び規模
三　対象事業が実施されるべき区域
四　関係地域の範囲
五　評価書等の縦覧の場所、期間及び時間
２　（略）

趣旨

本条は、事業者は確定した評価書を公告・縦覧・インターネットその他の方法による公表すべき旨を規定するものである。

環境大臣や免許等を行う者等の意見を受けて確定した評価書は、環境影響評価手続の最終成果物である。環境影響評価手続は、地方公共団体のほか、一般の意見を聴取しつつ進められてきたものであるから、その最終成果物は、これまで手続に関与してきた人々に周知される必要がある。このため、国の機関や地方公共団体に評価書を送付することとしているほか、方法書や準備書同様、公告・縦覧・インターネットその他の方法による公表をすることとしたものである。

評価書の公告・縦覧は、外部手続の締めくくりであり、以後意見聴取が行われることはなく、評価書の説明会等は規定していない。

なお、対象事業に対する実施制限は、評価書の公告をもって解除されることとなる。

解説

①　**「第二十五条第三項の規定による送付又は通知をしたとき」**

事業者が免許等を行う者等の意見を受けて、評価書の記載事項につき検討を加え、評価書について所要の補正を行いこれを免許等を行う者等に送付するか、又は補正を行わずにその旨を通知することにより、評価書が確定した場合に、その確定した評価書を公告・縦覧・インターネットその他の方法による公表をするものである。

②　「一月間」

準備書の縦覧期間と同様に、評価書の縦覧期間も一ヶ月間としたものである。

③　「評価書等」

法二六条で規定したとおり、評価書等には評価書、要約書及び免許等を行う者等の意見（法第二四条の書面）が含まれる。

免許等を行う者等の意見は評価書の記載事項とはなっていないが、免許等を行う者等の意見に対する事業者の対応の状況を明らかにし、手続の透明性を確保する観点から、評価書の縦覧の際に当該意見をあわせて縦覧に供することとしたものである。

第七章　対象事業の内容の修正等

総論

環境影響評価制度は、手続の過程で環境の保全の観点からより良い事業計画を作り上げていくことを狙いとしており、手続の過程で事業内容が修正されることを前提とした制度である。しかしながら、環境の保全上の問題の少ない事業案を提示し、後から環境の保全上の問題の大きい事業に変更することを認めることは、制度の意義を著しく損なうこととなる。したがって、このような場合に、手続の再実施を義務づけることが必要となる。

環境影響評価法において、事業の内容の変更・手続の再実施について取り扱っている条項は、次のとおりである。

①　第三条の九第一項（配慮書の公表後、方法書の公告までの間の修正）
②　第四条第四項（第二種事業の判定後、方法書の公告までの間の第二種事業の届出）
③　第二一第一項（評価書の作成に際しての修正）
④　第二五条第一項（評価書の補正に際しての修正）
⑤　第二八条（方法書の公告後、評価書の公告までの間の修正（②及び③の場合を除く））
⑥　第二九条（方法書の公告後、評価書の公告までの間の第二種事業の届出）
⑦　第三〇条（方法書の公告後、評価書の公告までの間に第一種事業・第二種事業以外の事業となった場合の手続）
⑧　第三一条第二項（評価書の公告後の変更）
⑨　第三二条（評価書の公告後の手続の自主的再実施）

1．方法書の公告までの間の変更

第一種事業については、配慮書の公表後、方法書の公告を行うまでに事業を実施しないこととした場合、又は修正後の事業が第一種事業若しくは第二種事業のいずれにも該当しないこととなった場合において、第三条の九の規定により、手続を離れる旨の通知・公告を行うこととしている。

第二種事業については、スクリーニングの判定を受けることが必要となるが、本法の方法書以降の手続を行うことが必要であるとの判定を受けた場合に、方法書の公告までの間に事業内容を変更することが可能である。

このとき、事業内容の変更の結果、事業は次の三つのいずれかに該当することとなる。

①　第一種事業

②　第二種事業

③　これら以外（第一種事業でも第二種事業でもない）

このうち、①の場合は、方法書の手続を行う必要がある。

また、②の場合は、事業者の判断で、方法書の手続に進むか、再度第二種事業の判定を受けるかのいずれかをとることとなる（法第四条第四項）。その結果、本法の方法書以降の手続を行う必要がないという判定を受けた場合は、対象事業の定義（法第二条第四項）により対象事業ではなくなり、本法の対象外となる。方法書の公告以降の手続の途中で再度第二種事業の判定を受けて本法の対象外となる場合は、所定の通知と公告を行うことが必要とされている（法第二九条第三項）が、方法書の公告前の段階で本法の対象外となるこのケースでは、一般の意見聴取手続が何も進んでいないため、手続を離れる際の通知・公告は求められていない。

③の場合も本法の対象外である。この場合も同様に、手続を離れる際の通知・公告は求められていない。

ただし、第三条の一〇の規定により、配慮書手続を行うこととした第二種事業については、方法書の公告前の段階で本法の対象外となる場合であっても、第一種事業と同様に、法第三条の九第一項の規定により、手続を離れる旨の通知・公告を行うこととなる。

２．方法書の公告から評価書の公告までの間の修正

方法書の公告から評価書の公告までの間に事業内容を修正した場合においても、まず、事業者は、修正後の事業が次のどのカテゴリーに該当するかを判断することとなる。

①　第一種事業

②　第二種事業

③　これら以外（第一種事業でも第二種事業でもない）

まず、③の場合は、本法の対象外となるが、手続の途中で手続を離れることとなるため、関係方面に知らせることが必要となる。これが、法第三〇条第一項の通知・公告である。

次に、②の場合は、事業者は、第二種事業の判定のための届出を行うか否かの判断を行う機会が与えられることとなる（法第二九条第一項）。届出を行わない場合は「修正後の事業が対象事業に該当するとき」となる。届出を行い、本法の手続を行う必要があるとの判定を受けたときも、「修正後の事業が対象事業に該当するとき」となる。本法の手続を行う必要がないとの判定を受けたときは、本法の対象外となり、関係方面に通知・公告を行ってから手続を離れることとなる（法第二九条第三項）。

①の場合、②の場合であって届出を行わない場合、②の場合であって本法の手続を行う必要があるとの判定を受けた場合の三つのケースにおいては、「修正後の事業が対象事業に該当するとき」となり、修正のタイミングが次のいずれであるかによって、対応する条文に進むこととなる。

ア　評価書を作成する際に修正する場合　→　法第二一条第一項

イ　評価書を補正する際に修正する場合　→　法第二五条第一項

ウ　その他のタイミングの場合　→　法第二八条

この際、軽微な修正など手続を再実施する必要がないとされている修正に該当しない場合は、方法書の作成から手続を再実施しなければならない。また、アとイの場合であって、手続を再実施する必要がないときは、修正部分に係る環境影響評価を行った上で記載事項を修正することとなる。

３．評価書の公告後の変更

評価書の公告を行った場合、法第三一第一項の事業の実施制限は解除される。しかし、評価書の公告後、事業の実施前において事業内容を変更する場合であって、変更後の事業が第一種事業又は第二種事業に該当する場合は、法第三一条第二項の政令に定める変更に該当するもの以外は、再度法の手続を方法書の作成から行う必要がある。このため、法第三一条第三項において、このような場合についての事業の実施制限規定を設けている。

また、評価書の公告後に、事業者が自主的に手続を再実施できることが法第三二条第一項に規定されている。この場合、いったん手続の再実施をすることとしたならば、法第三二条第三項の実施制限がかかることとなるため、再実施中の手続を自由に離れることはできなくなる。なお、自主的再実施に当たっては、変更内容に応じて方法書手続を省略することが可能である。

なお、この法律において手続の実施を義務づけられる「事業者」とは「対象事業を実施しようとする者」であり、この法律に基づく環境影響評価は、土地の形状の変更、工作物の新設等の事業の実施に当たりあらかじめ行うものであることから、評価書の公告後の変更に関する諸規定は、事業を実施する前までについて適用されることとなる。事業に着手された後については、法第三一条第二項や法第三二条第一項の規定が適用されることはない。

4．事業者が事業の実施に着手した後に事業内容を変更した場合の取り扱い

法第三八条第一項では、「事業者は、評価書に記載されているところにより、環境の保全についての適正な配慮をして当該対象事業を実施するようにしなければならない」と規定している。本規定は、事業を実施しようとする者が実施に取りかかる際の環境配慮義務を規定するものであり、適正な環境配慮をして事業に取りかからなかった証左とみなされる程度に、事業の着手後に事業内容を大幅に変更するような場合は、法第三八条第一項に違反することとなる。

また、対象事業について免許等を行うに当たっては、評価書の記載事項に基づき環境の保全について適正な配慮がなされるものかどうかを審査することとしており、評価書の記載事項と著しく異なる内容で事業が実施され、環境の保全上の問題が生じた場合には、免許等の取消事由に該当することもあり得るものと考えられる。

（事業内容の修正の場合の環境影響評価その他の手続）

第二十八条　事業者は、第七条の規定による公告を行ってから前条の規定による公告を行うまでの間に第五条第一項第二号に掲げる事項を修正しようとする場合（第二十一条第一項又は第二十五条第一項の規定の適用を受ける場合を除く。）において、当該修正後の事業が対象事業に該当するときは、当該修正後の事業について、第五条から前条までの規定による環境影響評価その他の手続を経なければならない。ただし、当該事項の修正が事業規模の縮小、政令で定める軽微な修正その他の政令で定める修正に該当する場合は、この限りでない。

趣旨

方法書の公告から評価書の公告までの間において、事業の目的及び内容を修正する場合、次の三つのケースが考えられ、それぞれ括弧内に記した条文が適用される。

⑴　対象事業に該当するとき（法第二八条を適用）

⑵　第二種事業に該当するとき（法第二八条及び第二九条を適用）

⑶　第一種事業又は第二種事業のいずれにも該当しないとき（法第三〇条第一項を適用）

本条は⑴、⑵のケースであり、当該修正が事業規模の縮小に該当する場合、事業規模が拡大する場合であっても政令で定める軽微な修正に該当する場合など、政令で定める修正に該当する場合には手続を再度行う必要はないが、そうでない場合は、方法書の作成から手続をやり直すこととなる。

本条は、手続の途中で事業規模の拡大や事業の位置の大幅な変更など、環境影響が増大するおそれのあるような事業内容の変更を認めれば、それまでの手続の意義が失われ、手続の主要部分をくぐり抜ける事業者が出現する可能性があるため、これを防止するために置かれたものである。

解説

①　**「第七条の規定による公告を行ってから前条の規定による公告を行うまでの間」**

方法書の公告から評価書の公告までの間のことである。

②　**「第五条第一項第二号に掲げる事項」**

対象事業の目的及び内容を指している。

③　**「（第二十一条第一項又は第二十五条第一項の規定の適用を受ける場合を除く。）」**

評価書の作成の場面（法第二一条第一項）、評価書の補正の場面（法第二五条第一項）で事業内容の修正が検討される場合があるが、これらについては、それぞれ別条項で取り扱っている。

④　**「当該修正後の事業が対象事業に該当するとき」**

当該修正後の事業が、㈠第一種事業に該当するもの、㈡第二種事業に該当するものであって法第二九条第一項の規定によりスクリーニングの判定を求めた結果、手続を実施しなければならない旨の判定を受けたもの、㈢第二種事業に該当するものであって法第二九条第一項の届出を行わないこととしたものが該当する。

⑤　「政令で定める軽微な修正」（＝施行令第一七条）

⑥　「その他の政令で定める修正」（＝施行令第一七条）

これらについては評価書が公告される前の修正であることから、同じく評価書公告前の修正に適用される規定である、法第二一条第一項第一号の「政令で定める軽微な修正」と「その他の政令で定める修正」の内容を定める政令第一三条を準用することが定められている。

・政令で定める軽微な修正（変更）その他の政令で定める修正（変更）について

㈠　基本的な考え方

①　法第二一条等で規定されている評価書の公告前の手続の再実施について

法第二一条第一項第一号、第二五条第一項第一号及び第二八条に規定されている手続の再実施は、手続の過程で事業の内容が修正されることにより、これまで行ってきた環境影響評価手続の意味を損ねる程度に環境影響が大きく変わるおそれがある場合に対応するために設けられたものである。

したがって、これまでの環境影響評価手続の意味を損ねるほどには大きな環境影響の増加を生じない、すなわち、「環境影響が相当な程度を超えて増加するおそれ」が生じない範囲での「事案の内容の修正」については、手続を再実施する必要はない。また、本法はそもそも手続の過程で様々な意見を採り入れつつ、事業をより環境影響の少ないものに変えていくことを目指しており、そのような内容の修正についても、手続を再実施する必要はない。

なお、前記の場合でも、事業の内容の修正に伴い環境影響を受けるおそれのある地域が変更され、新たな関係市町村が追加される場合には、その市町村長の意見についても、地域の環境保全に責任を有する者の意見として都道府県知事等の意見形成に当たって「勘案」されることが必要であるため、手続を再実施することが必要である。

②　法第三一条第二項で規定されている評価書の公告後の手続の再実施について

環境影響評価は事業の実施に当たりあらかじめ行うものであり、事業者は法第三八条第一項の規定に従って「評価書に記載されているところにより、環境の保全についての適正な配慮をして」事業を実施するようにしなければならないこととなっているため、評価書公告後に事業の内容を変更することは原則として想定されていない。

しかし、実際には、評価書の公告後も用地買収等の事情の変化により「事業の内容の変更」が必要となる場合があるため、法第三一条第二項において、手続の再実施の規定と再実施を要しない場合を政令で定める旨の規定が置かれている。手続の再実施を要しない「事業の内容の変更」については、事業の内容を変更することが原則として想定されていない評価書の公告後であることにかんがみ、評価書の公告前と比較して限定されたものとなっている。

(二)　政令で定める軽微な修正

施行令

（法第二十一条第一項第一号の政令で定める軽微な修正等）

第十三条　法第二十一条第一項第一号の政令で定める軽微な修正は、別表第二の第一欄に掲げる対象事業の区分ごとにそれぞれ同表の第二欄に掲げる事業の諸元の修正であって、同表の第三欄に掲げる要件に該当するもの（当該修正後の対象事業について法第六条第一項の規定を適用した場合における同項の地域を管轄する市町村長（特別区の区長を含む。以下同じ。）に当該修正前の対象事業に係る当該地域を管轄する市町村長以外の市町村長が含まれるもの及び環境影響が相当な程度を超えて増加するおそれがあると認めるべき特別の事情があるものを除く。）とする。

2　（略）

手続の再実施の基準となる「環境影響が相当な程度を超えて増加するおそれ」があるかどうかについては、客観的な判断ができるよう、できる限り外形的な基準を明示することが適当である。

このため、事業内容の各要素のうち、修正することによる環境影響の変化が大きいと考えられるものであって、環境影響評価手続の段階で既に決定しているものを別表第二において「事業の諸元」として設定し、「事業の諸元」の修正であって一定の要件に該当するものを「軽微な修正」とした。「一定の要件」については、これまでの知見を踏まえつつ一定の割り切りの下に設定している。

なお、個別の事情によっては、「一定の要件」に該当していても環境影響が相当な程度を超えて増加するおそれが生じることも想定される。このような場合には、「一定の要件」に該当していても、手続の再実施が必要となる。このことは、政令では「軽微な修正」から「環境影響が相当な程度を超えて増加するおそれがあると認めるべき特別の事情があるものを除く」とする形で規定されている。

また、新たな関係市町村が追加される場合にも、「一定の要件」に該当していても、手続の再実施が必要となる。このことは、政令では「軽微な修正」から「修正後の対象事業について法第六条第一項の規定を適用した場合における同項の地域を管轄する市町村長に当該修正前の対象事業に係る当該地域を管轄する市町村長以外の市町村長が含まれるものを除く」とする形で規定されている。

㈢　政令で定める修正

> **施行令**
>
> （法第二十一条第一項第一号の政令で定める軽微な修正等）
>
> **第十三条**　（略）
>
> ２　法第二十一条第一項第一号の政令で定める修正は、次に掲げるものとする。
>
> 一　前項に規定する修正
>
> 二　別表第二の第一欄に掲げる対象事業の区分ごとにそれぞれ同表の第二欄に掲げる事業の諸元の修正以外の修正
>
> 三　前二号に掲げるもののほか、環境への負荷の低減を目的とする修正であって、当該修正後の対象事業について法第六条第一項の規定を適用した場合における同項の地域を管轄する市町村長に当該修正前の対象事業に係る当該地域を管轄する市町村長以外の市町村長が含まれていないもの

手続を再実施する必要がない「政令で定める修正」としては、軽微な修正のほかに、事業の諸元の修正以外の修正と環境への負荷の低減を目的とする修正が定められている。

環境への負荷の低減を目的として行われる事業内容の修正については、それにより環境影響が増加するとは考えられないた

め、「軽微な修正」となるための「一定の要件」を満たさない修正であっても、手続の再実施の対象とはなっていない。ただし、この場合も、関係市町村が追加される場合は再実施が必要である。なお、「環境への負荷の低減を目的とする」とは、対象事業全体の環境への負荷の低減を目的とするものはすべて含まれるものであり、その目的を果たすための実体を持った行為としては、個別の環境への負荷を回避し、低減し又は代償するという措置のいずれもが含まれることとなる。

なお、環境への負荷の低減を目的とする修正であるかどうかについては、準備書及び評価書において、当該修正が環境への負荷の低減を目的とすることが記載されることを想定している。

㈣　評価書の公告後の変更について

施行令

（法第三十一条第二項の政令で定める軽微な変更等）

第十八条　法第三十一条第二項の政令で定める軽微な変更は、別表第三の第一欄に掲げる対象事業の区分ごとにそれぞれ同表の第二欄に掲げる事業の諸元の変更であって、同表の第三欄に掲げる要件に該当するもの（当該変更後の対象事業について法第六条第一項の規定を適用した場合における同項の地域を管轄する市町村長に当該変更前の対象事業に係る当該地域を管轄する市町村長以外の市町村長が含まれるもの及び環境影響が相当な程度を超えて増加するおそれがあると認めるべき特別の事情があるものを除く。）とする。

２　法第三十一条第二項の政令で定める変更は、次に掲げるものとする。

一　前項に規定する変更

二　別表第三の第一欄に掲げる対象事業の区分ごとにそれぞれ同表の第二欄に掲げる事業の諸元の変更以外の変更

三　前二号に掲げるもののほか、環境への負荷の低減を目的とする変更（緑地その他の緩衝空地を増加するものに限る。）であって、当該変更後の対象事業について法第六条第一項の規定を適用した場合における同項の地域を管轄する市町村長に当該変更前の対象事業に係る当該地域を管轄する市町村長以外の市町村長が含まれていないもの

評価書の公告後については、評価書公告前に比べて、事業の諸元をより多く設定したり、再実施の基準となる「一定の要件」

をより厳しくすることにより、手続の再実施を要しない場合が限定されている。また、環境への負荷の低減を目的とする変更についても、環境への負荷の低減が明らかである「緑地その他の緩衝空地の増加」に限られている。

なお、この法律に基づく環境影響評価は事業の実施に当たりあらかじめ行うものであり、施行令第十八条の規定も同様に工事の着手までに行われる事業内容の変更に対して適用される。

（事業内容の修正の場合の第二種事業に係る判定）

第二十九条　事業者は、第七条の規定による公告を行ってから第二十七条の規定による公告を行うまでの間において、第五条第一項第二号に掲げる事項を修正しようとする場合において、当該修正後の事業が第二種事業に該当するときは、当該修正後の事業について、第四条第一項の規定の例により届出①をすることができる。

2　第四条第二項②及び第三項の規定は、前項の規定による届出について準用する。この場合において、同条第三項第一号中「その他の手続」とあるのは、「その他の手続③（当該届出の時までに行ったものを除く。）」と読み替えるものとする。

3　第一項の規定による届出をした者は、前項において準用する第四条第三項第二号に規定する措置がとられたときは、方法書、準備書又は評価書の送付を当該事業者から受けた者にその旨を通知するとともに、環境省令で定めるところによりその旨を公告しなければならない。

環境省令

（判定により手続から離れる場合の公告）

第十六条　第一条の六の規定は、法第二十九条第三項の規定による公告について準用する。

2　法第二十九条第三項の規定による公告は、次に掲げる事項について行うものとする。

一　法第二十九条第一項の規定による届出をした者の氏名及び住所（法人にあってはその名称、代表者の氏名及び主たる事務所の所在地）

二　法第二十九条第二項において準用する法第四条第三項第二号に規定する措置がとられた事業の名称、種類及び規模
三　法第二十九条第二項において準用する法第四条第三項第二号に規定する措置がとられた旨
３・４　（略）

趣旨

方法書の公告から評価書の公告までの間において事業内容を修正した場合であって、修正後の事業が第二種事業に該当するときは、免許等を行う者等に対し届出を行い、スクリーニングの判定を受けることができる旨の規定である。

第一項においては、法第四条第一項の規定の例にならって届出を行うことができる旨が規定されており、第二項においては、スクリーニングの判定に当たって免許等を行う者等が都道府県知事の意見を聞くこと（法第四条第二項の準用）、免許等を行う者等はスクリーニングの判定を行うこと（法第四条第三項の準用）が規定されている。また、第三項においては、スクリーニングの判定によってもはや手続を実施しなくともよいとの通知を受けた者は、これまでの手続において関係した行政機関に通知を行うとともに、一般に公告を行い、手続から離れることを知らせることとするものである。

解説

①　**「届出をすることができる」**

そのまま手続を進行させたい者は届出を行わなくとも良いこととし、「できる」旨の規定とした。なお、届出を行わない場合の修正後の事業は対象事業となり、法第二一条第一項、法第二五条第一項又は法第二八条の規定の適用を受けることとなる。

②　**「第四条第二項及び第三項の規定」**

都道府県知事の意見を求める規定（法第四条第二項）と判定に基づく措置に係る規定（法第四条第三項）を準用するものである。

③　「（当該届出の時までに行ったものを除く。）」

第二項において準用する法第四条第三項の判定において、手続を実施する必要がある旨の判定が出された場合、当該事業者が既に実施した手続を再度実施させることとならないように、括弧書きで明記したものである。

（対象事業の廃止等）

第三十条　事業者は、第七条の規定による公告を行ってから第二十七条の規定による公告を行うまでの間において、次の各号のいずれかに該当することとなった場合には、方法書、準備書又は評価書の送付を当該事業者から受けた者にその旨を通知するとともに、環境省令で定めるところにより、その旨を公告しなければならない。

一　対象事業を実施しないこととしたとき。①

二　第五条第一項第二号に掲げる事項を修正した場合において当該修正後の事業が第一種事業又は第二種事業のいずれにも該当しないこととなったとき。

三　対象事業の実施を他の者に引き継いだとき。

２　前項第三号の場合において、当該引継ぎ後の事業が対象事業であるときは、同項の規定による公告の日以前に当該引継ぎ前の事業者が行った環境影響評価その他の手続は新たに事業者となった者が行ったものとみなし、当該引継ぎ前の事業者について行われた環境影響評価その他の手続は新たに事業者となった者について行われたものとみなす。②

環境省令

（対象事業の廃止等の場合の公告）

第十七条　第一条の六の規定は、法第三十条第一項の規定による公告について準用する。

２　法第三十条第一項の規定による公告は、次に掲げる事項について行うものとする。

一　事業者の氏名及び住所（法人にあってはその名称、代表者の氏名及び主たる事務所の所在地）

二　対象事業の名称、種類及び規模

三　法第三十条第一項各号のいずれかに該当することとなった旨及び該当した号
四　法第三十条第一項第三号に該当した場合にあっては、引継ぎにより新たに事業者となった者の氏名及び住所（法人にあってはその名称、代表者の氏名及び主たる事務所の所在地）
3～5　（略）

趣旨

事業者が、方法書の公告を行ってから評価書の公告を行うまでの間に、①対象事業を実施しないこととなった場合、②事業の目的及び内容を修正した場合において、当該修正後の事業が第一種事業又は第二種事業のいずれにも該当しないこととなった場合、又は③対象事業の実施を他の者に引き継いだ場合、これまでの手続において関係した者にその旨を周知する観点から、関係した行政機関に通知するとともに、国民一般に公告を行うこととするものである。

また、第二項は、対象事業の実施を他の者から引き継いで新たに事業者となった者は、引継ぎ前の事業者が既に実施した手続を行わなくともよいこととするものである。

解説

①　**「対象事業を実施しないこととしたとき」**

この条文は、「対象事業を実施しないこととなった事業者」として、制度の対象外となる旨を周知させるための通知・公告を義務づけるものである。この法律においては「対象事業を実施しようとする者」が環境影響評価手続を行うべき事業者とされているため、対象事業を実施しない者は事業者ではなくなり、この法律における義務はかからないこととなる。

②　**「新たに事業者となった者」**

対象事業を引き継いだ者は、「対象事業を実施しようとする者」に該当することとなり、「新たに事業者となった者」となる。

第八章　評価書の公告及び縦覧後の手続

（対象事業の実施の制限）

第三十一条　事業者は、第二十七条の規定による公告を行うまでは、対象事業[①]（第二十一条第一項、第二十五条第一項又は第二十八条の規定による修正があった場合において当該修正後の事業が対象事業に該当するときは、当該修正後の事業）を[②]実施してはならない。

2　事業者は、第二十七条の規定による公告を行った後に第五条第一項第二号に掲げる事項を変更しようとする場合において、当該変更が事業規模の縮小、[③]政令で定める軽微な変更[④]その他の政令で定める変更に該当するときは、[⑤]この法律の規定による環境影響評価その他の手続を経ることを要しない。

3　第一項の規定は、第二十七条の規定による公告を行った後に第五条第一項第二号に掲げる事項を変更して当該事業を実施しようとする者（前項の規定により環境影響評価その他の手続を経ることを要しないこととされる事業者を除く。）について準用する。この場合において、第一項中「公告」とあるのは、「公告[⑥]（同条の規定による公告を行い、かつ、この法律の規定による環境影響評価その他の手続を再び経た後に行うものに限る。）」と読み替えるものとする。

4　事業者は、第二十七条の規定による公告を行った後に対象事業の実施を他の者に引き継いだ場合には、環境省令で定めるところにより、その旨を公告しなければならない。この場合において、[⑦]前条第二項の規定は、当該引継ぎについて準用する。

政令

（法第三十一条第二項の政令で定める軽微な変更等）

第十八条　法第三十一条第二項の政令で定める軽微な変更は、別表第三の第一欄に掲げる対象事業の区分ごとにそれぞれ同表の第二欄に掲げる事業の諸元の変更であって、同表の第三欄に掲げる要件に該当するもの（当該変更後の対象事業について法第六条第一項の規定を適用した場合における同項の地域を管轄する市町村長に当該変更前の対象事業に係る当該地域を管轄する市町村長以外の市町村長が含まれるもの及び環境影響が相当な程度を超えて増加するおそれがあると認めるべき特別の事情があるものを除く。）とする。

２　法第三十一条第二項の政令で定める変更は、次に掲げるものとする。

一　前項に規定する変更

二　別表第三の第一欄に掲げる対象事業の区分ごとにそれぞれ同表の第二欄に掲げる事業の諸元の変更以外の変更

三　前二号に掲げるもののほか、環境への負荷の低減を目的とする変更（緑地その他の緩衝空地を増加するものに限る。）であって、当該変更後の対象事業について法第六条第一項の規定を適用した場合における同項の地域を管轄する市町村長に当該変更前の対象事業に係る当該地域を管轄する市町村長以外の市町村長が含まれていないもの

環境省令

（評価書公告後の引継ぎの場合の公告）

第十八条　第一条の六の規定は、法第三十一条第四項の規定による公告について準用する。

２　法第三十一条第四項の規定による公告は、次に掲げる事項について行うものとする。

一　引継ぎ前の事業者の氏名及び住所（法人にあってはその名称、代表者の氏名及び主たる事務所の所在地）

二　対象事業の名称、種類及び規模

三　対象事業の実施を他の者に引き継いだ旨

四　引継ぎにより新たに事業者となった者の氏名及び住所（法人にあってはその名称、代表者の氏名及び主たる事務所の所在地）

３・４　（略）

趣旨

環境影響評価手続は、事業の実施前に行うものである。環境影響評価手続が行われているにもかかわらず、他方で同時に事業が実施されているのでは、環境影響評価手続を実施する意味がない。第一項の実施制限規定は、その旨を明らかにしたものであり、本法の根幹となる規定の一つである。

第二項は、評価書の公告後に対象事業の内容を変更する場合に関する規定である。基本的には手続を再度行うのが原則であるが、事業規模の縮小、政令で定める軽微な変更その他の政令で定める変更に該当するときは、手続を再度行う必要はないこととしている。

なお、第二項により手続を再度行うこととされた事業については、第三項により、当該再実施の手続において法第二七条の公告を行うまでの間は、対象事業を実施してはならないこととなる。

また、評価書の公告後に事業の引継ぎが行われた場合、引き継いだ事業者が対象事業の内容を変更する可能性があるため、手続の再実施を確実に行う観点から、この場面における引継ぎについても把握を行う必要がある。このために第四項を定め、公告を行わせることとするものである。なお、対象事業を行わないこととした場合や第一種事業・第二種事業以外の事業となった場合については、評価書の公告後の場面では本法において手続が行われることはないため、法第三〇条に類するような公告等の手続を設けていない。

解説

①　**「(第二十一条第一項、第二十五条第一項又は第二十八条の規定による修正があった場合において当該修正後の事業が対象事業に該当するときは、当該修正後の事業)」**

評価書作成の際の修正（法第二一条第一項）、評価書補正の際の修正（法第二五条第一項）、それ以外の場面での修正（法第二八条）のそれぞれについて、修正後の対象事業について実施制限がかかっていることを明示するものである。

②　**「実施してはならない」**

環境影響評価の対象となる環境を改変するような行為をしてはならないという趣旨であり、具体的には、例えば山を削って整地するような行為は許されないこととなる。

他方で、試掘調査のためのボーリングや試験盛土等、事前調査の一環として調査に必要な範囲で行われる行為は、評価書の公告前に行っても差し支えないものと考えられる。

③　「政令で定める軽微な変更」（＝施行令第一八条）

法第二一条第一項第一号における政令で定める修正と同じく、事業の諸元のうち、変更することによって環境影響が相当な程度を超えて増加するおそれがあるものを設定し、当該事業の諸元が一定の基準以上に変わらない場合（環境影響が相当な程度を超えて増加するおそれがあると認めるべき特別の事情があるものは除く。）であって、環境影響を受ける範囲であると認められる市町村の区域が増加しない変更を「軽微な変更」とした。

なお、評価書の公告後に事業の内容の変更を認めることは、環境影響評価手続の最終成果物である評価書に記載された内容と異なった内容で事業を実施することを認めることになるため、評価書の公告前の修正より限定されたものしか認められるべきではないという考え方のもと、事業の諸元を数多く設定したり、再実施の基準をより厳しくすることによって、限定されたもののみが「軽微な変更」となっている。

④　「その他の政令で定める変更」（＝施行令第一八条）

①軽微な変更、②事業の諸元以外の変更、③環境への負荷の低減を目的とする変更（緑地その他の緩衝空地を増加するものに限る。）であって環境影響を受ける範囲であると認められる市町村の区域が増加しない変更を、手続を再び行う必要がない「政令で定める変更」とした。

環境への負荷の低減を目的とする変更については、評価書公告後の変更であることにかんがみ、明らかに環境への負荷の低減を目的とする変更である緑地その他の緩衝空地を増加するものに限り、手続を再び行う必要がないこととした。

⑤　「この法律の規定による環境影響評価その他の手続を経ることを要しない」

軽微な変更等のみが行われるものについては、本法の手続を再度行う必要はない。「環境影響評価その他の手続」とは、方法書の作成から評価書の公告までである。配慮書については、計画の立案段階において、事業が実施されるべき区域等を決定するに当たり配慮すべき事項について検討するものであり、事業が実施されるべき区域等の決定は、方法書に示す案として決定するという趣旨である（法第五条の解説参照）。修正を行う事業は方法書を既に作成していることから、事業が実施されるべき区域等は既に「決定」しているため、配慮書手続は再実施する必要はない。

⑥　**「（同条の規定による公告を行い、かつ、この法律の規定による環境影響評価その他の手続を再び経た後に行うものに限る。）」**

評価書の公告を一度行った後に手続をやり直す事業であるため、実施制限は二度目の評価書の公告までかかることとなる。

⑦　**「前条第二項の規定は、当該引継ぎについて準用する」**

対象事業の実施を他の者から引き継いで新たに事業者となった者は、引継ぎ前の事業者が既に実施した手続を行わなくともよいこととするものである。

参考

個別法による免許等の射程範囲と法第三一条第一項の実施制限の射程範囲の関係

法第三一条第一項は、環境影響評価の対象となる環境を改変するような行為をしてはならないという規定であり、同条の規定により制限される行為と個別法による免許等の射程範囲との間には、ズレが生じる可能性がある。例えば、発電所でいえば、事業用電気工作物の設置は電気事業法第四七条第一項の認可の対象であるが、当該事業用電気工作物の用地とするために山を削って整地をすることは、認可の対象ではない。

本法では、山を削って整地する部分についても環境保全の見地からの審査を行うこととしており、このような場合には、個別法による免許等の射程範囲とズレが生じることとなり、本条により制限される行為の方が範囲が広くなることとなる。

（評価書の公告後における環境影響評価その他の手続の再実施）

第三十二条　事業者は、第二十七条の規定による公告を行った後に、対象事業実施区域及びその周囲の環境の状況[①]

の変化その他の特別の事情により、対象事業の実施において環境の保全上の適正な配慮をするために第十四条第一項第五号又は第七号に掲げる事項を変更する必要があると認めるときは、当該変更後の対象事業について、更に第五条から第二十七条まで又は第十一条から第二十七条までの規定の例による環境影響評価その他の手続を行うことができる。[②][③][④][⑤]

2　事業者は、前項の規定により環境影響評価その他の手続を行うこととしたときは、遅滞なく、環境省令で定めるところにより、その旨を公告するものとする。

3　第二十八条から前条までの規定は、第一項の規定により環境影響評価その他の手続が行われる対象事業について準用する。この場合において、同条第一項中「公告」とあるのは、「公告（次条第一項に規定する環境影響評価その他の手続を行った後に行うものに限る。）」と読み替えるものとする。[⑥][⑦]

環境省令

（環境影響評価その他の手続の再実施の場合の公告）

第十九条　第一条の六の規定は、法第三十二条第二項の規定による公告について準用する。

2　法第三十二条第二項の規定による公告は、次に掲げる事項について行うものとする。

一　事業者の氏名及び住所（法人にあってはその名称、代表者の氏名及び主たる事務所の所在地）

二　対象事業の名称、種類及び規模

三　法第三十二条第一項の規定により環境影響評価その他の手続を行うこととした旨及び行うこととした手続

3　（略）

趣旨

本法の規定による環境影響評価手続が既に行われた対象事業について、それが長期間未着工である場合においては、その間に環境の状態にも変化が生じ、手続を行った時点の調査、予測及び評価の前提が変わることがある。このような場合においては、本法の規定による環境影響評価手続が再実施されることが望ましいことがあるので、このような場合に、事業者がこの法律による手続を実施できることとしたものである。

また、第二項以下は、第一項の規定により再実施した場合の手続について所要の規定を設けたものである。いったん再実施の手続に入った以上は、一連の手続を最後まで行うこととし、この手続の結果として法第二十七条の規定により公告が行われるまでの間は、第三項の規定により対象事業の実施が制限されることとなる。

なお、本条は対象事業に着手する前に適用される規定であり、いったん事業に着手した後には、適用対象となることはない。

解説

①「対象事業実施区域及びその周囲の環境の状況の変化その他の特別の事情」

本条の規定により再実施ができる場合は、基本的には対象実施区域内及びその周囲の自然的・社会的な環境の状況が著しく変化したような場合であるが、これ以外にも、これに相当する特別の事情があって、当初行った予測・評価の前提が維持できず、環境保全措置の有効性が十分でなくなる場合など、再実施を行うに足りる合理的な事情がある場合には、本条の対象となることとなる。

②「第十四条第一項第五号又は第七号に掲げる事項」

本条の対象となるのは、環境の状況の変化等により環境影響評価の項目、手法又は結果を変更する場合であり、対象事業の内容の変更の場合は本条の適用を受けるものではない。（この場合には、法第三　条第一項の規定の適用を受けることとなる。）

③「変更する必要があると認めるとき」

認める主体は、事業者である。

④「第五条から第二十七条まで又は第十一条から第二十七条までの規定の例」

本条においては、基本的に方法書手続に戻って手続を再実施することとなるが、状況に応じて、事業者の判断により方法書手続を省略できることとしている。

手続の再実施は「環境の状況の変化その他の特別の事情」により行われるものであることから、これらの事由と従前の環境影響評価の結果等を踏まえることにより、方法書手続を行わなくとも適切に環境影響評価の項目及び手法を選定しうる場合には、環境影響評価の実施等の段階から手続を再実施すれば十分であると考えられるためである。

また、手続の再実施の規定は、対象事業の目的及び内容は変更しないことを前提とするものであることから、そのような場合に一定の期間を要する方法書手続を必ず経る必要があるとすることは合理的とは考えられず、むしろ必要に応じて方法書手続を省略することが可能とすることによって、再実施の負担を軽減し、自発的な再実施が行われやすくする方が、環境保全上適切であると考えられる。

⑤　**「環境影響評価その他の手続を行うことができる」**

一律に再実施を義務づけるという方法も考えられるが、仮に義務づけることとした場合には、その義務が生じる条件を客観的、合理的に確定する必要がある。しかしながら、環境の状況の著しい変化といった条件を客観化することは困難であり、また、長期間未着工の判断は事業者によるものであったとしても、その環境の状況の変化が事業者以外の特定の者の行為によることが明らかな場合などには、事業者に再実施を義務づけることが必ずしも合理的とは考えられない場合もある。このため、本法においては、一定の場合を特定して必ず再実施を義務づけることはせず、事業者自らの判断により再実施ができる旨の規定を置くことにより、実質上適切に再実施が行われるよう措置したものである。

⑥　**「同条第一項中」**

「法第三二条第一項中」の意味である。

⑦　**「（次条第一項に規定する環境影響評価その他の手続を行った後に行うものに限る。）」**

法第三二条第一項に規定する環境影響評価その他の手続を行った後に行う評価書の公告に限ることを意味しており、いったん、再実施に入ったら、対象事業でなくなる場合を除き、評価書の公告を行うまで手続を離れることができないことを意味する。

参考

本法に基づく手続を再実施しない場合においても、事業者自らの判断により、本法に基づかない自主的で簡素な環境影響評価を実施し、その結果を公表することにより、適切な環境配慮や住民理解を得る等の取組を行うことも考えられる。

（免許等に係る環境の保全の配慮についての審査等）

第三十三条　対象事業に係る免許等を行う者は、①当該免許等の審査に際し、②評価書の記載事項及び第二十四条の書面に基づいて、③当該対象事業につき、環境の保全についての適正な配慮がなされるものであるかどうかを審査しなければならない。

2　前項の場合においては、次の各号に掲げる当該免許等（次項に規定するものを除く。）の区分に応じ、当該各号に定めるところによる。

一　④一定の基準に該当している場合には免許等を行うものとする旨の法律の規定であって政令で定めるものに係る免許等　当該免許等を行う者は、⑤当該免許等に係る当該規定にかかわらず、当該規定に定める当該基準に関する審査と前項の規定による環境の保全に関する審査の結果を併せて判断するものとし、⑥当該基準に該当している場合であっても、当該判断に基づき、当該免許等を拒否する処分を行い、又は当該免許等に必要な条件を付することができるものとする。

二　⑦一定の基準に該当している場合には免許等を行わないものとする旨の法律の規定であって政令で定めるものに係る免許等　当該免許等を行う者は、⑧当該免許等に係る当該規定にかかわらず、当該規定に定める当該基準に該当している場合のほか、対象事業の実施による利益に関する審査と前項の規定による環境の保全に関する審査の結果を併せて判断するものとし、当該判断に基づき、当該免許等を拒否する処分を行い、又は当該免許等に必要な条件を付することができるものとする。

三　⑨免許等を行い又は行わない基準を法律の規定で定めていない免許等（当該免許等に係る法律の規定で政令で定めるものに係るものに限る。）　当該免許等を行う者は、⑩対象事業の実施による利益に関する審査と前項の規定による環境の保全に関する審査の結果を併せて判断するものとし、当該判断に基づき、当該免許等を拒否する処分を行い、又は当該免許等に必要な条件を付することができるものとする。

3　⑪対象事業に係る免許等であって対象事業の実施において環境の保全についての適正な配慮がなされるものでなければ当該免許等を行わないものとする旨の法律の規定があるものを行う者は、評価書の記載事項及び第二十四条の書面に基づいて、当該法律の規定による環境の保全に関する審査を行うものとする。

4　前各項の規定は、第[⑫]二条第二項第二号ホに該当する対象事業に係る免許、特許、許可、認可、承認又は同意（同号ホに規定するものに限る。）について準用する。

政令

（環境の保全の配慮についての審査等に係る法律の規定）

第十九条　法第三十三条第二項各号の法律の規定であって政令で定めるものは、別表第四に掲げるとおりとする。

趣旨

環境影響評価手続の最終成果物として前章までの規定により完成した評価書と免許等を行う者が法第二四条の規定により述べた意見に基づいて、免許等を行う者が対象事業が環境の保全について適正な配慮がなされるものであるかどうかについて審査し、その結果を免許等に反映する旨を定めるものである。

本条は、免許、特許、許可、認可、承認、同意に反映させる場合を規定し、法第三四条から第三七条までにおいて、特定届出の場合、補助金等の場合、特殊法人等の場合、直轄事業の場合のそれぞれについて規定している。これらの規定は、事業の内容に関する決定を行う既存の仕組みに対して、横断的に環境影響評価の結果を反映させることを求める内容となっていることから、「横断条項」と呼ばれている。なお、本条から法第三七条までの規定の書きぶりは微妙に異なっているが、それぞれの規定において確保しようとする環境保全についての配慮の程度に差異はない。

解説

①「当該免許等の審査に際し」

「免許等」とは、法第四条第一項第一号で定義されている言葉であり、「第二条第二項第二号イに規定する免許、特許、許可、認可、承認若しくは同意」を指す。これらを行うか否かの審査に際して、という意味である。

②　「評価書の記載事項及び第二十四条の書面に基づいて」

この「評価書」とは、法第二六条第二項において規定されているように、「評価書の補正をしたときは、当該補正後の評価書」を指すものである。また、法第二四条の書面とは、評価書に対して出された免許等を行う者の意見を指す。

評価書に基づいて審査を行うこととしたのは、環境影響評価手続の最終成果物たる評価書の内容を免許等に反映させることが必要であるからである。また、法第二四条の規定により述べられた免許等を行う者の意見に基づいて審査を行うこととしたのは、当該意見を述べる者と審査を行う者が同一である以上、免許等の審査はこの意見の内容を踏まえて行うべきであるためである。

③　「当該対象事業につき、環境の保全についての適正な配慮がなされるものであるかどうかを審査しなければならない」

「審査」は、当該事業が環境の保全についての適正な配慮がなされるものかどうかを審査することとなる。この審査に当たって、評価書はその判断を行うための材料として用いられる。「審査しなければならない」義務を免許等を行う者に課しているため、仮に評価書が完成していない段階で免許等の申請があった場合は、審査に必要な書類が欠如しているものとして、申請者に対して申請書類の補足（つまり評価書の添付）を求めることとなる。

なお、評価書の公告後に事業内容が修正され、評価書に記載されている事業内容等と免許等の申請書類に記載されている事業内容等が異なる場合にあっては、法第三一条第二項の規定により手続の再実施が不要である旨の確認をした上で、免許等の申請書類に記載されている事業内容等が環境の保全についての適正な配慮がなされるものかどうかについて、評価書の内容をもとに判断することとなる。

また、環境影響評価の対象と免許等に係る審査の対象が異なる場合（例えば、本法による環境影響評価が対象事業の工事、維持及び運用による影響を対象とするのに対し、免許等が工事のみについて行うものである場合）も想定できるが、この場合であっても、本条の規定による環境の保全上の審査は、維持及び運用による影響も含んだ対象事業による環境影響全般が対象となる。

④　「一定の基準に該当している場合には免許等を行うものとする旨の法律の規定であって政令で定めるもの」（＝施

行令第一九条）

第二項第一号の規定は、積極的に免許等の処分をすべき場合を規定するものとして、法律で定める基準に適合するとき（あるいは、法律に定める基準に該当しないとき）は、行政機関は他に合理的な理由のない限り免許等の処分をしなければならない、という形で規定されている根拠規定による免許等について適用される。具体的な法律の規定については政令で定められている。

⑤「当該免許等に係る当該規定にかかわらず、当該規定に定める当該基準に関する審査と前項の規定による環境の保全に関する審査の結果を併せて判断する」

第二項第一号の規定が適用される免許等の審査は、通常は一定の基準に該当しているか否かの審査のみを行うこととなる。第二項第一号は、このような審査に加えて、第一項の規定による環境の保全に関する審査の結果を併せて判断することを求めるものである。

⑥「当該基準に該当している場合であっても、当該判断に基づき、当該免許等を拒否する処分を行い、又は当該免許等に必要な条件を付することができる」

免許等の根拠規定では、一定の基準を満たしている場合には必ず免許等を行うことを求めているにもかかわらず、本条項によって、環境影響評価の結果に基づいて免許を行わないことを含めた対応が許容されることとなるものである。この点で、本条項は、免許等の根拠規定を個別に改正することと同等の効果を持つ規定といえる。

⑦「一定の基準に該当している場合には免許等を行わないものとする旨の法律の規定であって政令で定めるもの」（＝施行令第一九条）

第二項第二号の規定は、消極的に免許等の処分をしてはならない場合を規定するものとして、法律で定める基準に該当するときは免許等の処分をしてはならない、という形で規定されている根拠規定による免許等について適用される。具体的な法律の規定については、政令で定められている。

⑧「当該免許等に係る当該規定にかかわらず、当該規定に定める当該基準に該当している場合のほか、対象事業の実施による利益に関する審査と前項の規定による環境の保全に関する審査の結果を併せて判断する」

第二項第二号の免許等の根拠規定に定める基準に該当している場合は、免許等を行わないこととなるが、当該基準に該当していない場合に免許等を行うか否かについては、条文上明確にはされていない。したがって、当該基準に該当していない場合に免許等を行うか否かの判断を行う裁量が与えられている場合には、当該免許等の根拠法律の法目的に照らして、この判断が行われることとなる。ここで、免許等は事業実施そのもののために行われるものを政令で定めているため（法第二条第二項の解説⑲参照）、当該免許等の根拠法律の法目的に照らして行われることとなる判断は、当該事業を実施させることによって得られることが期待できる「利益」について審査した上で行われるものと言える。第二項第二号では、この考え方により、免許等を行うか否かの判断を行うための審査を「対象事業の実施による利益に関する審査」と規定し、この審査に加えて、第一項の規定による環境の保全に関する審査の結果を併せて判断することを求めるものである。

なお、「対象事業の実施による利益」とは、個々の事業者の私的な利益を指すものではなく、免許等を行って対象事業を実施させることによって得られることが期待できる公的な利益を指すものである。

⑨　「免許等を行い又は行わない基準を法律の規定で定めていない免許等（当該免許等に係る法律の規定で政令で定めるものに係るものに限る。）」（＝施行令第一九条）

第二項第三号の規定は、その根拠法律において免許等の基準を定めていない免許等について適用される。具体的な法律の規定については、政令で定められている。

⑩　「対象事業の実施による利益に関する審査と前項の規定による環境の保全に関する審査の結果を併せて判断する」

第二項第三号の免許等は、その基準が明示的に定められていないため、免許等を行うか否かの判断は当該免許等の根拠法律の法目的に照らして行われることとなる。したがって、第二項第二号と同様な考え方のもとに、「対象事業の実施による利益に関する審査」と「環境の保全に関する審査」の結果を併せて判断することとしたものである。

⑪　「対象事業に係る免許等であって対象事業の実施において環境の保全についての適正な配慮がなされるものでなければ当該免許等を行わないものとする旨の法律の規定があるもの」

免許等によっては、環境の保全についての適正な配慮がなされるものでなければ免許等を行わないこととしているものがある。このような規定を備えた免許等については、環境の保全についての適正な配慮がなされるかどうかの審査が行われることが免許等の根拠規定において保証されているため、当該審査において、「評価書及び免許等を行う者の意見が用いられるべきこと」のみを規定したものである。具体的には、公有水面埋立法の規定による免許及び承認が該当する。

⑫「第二条第二項第二号ホに該当する対象事業に係る免許、特許、許可、認可、承認又は同意（同号ホに規定するものに限る。）について準用する」

免許等を行う者等が複数存在するケースでは、それぞれの関与の場面で個別に環境影響評価の結果の反映を行うこととなる。法第二条第二項第二号ホに該当する対象事業については、免許等による関与と直轄事業としての関与の双方が定められているため、このうち免許等による関与の部分について、第一項から第三項までの規定を準用するものである。

参考

1．「適正な配慮がなされるものであるかどうか」の判断の具体的な内容

本条第一項の「審査」は、「環境の保全についての適正な配慮がなされるものであるかどうか」について行うものであるが、これは法が予定する「適正」の水準を様々な事業に共通の基準として求める趣旨であり、（注１）環境の保全上の支障を生ずるおそれがないかどうかという水準においてなされるものである。

（注１）「環境の保全上の支障」とは、規制等の国民の権利義務に直接係わるような施策を講じる目安となる程度の環境の劣化が生じることをいうもの。具体的には、公害その他の人の健康又は生活環境に係る被害が生じること、広く公共のために確保されることが不可欠な自然の恵沢が確保されないことといったものがこれに当たる（ぎょうせい「環境基本法の解説」より）。

なお、評価書作成までの一連の手続が適正に実施されているか否かは審査の直接の対象ではないが、手続の瑕疵により重要な環境情報が見落とされ、その情報への配慮を欠く結果、環境の保全上の支障が生じるおそれがある場合等には、手続の適否が免許等に反映されることとなる。

2．「併せて判断する」の趣旨

本条第二項各号の「併せて判断する」は、第一項の環境の保全についての審査の結果と免許等の審査の結果をつきあわせる趣旨であり、第一項の審査の結果（環境の保全上の支障を防止する法益）と免許等の審査の結果（免許等を付与することによる法益）とを比較衡量し、（注２）総合的に判断する趣旨である。ただし、横断条項を設ける趣旨からみて、地域住民の健康被害を生じさせるおそれが明らかな場合など、重大な環境保全上の支障が生ずることが明らかに見込まれる場合には、行政庁は免許等を拒否しなければならないものと解される。

なお、第二項各号と第三項は免許等を規定する法律の規定ぶりに応じて類型化をするものであり、横断条項の実質的な効果に差異はない。

（注２）免許等を行うかどうかを総合的に判断するに当たり、免許等を行わない方向に働く他の判断要素がある場合には、当該要素と環境の保全についての審査の結果から判断される免許等を行わないことにより得られる利益と、免許等を行って事業を実施することにより得られる利益とを比較衡量して、免許等を行うかどうかが決定されることとなる。

３．免許等を行う者等の意見との関係

免許等への反映は、環境保全の見地を加えた総合的な判断により、最終的に事業実施の可否を判断する行政行為である。これに対し、免許等を行う者等の意見は、免許等への反映に先立ち述べられるものであり、事業者にとって、どの程度の環境配慮を行えば免許等が行われるかということを示す重いものであるものの、意見に従うかどうかは事業者の自主的判断に委ねられており、あくまで環境影響評価に関する手続の完成物たる評価書を作り上げる過程で事業者のセルフコントロールを促すための意見である。

本条から第三七条までにおける免許等への反映は、免許等を行う者等が述べた意見と評価書の記載事項に基づいて環境保全上の適正な配慮が行われるかどうかを審査し、その結果を踏まえて行われるものであるが、これは事業の実施が「環境の保全上の支障を生じないこと」を担保することがその主眼である。

これに対し、法第二四条の規定による免許等を行う者等の意見それ自体は、環境保全の見地から、より望ましい環境配慮の在り方を含めて幅広く述べられ得るものであり、意見を述べることができるのは環境保全上の支障を生じさ

せないために必要な場合に限られるものではない。これらのうち、支障に至る場合に該当しない意見であって、免許等に反映させることがなお適切であると免許等を行う者等が判断するものについては、条件として付されるようなケースもあり得ると考えられる。

（特定届出に係る環境の保全の配慮についての審査等）
第三十四条　対象事業に係る特定届出を受理した者は、評価書の記載事項及び第二十四条の書面に基づいて、当該対象事業につき、環境の保全についての適正な配慮がなされるものであるかどうかを審査し、この配慮に欠けると認めるとき[①]は、当該特定届出に係る法律の規定にかかわらず、当該特定届出をした者に対し、当該規定によって勧告又は命令をすることができることとされている期間[②]（当該特定届出の受理の時に評価書の送付を受けていないときは、その送付を受けた日から起算する当該期間）内において、当該特定届出に係る事項の変更を求める旨[③]の当該規定による勧告又は命令をすることができる。

2　前項[④]の規定は、第二条第二項第二号ホに該当する対象事業に係る同号ホの届出について準用する。

趣旨

本条は、特定届出（当該届出に係る法律において、当該届出に関し、当該届出を受理した日から起算して一定の期間内にその変更について勧告又は命令をできることが規定されているもの）による法的な関与に環境影響評価の結果を反映させるための規定である。

解説

①　**「この配慮に欠けると認めるときは、当該特定届出に係る法律の規定にかかわらず」**

特定届出に係る法律の規定において、環境の保全についての配慮がなされているかどうかという観点が、勧告又は命令の発動要件に含まれていない場合であっても、環境の保全についての配慮が欠けると認めるときは、勧告又は命令ができることとなる。この点で、この規定も特定届出の根拠規定を個別に改正することと同等の効果を有する。

②　**「（当該特定届出の受理の時に評価書の送付を受けていないときは、その送付を受けた日から起算する当該期間）」**

環境の保全についての配慮がなされているか否かの審査を行うことがこの規定によって追加されているため、勧告又は命令を行うことができる期間の起算点を、評価書の送付の時点とするものである。この規定も個々の法律を個別に改正することと同等の効果を有する規定である。

③「当該特定届出に係る事項の変更を求める旨の当該規定による勧告又は命令」

本項において勧告又は命令権限を新たに創設する趣旨ではなく、あくまでも、本項は、既存の法律の勧告又は命令の発動要件に環境の観点を追加し、期間の起算点をずらすことのみを規定しているものである。

④「前項の規定は、・・・・・準用する」

法第二条第二項第二号ホの政令においても特定届出と同様の届出に関する規定を定め得るので、その場合の準用規定を設けているが、当該政令においては特定届出と同様の届出に関する規定が定められていないため、実質的には適用される場面はない。

（交付決定権者の行う環境の保全の配慮についての審査等）

第三十五条　対象事業に係る交付決定権者は、評価書の記載事項及び第二十四条の書面に基づいて、当該対象事業につき、環境の保全についての適正な配慮がなされるものであるかどうかを審査しなければならない。この場合において、環境の保全についての審査は、[①]補助金等に係る予算の執行の適正化に関する法律第六条第一項の規定による調査として行うものとする。

趣旨

本条は補助金等による法的な関与に環境影響評価の結果を反映させるための規定である。

解説

①「補助金等に係る予算の執行の適正化に関する法律第六条第一項の規定による調査」

補助金等に係る予算の執行の適正化に関する法律（昭和三〇年法律第一七九号。以下「補助金適正化法」という。）第六条第一項においては、補助金等の交付決定の際の調査の例示として、①当該申請に係る補助金等の交付が法令及び予算で定めるところに違反しないかどうか、②補助事業等の目的及び内容が適正であるかどうか、③金額の算定に誤りがないかどうかを挙げているが、評価書等に基づく審査は、主に補助事業の内容が環境の保全の観点から適正であるかどうかを調査するものとして、交付決定の調査の一部分をなすものとなる。

補助金適正化法において、「調査し、補助金等を交付すべきものと認めたときは、すみやかに補助金等の交付の決定をしなければならない」とされていることから、環境影響評価の結果に係る審査を含めた調査の結果、環境の保全についての適正な配慮に欠けると認められるときは、補助金等を交付すべきものでないとすることができる旨が確保されているところである。

【参照条文】

◎補助金等に係る予算の執行の適正化に関する法律（昭和三十年法律第百七十九号）（抄）

（補助金等の交付の決定）

第六条　各省各庁の長は、補助金等の交付の申請があつたときは、当該申請に係る書類等の審査及び必要に応じて行う現地調査等により、当該申請に係る補助金等の交付が法令及び予算で定めるところに違反しないかどうか、補助事業等の目的及び内容が適正であるかどうか、金額の算定に誤がないかどうか等を調査し、補助金等を交付すべきものと認めたときは、すみやかに補助金等の交付の決定（契約の承諾の決定を含む。以下同じ。）をしなければならない。

２～４　（略）

参考

予算の単年度主義と環境影響評価の結果の反映について

国及び地方公共団体の予算は単年度主義であるので、補助金等による法的な関与に環境影響評価の結果を反映させる場合、事業の実施（土地の改変等を実施すること）を行うための最初の補助金等の交付決定に際して、環境影響評価の結果を反映することとなる。

このとき、当該補助金等によって実際に事業が実施された場合は、この事業は本法の適用対象から外れることとなる。仮に何らかの事情で、当該補助金によって実際に事業が実施されなかった場合は、その次の補助金等交付決定の機会に再度環境影響評価の結果を反映させることとなる。

なお、補助金等の中には各種調査のための補助金等が組まれることがあるが、調査のための補助金等の交付決定には環境影響評価結果を反映させる必要はない。

（法人監督者の行う環境の保全の配慮についての審査等）

第三十六条　対象事業に係る法人監督者は、評価書の記載事項及び第二十四条の書面に基づいて、当該対象事業につき、環境の保全についての適正な配慮がなされるものであるかどうかを審査し、[①]当該法人に対する監督を通じて、この配慮がなされることを確保するようにしなければならない。

趣旨

本条は、特殊法人等に関する監督による法的な関与に環境影響評価の結果を反映させるための規定である。

解説

①「**当該法人に対する監督を通じて、この配慮がなされることを確保する**」

環境の保全についての適正な配慮に欠けると認められる場合にあっては、当該法人の監督を通じて、当該事業を中止させること、あるいはその内容を縮小させること等の措置を講ずることが想定されている。

（主任の大臣の行う環境の保全の配慮についての審査等）

第三十七条　対象事業に係る第四条第一項第四号又は第五号に定める主任の大臣は、評価書の記載事項及び第二十四条の書面に基づいて、当該対象事業につき、環境の保全についての適正な配慮がなされるものであるかどうかを審査し、[①]この配慮がなされることを確保するようにしなければならない。

趣旨

本条は、直轄事業に環境影響評価の結果を反映させるための規定である。

解説

①「**この配慮がなされることを確保する**」

環境の保全についての適正な配慮に欠けると認められる場合にあっては、自ら当該事業を中止すること、あるいはその内容を縮小すること等の措置を講ずることが想定されている。

（事業者の環境の保全の配慮等）

第三十八条　事業者は①、評価書に記載されているところにより、環境の保全についての適正な配慮をして当該対象事業を実施するようにしなければならない。

２　この章の規定による環境②の保全に関する審査を行うべき者が事業者の地位を兼ねる場合には、当該審査を行うべき者は、当該審③査に係る業務に従事するその者の職員を当該事業の実施に係る業務に従事させないように努めなければならない。

趣旨

本条第一項では、事業を実施しようとする者が、「評価書に記載されているところにより環境の保全についての適正な配慮をして当該事業を実施するように」という心構えをもって事業に取りかかるべき旨を規定している。

また第二項は、国の行政機関の長の単位で見れば対象事業の環境の保全についての審査を行う者と対象事業を実施する者とが同一になる国の直轄事業について、その審査の公正性や信頼性を確保するため、国の行政機関の職員が審査をする者としての立場と事業を実施する者としての立場を兼ねることのないように行政機関の長に努力義務を課すこととしたものである。

解説

①「**事業者は、評価書に記載されているところにより、環境の保全についての適正な配慮をして当該対象事業を実施するようにしなければならない**」

この法律において、「事業者」とは、「事業を実施しようとする者」のことである（法第二条第五項）。したがって、この規定は、事業を実施しようとする者が、実施に取りかかる際の心構えを規定するものである。

厳密に言えば、「事業を実施している者」についてはこの規定の効果は及ばないが、「評価書に記載されているところにより、環境の保全についての適正な配慮をして当該対象事業を実施するようにする」という心構えをもって事業に取りかからなかった証左とみなされる程度に事業の着手後に事業内容を大幅に変更するような場合は、この規定に対する違反が問われることとなる。

②「環境の保全に関する審査を行うべき者が事業者の地位を兼ねる場合」

国の行政機関の長の単位で見れば、対象事業の環境の保全についての審査を行う者と対象事業を実施する者とが同一（○○大臣）になる国の直轄事業を指している。

③「当該審査に係る業務に従事するその者の職員を当該事業の実施に係る業務に従事させない」

「当該審査に係る業務」に従事する者と「当該事業の実施に係る業務」に従事する者の組織上の単位が異なるようにすべきことを想定している。

（環境保全措置等の報告等）

第三十八条の二　第二十七条[①]の規定による公告を行った事業者（当該事業者が事業の実施前に当該事業を他の者に引き継いだ場合には、当該事業を引き継いだ者）は、第二条[②]第二項第一号イからワまでに掲げる事業の種類ごとに主務省令で定めるところにより、第十四条[③]第一項第七号ロに掲げる措置（回復することが困難であるためその保全が特に必要であると認められる環境に係るものであって、その効果が確実でないものとして環境省令で定めるものに限る。）、同号ハ[④]に掲げる措置及び同号ハに掲げる措置により判明した環境の状況に応じて講ずる環境の保全のための措置であって、当該事業の実施において講じたものに係る報告書（以下「報告書」という。）を作成しなければならない。

２　前項の主務省令は、報告書の作成に関する指針につき主務大臣（主務大臣が内閣府の外局の長であるときは、内閣総理大臣）が環境大臣に協議して定めるものとする。

３　環境大臣は、関係する行政機関の長に協議して、前項の規定により主務大臣（主務大臣が内閣府の外局の長であるときは、内閣総理大臣）が定めるべき指針に関する基本的事項を定めて公表するものとする。

環境省令

（環境保全の効果が不確実な措置等）

第十九条の二　法第三十八条の二第一項の環境省令で定めるものは、次に掲げるものとする。

一　希少な動植物の生息環境又は生育環境の保全に係る措置

二　希少な動植物の保護のために必要な措置

三　前二号に掲げるもののほか、回復することが困難であるためその保全が特に必要と認められる環境が周囲に存在する場合に講じた措置であって、その効果が確実でないもの

趣旨

事業の実施後に事後調査等により環境の状況を把握し、評価書に従って実施された環境保全措置等の有効性を確認することは、環境影響評価手続の実効性を確保する上で重要である。特に、事後調査により判明した環境状況に応じて講ずる環境保全措置及び評価書作成の時点では効果が得られるかどうか確実でない環境保全措置等については、本条によりその内容や効果に係る報告書の作成を義務付け、事業の実施後においても適正な環境配慮が確保されているようにしている。

解説

①　**「第二十七条の規定による公告を行った事業者」**

報告書の作成、送付及び公表は、評価書に記載した事後調査や環境保全措置の適切な実施の確保を目的とするものであり、その主体は、当該評価書を公告した事業者としている。

ただし、法では、評価書公告後から事業実施までの間に事業の引継ぎがあった場合、引継ぎ前の環境影響評価手続は引継ぎ後の事業者が行ったものとみなす規定（第三一条第四項）があることを踏まえ、当該規定による事業の引継ぎが行われた場合には、引継ぎ後の事業者が報告書の作成、送付及び公表の義務を負うこととなる。

なお、事業実施後に事業を引き継いだ場合については環境影響評価手続を引き継ぐ規定は設けられておらず、このような場合については、引き継ぐ前の事業者が事後調査等の実施状況を把握し、報告書の提出・公表等を実施する義務を負うこととなる。

②　**「第二条第二項第一号イからワまでに掲げる事業の種類ごとに主務省令で定めるところにより」**

事後調査を行う必要のある期間、調査の内容等、事業着手後の環境保全措置の実施の在り方については事業種によって大きく異なることが想定される。よって、報告書の作成時期や記載事項等については、事業種ごとの実態に即して、主務省令において定めている。

③　**「第十四条第一項第七号ロに掲げる措置（回復することが困難であるためその保全が特に必要であると認められる環境に係るものであって、その効果が確実でないものとして環境省令で定めるものに限る。）」**

評価書に記載された環境保全措置のすべてについて報告書への記載を義務づけることは、事業者の負担等の観点も踏まえれば現実的ではない。このため、評価書に記載した環境保全措置のうち、特に環境配慮の実効性を確保する上で重要なものに限定して報告書への記載を義務づける対象を環境省令で定めることとしている。

環境省令においては、例えば、希少な動植物の生息環境又は生育環境の保全に係る措置のように、モニタリング等を実施する個別規制法が存在せず、実施状況を把握する必要性が高い措置を指定している。

④　**「同号ハに掲げる措置及び同号ハに掲げる措置により判明した環境の状況に応じて講ずる環境の保全のための措置」**

「同号ハに掲げる措置」とは、事後調査の実施の状況を指す。また、「同号ハに掲げる措置により判明した環境の状況に応じて講ずる環境の保全のための措置」とは、

・当該事後調査により判明した環境の状況に応じて講じた環境保全措置の実施の状況
・当該事後調査により判明した環境の状況に応じて講じようとする環境保全措置の内容

を指す。

事後調査により判明した環境の状況に応じて講じようとする環境保全措置については、報告書の作成の時点においては、未だ講じられていないものもあり得るが、事後調査の結果を踏まえてどのような環境保全措置を講じることと

するのかという情報は重要であり、報告書の記載の対象としている。すなわち、措置が既に講じられている場合には当該措置の実施の状況を、措置が未だ講じられていない場合にはどのような措置を講じる予定であるかを、それぞれ記載することとなる。

（報告書の送付及び公表）

第三十八条の三　前条第一項に規定する事業者は、報告書を作成したときは、環境省令①で定めるところにより、第②二十二条第一項の規定により第二十一条第二項の評価書の送付を受けた者にこれを送付するとともに、これを公表しなければならない。

2　第③二十二条第二項の規定は、前項の規定により同条第一項各号に定める者（環境大臣を除く。）が報告書の送付を受けた場合について準用する。

環境省令

（報告書の公表）

第十九条の三　第一条の二の規定は、法第三十八条の三第一項の規定による報告書の公表について準用する。この場合において、第一条の二第一項中「第一種事業に係る環境影響を受ける範囲と想定される地域内」とあるのは「関係地域内」と、同項第一号、第四号及び同条第二項第一号中「第一種事業を実施しようとする者」とあるのは「事業者」と読み替えるものとする。

趣旨

事後調査の結果や環境保全措置の内容、効果等を記載した報告書について、環境保全措置の適切な実施及び内容の充実等を目的として、免許等を行う者等への送付を義務づけている。

また、環境保全措置の効果等に関する情報等について住民等へ適切な情報提供を行い、住民等の信頼性や環境影響評価の実効性の確保につなげるため、報告書の公表を義務づけている。報告書の公表により、事業者が自らの環境保全に関する取組状況やその成果について住民等へ適切に情報提供を行い、環境保全に向けて努力していく姿勢を示すこととなり、それにより環境保全に関する取組を社会にアピールすることもできる。さらに、環境保全措置の効果や事後調査の結果に関する情報共有が進むことで、環境保全措置等に係る知見の蓄積につながり、類似した事業特性や地域特性を有する事業の環境影響評価を実施する際に、より効果的な環境保全措置や手法の採用が可能となるなど、環境影響評価技術自体の向上が期待される。

解説

①　**「環境省令で定めるところにより」**

全事業種に共通する手続であることから、主務省令ではなく環境省令において規定している。

②　**「第二十二条第一項の規定により第二十一条第二項の評価書の送付を受けた者」**

第二二条第一項において、事業者は、作成した評価書を免許等を行う者等に送付することとなるが、報告書も同様の扱いとする。

③　**「第二十二条第二項の規定は、前項の規定により同条第一項各号に定める者」**

評価書の送付を受けた免許等を行う者等は、環境大臣に当該評価書の写しを送付することとなっているが、報告書の場合も同様の扱いとする。

（環境大臣の意見）

第三十八条の四　環境大臣は、前条第二項において準用する第二十二条第二項各号に定める措置がとられたときは、必要に応じ、政令①で定める期間内に、同項各号に掲げる者に対し、報告書について環境の保全の見地からの意見を書面により述べることができる。この場合において、同項第二号に掲げる者に対する意見は、同号に規定する内閣総理大臣又は各省大臣を経由して述べるものとする。

政令

（報告書についての環境大臣の意見の提出期間）

第二十条　法第三十八条の四の政令で定める期間は、四十五日とする。

趣旨

報告書の送付を受けた免許等を行う者等は、速やかに環境大臣にその写しを送付しなければならないこととし、環境大臣は、環境の保全の見地からの意見を述べることができることとしている。

解説

① **「政令で定める期間」**

評価書手続における環境大臣の意見提出期間と同様、四五日間としている。

（免許等を行う者等の意見）

第三十八条の五　第二十二条第一項各号に定める者は、第三十八条の三第一項の規定による送付を受けたときは、必要に応じ、政令で定める期間内に[①]、第三十八条の二第一項に規定する事業者に対し、報告書について環境の保全の見地からの意見を書面により述べることができる。この場合において、前条の規定による環境大臣の意見があるときは、これを勘案しなければならない。

政令

（報告書についての免許等を行う者等の意見の提出期間）

第二十一条　法第三十八条の五の政令で定める期間は、九十日とする。

趣旨

免許等を行う者等は、報告書の送付を受けたときは、第三八条の二第一項に規定する事業者に対し、環境の保全の見地からの意見を述べることができることとする。この場合、環境大臣からの意見があるときは、これを勘案することとする。

評価書段階とは異なり、免許等を行う者等の意見を受けた当該事業者の対応について、法律上明記はされていないが、当該事業についての免許等の権限を有する者からの意見であり、適切に取り扱われる必要がある。

解説

①「政令で定める期間」

前条における環境大臣の意見提出期間と同様の考え方により、評価書手続における免許等を行う者等の意見提出期間と同様、九〇日間としている。

参考

１．発電所事業における報告書手続について

発電所事業における報告書手続については、以下のとおり整理している。

(1)　第三八条の二

法第三八条の二第一項は、「第二十七条の規定による公告を行った事業者」が報告書の作成を行うことが義務づけられている。第二七条の規定については、電気事業法第四六条の一九において読み替えて適用されており、発電所事業を実施しようとする者（以下「特定事業者」という。）は、法における「事業者」として報告書の作成の義務を負うこととなる。

(2)　第三八条の三から第三八条の五まで

①　報告に係る規定の適用について

法第三八条の三第一項は、報告書を作成した者が、当該報告書を免許等を行う者等に対して送付し、公表することを義務づけている。報告書を作成する義務がある者は法第三八条の二第一項に規定されているが、当該事業者は作成した報告書を公表し、第二二条第一項の規定により評価書の送付を受けた者に対しこれを送付することとなる。ただし、電気事業法第四六条の二三において、特定事業者の特定対象事業については、環境影響評価法第二二条の適用を除外しているため、特定事業者については報告書を送付する先は存在しないこととなる。

法における報告書の送付は、当該送付を受けた場合において免許等を行う者等から環境大臣に送付し、意見を求め（法第三八条の三第二項）、必要に応じ環境大臣が免許等を行う者等に意見を述べ（法第三八条の四）、免許等を行う者等が環境大臣の意見を勘案しながら、当該報告書の内容について意見を述べる（法第三八条の五）ことで、評価書に記載された環境保全措置等についての適切な実施・充実化等を求めるためのものとなっている。

この点、電気事業法については、同法第四七条の工事計画の認可及び第四八条の工事計画の届出において、環境影響評価書に記載されたとおりに工事を行うことが工事計画の認可等の条件として規定され、これらの規定に違反して工事を行った場合には、罰則が課せられるという意味で、環境影響評価法に比して、より強制力を伴う形で評価書に記載されたとおりに事業の実施がされることとなっている。このため、環境影響評価法における報告書の送付に係る一連の規定については、電気事業法において措置済みであると整理できる。

②　公表に係る規定の適用について

発電所に係る工事においては、以上のとおり工事計画の認可等において適切に環境保全に係る措置が講じられていることが担保されているものの、一般への周知が必要である点は、他の法対象事業と同様であるため、報告書の公表を定める法第三八条の三は、報告書に係る公表部分のみを適用とすることとしている。

２．条例における報告書手続について

地方公共団体では独自の環境影響評価制度が条例等で定められており、多くの条例では法の対象事業について、事後調査に関する公表や事後調査を踏まえた対応方針等に係る規定が設けられていた。しかし、環境保全措置を含む事後調査結果の公表は一部にとどまっていたこと、また事後調査結果に対して客観的に環境面の意見を述べる仕組みを設ける必要があるとの指摘が「今後の環境影響評価制度の在り方について（答申）」（平成二二年二月、中央環境審議会）でなされたこと等を踏まえ、平成二五年四月一日から報告書手続が法制化された。

地方公共団体の環境影響評価制度においては、事業着手後の手続として作成や公表を求められる図書について、「工事中だけでなく供用後にも別途作成する」、「毎年一回は作成する」などの具体的な時期や、公告や縦覧等の手続が多くの条例で定められている。さらに、事後調査について、「法より幅広い環境影響評価項目を対象としている」、「対象となる環境要素ごとに具体的な手法や目安となる期間が示されている」などの詳細な内容が定められている場合があり、それぞれの地域の実情に応じて適切な環境配慮を確保するための制度となっている。

　このように、我が国の環境影響評価制度では、法に定められた規定と、地域の特性等を踏まえて定められた条例の規定が一体となって、効果的な報告書手続が行われる仕組みとなっている。なお、同一の事業について法と条例の両方で報告書の作成・公表に関する手続が求められており、双方の作成時期がおおむね一致している場合には、法と条例が必要とする記載内容を盛り込んだ報告書を一体的に作成することで、事業者の負担軽減につながる可能性がある。

第九章　環境影響評価その他の手続の特例等

第一節　都市計画に定められる対象事業等に関する特例

総論

1．特例を設ける必要性

対象事業が行われる場合には、当該対象事業又は対象事業に係る施設が都市計画に定められることが少なくない。ここで、対象事業又は対象事業に係る施設が都市計画に定められた場合には、その段階で事業の諸元が決定されることとなることから、このような状況の下で本法による環境影響評価手続が適切にその機能を果たしていくためには、環境影響評価制度と都市計画制度との調整を図る必要がある。

このため、対象事業が市街地開発事業として都市計画に定められる場合又は対象事業に係る施設が都市施設として都市計画に定められる場合には、当該都市計画の決定又は変更を行う都道府県知事又は市町村等（都市計画決定権者）が事業者に代わるものとして環境影響評価手続を行うこととしている。

また、都市計画法（昭和四三年法律第一〇〇号）においては、都市計画決定に当たっての利害関係人等の意見聴取手続が定められているが、これらの手続において意見書を提出する住民等に混乱を生じさせないようにするとともに、これらの手続を行う都市計画決定権者の事務負担を考慮して、都市計画の決定手続と併せて本法の規定による環境影響評価手続を行う仕組みとしている。

なお、本特例は、発電所特例のような一の事業種についてのものではなく、道路、鉄道等の複数の事業種にまたがる特例であることから、本法の中に規定している。

㈠　都市計画決定権者が事業者に代わるものとして環境影響評価手続を行う理由

市街地開発事業又は都市施設について都市計画決定がなされた場合には、当該都市計画の区域内においては建築物の建築等について許可が必要となるなどの権利制限が課せられることにかんがみれば、都市計画決定の際に環境影響評価手続が行われていない場合には、事後の環境影響評価手続によって当該都市計画を修止すべきとの判断が行われる可能性が残されることとなるので、都市計画の法的安定性を大きく阻害することとなる。一方、事業者が環境影響評価手続を行っていない限り都市計画決定権者が都市計画決定できないとするのは、まちづくりの基本的な権能を著しく減殺することとなる。

環境影響評価手続は、事業計画の熟度を高めていく過程において十分な環境情報のもとに適止な環境保全上の配慮を行っていくことをその本質とするものであり、環境影響評価手続により得られた情報を事業計画に相当する都市計画の内容の検討に生かせるような仕組みとすることが適当である。

したがって、対象事業等が都市計画に定められる場合には、都市計画決定権者が事業者に代わるものとして環境影響評価手続を行うこととしている。

(二)　環境影響評価手続と都市計画決定手続と併せて行う理由

環境影響評価手続と都市計画決定手続とは、双方とも、国民に対して正確な情報を提供して広範な意見を集め、公平中立的な判断を行うことを手続の基本的な考え方としている。このため、環境影響評価手続においては環境影響評価準備書の公告・縦覧及び意見書の提出、都市計画決定手続においては都市計画の案の公告・縦覧及び意見書の提出という類似した手読が設けられている。

また、準備書は、都市計画に定められる事業に係る環境の保全について適正な配慮がなされることを確保するために、その事業が環境に及ぼす影響を評価するための図書であるが、都市計画決定手続においては、環境面から都市計画の案の合理性・妥当性を判断する際の図書である。

このように、双方の手続は密接な関連を有していることから、都市計画決定権者が双方の手続を行うに当たっては、これらを併せて行うこととしている。

2．特例の概要

本法は、環境影響の程度から選定した対象事業について、それを実施しようとする事業者に対し一連の環境影響評価手続を義務づけるものである。この点については、都市計画に定められる事業に係る手続とそれ以外の事業に係る手続とで変わるところはない。

本法で都市計画特例について各条項で定められている特例手続の内容は次の表に示すとおりである。

条項	内容
第三八条の六第一項	第一種事業における配慮書手続及び方法書から評価書までの手続
第三八条の六第二項	第二種事業における配慮書手続
第三九条第一項	第二種事業に係る判定手続
第四〇条第一項	第二種事業における方法書から評価書までの手続
第四〇条の二	報告書手続

第二種事業に係る規定が複数の条項に書き分けられているが、これは、第一種事業については、配慮書及び方法書から評価書までの手続のすべてについて実施義務がある一方で、第二種事業は、義務ではない配慮書手続を自主的に実施した場合であっても、判定手続において方法書以降の手続を実施する必要性について個別に判定され、その結果方法書以降の手続が不要となる可能性があり、法手続全体との関係では、判定手続において一度その連続性が断たれることに起因している。

すなわち、第二種事業においては①配慮書手続、②判定手続、③方法書から評価書までの手続と3つの概念上独立した手続が存在することになり、これに対応するために、第二種事業に係る都市計画特例は、①配慮書手続（法第三八条の六第二項）、②判定手続（法第三九条第一項）、③方法書から評価書までの手続（法第四〇条第一項）について、それぞれ規定している。

その他、次のことについて規定している。

○都市計画に係る手続との調整（法第四一条）

本法の手続と都市計画法における手続のタイミングなどを調整する規定を置いている。

○対象事業等を定める都市計画に係る手続に関する都市計画法の特例（法第四二条）

本法の手続により環境影響評価を行う事業について、都市計画法の手続の縦覧期間や意見提出期間の特例を定め、両手続の整合を図っている。また、都市計画決定や都市計画同意に環境影響評価の結果を反映させるための規定を置いている。

○対象事業の内容の変更を伴う都市計画の変更の場合の再実施（法第四三条）

評価書の公告後に都市計画の内容を変更する場合の再実施規定を置いている。

○事業者等の行う環境影響評価との調整（法第四四条）

事業者等が既に本法の手続を進めている段階でその事業を都市計画に定めようとする場合の手続を規定している。

○事業者が環境影響評価を行う場合の都市計画法の特例（法第四五条）

法第四四条では、事業者が準備書を公告した後にその事業を都市計画に定めようとする場合は事業者が引き続き評価書の公告までの手続を行うこととしており、この場合に、環境影響評価の結果を都市計画決定に反映させるための規定を置いている。

○事業者の協力（法第四六条）

都市計画決定権者が事業者に代わって手続を進めるに当たって、必要な協力を都市計画決定権者が事業者に求めることができる旨などが規定されている。

３．都市計画決定権者が行う事務の性格

本特例において、都市計画決定権者が「事業者に代わるものとして」行うこととなる事務は、いわば事業者の代理をする事務であり、都市計画の決定に係る事務を執行する都道府県知事等の属する地方公共団体の長が、当該地方公共団体の長として執行する団体事務である。

この事務は、都市計画の決定という法定受託事務の執行に付随して生じる事務ではあるが、環境の保全を図ることを目的として団体自体に本法によりその執行権限が付与されるものである。また、この事務を実際に執行するのは都道府県等の都市計画担当部局であり、都市計画担当部局の長たる知事が都市計画に係る事務以外の事務を行うことと

なる。

４．事業者が行う環境影響評価手続との関係

本特例が適用され、対象事業等が都市計画に定められる場合には、事業者の意思如何にかかわらず都市計画決定権者が事業者に優先して環境影響評価手続を行うこととなる。

都市計画決定権者が環境影響評価手続を行う場合には、都市計画決定権者は「事業者に代わるものとして」手続を行うものであり、都市計画決定権者が作成した評価書が事業者及び免許等を行う者等に送付され、事業の免許等に反映されるとともに、事業者は、都市計画に定められない場合には自らが作成したであろう評価書と同様に、都市計画決定権者が作成した評価書に記載されているところにより環境配慮を行うこととなる。

ただし、対象事業等が都市計画に定められる場合であっても、都市計画決定権者が都市計画に定める意思を表明するまでに、事業者が既に準備書の公告を行っていれば、その対象事業に係る環境影響評価手続はすべて事業者が行うこととなる。

５．環境影響評価手続と都市計画決定手続の前後関係

都市計画法に規定される都市計画決定手続においては、制度上、最初に事業計画の案が公表されるのは、都市計画の案の公告である。また、この公告は、後述のとおり、環境影響評価手続における準備書の公告と同時に開始され、以降は、縦覧や意見書の提出など個々の手続が併せて行われることとしている。

したがって、都市計画手続の側から見れば、第一種事業であれば配慮書の公表により、第二種事業であれば配慮書の公表又はスクリーニングの届出により、第一種事業又は第二種事業に当たらない事業より早い段階で事業を実施しようとする意思が外部に明らかとなることとなる。

６．主務大臣と都市計画法を所管する立場としての国土交通大臣の関係

都市計画特例においては、国は、基本的な制度の構造を定め環境の保全の立場から意見を述べる環境大臣のほかに、事業を所管する立場としての主務大臣と都市計画法を所管する立場としての国土交通大臣の二つの立場で、制度にかかわることとなる。

このうち後者の立場の国土交通大臣は、①各種記載事項を定める省令（スクリーニングの届出の記載事項、方法書の記載要領、準備書の記載要領、評価書の記載要領及び補正要領）を主務大臣と共同で発するほか、②スクリーニングの判定基準を主務大臣と共同で発することとされている。記載事項については、都市計画特有の記載事項があるためであり、また、スクリーニングの判定基準については、免許等を行う者等とは異なる視点で、都市計画決定の同意を行う国土交通大臣又は都道府県知事（都市計画同意権者）が都市計画の同意に環境影響評価の結果を反映させる仕組みとされているため、環境影響評価が必要かどうかの判断についても都市計画所管大臣が事業所管大臣とは別の観点で判断する基準を備えることが妥当であるためである。

一方、①計画段階配慮事項の検討、②関係地域の範囲に係る基準、③環境影響評価の項目等の選定の指針、④環境保全措置に関する指針、⑤報告書の作成に関する指針については、事業所管大臣たる主務大臣が単独で定めることとされている。これは、都市計画決定権者が事業者に代わって行う環境影響評価の内容は、事業者が行う場合と内容的には変わりはないからである。これに伴い、⑥項目等の選定に際しての助言も、都市計画決定権者が事業所管大臣たる主務大臣に求めることとされている。ただし、このことは、都市計画決定権者が都市計画法を所管する立場としての国土交通大臣に対し、当該規定によらず一般的な技術的助言その他の一般的な支援を求めることを排除する趣旨ではない。

（都市計画に定められる第一種事業等又は第二種事業等）

第三十八条の六　第一種事業が都市計画法（昭和四十三年法律第百号）第四条第七項に規定する市街地開発事業（以下「市街地開発事業」という。）として同法の規定により都市計画に定められる場合における当該第一種事業又は第一種事業に係る施設が同条第五項に規定する都市施設（以下「都市施設」という。）として同法の規定により都市計画に定められる場合における当該都市施設に係る第一種事業については、第三条の二から第三条の九までの規定により行うべき計画段階配慮事項についての検討その他の手続及び第五条から第三十八条までの規定により行うべき環境影響評価その他の手続は、第三項、第四十条第二項、第四十一条、第四十三条、第四十四条第一項、第二項及び第五項から第七項まで並びに第四十六条に定めるところにより、同法第十五条第一項の都道府県若しくは市町村若しくは同法第八十七条の二第一項の指定都市（同法第二十二条第一項の場合にあっては、同項の国土交通大臣（同法第八十五条の二の規定により同法第二十二条第一項に規定する国土交通大臣の権限が地方整備局長又は北海道開発局長に委任されている場合にあっては、当該地方整備局長又は北海道開発局長）又は市町村）又は都市再生特別措置法（平成十四年法律第二十二号）第五十一条第一項の規定に基づき都市計画の決定若しくは変更をする市町村（以下「都市計画決定権者」と総称する。）で当該都市計画の決定又は変更をするものが[4]当該第一種事業を実施しようとする者に代わるものとして、[5]当該第一種事業又は第一種事業に係る施設に関する都市計画の決定又は変更をする手続と併せて行うものとする。この場合において、[6]第三条の三第二項、第三条の九第一項第三号及び第二項、第五条第二項、第十四条第二項並びに第三十条第一項第三号及び第二項の規定は、適用しない。

2　第二種事業が市街地開発事業として都市計画法の規定により都市計画に定められる場合における当該第二種事業又は第二種事業に係る施設が都市施設として同法の規定により都市計画に定められる場合における当該都市施設に係る第二種事業については、第二章第一節の規定による計画段階配慮事項についての検討その他の手続は、次項並びに第四十四条第三項及び第四項に定めるところにより、当該都市計画に係る都市計画決定権者が当該第二種事業を実施しようとする者に代わるものとして行うことができる。この場合において、第三条の十第二項の規定により適用される第三条の三第二項並びに第三条の九第一項第三号及び第二項の規定は、適用しない。

3　第一項又は前項の規定により都市計画決定権者が計画段階配慮事項についての検討その他の手続を行う場合における第二章第一節（第三条の三第二項並びに第三条の九第一項第三号及び第二項を除く。）の規定の適用については、[7]＜読み替え規定＞とする。

趣旨

環境影響評価法では、対象事業が都市計画に定められる場合、当該都市計画の決定又は変更を行う都市計画決定権者が事業者に代わって、都市計画の決定手続と併せて環境影響評価の手続を行うこととされている。

このうち、第一種事業については配慮書の作成が義務づけられるが、

・都市計画決定権者が、事業の諸元が決定していない段階における位置、規模等の検討を行うことは、都市計画の策

定に際し、より環境に配慮した計画の立案に資するものであり、環境の保全上の意義を有すること
・都市計画特例は、対象事業が都市計画に定められる場合における当該対象事業の事業者が決まっていない場合においても、都市計画決定権者が環境影響評価手続及び都市計画決定手続を進め都市計画決定することにより、まちづくりの基本的な権能を確保する仕組みとなっていることから、事業者が決定していない場合における配慮書手続においても、都市計画決定権者が手続を進めることができるよう措置することが適当であること

といった理由から、第一種事業又は第一種事業に係る施設（以下「第一種事業等」という。）が都市計画に位置づけられる場合、当該都市計画の決定又は変更を行う都市計画決定権者が、事業者に代わって配慮書の手続から評価書の手続までを行うこととしている（第一項）。

第二種事業については、配慮書の作成は義務づけられていないものの、第二種事業又は第二種事業に係る施設（以下「第二種事業等」という。）が都市計画に位置付けられる場合、都市計画決定権者が自主的に配慮書の手続を行うことは、より環境に配慮した計画の立案に資するという観点から望ましいものである。このため、第二種事業等が都市計画に位置付けられる場合、当該都市計画の決定又は変更を行う都市計画決定権者が、事業者に代わって配慮書の手続を自主的に行うことを可能としている（第二項）。

解説

① **「都市計画法（昭和四十三年法律第百号）第四条第七項に規定する市街地開発事業（以下「市街地開発事業」という。）として同法の規定により都市計画に定められる場合における当該第一種事業」**

法第二条第二項第一号チ（土地区画整理事業）、リ（新住宅市街地開発事業）、ヌ（工業団地造成事業）及びル（新都市基盤整備事業）の各事業は、市街地開発事業として都市計画に定められることとなる。このような場合の当該事業を指す。

② **「第一種事業に係る施設が同条第五項に規定する都市施設（以下「都市施設」という。）として同法の規定により都市計画に定められる場合における当該都市施設に係る第一種事業」**

法第二条第二項第一号イの事業（道路事業）をはじめとして、都市施設の一つとして都市計画に定められる場合の当該都市施設に係る事業を指す。なお、流通業務団地造成事業（法第二条第二項第一号ヲ）は、都市計画には、都市

施設のひとつとして定められることとなっている。

③　「同法第十五条第一項の都道府県若しくは市町村…都市計画の決定若しくは変更をする市町村（以下「都市計画決定権者」と総称する。）で当該都市計画の決定又は変更をするもの」

都市計画法においては、政令で定める一定の都市施設に係る都市計画と市街地開発事業に係る都市計画は都道府県（地方自治法（昭和二二年法律第六七号）第二五二条の一九第一項の指定都市（いわゆる「政令指定都市」）の区域における都市施設（広域の見地から決定すべき都市施設として政令で定めるものを除く。）に係る都市計画及び市街地開発事業に係る都市計画にあっては、当該市）が定める。また、都市再生特別措置法（平成一四年法律第二二号）第四六条に基づき、市町村が都市再生整備計画を作成している場合は、市町村が定めることとなっている。なお、同法第二二条第一項の場合とは、二以上の都府県の区域にわたる都市計画区域に係る都市計画を定める場合を指す。

【参照条文】

◎都市計画法（昭和四十三年法律第百号）（抄）

（定義）

第四条　（略）

２～４　（略）

５　この法律において「都市施設」とは、都市計画において定められるべき第十一条第一項各号に掲げる施設をいう。

６　（略）

７　この法律において「市街地開発事業」とは、第十二条第一項各号に掲げる事業をいう。

８～16　（略）

（都市施設）

第十一条　都市計画区域については、都市計画に、次に掲げる施設を定めることができる。この場合において、特に必要があるときは、当該都市計画区域外においても、これらの施設を定めることができる。

一　道路、都市高速鉄道、駐車場、自動車ターミナルその他の交通施設

二　公園、緑地、広場、墓園その他の公共空地
三　水道、電気供給施設、ガス供給施設、下水道、汚物処理場、ごみ焼却場その他の供給施設又は処理施設
四　河川、運河その他の水路
五　学校、図書館、研究施設その他の教育文化施設
六　病院、保育所その他の医療施設又は社会福祉施設
七　市場、と畜場又は火葬場
八　一団地の住宅施設（一団地における五十戸以上の集団住宅及びこれらに附帯する通路その他の施設をいう。）
九　一団地の官公庁施設（一団地の国家機関又は地方公共団体の建築物及びこれらに附帯する通路その他の施設をいう。）
十　流通業務団地
十一　一団地の津波防災拠点市街地形成施設（津波防災地域づくりに関する法律（平成二十三年法律第百二十三号）第二条第十五項に規定する一団地の津波防災拠点市街地形成施設をいう。）
十二　一団地の復興再生拠点市街地形成施設（福島復興再生特別措置法（平成二十四年法律第二十五号）第三十二条第一項に規定する一団地の復興再生拠点市街地形成施設をいう。）
十三　一団地の復興拠点市街地形成施設（大規模災害からの復興に関する法律（平成二十五年法律第五十五号）第二条第八号に規定する一団地の復興拠点市街地形成施設をいう。）
十四　その他政令で定める施設
２～６　（略）

（市街地開発事業）
第十二条　都市計画区域については、都市計画に、次に掲げる事業を定めることができる。
一　土地区画整理法（昭和二十九年法律第百十九号）による土地区画整理事業
二　新住宅市街地開発法（昭和三十八年法律第百三十四号）による新住宅市街地開発事業
三　首都圏の近郊整備地帯及び都市開発区域の整備に関する法律（昭和三十三年法律第九十八号）による工業団地造成事業又は近畿圏の近郊整備区域及び都市開発区域の整備及び開発に関する法律（昭和三十九年法律第百四十五号）による工業

団地造成事業
四　都市再開発法による市街地再開発事業
五　新都市基盤整備法（昭和四十七年法律第八十六号）による新都市基盤整備事業
六　大都市地域における住宅及び住宅地の供給の促進に関する特別措置法による住宅街区整備事業
七　密集市街地整備法による防災街区整備事業
２～６　（略）

（都市計画を定める者）
第十五条　次に掲げる都市計画は都道府県が、その他の都市計画は市町村が定める。
一　都市計画区域の整備、開発及び保全の方針に関する都市計画
二　区域区分に関する都市計画
三　都市再開発方針等に関する都市計画
四　第八条第一項第四号の二、第九号から第十三号まで及び第十六号に掲げる地域地区（同項第四号の二に掲げる地区にあつては都市再生特別措置法第三十六条第一項の規定による都市再生特別地区に、第八条第一項第九号に掲げる地区にあつては港湾法（昭和二十五年法律第二百十八号）第二条第二項の国際戦略港湾、国際拠点港湾又は重要港湾に係るものに、第八条第一項第十二号に掲げる地区にあつては都市緑地法第五条の規定による緑地保全地域（二以上の市町村の区域にわたるものに限る。）、首都圏近郊緑地保全法（昭和四十一年法律第百一号）第四条第二項第三号の近郊緑地特別保全地区及び近畿圏の保全区域の整備に関する法律（昭和四十二年法律第百三号）第六条第二項の近郊緑地特別保全地区に限る。）に関する都市計画
五　一の市町村の区域を超える広域の見地から決定すべき地域地区として政令で定めるもの又は一の市町村の区域を超える広域の見地から決定すべき都市施設若しくは根幹的都市施設として政令で定めるものに関する都市計画
六　市街地開発事業（土地区画整理事業、市街地再開発事業、住宅街区整備事業及び防災街区整備事業にあつては、政令で定める大規模なものであつて、国の機関又は都道府県が施行すると見込まれるものに限る。）に関する都市計画
七　市街地開発事業等予定区域（第十二条の二第一項第四号から第六号までに掲げる予定区域にあつては、一の市町村の区

域を超える広域の見地から決定すべき都市施設又は根幹的都市施設の予定区域として政令で定めるものに限る。）に関する都市計画

2～4　（略）

（指定都市の特例）

第八十七条の二　指定都市の区域においては、第十五条第一項の規定にかかわらず、同項各号に掲げる都市計画（同項第一号に掲げる都市計画にあつては一の指定都市の区域の内外にわたり指定されている都市計画区域に係るものを除き、同項第五号に掲げる都市計画にあつては一の指定都市の区域を超えて特に広域の見地から決定すべき都市施設として政令で定めるものに関するものを除く。）は、指定都市が定める。

2～11　（略）

④「当該第一種事業を実施しようとする者に代わるものとして」

都市計画決定権者が「第一種事業を実施しようとする者に代わるものとして」行う事務の性格については、**総論**3参照。また、事業を実施しようとする者との優先関係などについては、**総論**4参照。

⑤「当該第一種事業又は第一種事業に係る施設に関する都市計画の決定又は変更をする手続と併せて行う」

都市計画の案は、その公告・縦覧、利害関係者等の意見書提出、都道府県都市計画審議会又は市町村都市計画審議会への付議という手続を経て都市計画決定されるものであり、事業計画の熟度としては、相当程度に高い段階にある。このため、準備書段階の事業計画の熟度と、都市計画の案における事業計画の熟度を一致させることが適切であることから、準備書に係る手続と都市計画の案の公告に始まる都市計画決定手続を併せて行うこととしている。なお、具体的にどのように「併せて行う」かについては、法第四一条に規定されている。

⑥「第三条の三第二項、第三条の九第一項第三号及び第二項、第五条第二項、第十四条第二項並びに第三十条第一項第三号及び第二項の規定は、適用しない」

適用されない条項とその理由は次のとおりである。

㈠　法第三条の三第二項、第五条第二項及び第一四条第二項（二以上の事業についての配慮書、方法書又は準備書の共同作成）

二以上の団体が共同で都市計画決定を行うことが都市計画法では想定されていないので適用しないこととしてい

る。

㈡　法第三条の九第一項第三号及び第二項、並びに第三〇条第一項第三号及び第二項（事業の引継ぎに関する規定）

都市計画決定を他の者に引き継ぐことが想定できないので適用しないこととしている。

⑦　＜読み替え規定＞

第一種事業を実施しようとする者を都市計画決定権者に変更するなどの技術的な読み替えを行っている。

第三十九条　第二種事業が市街地開発事業として都市計画法の規定により都市計画に定められる場合における当該第二種事業又は第二種事業に係る施設が都市施設として同法の規定により都市計画に定められる場合における当該都市施設に係る第二種事業については、第四条第一項の規定による届出（同項後段の規定による書面の作成を含む。次項において同じ。）は、次項から第四項までに定めるところにより、当該都市計画に係る都市計画決定権者が当該第二種事業を実施しようとする者に代わるものとして行うものとする。

2　前項の規定により都市計画決定権者が届出を行う場合における第四条の規定の適用については、＜[①]読み替え規定＞とする。

3　前項の規定により読み替えて適用される第四条第三項第一号の措置がとられた第二種事業（[②]前項の規定により読み替えて適用される同条第四項及び次条第二項の規定により読み替えて適用される第二十九条第二項において準用する第四条第三項第二号の措置がとられたものを除く。）について第二種事業を実施しようとする者が作成した配慮書があるときは、当該第二種事業を実施しようとする者は、都市計画決定権者に当該配慮書を送付するものとする。

4　前項の場合において、配慮書を送付する前に第二種事業を実施しようとする者が行った計画段階配慮事項についての検討その他の手続は都市計画決定権者が行ったものとみなし、当該第二種事業を実施しようとする者に対して行われた計画段階配慮事項についての検討その他の手続は都市計画決定権者に対して行われたものとみなす。

趣旨

都市計画が都市計画法の規定による同意（以下「都市計画同意」という。）を要するものである場合には、第二種事業を行おうとする者に代わるものとして、都市計画決定権者が、事業の免許等を行う者等と都市計画同意を行う国土交通大臣又は都道府県知事（以下「都市計画同意権者」という。）の双方に届出を行わなければならないものとし、事業の免許等を行う者等及び都市計画同意権者は、それぞれ、当該第二種事業が実施されるべき区域を管轄する都道府県知事の意見を求めた上で、第二種事業に係る判定（スクリーニング）を行うこととしている（第一項及び第二項）。

なお、都市計画が都市計画同意を要しないものである場合には、当該都市計画に係る都市計画決定権者は、届出事項を記載した書面を作成し、事業の免許等を行う者等及び当該都市計画決定権者が前記の第二種事業に係る判定を行うこととなる。

また、都市計画決定権者がスクリーニング手続を行った結果、方法書以降の環境影響評価手続を実施する必要があると判定された第二種事業について、第二種事業を実施しようとする者が自主的に配慮書手続を行っている場合は、配慮書を作成した第二種事業を実施しようとする者は、当該配慮書を都市計画決定権者に送付するものとし（第三項）、送付までの第二種事業を実施しようとする者に関する行為は全て都市計画決定権者に関するものとみなすこととしている（第四項）。第三項の規定により配慮書の送付を受けた都市計画決定権者は、方法書以降の手続を進めるに当たり、第五条の規定に基づき当該配慮書の内容を踏まえるとともに、配慮書についての主務大臣の意見を勘案する義務が生じる。

解説

① ＜読み替え規定＞

技術的な読み替えが中心であるが、次の事項については、読み替え規定の中で本則の手続を実質的に変更している。

㈠　判定権者

都市計画同意を要する都市計画については、免許等を行う者等に加えて、都市計画同意権者も判定を行うこととしている。これは、都市計画同意権者は都市計画の同意に環境影響評価の結果を反映させるものであり、都市計画に定められる事業について環境影響評価手続が必要であるか否かという事業所管とは異なる観点から判定をする必要があるためである。

このような仕組みとする結果、第二種事業等が都市計画に定められる場合には、判定を行う者が複数になるが、事業の免許等を行う者等と都市計画同意権者の両者により法第四条第三項第二号の手続を要しない旨の通知がなされるまでは事業に着手してはならないこととされており、両者のいずれかにより手続を要する旨の判定がなされれば、当該事業を都市計画に定めようとする都市計画決定権者は方法書の作成以降の手続を行わなければならないこととなる。この点は、読み替え前の規定の免許等を行う者等が複数になる場合と同様の取り扱いである。

なお、判定の基準となるべき事項は、事業所管大臣と都市計画所管である国土交通大臣の共同省令により定められる。

㈡　第二種事業を実施しようとする者への判定結果の通知

判定結果の通知（法第四条第三項第一号又は第二号）と判定を経ずして方法書手続に進む場合の通知（法第四条第六項）は、都市計画決定権者に加え、当該第二種事業を実施しようとする者にも行われることとしている。

② **「前項の規定により読み替えて適用される同条第四項及び次条第二項の規定により読み替えて適用される第二十九条第二項において準用する第四条第三項第二号の措置がとられたものを除く。」**

「前項の規定により読み替えて適用される同条第四項」とは、都市計画決定権者が方法書を作成する前に事業内容を変更して再度判定を受ける場合であり、「次条第二項の規定により読み替えて適用される第二十九条第二項において準用する第四条第三項第二号の措置」とは、方法書の公告を行ってから、評価書の公告を行うまでの間に、事業内容を変更して再度判定を受ける場合である。すなわち、配慮書を作成した第二種事業を実施しようとする者が当該配慮書を都市計画決定権者に送付する義務を負うのはスクリーニング手続の判定が確定した場合であり、一度判定を受けてから、方法書の公告までに事業内容を変更し再度判定を受ける事業、方法書公告以降事業内容を変更し対象事業ではなくなったことが確定した事業については送付の義務はかからない。

第四十条　第二種事業（対象事業であるものに限る。以下この項及び第四十四条第三項において同じ。）が市街地開発事業として都市計画法の規定により都市計画に定められる場合における当該第二種事業又は第二種事業に係る施設が都市施設として同法の規定により都市計画に定められる場合における当該都市施設に係る第二種事業については、第五条から第三十八条までの規定により行うべき環境影響評価その他の手続は、次項、第四十一条、第四十三条、第四十四条及び第四十六条に定めるところにより、当該都市計画に係る都市計画決定権者が当該第二種事業に係る事業者に代わるものとして、当該第二種事業又は第二種事業に係る施設（以下「第二種事業等」という。）に関する都市計画の決定又は変更をする手続と併せて行うものとする。この場合において、第五条第二項、第十四条第二項並びに第三十条第一項第三号及び第二項の規定は、適用しない。

2　第三十八条の六第一項又は前項の規定により都市計画決定権者が環境影響評価その他の手続を行う場合における第五条から第三十八条まで（第五条第二項、第十四条第二項並びに第三十条第一項第三号及び第二項を除く。）の規定の適用については、[①]〈読み替え規定〉とする。

趣旨

第二種事業等が都市計画に定められる場合には、都市計画決定権者が、事業者に代わるものとして、方法書の作成以降の手続を行うことを規定し（第一項）、第一種事業等及び対象事業である第二種事業等について併せて、所要の読替規定を置いている（第二項）。

解説

① 〈読み替え規定〉

事業者を都市計画決定権者に変更するなどの技術的な読み替え部分が中心であるが、読み替え規定の中で実質的な手続の変更を行っている部分としては、次のものがある。

㈠ 評価書に対する意見

都市計画が都市計画同意を要するものである場合には、都市計画決定権者が評価書を作成したときは、事業の免許等を行う者等と併せて都市計画同意権者にも評価書が送付され（法第二二条の読み替え）、両者がそれぞれ都市計画決定権者に意見を述べることができる仕組みとしている（法第二四条の読み替え）。

法第四二条第三項では、都市計画同意に環境影響評価の結果を反映することとしており、事業の免許等を行う者等が免許等に先立ち事業者に意見を述べることと同様の関係が都市計画同意権者と都市計画決定権者との間にあることから、都市計画同意権者が都市計画決定権者に対し評価書について意見を述べることができる仕組みとしている。

この場合において、事業の免許等を行う者等は、都市計画同意権者を経由して都市計画決定権者に意見を述べ、都市計画同意権者は事業の免許等を行う者等の意見を勘案して自らの意見を述べることとしているが、これは、都市計画同意権者が事業特性を熟知している事業の免許等を行う者等の意見を認識して自らの意見を述べる必要があるためである。

なお、ここでいう「経由」は、免許等を行う者等の意見を都市計画決定権者に伝える役割を都市計画同意権者が担うことを意味し、免許等を行う者等の意見の宛名は都市計画決定権者であり、また、免許等を行う者等の意見は都市計画同意権者の意見に左右されない。

㈡　都道府県都市計画審議会、市町村都市計画審議会

都市計画法第一八条第一項等においては、都道府県、市町村又は国土交通大臣が都市計画決定をしようとするときは都道府県都市計画審議会又は市町村都市計画審議会の議を経ることとされており、これにより都市計画決定における専門的、技術的かつ中立的な判断を担保している。都道府県都市計画審議会等においては、環境を含めた多様な公益を総合的に判断することが不可欠であり、都市計画の案とともに評価書について審議することにより、その結果を都市計画の内容に反映させるとともに、評価書の内容にも反映させる必要がある。したがって、評価書について都道府県都市計画審議会等の議を経ることとしている（法第二五条第三項の読替え）。

なお、都道府県都市計画審議会等は都市計画に反映されるべき環境影響評価の結果を最終的に審議するものであることから、都道府県都市計画審議会等への付議は、評価書について免許等を行う者等及び都市計画同意権者の意見が述べられ、これらの意見を勘案しての評価書の再検討及び補正がなされた後、評価書の確定の直前に行われる

ものとしている。

また、法第四一条第五項において、都道府県都市計画審議会等の議を経るタイミングを都市計画法の手続と併せて行う旨規定されているところである。

【参照条文】

◎都市計画法（昭和四十三年法律第百号）（抄）

（都道府県の都市計画の決定）

第十八条　都道府県は、関係市町村の意見を聴き、かつ、都道府県都市計画審議会の議を経て、都市計画を決定するものとする。

２～４　（略）

（市町村の都市計画の決定）

第十九条　市町村は、市町村都市計画審議会（当該市町村に市町村都市計画審議会が置かれていないときは、当該市町村の存する都道府県の都道府県都市計画審議会）の議を経て、都市計画を決定するものとする。

２～５　（略）

（国土交通大臣の定める都市計画）

第二十二条　二以上の都府県の区域にわたる都市計画区域に係る都市計画は、国土交通大臣及び市町村が定めるものとする。この場合においては、第十五条、第十五条の二、第十七条第一項及び第二項、第二十一条第一項、第二十一条の二第一項及び第二項並びに第二十一条の三中「都道府県」とあり、並びに第十九条第三項から第五項までの規定中「都道府県知事」とあるのは「国土交通大臣」と、第十七条の二中「都道府県又は市町村」とあるのは「市町村」と、第十八条第一項及び第二項中「都道府県は」とあるのは「国土交通大臣は」と、第十九条第四項中「都道府県が」とあるのは「国土交通大臣が」と、第二十条第一項、第二十一条の四及び前条中「都道府県又は」とあるのは「国土交通大臣又は」と、第二十条第一項中「都道府県にあつては関係市町村長」とあるのは「国土交通大臣にあつては関係都府県知事及び関係市町村長」と、「都道府県知事」とあるのは「国土交通大臣及び都府県知事」とする。

２・３　（略）

（都市計画対象事業の環境保全措置等の報告等）
第四十条の二　前条第二項の規定により都市計画決定権者が環境影響評価その他の手続を行う場合における第三十八条の二から第三十八条の五までの規定の適用については、第三十八条の二第一項中「第二十七条の規定による公告を行った事業者（当該事業者が事業の実施前に当該事業を他の者に引き継いだ場合には、当該事業を引き継いだ者）」とあるのは「第四十条第二項の規定により読み替えて適用される第二十六条第二項に規定する評価書等の送付を受けた第三十八条の六第一項の第一種事業を実施しようとする者又は第四十条第一項の事業者（これらの者が事業の実施前に当該事業を他の者に引き継いだ場合には、当該事業を引き継いだ者。以下「都市計画事業者」という。）」と、第三十八条の三第一項中「前条第一項に規定する事業者」とあるのは「都市計画事業者」と、第三十八条の五中「第三十八条の二第一項に規定する事業者」とあるのは「都市計画事業者」とする。

趣旨

都市計画特例が適用された事業については、事業者自身ではなく当該事業に係る都市計画決定を行う都市計画決定権者が環境影響評価手続を実施することとなるが、

・都市計画特例の目的は環境影響評価手続と都市計画決定手続との適切な調整を図ることであり、都市計画決定がなされ評価書が公告された後は当該事業に対する都市計画決定権者の関与はないこと

・都市計画特例の対象事業であっても、あくまで事業を実施しようとする者は事業者であることから、環境保全措置等の報告等に関する義務は当該事業を実施する事業者が負うこととし、当該事業者を都市計画事業者と呼称することとしている。

解説

①　「第四十条第二項の規定により読み替えて適用される第二十六条第二項に規定する評価書等の送付を受けた第三十八条の六第一項の第一種事業を実施しようとする者又は第四十条第一項の事業者（これらの者が事業の実施前に当該事業を他の者に引き継いだ場合には、当該事業を引き継いだ者。以下「都市計画事業者」という。）」

都市計画特例に基づく環境影響評価手続では、補正評価書が完成した段階で、第二六条第二項の規定により都市計画決定権者は事業者に対し当該補正評価書等を送付することとなっている。当該補正評価書の送付を受けた事業者が、都市計画事業者として、環境保全措置等の報告等の手続を履行する義務を負うこととなる。

（都市計画に係る手続との調整）

第四十一条　第四十条第二項の規定により読み替えて適用される第十六条又は第二十七条の規定により都市計画決定権者が行う公告は、これらの者が定める都市計画についての都市計画法第十七条第一項（同法第二十一条第二項において準用する場合及び同法第二十二条第一項の規定により読み替えて適用される場合を含む。以下同じ。）の規定による公告又は同法第二十条第一項（同法第二十一条第二項において準用する場合及び同法第二十二条第一項の規定により読み替えて適用される場合を含む。）の規定による告示と併せて行うものとする。

2　都市計画決定権者（国土交通大臣（都市計画法第八十五条の二の規定により同法第二十二条第一項に規定する国土交通大臣の権限が地方整備局長又は北海道開発局長に委任されている場合にあっては、当該地方整備局長又は北海道開発局長。次項において同じ。）を除く。）は、第四十条第二項の規定により読み替えて適用される第十六条の規定により準備書及び同条の要約書を縦覧に供する場合には、これらの者が定める都市計画についての都市計画法第十七条第一項の都市計画の案と併せて縦覧に供し、第四十条第二項の規定により読み替えて適用される第二十七条の規定により評価書等を縦覧に供する場合には、これらの者が定める都市計画についての同法第二十条第二項（同法第二十一条第二項において準用する場合を含む。）に規定する同法第十四条第一項の図書と併せて縦覧に供するものとする。

3　対象事業に係る都市計画を定める国土交通大臣は、第四十条第二項の規定により読み替えて適用される第十六条の規定により準備書及び同条の要約書を縦覧に供する場合には、国土交通大臣が定める都市計画についての都市計画法第十七条第一項の都市計画の案と併せて縦覧に供し、第四十条第二項の規定により読み替えて適用される第二十七条の規定により評価書等を縦覧に供する場合には、当該評価書等を都道府県知事に送付し、当該都道府県知事に、国土交通大臣が定める都市計画についての同法第二十条第二項（同法第二十一条第二項において準用する場合を含む。）に規定する同法第十四条第一項の図書の写しと併せてこれらを縦覧に供させるものとする。

4　都市計画決定権者は、前二項の規定により準備書を都市計画の案と併せて縦覧に供した場合において述べられた意見の内容が、当該準備書についての意見書と、当該準備書に係る都市計画の案についての都市計画法第十七条第二項（同法第二十一条第二項において準用する場合及び同法第二十二条第一項の規定により読み替えて適用される場合を含む。）の規定による意見書のいずれに係るものであるかを判別することができないときは、その[7]いずれでもあるとみなしてそれぞれの法律を適用する。

5　都市計画決定権者は、第四十条第一項の規定により環境影響評価その他の手続を行う場合には、[8]同条第二項の規定により読み替えて適用される第二十五条第三項の規定による都道府県都市計画審議会又は市町村都市計画審議会への付議を、[9]都市計画法第十八条第二項（同法第二十一条第二項において準用する場合及び同法第二十二条第一項の規定により読み替えて適用される場合を含む。）の規定による都道府県都市計画審議会への付議又は同法第十九条第二項（同法第二十一条第二項において準用する場合を含む。）の規定による市町村都市計画審議会若しくは都道府県都市計画審議会への付議と併せて行うものとする。

趣旨

都市計画決定手続及び環境影響評価手続は、同時期に、両者の整合性を確保しつつ、かつ住民等による参加の便宜を図る形で実施されることが適切である。このため、両手続が整合を図りながらそれぞれ円滑に行われるよう、都市計画特例においては、公告・縦覧、意見書の提出等対象事業に係る環境影響評価手続と都市計画決定手続を併せて行うこととしている。

具体的には、次の諸点について、両手続の調整を図ることとしている。

㈠　公告

準備書の公告と都市計画の案の公告を併せて行うこととするとともに、評価書の公告と都市計画の告示も同様としている（第一項）。

(二)　縦覧

準備書の縦覧と都市計画の案の縦覧を併せて行うこととしている（第二項及び第三項）。

(三)　意見書

環境影響評価手続と都市計画決定手続の趣旨はそれぞれ異なるものであるが、準備書と都市計画の案については、相互に密接に関係するものであることから、これらに対して提出された意見書が準備書の内容についてのものか、都市計画の案についてのものか、区別することが難しい場合が想定される。また、環境影響評価手続における意見書の提出先と都市計画決定手続における意見書の提出先は、ともに都市計画決定権者となるものであり、形式的にも両者を区別することは難しい。

このような理由から、実際に提出されてきた意見書が、準備書についての意見書か、都市計画の案についての意見書か判別できないときは、いずれでもあるとみなすこととし、その旨を法律上も明記している（第四項）。

(四)　都道府県都市計画審議会又は市町村都市計画審議会への付議

前条において、評価書について都道府県都市計画審議会又は市町村都市計画審議会の議を経ることとしているが、評価書と都市計画の案とが一体的に審議されることを確保するため、評価書の付議を都市計画法に基づく都市計画の案の付議と併せて行うことを規定している（第五項）。

解説

①　**「第四十条第二項の規定により読み替えて適用される第十六条又は第二十七条の規定により都市計画決定権者が行う公告」**

都市計画決定権者が行う準備書の公告（法第一六条の読み替え適用）と評価書の公告（法第二七条の読み替え適用）を指す。

②　**「都市計画法第十七条第一項（同法第二十一条第二項において準用する場合及び同法第二十二条第一項の規定により読み替えて適用される場合を含む。以下同じ。）の規定による公告」**

都市計画法第一七条第一項の規定による公告とは、都道府県又は市町村（都市計画決定権者）が都市計画の案を縦覧する際に行う公告を指す。なお、同法第二一条第二項において準用する場合とは、都市計画の変更の際の変更案の縦覧の際の公告を指し、同法第二二条第一項の規定による読み替え適用の場合とは、二以上の都府県の区域にわたる都市計画区域に係る都市計画について国土交通大臣又は市町村が都市計画決定しようとする際の都市計画案の公告を指す。

【参照条文】

◎都市計画法（昭和四十三年法律第百号）（抄）

（都市計画の案の縦覧等）

第十七条　都道府県又は市町村は、都市計画を決定しようとするときは、あらかじめ、国土交通省令で定めるところにより、その旨を公告し、当該都市計画の案を、当該都市計画を決定しようとする理由を記載した書面を添えて、当該公告の日から二週間公衆の縦覧に供しなければならない。

2　前項の規定による公告があつたときは、関係市町村の住民及び利害関係人は、同項の縦覧期間満了の日までに、縦覧に供された都市計画の案について、都道府県の作成に係るものにあつては都道府県に、市町村の作成に係るものにあつては市町村に、意見書を提出することができる。

3～5　（略）

（都市計画の変更）

第二十一条　（略）

2　第十七条から第十八条まで及び前二条の規定は、都市計画の変更（第十七条、第十八条第二項及び第三項並びに第十九条第二項及び第三項の規定については、政令で定める軽易な変更を除く。）について準用する。この場合において、施行予定者を変更する都市計画の変更については、第十七条第五項中「当該施行予定者」とあるのは、「変更前後の施行予定者」と読み替えるものとする。

（国土交通大臣の定める都市計画）

第二十二条　二以上の都府県の区域にわたる都市計画区域に係る都市計画は、国土交通大臣及び市町村が定めるものとする。この場合においては、第十五条、第十五条の二、第十七条第一項及び第二項、第二十一条第一項、第二十一条の二第一項及び第二項並びに第二十一条の三中「都道府県」とあり、並びに第十九条第三項から第五項までの規定中「都道府県知事」とあるのは「国土交通大臣」と、第十七条の二中「都道府県又は市町村」とあるのは「市町村」と、第十八条第一項及び第二項中「都道府県は」とあるのは「国土交通大臣は」と、第十九条第四項中「都道府県が」とあるのは「国土交通大臣が」と、第二十条第一項、第二十一条の四及び前条中「都道府県又は」とあるのは「国土交通大臣又は」と、第二十条第一項中「都道府県にあつては関係市町村長」とあるのは「国土交通大臣にあつては関係都府県知事及び関係市町村長」と、「都道府県知事」とあるのは「国土交通大臣及び都府県知事」とする。

２・３　（略）

③「同法第二十条第一項（同法第二十一条第二項において準用する場合及び同法第二十二条第一項の規定により読み替えて適用される場合を含む。）の規定による告示」

都市計画を決定した際の告示を指す。括弧内については、前項参照。

【参照条文】

◎都市計画法（昭和四十三年法律第百号）（抄）

（都市計画の告示等）

第二十条　都道府県又は市町村は、都市計画を決定したときは、その旨を告示し、かつ、都道府県にあつては関係市町村長に、市町村にあつては都道府県知事に、第十四条第一項に規定する図書の写しを送付しなければならない。

２　都道府県知事及び市町村長は、国土交通省令で定めるところにより、前項の図書又はその写しを当該都道府県又は市町村の事務所に備え置いて一般の閲覧に供する方法その他の適切な方法により公衆の縦覧に供しなければならない。

３　（略）

④「併せて行う」

準備書の公告と都市計画の案の公告を併せて行うこととしている。具体的には、同日付けの同一の周知手段（官報、都道府県公報等）に並べて公告することが考えられるが、一本にまとめる形で公告することも許容されるであろう。

また、評価書の公告と都市計画の告示も同様としている。

⑤「これらの者が定める都市計画についての都市計画法第十七条第一項の都市計画の案と併せて縦覧に供し」

準備書の縦覧と都市計画の案の縦覧を併せて行うこととしている。具体的には、縦覧場所（例えば市町村役場や公民館等）において、準備書と都市計画の図書が並べて縦覧に供されることが考えられる。

なお、準備書と都市計画の案の縦覧を「併せて」行うためには、両者の縦覧期間も一致させなければならないが、この点については、法第四二条第一項において、都市計画の案の縦覧期間を準備書の縦覧期間に合わせる措置が講じられている。

⑥　「これらの者が定める都市計画についての同法第二十条第二項（同法第二十一条第二項において準用する場合を含む。）に規定する同法第十四条第一項の図書と併せて縦覧に供する」

評価書の縦覧と決定された都市計画の縦覧を併せて行うこととしている。具体的な方法等については、前項参照。

⑦　「いずれに係るものであるかを判別することができないときは、そのいずれでもあるとみなしてそれぞれの法律を適用する」

環境影響評価手続における意見書の提出は、環境の保全の観点から事業実施の可否そのものを論ずる意見を求める趣旨ではない。一方、都市計画決定手続における意見書の提出は、利害関係を有する者等が事業実施そのものの可否について意見を求める性格のものである。このように、双方の手続の趣旨はそれぞれ異なるものであるが、実際に提出される意見書の内容は、環境面での問題を理由に事業そのものの可否を述べるものが多くなることが予想される。現に、これまで行われてきた都市計画法の運用によるアセスメントでは、環境面を理由として事業実施の可否についての意見を述べるものが多くなっており、このような場合には、意見書が準備書の内容についてのものか、都市計画の案についてのものか、区別することが難しい。また、環境影響評価手続における意見書の提出先と都市計画決定手続における意見書の提出先は、ともに都市計画決定権者となるものであり、形式的にも両者を区別することは難しい。

また、準備書に対する意見は、事業者に代わるものとしての都市計画決定権者の環境配慮を通じて、最終的には、事業内容すなわち決定されるべき都市計画の内容に反映させるべきものであるが、それが事業の内容についての意見を含むものであれば、直接都市計画の案についての意見として取り扱う方が事業の環境配慮がより効果的になされる可能性もある。また、都市計画の案についての意見は、事業内容への反映を通じてその環境配慮の内容にも活かされるべきものであるが、実体上は、有益な環境情報を含むものが少なくないと考えられることから、このような環境情報については、事業の環境配慮すなわち評価書の内容に直接反映させることが事業の環境配慮をより的確なものとする上で適当である。

このような理由から、実際に提出されてきた意見書が、準備書についての意見書か、都市計画の案についての意見書か、判別できないときは、いずれでもあるとみなすこととしている。

具体的には、意見書が準備書についてのものか都市計画の案についてのものか明記されていない場合のほか、例えば都市計画の案についての意見と銘打って出された意見書であっても、有益な環境情報が含まれていれば、準備書についての意見書としてもみなすというように、意見書の実質的な内容を基に判断することが適当と考えられる。

⑧　**「同条第二項の規定により読み替えて適用される第二十五条第三項の規定による都道府県都市計画審議会又は市町村都市計画審議会への付議」**

法第四〇条の解説①(二)参照。

⑨　**「都市計画法第十八条第二項（同法第二十一条第二項において準用する場合及び同法第二十二条第一項の規定により読み替えて適用される場合を含む。）の規定による都道府県都市計画審議会への付議又は同法第十九条第二項（同法第二十一条第二項において準用する場合を含む。）の規定による市町村都市計画審議会若しくは都道府県都市計画審議会への付議と併せて行う」**

法第四〇条の解説で述べたように、評価書の再検討及び補正の後、評価書の確定の直前に、都道府県都市計画審議会又は市町村都市計画審議会の議を経ることとしている。

この都道府県都市計画審議会等の議を経る方法を明らかにするのが第五項であり、都市計画法に基づく都市計画の案の付議と併せて行うことを明らかにすることにより、評価書とその事業を定める都市計画の案とが一体的に審議されることを確保しようとするものである。

（対象事業等を定める都市計画に係る手続に関する都市計画法の特例）
第四十二条　前条第二項又は第三項の規定により準備書を都市計画の案と併せて縦覧に供する場合における当該都
[①]

市計画の案についての都市計画法第十七条第一項及び第二項（同法第二十一条第二項において準用する場合及び同法第二十二条第一項の規定により読み替えて適用される場合を含む。）の規定の適用については、②同法第十七条第一項中「二週間」とあるのは「一月間」と、③同条第二項中「縦覧期間満了の日」とあるのは「縦覧期間満了の日の翌日から起算して二週間を経過する日」とする。

2　都市計画決定権者は、対象事業等を都市計画に定めようとするときは、④都市計画法に定めるところによるほか、⑤第四十条第二項の規定により読み替えて適用される第二十七条の評価書（次項において「評価書」という。）に記載されているところにより当該都市計画に係る対象事業の実施による影響について配慮し、環境の保全が図られるようにするものとする。

3　前項の都市計画について、⑥都市計画法第十八条第三項（同法第二十一条第二項において準用する場合を含む。）、⑦同法第十九条第三項（同法第二十一条第二項において準用する場合及び同法第二十二条第一項又は第八十七条の二第四項の規定により読み替えて適用される場合を含む。）又は⑧都市再生特別措置法第五十一条第二項の規定による同意（以下この項及び第四十五条において「都市計画同意」という。）を行うに当たっては、国土交通大臣（都市計画法第八十五条の二又は都市再生特別措置法第百二十六条の規定により都市計画同意に関する国土交通大臣の権限が地方整備局長又は北海道開発局長に委任されている場合にあっては、当該地方整備局長又は北海道開発局長）又は都道府県知事（第四十五条において「都市計画同意権者」という。）は、評価書の記載事項及び第四十条第二項の規定により読み替えて適用される第二十四条の書面に基づいて、当該都市計画につき、環境の保全についての適正な配慮がなされるものであるかどうかを審査しなければならない。

趣旨

環境影響評価手続と都市計画決定手続とを併せて行うことに伴い、都市計画法の手続に係る特例を定めるものである。

具体的には、対象事業等を定める都市計画については、次の諸点について、都市計画法に定められた都市計画決定手続を変更することとしている。

㈠　縦覧期間等の一致

本法においては、準備書の縦覧期間を公告から一ヶ月間、これについての意見提出期間を同じく公告から縦覧期間終了後二週間としている。一方、都市計画法においては、都市計画の案の縦覧期間を公告から二週間、これについての意見書提出期間を縦覧期間内としている。

都市計画特例においては、既に述べたとおり、準備書の縦覧と都市計画の案の縦覧を併せて行うこととしており、そのためには縦覧の場所及び意見提出の方法だけでなく、その期間も一致させることが必要であることから、都市計画法の縦覧期間等を延長することとしている（第一項）。

㈡　環境影響評価の結果の都市計画決定への反映

本法により行った環境影響評価の結果を都市計画決定に反映できるよう、都市計画決定権者は、対象事業等を都市計画に定めようとするときは、都市計画に係る対象事業の実施による環境への影響について配慮し、環境の保全が図られるようにすることとするとともに、都市計画が都市計画同意を要するものである場合には、都市計画同意権者においても、都市計画同意に当たって、都市計画について環境の保全についての適正な配慮がなされるものであるかどうかを審査しなければならない旨の都市計画法の特例を定めている（第二項及び第三項）

解説

①　**「前条第二項又は第三項の規定により準備書を都市計画の案と併せて縦覧に供する場合」**

本条が適用されるのは本法の手続に従って環境影響評価を行う場合に限られる。このため、条例などの地方公共団体の制度で環境影響評価が行われる場合は、本条の適用を受けない。

②　**「同法第十七条第一項中「二週間」とあるのは「一月間」」**

都市計画法第一七条第一項において都市計画の案の縦覧期間を二週間としているものを、一ヶ月間と変更するものである。

③　**「同条第二項中「縦覧期間満了の日」とあるのは「縦覧期間満了の日の翌日から起算して二週間を経過する日」」**

都市計画法第一七条第二項において都市計画の案に対する意見の提出期間を縦覧期間満了の日までとしているものを、縦覧期間満了の日の翌日から起算して二週間を経過する日までとするものである。縦覧期間が二週間から一ヶ月に変更されているため、意見提出期間は二週間から約四五日に延ばされることとなる。

④　**「都市計画法に定めるところによるほか」**

都市計画決定のため必要な基準として定められている、都市計画法第一三条第一項、第二項及び第三項、同条第四項に規定する別の法律による定め、同条第五項又は第六項の規定に基づく政令に定めるところによるほかという意である。

⑤　**「第四十条第二項の規定により読み替えて適用される第二十七条の評価書」**

都市計画特例によって公告・縦覧された評価書を指す。

⑥　**「都市計画法第十八条第三項（同法第二十一条第二項において準用する場合を含む。）の規定による同意」**

都道府県が決定する都市計画であって国の利害に重大な関係がある政令で定めるものについて国土交通大臣が行う同意を指す。括弧内は、変更の場合を含むことを示す。

【参照条文】

◎**都市計画法**（昭和四十三年法律第百号）（抄）

（都道府県の都市計画の決定）

第十八条　（略）

２　（略）

３　都道府県は、国の利害に重大な関係がある政令で定める都市計画の決定をしようとするときは、あらかじめ、国土交通省令で定めるところにより、国土交通大臣に協議し、その同意を得なければならない。

４　（略）

⑦　**「同法第十九条第三項（同法第二十一条第二項において準用する場合及び同法第二十二条第一項又は第八十七条の二第四項の規定により読み替えて適用される場合を含む。）の規定による同意」**

市町村の定める都市計画について都道府県知事が行う同意を指す。括弧内は、変更の場合と、二以上の都府県にわたる都市計画又は指定都市が定める都市計画について国土交通大臣が同意を行う場合が含まれることを指す。

【参照条文】

◎都市計画法（昭和四十三年法律第百号）（抄）

（市町村の都市計画の決定）

第十九条　（略）

２　（略）

３　市町村は、都市計画区域又は準都市計画区域について都市計画（都市計画区域について定めるものにあつては区域外都市施設に関するものを含み、地区計画等にあつては当該都市計画に定めようとする事項のうち政令で定める地区施設の配置及び規模その他の事項に限る。）を決定しようとするときは、あらかじめ、都道府県知事に協議しなければならない。この場合において、町村にあつては都道府県知事の同意を得なければならない。

４・５　（略）

⑧「都市再生特別措置法第五十一条第二項の規定による同意」

都市再生特別措置法において、市町村は、都市計画法の規定にかかわらず、都市再生整備計画に記載された市町村決定計画に係る都市計画の決定又は変更をすることができることとされており、この場合、国土交通大臣に協議し、その同意を得る必要がある。

【参照条文】

◎都市再生特別措置法（平成十四年四月五日法律第二十二号）（抄）

（都市計画の決定等に係る権限の移譲）

第五十一条　（略）

２　市町村（都市計画法第八十七条の二第一項の指定都市（以下この節において「指定都市」という。）を除く。）は、前項の規定により同法第十八条第三項に規定する都市計画の決定又は変更をしようとするときは、同法第十九条（同法第二十一条第二項において準用する場合を含む。）に規定する手続を行うほか、国土交通省令で定めるところにより、あらかじめ、国土交通大臣に協議し、その同意を得なければならない。

３・４　（略）

（対象事業の内容の変更を伴う都市計画の変更の場合の再実施）

第四十三条　第四十条第二項の規定により読み替えて適用される第二十七条の規定による公告を行った後に、都市計画決定権者が第四十条第二項の規定により読み替えて適用される第五条第一項第二号に掲げる事項の変更に係る都市計画の変更をしようとする場合における当該事項の変更については、第三十一条第二項及び第三項の規定に基づいて経るべき環境影響評価その他の手続は、次項に定めるところにより、当該都市計画決定権者が当該事項の変更に係る事業者に代わるものとして、当該都市計画の変更をする手続と併せて行うものとする。

2　前項の場合における第三十一条第二項及び第三項の規定の適用については、＜読み替え規定＞とする。

趣旨

法第三一条第二項及び第三項では、評価書の公告後、評価書に記載された事業内容の変更がある場合には、軽微な変更等である場合を除き、事業者が一連の環境影響評価手続を再実施しなければならないこととされている。

法第四〇条第二項では、法第三一条第二項及び第三項を読み替え適用し、都市計画決定権者が一連の環境影響評価手続を行い評価書の公告を行った事業に関して、事業者が事業内容を変更する場合は、軽微な変更等である場合を除き、一連の環境影響評価手続を事業者自らが再実施しなければならないこととされている。

一方、本条において規定しているのは、都市計画決定権者が一連の環境影響評価手続を行い評価書の公告を行った事業に係る都市計画の目的・内容を、都市計画決定権者が評価書の公告後に変更する場合は、軽微な変更等である場合を除き、一連の環境影響評価手続を事業者に代わるものとして都市計画決定権者が再実施しなければならないこととするものである。

仮に、決定された都市計画の内容を何ら変更することなく、事業者が都市計画に定められた事業の内容を変更する場合であって、その変更が軽微な変更等に該当しないことがあれば、本条は適用されず、法第四〇条第二項による法第三一条第二項及び第三項の読み替え規定のみが適用され、事業者が手続を行うこととなるが、実際には、このようなケースはあまり想定できないであろう。

解説

①　**「第四十条第二項の規定により読み替えて適用される第二十七条の規定による公告」**
都市計画特例に係る評価書の公告を指す。

②　**「都市計画決定権者が第四十条第二項の規定により読み替えて適用される第五条第一項第二号に掲げる事項」**
都市計画対象事業の目的及び内容を指す。

③　**「第三十一条第二項及び第三項の規定に基づいて経るべき環境影響評価その他の手続」**
評価書の公告後、評価書に記載された事業内容の変更がある場合に、軽微な変更等である場合を除き、事業者が行うべきものとされている一連の環境影響評価手続を指す。

④　**＜読み替え規定＞**
本条第二項による読み替えは、すべて技術的な読み替えである。

（事業者等の行う環境影響評価との調整）
第四十四条　第一種事業を実施しようとする者が第三条の四第一項の規定による公表を行ってから第七条の規定による公告を行うまでの間において、当該公表に係る第一種事業を都市計画に定めようとする都市計画決定権者が当該第一種事業を実施しようとする者及び配慮書又は方法書の送付を当該第一種事業を実施しようとする者から受けた者にその旨を通知したときは、第一種事業を実施しようとする者は、当該第一種事業に係る方法書を作成していない場合にあっては当該配慮書及び第三条の六の書面を、方法書を既に作成している場合にあっては当該方法書を当該都市計画決定権者に送付するものとする。この場合において、当該都市計画に係る第一種事業についでは、第三十八条の六第一項の規定は、都市計画決定権者が当該配慮書及び第三条の六の書面又は当該方法書の送付を受けたときから適用する。[①]

２　前項の場合において、その通知を受ける前に第一種事業を実施しようとする者が行った計画段階配慮事項についての検討その他の手続は都市計画決定権者が行ったものとみなし、第一種事業を実施しようとする者に対して行われた手続は都市計画決定権者に対して行われたものとみなす。

3　第二種事業に係る事業者が②第五条の規定により方法書を作成してから第七条の規定による公告を行うまでの間において、当該方法書に係る第二種事業等を都市計画に定めようとする都市計画決定権者が、当該事業者、配慮書の送付を当該事業者から受けた者（当該事業者が第三条の四第一項の規定により配慮書を送付している場合に限る。）並びに第四条第一項の規定による届出を当該事業者から受理した者及び同条第二項の都道府県知事（事業者が既に第六条第一項の規定により当該方法書を送付しているときは、事業者並びに第四条第一項の規定による届出を当該事業者から受理した者及び当該方法書の送付を受けた者）にその旨を通知したときは、当該都市計画に係る対象事業についての第四十条第一項の規定は、事業者がその通知を受けたときから適用する。この場合において、事業者は、その通知を受けた後、③直ちに当該方法書を都市計画決定権者に送付しなければならない。

4　前項の場合において、その通知を受ける前に事業者が行った環境影響評価その他の手続は都市計画決定権者が行ったものとみなし、事業者に対して行われた手続は都市計画決定権者に対して行われたものとみなす。

5　事業者が④第七条の規定による公告を行ってから第十六条の規定による公告を行うまでの間において、これらの公告に係る対象事業等を都市計画に定めようとする都市計画決定権者が事業者及び配慮書、方法書又は準備書の送付を当該事業者から受けた者（これらの公告に係る対象事業が第二種事業である場合にあっては、これらの者及び第四条第一項の規定による届出を当該事業者から受理した者）にその旨を通知したときは、事業者は、当該対象事業に係る準備書を作成していない場合にあっては作成した後速やかに、準備書を既に作成している場合にあっては通知を受けた後直ちに、当該準備書を都市計画決定権者に送付するものとする。この場合において、当該都市計画に係る対象事業については、第三十八条の六第一項又は第四十条第一項の規定は、都市計画決定権者が当該準備書の送付を受けたときから適用する。

6　第四項の規定は、前項の規定による送付が行われる前の手続について準用する。

7　事業者が⑤第十六条の規定による公告を行ってから第二十七条の規定による公告を行うまでの間において、第五項の都市計画につき都市計画法第十七条第一項の規定による公告が行われたときは、当該都市計画に係る対象事業については、引き続き第五章及び第六章の規定による環境影響評価その他の手続を行うものとし、第三十八条の六第一項又は第四十条第一項の規定は、適用しない。この場合において、事業者は、第二十七条の規定による公告を行った後、速やかに、都市計画決定権者に当該公告に係る同条の評価書（次条において「評価書」という。）を送付しなければならない。

趣旨

都市計画決定権者が対象事業等を都市計画に定めようとするときに、既に事業者が環境影響評価手続を開始している場合があり得るが、このような場合において、事業者が行った手続を無効にし、改めて都市計画決定権者が配慮書の作成（第二種事業であれば配慮書の作成又は判定に係る届出）から行わなければならないとするのは不合理である。このため、事業者が既に行った手続を都市計画決定権者が行ったものとみなすなど、手続の引継ぎが可能な仕組みとしている。

一方、環境影響評価手続は、方法書等の書面の作成、公告・縦覧、地方公共団体や住民等からの意見提出、これらの意見を踏まえた事業者の検討など、一連のものとして行われて初めて有効に機能するものである。したがって、事業者の手続が引き継がれる場合には、住民等に混乱をもたらさないよう、また、事業者の検討行為等が分断されることのないようにしなければならない。このような観点から、事業者から都市計画決定権者への引継ぎの時点は、各段階の成果物（配慮書、方法書、準備書）が作成済みであり、かつ、次の段階の手続に入っていない時点で行うこととしている。

ただし、事業者が準備書の公告を行ってから評価書の公告を行う間において、都市計画の案の公告がなされた場合については、準備書に係る手続から評価書の完成という一体的な手続を異なる主体が分割して行うことは適切でないことから、事業者が引き続き当該都市計画に係る対象事業についての環境影響評価手続を行うこととし、都市計画決定権者は手続を行うことを要しないこととしている。なお、この場合において、当該事業者が行った環境影響評価の結果を都市計画決定に反映できるよう、評価書の公告後にこれを都市計画決定権者に送付することとしている（第七項）。

具体的には、次のとおりである。

(一)　第一種事業の配慮書手続から方法書手続の間の引継ぎ（第一項及び第二項）

第一種事業を実施しようとする者が配慮書の公表を行ってから方法書の公告を行うまでの間において、当該第一種事業を都市計画に定めようとする都市計画決定権者が当該第一種事業を実施しようとする者及び当該第一種事業を実施しようとする者から配慮書又は方法書の送付を受けた者にその旨を通知したときは、

(i)　第一種事業を実施しようとする者が方法書を作成していない場合は当該事業に係る配慮書及び当該配慮書に対する主務大臣の意見

(ii)　第一種事業を実施しようとする者が方法書を既に作成している場合は当該方法書

を当該都市計画決定権者に送付することとし、都市計画決定権者はこれらの書類の送付を受けたときから環境影響評価手続を引き継ぐこととしている。

(二)　第二種事業の方法書公告前の引継ぎ（第三項及び第四項）

スクリーニング手続の結果、環境影響評価手続を実施することとなった第二種事業について、事業者が方法書を作成してから当該方法書の公告を行うまでの間において、当該方法書に係る第二種事業等を都市計画に定めようとする都市計画決定権者が、当該事業者及びそれまでの手続において当該事業者から書類等の送付を受けた者にその旨を通知したときは、事業者がその通知を受けたときから環境影響評価手続を引き継ぐこととなる。この場合において、事業者は通知を受けた後、直ちに当該方法書を都市計画決定権者に送付しなければならないこととしている。

(三)　方法書の公告から準備書の公告の間の引継ぎ（第五項及び第六項）

事業者が方法書の公告を行ってから準備書の公告を行うまでの間において、これらの公告に係る対象事業等を都市計画に定めようとする都市計画決定権者が、事業者及びそれまでの手続において当該事業者から書類等の送付を受けた者にその旨を通知したときは、事業者は当該対象事業に係る準備書を都市計画決定権者に送付することとし、都市計画決定権者は当該準備書の送付を受けたときから環境影響評価手続を引き継ぐこととしている。

(四)　準備書公告後の手続（第七項）

事業者が準備書の公告を行ってから評価書の公告を行うまでの間に都市計画案の公告がされた場合には、事業者が引き続き当該対象事業についての環境影響評価手続を行うこととし、都市計画決定権者は手続を行わない。この

場合、当該事業者は評価書の公告後にこれを都市計画決定権者に送付することとしている。

解説

①　**「第三条の四第一項の規定による公表を行ってから第七条の規定による公告を行うまでの間」**
第一種事業について、配慮書の公表から方法書を作成した旨等の公告を行うまでの間を指す。関係する都道府県知事や市町村長は配慮書又は方法書の送付を受ける段階で都市計画決定を行うべき案件かどうかを判断することができる。

②　**「第五条の規定により方法書を作成してから第七条の規定による公告を行うまでの間」**
第二種事業について、方法書の作成から方法書を作成した旨等の公告を行うまでの間を指す。関係する都道府県知事や市町村長は方法書の送付を受ける段階で都市計画決定を行うべき案件かどうかを判断することができる。

③　**「直ちに当該方法書を都市計画決定権者に送付しなければならない」**
都市計画決定権者が関係する都道府県知事・市町村長の立場として既に事業者から方法書を受け取っていたとしても、事業者があらためて送付することとなる。

④　**「第七条の規定による公告を行ってから第十六条の規定による公告を行うまでの間」**
方法書を作成した旨等の公告を行ってから、準備書を作成した旨等の公告を行うまでの間を指す。

⑤　**「第十六条の規定による公告を行ってから第二十七条の規定による公告を行うまでの間」**
準備書を作成した旨等の公告を行ってから評価書を作成した旨等の公告を行うまでの間を指す。

（事業者が環境影響評価を行う場合の都市計画法の特例）

第四十五条　前条第七項の規定により評価書の送付を受けた都市計画決定権者は、同項の都市計画を定めようとするときに都市計画同意を要する場合には、都市計画同意権者に当該評価書を送付しなければならない。①

２　前項の都市計画について都市計画法第十八条（同法第二十一条第二項において準用する場合を含み、同法第十八条第一項及び第二項にあっては同法第二十二条第一項の規定により読み替えて適用される場合を含む。）又は同法第十九条第一項から第四項まで（同法第二十一条第二項において準用する場合を含み、同法第十九条第三項②

にあっては同法第二十二条第一項の規定により読み替えて適用される場合を含み、同法第十九条第三項（同法第二十一条第二項において準用する場合を含む。）にあっては同法第八十七条の二第四項の規定により読み替えて適用される場合を含み、同法第二十二条第一項の規定により読み替えて適用される場合を含む。）の規定が適用される場合には、③第四十二条第二項の規定は都市計画決定権者が前条第七項の規定により送付を受けた評価書に係る対象事業等を都市計画に定めようとする場合について、④第四十二条第三項の規定は当該都市計画について都市計画同意権者が都市計画同意を行う場合について準用する。この場合において、⑤＜読み替え規定＞と読み替えるものとする。

趣旨

法第四四条第七項の規定により、事業者が評価書を作成した後、これを都市計画決定権者に送付した場合に、環境影響評価の結果を都市計画決定や都市計画同意に反映することができるよう、都市計画法の特例を定めるものである。

解説

① **「前条第七項の規定」**

法第四四条第七項では、事業者が既に準備書の公告を終えている段階でその事業を都市計画に定めようとする場合には、都市計画決定権者が事業者に代わって手続を行うという特例を適用せず、事業者が手続を進め、事業者が公告後の評価書を都市計画決定権者に送付することとしている。

② **「前項の都市計画」**

法第四四条第七項の都市計画を指す。

③ **「第四十二条第二項の規定」**

都市計画決定権者は、対象事業等を都市計画に定めようとするときは、都市計画に係る対象事業の実施による環境への影響について配慮し、環境の保全が図られるようにすることとする旨の都市計画法の特例を定めている。

④ **「第四十二条第三項の規定」**

都市計画が都市計画同意を要するものである場合には、都市計画同意権者においても、都市計画同意に当たって、都市計画について環境の保全についての適正な配慮がなされるものであるかどうかを審査しなければならない旨の都市計画法の特例を定めている。

⑤　＜読み替え規定＞

本条第二項による読み替えは、すべて技術的な読み替えである。

（事業者の協力）

第四十六条　都市計画決定権者は、第二種事業を実施しようとする者又は事業者に対し、第三十八条の六から第四十一条まで、第四十三条及び第四十四条に規定する環境影響評価その他の手続を行うための資料の提供、方法書説明会及び準備書説明会への出席その他の必要な協力[①]を求めることができる。

2　事業者のうち対象事業の実施を担当する国の行政機関（地方支分部局を含む。）の長、第二条第二項第二号ハに規定する法人その他の政令[②]で定めるものは、都市計画決定権者から要請があったときは、その要請に応じ、必[③]要な環境影響評価を行うものとする。

政令

（都市計画決定権者からの要請により環境影響評価を行うべき事業者）

第二十四条　法第四十六条第二項の政令で定める事業者は、次に掲げる者とする。

一　対象事業の実施を担当する国の行政機関（地方支分部局を含む。）の長

二　法第二条第二項第二号ハに規定する法人

趣旨

都市計画特例の適用がある場合には、事業を実施しようとする者に代わるものとして都市計画決定権者が一連の手続を行うこととなるが、個々の事業ごとに異なる事情もあり、事業を実施しようとする者の協力がなければ、都市計

画決定権者としても事業の環境配慮を適切に検討できない。このため、都市計画決定権者は事業者に必要な協力を求めることができる旨を特に規定しているものである（第一項）。

また、国の行政機関の長、特殊法人等は、これらの者と都市計画決定権者との関係を考慮すると、一般の事業者以上に都市計画決定権者が行う環境影響評価手続に協力すべきと考えられる。このため、第一項の協力要請に加えて、第二項で、都市計画決定権者から要請があった場合には、必要な環境影響評価を行わなければならないこととしている。国の行政機関の長等は、本条の規定の範囲内での協力要請を拒否できない。

解説

① **「必要な協力を求めることができる」**

事業者は、協力を求められた場合には、それを受け入れるかどうかの判断を行い、これに対応することとなる。

② **「政令で定めるもの」（＝施行令第二四条）**

政令においては、対象事業等の実施を担当する国の行政機関（地方支分部局を含む。）の長及び法第二条第二項第二号ハに規定する法人が規定されている。なお、「法第二条第二項第二号ハに規定する法人」とは、いわゆる特殊法人等のうち、国が出資を行っているものを指す。

③ **「必要な環境影響評価を行うものとする」**

要請があった場合に行うのは第二条で定義する「環境影響評価」、すなわち調査、予測及び評価と環境保全措置の検討であり、準備書の公告・縦覧等の手続そのものは都市計画決定権者が行うこととなる。

第二節　港湾計画に係る環境影響評価その他の手続

総論

１．港湾環境影響評価の基本的な考え方

港湾法（昭和二五年法律第二一八号）に基づく港湾計画の決定・変更の際には、本法の制定前においても環境影響の把握が行われてきたことから、本法において、港湾計画の決定・変更に当たっての環境影響評価（以下「港湾環境影響評価」という。）に関する手続について規定したものである。

港湾計画は、概ね一〇～一五年後の将来を目標年次として、港湾管理者が定める、港湾の開発、利用及び保全を行うにあたっての指針となる基本的な計画（マスタープラン）であり、港湾計画環境影響評価は、事業に係る環境影響評価とは検討の熟度などの面において性格を異にするものである。このため、事業に係る環境影響評価手続をそのまま適用することはできず、これを準用して港湾環境影響評価の手続を規定することとしている。

実際に港湾計画に即した事業が実施される段階では、その事業が本法の対象事業に該当すれば、本法に基づく事業に係る環境影響評価が行われ、当該事業に係る環境配慮は確保されることになる。したがって、後述するように、港湾環境影響評価は、事業に係る環境影響評価とは手続の内容も異なったものとなっている。この点をとらえ、港湾計画に係る環境影響評価の手続を「港湾計画特例」と呼ぶこともあるが、都市計画特例のような事業に係る手続の特例ではなく、港湾環境影響評価手続という独立した手続である。

2．事業に係る環境影響評価との関係について

港湾計画に定められる港湾開発等の中に本法の対象事業が含まれる場合には、当該対象事業を実施する際には、本法に基づく事業に係る環境影響評価を行わなければならないのはもちろんである。これは、港湾環境影響評価というのは基本的には港湾計画というマスタープランがそのまま実現された状態についての環境影響評価であり、個々の事業自体に着目して行うものではないからである。

したがって、港湾環境影響評価については、事業に係る環境影響評価のように細部にわたる調査、予測及び評価は期待しえないものであり、まさにマスタープランとしての港湾計画の特性に応じた環境影響評価が行われることとなる。

また、埋立てに係る環境影響評価と港湾環境影響評価との間には特段先後関係があるものではない。したがって、例えば、港湾計画段階でそこに定められる埋立ての事業としての熟度が高いのであれば、手続を並行して行うことは可能である。なお、埋立免許と港湾計画の決定・変更の間の関係については、公有水面埋立法の規定により、港湾計画に位置づけられていない港湾区域内の埋立てについては同法の免許が与えられないこととなっていることから、港

湾計画の決定・変更が先になる。

（参考）

◎公有水面埋立法（大正十年法律第五十七号）第四条第一項

第四条　都道府県知事ハ埋立ノ免許ノ出願左ノ各号ニ適合スト認ムル場合ヲ除クノ外埋立ノ免許ヲ為スコトヲ得ズ

一・二　（略）

三　埋立地ノ用途ガ土地利用又ハ環境保全ニ関スル国又ハ地方公共団体（港務局ヲ含ム）ノ法律ニ基ク計画ニ違背セザルコト

四～六　（略）

（用語の定義）

第四十七条　この節、次章及び附則において「港湾環境影響評価」とは、①港湾法（昭和二十五年法律第二百十八号）第二条第二項に規定する国際戦略港湾、国際拠点港湾又は重要港湾に係る同法第三条の三第一項に規定する港湾計画（以下「港湾計画」という。）に定められる②港湾の開発、利用及び保全並びに港湾に隣接する地域の保全（以下この節において「港湾開発等」という。）が環境に及ぼす影響（以下「港湾環境影響」という。）について環境の構成要素に係る項目ごとに調査、予測及び評価を行うとともに、これらを行う過程においてその港湾計画に定められる港湾開発等に係る環境の保全のための措置を検討し、この措置が講じられた場合における港湾環境影響を総合的に評価することをいう。

趣旨

本条は、「港湾環境影響評価」についての定義規定である。

法第二条第一項において「環境影響評価」についての定義規定が置かれているが、同項の定義は「事業の実施が環境に及ぼす影響について……………」と規定されているため、事業に係る環境影響評価ではない港湾計画に係る環境影響評価についてこの用語を用いることはできない。したがって、一条を起こして「港湾環境影響評価」を定義したものである。

なお、「港湾環境影響評価」は、「環境影響評価」と同様、港湾管理者内部において行われる行為を指しており、外部の者の意見を聴取することや、港湾計画の決定・変更に反映させること等の外部手続を含んだものとして定義されていない。

解説

①「港湾法（昭和二十五年法律第二百十八号）第二条第二項に規定する国際戦略港湾、国際拠点港湾又は重要港湾」

本特例の対象となる港湾計画は、港湾法第二条第二項に規定する国際戦略港湾、国際拠点港湾又は重要港湾に係る港湾計画である。

本法においては、国と地方の適切な役割分担を図る観点から、国の立場からみて一定の水準が確保された環境影響評価を実施することにより環境保全上の配慮をする必要があるものを対象とすることとしており、このような観点から整理すれば、全ての港湾計画を本法の対象とするのは必ずしも適当ではないことから、国際戦略港湾、国際拠点港湾及び重要港湾のみを対象とすることとしている。

なお、国際戦略港湾、国際拠点港湾及び重要港湾は、港湾法施行令（昭和二十六年政令第四号）において具体的に該当する港湾が規定されている。

（参考）

◎港湾法（昭和二十五年法律第二百十八号）第二条第二項

（定義）

第二条

２　この法律で「国際戦略港湾」とは、長距離の国際海上コンテナ運送に係る国際海上貨物輸送網の拠点となり、かつ、当該国際海上貨物輸送網と国内海上貨物輸送網とを結節する機能が高い港湾であつて、その国際競争力の強化を重点的に図ることが必要な港湾として政令で定めるものをいい、「国際拠点港湾」とは、国際戦略港湾以外の港湾であつて、国際海上貨物輸送網の拠点となる港湾として政令で定めるものをいい、「重要港湾」とは、国際戦略港湾及び国際拠点港湾以外の港湾であつて、海上輸送網の拠点となる港湾その他の国の利害に重大な関係を有する港湾として政令で定めるものをいい、「地方港湾」

とは、国際戦略港湾、国際拠点港湾及び重要港湾以外の港湾をいう。

② 「港湾の開発、利用及び保全並びに港湾に隣接する地域の保全」

国際戦略港湾、国際拠点港湾又は重要港湾の港湾管理者は、港湾法第三条の三第一項の規定により、港湾の開発、利用及び保全並びに港湾に隣接する地域の保全に関する事項に関する計画である港湾計画を定めなければならないこととされているが、港湾環境影響評価における調査、予測及び評価の対象となるのも港湾計画に定められる事項が環境に及ぼす影響である。

港湾の開発、利用及び保全並びに港湾に隣接する地域の保全を総称して港湾環境影響評価では「港湾開発等」と定義している。

なお、港湾環境影響評価を行う際に港湾開発等の中に港湾施設の建設又は改良等に係る工事による影響が含まれるかどうかが問題となるが、港湾計画の決定・変更の段階においては、当該施設の建設又は改良に関する具体的な工法が定まっていない場合が多いこと、また、港湾計画に定められる具体の事業が本法の対象事業に該当する場合には、当該事業に着目した環境影響評価が行われることから、港湾環境影響評価においては工事による影響は対象としないこととしている。

（港湾計画に係る港湾環境影響評価その他の手続）

第四十八条　港湾法第二条第一項の港湾管理者（以下「港湾管理者」という。）は、港湾計画の決定又は決定後の港湾計画の変更のうち、規模の大きい埋立てに係るものであることその他の政令で定める要件に該当する内容のものを行おうとするときは、当該決定又は変更に係る港湾計画（以下「対象港湾計画」という。）について、次項及び第三項に定めるところにより港湾環境影響評価その他の手続を行わなければならない。

2　第四章から第七章まで（第十四条第一項第四号及び第二項、第二十二条から第二十六条まで、第二十九条並びに第三十条第一項第三号及び第二項を除く。）及び第三十一条第一項から第三項までの規定は、前項の規定による港湾環境影響評価その他の手続について準用する。この場合において、＜読み替え規定＞と読み替えるものとする。

3　港湾管理者は、対象港湾計画の決定又は決定後の対象港湾計画の変更を行う場合には、港湾法[⑥]に定めるところによるほか、前項において準用する第二十一条第二項の港湾環境影響評価書に記載されているところにより、当該港湾計画に定められる港湾開発等に係る港湾環境影響について配慮し、環境の保全が図られるようにするものとする。

政令

（対象港湾計画の要件）

第二十五条　法第四十八条第一項の規定により港湾環境影響評価その他の手続を行わなければならない港湾計画の決定又は決定後の港湾計画の変更は、次の各号のいずれかに該当するものとする。

一　港湾計画の決定であって、当該港湾計画に定められる港湾開発等の対象となる区域のうち、埋立てに係る区域及び土地を掘り込んで水面とする区域（次号において「埋立て等区域」という。）の面積の合計が三百ヘクタール以上であるもの

二　決定後の港湾計画の変更であって、当該変更後の港湾計画に定められる港湾開発等の対象となる区域のうち、埋立て等区域（当該変更前の港湾計画に定められていたものを除く。）の面積の合計が三百ヘクタール以上であるもの

趣旨

本条は、港湾計画に係る港湾環境影響評価その他の手続について、所要の事項を定めるものである。

第一項においては、どのような港湾計画について、港湾環境影響評価を行うこととなるのかを規定している。

第二項においては、その場合に事業に係る環境影響評価のどの規定を準用して行うのか、及びその場合の所要の読み替えについて規定している。ここで、都市計画特例を規定した法第三九条第二項及び第四〇条第二項のような「読み替え適用」ではなく「準用」となっているのは、すでに述べたとおり港湾環境影響評価と事業に係る環境影響評価がその性格を異にすることによるものである。

第三項においては、港湾管理者が港湾計画の決定・変更に当たり、港湾環境影響評価書に記載されているところにより環境の保全が図られるようにすることを規定している。

解説

① **「港湾法第二条第一項の港湾管理者」**

港湾環境影響評価を実施するのは、港湾法第二条第一項の港湾管理者であり、具体的には同法第四条の港務局又は同法第三三条の地方公共団体がこれに該当する。

② **「港湾計画の決定又は決定後の港湾計画の変更」**

港湾計画の決定又は決定後の港湾計画の変更とは、港湾法第三条の三第四項に規定する「港湾計画を定め、又は変更したとき」に対応する概念である。

なお、「決定後の港湾計画の変更」という規定としているのは、港湾計画の変更の過程における内容の修正との法文上の紛れを生じさせないためである。

③ **「規模の大きい埋立てに係るものであることその他の政令で定める要件に該当する内容のもの」**

港湾環境影響評価の対象となるのは、国際戦略港湾、国際拠点港湾又は重要港湾に係る港湾計画の決定・変更のうち、規模の大きい埋立てに係るものであることその他の政令で定める要件に該当するものである。

ここで「埋立て」に着目しているのは、港湾計画に定められる事項のうち「埋立て」については、港湾計画の決定・変更の段階において比較的その諸元が明らかになっていることによるものであり、港湾計画の規模要件の判断に当たってこれに着目することとしたものである。

なお、「政令で定める要件」については、埋立てと掘り込み水面の面積の合計で規模を規定している。その規模要件は、本法の制定前、港湾計画に位置付けられた埋立計画の約半分が事業化されていたこと、港湾計画に位置づけられた埋立計画は一〇年間にわたって順次事業化されていたことを勘案して、個別の埋立事業の第一種事業の規模要件の五〇ｈａと整合をとった規模として三〇〇ｈａとしている。

④ **「第四章から第七章まで（第十四条第一項第四号及び第二項、第二十二条から第二十六条まで、第二十九条並びに第三十条第一項第三号及び第二項を除く。）及び第三十一条第一項から第三項までの規定」**

港湾環境影響評価に関する手続において準用する条項を規定している。準用していない条項とその理由はそれぞれ次のとおりである。

㈠　法第三条の二（計画段階配慮事項についての検討）から第三条の一〇（第二種事業に係る計画段階配慮事項についての検討）まで

本規定においては、配慮書手続を準用していない。港湾環境影響評価は、もとより計画段階での環境影響評価であることから、計画段階配慮事項についての検討を別途行う必要性が乏しいことによるものである。

㈡　法第四条（第二種事業に係る判定）

本規定においては、スクリーニング手続を定めた法第四条を準用しておらず、港湾環境影響評価手続においてはスクリーニング手続は行われないこととなる。これは、港湾計画の段階においては事業の具体的内容が固まらず、調査を実施する前に港湾計画ごとの環境影響の相違を事業の場合のようにきめ細かく判断することは困難であること、また、地域特性についても同じ臨海部ということであることから、個別判断の余地を残す必要性に乏しいため、スクリーニング手続を行わず、港湾計画の段階で一定に事業の具体的内容が固まる埋立て等に着目して定型的に判断することとしたものである。

㈢　法第五条（方法書の作成）から第一〇条（方法書についての都道府県知事の意見）まで

本規定においては、方法書手続を準用していない。これは、港湾計画の段階では事業の具体的内容が固まらず、また、港湾計画に定められる事項は概ね各港湾計画を通じて共通しており、事業に係る環境影響評価の場合のように個別事情による差異は少ないことによるものである。

なお、法第一一条から第一三条までの部分については準用しており、港湾管理者は、国土交通大臣が環境大臣の定める基本的事項に基づいて定めた技術指針に基づき、港湾環境影響評価の項目並びに調査、予測及び評価の手法を選定するとともに、これに基づいて港湾環境影響評価を行うこととなる。

㈣　法第一四条第一項第四号及び第二項

準備書の記載事項については、港湾環境影響評価その他の手続においては配慮書手続及び方法書手続を行わないことから、これらに関する記載事項（法第一四条第一項第一号のうち配慮書手続に係る事項、第二号から第四号まで）については、記載事項とはしていない。また、二以上の対象港湾計画について併せて準備書を作成するケースが想定できないため、法第一四条第二項は準用していない。

＜準備書の記載事項＞

事業に係る環境影響評価		**港湾環境影響評価**
一　方法書の記載事項の一号から六号まで		
事業者の氏名・住所	…→	一　港湾管理者の名称・住所
事業の目的・内容	…→	二　港湾計画の目的・内容
実施区域と周囲の概況	…→	三　実施区域と周囲の概況
計画段階配慮事項についての検討結果	記載せず	
配慮書についての主務大臣の意見	記載せず	
前号についての事業者見解	記載せず	
二　方法書に対する一般意見の概要	記載せず	
三　方法書に対する知事等意見	記載せず	
四　前二号についての事業者見解	記載せず	

(五)　法第二二条から第二六条まで（評価書の送付・環境大臣意見・免許等を行う者の意見・評価書の補正）

港湾環境影響評価その他の手続においては、法第二二条から第二六条までの規定を準用しておらず、港湾環境影響評価についての評価書は国には送付されない。このため、国の機関の意見も述べられない。これは、港湾計画の決定・変更は、港湾法の規定により港湾管理者が地方港湾審議会の意見を聴いた上で行うものとされており、国（国土交通大臣）に提出される前にすでに決定手続は了していることによるものである。

なお、港湾環境影響評価その他の手続において法第二七条（評価書の公告及び縦覧）は準用しているが、評価書の公告・縦覧と地方港湾審議会との先後関係については特に規定を行っていない。

(六)　法第二九条（事業内容の修正の場合の第二種事業に係る判定）

スクリーニング手続を省略しているために当該条項は準用していない。

(七)　法第三〇条第一項第三号及び第二項並びに第三一条第四項（対象事業の実施の引き継ぎに係る規定）

港湾計画の決定・変更は他の者に引き継ぐことが想定されないために当該条項は準用していない。

(八)　法第三二条以降の規定

環境の状況の変化などが生じた場合には計画自体を見直すことが想定されるため、公告後における手続の再実施の規定（法第三二条）は、準用していない。

また、港湾環境影響評価の結果は、第三項の規定により、港湾管理者が対象港湾計画の決定・変更の際に用いることとされているため、法第三三条から第三七条までのいわゆる横断条項は準用していない。

さらに、計画段階での手続であるため、事業者の環境の保全の配慮等（法第三八条）や環境保全措置等の報告・公表手続等（法第三八条の二～法第三八条の五）の規定は準用していない。

⑤　**＜読み替え規定＞**

当該部分の読み替えは、事業者を港湾管理者とするなどの技術的な読み替えである。

⑥　**「港湾法に定めるところによるほか」**

港湾法第三条の三第二項において、港湾計画の決定基準が規定されているが、これに加えて、港湾環境影響評価書に記載されているところにより、環境配慮を行うということである。

第十章　雑　則

（地方公共団体との連絡）
第四十九条　事業者等[1]は、この法律の規定による公告若しくは縦覧又は方法書説明会若しくは準備書説明会の開催について、関係する地方公共団体[2]と密接に連絡し[3]、必要があると認める[4]ときはこれに協力を求めることができる。

趣旨

この法律の規定により、公告若しくは縦覧又は説明会の開催を行うこととされている者が、地方公共団体と密接に連絡し、その協力を求めることができることとする条文である。本法では、公告・縦覧の主体を事業者としているが、地方公共団体は住民等への周知の手段を有し、縦覧、説明会に適した場所も保有し管理している立場にあるため、事業者が関係の地方公共団体の協力を求めることができることとしている。

この規定は、地方公共団体が住民等への周知の手段を有し、また、縦覧、説明会に適した場所を管理している立場にあることを踏まえたものであるが、当該協力に要する実費は、事業者によって負担されるべき性格のものである。

解説

①　**「事業者等」**

この法律の規定により、公告若しくは縦覧又は説明会の開催を行うこととされている事業者、都市計画決定権者及び港湾管理者を指す。

②　**「関係する地方公共団体」**

事業者等が、公告・縦覧、説明会の開催を予定している場所を管轄する地方公共団体を想定している。

③　**「密接に連絡し」**

④　公告・縦覧等の場所・日時、方法などについて密接に連絡する趣旨である。

「**必要があると認めるときはこれに協力を求めることができる**」

必要があると認める主体は事業者である。関係する地方公共団体は、事業者から協力要請があった場合それを受け入れるかどうかの判断を行い、これに対応することとなる。

（国の配慮）

第五十条　国は、地方公共団体[1]（港湾管理者を含む。）が国の補助金等の交付を受けて対象事業の実施（対象港湾計画の決定又は変更を含む。）をする場合には、この法律の規定による環境影響評価その他の手続に要する費用[2]について適切な配慮[3]をするものとする。

趣旨

国が対象事業を行う場合、環境影響評価に関する費用は国において予算措置が行われることとなるが、国が地方公共団体に補助金等を交付して対象事業を行わせる場合も、この場合と同様に、環境影響評価に関する費用について国において適切な配慮を行うことが適当である。

解説

①　「**地方公共団体**」

地方公共団体の長が国の受託者として道路等を造る場合も、財政的見地からは地方公共団体が交付先となるため、本条の対象となる。

②　「**この法律の規定による環境影響評価その他の手続に要する費用**」

地方公共団体が事業者として環境影響評価手続を実施するための費用を指しており、意見提出主体としての地方公共団体が支出する費用は含まれない。

③　「**適切な配慮**」

予算上の配慮を行う趣旨である。

（技術開発）
第五十一条　国は、環境影響評価に必要な技術[①]の向上を図るため、当該技術の研究及び開発の推進並びにその成果[②]の普及に努めるものとする。

趣旨

環境影響評価の技術的事項については、既に得られている科学的知見に基づいて主務大臣による指針が定められることとされているが（法第一一条第四項及び第一二条第二項）、高度化、複雑化する環境影響評価をとりまく要請に効果的に対応するとともに、予測の不確実性の低減や信頼性の向上、利用性や効率性の向上を図る観点から、調査・予測等の技術手法の開発・改良が必要である。また、環境の保全のための措置に関わる技術についても開発を進めるとともに、その効果について適切に評価することが必要である。このため、国において環境影響評価に必要な技術の研究、開発の推進を図り、その成果の普及に努めることとするものである。

解説

①「**環境影響評価に必要な技術**」
環境影響評価に必要な技術には、調査・予測等に関する技術、環境の保全のための措置に関わる技術、事業者と住民等との情報交流に関する技術などが含まれる。

②「**成果の普及に努める**」
成果の普及に当たっては、基本的事項や主務大臣による指針に反映させていくことの他に、電子媒体等を活用しつつ関連情報を広く提供すること、各種ガイドライン等を作成していくことなどが想定される。

（適用除外）
第五十二条　第二章から前章までの規定は、災害対策基本法[①]（昭和三十六年法律第二百二十三号）第八十七条の規定による災害復旧の事業又は同法[②]第八十八条第二項に規定する事業、建築基準法[③]（昭和二十五年法律第二百一号）第八十四条の規定が適用される場合における同条第一項の都市計画に定められる事業又は同項に規定する事業及び被④災市街地復興特別措置法（平成七年法律第十四号）第五条第一項の被災市街地復興推進地域において行われる同項第三号に規定する事業については、適用しない。

2　第二章の規定は、国⑤の利害に重大な関係があり、かつ、災⑥害の発生その他特別の事情により緊急の実施を要すると認められる事業として政⑦令で定めるものについては、適用しない。

趣旨

災害対策基本法の規定による災害復旧事業等については、本法の規定による環境影響評価手続を行う義務は生じないほか、災害の発生等により緊急の実施を要すると認められる事業については、第二章に規定する配慮書手続は要しない。

1．第一項

防災上の観点から緊急に事業を行う必要のあるものについては、人命に直接関わる問題であることから、本法中の手続の実施に関する規定を適用除外するものである。

①　災害復旧事業（災害対策基本法第八七条）及びこれと併せて行われることを要する再度災害防止事業（災害対策基本法第八八条第二項）については、通常の社会生活に復帰するための現状回復等の事業であり、これに環境影響評価手続を義務づけることは適当ではないことから適用除外としている。

②　建築基準法第八四条及び被災市街地復興特別措置法第七条の規定は、被災市街地について一定の期間（前者については一ヶ月間、後者については二年間以内）建築制限をかけるものであり、その間に復興のための都市計画や土地区画整理事業、市街地再開発事業等が行われることとなるものである。これらについて本法の環境影響評価手続を行うこととなれば、建築制限を受けた人々は長期にわたり住居等を失ったままとなることから、適用除外とするものである。

2．第二項

事業の実施に至るまでの検討のプロセスは、一般的にはｉ．事業の方向性の検討、ⅱ．位置等の諸元の検討、ⅲ．

詳細な事業内容の検討・決定、ⅳ．事業の免許等・実施　という手順を踏むことが想定され、第二章第一節の計画段階配慮事項についての検討の実施時期は、ⅱ．に相当する計画の立案の段階においてなされるべきものである。例えば、大震災などの要因によって大量の廃棄物が発生し、新たな区域での最終処分場の整備が緊急に必要となるような場合については、位置等の諸元の検討を行う余地がないことが想定され、早急にⅲ．詳細な事業内容の検討・決定に進む必要があることから、配慮書手続を適用除外とする規定を設けている。また、緊急性の高い事業であることから、第一種事業についてのみ本法中の手続の実施に関する規定を適用することとし、第一種事業に準ずる規模の第二種事業については、本法中の手続の実施に関する規定を適用除外とするものである。

【参考】第一項と第二項の相違について

第一項においては、災害時における復旧事業について、

・当該事業は人命に直接関わる問題であり、可及的速やかに実施される必要があること

・元来存在していた施設の復旧であるため、従前の施設の設置及び供用と比較して環境の保全に関する重大な影響は想定しにくいこと

から、環境影響評価手続の実施を要しないことを規定している。

一方、第二項においては、国の利害に重大な関係があり、かつ、災害等の特別の事態に対応するための事業を対象とするものであり、当該事業は一定の緊急性を有するものの、事業自体は元来存在していた施設の復旧ではなく、新たな土地の改変・工作物の設置等を行うこととなる。

こうした事業については、新たな土地の改変・工作物の設置等を行うことから実施に当たっての環境保全への配慮を行う必要があるが、位置等の複数案を示して立地箇所の選定等を行うことは困難であることから、配慮書手続の実施義務を除外することとした。

解説

①「災害対策基本法（昭和三十六年法律第二百二十三号）第八十七条の規定による災害復旧の事業」

参照条文参照。

【参照条文】

◎災害対策基本法（昭和三十六年法律第二百二十三号）（抄）

（災害復旧の実施責任）

第八十七条　指定行政機関の長及び指定地方行政機関の長、地方公共団体の長その他の執行機関、指定公共機関及び指定地方公共機関その他法令の規定により災害復旧の実施について責任を有する者は、法令又は防災計画の定めるところにより、災害復旧を実施しなければならない。

②　「同法第八十八条第二項に規定する事業」

【参照条文】

参照条文参照。

◎災害対策基本法（昭和三十六年法律第二百二十三号）（抄）

（災害復旧事業費の決定）

第八十八条　（略）

２　前項の規定による災害復旧事業費を決定するに当たつては、当該事業に関する主務大臣は、再度災害の防止のため災害復旧事業と併せて施行することを必要とする施設の新設又は改良に関する事業が円滑に実施されるように十分の配慮をしなければならない。

③　「建築基準法（昭和二十五年法律第二百一号）第八十四条の規定が適用される場合における同条第一項の都市計画に定められる事業又は同項に規定する事業」

参照条文参照。

【参照条文】

◎建築基準法（昭和二十五年法律第二百一号）（抄）

（被災市街地における建築制限）

第八十四条　特定行政庁は、市街地に災害のあつた場合において都市計画又は土地区画整理法による土地区画整理事業のため必要があると認めるときは、区域を指定し、災害が発生した日から一月以内の期間を限り、その区域内における建築物の建築を制限し、又は禁止することができる。

２　特定行政庁は、更に一月を超えない範囲内において前項の期間を延長することができる。

④　**「被災市街地復興特別措置法（平成七年法律第十四号）第五条第一項の被災市街地復興推進地域において行われる同項第三号に規定する事業」**

参照条文参照。

【参照条文】

◎被災市街地復興特別措置法（平成七年法律第十四号）（抄）

（被災市街地復興推進地域に関する都市計画）

第五条　都市計画法第五条の規定により指定された都市計画区域内における市街地の土地の区域で次に掲げる要件に該当するものについては、都市計画に被災市街地復興推進地域を定めることができる。

一　大規模な火災、震災その他の災害により当該区域内において相当数の建築物が滅失したこと。

二　公共の用に供する施設の整備の状況、土地利用の動向等からみて不良な街区の環境が形成されるおそれがあること。

三　当該区域の緊急かつ健全な復興を図るため、土地区画整理事業、市街地再開発事業その他建築物若しくは建築敷地の整備又はこれらと併せて整備されるべき公共の用に供する施設の整備に関する事業を実施する必要があること。

２・３　（略）

⑤　**「国の利害に重大な関係があり」**

都市機能等、国にとって重要な機能の維持に関わるような事案を想定している。

⑥　**「災害の発生その他特別の事情により緊急の実施を要すると認められる」**

災害対策等の理由により速やかに着手することが求められる事案を想定している。

⑦　**「政令で定めるもの」**

この政令は、定められていない。

（命令の制定とその経過措置）

第五十三条　第二条第二項又は第三項の規定に基づく政令であってその[①]制定又は改廃により新たに対象事業となる

事業（[②]新たに第二種事業となる事業のうち第四条第三項第一号（第三十九条第二項の規定により読み替えて適用される場合を含む。）の措置がとられたものを含む。以下「新規対象事業等」という。）があるもの（以下この条及び次条第一項において「対象事業等政令」という。）の施[③]行の際、当該新規対象事業等について、条例又は[④]行政手続法（平成五年法律第八十八号）第三十六条に規定する行政指導[⑤]（地方公共団体が同条の規定の例により行うものを含む。）[⑥]その他の措置（以下「行政指導等」という。）の定めるところに従って作成された次の各号に掲げる書類（対象事業等政令の施行に際し次項の規定により指定されたものに限る。）があるときは、当該書類は、それぞれ当該各号に定める書類とみなす。

一　第一種事業に係る計画の立案の段階において、当該事業が実施されるべき区域その他の主務省令で定める事項の決定に当たって、一又は二以上の事業実施想定区域における当該事業に係る環境の保全のために配慮すべき事項についての検討を行った結果を記載したものであると認められる書類　第三条の三第一項の配慮書

二　主務大臣が前号に掲げる書類について環境の保全の見地からの意見を述べたものであると認められる書類　第三条の六の書面

三　環境影響評価の項目を記載した書類であって環境影響を受ける範囲であると認められる地域を管轄する地方公共団体の長（以下この項において「関係地方公共団体の長」という。）に対する送付、縦覧その他の第三者の意見を聴くための手続及び第七条の二第一項の規定による周知のための措置に相当する手続を経たものであると認められるもの　第七条及び第七条の二の手続を経た方法書

四　前号に掲げる書類に対する環境の保全の見地からの意見の概要を記載した書類であって関係地方公共団体の長に対する送付の手続を経たものであると認められるもの　第九条の手続を経た同条の書類

五　関係地方公共団体の長が第三号に掲げる書類について環境の保全の見地からの意見を述べたものであると認められる書類　第十条第一項又は第四項の書面

六　環境影響評価の結果について環境の保全の見地からの一般の意見を聴くための準備として作成された書類であって第十六条の公告及び縦覧並びに第十七条第一項の規定による周知のための措置に相当する手続を経たものであると認められるもの　第十六条及び第十七条の手続を経た準備書

七　前号に掲げる書類に対する環境の保全の見地からの意見の概要を記載した書類であって関係地方公共団体の長に対する送付の手続を経たものであると認められるもの　第十九条の手続を経た同条の書類
八　関係地方公共団体の長が第六号に掲げる書類について環境の保全の見地からの意見を述べたものであると認められる書類　第二十条第一項又は第四項の書面
九　前号の意見が述べられた後に第六号に掲げる書類の記載事項の検討を行った結果を記載したものであると認められる書類　第二十一条第二項の評価書
十　関係する行政機関の意見が述べられる機会が設けられており、かつ、その意見を勘案して第六号又は前号に掲げる書類の記載事項の検討を行った結果を記載したものであると認められる書類　第二十六条第二項の評価書
十一　第二十七条の公告に相当する公開の手続を経たものであると認められる書類　同条の手続を経た評価書

2　前項各号に掲げる書類は、当該書類の作成の根拠が条例又は行政指導等（地方公共団体に係るものに限る。）であるときは環境大臣が当該地方公共団体の意見を聴いて、行政指導等（国の行政機関に係るものに限る。）であるときは主務大臣が環境大臣（第一種事業若しくは第二種事業が市街地開発事業として都市計画法の規定により都市計画に定められる場合における当該第一種事業若しくは第二種事業又は第一種事業若しくは第二種事業に係る施設が都市施設として同法の規定により都市計画に定められる場合における当該都市施設に係る第一種事業若しくは第二種事業について当該都市計画を定める都市計画決定権者が環境影響評価その他の手続を行うものとする旨を定める行政指導等にあっては、国土交通大臣が主務大臣及び環境大臣）に協議して、それぞれ⑦指定するものとする。

3　前項の規定による指定の結果は、⑧公表するものとする。

4　⑨前三項（第一項第一号から第五号まで及び第十号を除く。）の規定は、⑩第四十八条第一項の規定に基づく政令の制定又は改廃により新たに同項の対象港湾計画となった港湾計画について準用する。この場合において、〈読み替え規定〉と読み替えるものとする。

趣旨

本法では、対象となる事業の範囲を政令で規定しているため、法の施行後に第一種事業又は第二種事業に係る政令を制定・改廃した場合、新たに第一種事業又は第二種事業となる事業が発生することが想定できる。法第五三条から第五六条までは、このような場合に備えて、あらかじめ、このような政令（対象事業等政令）の制定・改廃に係る経過措置を規定するものである。なお、法制定時の附則第二条から第六条までにこれらの規定と同内容の規定があるが、両者の違いは、法の全面施行時に適用される（法附則第二条〜第六条）か、法の全面施行時以後の政令改正の際に適用される（法第五三条〜第五六条）かにある。

具体的には、①対象事業等政令の施行時に他の制度による環境影響評価手続が進行中である対象事業の本法手続への乗り換え（法第五三条）、②対象事業等政令の施行時に一定の事実が発生していることによる手続の実施に関する規定の適用除外（法第五四条）、③②により適用除外となる事業の自主的な環境影響評価手続（法第五五条）、④その他の経過措置規定の政令への委任（法第五六条）が規定されている。

①の第五三条については、対象事業等政令の制定・改廃の施行の際、条例又は行政指導その他の措置の定めるところによって環境影響評価手続が進行中である場合には、既に行われた手続と同様の法に基づく手続を行う必要はないものとし、法の手続に途中から移行できるようにするものである。

移行の考え方としては、法に基づき作成されるべき書類に相当する、他の環境影響評価に係る制度に基づく書類がある場合には、当該他の制度に基づく書類を法によって作成された書類とみなし、当該書類の作成以降の手続のみを行うこととしている。これは、本法の一連の手続が、配慮書、方法書、準備書、評価書という事業者が作成する書類と、これに対する国民一般、都道府県知事等の意見を記載した書類のやりとりで構成される、書類を中心とした手続であることから、これらの書類に着目して法の手続への円滑な移行を図ったものである。

なお、みなされた書面を作成するまでの法の手続については、行う必要がない旨の明文の規定はないが、当然に行う必要はないものと解される。

1．第一項

ここでは、条例又は行政指導等の指針（要綱等）においてどのような書類が作成されていれば、法の規定によるどの書類とみなされるかを規定している。

なお、本条の規定によるみなしを受けた書類は、他の制度によって作成されたものであるため、当該書類の記載事項及び内容は、法において必要とされる記載事項及び内容とは異なるものとなるが、この点をもって当該書類に不備があると直ちに解釈されるものではない。しかし一方で、例えば景観条例のように環境の一部の観点からしか評価を行っていないものではなく、環境全般の観点から評価を行っている制度である必要がある。

㈠　第一号について

第一種事業に係る計画の立案の段階において、当該事業が実施されるべき区域等の決定に当たって、当該事業に係る環境の保全のために配慮すべき事項についての検討を行った結果を記載したものであると認められる書類については、配慮書とみなされる。

㈡　第二号について

配慮書に相当する書類について主務大臣が意見を述べたものであると認められる書類については、法第三条の六の規定により主務大臣が述べた意見とみなされる。

㈢　第三号について

環境影響評価の項目を記載した書類であって地方公共団体の長に対する送付、縦覧その他の第三者の意見を聴くための手続を経たもの及び説明会やパンフレットの配布等の周知の措置を経たものであると認められるものについては、法第七条の規定による縦覧までの手続を経た方法書とみなされ、法第八条以降の手続が義務づけられることとなる。

ここで「第三者」とは、事業者と免許等を行う者等以外の者であり、具体的には都道府県知事、市町村長、住民等が含まれうる。

㈣　第四号について

方法書に相当する書類に対する一般の意見の概要を記載して地方公共団体の長に送付されたものであると認められる書類については、法第九条の規定により知事等に送付された意見の概要とみなされ、法第一〇条以降の手続が行われることとなる。

㈤　第五号について

方法書に相当する書類について地方公共団体の長が意見を述べたものと認められる書類については、法第一〇条第一項の知事意見又は第四項の市長意見とみなされ、法第一一条以降の手続が行われることとなる。

(六)　第六号について

準備書に相当する書類であって公告及び縦覧並びに説明会やパンフレットの配布等の周知の措置を経たものと認められるものについては、法第一六条及び第一七条の周知手続を了した準備書とみなされ、法第一八条以降の手続が行われることとなる。

これにより、同じ事業について、公告・縦覧や説明会を再度行うような手戻りがなくなる。

(七)　第七号について

準備書に相当する書類に対する一般の意見の概要を記載して関係地方公共団体の長に送付されたものであると認められる書類については、法第一九条の規定により知事等に送付された意見の概要とみなされ、法第二〇条以降の手続が行われることとなる。

(八)　第八号について

準備書に相当する書類について地方公共団体の長の意見を述べたものと認められる書類については、法第二〇条第一項の知事意見又は第四項の市長意見とみなされ、法第二一条以降の手続が行われることとなる。

(九)　第九号について

評価書に相当する書類であると認められる書類がある場合（単に、事業者の内部において文書として作成されているだけでは足りず、関係行政機関に送付済みである等、当該書類があることが外形的に確認できる状態にあることが必要と解する。）は、法第二一条第二項の評価書とみなされ、法第二二条以降の手続が行われることとなる。

(十)　第一〇号について

関係行政機関の意見が述べられる機会が設けられており、かつ、その意見を勘案して準備書に相当する書類又は評価書に相当する書類の記載事項の検討を行った結果を記載したものであると認められる書類については、法第二六条第二項の評価書とみなされる。ここで、法第二六条第二項の評価書とは、同項の規定による手続を経ていないものであり、同項の規定による都道府県知事等への送付から手続が行われることとなる。

(十一)　第一一号について

環境影響評価に係る他の制度において法第二七条の公告に相当する手続を了している書類については、法第二七条の公告を経た評価書とみなされ、当該事業については事業の実施制限は解除される（なお、仮に当該制度により縦覧が行われない場合には、別途、法第二七条の規定の例にならって縦覧を行うことが望ましい。）。

なお、評価書の公告後の事業内容の変更の制限（法第三一条第二項）、評価書の公告後の引継ぎの公告（法第三一条第四項）、評価書の公告後における環境影響評価その他の手続の自主的再実施（法第三二条）、免許等、特定届出、補助金交付等の際の審査（法第三三条～第三七条）、事業者による環境の保全の配慮等（法第三八条）については、適用されることとなる。

２．第二項

相当書類の指定の方法について定める。作成の根拠が地方公共団体の制度であるもの（条例又は地方公共団体の定めた要綱等）については、環境大臣が当該地方公共団体の長の意見を聴いて指定するものとし、国の制度であるもの（閣議決定要綱、行政機関その他国の関係機関の定めた要綱等）については、主務大臣が環境大臣に協議して指定（都市計画に係る国土交通省通達については、国土交通大臣が主務大臣と環境大臣に協議して指定）することとしている。

３．第三項

第二項による指定の結果は、公表されることとなる。これにより、事業者にとっては、事業に係る環境影響評価手続の見通しを立てることができ、また、地方公共団体や住民等にとっては、制度運用の透明度が高まることとなる。

４．第四項

港湾計画に係る手続に関する技術的読み替えである。

解説

①　**「その制定又は改廃により新たに対象事業となる事業」**

政令による対象事業種の追加又は対象規模要件の引き下げ等が行われることによって、新たに対象事業となる事業を想定している。

②　**「新たに第二種事業となる事業のうち第四条第三項第一号（第三十九条第二項の規定により読み替えて適用される**

場合を含む。）の措置がとられたものを含む」

新たに第二種事業に該当することとなる事業については、対象事業等政令の施行日以降、法第四条第一項の届出を行う必要がある。そして、同条の規定による判定の結果、法第五条以降の手続を行う必要があるとされた事業については、本条の規定が適用され、仮にこの事業について条例・要綱等において第一項各号に掲げる書類（相当書類）が作成されていた場合は最初から手続を行う必要はなく、法の手続の中途から手続を開始することができる。

なお、判定を受けることなく法の手続を行おうとする事業者は、法第四条第六項に定める通知を行った段階で、その事業について法第四条第三項第一号の措置がとられたものとみなされることとなる（法第四条第八項）ため、判定を受けずして本条の規定の適用を受けることができることとなる。

また、法第三九条第二項により読み替えて適用される場合を含んでいるのは、都市計画特例が適用される事業の場合の第二種事業の判定の場合を含めるためである。

③　**「施行の際」**

新規対象事業等について、本法の規定による環境影響評価手続の実施が義務づけられることとなる時点を指すものであり、対象事業等政令である政令が形式的に施行される時点を指すものではない。例えば、対象事業の形式的な追加、主務大臣による指針の策定、環境影響評価手続の義務づけが段階的に行われる場合には、環境影響評価手続の義務づけが行われる時点で、第一項の規定によるみなしの効果が発生する。

④　**「行政手続法（平成五年法律第八十八号）第三十六条に規定する行政指導」**

行政手続法第三六条に規定する行政指導とは、同一の行政目的を実現するため一定の条件に該当する複数の者に対して行われる行政指導を指す。このような行政指導については、同条の規定により、行政指導指針（一般的には「要綱」等と呼称される場合もある）を定めることが義務づけられている。

【参照条文】

◎行政手続法（平成五年法律第八十八号）（抄）

（複数の者を対象とする行政指導）

第三十六条　同一の行政目的を実現するため一定の条件に該当する複数の者に対し行政指導をしようとするときは、行政機関は、あらかじめ、事案に応じ、行政指導指針を定め、かつ、行政上特別の支障がない限り、これを公表しなければならない。

⑤　**「（地方公共団体が同条の規定の例により行うものを含む。）」**

行政手続法においては、地方公共団体が行う行政指導を直接の対象とはしておらず、その規律を条例に委ねているところである。このため、地方公共団体が行う行政指導であって、同一の行政目的を実現するため一定の条件に該当する複数の者に対して行われるものを含めることを明記したものである。具体的には、地方公共団体の要綱に基づく環境影響評価制度が該当する。

⑥　**「その他の措置」**

直轄事業に係る環境影響評価の実施について行政機関内部の規律として定める環境影響評価制度は、「行政指導」の概念には入らないため、このようなものを含める趣旨から、「その他の措置」との文言をおいたものである。

⑦　**「指定」**

書類の指定は、条例・要綱等の条文に即して行われる。例えば、「○○県条例○○条の規定により作成された書類」というように指定される。したがって、個々の事業者が作成した書類を個別に審査するのではなく、指定を受けた条項に従って作成された書類は、すべて相当書類としてみなされることとなる。

⑧　**「公表」**

対象事業等政令の制定・改廃に伴い、新たに対象となる事業に該当する事業が見込まれる際に、指定を行い、公表することとなる。

⑨　**「前三項（第一項第一号から第五号まで及び第十号を除く。）の規定」**

港湾環境影響評価手続については、配慮書及び方法書手続が存在しないため、第一項第一号から第五号は準用されない。また、港湾環境影響評価手続は、港湾管理者が港湾計画を策定する前に行われるものであり、この段階での国の行政機関の関与は存在しないため、第一項第一〇号は準用されない。

⑩　**「第四十八条第一項の規定に基づく政令」**

施行令第二五条において、対象港湾計画の規模等の要件が定められており、この要件を改正する際に、経過措置が必要となる場合がある。

第五十四条　新規対象事業等であって次に掲げるもの（①第一号から第四号までに掲げるものにあっては、対象事業等政令の施行の日（以下この条において「政令施行日」という。）以後その内容を変更せず、又は事業規模を縮小し、若しくは②政令で定める軽微な変更その他の政令で定める変更のみをして実施されるものに限る。）については、③第二章から前章までの規定は、適用しない。

一　第二条第二項第二号イに該当する事業であって、政令施行日前に免許等が与えられ、又は特定届出がなされたもの

二　第二条第二項第二号ロに該当する事業であって、政令施行日前に同号ロに規定する国の補助金等の交付の決定がなされたもの

三　前二号に掲げるもののほか、法律の規定により定められる国の計画で政令で定めるものに基づいて実施される事業であって、政令施行日前に当該国の計画が定められたもの

四　前三号に掲げるもののほか、④政令施行日前に都市計画法第十七条第一項の規定による公告が行われた同法の都市計画に定められた事業（当該都市計画に定められた都市施設に係る事業を含む。以下同じ。）

五　前二号に掲げるもののほか、⑤第二条第二項第二号ハからホまでに該当する新規対象事業等であって、政令施行日から起算して⑥六月を経過する日までに実施されるもの

2　前項の場合において、当該新規対象事業等について政令施行日前に条例の定めるところに従って前条第一項各号に掲げる書類のいずれかが作成されているときは、第六十条の規定にかかわらず、当該⑦条例の定めるところに従って引き続き当該事業に係る環境影響評価その他の手続を行うことができる。

3　第一項各号に掲げる事業に該当する事業であって、政令施行日以後の内容の変更（環境影響の程度を低減するものとして政令で定める条件に該当するものに限る。）により新規対象事業等として実施されるものについては、第二章から前章までの規定は、適用しない。

政令

（法第五十四条第一項の政令で定める軽微な変更等）

第二十七条　第十八条の規定は、法第五十四条第一項の政令で定める軽微な変更及び同項の政令で定める変更について準用する。この場合において、第十八条第一項並びに第二項第二号及び第三号中「対象事業」とあるのは「事業」と、別表第三中「対象事業の」とあるのは「事業の」と、「該当する対象事業」とあるのは「該当する事業」と、「対象事業実施区域」とあるのは「事業が実施されるべき区域」と読み替えるものとする。

趣旨

1．第一項

対象事業等政令の制定・改廃に伴って新たに第一種事業又は第二種事業となる事業であって、対象事業等政令の施行の際、既に事業実施に係る免許等の処分が済んでいるなど一定の段階にある第一種事業又は第二種事業については、法に基づく手続を行うことを要しないこととする。これは、対象事業等政令の施行日において既にその対象事業について免許等、国の補助金等の交付決定、都市計画決定などがなされている場合は、その後に環境影響評価手続を行ったとしても事業内容についての意思決定に反映するすべがなく、また、事業内容が固まった段階で環境影響評価手続を行って事業内容を見直すことにより事業に関係する者の法的安定性を害するおそれがあるためである。

前記のような観点から手続の実施に関する規定の適用を除外するものとして、次の五つの種類を定めている。

①　法第二条第二項第二号イに該当する事業であって、対象事業等政令の施行日前に免許等が与えられ、又は特定届出がなされたもの

②　法第二条第二項第二号ロに該当する事業であって、対象事業等政令の施行日前に補助金等の交付決定がなされたもの

③　計画策定の段階で個別事業に係る環境影響評価が行われるものとして政令で定める国の計画に基づいて実施される対象事業であって、対象事業等政令の施行日前に当該計画が定められたもの

④　都市計画に定められる事業であって、対象事業等政令の施行日前に都市計画が定められたもの
⑤　法第二条第二項第二号ハからホまでに該当する事業であって、対象事業等政令の施行日から六ヶ月を経過する日までに実施されるもの

ただし、①～④の場合のうち、対象事業等政令の施行日以後事業内容が環境影響を増加させるような方向で大幅に変更されるようなケースにあっては、環境影響評価手続を行わせることとしている。

２．第二項

第一項各号に該当する事業について、条例による手続が進行中である場合に、対象事業等政令の施行により当該条例による手続が打ち切られてしまうこととするのは不合理である。例えば、第一項第三号に規定する事業について、国の計画の策定の段階と地方公共団体による手続の終了の段階とが必ず一致するとは限らない。このため、このような場合においては、条例の定めるところにより引き続きその手続を行い得ることとしたものである。

３．第三項

対象事業等政令の施行の際においては第一種事業又は第二種事業でない事業であって、既に事業実施に係る免許等の処分が済んでいるなど一定の段階にあるものが、対象事業等政令の施行日以後事業内容を変更（例：規模の拡大）してこれらに該当することとなる場合には、本来、法による環境影響評価手続を行うべきものであるが、当該変更が、例えば緑地の拡大のように事業の環境影響をむしろ低減させる内容のものであった場合には、手続の実施に関する規定を適用除外とするものである。

解説

①　**「第一号から第四号までに掲げるものにあっては」**

第五号に掲げるものにあっては、何を基準にしての「変更」を捉えるのかを明確にすることができず、意味のある規律を定めることができないため、この括弧書きからは除外したものである。

②　**「政令で定める軽微な変更その他の政令で定める変更」**（＝施行令第二七条）

第一項各号に掲げる事業は、既に事業の免許等がなされているなど、事業計画が固まった段階にあるものである。したがって、手続を行う必要のない事業内容の変更については、評価書の公告後の変更に関する規定と同等のものと

することが適切であることから、施行令第二七条において、法第三一条第二項の「政令で定める軽微な変更」と「その他の政令で定める変更」を規定する施行令第一八条の規定を準用している。

③　**「第二章から前章までの規定は、適用しない」**

法第一章（総則）及び法第十章（雑則）の規定は適用される。

④　**「政令施行日前に都市計画法第十七条第一項の規定による公告が行われた同法の都市計画に定められた事業」**

対象事業等政令の施行日前に都市計画法第一七条第一項の規定による都市計画の案の公告が行われたことのみならず、当該事業に係る都市計画決定が対象事業等政令の施行日前に行われていることが必要である。これは、「都市計画に定められた事業」とされているので、当該都市計画が決定されていることが必要と解釈されるためである。

なお、都市計画法第二一条第二項において、政令で定める軽易な変更に該当する都市計画の変更については、都市計画法第一七条の規定を準用することなく、都市計画を変更することができることとされており、入念に当該ケースを排除するために、「第一七条第一項の規定による公告が行われた」との限定を付している。

⑤　**「第二条第二項第二号ハからホまでに該当する新規対象事業等」**

「特別の法律により設立された法人がその業務として行う事業」（法第二条第二項第二号ハ）、「国が行う事業」（同号ニ）及び「国が行う事業のうち免許等が必要とされる事業」（同号ホ）のいずれかに該当する新規対象事業等を指す。

⑥　**「六月を経過する日までに実施されるもの」**

免許等を受けて行われる事業については、免許等の時点を法の手続の実施に関する規定が適用除外となる時点として捉えることができるが、直轄事業等についてはこのような節目となる時点が存在しないため、事業の着手の時点を捉えることとせざるを得ない。しかしながら、免許等を受けて行われる事業は免許等を受けてから事業に着手するまでがおおよそ六ヶ月と考えられるため、直轄事業等についてもこれと公平を期すため、六ヶ月間の猶予を与えることとしたものである。

⑦　**「条例の定めるところ」**

本条では、法と条例の関係の特例規定を定めるために、「条例の定めるところ」としているものである。要綱等の行政指導と本法の間には抵触関係は生じないため、特に整理はしていない。

第五十五条　前条第一項各号に掲げる事業に該当する新規対象事業等を実施しようとする者は、①同項の規定にかかわらず、当該新規対象事業等について、②第三条の二から第三条の九まで及び第五条から第二十七条まで、第五条から第二十七条まで又は第十一条から第二十七条までの規定の例による計画段階配慮事項についての検討、環境影響評価その他の手続を行うことができる。

2　③第二十八条から第三十一条まで及び第三十二条第二項の規定は、前項の規定により環境影響評価その他の手続を行う対象事業について準用する。この場合において、これらの規定中「事業者」とあるのは、「第五十五条第一項に規定する新規対象事業等を実施しようとする者」と読み替えるものとする。

趣旨

1．第一項

法第三二条の自主的再実施規定と同趣旨の規定である。すなわち、対象事業等政令の施行日前に免許等が行われる等、一定の手続が進行しているものについては法の規定による手続を実施する義務は生じないが、周辺の環境の状況が大きく変化している場合、事業の実施についての環境配慮を適切に行うために環境影響評価手続を経ておきたいと考える場合など、法による環境影響評価手続を実施して事業に係る環境影響を見極めておきたいと考える場合には、これを尊重して、自主的に環境影響評価手続を行えるようにする趣旨である。

2．第二項

第一項の規定による環境影響評価手続の実施は、その契機は事業を実施しようとする者の自発的・任意的意思によるものであるが、環境影響評価手続には都道府県知事、市町村長その他環境の保全の見地からの意見を有する多数の主体が関与するものであることから、環境影響評価手続を行うこととしたときは遅滞なくその旨を公告して関係主体に知らしめることとしている。また、このようにして多くの主体の関与を求めることとする以上、法的安定性の確保のため、法のルールどおり手続が実施されるよう事業内容の修正、対象事業の廃止、事業の実施制限等の所要の規定も準用することとしている。

解説

①「同項の規定にかかわらず」

第五四条第一項において、第二章から前章までの規定を適用しないこととしていることにもかかわらず、との意味である。

②「第三条の二から第三条の九まで及び第五条から第二十七条まで、第五条から第二十七条まで又は第十一条から第二十七条までの規定の例による計画段階配慮事項についての検討、環境影響評価その他の手続を行うことができる」

事業者は、配慮書手続から開始するか、方法書手続から開始するか、環境影響評価から開始するかについて、事業内容や状況に応じて判断した上で、手続を行うことができる。

③「第二十八条から第三十一条まで及び第三十二条第二項の規定」

本条に基づいて手続を実施しようとする者は、法第三二条第二項の環境省令の定めるところにより、手続を行うこととした旨を公告することとしている（法第三二条第二項の準用）。そして、この公告を行った事業には、事業の実施制限（法第三一条の準用）、事業内容の修正に係る各種規定（法第二八条、第二九条及び第三〇条の準用）が適用されるものである。

第五十六条　前三条に定めるもののほか、この法律に基づき命令[①]を制定し、又は改廃する場合においては、その命令で、その制定又は改廃に伴い合理的に必要と判断される範囲内において、所要の経過措置を定めることができる。

趣旨

法第五三条から第五五条までに定めるもののほか、この法律に基づき命令を制定し、又は改廃する場合においては、その命令で、合理的に必要と判断される範囲内において、所要の経過措置を定めることができる。

法は、対象事業等を定める政令の他にも各種の基準や指針などを政令や主務省令に委任しており、これらの制定や改廃にあたっても経過措置を設けることが必要となる可能性もありうることから、本規定を設けたものである。

解説

①「命令」

政令のほか、主務省令、環境省令などの各種規則が含まれる。

（政令への委任）

第五十七条　この法律に定めるもののほか、この法律の実施のため必要な事項は、政令で定める。

趣旨

本条は、本法の実施政令に関する規定である。

政令とは、内閣の制定する命令であるが、それには、個々具体的な法律の委任に基づくものと、法律を実施するための手続等を規定するものとがある。前者を委任政令、後者を実施政令というが、実施政令の制定権は憲法第七三条第六号の規定により一般的に内閣に与えられているものであって、その意味で本条は確認的な規定である。

（主務大臣等）

第五十八条　この法律において主務大臣は、次の各号に掲げる事業及び港湾計画の区分に応じ、当該各号に定める大臣とする。

一　第二条第二項第二号イに該当する事業　①免許等又は②特定届出に係る事務を所掌する③主任の大臣

二　第二条第二項第二号ロに該当する事業　④交付決定権者の行う決定に係る事務を所掌する主任の大臣

三　第二条第二項第二号ハに該当する事業　⑤法人監督者が行う監督に係る事務を所掌する主任の大臣

四　第二条第二項第二号ニに該当する事業　当該事業の実施に関する事務を所掌する主任の大臣

五　第二条第二項第二号ホに該当する事業　当該事業の実施に関する事務を所掌する主任の大臣及び当該事業に係る同号ホの免許、特許、許可、認可、承認若しくは同意又は届出に係る事務を所掌する主任の大臣

六　港湾計画　国土交通大臣
２　この法律において、主務省令とは主務大臣の発する命令（主務大臣が内閣府の外局の長であるときは、内閣府令）とし、主務省令・国土交通省令とは主務大臣（主務大臣が内閣府の外局の長であるときは、内閣総理大臣）及び国土交通大臣の発する命令（主務大臣が国土交通大臣であるときは、国土交通大臣の発する命令）とする。

趣旨

本条は、主務大臣を定める規定である。主務大臣は、法第二条第二項第二号に列記される要件の区分に応じて定められている。なお、本法の施行を所管する大臣には、主務大臣のほか、制度全体の施行を担当する環境大臣、都市計画特例の施行の一部を担当する国土交通大臣が含まれる。

解説

①　**「免許等」**
「第二条第二項第二号イに該当する免許、特許、許可、認可、承認若しくは同意」を「免許等」と呼ぶ旨が、法第四条第一項第一号に定められている。

②　**「特定届出」**
「第二条第二項第二号イに規定する届出」を「特定届出」と呼ぶ旨が、法第四条第一項第一号に定められている。このとき、法第二条第二項第二号イにおいては、「届出」について、「当該届出に係る法律において、当該届出に関し、当該届出を受理した日から起算して一定の期間内に、その変更について勧告又は命令をすることができることが規定されているものに限る」こととしている。

③　**「主任の大臣」**
他の法律において権限が与えられている場合に「主任の大臣」との用語を用いている。一方、本法において権限が与えられる場合は「主務大臣」と呼ぶ。

④　**「交付決定権者」**
「第二条第二項第二号ロに規定する国の補助金等の交付の決定を行う者」を「交付決定権者」と呼ぶ旨が、法第四

条第一項第二号に定められている。

⑤　**「法人監督者」**

「第二条第二項第二号ハに規定する法律の規定に基づき同号ハに規定する法人を当該事業に関して監督する者」を「法人監督者」と呼ぶ旨が、法第四条第一項第三号に定められている。

（事務の区分）

第五十九条　第四条第一項第一号若しくは第五号又は第二十二条第一項第一号、第二号若しくは第六号に定める者（地方公共団体の機関に限る。以下「第四条第一項第一号等に定める者」という。）が、この法律の規定により行うこととされている事務は、当該第四条第一項第一号等に定める者が行う免許等若しくは第一条第二項第二号ホに規定する免許、特許、許可、認可、承認若しくは同意又は特定届出若しくは同号ホに規定する届出に係る事務が地方自治法（昭和二十二年法律第六十七号）第二条第九項第一号に規定する第一号法定受託事務（以下単に「第一号法定受託事務」という。）である場合は第一号法定受託事務と、同項第二号に規定する第二号法定受託事務（以下単に「第二号法定受託事務」という。）である場合は第二号法定受託事務とする。

２　第四条第一項第二号又は第二十二条第一項第三号に定める者（都道府県の機関に限る。）が、この法律の規定により行うこととされている事務は、第一号法定受託事務とする。

趣旨

地方分権の推進に伴い、法定受託事務については、法律又はこれに基づく政令に明記する必要があるとされたことから、地方分権の推進を図るための関係法律の整備等に関する法律（平成一一年法律第八七号）により規定されたものである。

なお、各手続等において意見を述べる主体としての事務や、事業者、都市計画決定権者又は港湾管理者として環境影響評価手続を行う事務については、自治事務と整理されている。

【参照条文】

◎地方自治法（昭和二十二年法律第六十七号）（抄）

第二条（略）

②～⑦（略）

⑧この法律において「自治事務」とは、地方公共団体が処理する事務のうち、法定受託事務以外のものをいう。

⑨この法律において「法定受託事務」とは、次に掲げる事務をいう。

一　法律又はこれに基づく政令により都道府県、市町村又は特別区が処理することとされる事務のうち、国が本来果たすべき役割に係るものであつて、国においてその適正な処理を特に確保する必要があるものとして法律又はこれに基づく政令に特に定めるもの（以下「第一号法定受託事務」という。）

二　法律又はこれに基づく政令により市町村又は特別区が処理することとされる事務のうち、都道府県が本来果たすべき役割に係るものであつて、都道府県においてその適正な処理を特に確保する必要があるものとして法律又はこれに基づく政令に特に定めるもの（以下「第二号法定受託事務」という。）

⑩～⑰（略）

（他の法律との関係）

第六十条　第二条第二項第一号ホ[①]に掲げる事業の種類に該当する第一種事業又は第二種事業に係る環境影響評価その他の手続については、この法律及び電気事業法[②]の定めるところによる。

趣旨

事業用電気工作物であって発電用のものに係る環境影響評価手続については、本法と電気事業法の双方に手続を定めることとするものである。

１．発電所特例の概要

発電所事業に関しても、㈠環境影響評価の項目等の選定の指針をはじめとする各種指針の定め方、㈡第二種事業に係る判定、方法書等の手続、㈢一般意見、知事等意見の形成方法及びこれらの事業者における取扱方法、㈣配慮書、方法書、準備書、評価書、報告書等の各種書類の基本的な記載事項などについては、事業種横断的に環境影響評価法に定められた環境影響評価の方法や手続が適用されることとなる。

ただし、発電所については、手続の各段階における国の関与の仕組みを設けるとともに、環境影響評価の結果を認可要件とするなど所要の特例を電気事業法において設けている。具体的には、①環境影響評価の項目や手法の選定の手続（方法書手続）における経済産業大臣の勧告、②準備書に対する経済産業大臣の勧告、③評価書に対する経済産業大臣の変更命令の各手続を付加するとともに、各種書類の記載事項として、④対象事業とするかどうかの個別判断（スクリーニング）の届出に、簡易な環境影響評価の結果を添付すること、⑤方法書に詳細な環境影響評価の手法を記載すること、⑥準備書・評価書に勧告・命令の内容を記載すること等を追加している。また、報告書手続は報告書の公表のみとしている。（趣旨等は法第三八条の五に対する解説を参照されたい。）

２．発電所の特例の考え方

(一)　事業内容決定者の事前指導のタイミングの前倒し

発電所については、民間事業者が立案する個別の発電所計画が国において策定する電源開発の将来見通しに影響するという特殊な事業であり、国は、個別の発電所計画に対して深い関心を有しているものの、国は許認可等の規制監督の手段によってはじめてこれに関与できるという他の対象事業にはみられない性格を有する（道路、ダム等環境影響評価法の他の対象事業については、国家的な政策課題という点では類似する面があるものの、国、地方公共団体、独立行政法人等という公共主体が事業を実施するという点で大きく異なる。）。

また、旧通商産業省の省議決定による発電所に関する環境影響評価制度は、環境影響評価の手続の各段階で旧通商産業省が指導を行う形態をとっており、本法施行前の二〇年間にわたり、その実績が積み重ねられていた。

このため、発電所においては、他の事業の手続と同様に、環境影響評価の結果を事業内容の決定に反映させていくという原則、事業内容の最終決定の前に免許等を行う者等が事前指導を行うという原則、免許等を行う者等の事前指導に際して環境大臣が意見を述べるという原則のすべてを満たす形で制度を構築するものの、免許等を行う者等の事前指導を行うタイミングを本則事業よりも前に行うこととしている。

(二)　事前指導のタイミングの前倒しに伴う評価書作成手続の修正

この際、評価書の作成のための手続において、方法書における一般意見の聴取、知事等意見の聴取、準備書における一般意見の聴取、知事等意見の聴取という手続の原則は維持することが必要であり、発電所特例においても、これらの順序を含め、この原則を踏襲しているところである。ただし、この際、同じ対象（方法書、準備書）に係る行政指導であって、地方公共団体が地方行政を行う立場から地域の環境情報に基づく意見を事業者に対して述べるものと、国が許認可等の事前指導として行う勧告が異なるタイミングでなされることは、事業者において混乱が生ずる可能性があるため、事業者による合理的な比較検討に資するため、そのタイミングを合わせることとしている。

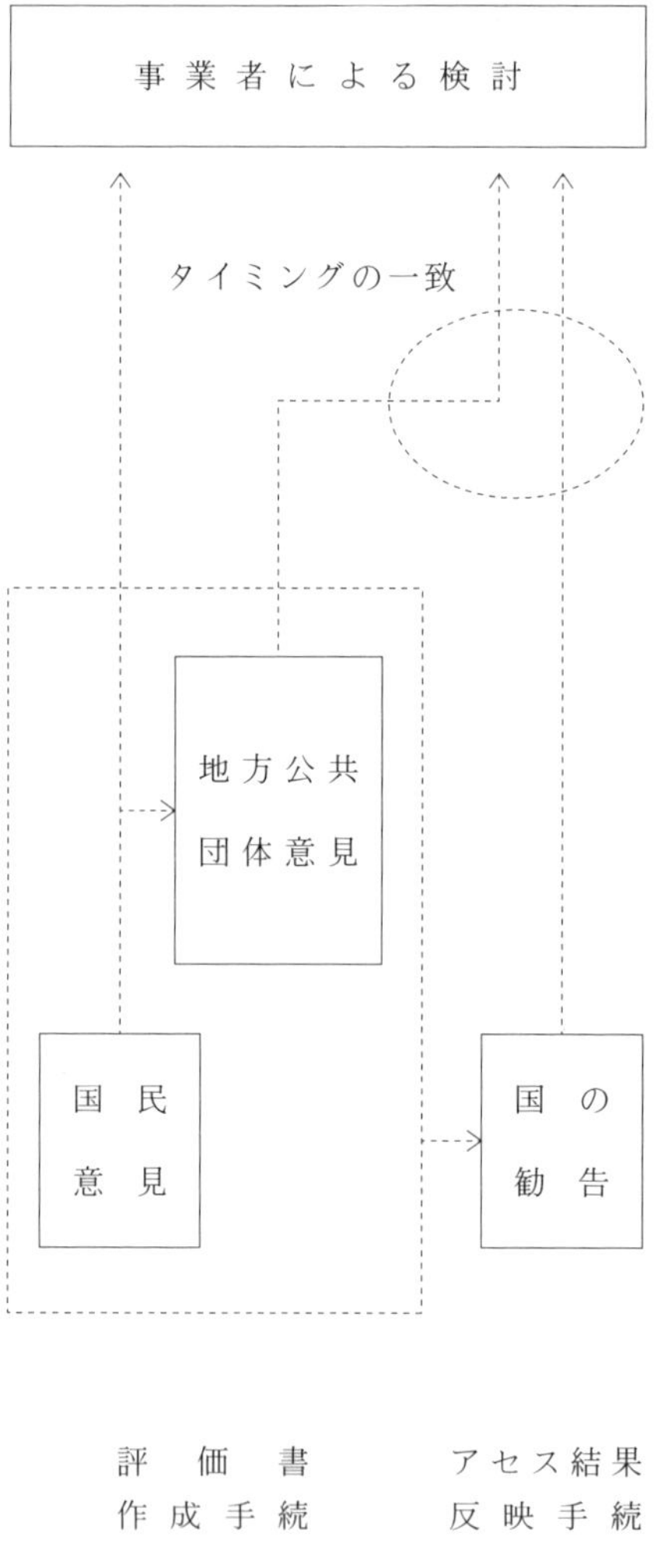

また、評価書を作成する手続が環境影響評価の結果を事業内容に反映する手続とより深く重なることに伴い発生する、事業者の自主的な検討の意欲を損なう効果をできる限り少なくし、制度の透明性を高めるため、免許等を行う者等による事前指導の内容は、準備書、評価書に記載させることとしている。

㈢　評価書の確定に対する国の関与

事業特性により、評価書の確定について、国の意見を受けて事業者が自主的に行う形ではなく、国が評価書の変更命令を行い国が確定するとともに、その確定された評価書どおりに工事計画認可の申請があればその認可を行うスキームとしている。ただし、事業者の自主的な取組の状況が確認できるよう、変更命令の内容は評価書の縦覧と併せて縦覧することとし、自主的な取組の意欲を損なわないようにしている。

㈣　環境大臣の関与のタイミングの修正

前述のように、発電所特例においては、免許等を行う者等の事前指導の手続が他の事業に比較して早い段階でなされる。他の事業においては、環境大臣の意見が免許等を行う者等の事前指導の前に位置付けられており、発電所特例においても、環境大臣の意見を経済産業大臣による勧告に併せて述べられる形としている。

３．電気事業法に特例部分を規定する理由

環境影響評価法の一般法としての性格に鑑み、同法においては複数の事業種に関連する特例等（都市計画特例・港湾計画環境影響評価）を設けている。

一方、民間事業に対する規制監督の強化等に関する本特例は、個別事業法の観点から必要とされるものであり、当該事業に関する規制監督を行う電気事業法において設けることが適切と判断したものである。

すなわち、手続の各段階における規制監督に係る規定（勧告・命令）は、電気事業法に規定されている工事計画認可の前段階として必要となる規制監督であるため、同法に規定することが適切である。このため、勧告・命令に関係する規定及びこれに付随して事業者に義務を加重するための規定を電気事業法に規定することとしたものである。

解説

①　「**第二条第二項第一号ホに掲げる事業の種類**」

「電気事業法第三八条に規定する事業用電気工作物であって発電用のものの設置又は変更の事業」、すなわち、発電所の事業を指す。

②　「**電気事業法の定めるところ**」

電気事業法第四六条の二から第四六条の二三まで並びに第四七条第三項第三号及び第四号に、当該事業種に関する環境影響評価手続の特例が規定されている。

（条例との関係）
第六十一条　この法律の規定は、地方公共団体が次に掲げる事項に関し条例で必要な規定を定めることを妨げる[①]ものではない。
一　第二種事業及び対象事業以外の事業に係る環境影響評価その他の手続に関する事項[②]
二　第二種事業又は対象事業に係る環境影響評価についての当該地方公共団体における手続に関する事項（この法律の規定に反しないものに限る。）[③]

趣旨

本条は、この法律と条例との関係を入念的に規定するものであり、憲法や地方自治法において規定されている法と条例の関係を変更する趣旨のものではない。

なお、本条は法と条例との一般的な関係を確認する入念的な規定であることから、明示的には規定されていない対象港湾計画についても結果的に同様の整理となる。

（参考）
◎日本国憲法　（昭和二十一年憲法）（抄）
第九十四条　地方公共団体は、その財産を管理し、事務を処理し、及び行政を執行する権能を有し、法律の範囲内で条例を制定することができる。
◎地方自治法　（昭和二十二年法律第六十七号）（抄）
第十四条　普通地方公共団体は、法令に違反しない限りにおいて第二条第二項の事務に関し、条例を制定することができる。
②　普通地方公共団体は、義務を課し、又は権利を制限するには、法令に特別の定めがある場合を除くほか、条例によらなければならない。
③　（略）

１．第一号

この法律が対象としない事業（第二種事業及び対象事業以外の事業）について、地方公共団体が環境影響評価手続を規定することは、本法との関係において自由である旨を定めるものである。

具体的には、いわゆる「横だし」（法の対象となる事業種以外の事業種を条例で規律すること）や「裾だし」（法の対象となる事業規模以下の事業を条例で規律すること）が可能であることを示している。

２．第二号

第二種事業及び対象事業については、この法律が環境影響評価手続（第二種事業については法第四条に規定する手続）を規定しているため、条例で環境影響評価に関する一連の手続を規定することはできないが、地方公共団体における手続であってこの法律の規定に反しないもの（例えば、準備書に対する知事意見を形成するために法令で定められた期間内に審査会等に諮問、答申する等の手続）を条例で付加することはできる旨が示されている。

また、条例において、これらの事業を本法に規定する「環境影響評価」を行わしめるという目的以外の観点（例えば、文化財の保護、交通安全の確保、地域コミュニティの維持等）から規律することは当然に妨げられない。

解説

①　「妨げるものではない」
各号に列記していない事項については、この法律との関係において、条例の制定権の限界が存存することを示している。

②　「第二種事業及び対象事業以外の事業」
法第四条の判定を受ける必要のある事業を「第二種事業」としているため、一旦当該判定がなされ、対象事業とならなかった事業については、第二種事業でも対象事業でもないこととなる。このため、この事業についても、地方公共団体が条例により環境影響評価手続を行わせることは、妨げられない。

③　「当該地方公共団体における手続に関する事項（この法律の規定に反しないものに限る。）」
法により環境影響評価に関する一連の手続が定められている第二種事業又は対象事業についても、本法の規定に反しない限りにおいて、条例により環境影響評価に関する一定の手続を定めることができるという趣旨である。地方公共団体における手続としては、例えば、地方公共団体の意見の形成に当たって公聴会や審査会を開催すること等が該

当する。他方、対象事業等について、この法律で定められた手続を変更し、又は手続の進行を妨げるような形で事業者に義務を課すこと（例えば、事業者に対して説明会以外の方法によって準備書を周知する義務を課すこと、見解書を縦覧し住民等の意見を求める義務を課すこと等）はできない。

なお、「地方公共団体」とは、条例を定める「地方公共団体」であり、事業者や都市計画決定権者たる地方公共団体ではない。

（地方公共団体の施策におけるこの法律の趣旨の尊重）
第六十二条　地方公共団体は、当該地域の環境に影響を及ぼす事業について環境影響評価に関し必要な施策①を講ずる場合②においては、この法律の趣旨を尊重して行うものとする。

趣旨

本条は、地方公共団体が環境影響評価に関する施策を講ずる場合には、この法律の趣旨を尊重して行うべき旨を規定している。

この法律と条例との関係については法第六一条に規定されているが、本条は、単なる適用関係の整理のみならず、条例を含む地方公共団体の環境影響評価に関する施策一般についてどうあるべきかを規定するものである。

解説

①「施策を講ずる場合」

「施策」には、条例、要綱等による一般的な施策、具体的事業に対する個別の行政指導による施策が含まれる。環境影響評価に関する施策は、環境保全のために一般的に講ずることが望ましい施策であるが、その必要性の程度は、地域の自然的・社会的条件等により、相当程度異なるものと考えられる。このため、地方公共団体が環境影響評価に関する施策を行うかどうかは、それぞれの団体の判断に任されるべきものである。したがって、講ずることを義務づけるものではなく、「講ずる場合」に関する規定としている。

②「法律の趣旨を尊重」

「法律の趣旨を尊重」とは、地方公共団体が条例、要綱等により環境影響評価手続を定めるに当たっては、本法が依って立つ考え方や趣旨全体を参照し、整合のとれたものとすることが要請されるという考え方を訓示規定として示しているものである。本法の個々の手続を個別に参照することを求めたものではない。

参考

1．地方公共団体において、地域の環境保全の観点から、本法の第二種事業に相当する規模の事業について、あるいは、第二種事業に相当する規模に満たない規模の事業について、地方制度による環境影響評価を必ず行うべきものとすることは、法第六一条及び第六二条に抵触しない。

2．地方公共団体が、第二種事業を実施しようとする者に対し、条例に基づき配慮書手続の実施を義務づけることは、法第六一条及び第六二条に抵触しない。

3．地方公共団体において、法対象事業に関し、事業の着手後の手続として事後調査手続を義務づけることは、法より幅広い環境影響評価項目を対象としたり、対象となる環境要素ごとに具体的な手法や目安となる期間が示されているなど、それぞれの地域の実情に応じて適切な環境配慮を確保するための制度であり、法第六一条及び第六二条に抵触しない。

平成九年法制定時の附則

（施行期日）

第一条　この法律は、公布[①]の日から起算して二年を超えない範囲内において政令で定める日から施行する。ただし、次の各号に掲げる規定は、当該各号に定める日から施行する。

（平成一〇年政令第一七〇号で平成一一年六月一二日から施行）

一　第一条、第二条、第四条第十項、第十三条、第三十九条第二項（第四条第十項に係る部分に限る。）、第四十八条第一項及び第二項（第十三条に係る部分に限る。）、第五十八条並びに附則第八条の規定　公布[②]の日から起算して六月を超えない範囲内において政令で定める日

（平成九年政令第三四五号で平成九年一二月一二日から施行）

二　第四条第三項（同項の主務省令に係る部分に限る。以下この号において同じ。）及び第九項、第五条第一項（同項の主務省令に係る部分に限る。以下この号において同じ。）、第六条第一項（同項の主務省令に係る部分に限る。）及び第二項、第七条（同条の総理府令に係る部分に限る。）、第八条第二項（同項の総理府令に係る部分に限る。）、第十一条第一項（同項の主務省令に係る部分に限る。以下この号において同じ。）及び第三項、第十二条第一項（同項の主務省令に係る部分に限る。以下この号において同じ。）及び第二項、第三十九条第二項（第四条第三項及び第九項に係る部分に限る。）、第四十条第二項（第五条第一項に係る部分に限る。）、第四十八条第二項（第十一条第一項及び第三項並びに第十二条第一項及び第二項に係る部分に限る。）、次条第二項及び第三項並びに第四項（同条第二項及び第三項に係る部分に限る。）並びに附則第五条の規定　公布[③]の日から起算して一年を超えない範囲内において政令で定める日

（平成一〇年政令第一七〇号で平成一〇年六月一二日から施行）

趣旨

本法は、法律の公布日から六月以内で政令で定める日から目的規定、定義、基本的事項の策定、主務大臣の規定等が施行され、公布日から一年以内で政令で定める日から指針の策定、相当書類の指定等が施行され、公布日から二年以内で政令で定める日から全面的に施行される。

これは、段階的に法律を施行することにより、対象事業の決定、基本的事項や指針の策定、相当書類の指定等を順次行って、全面施行の日以降、円滑に法律の手続を実施することができるように配慮したものである。

㈠　六月以内で政令で定める日から施行される部分

○目的（法第一条）

○定義（法第二条）

○基本的事項関係（環境庁長官が策定、公表）

・第二種事業の判定基準に関する基本的事項（法第四条第一〇項）

・環境影響評価の項目並びに当該項目に係る調査、予測及び評価を合理的に行うための手法を選定するための指針、環境の保全のための措置に関する指針に関する基本的事項〈法第一三条〉

○主務大臣（法第五八条）

○環境庁設置法の一部改正（法附則第八条）

㈡　一年以内で政令で定める日から施行される部分

○判定基準、指針関係（主務省令を策定）

・第二種事業の判定基準（法第四条第三項及び第九項）

・環境影響評価の項目並びに当該項目に係る調査、予測及び評価を合理的に行うための手法を選定するための指針（法第一一条第一項及び第三項）

・環境の保全のための措置に関する指針（法第一二条第一項及び第二項）

○方法書関係

（主務省令を策定）

・方法書の作成に関する事項（法五条第一項）
・方法書段階での関係地域の基準（法第六条第一項及び第二項）
（総理府令を策定）
・方法書の公告に関する事項（法第七条）
・方法書への意見書提出に関する事項（法第八条）
○経過措置関係
・相当書類の指定及び公表（法附則第二条第二項、第三項及び第四項）
（書類の作成の根拠が条例・地方の行政指導の場合は環境庁長官、国の行政指導の場合は主務大臣が指定）
・事業者が、法律施行前に方法書の作成から環境影響評価の実施までの手続を行うことが可能（法附則第五条）

解説

①「公布の日から起算して二年を超えない範囲内において政令で定める日」
「環境影響評価法の施行期日を定める政令」（平成一〇年政令第一七〇号）において、平成一一年六月一二日と定められた。

②「公布の日から起算して六月を超えない範囲内において政令で定める日」
「環境影響評価法の一部の施行期日を定める政令」（平成九年政令第三四五号）において、平成九年一二月一二日と定められた。

③「公布の日から起算して一年を超えない範囲内において政令で定める日」
「環境影響評価法の施行期日を定める政令」において、平成一〇年六月一二日と定められた。

参考

本法の全面施行まで公布後二年という長期間の準備期間を設けた理由は、次のとおりである。

(一)　基本的事項や指針については、生物の多様性、地球環境、廃棄物の発生の抑制など環境基本法下の新たなニーズに対応したものとすることが必要であるほか、全体として従来の保全目標達成型から環境影響をできる限り回避・低減させるための検討経過を記述させる枠組みとするなど閣議決定要綱等で用いられているものを大幅に見直すことが必要である。また、このほか、スクリーニング、スコーピング等の新たな基準の設定も必要であり、多数の関係省庁と協議の上適切なものを定めていくには、相当の期間が必要であること。

㈡　施行日以後、事業者が法に規定する手続を円滑に行うためには、技術指針等が明らかになった上で、その内容を理解し、それに沿った検討を行うための相当の期間が必要であること。

㈢　既存の条例等による制度の改正との円滑な引継ぎを行うために相当の期間が必要であること。

（経過措置）

第二条　この法律の施行の際、当該施行[1]により新たに対象事業となる事業（新たに[2]第二種事業となる事業のうち第四条第三項第一号（第三十九条第二項の規定により読み替えて適用される場合を含む。）の措置がとられたものを含む。）について、条例又は行政指導等[3]の定めるところに従って作成された次の各号に掲げる書類（この法律の施行に際し次項の規定により指定されたものに限る。）があるときは、当該書類は、それぞれ当該各号に定める書類とみなす。

一　第五十三条第一項第一号に掲げる書類　第七条の手続を経た方法書

二　第五十三条第一項第二号に掲げる書類　第九条の手続を経た同条の書類

三　第五十三条第一項第三号に掲げる書類　第十条第一項の書面

四　第五十三条第一項第四号に掲げる書類　第十六条及び第十七条の手続を経た準備書

五　第五十三条第一項第五号に掲げる書類　第十九条の手続を経た同条の書類

六　第五十三条第一項第六号に掲げる書類　第二十条第一項の書面

七　第五十三条第一項第七号に掲げる書類　第二十一条第二項の評価書

八　第五十三条第一項第八号に掲げる書類　第二十六条第二項の評価書

九　第五十三条第一項第九号に掲げる書類　第二十七条の手続を経た評価書

２　前項各号に掲げる書類は、当該書類の作成の根拠が条例又は行政指導等（地方公共団体に係るものに限る。）であるときは環境庁長官が当該地方公共団体の意見を聴いて、行政指導等（国の行政機関に係るものに限る。）

であるときは主務大臣が環境庁長官（第一種事業若しくは第二種事業が市街地開発事業として都市計画法の規定により都市計画に定められる場合における当該第一種事業若しくは第二種事業又は第一種事業若しくは第二種事業に係る施設が都市施設として同法の規定により都市計画に定められる場合における当該都市施設に係る第一種事業若しくは第二種事業について当該都市計画を定める都市計画決定権者が環境影響評価その他の手続を行うものとする旨を定める行政指導等にあっては、建設大臣が主務大臣及び環境庁長官）に協議して、それぞれ指定④するものとする。

3　前項の規定による指定の結果は、公表⑤するものとする。

4　前三項⑥（第一項第一号から第三号まで及び第八号を除く。）の規定は、この法律の施行により新たに第四十八条第一項の対象港湾計画となる港湾計画について準用する。この場合において、＜読み替え規定＞と読み替えるものとする。

趣旨

本法の施行の際、条例又は行政指導その他の措置の定めるところによって環境影響評価手続が進行中である場合には、既に行われた手続と同様の法に基づく手続を行う必要はないものとし、法の手続に途中から移行できるようにするものである。

なお、法施行時の経過措置の内容は、対象事業等政令の制定・改廃に係る経過措置（法第五三条～第五六条）の内容と基本的に重なっているため、経過措置の基本的な考え方、書類の指定の要件及びその効果などは、法第五三条～第五六条の類似条文に対する解説を参照されたい。

解説

①　**「当該施行により新たに対象事業となる事業」**

法の全面施行の日（平成一一年六月一二日）において、この法の対象事業となるすべての事業を指す。

②　**「新たに第二種事業となる事業のうち第四条第三項第一号（第三十九条第二項の規定により読み替えて適用される場合を含む。）の措置がとられたものを含む」**

第二種事業に該当することとなる事業については、法の全面施行日以降、まず、法第四条の判定を受けるための届出を行う必要がある。そして、法第四条の判定の結果、法第五条以降の手続を行う必要があるとされた事業については、本条の規定が適用されることとなる。仮に、この事業について、条例等において相当書類が作成されていた場合は、方法書から手続を行う必要はなく、手続の中途から手続を開始することができる。

なお、判定を受けることなく法の手続を行おうとする事業者は、法第四条第六項に定める通知を行った段階で、その事業について法第四条第三項第一号の措置がとられたものとみなされることとなる（法第四条第八項）ため、判定を受けずして本条の規定の適用を受けることとなる。

③　「行政指導等」

法第五三条において、「行政手続法第三六条に規定する行政指導（地方公共団体が同条の規定の例により行うものを含む。）その他の措置」のことを、「行政指導等」と呼ぶこととしている。この場合、「その他の措置」とは、例えば、直轄事業に係る環境影響評価の実施についての行政機関内部の規律のような、「行政指導」の概念には入らないものを指す。

④　「指定」

書類の指定は、条例・要綱等の条文に即して行われる。例えば、「○○県条例○○条の規定により作成された書類」というように指定される。したがって、個々の事業者が作成した書類を個別に審査するのではなく、指定を受けた条項に従って作成された書類は、すべて相当書類としてみなされることとなる。

⑤　「公表」

地方公共団体の条例・要綱等（平成一〇年四月までに公布されたもの）に関しては、平成一〇年六月一二日環境庁告示第二九号により公表されている。

また、閣議決定要綱等の国の制度に関しては、環境庁告示第二八号（環境庁所管事業）、厚生省告示第一七二号（廃棄物最終処分場事業）、厚生省農林水産省・通商産業省・建設省告示第一号（ダム事業）、農林水産省・運輸省・建設省告示第一号（公有水面埋立て事業）、通商産業省告示第三二〇号（通産省所管事業）、運輸省告示第二八八号（新幹線事業、飛行場事業）、建設省告示第一三四六号（建設省単独所管事業）及び建設省告示第一三四七号（都市

計画に定められる事業）により、平成一〇年六月一二日に告示されている。

⑥　**「前三項（第一項第一号から第三号まで及び第八号を除く。）の規定」**

港湾環境影響評価手続については、方法書手続が存在しないため、第一項第一号から第三号は準用されない。

また、港湾環境影響評価手続は、港湾管理者が港湾計画を策定する前に行われるものであり、この段階での国の行政機関の関与は存在しないため、第一項第八号は準用されない。

第三条　第一種事業又は第二種事業であって次に掲げるもの（①第一号から第四号までに掲げるものにあっては、この法律の施行の日（以下この条において「施行日」という。）以後その内容を変更せず、又は事業規模を縮小し、若しくは②政令で定める軽微な変更その他の政令で定める変更のみをして実施されるものに限る。）については、③第二章から第七章までの規定は、適用しない。

一　第二条第二項第二号イに該当する事業であって、施行日前に免許等が与えられ、又は特定届出がなされたもの

二　第二条第二項第二号ロに該当する事業であって、施行日前に同号ロに規定する国の補助金等の交付の決定がなされたもの

三　前二号に掲げるもののほか、高速自動車国道法（昭和三十二年法律第七十九号）第五条第一項に規定する整備計画その他法律の規定により定められる国の計画で④政令で定めるものに基づいて実施される事業であって、施行日前に当該国の計画が定められたもの

四　前三号に掲げるもののほか、⑤施行日前に都市計画法第十七条第一項の規定による公告が行われた同法の都市計画に定められた事業

五　前二号に掲げるもののほか、⑥第二条第二項第二号ハからホまでに該当する第一種事業又は第二種事業であって、施行日から起算して⑦六月を経過する日までに実施されるもの

2　前項の場合において、当該第一種事業又は第二種事業について施行日前に⑧条例の定めるところに従って第五十三条第一項各号に掲げる書類のいずれかが作成されているときは、第六十条の規定にかかわらず、当該条例の定

めるところに従って引き続き当該事業に係る環境影響評価その他の手続を行うことができる。

3　第一項各号に掲げる事業に該当する事業であって、施行日以後の内容の変更（環境影響の程度を低減するものとして政令[⑨]で定める条件に該当するものに限る。）により第一種事業又は第二種事業として実施されるものについては、第二章から第七章までの規定は、適用しない。

政令

（法附則第三条第一項の政令で定める軽微な変更等）

附則第二条　第十三条の規定は、法附則第三条第一項の政令で定める軽微な変更及び同項の政令で定める変更について準用する。この場合において、第十三条第一項並びに第二項第二号及び第三号中「対象事業」とあるのは「事業」と、別表第三中「対象事業」とあるのは「事業」と、「対象事業実施区域」とあるのは「事業が実施されるべき区域」と読み替えるものとする。

（法附則第三条第一項第三号の国の計画）

附則第三条　法附則第三条第一項第三号の国の計画で政令で定めるものは、次に掲げるものとする。

一　特定多目的ダム法（昭和三十二年法律第三十五号）第四条第一項に規定する基本計画

二　土地改良法第八十七条又は第八十七条の二に規定する土地改良事業計画（農林水産大臣が定めるものに限る。）

（この法律の施行により新たに対象事業となる事業の環境影響の程度を低減する変更）

附則第四条　法附則第三条第三項の政令で定める条件は、環境への負荷の低減を目的とする変更（緑地その他の緩衝空地を増加するものに限る。）であることとする。

趣旨

法の施行の際、既に事業実施に係る免許等の処分が済んでいるなど一定の段階にある第一種事業又は第二種事業については、法に基づく手続を行うことを要しないこととするものである。

対象事業等政令の制定・改廃時の経過措置のうち本則第五四条の規定と同じ内容を、法の施行時の経過措置に置き直した規定であり、趣旨等は本則第五四条に対する解説を参照されたい。

なお、改正法の施行の際、施行令附則第二条から第四条までは削除されているため、施行前からの経過措置案件についての変更を行う場合には、本法に基づく手続が必要となる。

解説

① **「第一号から第四号までに掲げるものにあっては」**

第五号に掲げるものにあっては、何を基準にしての「変更」を捉えるのかを明確にすることができず、意味のある規律を定めることができないため、この括弧書きからは除外したものである。

② **「政令で定める軽微な変更その他の政令で定める変更」（＝施行令附則第二条）**

法附則第三条第一項各号に掲げる事業は、既に事業の免許等がなされているなど、事業計画が固まった段階にあるものである。したがって、手続を行う必要のない事業内容の変更については、本則中の評価書の公告後の変更に関する規定と同等のものとすることが適切であることから、法第三一条第二項の「政令で定める軽微な変更」と「その他の政令で定める変更」を規定する施行令第一三条の規定を準用している。

③ **「第二章から第七章までの規定は、適用しない」**

法第一章（総則）及び法第八章（雑則）の規定は適用される。

④ **「政令で定めるもの」（＝施行令附則第三条）**

国の計画であって、当該計画に個別事業を定める前に環境影響評価が行われているものとして、高速自動車国道法第五条第一項に規定する整備計画のほか、特定多目的ダム法第四条第一項に規定する基本計画、土地改良法第八七条又は第八七条の二に規定する土地改良事業計画を定めている。

⑤ **「施行日前に都市計画法第十七条第一項の規定による公告が行われた同法の都市計画に定められた事業」**

施行日前に都市計画法第一七条第一項の規定による都市計画の案の公告が行われたことのみならず、当該事業に係る都市計画決定が施行日前に行われていることが必要である。これは、「都市計画に定められた事業」とされているので、当該都市計画が決定されていることが必要と解釈されるためである。

なお、都市計画法第二一条第二項において、政令で定める軽易な変更に該当する都市計画の変更については、都市計画法第一七条の規定を準用することとなく、都市計画を変更することができることとされており、入念に当該ケースを排除するために、「第一七条第一項の規定による公告が行われた」との限定を付している。

⑥「第二条第二項第二号ハからホまでに該当する第一種事業又は第二種事業」

「特別の法人により設立された法人がその業務として行う事業」（法第二条第二項第二号ハ）、「国が行う事業」（同号ニ）及び「国が行う事業のうち免許等が必要とされる事業」（同号ホ）のいずれかに該当する第一種事業又は第二種事業を指す。

⑦「六月を経過する日までに実施されるもの」

免許等を受けて行われる事業については、免許等の時点を法の手続の実施に関する規定が適用除外となる時点として捉えることができるが、直轄事業等についてはこのような節目となる時点が存在しないため、事業の着手の時点を捉えることとせざるを得ない。しかしながら、免許等を受けて行われる事業は免許等を受けてから事業に着手するまでがおおよそ六ヶ月と考えられるため、直轄事業等についてもこれと公平を期すため、六ヶ月間の猶予を与えることとしたものである。

⑧「条例の定めるところ」

本条では、法と条例の関係（法第六〇条）の特例規定を定めるために、「条例の定めるところ」としているものである。要綱等の行政指導と本法の間には抵触関係は生じないため、特に整理はしていない。

⑨「政令で定める条件」（＝施行令附則第四条）

環境への負荷の低減を目的とする変更（緑地その他の緩衝空地を増加するものに限る。）が定められている。

第四条　前条第一項各号に掲げる事業に該当する第一種事業又は第二種事業を実施しようとする者は、①同項の規定にかかわらず、当該事業について、②第五条から第二十七条まで又は第十一条から第二十七条までの規定の例③による環境影響評価その他の手続を行うことができる。

2　④第二十八条から第三十一条まで及び第三十二条第二項の規定は、前項の規定により環境影響評価その他の手続を行う対象事業について準用する。この場合において、これらの規定中「事業者」とあるのは、「附則第四条第一項に規定する第一種事業又は第二種事業を実施しようとする者」と読み替えるものとする。

趣旨

法附則第三条第一項の規定により、環境影響評価手続の実施に関する規定が適用除外となる第一種事業又は第二種事業を実施しようとする者は、自主的に、配慮書の作成から評価書の公告・縦覧まで、方法書の作成から評価書の公告・縦覧まで、又は環境影響評価の実施から評価書の公告・縦覧までの環境影響評価手続を行うことができる旨の規定である。

対象事業等政令の制定・改廃時の経過措置のうち法本則第五五条の規定と同じ内容を、法の施行時の経過措置に置き直した規定であり、趣旨等は法本則第五五条に対する解説を参照されたい。

解説

① 「同項の規定にかかわらず」

法附則第三条第一項において、第二章から第七章までの規定を適用しないこととしていることにもかかわらず、との意味である。

② 「第五条から第二十七条まで又は第十一条から第二十七条までの規定」

事業者は、方法書手続を省略するか否かに関する判断を行うこととなる。

③ 「例による環境影響評価その他の手続を行うことができる」

当該手続を実施するか否かの判断は、事業者が行う。

④ 「第二十八条から第三十一条まで及び第三十二条第二項の規定」

本条に基づいて手続を実施しようとする者は、法第三二条第二項の環境省令の定めるところにより、手続を行うこととした旨を公告することとしている（法第三二条第二項の準用）。そして、この公告を行った事業には、事業の実施制限（法第三一条の準用）、事業内容の修正に係る各種規定（法第二八条、第二九条及び第三〇条の準用）が適用されるものである。

第五条　この①法律の施行後に事業者となるべき者は、②附則第一条第二号に掲げる規定の施行後この法律の施行前において、③第五条から第十二条までの規定の例による環境影響評価その他の手続を行うことができる。

2　前項に規定する者は、同項の規定により環境影響評価その他の手続を行うこととしたときは、遅滞なく、総理府令で定めるところにより、その旨を④主務大臣に届け出るものとする。

3　前項の規定による届出を受けた主務大臣は、遅滞なく、その旨を公告するものとする。

4　前項の規定による公告がされた場合において、第一項に規定する者が第五条から第十二条までの規定の例による環境影響評価その他の手続を行ったときは、この法律の施行後に関係都道府県知事又は関係市町村長となるべき者は、⑤当該規定の例による手続を行うものとする。

5　前項の規定による手続が行われた対象事業については、当該手続は、⑥この法律の相当する規定により⑦施行日に行われたものとみなす。

6　前各項の規定は、⑧この法律の施行後に第四十条第一項の規定により環境影響評価その他の手続を事業者に代わるものとして行う都市計画決定権者となるべき者について準用する。この場合において、第一項中「事業者」とあるのは「第四十条第一項の規定により環境影響評価その他の手続を事業者に代わるものとして行う都市計画決定権者」と、「第五条」とあるのは「第四十条第二項の規定により読み替えて適用される第五条」と、第二項及び第三項中「主務大臣」とあるのは「主務大臣及び建設大臣」と、第四項中「第五条」とあるのは「第四十条第二項の規定により読み替えて適用される第五条」と読み替えるものとする。

環境省令

（法施行前に方法書の手続を行う場合の届出）

附則第三条　法附則第五条第二項の規定による届出は、次に掲げる事項を届け出て行うものとする。

一　法の施行後に事業者となるべき者の氏名及び住所（法人にあってはその名称、代表者の氏名及び主たる事務所の所在地）

二　法附則第五条第一項の規定により行われる環境影響評価その他の手続に係る事業の名称、種類及び規模
三　法附則第五条第一項の規定により行われる環境影響評価その他の手続に係る事業が実施されるべき区域
四　法の施行後に法第六条第一項の対象事業に係る環境影響を受ける範囲であると認められる地域となるべき地域の範囲
五　法附則第五条第一項の規定に基づき、法第五条から第十二条までの規定の例による環境影響評価その他の手続を行うこととした旨

2　（略）

趣旨

本条は、法の全面施行（法の公布の二年後）を待たずに本法に定める手続を開始しておきたいと考える事業者がいる場合を想定し、法第五条から第一二条までの規定の例による手続（方法書の手続）を前倒しで行えることとするものである（第一項）。

法附則第五条が活用されるケースとしては、例えば、法施行時点で法附則第二条第一項の規定により法の手続に乗り換えられるような条例や行政指導等の要綱等が存在しないケースであって、法の施行まで待って方法書手続を開始したのでは事業開始予定時期に間に合わないと事業者が判断する場合、あるいは、適当な条例や行政指導等が存在したとしても、それによって法の手続に乗り換えるための相当の文書の確定まで進捗する見通しが立てがたい場合などが考えられる。

この場合、法の全面施行前に地方公共団体にも一定の役割を担ってもらう必要があることから、この規定により手続を行おうとする者の届出を受け、主務大臣が一定の事項を公告した後は、関係の地方公共団体も法第五条から第一二条までの規定の例による手続を行うこととしている（第二項～第四項）。

この規定によって行われた手続等は、本法の規定の「例によって」行われたものであることから、法の全面施行の時点で本法の規定による手続が行われたものと見なされる（第五項）。

第六項は、都市計画に定められる事業についての読み替え規定である。

解説

① **「法律の施行後に事業者となるべき者」**

第一種事業を行おうとする者のほか、第二種事業を行おうとする者も含まれる。第二種事業を行おうとする者については、次の選択肢が与えられている。

㈠　本条の規定を用いずに法全面施行の段階まで手続を行わないこと。

㈡　本条の規定を用いて方法書手続を前倒しで実施し、法施行後に法第四条第一項の届出を行い、スクリーニングの判定を受けること。この場合、法第四条第三項第一号の判定が出された場合は、その段階で当該事業が「対象事業」となり、当該事業について前倒しで実施された手続は、本条第五項の規定により法施行日に行われたものと見なされることとなる。また、法第四条第三項第二号の判定が出された場合は、その段階で当該事業が「対象事業」ではないことが確定し、本条第五項の規定は働かなくなる。したがって、この判定の段階で当該事業については法の規律を離れることとなる。

㈢　本条の規定を用いて方法書手続を前倒しで実施し、法施行後に法第四条第六項の通知を行うこと。この場合、通知を行った段階で、当該事業が「対象事業」となり、当該事業について前倒しで実施された手続は、本条第五項の規定により法施行日に行われたものと見なされることとなる。

② **「附則第一条第二号に掲げる規定の施行後この法律の施行前」**

平成一〇年六月一二日（法附則第一条第二号に掲げる規定の施行日）から、平成一一年六月一一日（この法律の施行日の前日）までを指す。

③ **「第五条から第十二条までの規定の例による環境影響評価その他の手続」**

方法書の作成（法第五条）から環境影響評価の実施（法第一二条）までに規定される手続を指す。「規定の例による手続」であるので、本条の規定にしたがって施行日前に実施した手続は、法の手続と内容的には同一であるが、形式的には法の手続とは異なるものである。このため、本条第五項で法の手続が行われたものと「みなす」必要があるのである。

なお、準備書の作成以降の手続は前倒し実施することができない。これは、本法においては、方法書の手続から準備書の作成までを一年間という短期間で行うことを想定していないからである。

④　「主務大臣」

スクリーニングの判定を受けるための届出（法第四条第一項）は免許等を行う者等に届け出るが、この届出は法第五八条第一項各号に掲げる事業ごとに、同項各号に定める大臣に届け出ることとなる。このため、免許等を行う者等が都道府県知事の場合も、この届出は国の大臣に届け出ることとなる。これは、法の全面施行前の手続であるため、都道府県知事が相手方となる手続を定めなかったものである。

⑤　「当該規定の例による手続を行うものとする」

法第五条から第一二条までの規定の例によって、事業者から送付される各種書類を受理するほか、方法書についての意見を提出することが求められる。

⑥　「この法律の相当する規定」

施行日前に「第五条から第一二条までの規定の例による手続」が行われた場合、施行日において、「第五条から第一二条までの規定による手続」が行われたものとみなすのである。

⑦　「施行日」

平成一一年六月一二日である。

⑧　「この法律の施行後に第四十条第一項の規定により環境影響評価その他の手続を事業者に代わるものとして行う都市計画決定権者となるべき者」

法第四〇条第一項の規定は、都市計画に定められる対象事業等について定めるものであるが、「事業者となるべき者」と同様の考え方（①参照）により、第二種事業に関して都市計画決定権者となるべき者も「都市計画決定権者となるべき者」に含まれるところである。

（政令への委任）

第六条　附則第二条から前条までに定めるもののほか、この法律の施行に関し必要な経過措置に関する事項は、政令で定める。

趣旨

法の施行に伴い必要な経過措置としては法附則第二条から第五条までに定めるもので足りるものと考えられるが、何らかの必要が生じた場合に備えるものとして、本条を規定したものである。

（検討）
第七条　政府は、この法律の施行後十年を経過した場合[①]において、この法律の施行の状況について検討を加え、その結果に基づいて[②]必要な措置を講ずるものとする。

趣旨

本条は、「規制緩和推進計画について（平成七年三月三一日閣議決定）」及び「規制緩和推進計画の改定について（平成八年三月二九日閣議決定）」において、「法律により新たな制度を創設して規制の新設を行うものについては、各省庁は、その趣旨・目的等に照らして適当としないものを除き、当該法律に一定期間経過後、当該規制の見直しを行う旨の条項を盛り込むものとする。なお、この見直しの結果、その制度・運用を維持するものについては、その必要性、根拠等を明確にする。」とされていることを踏まえ、その旨の規定を設けたものである。

ここでいう「規制」には、許認可等の創設といった狭い意味に限られるものではなく、広い意味で国民に何らかの義務を課するような行為は基本的に含まれており、また、ここでいう国民とは、国、特殊法人といったものは概念上含まれないが、それ以外のものは広く含まれるとの整理がなされていることから、これ以外のものも対象となる本法について、本条のような規定を設けることとしている。

本条を踏まえ、環境影響評価法は「環境影響評価法の一部を改正する法律」（平成二三年法律第二七号）により平成二三年に改正された。また、改正法においても、同様の附則が設けられており、その趣旨等は本規定と同様である。

解説

①「施行後十年を経過した場合において」

本条の趣旨が、「施行の状況について検討を加え」るものである以上、検討を加える段階において、一定数以上の実績が積み重ねられるよう、検討期間を設定する必要がある。

本法による環境影響評価手続に要する期間としては、事業によって差異はあるものの、一件当たり概ね三年程度を要すると考えられることから、施行状況に検討を加えるに足る事例が蓄積されるには、相当程度の期間が必要となるものと考えられる。

立法例を見ると検討期間の設定の期間は、三年、五年及び一〇年の三種類の期開設定がなされており、前述の事情等を勘案して、本法においては一〇年としている。

（参考）　検討期間を一〇年とした他の立法例

○　容器包装に係る分別収集及び再商品化の促進等に関する法律

○　不動産特定共同事業法

○　保険業法

②　「必要な措置を講ずるものとする」

現段階において「必要な措置」の内容が特段想定されているわけではない。

なお、この規定を設けることにより、必ず一定の見直しを行わなければならないわけではないが、見直しを行わない場合には「その制度・運用の必要性、根拠等を明確にする。」ことが、「規制緩和推進計画について（平成七年三月三一日閣議決定）」及び「規制緩和推進計画の改定について（平成八年三月二九日閣議決定）」においても求められているところである。

平成二三年法改正時の附則

（施行期日）

第一条　この法律は、公布の日から起算して二年を超えない範囲内において政令で定める日から施行する。ただし、次の各号に掲げる規定は、当該各号に定める日から施行する。

（平成二三年政令第三一五号で平成二五年四月一日から施行）

一　附則第九条の規定　[①]公布の日

二　第一条の規定、第二条中環境影響評価法第二章中第四条の前に一節及び節名を加える改正規定（同法第三条の八に係る部分に限る。）及び同法第六章中第三十八条の次に四条を加える改正規定（同法第三十八条の二第三項に係る部分に限る。）並びに次条から附則第四条までの規定及び附則第十一条の規定（電気事業法（昭和三十九年法律第百七十号）の目次の改正規定、同法第四十六条の四及び第四十六条の二十二の改正規定並びに同法第三章第二節第二款の二中同条を第四十六条の二十三とし、第四十六条の二十一を第四十六条の二十二とし、第四十六条の二十の次に一条を加える改正規定を除く。）　[②]公布の日から起算して一年を超えない範囲内において政令で定める日

（平成二三年政令第三一五号で平成二四年四月一日から施行）

三　第二条中環境影響評価法第二章中第四条の前に一節及び節名を加える改正規定（同法第三条の二第二項及び第三項並びに第三条の七第二項に係る部分に限る。）及び同法第六章中第三十八条の次に四条を加える改正規定（同法第三十八条の二第二項に係る部分に限る。）並びに附則第八条の規定　[③]公布の日から起算して一年六月を超えない範囲内において政令で定める日

（平成二三年政令第三一五号で平成二四年一〇月一日から施行）

趣旨

改正法は、公布日から二年以内に政令で定める日から全面的に施行される。ただし、改正法の内容の一部については、公布日から一年以内に政令で定める日又は公布日から一年六月以内に政令で定める日等、段階的に施行することとする。これは、旧法の施行時と同様に、基本的事項や指針の策定、相当書類の指定等を順次行って、全面施行の日以降、円滑に法律の手続を実施することができるように配慮したものである。

解説

① **「公布の日」**

附則第九条の規定は、経過措置についての政令への委任規定であり、公布後に新たに経過措置規定を設ける必要が生じた場合に備え、公布の日から施行することとする。

② **「公布の日から起算して一年を超えない範囲内において政令で定める日」**

以下について、改正法の公布日から一年以内に政令で定める日に施行するものとする。

○改正法第一条の規定

○改正法第一条の規定に係る経過措置

・附則第二条：方法書、準備書及び評価書についてのインターネットによる公表

・附則第三条：方法書及び準備書についての説明会の開催等

・附則第四条：方法書及び準備書についての都道府県知事等の意見

○配慮書手続における基本的事項

・計画段階配慮事項の選定並びに当該計画段階配慮事項に係る調査、予測及び評価の手法に関する指針についての基本的事項

・関係する行政機関及び一般の環境の保全の見地からの意見を求める場合の措置に関する指針についての基本的事項

○報告書手続における基本的事項

・報告書の作成に関する指針についての基本的事項

○附則第一一条の電気事業法に係る規定のうち、改正法第一条の改正に伴う改正規定

③「公布の日から起算して一年六月を超えない範囲内において政令で定める日」

以下について、改正法の公布日から一年六ヶ月以内に政令で定める日に施行するものとする。

○配慮書手続における主務省令事項
・事業が実施されるべき区域その他の事項を定める主務省令
・計画段階配慮事項の選定並びに当該計画段階配慮事項に係る調査、予測及び評価の手法に関する指針
・関係する行政機関及び一般の環境の保全の見地からの意見を求める場合の措置に関する指針

○報告書手続における主務省令事項
・報告書の作成に関する指針

○配慮書手続に係る経過措置
・附則第八条：改正法の施行前における配慮書手続の実施

（経過措置）

第二条　第一条の規定による改正後の環境影響評価法（以下「新法」という。）第七条、第十六条又は第二十七条の規定は、前条第二号に掲げる規定の施行の日以後に行う公告及び縦覧に係る環境影響評価法第五条第一項に規定する環境影響評価方法書（以下「方法書」という。）、同法第十四条第一項に規定する環境影響評価準備書（以下「準備書」という。）又は同法第二十一条第二項に規定する環境影響評価書（以下「評価書」という。）について適用する。

趣旨

当該規定の施行日前に環境影響評価図書の公告及び縦覧を行った事業については、その時点で既に公衆への周知に関する義務を履行していることになるため、当該環境影響評価図書について追加的に電子的公表を行う義務を課すことはせず、これらの規定の施行日より後に公告及び縦覧を行う場合に、これらの規定を適用することとする。

第三条　新法第七条の二（新法第十七条第二項の規定により準用する場合を含む。）の規定は、附則第一条第二号に掲げる規定の施行の日以後に行う公告及び縦覧に係る方法書又は準備書について適用する。

趣旨

当該規定の施行日前に方法書の公告及び縦覧を行った事業者は、公衆への周知義務を履行しているため、追加的に説明会の開催義務を課すことはせず、改正法第一条の施行日より後に方法書の公告及び縦覧を行う事業について、これらの規定を適用することとする。

第四条　新法第十条第四項から第六項まで及び第二十条第四項から第六項までの規定は、附則第一条第二号に掲げる規定の施行の日以後に行う公告及び縦覧に係る方法書又は準備書について適用する。

趣旨

当該規定の施行日前に方法書又は準備書の公告及び縦覧を行っている場合については、関係都道府県知事からの意見が期待されているものであるため、関係都道府県知事から意見提出を受けるものとし、改正法第一条の施行後に公告及び縦覧を行った場合に、これらの規定を適用することとする。

第五条　第二条の規定による改正後の環境影響評価法（以下「第二条による改正後の法」という。）第三条の二から第三条の七までの規定は、この法律の施行の日（以下「施行日」という。）前に方法書を公告した事業については、適用しない。

趣旨

計画段階配慮事項についての検討義務規定の施行日より前に、方法書を公告している場合は、その時点で方法書に関する公衆関与のもと環境影響評価手続を進めていることになり、計画段階配慮事項についての検討を経ることなく手続を進めても差し支えないことから、当該規定は適用しないこととする。

第六条　この法律の施行の際、環境影響評価法第二条第二項に規定する第一種事業（以下「第一種事業」という。）について、条例又は行政手続法（平成五年法律第八十八号）第三十六条に規定する行政指導（地方公共団体が同条の規定の例により行うものを含む。）その他の措置（次項において「行政指導等」という。）の定めるところに従って作成された次の各号に掲げる書類（この法律の施行に際し次項の規定により指定されたものに限る。）があるときは、当該書類は、それぞれ当該各号に定める書類とみなす。

一　第二条による改正後の法第五十三条第一項第一号に掲げる書類　第二条の規定による改正後の法第三条の三第一項の計画段階環境配慮書

二　第二条による改正後の法第五十三条第一項第二号に掲げる書類　第二条の規定による改正後の法第三条の六の書面

２　前項各号に掲げる書類は、当該書類の作成の根拠が条例又は行政指導等（地方公共団体に係るものに限る。）であるときは環境大臣が当該地方公共団体の意見を聴いて、行政指導等（国の行政機関に係るものに限る。）であるときは主務大臣が環境大臣（第一種事業が都市計画法（昭和四十三年法律第百号）第四条第七項に規定する市街地開発事業として同法の規定により都市計画に定められる場合における当該第一種事業又は第一種事業に係る施設が同条第五項に規定する都市施設として同法の規定により都市計画に定められる場合における当該都市施設に係る第一種事業について当該都市計画を定める第二条による改正後の法第三十八条の六第一項の都市計画決定権者（以下「都市計画決定権者」という。）が環境影響評価その他の手続を行うものとする旨を定める行政指導等にあっては、国土交通大臣が主務大臣及び環境大臣）に協議して、それぞれ指定するものとする。

３　前項の規定による指定の結果は、公表するものとする。

趣旨

条例又は行政指導等の要綱等の定めるところにより作成された、第一種事業に係る計画の立案段階における環境保全のために配慮すべき事項についての検討結果を記載した書類であって、関係行政機関及び一般の意見を求めるための手続を経たと認められるものがある事業については、配慮書と同等の手続を既に行っているものと考えられることから、計画段階配慮事項についての検討義務は適用しないこととする。

これらの書類については、作成根拠が条例又は地方公共団体に係る行政指導等の要綱等である場合には環境大臣が地方公共団体の意見を聴いて、国の行政機関に係る行政指導等の要綱等である場合には主務大臣が環境大臣に協議して定め、公表することとする。

第七条　第二条による改正後の法第三十八条の二及び第三十八条の三（第二条による改正後の法第四十条の二の規定により読み替えて適用する場合を含む。）の規定は、施行日以後に評価書の公告及び縦覧を行った事業者及び都市計画決定権者について適用する。

趣旨

環境保全措置等の報告等に係る規定の施行日より前に評価書を公告・縦覧した事業者は、一連の環境影響評価手続を終えていることになるため、これらの規定の施行日後に評価書の公告及び縦覧を行った事業者に、これらの規定を適用することとする。

第八条　この法律の施行後に第二条による改正後の法第三条の二第一項に規定する第一種事業を実施しようとする者となるべき者は、この法律の施行前において、第二条による改正後の法第三条の二から第三条の九までの規定の例による第二条による改正後の法第三条の二第一項に規定する計画段階配慮事項についての検討その他の手続を行うことができる。

2　前項の規定による手続が行われた第一種事業については、当該手続は、第二条による改正後の法の相当する規定により施行日に行われたものとみなす。

３　前二項の規定は、この法律の施行後に第二条による改正後の法第三十八条の六第一項の規定により同条第三項の規定により読み替えて適用される第二条による改正後の法第三条の二第一項に規定する計画段階配慮事項についての検討その他の手続を第二条による改正後の法第三条の二第一項に規定する第一種事業を実施しようとする者に代わるものとして行う都市計画決定権者となるべき者について準用する。この場合において、第一項中「、第二条による改正後の法」とあるのは「、第二条による改正後の法第三十八条の六第三項の規定により読み替えて適用される第二条による改正後の法」と、「による第二条による改正後の法」とあるのは「による同項の規定により読み替えて適用される第二条による改正後の法」と読み替えるものとする。

趣旨

環境の保全の観点からは、改正法の施行前であっても、配慮書手続の実施を可能とすることが望ましい。このため、配慮書手続の主務省令が制定された後から施行日までに、事業者が自主的に手続を実施することができることとする。また、当該手続を行った事業については、改正法に基づく手続として、改正法の施行日に行われたものとみなすものである。

（政令への委任）

第九条　附則第二条から前条までに定めるもののほか、この法律の施行に関し必要な経過措置に関する事項は、政令で定める。

趣旨

本規定は、経過措置についての政令への委任規定であり、公布後に新たに経過措置規定を設ける必要が生じた場合に備え、公布の日から施行することとする。

（検討）
第十条　政府は、この法律の施行後十年を経過した場合において、この法律による改正後の環境影響評価法の施行の状況について検討を加え、その結果に基づいて必要な措置を講ずるものとする。

趣旨
法制定時の附則第七条においても、同様の附則が設けられている。趣旨等は改正前の法附則第七条に対する解説を参照されたい。

（電気事業法の一部改正）
第十一条　電気事業法の一部を次のように改正する。
（略）

趣旨
法の改正に伴う技術的な修正を行っている。技術的な修正以外で実質的な手続の変更を行っている部分としては報告書手続がある（第三八条の五〈参考〉参照。）。

第3部

環境影響評価法施行令別表第一の解説

1　道路（別表第一の一の項）

別表第一（第一条、第三条、第七条関係）

事業の種類	第一種事業の要件	第二種事業の要件	法律の規定
一　法第二条第二項第一号イに掲げる事業の種類	イ　高速自動車国道法（昭和三十二年法律第七十九号）第四条第一項の①高速自動車国道の新設の事業		事業を実施しようとする者（以下「事業主体」という。）が国土交通大臣以外の者である場合につき、道路整備特別措置法（昭和三十一年法律第七号）第三条第一項又は第六項
	ロ　高速自動車国道法第四条第一項の高速自動車国道の改築の事業であって、車線（道路構造令（昭和四十五年政令第三百二十号）第二条第七号の登坂車線、同条第八号の屈折車線及び同条第九号の変速車線を除く。②以下同じ。）の数の増加を伴うもの（車線の数の増加に係る部分の長さが一キロメートル以上であるものに限る。）		
	ハ　独立行政法人日本高速道路保有・債務返済機構法（平成十六年法律第百号）第十二条第一項第四号に規定する首都高速道路若しくは阪神高速道路又は道路整備特別措置法第十二条第一項に規定する指定都市高速道路（以下「③首都高速道路等」という。）の新設の事業（車線の数が四以上である道路を設けるものに限る。）		道路整備特別措置法第三条第一項若しくは第六項又は第十二条第一項若しくは第六項

ニ　首都高速道路等の改築の事業であって、車線の数の増加を伴うもの（改築後の車線の数が四以上であり、かつ、車線の数の増加に係る部分の長さが一キロメートル以上であるものに限る。）		
ホ　道路法（昭和二十七年法律第百八十号）第五条第一項に規定する道路（首都高速道路等であるものを除く。以下「④一般国道」という。）の新設の事業（車線の数が四以上であり、かつ、⑤長さが十キロメートル以上である道路を設けるものに限る。）	一般国道の新設の事業（車線の数が四以上であり、かつ、長さが七・五キロメートル以上十キロメートル未満である道路を設けるものに限る。）	事業主体が国土交通大臣以外の者である場合につき、道路法第七十四条又は道路整備特別措置法第三条第一項若しくは第六項若しくは第十条第一項若しくは第四項
ヘ　一般国道の改築の事業であって、⑥道路の区域を変更して車線の数を増加させ又は新たに道路を設けるもの（車線の数の増加に係る部分（改築後の車線の数が四以上であるものに限る。）及び変更後の道路の区域において新たに設けられる道路の部分（車線の数が四以上であるものに限る。）の長さの合計が十キロメートル以上であるものに限る。）	一般国道の改築の事業であって、道路の区域を変更して車線の数を増加させ又は新たに道路を設けるもの（車線の数の増加に係る部分（改築後の車線の数が四以上であるものに限る。）及び変更後の道路の区域において新たに設けられる道路の部分（車線の数が四以上であるものに限る。）の長さの合計が七・五キロメートル以上十キロメートル未満であるものに限る。）	
ト　森林法（昭和二十六年法律第二百四十九号）第百九十三条に規定する⑦林道の開設又は拡張の事業であって、森林法施行令（昭和二十六年政令第二百七十六号）別表第三林道の開設に要する費用の項第六号並びに	森林法第百九十三条に規定する林道の開設又は拡張の事業であって、森林法施行令別表第三林道の開設に要する費用の項第六号並びに同表林道の拡張に要する費用の項第一号㈡及び同項第二号㈢に規定する林道に	

	同表林道の拡張に要する費用の項第一号㈡及び同項第二号㈢に規定する林道に係るもの⑧（幅員が六・五メートル以上であり、かつ、長さが二十キロメートル以上である林道を設けるものに限る。）	係るもの（幅員が六・五メートル以上であり、かつ、長さが十五キロメートル以上二十キロメートル未満である林道を設けるものに限る。）	

法第二条第二項第一号イに掲げる事業の種類に該当する第一種事業又は第二種事業については、高速自動車国道、首都高速道路等（首都高速道路、阪神高速道路及び指定都市高速道路）、一般国道の新設若しくは改築の事業、又は森林法第一九三条に規定する林道の開設若しくは拡張の事業としている。

①　「高速自動車国道」

高速自動車国道とは、高速自動車国道法（昭和三二年法律第七九号）第四条第一項に規定する高速自動車国道をいう。高速自動車国道については、通常は延長が長いほか、交通量、設計速度ともに大きいことから、騒音等の環境影響の程度が著しい事業であると言える。よって、新設の事業については全てを第一種事業とするとともに、改築の事業についても、車線（登坂車線、屈折車線及び変速車線を除く。）の数が増加するものについては、以下②を満たすものについて第一種事業としている。

②　「車線の数の増加に係る部分の長さが一キロメートル以上であるものに限る」

高速自動車国道の改築の場合であっても、例えばそれがインターチェンジの新築等の小規模なものに止まる場合には、法の第一種事業の要件に該当するとは言い難いことから、そのような場合を除外するため、改築の場合には、車線の数の増加に係る部分の長さが一キロメートル以上である場合について第一種事業としている。

③　「首都高速道路等」

独立行政法人日本高速道路保有・債務返済機構法（平成一六年法律第一〇〇号）第一二条第一項第四号に規定する首都高速道路若しくは阪神高速道路又は道路整備特別措置法（昭和三一年法律第七号）第一二条第一項に規定する指定都市高速道路についても、高速自動車国道と同様の考え方により規模要件を設定することとしたが、車線の数については、新設又は改築後の車線の数が四以上となるものに限ることとしている。

④　「一般国道」

道路法（昭和二七年法律第一八〇号）第五条第一項に規定する道路については、新設又は改築後の車線の数が四以上であり、かつ、長さが一〇キロメートル以上のものを第一種事業とし、七・五キロメートル以上一〇キロメートル未満のものを第二種事業としている。

⑤　「長さが一〇キロメートル以上」

本法における事業とは、法第二条第一項に規定するように「特定の目的のために行われる一連の土地の形状の変更並びに工作物の新設及び増改築」であるため、一連の事業として行われる一般国道の事業の中に四車線以上の道路が不連続であれ含まれ、その合計が一〇キロメートル以上であれば第一種事業（七・五キロメートル以上一〇キロメートル未満であれば第二種事業）に該当する。

⑥　「道路の区域を変更して車線の数を増加させ」

この概念は、道路の拡幅の事業のみを指すものであり、バイパスの建設の事業は含まれない。

なお、バイパスの建設の事業は、「道路の区域を変更して新たに道路を設けるもの」として規定している。

⑦　「林道の開設又は拡張の事業」

森林法第一九三条に規定する林道の開設又は拡張の事業についても法の対象事業としている。

ここでいう林道の開設の事業には、森林法施行令（昭和二六年政令第二七六号）別表第三「林道の開設に要する費用」の項第六号に規定する「地勢等の地理的条件が極めて悪く、かつ、豊富な森林資源の開発が十分に行われていない地域の林道網の枢要部分となるべき林道で農林水産大臣が定める基準に該当するもの（当該地域のうち農林水産大臣が定める区域内においてその工事が行われるものに限る。）に係るもの」が該当する。

また、林道の拡張の事業には、森林法施行令別表第三「林道の拡張に要する費用」の項第一号㈡及び同項第二号㈢に規定する「地勢等の地理的条件が極めて悪く、かつ、豊富な森林資源の開発が十分に行われていない地域の林道網の枢要部分となるべき林道で農林水産大臣が定める基準に該当するもの（当該地域のうち農林水産大臣が定める区域内においてその工事が行われるものに限る。）に係るもの」が該当する。

なお、規模要件については、林道の開設・拡張事業の主要な環境影響が、一般国道等のような大気汚染、騒音、振動等ではなく、生態系の分断等自然環境への影響であり、山岳地帯を曲がりくねって通過することから影響を及ぼす地域に比較して距離が長くなることに鑑み、第一種事業については長さが二〇キロメートル以上、第二種事業については長さが一五キロメートル以上としている。

⑧「幅員が六・五メートル以上」

これは、二車線の林道を指すものである。なお、この幅員とは、「大規模林業圏開発林道構造規程」（昭和六二年四月一日六二林野計第二〇五号林野庁長官通達）の第四の車道及び第五の路肩の幅員の合計を指すものであり、同規程の第六の保護路肩の幅員は含まれない。もともとの幅員が六・五メートル未満のものを六・五メートル以上に改築する場合にも、この要件に該当する。

2　ダム・堰等（別表第一の二の項）

別表第一（第一条、第三条、第七条関係）

事業の種類	第一種事業の要件	第二種事業の要件	法律の規定
二　法第二条第二項第一号ロに掲げる事業の種類	イ　河川管理施設等構造令（昭和五十一年政令第百九十九号）第二条第二号のサーチャージ水位（サーチャージ水位がないダムにあっては、同条第一号の常時満水位）における①貯水池の区域（以下「貯水区域」という。）の面積（以下「貯水面積」という。）が百ヘクタール以上であるダムの新築（五の項において「大規模ダム新築」という。）の事業（当該ダムが水力発電所の設備となる場合にあっては、当該事業を実施しようとする者（当該事業を実施しようとする者が二以上である場合において、こ	貯水面積が七十五ヘクタール以上百ヘクタール未満であるダムの新築の事業（当該ダムが水力発電所の設備となる場合にあっては、当該事業を実施しようとする者（当該事業を実施しようとする者が二以上である場合において、これらの者のうちから代表する者を定めたときは、その代表する者）が当該水力発電所をその事業の用に供する発電事業者であるもの（当該水力発電所の出力が二万二千五百キロワット以上である場合に限る。）及び当該水力発電所の専用設備の設置に該当するものを除く。以	都道府県知事又は指定都市の長が一級河川について事業を実施する場合につき、河川法第七十九条第一項（河川法施行令（昭和四十年政令第十四号）第四十五条第二号に係る場合に限る。）

	れらの者のうちから代表する者を定めたときは、その代表する者）が当該水力発電所をその事業の用に供する電気事業法（昭和三十九年法律第百七十号）第二条第一項第十五号の発電事業者（その者が国土交通大臣、都道府県知事、地方自治法（昭和二十二年法律第六十七号）第二百五十二条の十九第一項の指定都市（以下「指定都市」という。）の長又は独立行政法人水資源機構である場合を除く。以下単に「発電事業者」という。）であるもの（当該水力発電所の出力が二万二千五百キロワット以上である場合に限る。）及び当該水力発電所の専用設備の設置に該当するものを除く。以下「第[②]一種ダム新築事業」という。）であって、国土交通大臣、都道府県知事又は指定都市の長が河川法（昭和三十九年法律第百六十七号）第八条に規定する河川工事（以下単に「河川工事」という。）として行うもの	下「第[②]二種ダム新築事業」という。）であって、国土交通大臣、都道府県知事又は指定都市の長が河川工事として行うもの	
	ロ　第一種ダム新築事業であって、当該ダムを用いて水道法（昭和三十二年法律第百七十七号）第三条第二項の水道事業（以下単に「水道事業」という。）又は同条第四項の水道用水供給事業（以下単に「水道用水供給事業」という。）を経営し、又は経営しようとする者が行うもの	第二種ダム新築事業であって、当該ダムを用いて水道事業又は水道用水供給事業を経営し、又は経営しようとする者が行うもの	水道法第六条第一項、第十条第一項、第二十六条又は第三十条第一項

ハ　第一種ダム新築事業であって、当該ダムを用いて工業用水道事業法（昭和三十三年法律第八十四号）第二条第四項の工業用水道事業（以下単に「工業用水道事業」という。）を営み、又は営もうとする者が行うもの（地方公共団体が法第二条第二項第二号ロの国の補助金等の交付を受けないで行うものを除く。）	第二種ダム新築事業であって、当該ダムを用いて工業用水道事業を営み、又は営もうとする者が行うもの（地方公共団体が法第二条第二項第二号ロの国の補助金等の交付を受けないで行うものを除く。）	事業主体が地方公共団体以外の者である場合につき、工業用水道事業法第三条第二項又は第六条第二項
ニ　第一種ダム新築事業であって、土地改良法第二条第二項の土地改良事業（以下単に「土地改良事業」という。）として行うもの	第二種ダム新築事業であって、土地改良事業として行うもの	事業主体が国又は都道府県以外の者である場合につき、土地改良法第五条第一項、第四十八条第一項、第九十五条第一項又は第九十五条の二第一項
ホ　第一種ダム新築事業であって、独立行政法人水資源機構が行うもの	第二種ダム新築事業であって、独立行政法人水資源機構が行うもの	独立行政法人水資源機構法（平成十四年法律第百八十二号）第十三条第一項
ヘ　③計画湛《たん》水位（堰《せき》の新築又は改築に関する計画において非洪水時に堰《せき》によってたたえることとした流水の最高の水位で堰《せき》の直上流部におけるものをいう。）における④湛《たん》水区域（以下単に「湛《たん》水区域」という。）の	湛《たん》水面積が七十五ヘクタール以上百ヘクタール未満である堰《せき》の新築の事業（当該堰《せき》が水力発電所の設備となる場合にあっては、当該事業を実施しようとする者（当該事業を実施しようとする者が二以上である	

面積（以下「湛《たん》水面積」という。）が百ヘクタール以上である堰《せき》の新築（五の項において「大規模堰《せき》新築」という。）の事業（当該堰《せき》が水力発電所の設備となる場合にあっては、当該事業を実施しようとする者（当該事業を実施しようとする者が二以上である場合において、これらの者のうちから代表する者を定めたときは、その代表する者）が当該水力発電所をその事業の用に供する発電事業者であるもの（当該水力発電所の出力が二万二千五百キロワット以上である場合に限る。）及び当該水力発電所の専用設備の設置に該当するものを除く。以下「⑤第一種堰《せき》新築事業」という。）であって、国土交通大臣、都道府県知事又は指定都市の長が河川工事として行うもの	場合において、これらの者のうちから代表する者を定めたときは、その代表する者）が当該水力発電所をその事業の用に供する発電事業者であるもの（当該水力発電所の出力が二万二千五百キロワット以上である場合に限る。）及び当該水力発電所の専用設備の設置に該当するものを除く。以下⑤「第二種堰《せき》新築事業」という。）であって、国土交通大臣、都道府県知事又は指定都市の長が河川工事として行うもの
ト　改築後の湛《たん》水面積が百ヘクタール以上であり、かつ、湛《たん》水面積が五十ヘクタール以上増加することとなる堰《せき》の改築（五の項において「大規模堰《せき》改築」という。）の事業（当該改築後の堰《せき》が水力発電所の設備となる場合にあっては、当該事業を実施しようとする者（当該事業を実施しようとする者が二以上である場合において、これらの者のうちから代表する者を定めたときは、その代表する者）が当該水力発電所をその事業の用に供する発電事業者であるもの（当	改築後の湛《たん》水面積が七十五ヘクタール以上であり、かつ、湛《たん》水面積が三十七・五ヘクタール以上増加することとなる堰《せき》の改築の事業（第一種堰《せき》改築事業に該当しないものに限るものとし、当該改築後の堰《せき》が水力発電所の設備となる場合にあっては、当該事業を実施しようとする者（当該事業を実施しようとする者が二以上である場合において、これらの者のうちから代表する者を定めたときは、その代表する者）が当該水力発電所をその事業の用に供する発電事業者

該水力発電所の出力が二万二千五百キロワット以上である場合に限る。）及び当該水力発電所の専用設備の設置に該当するものを除く。以下「⑤第一種堰《せき》改築事業」という。）であって、国土交通大臣、都道府県知事又は指定都市の長が河川工事として行うもの	であるもの（当該水力発電所の出力が一万二千五百キロワット以上である場合に限る。）及び当該水力発電所の専用設備の設置に該当するものを除く。以下「⑤第二種堰《せき》改築事業」という。）であって、国土交通大臣、都道府県知事又は指定都市の長が河川工事として行うもの	
チ　第一種堰《せき》新築事業であって、当該堰《せき》を用いて水道事業又は水道用水供給事業を経営し、又は経営しようとする者が行うもの	第二種堰《せき》新築事業であって、当該堰《せき》を用いて水道事業又は水道用水供給事業を経営し、又は経営しようとする者が行うもの	水道法第六条第一項、第十条第一項、第二十六条又は第三十条第一項
リ　第一種堰《せき》改築事業であって、当該堰《せき》を用いて水道事業又は水道用水供給事業を経営し、又は経営しようとする者が行うもの	第二種堰《せき》改築事業であって、当該堰《せき》を用いて水道事業又は水道用水供給事業を経営し、又は経営しようとする者が行うもの	
ヌ　第一種堰《せき》新築事業であって、当該堰《せき》を用いて工業用水道事業を営み、又は営もうとする者が行うもの（地方公共団体が法第二条第二項第二号ロの国の補助金等の交付を受けないで行うものを除く。）	第二種堰《せき》新築事業であって、当該堰《せき》を用いて工業用水道事業を営み、又は営もうとする者が行うもの（地方公共団体が法第二条第二項第二号ロの国の補助金等の交付を受けないで行うものを除く。）	事業主体が地方公共団体以外の者である場合につき、工業用水道事業法第三条第二項又は第六条第二項
ル　第一種堰《せき》改築事業であって、当該堰《せき》を用いて工業用水道事業を営み、又は営もうとする者が行うもの（地方公共団体が法第二条第二項第二号ロの国の補助金等の交付を受けないで行うものを除く。）	第二種堰《せき》改築事業であって、当該堰《せき》を用いて工業用水道事業を営み、又は営もうとする者が行うもの（地方公共団体が法第二条第二項第二号ロの国の補助金等の交付を受けないで行うものを除く。）	
ヲ　第一種堰《せき》新築事業であって、土地改良事	第二種堰《せき》新築事業であって、土地改良事業	事業主体が国又は都

業として行うもの	として行うもの	道府県以外の者である場合につき、土地改良法第五条第一項、第四十八条第一項、第九十五条第一項又は第九十五条の二第一項
ワ　第一種堰《せき》改築事業であって、土地改良事業として行うもの	第二種堰《せき》改築事業であって、土地改良事業として行うもの	
カ　第一種堰《せき》新築事業であって、独立行政法人水資源機構が行うもの	第二種堰《せき》新築事業であって、独立行政法人水資源機構が行うもの	独立行政法人水資源機構法第十三条第一項
ヨ　第一種堰《せき》改築事業であって、独立行政法人水資源機構が行うもの	第二種堰《せき》改築事業であって、独立行政法人水資源機構が行うもの	
タ　⑥施設が設置される土地の面積及び施設の操作により露出することとなる水底の最大の水平投影面積の合計（以下「湖沼開発面積」という。）が百ヘクタール以上である湖沼水位調節施設の新築の事業であって、⑦国土交通大臣、都道府県知事、指定都市の長又は独立行政法人水資源機構が河川工事として行うもの	湖沼開発面積が七十五ヘクタール以上百ヘクタール未満である湖沼水位調節施設の新築の事業であって、国土交通大臣、都道府県知事、指定都市の長又は独立行政法人水資源機構が河川工事として行うもの	独立行政法人水資源機構が事業を実施する場合につき、独立行政法人水資源機構法第十三条第一項
レ　⑧百ヘクタール以上の面積の土地の形状を変更する放水路の新築の事業であって、国土交通大臣、都道府県知事又は指定都市の長が河川工事として行うもの	七十五ヘクタール以上百ヘクタール未満の面積の土地の形状を変更する放水路の新築の事業であって、国土交通大臣、都道府県知事又は指定都市の長が河川工事として行うもの	

法第二条第二項第一号ロに掲げる事業の種類に該当する第一種事業又は第二種事業については、ダムの新築、堰の新築及び改築、湖沼水位調節施設の新築並びに放水路の新築の事業としている。

ダムの新築の事業及び堰の新築又は改築の事業については、以下の事業類型を第一種事業又は第二種事業として定めている。

㈠　国土交通大臣、都道府県知事又は指定都市（地方自治法（昭和二二年法律第六七号）第二五二条の一九第一項の規定により指定された都市。以下同じ。）の長が河川法（昭和三九年法律第一六七号）第八条に規定する河川工事として行うもの

㈡　水道法（昭和三二年法律第一七七号）第三条第二項の水道事業又は同条第四項の水道用水供給事業を経営し、又は経営しようとする者が行うもの

㈢　工業用水道事業法（昭和三三年法律第八四号）第二条第四項の工業用水道事業を営み、又は営もうとする者が行うもの

㈣　土地改良法（昭和二四年法律第一九五号）第二条第二項の土地改良事業として行うもの

㈤　独立行政法人水資源機構が行うもの

この場合において、前記㈠から㈣までに掲げる目的のうち複数のもののために新築等が行われるもの（特定多目的ダム法（昭和三二年法律第三五号）によるものを除く。）は、本施行令においては、それぞれの目的（水力発電を目的に含む場合の当該目的を除く。）に該当するダム又は堰として取り扱われるものである。具体的には、例えば河川工事として行われるダムの新築の事業が、同時に水道用ダムの新築の事業でもある場合には、施行令別表第一の二の項のイの事業にも同項のロの事業にも該当し、最終的には環境影響評価の結果をそれぞれの許認可等に反映することとなる。

なお、特定多目的ダム法によるもの又は㈤の独立行政法人水資源機構が新築等を行うものについては、複数の目的のために行われるものであるが、新築等を行う者が国土交通大臣又は独立行政法人水資源機構に限られることから、複数の事業に該当するものとは取り扱わないものであり、例えばダムの場合には、同項のイの事業又はホの事業のみに該当することとなる。

①　「貯水池の区域（以下「貯水区域」という。）の面積（以下「貯水面積」という。）が百ヘクタール以上」

ダムの新築の事業の規模要件については、サーチャージ水位（サーチャージ水位がないダムにあっては、常時満水位）における貯水池の区域の面積が一〇〇ヘクタール以上のものの新築の事業を第一種事業、七五ヘクタール以上一〇〇ヘクタール未満のものの新築の事業を第二種事業としている。

なお、増加する貯水面積が大きいダムのかさ上げ等の事業は、ダムの新築の事業として対象事業となる点に留意が必要である。

②「第一種ダム新築事業」、「第二種ダム新築事業」

ダムの新築の事業であって、当該ダムが水力発電所の設備となる場合については、当該ダムについて、法第二条第二項第一号ロに掲げる事業の種類に該当するもの（ダム）として行う手続と、同号ホに掲げる事業の種類に該当するもの（発電所）として行う手続とが重複して義務付けられることのないよう、どちらか一方の事業の種類として整理できるようにする必要がある。このため、本施行令においては、以下に掲げるような整理を行うこととし、具体的には、発電専用設備の部分及びダムの施工主体が電気事業法上の発電事業者（その者が国土交通大臣、都道府県知事、指定都市の長又は独立行政法人水資源機構である場合を除く。）である場合については、当該ダムの部分については同号ホの事業の種類に該当するものとしている。

なお、この整理は、堰の新築又は改築の事業についても同様である。

発電の用に供されるダム又は堰の取扱いについて

兼用工作物（ダム又は堰）で発電を目的に含むものについては、以下の考え方により法第二条第二項第一号ロに該当する事業（ダム、堰）とする場合と、同号ホに該当する事業（発電所）とする場合に整理している。

一　ダム又は堰の施工主体が、発電事業者（国土交通大臣、都道府県知事、指定都市の長又は独立行政法人水資源機構の場合を除く。）である場合

当該ダム又は堰の主たる用途は発電であると考えられることから、原則として、法第二条第二項第一号ホ（発電所）に該当する事業として手続を行う。

ただし、同号ホ（発電所）に該当する事業としては規模要件を満たさず、同号ロ（ダム、堰）に該当する事業としては規模要件を満たす場合には、同号ロ（ダム、堰）に該当する事業として手続を行う。

法第二条第二項第一号ロ（ダム、堰）／法第二条第二項第一号ホ（発電所）	第二種事業未満	第二種事業	第一種事業
第二種事業未満	—　—	—　②	—　②
第二種事業	①　①	①　①	①（注2）　①（注2）
第一種事業	①　①	①　①	①　①

＊右：発電専用設備　左：ダム又は堰（発電専用設備以外）

①　法第二条第二項第一号ホに該当する事業（発電所）として手続を行う。

②　法第二条第二項第一号ロに該当する事業（ダム、堰）として手続を行う。

—法に基づく手続は行われない。

（注1）「施工主体」とは、ダムの新築又は堰の新築若しくは改築の事業を実施しようとする者（当該事業を実施しようとする者が二以上である場合において、これらの者のうちから代表者を定めたときは、その者）をいう。

（注2）出力は第二種事業の規模であるが、ダム又は堰が大規模であるため、第一種事業とする。

二　一以外の場合

発電専用設備とダム又は堰に分け、前者は法第二条第二項第一号ホ（発電所）に該当する事業として、後者は同号ロ（ダム、堰）に該当する事業として手続を行う。

法第二条第二項第一号ホ（発電所）＼法第二条第二項第一号ロ（ダム、堰）	第二種事業未満	第二種事業	第一種事業
第二種事業未満	｜　｜	｜　②	｜　②
第二種事業	①　｜	①　②	①　②
第一種事業	①　｜	①　②	①　②

＊右：発電専用設備　左：ダム又は堰（発電専用設備以外）

③「計画湛水位（堰の新築又は改築に関する計画において非洪水時に堰によってたたえることとした流水の最高の水位で堰の直上流部におけるものをいう。）」

堰の湛水区域の面積を決める際に基準となる水位であり、「計画において」「たたえることとした」とあるように、新築又は改築に関する計画において具体的に記載されていることが想定されているものである。

④「湛水区域（以下単に「湛水区域」という。）の面積（以下「湛水面積」という。）が百ヘクタール以上である堰の新築」

堰の新築の事業の規模要件については、計画湛水位における湛水区域の面積が一〇〇ヘクタール以上のものの新築の事業を第一種事業、七五ヘクタール以上一〇〇ヘクタール未満のものの新築の事業を第二種事業としている。

また、堰の改築の事業の規模要件については、当該改築後の湛水面積と当該改築により増加することとなる湛水面積との双方により要件が定められており、詳しくは以下の表のようになる。

堰の改築の事業に関する規模要件

改築後の湛水面積／増加する湛水面積	七五ヘクタール未満	七五ヘクタール以上一〇〇ヘクタール未満	一〇〇ヘクタール以上
三七・五ヘクタール未満	—	—	—
三七・五ヘクタール以上五〇ヘクタール未満	—	第二種事業	第二種事業
五〇ヘクタール以上	—	第二種事業	第一種事業

⑤　**「第一種堰新築事業」、「第二種堰新築事業」、「第一種堰改築事業」、「第二種堰改築事業」**

ダムの新築の事業と同様、堰が水力発電所の設備となる場合について、当該堰について、法第二条第二項第一号ロ（ダム、堰）に掲げる事業の種類に該当するものとして行う手続と同号ホ（発電所）に掲げる事業の種類に該当するものとして行う手続とが重複して義務付けられることのないよう措置したものである。

⑥　**「施設が設置される土地の面積及び施設の操作により露出することとなる水底の最大の水平投影面積の合計（以下「湖沼開発面積」という。）が百ヘクタール以上である湖沼水位調整施設の新築の事業」**

湖沼水位調節施設とは、例えば琵琶湖や霞ヶ浦において行われているような、湖岸堤等を設置し、湖沼の水位を調節するための施設である。ここでは、これら湖岸堤等の建築により、土地が何らかの形で改変される区域の面積に着目して規模要件を定めており、そのような面積である「施設が設置される土地の面積及び施設の操作により露出することとなる水底の最大の水平投影面積」の合計が一〇〇ヘクタール以上のものを第一種事業、七五ヘクタール以上一〇〇ヘクタール未満のものを第二種事業としている。

⑦　**「国土交通大臣、都道府県知事、指定都市の長又は独立行政法人水資源機構が河川工事として行うもの」**

湖沼水位調節施設（放水路も同様）については、事業主体が国土交通大臣、都道府県知事、指定都市の長又は独立行政法人水資源機構が行うものしか想定されないことから、このように規定したものである。

⑧「百ヘクタール以上の面積の土地の形状を変更する放水路の新築の事業」

洪水等の際に利用されることを目的として建設される放水路についても対象事業としている。ここでは、放水路の新築により土地の形状が変更される区域の面積に着目して規模要件が定められており、当該面積が一〇〇ヘクタールのものを第一種事業、七五ヘクタール以上一〇〇ヘクタール未満のものを第二種事業としている。

3　鉄道・軌道（別表第一の三の項）

別表第一（第一条、第三条、第七条関係）

事業の種類	第一種事業の要件	第二種事業の要件	法律の規定
三　法第二条第二項第一号ハに掲げる事業の種類	イ　全国①新幹線鉄道整備法（昭和四十五年法律第七十一号）第四条第一項に規定する建設線の建設（既設の同法附則第六項第一号の新幹線鉄道規格新線（以下単に「新幹線鉄道規格新線」という。）の区間について行うものを除く。）の事業		全国新幹線鉄道整備法第九条第一項
	ロ　全国新幹線鉄道整備法第二条の新幹線鉄道に係る鉄道施設②の改良（本線路の増設（一の停車場③に係るものを除く。）又は地下移設、高架移設④その他の移設（軽微な移設⑤を除く。）に限る。以下「鉄道施設の改良」という。）の事業		鉄道事業法（昭和六十一年法律第九十二号）第十二条第一項又は同条第四項において準用する同法第九条第一項
	ハ　新幹線鉄道規格新線の建設の事業		全国新幹線鉄道整備法附則第十一項

ニ　新幹線鉄道規格新線に係る鉄道施設の改良の事業		鉄道事業法第十二条第　項又は同条第四項において準用する同法第九条第一項
ホ　鉄道事業法による鉄道（懸垂式鉄道、跨《こ》座式鉄道、案内軌条式鉄道、無軌条電車、鋼索鉄道、浮上式鉄道その他の特殊な構造を有する鉄道並びに新幹線鉄道及び新幹線鉄道規格新線を除く。以下⑥「普通鉄道」という。）の建設（⑦全国新幹線鉄道整備法附則第六項第二号の新幹線鉄道直通線の建設を除く。）の事業（⑧長さが十キロメートル以上である鉄道を設けるものに限る。）	普通鉄道の建設（全国新幹線鉄道整備法附則第六項第二号の新幹線鉄道直通線の建設を除く。）の事業（長さが七・五キロメートル以上十キロメートル未満である鉄道を設けるものに限る。）	鉄道事業法第八条第一項又は第九条第一項
ヘ　普通鉄道に係る鉄道施設の改良の事業（改良に係る部分の長さが十キロメートル以上であるものに限る。）	普通鉄道に係る鉄道施設の改良の事業（改良に係る部分の長さが七・五キロメートル以上十キロメートル未満であるものに限る。）	鉄道事業法第十二条第一項又は同条第四項において準用する同法第九条第一項
ト　軌道法（大正十年法律第七十六号）による⑨新設軌道（普通鉄道の構造と同様の構造を有するものに限る。以下単に「新設軌道」という。）の建設の事業（長さが十キロメートル以上である軌道を設けるものに限る。）	新設軌道の建設の事業（長さが七・五キロメートル以上十キロメートル未満である軌道を設けるものに限る。）	軌道法第五条第一項又は第三十三条（軌道法施行令（昭和二十八年政令第二百五十八号）第六条第一項に係る場合に限る。）

	チ　新設軌道に係る線路の改良（本線路の増設（一の停車場に係るものを除く。）又は地下移設、高架移設その他の移設（軽微な移設を除く。）に限る。この項のチの第三欄において「線路の改良」という。）の事業（改良に係る部分の長さが十キロメートル以上であるものに限る。）	新設軌道に係る線路の改良の事業（改良に係る部分の長さが七・五キロメートル以上十キロメートル未満であるものに限る。）	軌道法第三十三条（軌道法施行令第六条第一項に係る場合に限る。）

法第二条第二項第一号ハに掲げる事業の種類に該当する第一種事業及び第二種事業については、新幹線鉄道又は新幹線鉄道規格新線の建設又は改良の事業のほか、鉄道及び軌道については、普通鉄道又は新設軌道のうち普通鉄道の構造と同様の構造を有するもので、一定規模以上のものの建設又は改良の事業としている。

① **「全国新幹線鉄道整備法〈昭和四十五年法律第七十一号〉第四条第一項に規定する建設線」**

新幹線鉄道及び新幹線鉄道規格新線（いわゆる「スーパー特急」）については、高速度（新幹線鉄道については時速二〇〇キロメートル以上、新幹線鉄道規格新線については時速一六〇キロメートルから二〇〇キロメートル程度）で運行がなされることが想定されており、他の鉄道と比較して騒音等の環境影響が著しいことから、新設の場合については、全ての事業を第一種事業としている。

なお、既に建設されている新幹線鉄道規格新線について、それを新幹線鉄道にする事業については、対象事業とならない。

② **「鉄道施設の改良」**

鉄道施設の改良の事業については、事業に伴う環境影響の観点から、一の停車場に係るものを除く本線路を増設するもの（複線化、複々線化の事業）、本線路の地下移設、高架移設等の本線路の移設の事業のうち線路の位置の変更の長さが一定規模以上のものを対象としている。

③ **「一の停車場に係るものを除く」**

既設の停車場内において待避線の増設が行われる場合等を除くものである。

④　「その他の移設」
地下移設や高架移設を例示とした上で、それらを含んだ幅広い移設の概念を示している。平面移設、高架から地上平面への移設、地上平面から堀割への移設など該当する可能性がある。

⑤　「軽微な移設を除く」
移動量の小さなものや線路の取り替え等の軽微な移設を除くものである。

⑥　「普通鉄道」
在来鉄道については、事業に伴う騒音等の環境影響の観点から、いわゆる普通鉄道を対象とし、懸垂式鉄道・跨座式鉄道（モノレール）、案内軌条式鉄道、無軌条電車（トロリーバス）、鋼索鉄道（ケーブルカー）、浮上式鉄道等の特殊な構造を有する鉄道については対象とはしていない。

⑦　「全国新幹線鉄道整備法附則第六項第二号の新幹線鉄道直通線の建設を除く」
新幹線鉄道直通線（いわゆる「ミニ新幹線」）は、走行速度が最高設計速度時速一三〇キロメートルと在来鉄道と同等のものであることから普通鉄道と同様の扱いとすることとし、また、その建設は通常、新たに線路を設けるものではなく既存の普通鉄道の線路幅を変更するものに過ぎないことから、環境影響の程度が著しいものとなるおそれがないと判断し、対象事業とはしていない。

⑧　「長さが十キロメートル以上である鉄道を設けるものに限る」
鉄道の建設又は改良の事業（軌道の建設又は改良の事業も同様）の規模要件については、建設又は改良に係る部分の長さが一〇キロメートル以上のものを第一種事業、建設又は改良に係る部分の長さが七・五キロメートル以上一〇キロメートル未満のものを第二種事業としている。

⑨　「新設軌道（普通鉄道の構造と同様の構造を有するものに限る。）」
軌道は、原則として道路上に敷設されるものであるが、道路以外にも敷設することは可能であり、軌道法（大正一〇年法律第七六号）上、道路上に敷設されるものを「併用軌道」と、道路以外に敷設されるものを「新設軌道」と呼称している。

このうち、新設軌道には、一部の地下鉄等のように普通鉄道と同様の構造を有するものがみられるところ、両者の取扱いに差異があることは不適当であることから、このようなものについては対象事業としたところである。

4　飛行場（別表第一の四の項）

別表第一（第一条、第三条、第七条関係）

事業の種類	第一種事業の要件	第二種事業の要件	法律の規定
四　法第二条第二項第一号ニに掲げる事業の種類	イ　[①]飛行場及びその施設の設置の事業[②]（長さが二千五百メートル以上である滑走路を設けるものに限る。）	飛行場及びその施設の設置の事業（長さが千八百七十五メートル以上二千五百メートル未満である滑走路を設けるものに限るものとし、[③]この項のイの第二欄に掲げる要件に該当するものを除く。）	事業主体が国以外の者である場合につき、航空法（昭和二十七年法律第二百三十一号）第三十八条第一項
	ロ　滑走路の新設を伴う飛行場及びその施設の変更の事業（新設する滑走路の長さが二千五百メートル以上であるものに限る。）	滑走路の新設を伴う飛行場及びその施設の変更の事業（新設する滑走路の長さが千八百七十五メートル以上二千五百メートル未満であるものに限るものとし、[④]この項のロの第二欄に掲げる要件に該当するものを除く。）	事業主体が国以外の者である場合につき、航空法第四十三条第一項
	ハ　滑走路の延長を伴う飛行場及びその施設の変更の事業（延長後の滑走路の長さが二千五百メートル以上であり、かつ、滑走路を五百メートル以上延長するものに限る。）	滑走路の延長を伴う飛行場及びその施設の変更の事業（延長後の滑走路の長さが千八百七十五メートル以上であり、かつ、滑走路を三百七十五メートル以上延長するものに限るものとし、この項のハの第二欄に掲げる要件に該当するものを除く。）	

法第二条第二項第一号ニに掲げる事業の種類に該当する第一種事業及び第二種事業については、一定規模以上の滑走路の設置を伴う飛行場及びその施設の設置の事業、既設の飛行場に新たに一定規模以上の滑走路を新設する場合の飛行場及びその施設の変更の事業並びに既設の滑走路を一定規模以上延長した結果一定規模以上の滑走路になる場合の飛行場及びその施設の変更の事業としている。

① 「飛行場及びその施設」

航空法（昭和二七年法律第二三一号）第三九条第一項第一号における空港等（空港その他の飛行場）に関する設置基準の対象となる施設として、航空法施行規則（昭和二七年運輸省令第五六号）第七九条において滑走路、着陸帯及び誘導路等が定められている。（自衛隊が設置する飛行場についても、飛行場及び航空保安施設の設置及び管理の基準に関する訓令（昭和三三年防衛庁訓令第一〇五号）において、同様に定められている。）

さらに、飛行場の設置に一連となる事業として、一般に、当該設置基準に掲げる施設の設置のみならず、ターミナルビルや管制塔等の関連施設の設置も含まれることから、これら事業全体について対象事業としている。

② 「長さが二千五百メートル以上である滑走路を設けるものに限る」

飛行場及びその施設の設置又は変更の事業については、飛行場に離発着する飛行機の機種の違いによる航空機騒音の程度に着目し、滑走路の長さによって規模要件を定めることとしている。具体的には、大型ジェット機が離着陸できる滑走路としては二、五〇〇メートルのものが必要であることに鑑み、滑走路の長さが二、五〇〇メートル以上のものに係る事業を第一種事業とし、一、八七五メートル以上二、五〇〇メートル未満のものに係る事業を第二種事業としている。

また、滑走路の延長を伴う飛行場及びその施設の変更の事業については、当該延長後の滑走路の長さと当該延長により延長されることとなる滑走路の長さの双方により要件が定められており、詳しくは以下の表のようになる。

滑走路の延長を伴う飛行場及びその施設の変更の事業に関する規模要件

延長後の滑走路の長さ／延長される滑走路の長さ	一、八七五メートル未満	一、八七五メートル以上二、五〇〇メートル未満	二、五〇〇メートル以上
三七五メートル未満	―	―	―

三七五メートル以上 五〇〇メートル未満	—	第二種事業	第二種事業
五〇〇メートル以上	—	第二種事業	第一種事業

③　「この項のイの第二欄に掲げる要件に該当するものを除く」

例えば、三、〇〇〇メートルの滑走路と二、〇〇〇メートルの滑走路を同時に設置する飛行場及びその施設の設置の事業の場合には、全体を一の事業として、第一種事業として取り扱うという趣旨である。

④　「この項のロの第二欄に掲げる要件に該当するものを除く」

③と同様に、三、〇〇〇メートルの滑走路と二、〇〇〇メートルの滑走路を同時に新設する場合には、全体を一の事業として、第一種事業として取り扱うという趣旨である。

5　発電所（別表第一の五の項）

別表第一（第一条、第三条、第七条関係）

事業の種類	第一種事業の要件	第二種事業の要件	法律の規定
五　法第二条第二項第一号ホに掲げる事業の種類	イ　出力[①]が三万キロワット以上である水力発電所の設置の工事の事業（当該水力発電所の設備にダム又は堰《せき》が含まれる場合において、当該ダムの新築又は当該堰《せき》の新築若しくは改築を行おうとする者（その者が二以上である場合において、これらの者のうちから代表する者を定めたときは、その代表する者）が当該水力発電所をその事業の用	出力が二万二千五百キロワット以上三万キロワット未満である水力発電所の設置の工事の事業（この項のロの第二欄に掲げる要件に該当しないものに限るものとし、当該水力発電所の設備にダム又は堰《せき》が含まれる場合において、当該ダムの新築又は当該堰《せき》の新築若しくは改築を行おうとする者（その者が二以上である場合において、これら	電気事業法第四十七条第一項若しくは第二項又は第四十八条第一項

に供する発電事業者でないときは、当該ダムの新築又は当該堰《せき》の新築若しくは改築である部分を除く。）	の者のうちから代表する者を定めたときは、その代表する者）が当該水力発電所をその事業の用に供する発電事業者でないときは、当該ダムの新築又は当該堰《せき》の新築若しくは改築である部分を除く。）
ロ　出力が二万二千五百キロワット以上三万キロワット未満である水力発電所の設置の工事の事業（当該水力発電所の設置の工事が大規模ダム新築又は大規模堰《せき》新築若しくは大規模堰《せき》改築（以下「大規模ダム新築等」という。）を伴い、かつ、大規模ダム新築等を行おうとする者（その者が二以上である場合において、これらの者のうちから代表する者を定めたときは、その代表する者）が当該水力発電所をその事業の用に供する発電事業者であるものに限る。）	
ハ　出力が三万キロワット以上である発電設備の新設を伴う水力発電所の変更の工事の事業（当該水力発電所の変更の工事がダムの新築又は堰《せき》の新築若しくは改築を伴う場合において、当該ダムの新築又は当該堰《せき》の新築若しくは改築を行おうとする者（その者が二以上である場合において、これらの者のうちから代表する者を定めたときは、その代表する者）が当該水力発電所をその事業の用に供する発電事業者でないとき	出力が二万二千五百キロワット以上三万キロワット未満である発電設備の新設を伴う水力発電所の変更の工事の事業（この項のニの第二欄に掲げる要件に該当しないものに限るものとし、当該水力発電所の変更の工事がダムの新築又は堰《せき》の新築若しくは改築を伴う場合において、当該ダムの新築又は当該堰《せき》の新築若しくは改築を行おうとする者（その者が二以上である場合において、これらの者のうちから代表する者を定

は、当該ダムの新築又は当該堰《せき》の新築若しくは改築である部分を除く。）	めたときは、その代表する者）が当該水力発電所をその事業の用に供する発電事業者でないときは、当該ダムの新築又は当該堰《せき》の新築若しくは改築である部分を除く。）
ニ　出力が二万二千五百キロワット以上三万キロワット未満である発電設備の新設を伴う水力発電所の変更の工事の事業（当該水力発電所の変更の工事が大規模ダム新築等を伴い、かつ、大規模ダム新築等を行おうとする者（その者が二以上である場合において、これらの者のうちから代表する者を定めたときは、その代表する者）が当該水力発電所をその事業の用に供する発電事業者であるものに限る。）	
ホ　出力[②]が十五万キロワット以上である火力発電所（地熱を利用するものを除く。）の設置の工事の事業	出力が十一万二千五百キロワット以上十五万キロワット未満である火力発電所（地熱を利用するものを除く。）の設置の工事の事業
へ　出力が十五万キロワット以上である発電[③]設備の新設を伴う火力発電所（地熱を利用するものを除く。）の変更の工事の事業	出力が十一万二千五百キロワット以上十五万キロワット未満である発電設備の新設を伴う火力発電所（地熱を利用するものを除く。）の変更の工事の事業
ト　出力[④]が一万キロワット以上である火力発電所（地熱を利用するものに限る。）の設	出力が七千五百キロワット以上一万キロワット未満である火力発電所（地熱を利用

置の工事の事業	するものに限る。）の設置の工事の事業
チ　出力が一万キロワット以上である発電設備の新設を伴う火力発電所（地熱を利用するものに限る。）の変更の工事の事業	出力が七千五百キロワット以上一万キロワット未満である発電設備の新設を伴う火力発電所（地熱を利用するものに限る。）の変更の工事の事業
リ　[⑤]原子力発電所の設置の工事の事業	
ヌ　発電設備の新設を伴う原子力発電所の変更の工事の事業	
ル　[⑥]出力が四万キロワット以上である太陽電池発電所の設置の工事の事業	出力が三万キロワット以上四万キロワット未満である太陽電池発電所の設置の工事の事業
ヲ　出力が四万キロワット以上である発電設備の新設を伴う太陽電池発電所の変更の工事の事業	出力が三万キロワット以上四万キロワット未満である発電設備の新設を伴う太陽電池発電所の変更の工事の事業
ワ　[⑦]出力が一万キロワット以上である風力発電所の設置の工事の事業	出力が七千五百キロワット以上一万キロワット未満である風力発電所の設置の工事の事業
カ　出力が一万キロワット以上である発電設備の新設を伴う風力発電所の変更の工事の事業	出力が七千五百キロワット以上一万キロワット未満である発電設備の新設を伴う風力発電所の変更の工事の事業

法第二条第二項第一号ホに掲げる事業の種類に該当する第一種事業及び第二種事業については、水力発電所、火力発電所（地熱発電所を含む。）、原子力発電所及び風力発電所の設置の工事又は変更の工事の事業としている。

① 「出力が三万キロワット以上である水力発電所の設置の工事の事業」

水力発電所については、河川等から取水した水が落水する際に生じるエネルギーを電気エネルギーに転換するものであり、これに伴う環境影響を把握するため、水量×落差で求められる出力により規模要件を表すこととし、具体的には、出力が三万キロワット以上の水力発電所の設置の工事又は出力が三万キロワット以上の発電設備の新設を伴う水力発電所の変更の工事の事業を第一種事業とし、出力が二万二、五〇〇キロワット以上三万キロワット未満のものを第二種事業としている。

また、水力発電所については、２で規定した考え方により、当該水力発電所の設備にダム又は堰が含まれている場合の取扱いについて所要の整理を行い、発電専用設備以外の兼用工作物であるダム又は堰について、その施工主体が発電事業者（その者が国土交通大臣、都道府県知事、指定都市の長又は独立行政法人水資源機構である場合を除く。）である場合には、当該ダム又は堰の部分を含め同号ホ（発電所）に掲げる事業の種類に該当する事業として取り扱うこととしている（詳しくは２参照）。

なお、水力発電所としては第二種事業の規模要件に該当する水力発電所の設置の工事の事業のうち、第一種事業の規模要件に該当するダム又は堰に係る事業を伴うものについては、ダム又は堰に係る事業としては第一種事業の規模要件に該当する以上は法の手続を行う必要があると考えられることから、このような事業については、水力発電所としての第一種事業とすることとしている（発電設備の新設を伴う変更の工事の場合も同様）。

② 「出力が十五万キロワット以上である火力発電所（地熱を利用するものを除く。）の設置の工事の事業」

火力発電所（地熱発電所を除く。）については、排ガス量、使用冷却水量、敷地面積に比例関係がある出力により規模要件を表すこととし、具体的には、出力が一五万キロワット以上の火力発電所の設置の工事又は出力が一五万キロワット以上の発電設備の新設を伴う火力発電所の変更の工事の事業を第一種事業とし、出力が一一万二、五〇〇キロワット以上一五万キロワット未満のものを第二種事業としている。

③ 「発電設備の新設を伴う火力発電所（地熱を利用するものを除く。）の変更の工事の事業」

「発電設備」を一つのまとまりとして増設又は撤去・新設するものは、「発電設備の新設」として法の対象事業となる。一方で、燃料種の変更を伴うボイラーの改造など発電設備の新設を伴わない変更の工事は対象事業とはならない。

④　「出力が一万キロワット以上である火力発電所（地熱を利用するものに限る。）の設置の工事の事業」

地熱発電所については、地下の蒸気・熱水の使用量、造成面積、大気中への蒸気等の排出による植生への影響に比例関係がある出力により規模要件を表すこととし、具体的には、出力が一万キロワット以上の地熱発電所の設置の工事又は出力が一万キロワット以上の発電設備の新設を伴う地熱発電所の変更の工事の事業を第一種事業とし、出力が七、五〇〇キロワット以上一万キロワット未満のものを第二種事業としている。

⑤　「原子力発電所の設置の工事の事業」

原子力発電所については、敷地面積が大きいこと、大量の冷却水を必要として広範囲に温排水による影響が及ぶおそれがあること等から、環境影響の程度が著しいため、全ての原子力発電所の設置の工事の事業及び発電設備の新設を伴う原子力発電所の変更の事業を第一種事業としている。

⑥　「出力が四万キロワット以上である太陽電池発電所の設置の工事の事業」

太陽電池発電所（太陽光発電所）については、再生可能エネルギーとして地球温暖化対策の観点からも導入が期待される一方、森林伐採等を伴う大規模な土地改変を行い、土砂流出や濁水の発生、景観への影響、動植物の生息・生育環境の悪化等の問題が生じている事例がある。このため、令和元年七月に環境影響評価法施行令が改正され、対象事業として追加される予定である（施行は令和二年四月一日）。

太陽電池発電所については、他の発電所と同様、出力により規模要件を表すこととし、具体的には、出力が四万キロワット以上の太陽電池発電所の設置の工事又は四万キロワット以上の発電設備の新設を伴う太陽電池発電所の変更の工事の事業を第一種事業としている。第二種事業としては、他の事業と同様、第一種事業の七五パーセント相当である出力が三万キロワット以上であり四万キロワット未満のものを対象としている。

⑦　「出力が一万キロワット以上である風力発電所の設置の工事の事業」

風力発電所については、再生可能エネルギーとして地球温暖化対策の観点からも導入が期待される一方、騒音・低周波音に関する苦情、希少な鳥類の衝突事故（バードストライク）、土地改変に伴う動植物や水環境への影響、景観への影響等の環境影響が指摘されていることから、平成二四年一〇月より対象事業として追加されている。

規模要件については、事業計画時点で発電所全体の出力が決定されている一方で基数等の諸元については決まっていないことが多いこと等から、発電所全体の出力により表すこととし、具体的には、出力が一万キロワット以上の風力発電所の設置の工事又は一万キロワット以上の発電設備の新設を伴う風力発電所の変更の工事の事業を第一種事業とし、出力が七、五〇〇キロワット以上一万キロワット未満のものを第二種事業としている。

6　廃棄物最終処分場（別表第一の六の項）

別表第一（第一条、第三条、第七条関係）

事業の種類	第一種事業の要件	第二種事業の要件	法律の規定
六　法第二条第二項第一号ヘに掲げる事業の種類	イ　廃棄物の処理及び清掃に関する法律（昭和四十五年法律第百三十七号）第八条第一項に規定する一般廃棄物の最終処分場（以下「一般廃棄物最終処分場」という。）又は同法第十五条第一項に規定する産業廃棄物の最終処分場（以下「産業廃棄物最終処分場」という。）の設置の事業[①]（埋立処分の用に供される場所（以下「埋立処分場所」という。）の面積が三十ヘクタール以上であるものに限る。）	一般廃棄物最終処分場又は産業廃棄物最終処分場の設置の事業（埋立処分場所の面積が二十五ヘクタール以上三十ヘクタール未満であるものに限る。）	廃棄物の処理及び清掃に関する法律第八条第一項、第九条の三第一項又は第十五条第一項
	ロ　一般廃棄物最終処分場又は産業廃棄物最終処分場の規模の変更の事業（埋立処分場所の面積が三十ヘクタール以上増加するものに限る。）	一般廃棄物最終処分場又は産業廃棄物最終処分場の規模の変更の事業（埋立処分場所の面積が二十五ヘクタール以上三十ヘクタール未満増加するものに限る。）	廃棄物の処理及び清掃に関する法律第九条第一項、第九条の三第八項又は第十五条の二の六第一項

本法第二条第二項第一号へに掲げる事業の種類に該当する第一種事業及び第二種事業については、埋立処分の用に供される場所の面積が一定規模以上の一般廃棄物最終処分場及び産業廃棄物最終処分場の設置又は規模の変更の事業としている。

①　「埋立処分の用に供される場所（以下「埋立処分場所」という。）の面積が三十ヘクタール以上であるものに限る」

廃棄物最終処分場については、土地の改変のみならず、廃棄物の最終処分に伴う悪臭の発生、汚水の漏出、メタン等の発生などの環境影響、廃棄物の運搬車の出入りに伴う騒音・振動等の環境影響が伴う事業であること等を勘案して、埋立処分の用に供される場所の面積又は規模の変更により増加する埋立処分の用に供される部分の面積が三〇ヘクタール以上のものを第一種事業とし、二五ヘクタール以上三〇ヘクタール未満のものを第二種事業としている。

7　公有水面の埋立て又は干拓（別表第一の七の項）

別表第一（第一条、第三条、第七条関係）

事業の種類	第一種事業の要件	第二種事業の要件	法律の規定
七　法第二条第二項第一号トに掲げる事業の種類	公有水面埋立法による公有水面の埋立て又は干拓の事業①（埋立て又は干拓に係る区域（以下「埋立干拓区域」という。）の面積が五十ヘクタールを超えるものに限る。）	公有水面埋立法による公有水面の埋立て又は干拓の事業（埋立干拓区域の面積が四十ヘクタール以上五十ヘクタール以下であるものに限る。）	事業主体が土地改良事業を行う農林水産大臣以外の者である場合につき、公有水面埋立法第二条第一項又は第四十二条第一項

本法第二条第二項第一号トに掲げる事業の種類に該当する第一種事業及び第二種事業については、一定規模以上の面積の公有水面の埋立て又は干拓の事業としている。

①　「埋立て又は干拓に係る区域（以下「埋立干拓区域」という。）の面積が五十ヘクタールを超えるものに限る」

公有水面の埋立て又は干拓の事業については、水面の改変による自然環境への影響に加えて、潮流の変化・停滞による水質・海岸浸食等の環境影響が伴う事業であることに鑑み、埋立て又は干拓に係る区域の面積が五〇ヘクタールを超えるものを第一種事業とし、四〇ヘクタール以上五〇ヘクタール以下のものを第二種事業としている。なお、第一種事業の規模要件として五〇ヘクタールを超えるものとしたのは、公有水面埋立法施行令（大正一一年勅令第一九四号）第三二条に規定する主務大臣の認可対象となる要件との整合を図ったものである。

また、本事業に係る環境影響評価については、公有水面の埋立地又は干拓地において行われることが予定される事業活動その他の人の活動に伴って生じる影響は含まない。

8　面開発事業（別表第一の八の項から十三の項まで）

別表第一（第一条、第三条、第七条関係）

事業の種類	第一種事業の要件	第二種事業の要件	法律の規定
八　法第二条第二項第一号チに掲げる事業の種類	土地区画整理法（昭和二十九年法律第百十九号）第二条第一項に規定する土地区画整理事業である事業①（都市計画法（昭和四十三年法律第百号）の規定により都市計画に定められ、かつ、②施行区域の面積が百ヘクタール以上であるものに限る。）	土地区画整理法第二条第一項に規定する土地区画整理事業である事業（都市計画法の規定により都市計画に定められ、かつ、施行区域の面積が七十五ヘクタール以上百ヘクタール未満であるものに限る。）	事業主体が国土交通大臣以外の者である場合につき、土地区画整理法第四条第一項、第十条第一項、第十四条第一項若しくは第三項、第三十九条第一項、第五十一条の二第一項、第五十一条の十第一項、第五十二条第一項、第五十五条第十二項、第七十一条の

			二第一項又は第七十一条の三第十四項
九　法第二条第二項第一号リに掲げる事業の種類	新住宅市街地開発法（昭和三十八年法律第百三十四号）第二条第一項に規定する新住宅市街地開発事業である事業（施行区域の面積が百ヘクタール以上であるものに限る。）	新住宅市街地開発法第二条第一項に規定する新住宅市街地開発事業である事業（施行区域の面積が七十五ヘクタール以上百ヘクタール未満であるものに限る。）	都市計画法第五十九条第一項から第四項まで又は第六十三条第一項
十　法第二条第二項第一号ヌに掲げる事業の種類	イ　首都圏の近郊整備地帯及び都市開発区域の整備に関する法律（昭和三十三年法律第九十八号）第二条第五項に規定する工業団地造成事業である事業（施行区域の面積が百ヘクタール以上であるものに限る。）	首都圏の近郊整備地帯及び都市開発区域の整備に関する法律第二条第五項に規定する工業団地造成事業である事業（施行区域の面積が七十五ヘクタール以上百ヘクタール未満であるものに限る。）	都市計画法第五十九条第一項から第三項まで又は第六十三条第一項
	ロ　近畿圏の近郊整備区域及び都市開発区域の整備及び開発に関する法律（昭和三十九年法律第百四十五号）第二条第四項に規定する工業団地造成事業である事業（施行区域の面積が百ヘクタール以上であるものに限る。）	近畿圏の近郊整備区域及び都市開発区域の整備及び開発に関する法律第二条第四項に規定する工業団地造成事業である事業（施行区域の面積が七十五ヘクタール以上百ヘクタール未満であるものに限る。）	
十一　法第二条第二項第一号ルに掲げる事業の種類	新都市基盤整備法（昭和四十七年法律第八十六号）第二条第一項に規定する新都市基盤整備事業である事業（施行区域の面積が百ヘクタール以上であるものに限る。）	新都市基盤整備法第二条第一項に規定する新都市基盤整備事業である事業（施行区域の面積が七十五ヘクタール以上百ヘクタール未満であるものに限る。）	都市計画法第五十九条第一項から第三項まで又は第六十三条第一項

十二　法第二条第二項第一号ヲに掲げる事業の種類	流通業務市街地の整備に関する法律（昭和四十一年法律第百十号）第二条第二項に規定する流通業務団地造成事業である事業（施行区域の面積が百ヘクタール以上であるものに限る。）	流通業務市街地の整備に関する法律第二条第二項に規定する流通業務団地造成事業である事業（施行区域の面積が七十五ヘクタール以上百ヘクタール未満であるものに限る。）	都市計画法第五十九条第一項から第三項まで又は第六十三条第一項
十三　宅地の造成の事業（第二条に規定する宅地の造成の事業に限る。以下この項において同じ。）	イ　[3]独立行政法人都市再生機構が行う宅地の造成の事業（[4]造成に係る土地の面積が百ヘクタール以上であるものに限る。）	独立行政法人都市再生機構が行う宅地の造成の事業（造成に係る土地の面積が七十五ヘクタール以上百ヘクタール未満であるものに限る。）	
	ロ　[5]独立行政法人中小企業基盤整備機構が行う宅地の造成の事業（造成に係る土地の面積が百ヘクタール以上であるものに限る。）	独立行政法人中小企業基盤整備機構が行う宅地の造成の事業（造成に係る土地の面積が七十五ヘクタール以上百ヘクタール未満であるものに限る。）	

いわゆる面開発事業として第一種事業及び第二種事業となるものとしては、一定面積以上の施行区域を有する土地区画整理事業、新住宅市街地開発事業、工業団地造成事業、新都市基盤整備事業及び流通業務団地造成事業並びに独立行政法人都市再生機構及び独立行政法人中小企業基盤整備機構が行う宅地の造成の事業としている。

① **「都市計画法（昭和四十三年法律第百号）の規定により都市計画に定められ」**

土地区画整理事業については、都市計画に定められるものについて対象事業としている。これにより、面開発事業については、一三の項に規定する宅地の造成の事業を除き、全て都市計画法の規定により都市計画に定めるものが第一種事業及び第二種事業となる。

②　「施行区域の面積が百ヘクタール以上であるものに限る」

面開発事業の規模要件については、施行区域の面積が一〇〇ヘクタール以上の事業を第一種事業とし、施行区域の面積が七五ヘクタール以上一〇〇ヘクタール未満のものを第二種事業としている。

土地区画整理事業をはじめ都市計画に定められる事業については、都市計画法の規定と整合をとり「施行区域の面積」を規模要件の指標としている。この「施行区域」は、残置緑地及び河川等の形状変更を伴わない区域を含めた開発区域全体を対象としている。

③　「独立行政法人都市再生機構が行う宅地の造成の事業」

独立行政法人都市再生機構法（平成一五年法律第一〇〇号）により、平成一六年に都市基盤整備公団と地域振興整備公団の地方都市開発整備業務部門が統合して設立された独立行政法人都市再生機構が行う宅地の造成の事業を指すものである。

④　「造成に係る土地の面積が百ヘクタール以上であるものに限る」

「造成に係る土地」についても、「施行区域」と同様、残置緑地及び河川等の形状変更を伴わない区域を含めた開発区域全体を対象としている。

⑤　「独立行政法人中小企業基盤整備機構が行う宅地の造成の事業」

独立行政法人中小企業基盤整備機構法（平成一四年法律第一四七号）により、平成一六年に地域振興整備公団（地方都市開発整備等業務を除く）等が統合して設立された独立行政法人中小企業基盤整備機構が行う宅地の造成の事業を指すものである。

第4部

資料編

第一章　法　令

○環境影響評価法施行令

（平成九年十二月三日政令第三百四十六号）

最近改正　令和元年七月五日政令第五三号

環境影響評価法施行令をここに公布する。

環境影響評価法施行令

内閣は、環境影響評価法（平成九年法律第八十一号）第二条第二項及び第三項並びに第四十八条第一項の規定に基づき、この政令を制定する。

（第一種事業）

第一条　環境影響評価法（以下「法」という。）第二条第二項の政令で定める事業は、別表第一の第一欄に掲げる事業の種類ごとにそれぞれ同表の第二欄に掲げる要件に該当する一の事業とする。ただし、当該事業が同表の一の項から五の項まで又は八の項から十三の項までの第二欄に掲げる要件のいずれかに該当し、かつ、公有水面の埋立て又は干拓（同表の七の項の第二欄に掲げる要件に該当するもの及び同表の七の項の第三欄に掲げる要件に該当することを理由として法第四条第三項第一号の措置がとられたものに限る。以下「対象公有水面埋立て等」という。）を伴うものであるときは、対象公有水面埋立て等である部分を除くものとする。

（法第二条第二項第一号ワの政令で定める事業の種類）

第二条　法第二条第二項第一号ワの政令で定める事業の種類は、宅地の造成の事業（造成後の宅地又は当該宅地の造成と併せて整備されるべき施設が不特定かつ多数の者に供給されるものに限るものとし、同号チからヲまでに掲げるものに該当するものを除く。）とする。

（免許等に係る法律の規定）

第三条　法第二条第二項第二号イの法律の規定であって政令で定めるものは、別表第一の第一欄に掲げる事業の種類（第二欄及び第三欄に掲げる事業の種類の細分を含む。）ごとにそれぞれ同表の第四欄に掲げるとおりとする。

（法第二条第二項第二号ロの政令で定める給付金）

第四条　法第二条第二項第二号ロに規定する給付金のうち政令で定めるものは、次に掲げるものとする。

一　沖縄振興特別措置法（平成十四年法律第十四号）第百五条の三第二項に規定する交付金

二　社会資本整備総合交付金

（法第二条第二項第二号ホの法律の規定であって政令で定めるもの）

第五条　法第二条第二項第二号ホの法律の規定であって政令で

定めるものは、公有水面埋立法（大正十年法律第五十七号）第四十二条第一項（土地改良法（昭和二十四年法律第百九十五号）第二条第二項第四号の事業に適用される場合に限る。）の規定とする。

（第二種事業の規模に係る数値の比）

第六条　法第二条第三項の政令で定める数値は、〇・七五とする。

（第二種事業）

第七条　法第二条第三項の政令で定める事業は、別表第一の第一欄に掲げる事業の種類ごとにそれぞれ同表の第三欄に掲げる要件に該当する一の事業とする。ただし、当該事業が同表の一の項から五の項まで又は八の項から十三の項までの第三欄に掲げる要件のいずれかに該当し、かつ、対象公有水面埋立て等を伴うものであるときは、対象公有水面埋立て等である部分を除くものとする。

（配慮書についての環境大臣の意見の提出期間）

第八条　法第三条の五の政令で定める期間は、四十五日とする。

（主務大臣の意見の提出期間）

第九条　法第三条の六の政令で定める期間は、九十日とする。

（方法書についての都道府県知事の意見の提出期間）

第十条　法第十条第一項の政令で定める期間は、九十日とする。ただし、同項の意見を述べるため実地の調査を行う必要がある場合において、積雪その他の自然現象により長期間にわたり当該実地の調査が著しく困難であるときは、百二十日を超えない範囲内において都道府県知事が定める期間とする。

２　都道府県知事は、前項ただし書の規定により期間を定めたときは、事業者に対し、遅滞なくその旨及びその理由を通知しなければならない。

（法第十条第四項の政令で定める市）

第十一条　法第十条第四項の政令で定める市は、札幌市、仙台市、さいたま市、千葉市、横浜市、川崎市、相模原市、新潟市、静岡市、浜松市、名古屋市、京都市、大阪市、堺市、吹田市、神戸市、尼崎市、岡山市、広島市、北九州市及び福岡市とする。

（準備書についての関係都道府県知事の意見の提出期間）

第十二条　法第二十条第一項の政令で定める期間は、百二十日とする。ただし、同項の意見を述べるため実地の調査を行う必要がある場合において、積雪その他の自然現象により長期間にわたり当該実地の調査が著しく困難であるときは、百五十日を超えない範囲内において関係都道府県知事が定める期間とする。

２　第十条第二項の規定は、前項ただし書の規定により期間を定めた場合について準用する。

（法第二十一条第一項第一号の政令で定める軽微な修正等）

第十三条　法第二十一条第一項第一号の政令で定める軽微な修正は、別表第二の第一欄に掲げる対象事業の区分ごとにそれぞれ同表の第二欄に掲げる事業の諸元の修正であって、同表の第三欄に掲げる要件に該当するもの（当該修正後の対象事業について法第六条第一項の規定を適用した場合における同項の地域を管轄する市町村長（特別区の区長を含む。以下同じ。）に当該修正前の対象事業に係る当該地域を管轄する市町村長以外の市町村長が含まれるもの及び環境影響が相当な程度を超えて増加するおそれがあると認めるべき特別の事情があるものを除く。）とする。

2　法第二十一条第一項第一号の政令で定める修正は、次に掲げるものとする。

一　前項に規定する修正

二　別表第二の第一欄に掲げる対象事業の区分ごとにそれぞれ同表の第二欄に掲げる事業の諸元の修正以外の修正

三　前二号に掲げるもののほか、環境への負荷の低減を目的とする修正であって、当該修正後の対象事業について法第六条第一項の規定を適用した場合における同項の地域を管轄する市町村長に当該修正前の対象事業に係る当該地域を管轄する市町村長以外の市町村長が含まれていないもの

（評価書についての環境大臣の意見の提出期間）

第十四条　法第二十三条の政令で定める期間は、四十五日とする。

（法第二十三条の二の政令で定める公法上の法人）

第十五条　法第二十三条の二の政令で定める公法上の法人は、港湾法（昭和二十五年法律第二百十八号）第四条第一項の規定による港務局とする。

（評価書についての免許等を行う者等の意見の提出期間）

第十六条　法第二十四条の政令で定める期間は、九十日とする。

（法第二十五条第一項第一号の政令で定める軽微な修正等）

第十七条　第十三条の規定は、法第二十五条第一項第一号の政令で定める軽微な修正及び同号の政令で定める修正並びに法第二十八条ただし書の政令で定める軽微な修正及び同条ただし書の政令で定める修正について準用する。

（法第三十一条第二項の政令で定める軽微な変更等）

第十八条　法第三十一条第二項の政令で定める軽微な変更は、別表第三の第一欄に掲げる対象事業の区分ごとにそれぞれ同表の第二欄に掲げる事業の諸元の変更であって、同表の第三欄に掲げる要件に該当するもの（当該変更後の対象事業について法第六条第一項の規定を適用した場合における同項の地域を管轄する市町村長に当該変更前の対象事業に係る当該地

域を管轄する市町村長以外の市町村長が含まれるもの及び環境影響が相当な程度を超えて増加するおそれがあると認めるべき特別の事情があるものを除く。）とする。

2　法第三十一条第二項の政令で定める変更は、次に掲げるものとする。

一　前項に規定する変更

二　別表第三の第一欄に掲げる対象事業の区分ごとにそれぞれ同表の第二欄に掲げる事業の諸元の変更以外の変更

三　前二号に掲げるもののほか、環境への負荷の低減を目的とする変更（緑地その他の緩衝空地を増加するものに限る。）であって、当該変更後の対象事業について法第六条第一項の規定を適用した場合における同項の地域を管轄する市町村長に当該変更前の対象事業に係る当該地域を管轄する市町村長以外の市町村長が含まれていないもの

（環境の保全の配慮についての審査等に係る法律の規定）

第十九条　法第三十三条第二項各号の法律の規定であって政令で定めるものは、別表第四に掲げるとおりとする。

（報告書についての環境大臣の意見の提出期間）

第二十条　法第三十八条の四の政令で定める期間は、四十五日とする。

（報告書についての免許等を行う者等の意見の提出期間）

第二十一条　法第三十八条の五の政令で定める期間は、九十日とする。

（都市計画に定められる対象事業等に関する手続の特例）

第二十二条　法第三十八条の六第一項又は第二項の規定により都市計画決定権者が計画段階配慮事項についての検討その他の手続を行う場合における第九条の規定の適用については、同条中「法第三条の六」とあるのは、「法第三十八条の六第三項の規定により読み替えて適用される法第三条の六」とする。

第二十三条　法第三十八条の六第一項又は第四十条第一項の規定により都市計画決定権者が環境影響評価その他の手続を行う場合における第十条から第二十一条までの規定の適用については、第十条第一項中「法第十条第一項」とあるのは「法第四十条第二項の規定により読み替えて適用される法第十条第一項」と、同条第二項中「事業者」とあるのは「都市計画決定権者」と、第十一条の見出し及び同条中「法第十条第四項」とあるのは「法第四十条第二項の規定により読み替えて適用される法第十条第四項」と、第十二条第一項中「法第二十条第一項」とあるのは「法第四十条第二項の規定により読み替えて適用される法第二十条第一項」と、第十三条第一項中「対象事業」とあるのは「都市計画対象事業」と、「法第六条第一項」とあるのは「法第四十条第二項の規定により読み替えて適用される法第六条第一項」と、同条第二項第二号

及び第三号中「対象事業」とあるのは「都市計画対象事業」と、同号中「法第六条第一項」とあるのは「法第四十条第二項の規定により読み替えて適用される法第六条第一項」と、第十六条中「法第二十四条」とあるのは「法第四十条第二項の規定により読み替えて適用される法第二十四条」と、第十七条中「法第二十八条ただし書」とあり、及び「同条ただし書」とあるのは「法第四十条第二項の規定により読み替えて適用される法第二十八条ただし書」と、第十八条の見出し及び同条第一項中「法第三十一条第二項」とあるのは「法第四十条第二項及び第四十三条第二項の規定により読み替えて適用される法第三十一条第二項」と、同項中「対象事業」とあるのは「都市計画対象事業」と、「法第六条第一項」とあるのは「法第四十条第二項の規定により読み替えて適用される法第六条第一項」と、同条第二項中「法第三十一条第二項」とあるのは「法第四十条第二項及び第四十三条第二項の規定により読み替えて適用される法第三十一条第二項」と、同項第二号及び第三号中「対象事業」とあるのは「都市計画対象事業」と、同号中「法第六条第一項」とあるのは「法第四十条第二項の規定により読み替えて適用される法第六条第一項」と、第二十一条中「法第三十八条の五」とあるのは「法第四十条の二の規定により読み替えて適用される法第三十八条の五」と、別表第二及び別表第三中「対象事業の」とあるのは「都市計画対象事業の」と、「該当する対象事業」とあるのは「該当する都市計画対象事業」と、「対象事業実施区域」とあるのは「都市計画対象事業が実施されるべき区域」とする。

（都市計画決定権者からの要請により環境影響評価を行うべき事業者）

第二十四条　法第四十六条第二項の政令で定める事業者は、次に掲げる者とする。

一　対象事業の実施を担当する国の行政機関（地方支分部局を含む。）の長

二　法第二条第二項第二号ハに規定する法人

（対象港湾計画の要件）

第二十五条　法第四十八条第一項の規定により港湾環境影響評価その他の手続を行わなければならない港湾計画の決定又は決定後の港湾計画の変更は、次の各号のいずれかに該当するものとする。

一　港湾計画の決定であって、当該港湾計画に定められる港湾開発等の対象となる区域のうち、埋立てに係る区域及び土地を掘り込んで水面とする区域（次号において「埋立て等区域」という。）の面積の合計が三百ヘクタール以上であるもの

二　決定後の港湾計画の変更であって、当該変更後の港湾計

画に定められる港湾開発等の対象となる区域のうち、埋立て等区域（当該変更前の港湾計画に定められていたものを除く。）の面積の合計が三百ヘクタール以上であるもの

（対象港湾計画に関する手続）

第二十六条　第十二条第一項の規定は、法第四十八条第二項において準用する法第二十条第一項の政令で定める期間について準用する。

2　第十条第二項の規定は、前項において準用する第十二条第一項ただし書の規定により期間を定めた場合について準用する。この場合において、第十条第二項中「事業者」とあるのは、「港湾管理者」と読み替えるものとする。

3　法第四十八条第二項において準用する法第二十一条第一項第一号の政令で定める軽微な修正は、前条第一号又は第二号に規定する区域の位置の修正であって、当該修正によって新たに当該区域となる部分の面積の合計が当該修正前の当該区域の面積の合計の三十パーセント未満であるもの（当該修正後の対象港湾計画について法第四十八条第二項において準用する法第十五条の規定を適用した場合における同条の地域を管轄する市町村長に当該修正前の対象港湾計画に係る当該地域を管轄する市町村長以外の市町村長が含まれるもの及び港湾環境影響が相当な程度を超えて増加するおそれがあると認めるべき特別の事情があるものを除く。）とする。

4　法第四十八条第二項において準用する法第二十一条第一項第一号の政令で定める修正は、次に掲げるものとする。

一　前項に規定する修正

二　前条第一号又は第二号に規定する区域の位置の修正以外の修正

三　前二号に掲げるもののほか、環境への負荷の低減を目的とする修正であって、当該修正後の対象港湾計画について法第四十八条第二項において準用する法第十五条の規定を適用した場合における同条の地域を管轄する市町村長に当該修正前の対象港湾計画に係る当該地域を管轄する市町村長以外の市町村長が含まれていないもの

5　前二項の規定は、法第四十八条第二項において準用する法第二十八条ただし書の政令で定める軽微な修正及び法第四十八条第二項において準用する法第二十八条ただし書の政令で定める修正について準用する。

6　法第四十八条第二項において準用する法第三十一条第二項の政令で定める軽微な変更は、前条第一号又は第二号に規定する区域の位置の変更であって、当該変更によって新たに当該区域となる部分の面積の合計が当該変更前の当該区域の面積の合計の三十パーセント未満であるもの（当該変更後の対象港湾計画について法第四十八条第二項において準用する法第十五条の規定を適用した場合における同条の地域を管轄す

る市町村長に当該変更前の対象港湾計画に係る当該地域を管轄する市町村長以外の市町村長が含まれるもの及び港湾環境影響が相当な程度を超えて増加するおそれがあると認めるべき特別の事情があるものを除く。）とする。

7　法第四十八条第二項において準用する法第三十一条第二項の政令で定める変更は、次に掲げるものとする。

一　前項に規定する変更

二　前条第一号又は第二号に規定する区域の位置の変更以外の変更

（法第五十四条第一項の政令で定める軽微な変更等）

第二十七条　第十八条の規定は、法第五十四条第一項の政令で定める軽微な変更及び同項の政令で定める変更について準用する。この場合において、第十八条第一項並びに第二項第二号及び第三号中「対象事業」とあるのは「事業」と、別表第三中「対象事業の」とあるのは「事業の」と、「該当する対象事業」とあるのは「該当する事業」と、「対象事業実施区域」とあるのは「事業が実施されるべき区域」と読み替えるものとする。

附　則

この政令は、法附則第一条第一号に掲げる規定の施行の日（平成九年十二月十二日）から施行する。

附　則　（平成九年一二月一〇日政令第三五三号）　抄

（施行期日）

第一条　この政令は、廃棄物の処理及び清掃に関する法律の一部を改正する法律（以下この条において「改正法」という。）附則第一条第一号に掲げる規定の施行の日（平成十年六月十七日）から施行する。

附　則　（平成一〇年八月一二日政令第二七三号）

この政令は、環境影響評価法の施行の日（平成十一年六月十二日）から施行する。

附　則　（平成一〇年一二月二八日政令第四一七号）

この政令は、環境影響評価法の施行の日（平成十一年六月十二日）から施行する。

附　則　（平成一一年三月三一日政令第一一六号）　抄

（施行期日）

第一条　この政令は、平成十一年四月一日から施行する。

附　則　（平成一一年八月一八日政令第二五六号）　抄

（施行期日）

第一条　この政令は、都市基盤整備公団法（以下「公団法」という。）の一部の施行の日（平成十一年十月一日）から施行する。

附　則　（平成一一年九月二九日政令第三〇六号）　抄

（施行期日）

第一条　この政令は、平成十一年十月　日から施行する。

附　則（平成一一年一二月三日政令第三八七号）抄

（施行期日）

第一条　この政令は、平成十二年四月一日から施行する。

附　則（平成一一年一二月二七日政令第四三一号）抄

（施行期日）

第一条　この政令は、平成十二年三月二十一日から施行する。

附　則（平成一二年六月七日政令第三一三号）抄

（施行期日）

第一条　この政令は、内閣法の一部を改正する法律（平成十一年法律第八十八号）の施行の日（平成十三年一月六日）から施行する。

附　則（平成一二年一〇月一八日政令第四五七号）抄

（施行期日）

第一条　この政令は、河川法の一部を改正する法律の施行の日（平成十二年十月二十日）から施行する。

附　則（平成一五年七月二四日政令第三二一号）抄

（施行期日）

第一条　この政令は、公布の日から施行する。

附　則（平成一五年七月二四日政令第三二九号）抄

（施行期日）

第一条　この政令は、公布の日から施行する。ただし、附則第八条から第四十三条までの規定及び附則第四十四条の規定（国土交通省組織令（平成十二年政令第二百五十五号）第七十八条第四号の改正規定に係る部分に限る。）は、平成十五年十月一日から施行する。

附　則（平成一五年九月二五日政令第四三八号）抄

（施行期日）

第一条　この政令は、公布の日から施行する。ただし、附則第九条及び第十一条から第三十三条までの規定は、平成十五年十月一日から施行する。

附　則（平成一五年一〇月一日政令第四四九号）抄

（施行期日）

第一条　この政令は、平成十五年十二月一日から施行する。

附　則（平成一五年一二月五日政令第四八九号）抄

（施行期日）

第一条　この政令は、公布の日から施行する。ただし、附則第十八条から第四十一条まで、第四十三条及び第四十四条の規定は、平成十六年四月一日から施行する。

附　則（平成一六年三月一九日政令第五〇号）抄

（施行期日）

第一条　この政令は、公布の日から施行する。ただし、附則第九条から第四十四条までの規定は、平成十六年四月一日から施行する。

附　則（平成一六年四月九日政令第一六〇号）抄

（施行期日）

第一条　この政令は、平成十六年七月一日から施行する。

附　則（平成一六年五月二六日政令第一八一号）抄

この政令は、機構の成立の時から施行する。

（成立の時＝平成一六年七月一日）

附　則（平成一七年六月一日政令第二〇三号）抄

この政令は、施行日（平成十七年十月一日）から施行する。

附　則（平成一七年一〇月二一日政令第三三一号）

この政令は、民間事業者の能力を活用した市街地の整備を推進するための都市再生特別措置法等の一部を改正する法律の施行の日（平成十七年十月二十四日）から施行する。

附　則（平成一七年一二月二一日政令第三七五号）抄

（施行期日）

1　この政令は、総合的な国土の形成を図るための国土総合開発法等の一部を改正する等の法律の施行の日（平成十七年十二月二十二日）から施行する。

附　則（平成二〇年三月三一日政令第一二七号）抄

（施行期日）

第一条　この政令は、平成二十年四月一日から施行する。

附　則（平成二〇年三月三一日政令第一三〇号）

（施行期日）

第一条　この政令は、平成二十年四月一日から施行する。

（経過措置）

第二条　この政令の施行により新たに環境影響評価法第二条第二項に規定する第一種事業（以下この条において「第一種事業」という。）又は同法第二条第三項に規定する第二種事業（以下この条において「第二種事業」という。）となる事業であって、この政令の施行の日前にその工事に着手した林道の開設又は拡張の事業（この政令の施行の日以後の内容の変更により第一種事業又は第二種事業として実施されるものを除く。）については、同法第二章から第九章までの規定は、適用しない。

附　則（平成二二年一二月二二日政令第二四八号）抄

（施行期日）

第一条　この政令は、廃棄物の処理及び清掃に関する法律の一部を改正する法律（以下「改正法」という。）の施行の日（平成二十三年四月一日）から施行する。

附　則（平成二三年七月二九日政令第二四一号）

この政令は、地域の自主性及び自立性を高めるための改革の推進を図るための関係法律の整備に関する法律附則第一条第一号に掲げる規定の施行の日（平成二十三年八月二日）から施行する。

附　則（平成二三年一〇月一四日政令第三一六号）抄

（施行期日）

第一条　この政令は、環境影響評価法の一部を改正する法律（平成二十三年法律第二十七号）附則第一条第二号に掲げる規定の施行の日（平成二十四年四月一日）から施行する。

附　則（平成二三年一一月一六日政令第三四〇号）

この政令は、平成二十四年十月一日から施行する。

附　則（平成二三年一二月二八日政令第三六四号）

この政令は、平成二十四年四月一日から施行する。ただし、第四条及び第六条の規定は、地域の自主性及び自立性を高めるための改革の推進を図るための関係法律の整備に関する法律附則第一条第一号に掲げる規定の施行の日（平成二十三年十一月三十日）から施行する。

附　則（平成二四年九月二六日政令第二五二号）　抄

（施行期日）

1　この政令は、平成二十五年四月一日から施行する。

附　則（平成二四年一〇月二四日政令第二六五号）　抄

（施行期日）

1　この政令は、環境影響評価法の一部を改正する法律（平成二十三年法律第二十七号）の施行の日（平成二十五年四月一日）から施行する。

附　則（平成二六年五月一六日政令第一八四号）

この政令は、内閣府設置法の一部を改正する法律の施行の日（平成二十六年五月十九日）から施行する。

附　則（平成二六年一〇月一六日政令第三三四号）

この政令は、公布の日から施行する。

附　則（平成二七年一二月二四日政令第四四一号）

この政令は、公布の日から施行する。

附　則（平成二八年二月一七日政令第四三号）　抄

（施行期日）

第一条　この政令は、改正法施行日（平成二十八年四月一日）から施行する。

附　則（平成二八年九月三〇日政令第三二二号）

この政令は、公布の日から施行する。

附　則（平成三一年三月二五日政令第六一号）

この政令は、公布の日から施行する。

附　則（令和元年七月五日政令第五三号）

この政令は、令和二年四月一日から施行する。

別表第一（第一条、第三条、第七条関係）

事業の種類	第一種事業の要件	第二種事業の要件	法律の規定
一　法第二条第二項第一号イに掲げる事業の種類	イ　高速自動車国道法（昭和三十二年法律第七十九号）第四条第一項の高速自動車国道の新設の事業		事業を実施しようとする者（以下「事業主体」という。）が国土交通大臣以外の者である場合につき、道路整備特別措置法（昭和三十年法律第七号）第三条第一項又は第六項
	ロ　高速自動車国道法第四条第一項の高速自動車国道の改築の事業であって、車線（道路構造令（昭和四十五年政令第三百二十号）第二条第七号の登坂車線、同条第八号の屈折車線及び同条第九号の変速車線を除く。以下同じ。）の数の増加を伴うもの（車線の数の増加に係る部分の長さが一キロメートル以上であるものに限る。）		
	ハ　独立行政法人日本高速道路保有・債務返済機構法（平成十六年法律第百号）第十二条第一項第四号に規定する首都高速道路若しくは阪神高速道路又は道路整備特別措置法第十二条第一項に規定する指定都市高速道路（以下「首都高速道路等」という。）の新設の事業（車線の数が四以上である道路を設けるものに限る。）		道路整備特別措置法第三条第一項若しくは第六項又は第十二条第一項若しくは第六項
	ニ　首都高速道路等の改築の事業であっ		

て、車線の数の増加を伴うもの（改築後の車線の数が四以上であり、かつ、車線の数の増加に係る部分の長さが一キロメートル以上であるものに限る。）			
ホ　道路法（昭和二十七年法律第百八十号）第五条第一項に規定する道路（首都高速道路等であるものを除く。以下「一般国道」という。）の新設の事業（車線の数が四以上であり、かつ、長さが十キロメートル以上である道路を設けるものに限る。）	一般国道の新設の事業（車線の数が四以上であり、かつ、長さが七・五キロメートル以上十キロメートル未満である道路を設けるものに限る。）	事業主体が国土交通大臣以外の者である場合につき、道路法第七十四条又は道路整備特別措置法第三条第一項若しくは第六項若しくは第十条第一項若しくは第四項	
ヘ　一般国道の改築の事業であって、道路の区域を変更して車線の数を増加させ又は新たに道路を設けるもの（車線の数の増加に係る部分（改築後の車線の数が四以上であるものに限る。）及び変更後の道路の区域において新たに設けられる道路の部分（車線の数が四以上であるものに限る。）の長さの合計が十キロメートル以上であるものに限る。）	一般国道の改築の事業であって、道路の区域を変更して車線の数を増加させ又は新たに道路を設けるもの（車線の数の増加に係る部分（改築後の車線の数が四以上であるものに限る。）及び変更後の道路の区域において新たに設けられる道路の部分（車線の数が四以上であるものに限る。）の長さの合計が七・五キロメートル以上十キロメートル未満であるものに限る。）		
ト　森林法（昭和二十六年法律第二百四十九号）第百九十三条に規定する林道の開設又は拡張の事業であって、森林法施行令（昭和二十六年政令第二百七十六号）	森林法第百九十三条に規定する林道の開設又は拡張の事業であって、森林法施行令別表第三林道の開設に要する費用の項第六号並びに同表林道の拡張に要する費		

	別表第三林道の開設に要する費用の項第六号並びに同表林道の拡張に要する費用の項第一号㈡及び同項第二号㈢に規定する林道に係るもの（幅員が六・五メートル以上であり、かつ、長さが二十キロメートル以上である林道を設けるものに限る。）	用の項第一号㈡及び同項第二号㈢に規定する林道に係るもの（幅員が六・五メートル以上であり、かつ、長さが十五キロメートル以上二十キロメートル未満である林道を設けるものに限る。）	
二　法第二条第二項第一号ロに掲げる事業の種類	イ　河川管理施設等構造令（昭和五十一年政令第百九十九号）第二条第二号のサーチャージ水位（サーチャージ水位がないダムにあっては、同条第一号の常時満水位）における貯水池の区域（以下「貯水区域」という。）の面積（以下「貯水面積」という。）が百ヘクタール以上であるダムの新築（五の項において「大規模ダム新築」という。）の事業（当該ダムが水力発電所の設備となる場合にあっては、当該事業を実施しようとする者（当該事業を実施しようとする者が二以上である場合において、これらの者のうちから代表する者を定めたときは、その代表する者）が当該水力発電所をその事業の用に供する電気事業法（昭和三十九年法律第百七十号）第二条第一項第十五号の発電事業者（その者が国土交通大臣、都道府県知事、地方自治法（昭和二十二年法律第六十七号）第二百五十二条の十九	貯水面積が七十五ヘクタール以上百ヘクタール未満であるダムの新築の事業（当該ダムが水力発電所の設備となる場合にあっては、当該事業を実施しようとする者（当該事業を実施しようとする者が二以上である場合において、これらの者のうちから代表する者を定めたときは、その代表する者）が当該水力発電所をその事業の用に供する発電事業者であるもの（当該水力発電所の出力が二万二千五百キロワット以上である場合に限る。）及び当該水力発電所の専用設備の設置に該当するものを除く。以下「第二種ダム新築事業」という。）であって、国土交通大臣、都道府県知事又は指定都市の長が河川工事として行うもの	都道府県知事又は指定都市の長が一級河川について事業を実施する場合につき、河川法第七十九条第一項（河川法施行令（昭和四十年政令第十四号）第四十五条第二号に係る場合に限る。）

第一項の指定都市（以下「指定都市」という。）の長又は独立行政法人水資源機構である場合を除く。以下単に「発電事業者」という。）であるもの（当該水力発電所の出力が二万二千五百キロワット以上である場合に限る。）及び当該水力発電所の専用設備の設置に該当するものを除く。以下「第一種ダム新築事業」という。）であって、国土交通大臣、都道府県知事又は指定都市の長が河川法（昭和三十九年法律第百六十七号）第八条に規定する河川工事（以下単に「河川工事」という。）として行うもの		
ロ　第一種ダム新築事業であって、当該ダムを用いて水道法（昭和三十二年法律第百七十七号）第三条第二項の水道事業（以下単に「水道事業」という。）又は同条第四項の水道用水供給事業（以下単に「水道用水供給事業」という。）を経営し、又は経営しようとする者が行うもの	第二種ダム新築事業であって、当該ダムを用いて水道事業又は水道用水供給事業を経営し、又は経営しようとする者が行うもの	水道法第六条第一項、第十条第一項、第二十六条又は第三十条第一項
ハ　第一種ダム新築事業であって、当該ダムを用いて工業用水道事業法（昭和三十三年法律第八十四号）第二条第四項の工業用水道事業（以下単に「工業用水道事業」という。）を営み、又は営もうとす	第二種ダム新築事業であって、当該ダムを用いて工業用水道事業を営み、又は営もうとする者が行うもの（地方公共団体等が法第二条第二項第二号ロの国の補助金等の交付を受けないで行うものを除	事業主体が地方公共団体以外の者である場合につき、工業用水道事業法第三条第二項又は第六条第二項

る者が行うもの（地方公共団体が法第二条第二項第二号ロの国の補助金等の交付を受けないで行うものを除く。）	く。）	
ニ　第一種ダム新築事業であって、土地改良法第二条第二項の土地改良事業（以下単に「土地改良事業」という。）として行うもの	第二種ダム新築事業であって、土地改良事業として行うもの	事業主体が国又は都道府県以外の者である場合につき、土地改良法第五条第一項、第四十八条第一項、第九十五条第一項又は第九十五条の二第一項
ホ　第一種ダム新築事業であって、独立行政法人水資源機構が行うもの	第二種ダム新築事業であって、独立行政法人水資源機構が行うもの	独立行政法人水資源機構法（平成十四年法律第百八十二号）第十三条第一項
ヘ　計画湛《たん》水位（堰《せき》の新築又は改築に関する計画において非洪水時に堰《せき》によってたたえることとした流水の最高の水位で堰《せき》の直上流部におけるものをいう。）における湛《たん》水区域（以下単に「湛《たん》水区域」という。）の面積（以下「湛《たん》水面積」という。）が百ヘクタール以上である堰《せき》の新築（五の項において「大規模堰《せき》新築」という。）の事業（当該堰《せき》が水力発電所の設備となる場合にあっては、当該事業を実施しようとする者（当該事業を実施し	湛《たん》水面積が七十五ヘクタール以上百ヘクタール未満である堰《せき》の新築の事業（当該堰《せき》が水力発電所の設備となる場合にあっては、当該事業を実施しようとする者（当該事業を実施しようとする者が二以上である場合において、これらの者のうちから代表する者を定めたときは、その代表する者）が当該水力発電所をその事業の用に供する発電事業者であるもの（当該水力発電所の出力が二万二千五百キロワット以上である場合に限る。）及	

ようとする者が二以上である場合において、これらの者のうちから代表する者を定めたときは、その代表する者）が当該水力発電所をその事業の用に供する発電事業者であるもの（当該水力発電所の出力が二万二千五百キロワット以上である場合に限る。）及び当該水力発電所の専用設備の設置に該当するものを除く。以下「第一種堰《せき》新築事業」という。）であって、国土交通大臣、都道府県知事又は指定都市の長が河川工事として行うもの	ト　改築後の湛《たん》水面積が百ヘクタール以上であり、かつ、湛《たん》水面積が五十ヘクタール以上増加することとなる堰《せき》の改築（五の項において「大規模堰《せき》改築」という。）の事業（当該改築後の堰《せき》が水力発電所の設備となる場合にあっては、当該事業を実施しようとする者（当該事業を実施しようとする者が二以上である場合において、これらの者のうちから代表する者を定めたときは、その代表する者）が当該水力発電所をその事業の用に供する発電事業者であるもの（当該水力発電所の出力が二万二千五百キロワット以上である場合に限る。）及び当該水力発電所の専用設備の設置に該当するものを除
び当該水力発電所の専用設備の設置に該当するものを除く。以下「第二種堰《せき》新築事業」という。）であって、国土交通大臣、都道府県知事又は指定都市の長が河川工事として行うもの	改築後の湛《たん》水面積が七十五ヘクタール以上であり、かつ、湛《たん》水面積が三十七・五ヘクタール以上増加することとなる堰《せき》の改築の事業（第一種堰《せき》改築事業に該当しないものに限るものとし、当該改築後の堰《せき》が水力発電所の設備となる場合にあっては、当該事業を実施しようとする者（当該事業を実施しようとする者が二以上である場合において、これらの者のうちから代表する者を定めたときは、その代表する者）が当該水力発電所をその事業の用に供する発電事業者であるもの（当該水力発電所の出力が二万二千五百キロワット以上である場合に限る。）及び当該水力発電所の専用設備の設置に該

く。以下「第一種堰《せき》改築事業」という。）であって、国土交通大臣、都道府県知事又は指定都市の長が河川工事として行うもの	当するものを除く。以下「第二種堰《せき》改築事業」という。）であって、国土交通大臣、都道府県知事又は指定都市の長が河川工事として行うもの	
チ　第一種堰《せき》新築事業であって、当該堰《せき》を用いて水道事業又は水道用水供給事業を経営し、又は経営しようとする者が行うもの	第二種堰《せき》新築事業であって、当該堰《せき》を用いて水道事業又は水道用水供給事業を経営し、又は経営しようとする者が行うもの	水道法第六条第一項、第十条第一項、第二十六条又は第三十条第一項
リ　第一種堰《せき》改築事業であって、当該堰《せき》を用いて水道事業又は水道用水供給事業を経営し、又は経営しようとする者が行うもの	第二種堰《せき》改築事業であって、当該堰《せき》を用いて水道事業又は水道用水供給事業を経営し、又は経営しようとする者が行うもの	
ヌ　第一種堰《せき》新築事業であって、当該堰《せき》を用いて工業用水道事業を営み、又は営もうとする者が行うもの（地方公共団体が法第二条第二項第二号ロの国の補助金等の交付を受けないで行うものを除く。）	第二種堰《せき》新築事業であって、当該堰《せき》を用いて工業用水道事業を営み、又は営もうとする者が行うもの（地方公共団体が法第二条第二項第二号ロの国の補助金等の交付を受けないで行うものを除く。）	事業主体が地方公共団体以外の者である場合につき、工業用水道事業法第三条第二項又は第六条第二項
ル　第一種堰《せき》改築事業であって、当該堰《せき》を用いて工業用水道事業を営み、又は営もうとする者が行うもの（地方公共団体が法第二条第二項第二号ロの国の補助金等の交付を受けないで行うものを除く。）	第二種堰《せき》改築事業であって、当該堰《せき》を用いて工業用水道事業を営み、又は営もうとする者が行うもの（地方公共団体が法第二条第二項第二号ロの国の補助金等の交付を受けないで行うものを除く。）	
ヲ　第一種堰《せき》新築事業であって、土地改良	第二種堰《せき》新築事業であって、土地改良事	事業主体が国又は都道

事業として行うもの	業として行うもの	府県以外の者である場合につき、土地改良法第五条第一項、第四十八条第一項又は第九十五条の二第一項
ワ　第一種堰《せき》改築事業であって、土地改良事業として行うもの	第二種堰《せき》改築事業であって、土地改良事業として行うもの	
カ　第一種堰《せき》新築事業であって、独立行政法人水資源機構が行うもの	第二種堰《せき》新築事業であって、独立行政法人水資源機構が行うもの	独立行政法人水資源機構法第十三条第一項
ヨ　第一種堰《せき》改築事業であって、独立行政法人水資源機構が行うもの	第二種堰《せき》改築事業であって、独立行政法人水資源機構が行うもの	
タ　施設が設置される土地の面積及び施設の操作により露出することとなる水底の最大の水平投影面積の合計（以下「湖沼開発面積」という。）が百ヘクタール以上である湖沼水位調節施設の新築の事業であって、国土交通大臣、都道府県知事、指定都市の長又は独立行政法人水資源機構が河川工事として行うもの	湖沼開発面積が七十五ヘクタール以上百ヘクタール未満である湖沼水位調節施設の新築の事業であって、国土交通大臣、都道府県知事、指定都市の長又は独立行政法人水資源機構が河川工事として行うもの	独立行政法人水資源機構が事業を実施する場合につき、独立行政法人水資源機構法第十三条第一項
レ　百ヘクタール以上の面積の土地の形状を変更する放水路の新築の事業であって、国土交通大臣、都道府県知事又は指定都市の長が河川工事として行うもの	七十五ヘクタール以上百ヘクタール未満の面積の土地の形状を変更する放水路の新築の事業であって、国土交通大臣、都道府県知事又は指定都市の長が河川工事として行うもの	
三　法第二条第		
イ　全国新幹線鉄道整備法（昭和四十五年		全国新幹線鉄道整備法

二項第一号ハに掲げる事業の種類		
法律第七十一号）第四条第一項に規定する建設線の建設（既設の同法附則第六項第一号の新幹線鉄道規格新線（以下単に「新幹線鉄道規格新線」という。）の区間について行うものを除く。）の事業		第九条第一項
ロ　全国新幹線鉄道整備法第二条の新幹線鉄道に係る鉄道施設の改良（本線路の増設（一の停車場に係るものを除く。）又は地下移設、高架移設その他の移設（軽微な移設を除く。）に限る。以下「鉄道施設の改良」という。）の事業		鉄道事業法（昭和六十一年法律第九十二号）第十二条第一項又は同条第四項において準用する同法第九条第一項
ハ　新幹線鉄道規格新線の建設の事業		全国新幹線鉄道整備法附則第十一項
ニ　新幹線鉄道規格新線に係る鉄道施設の改良の事業		鉄道事業法第十二条第一項又は同条第四項において準用する同法第九条第一項
ホ　鉄道事業法による鉄道（懸垂式鉄道、跨《こ》座式鉄道、案内軌条式鉄道、無軌条電車、鋼索鉄道、浮上式鉄道その他の特殊な構造を有する鉄道並びに新幹線鉄道及び新幹線鉄道規格新線を除く。以下「普通鉄道」という。）の建設（全国新幹線鉄道整備法附則第六項第二号の新幹線鉄	普通鉄道の建設（全国新幹線鉄道整備法附則第六項第二号の新幹線鉄道直通線の建設を除く。）の事業（長さが七・五キロメートル以上十キロメートル未満である鉄道を設けるものに限る。）	鉄道事業法第八条第一項又は第九条第一項

	道直通線の建設を除く。）の事業（長さが十キロメートル以上である鉄道を設けるものに限る。）		
	へ　普通鉄道に係る鉄道施設の改良の事業（改良に係る部分の長さが十キロメートル以上であるものに限る。）	普通鉄道に係る鉄道施設の改良の事業（改良に係る部分の長さが七・五キロメートル以上十キロメートル未満であるものに限る。）	鉄道事業法第十二条第一項又は同条第四項において準用する同法第九条第一項
	ト　軌道法（大正十年法律第七十六号）による新設軌道（普通鉄道の構造と同様の構造を有するものに限る。以下単に「新設軌道」という。）の建設の事業（長さが十キロメートル以上である軌道を設けるものに限る。）	新設軌道の建設の事業（長さが七・五キロメートル以上十キロメートル未満である軌道を設けるものに限る。）	軌道法第五条第一項又は第三十三条（軌道法施行令（昭和二十八年政令第二百五十八号）第六条第一項に係る場合に限る。）
	チ　新設軌道に係る線路の改良（本線路の増設（一の停車場に係るものを除く。）又は地下移設、高架移設その他の移設（軽微な移設を除く。）に限る。この項のチの第三欄において「線路の改良」という。）の事業（改良に係る部分の長さが十キロメートル以上であるものに限る。）	新設軌道に係る線路の改良の事業（改良に係る部分の長さが七・五キロメートル以上十キロメートル未満であるものに限る。）	軌道法第三十三条（軌道法施行令第六条第一項に係る場合に限る。）
四　法第二条第二項第一号ニに掲げる事業	イ　飛行場及びその施設の設置の事業（長さが二千五百メートル以上である滑走路を設けるものに限る。）	飛行場及びその施設の設置の事業（長さが千八百七十五メートル以上二千五百メートル未満である滑走路を設けるもの	事業主体が国以外の者である場合につき、航空法（昭和二十七年法

の種類		に限るものとし、この項のイの第二欄に掲げる要件に該当するものを除く。）	律第二百三十一号）第三十八条第一項
	ロ　滑走路の新設を伴う飛行場及びその施設の変更の事業（新設する滑走路の長さが二千五百メートル以上であるものに限る。）	滑走路の新設を伴う飛行場及びその施設の変更の事業（新設する滑走路の長さが千八百七十五メートル以上二千五百メートル未満であるものに限るものとし、この項のロの第二欄に掲げる要件に該当するものを除く。）	事業主体が国以外の者である場合につき、航空法第四十三条第一項
	ハ　滑走路の延長を伴う飛行場及びその施設の変更の事業（延長後の滑走路の長さが二千五百メートル以上であり、かつ、滑走路を五百メートル以上延長するものに限る。）	滑走路の延長を伴う飛行場及びその施設の変更の事業（延長後の滑走路の長さが千八百七十五メートル以上であり、かつ、滑走路を三百七十五メートル以上延長するものに限るものとし、この項のハの第二欄に掲げる要件に該当するものを除く。）	
五　法第二条第二項第一号ホに掲げる事業の種類	イ　出力が三万キロワット以上である水力発電所の設置の工事の事業（当該水力発電所の設備にダム又は堰《せき》が含まれる場合において、当該ダムの新築又は当該堰《せき》の新築若しくは改築を行おうとする者（その者が二以上である場合において、これらの者のうちから代表する者を定めたときは、その代表する者）が当該水力発電所をその事業の用に供する発電事業者でないときは、当該ダムの新築又は当該堰《せき》	出力が二万二千五百キロワット以上三万キロワット未満である水力発電所の設置の工事の事業（この項のロの第二欄に掲げる要件に該当しないものに限るものとし、当該水力発電所の設備にダム又は堰《せき》が含まれる場合において、当該ダムの新築又は当該堰《せき》の新築若しくは改築を行おうとする者（その者が二以上である場合において、これらの者のうちから代表する者を定めたときは、その代表する者）	電気事業法第四十七条第一項若しくは第二項又は第四十八条第一項

の新築若しくは改築である部分を除く。）	が当該水力発電所をその事業の用に供する発電事業者でないときは、当該ダムの新築又は当該堰《せき》の新築若しくは改築である部分を除く。）
ロ　出力が二万二千五百キロワット以上三万キロワット未満である水力発電所の設置の工事の事業（当該水力発電所の設置の工事が大規模ダム新築又は大規模堰《せき》新築若しくは大規模堰《せき》改築（以下「大規模ダム新築等」という。）を伴い、かつ、大規模ダム新築等を行おうとする者（その者が二以上である場合において、これらの者のうちから代表する者を定めたときは、その代表する者）が当該水力発電所をその事業の用に供する発電事業者であるものに限る。）	
ハ　出力が三万キロワット以上である発電設備の新設を伴う水力発電所の変更の工事の事業（当該水力発電所の変更の工事がダムの新築又は堰《せき》の新築若しくは改築を伴う場合において、当該ダムの新築又は当該堰《せき》の新築若しくは改築を行おうとする者（その者が二以上である場合において、これらの者のうちから代表する者を定めたときは、その代表する者）が当該水力発電所をその事業の用に供する発	出力が二万二千五百キロワット以上三万キロワット未満である発電設備の新設を伴う水力発電所の変更の工事の事業（この項のニの第二欄に掲げる要件に該当しないものに限るものとし、当該水力発電所の変更の工事がダムの新築又は堰《せき》の新築若しくは改築を伴う場合において、当該ダムの新築又は当該堰《せき》の新築若しくは改築を行おうとする者（その者が二以上である場合において、これらの者のうち

電事業者でないときは、当該ダムの新築又は当該堰《せき》の新築若しくは改築である部分を除く。）	から代表する者を定めたときは、その代表する者）が当該水力発電所をその事業の用に供する発電事業者でないときは、当該ダムの新築又は当該堰《せき》の新築若しくは改築である部分を除く。）
ニ　出力が二万二千五百キロワット以上三万キロワット未満である発電設備の新設を伴う水力発電所の変更の工事の事業（当該水力発電所の変更の工事が大規模ダム新築等を伴い、かつ、大規模ダム新築等を行おうとする者（その者が二以上である場合において、これらの者のうちから代表する者を定めたときは、その代表する者）が当該水力発電所をその事業の用に供する発電事業者であるものに限る。）	
ホ　出力が十五万キロワット以上である火力発電所（地熱を利用するものを除く。）の設置の工事の事業	出力が十一万二千五百キロワット以上十五万キロワット未満である火力発電所（地熱を利用するものを除く。）の設置の工事の事業
ヘ　出力が十五万キロワット以上である発電設備の新設を伴う火力発電所（地熱を利用するものを除く。）の変更の工事の事業	出力が十一万二千五百キロワット以上十五万キロワット未満である発電設備の新設を伴う火力発電所（地熱を利用するものを除く。）の変更の工事の事業

ト　出力が一万キロワット以上である火力発電所（地熱を利用するものに限る。）の設置の工事の事業	出力が七千五百キロワット以上一万キロワット未満である火力発電所（地熱を利用するものに限る。）の設置の工事の事業
チ　出力が一万キロワット以上である発電設備の新設を伴う火力発電所（地熱を利用するものに限る。）の変更の工事の事業	出力が七千五百キロワット以上一万キロワット未満である発電設備の新設を伴う火力発電所（地熱を利用するものに限る。）の変更の工事の事業
リ　原子力発電所の設置の工事の事業	
ヌ　発電設備の新設を伴う原子力発電所の変更の工事の事業	
ル　出力が四万キロワット以上である太陽電池発電所の設置の工事の事業	出力が三万キロワット以上四万キロワット未満である太陽電池発電所の設置の工事の事業
ヲ　出力が四万キロワット以上である発電設備の新設を伴う太陽電池発電所の変更の工事の事業	出力が三万キロワット以上四万キロワット未満である発電設備の新設を伴う太陽電池発電所の変更の工事の事業
ワ　出力が一万キロワット以上である風力発電所の設置の工事の事業	出力が七千五百キロワット以上一万キロワット未満である風力発電所の設置の工事の事業
カ　出力が一万キロワット以上である発電	出力が七千五百キロワット以上一万キロ

	設備の新設を伴う風力発電所の変更の工事の事業	ワット未満である発電設備の新設を伴う風力発電所の変更の工事の事業	
六　法第二条第二項第一号ヘに掲げる事業の種類	イ　廃棄物の処理及び清掃に関する法律（昭和四十五年法律第百三十七号）第八条第一項に規定する一般廃棄物の最終処分場（以下「一般廃棄物最終処分場」という。）又は同法第十五条第一項に規定する産業廃棄物の最終処分場（以下「産業廃棄物最終処分場」という。）の設置の事業（埋立処分の用に供される場所（以下「埋立処分場所」という。）の面積が三十ヘクタール以上であるものに限る。）	一般廃棄物最終処分場又は産業廃棄物最終処分場の設置の事業（埋立処分場所の面積が二十五ヘクタール以上三十ヘクタール未満であるものに限る。）	廃棄物の処理及び清掃に関する法律第八条第一項、第九条の三第一項又は第十五条第一項
	ロ　一般廃棄物最終処分場又は産業廃棄物最終処分場の規模の変更の事業（埋立処分場所の面積が三十ヘクタール以上増加するものに限る。）	一般廃棄物最終処分場又は産業廃棄物最終処分場の規模の変更の事業（埋立処分場所の面積が二十五ヘクタール以上三十ヘクタール未満増加するものに限る。）	廃棄物の処理及び清掃に関する法律第九条第一項、第九条の三第八項又は第十五条の二の六第一項
七　法第二条第二項第一号トに掲げる事業の種類	公有水面埋立法による公有水面の埋立て又は干拓の事業（埋立て又は干拓に係る区域（以下「埋立干拓区域」という。）の面積が五十ヘクタールを超えるものに限る。）	公有水面埋立法による公有水面の埋立て又は干拓の事業（埋立干拓区域の面積が四十ヘクタール以上五十ヘクタール以下であるものに限る。）	事業主体が土地改良事業を行う農林水産大臣以外の者である場合につき、公有水面埋立法第二条第一項又は第四十二条第一項
八　法第二条第	土地区画整理法（昭和二十九年法律第百十	土地区画整理法第二条第一項に規定する	事業主体が国土交通大

二項第一号チに掲げる事業の種類	九号）第二条第一項に規定する土地区画整理事業である事業（都市計画法（昭和四十三年法律第百号）の規定により都市計画に定められ、かつ、施行区域の面積が百ヘクタール以上であるものに限る。）	土地区画整理事業である事業（都市計画法の規定により都市計画に定められ、かつ、施行区域の面積が七十五ヘクタール以上百ヘクタール未満であるものに限る。）	臣以外の者である場合につき、土地区画整理法第四条第一項、第十条第一項、第十四条第一項若しくは第三項、第三十九条第一項、第五十一条の二第一項、第五十一条の十第一項、第五十二条第一項、第五十五条第十二項、第七十一条の二第一項又は第七十一条の三第十四項
九　法第二条第二項第一号リに掲げる事業の種類	新住宅市街地開発法（昭和三十八年法律第百三十四号）第二条第一項に規定する新住宅市街地開発事業である事業（施行区域の面積が百ヘクタール以上であるものに限る。）	新住宅市街地開発法第二条第一項に規定する新住宅市街地開発事業である事業（施行区域の面積が七十五ヘクタール以上百ヘクタール未満であるものに限る。）	都市計画法第五十九条第一項から第四項まで又は第六十三条第一項
十　法第二条第二項第一号ヌに掲げる事業の種類	イ　首都圏の近郊整備地帯及び都市開発区域の整備に関する法律（昭和三十三年法律第九十八号）第二条第五項に規定する工業団地造成事業である事業（施行区域の面積が百ヘクタール以上であるものに限る。）	首都圏の近郊整備地帯及び都市開発区域の整備に関する法律第二条第五項に規定する工業団地造成事業である事業（施行区域の面積が七十五ヘクタール以上百ヘクタール未満であるものに限る。）	都市計画法第五十九条第一項から第三項まで又は第六十三条第一項
	ロ　近畿圏の近郊整備区域及び都市開発区	近畿圏の近郊整備区域及び都市開発区域	

	域の整備及び開発に関する法律（昭和三十九年法律第百四十五号）第二条第四項に規定する工業団地造成事業である事業（施行区域の面積が百ヘクタール以上であるものに限る。）	の整備及び開発に関する法律第二条第四項に規定する工業団地造成事業である事業（施行区域の面積が七十五ヘクタール以上百ヘクタール未満であるものに限る。）	
十一　法第二条第二項第一号ルに掲げる事業の種類	新都市基盤整備法（昭和四十七年法律第八十六号）第二条第一項に規定する新都市基盤整備事業である事業（施行区域の面積が百ヘクタール以上であるものに限る。）	新都市基盤整備法第二条第一項に規定する新都市基盤整備事業である事業（施行区域の面積が七十五ヘクタール以上百ヘクタール未満であるものに限る。）	都市計画法第五十九条第一項から第三項まで又は第六十三条第一項
十二　法第二条第二項第一号ヲに掲げる事業の種類	流通業務市街地の整備に関する法律（昭和四十一年法律第百十号）第二条第二項に規定する流通業務団地造成事業である事業（施行区域の面積が百ヘクタール以上であるものに限る。）	流通業務市街地の整備に関する法律第二条第二項に規定する流通業務団地造成事業である事業（施行区域の面積が七十五ヘクタール以上百ヘクタール未満であるものに限る。）	都市計画法第五十九条第一項から第三項まで又は第六十三条第一項
十三　宅地の造成の事業（第二条に規定する宅地の造成の事業に限る。以下この項において同じ。）	イ　独立行政法人都市再生機構が行う宅地の造成の事業（造成に係る土地の面積が百ヘクタール以上であるものに限る。）	独立行政法人都市再生機構が行う宅地の造成の事業（造成に係る土地の面積が七十五ヘクタール以上百ヘクタール未満であるものに限る。）	
	ロ　独立行政法人中小企業基盤整備機構が行う宅地の造成の事業（造成に係る土地の面積が百ヘクタール以上であるものに限る。）	独立行政法人中小企業基盤整備機構が行う宅地の造成の事業（造成に係る土地の面積が七十五ヘクタール以上百ヘクタール未満であるものに限る。）	

別表第二（第十三条関係）

対象事業の区分	事業の諸元	手続を経ることを要しない修正の要件
一　別表第一の一の項のイからヘまでに該当する対象事業	道路の長さ	道路の長さが二十パーセント以上増加しないこと。
	対象事業実施区域の位置	修正前の対象事業実施区域から百メートル以上離れた区域が新たに対象事業実施区域とならないこと。
	車線の数	車線の数が増加しないこと。
	設計速度	設計速度が増加しないこと。
二　別表第一の一の項のトに該当する対象事業	林道の長さ	林道の長さが二十パーセント以上増加しないこと。
	対象事業実施区域の位置	修正前の対象事業実施区域から二百メートル以上離れた区域が新たに対象事業実施区域とならないこと。
	林道の設計の基礎となる自動車の速度	林道の設計の基礎となる自動車の速度が増加しないこと。
三　別表第一の二の項のイからホまでに該当する対象事業	貯水区域の位置	新たに貯水区域となる部分の面積が修正前の貯水面積の二十パーセント未満であること。
	コンクリートダム又はフィルダムの別	
四　別表第一の二の項のへからヨまでに該当する対象事業	湛《たん》水区域の位置	新たに湛《たん》水区域となる部分の面積が修正前の湛《たん》水面積の二十パーセント未満であること。
	固定堰《ぜき》又は可動堰《ぜき》の別	

五　別表第一の二の項のタに該当する対象事業	湖沼水位調節施設の施設が設置される土地又は施設の操作により最大限に露出することとなる水底の区域（以下「湖沼開発区域」という。）の位置	新たに湖沼開発区域となる部分の面積（水底の区域にあっては、水平投影面積）が修正前の湖沼開発面積の二十パーセント未満であること。
六　別表第一の二の項のレに該当する対象事業	放水路の区域の位置	新たに放水路の区域となる部分の面積が修正前の当該区域の面積の二十パーセント未満であること。
七　別表第一の三の項のイからニまでに該当する対象事業	鉄道の長さ	鉄道の長さが二十パーセント以上増加しないこと。
	本線路施設区域（別表第一の三の項に該当する対象事業が実施されるべき区域から車庫又は車両検査修繕施設の区域を除いたものをいう。以下同じ。）の位置	修正前の本線路施設区域から三百メートル以上離れた区域が新たに本線路施設区域とならないこと。
	本線路（一の停車場に係るものを除く。以下同じ。）の数	本線路の増設がないこと。
	鉄道施設の設計の基礎となる列車の最高速度	鉄道施設の設計の基礎となる列車の最高速度が地上の部分において二十キロメートル毎時を超えて増加しないこと。
八　別表第一の三の項のホ又はへに該当する対象事業	鉄道の長さ	鉄道の長さが十パーセント以上増加しないこと。
	本線路施設区域の位置	修正前の本線路施設区域から百メートル以上離れた区域が新たに本線路施設区域とならないこと。
	本線路の数	本線路の増設がないこと。

	鉄道施設の設計の基礎となる列車の最高速度	鉄道施設の設計の基礎となる列車の最高速度が地上の部分において十キロメートル毎時を超えて増加しないこと。
九　別表第一の三の項のト又はチに該当する対象事業	軌道の長さ	軌道の長さが十パーセント以上増加しないこと。
	本線路施設区域の位置	修正前の本線路施設区域から百メートル以上離れた区域が新たに本線路施設区域とならないこと。
	本線路の数	本線路の増設がないこと。
	軌道の施設の設計の基礎となる車両の最高速度	軌道の施設の設計の基礎となる車両の最高速度が地上の部分において十キロメートル毎時を超えて増加しないこと。
十　別表第一の四の項に該当する対象事業	滑走路の長さ	滑走路の長さが三百メートルを超えて増加しないこと。
	飛行場及びその施設の区域の位置	新たに飛行場及びその施設の区域となる部分の面積が二十ヘクタール未満であること。
十一　別表第一の五の項のイからニまでに該当する対象事業	発電所又は発電設備の出力	発電所又は発電設備の出力が十パーセント以上増加しないこと。
	ダムの貯水区域の位置	新たにダムの貯水区域となる部分の面積が修正前の当該区域の面積の二十パーセント未満であること。
	堰《せき》の湛《たん》水区域の位置	新たに堰《せき》の湛《たん》水区域となる部分の面積が修正前の湛《たん》水面積の二十パーセント未満であり、又は一ヘクタール未満であること。
	ダムのコンクリートダム又はフィルダムの別	

十二　別表第一の五の項のホ又はヘに該当する対象事業	発電所又は発電設備の出力	発電所又は発電設備の出力が十パーセント以上増加しないこと。
	対象事業実施区域の位置	修正前の対象事業実施区域から三百メートル以上離れた区域が新たに対象事業実施区域とならないこと。
	原動力についての汽力、ガスタービン、内燃力又はこれらを組み合わせたものの別	
	燃料の種類	
	冷却方式についての冷却塔、冷却池又はその他のものの別	
十三　別表第一の五の項のト又はチに該当する対象事業	発電所又は発電設備の出力	発電所又は発電設備の出力が十パーセント以上増加しないこと。
	対象事業実施区域の位置	修正前の対象事業実施区域から三百メートル以上離れた区域が新たに対象事業実施区域とならないこと。
十四　別表第一の五の項のリ又はヌに該当する対象事業	発電所又は発電設備の出力	発電所又は発電設備の出力が十パーセント以上増加しないこと。
	対象事業実施区域の位置	修正前の対象事業実施区域から三百メートル以上離れた区域が新たに対象事業実施区域とならないこと。
十五　別表第一の五の項のル又はヲに該当する対象事業	発電所の出力	発電所の出力が十パーセント以上増加しないこと。
	対象事業実施区域の位置	修正前の対象事業実施区域から三百メートル以上離れた区域が新たに対象事業実施区域とならないこと。

十六　別表第一の五の項のワ又はカに該当する対象事業	発電所の出力	発電所の出力が十パーセント以上増加しないこと。
	対象事業実施区域の位置	修正前の対象事業実施区域から三百メートル以上離れた区域が新たに対象事業実施区域とならないこと。
十七　別表第一の六の項に該当する対象事業	埋立処分場所の位置	新たに埋立処分場所となる部分の面積が修正前の埋立処分場所の面積の二十パーセント未満であること。
	廃棄物の処理及び清掃に関する法律施行令（昭和四十六年政令第三百号）第七条第十四号イに規定する産業廃棄物の最終処分場、同号ロに規定する産業廃棄物の最終処分場又は一般廃棄物若しくは同号ハに規定する産業廃棄物の最終処分場の別	
十八　別表第一の七の項に該当する対象事業	埋立干拓区域の位置	新たに埋立干拓区域となる部分の面積が修正前の埋立干拓区域の面積の二十パーセント未満であること。
十九　別表第一の八の項から十二の項までに該当する対象事業	施行区域の位置	新たに施行区域となる部分の面積が修正前の施行区域の面積の十パーセント未満であり、かつ、二十ヘクタール未満であること。
二十　別表第一の十三の項に該当する対象事業	造成に係る土地の位置	新たに造成に係る土地となる部分の面積が修正前の当該土地の面積の十パーセント未満であり、かつ、二十ヘクタール未満であること。

別表第三（第十八条関係）

対象事業の区分	事業の諸元	手続を経ることを要しない変更の要件
一　別表第一の一の項のイからへまでに該当する対象事業	道路の長さ	道路の長さが十パーセント以上増加しないこと。
	対象事業実施区域の位置	変更前の対象事業実施区域から百メートル以上離れた区域が新たに対象事業実施区域とならないこと。
	車線の数	車線の数が増加しないこと。
	設計速度	設計速度が増加しないこと。
	盛土、切土、トンネル、橋若しくは高架又はその他の構造の別	盛土、切土、トンネル、橋若しくは高架又はその他の構造の別が連続した千メートル以上の区間において変更しないこと。
	高速自動車国道と交通の用に供する施設を連結させるための高速自動車国道の施設その他道路と交通の用に供する施設を連結させるための施設で当該高速自動車国道の施設に準ずる規模を有するものを設置する区域（以下「インターチェンジ等区域」という。）の位置	変更前のインターチェンジ等区域から五百メートル以上離れた区域が新たにインターチェンジ等区域とならないこと。
二　別表第一の一の項のトに該当する対象事業	林道の長さ	林道の長さが十パーセント以上増加しないこと。
	対象事業実施区域の位置	変更前の対象事業実施区域から二百メートル以上離れた区域が新たに対象事業実施区域とならないこと。

	林道の設計の基礎となる自動車の速度	林道の設計の基礎となる自動車の速度が増加しないこと。
	トンネル又は橋を設置する区域の位置	トンネル又は長さが二十メートル以上である橋の設置（移設に該当するものを除く。）を新たに行い、又は行わないこととするものでないこと。
三　別表第一の二の項のイからホまでに該当する対象事業	貯水区域の位置	新たに貯水区域となる部分の面積が変更前の貯水面積の十パーセント未満であること。
	コンクリートダム又はフィルダムの別	
	対象事業実施区域の位置	変更前の対象事業実施区域から五百メートル以上離れた区域が新たに対象事業実施区域とならないこと。
四　別表第一の二の項のへからヨまでに該当する対象事業	湛《たん》水区域の位置	新たに湛《たん》水区域となる部分の面積が変更前の湛《たん》水面積の十パーセント未満であること。
	固定堰《ぜき》又は可動堰《ぜき》の別	
	堰《せき》の位置	堰《せき》の両端のいずれかが五百メートル以上移動しないこと。
五　別表第一の二の項のタに該当する対象事業	湖沼開発区域の位置	新たに湖沼開発区域となる部分の面積（水底の区域にあっては、水平投影面積）が変更前の湖沼開発面積の十パーセント未満であること。
六　別表第一の二の項のレに該当する対象事業	放水路の区域の位置	新たに放水路の区域となる部分の面積が変更前の当該区域の面積の十パーセント未満であること。

七　別表第一の三の項のイからニまでに該当する対象事業	鉄道の長さ	鉄道の長さが十パーセント以上増加しないこと。
	本線路施設区域の位置	変更前の本線路施設区域から三百メートル以上離れた区域が新たに本線路施設区域とならないこと。
	本線路の数	本線路の増設がないこと。
	鉄道施設の設計の基礎となる列車の最高速度	鉄道施設の設計の基礎となる列車の最高速度が地上の部分において二十キロメートル毎時を超えて増加しないこと。
	運行される列車の本数	運行される列車の本数が十パーセント以上増加せず、又は一日当たり十本を超えて増加しないこと。
	盛土、切土、トンネル若しくは地下、橋若しくは高架又はその他の構造の別	盛土、切土、トンネル若しくは地下、橋若しくは高架又はその他の構造の別が連続した千メートル以上の区間において変更しないこと。
	車庫又は車両検査修繕施設の区域の位置	車庫又は車両検査修繕施設の区域の面積が十ヘクタール以上増加しないこと。
八　別表第一の三の項のホ又はヘに該当する対象事業	鉄道の長さ	鉄道の長さが十パーセント以上増加しないこと。
	本線路施設区域の位置	変更前の本線路施設区域から百メートル以上離れた区域が新たに本線路施設区域とならないこと。
	本線路の数	本線路の増設がないこと。

	鉄道施設の設計の基礎となる列車の最高速度	鉄道施設の設計の基礎となる列車の最高速度が地上の部分において十キロメートル毎時を超えて増加しないこと。
	運行される列車の本数	地上の部分において、運行される列車の本数が十パーセント以上増加せず、又は一日当たり十本を超えて増加しないこと。
	盛土、切土、トンネル若しくは地下、橋若しくは高架又はその他の構造の別	盛土、切土、トンネル若しくは地下、橋若しくは高架又はその他の構造の別が連続した千メートル以上の区間において変更しないこと。
	車庫又は車両検査修繕施設の区域の位置	車庫又は車両検査修繕施設の区域の面積が十ヘクタール以上増加しないこと。
九　別表第一の三の項のト又はチに該当する対象事業	軌道の長さ	軌道の長さが十パーセント以上増加しないこと。
	本線路施設区域の位置	変更前の本線路施設区域から百メートル以上離れた区域が新たに本線路施設区域とならないこと。
	本線路の数	本線路の増設がないこと。
	軌道の施設の設計の基礎となる車両の最高速度	軌道の施設の設計の基礎となる車両の最高速度が地上の部分において十キロメートル毎時を超えて増加しないこと。
	運行される車両の本数	地上の部分において、運行される車両の本数が十パーセント以上増加せず、又は一日当たり十本を超えて増加しないこと。
	盛土、切土、トンネル若しくは地下、橋若	盛土、切土、トンネル若しくは地下、橋若しくは高架又はその

	しくは高架又はその他の構造の別	他の構造の別が連続した千メートル以上の区間において変更しないこと。
	車庫又は車両検査修繕施設の区域の位置	車庫又は車両検査修繕施設の区域の面積が十ヘクタール以上増加しないこと。
十　別表第一の四の項に該当する対象事業	滑走路の長さ	滑走路の長さが三百メートルを超えて増加しないこと。
	飛行場及びその施設の区域の位置	新たに飛行場及びその施設の区域となる部分の面積が二十ヘクタール未満であること。
	対象事業実施区域の位置	変更前の対象事業実施区域から五百メートル以上離れた区域が新たに対象事業実施区域とならないこと。
	利用を予定する航空機の種類又は数	変更前の飛行場周辺区域（公共用飛行場周辺における航空機騒音による障害の防止等に関する法律施行令（昭和四十二年政令第二百八十四号）第六条の規定を適用した場合における同条に規定する時間帯補正等価騒音レベルが環境省令で定める値以上となる区域をいう。以下同じ。）から五百メートル以上離れた陸地の区域が新たに飛行場周辺区域とならないこと。
十一　別表第一の五の項のイからニまでに該当する対象事業	発電所又は発電設備の出力	発電所又は発電設備の出力が十パーセント以上増加しないこと。
	ダムの貯水区域の位置	新たにダムの貯水区域となる部分の面積が変更前の当該区域の面積の十パーセント未満であること。
	堰《せき》の湛《たん》水区域の位置	新たに堰《せき》の湛《たん》水区域となる部分の面積が変更前の湛《たん》水面積の十パーセント未満であり、又は一ヘクタール未満であること。

	ダムのコンクリートダム又はフィルダムの別	
	対象事業実施区域の位置	変更前の対象事業実施区域から五百メートル以上離れた区域が新たに対象事業実施区域とならないこと。
	減水区間の位置	新たに減水区間となる部分の長さが変更前の減水区間の長さの二十パーセント未満であり、又は百メートル未満であること。
十二　別表第一の五の項のホ又はへに該当する対象事業	発電所又は発電設備の出力	発電所又は発電設備の出力が十パーセント以上増加しないこと。
	対象事業実施区域の位置	変更前の対象事業実施区域から三百メートル以上離れた区域が新たに対象事業実施区域とならないこと。
	原動力についての汽力、ガスタービン、内燃力又はこれらを組み合わせたものの別	
	燃料の種類	
	冷却方式についての冷却塔、冷却池又はその他のものの別	
	年間燃料使用量	年間燃料使用量が十パーセント以上増加しないこと。
	ばい煙の時間排出量	ばい煙の時間排出量が十パーセント以上増加しないこと。
	煙突の高さ	煙突の高さが十パーセント以上減少しないこと。

	温排水の排出先の水面又は水中の別	
	放水口の位置	放水口が百メートル以上移動しないこと。
十三　別表第一の五の項のト又はチに該当する対象事業	発電所又は発電設備の出力	発電所又は発電設備の出力が十パーセント以上増加しないこと。
	対象事業実施区域の位置	変更前の対象事業実施区域から三百メートル以上離れた区域が新たに対象事業実施区域とならないこと。
	冷却塔の高さ	冷却塔の高さが十パーセント以上減少しないこと。
	蒸気井又は還元井の位置	蒸気井又は還元井が百メートル以上移動しないこと。
十四　別表第一の五の項のリ又はヌに該当する対象事業	発電所又は発電設備の出力	発電所又は発電設備の出力が十パーセント以上増加しないこと。
	対象事業実施区域の位置	変更前の対象事業実施区域から三百メートル以上離れた区域が新たに対象事業実施区域とならないこと。
	温排水の排出先の水面又は水中の別	
	放水口の位置	放水口が百メートル以上移動しないこと。
十五　別表第一の五の項のル又はヲに該当する対象事業	発電所の出力	発電所の出力が十パーセント以上増加しないこと。
	対象事業実施区域の位置	変更前の対象事業実施区域から三百メートル以上離れた区域が新たに対象事業実施区域とならないこと。

十六　別表第一の五の項のワ又はカに該当する対象事業	発電所の出力	発電所の出力が十パーセント以上増加しないこと。
	対象事業実施区域の位置	変更前の対象事業実施区域から三百メートル以上離れた区域が新たに対象事業実施区域とならないこと。
	発電設備の位置	発電設備が百メートル以上移動しないこと。
十七　別表第一の六の項に該当する対象事業	埋立処分場所の位置	新たに埋立処分場所となる部分の面積が変更前の埋立処分場所の面積の十パーセント未満であること。
	廃棄物の処理及び清掃に関する法律施行令第七条第十四号イに規定する産業廃棄物の最終処分場、同号ロに規定する産業廃棄物の最終処分場又は一般廃棄物若しくは同号ハに規定する産業廃棄物の最終処分場の別	
十八　別表第一の七の項に該当する対象事業	埋立干拓区域の位置	新たに埋立干拓区域となる部分の面積が変更前の埋立干拓区域の面積の十パーセント未満であること。
	対象事業実施区域の位置	変更前の対象事業実施区域から五百メートル以上離れた区域が新たに対象事業実施区域とならないこと。
十九　別表第一の八の項から十二の項までに該当する対象事業	施行区域の位置	新たに施行区域となる部分の面積が変更前の施行区域の面積の十パーセント未満であり、かつ、二十ヘクタール未満であること。
	土地の利用計画における工業の用、商業の用、住宅の用又はその他の利用目的ごとの土地の面積	土地の利用計画における工業の用の土地の面積が変更前の当該土地の面積の二十パーセント以上増加せず、又は十ヘクタール以上増加しないこと。

二十　別表第一の十三の項に該当する対象事業	
造成に係る土地の位置	新たに造成に係る土地となる部分の面積が変更前の当該土地の面積の十パーセント未満であり、かつ、二ヘクタール未満であること。
土地の利用計画における工業の用、商業の用、住宅の用又はその他の利用目的ごとの土地の面積	土地の利用計画における工業の用の土地の面積が変更前の当該土地の面積の二十パーセント以上増加せず、又は十ヘクタール以上増加しないこと。

別表第四（第十九条関係）

一　法第三十三条第二項第一号の法律の規定であって政令で定めるもの	土地改良法第八条第四項（同法第四十八条第九項、第九十五条第三項又は第九十五条の二第三項において準用する場合を含む。）、鉄道事業法第八条第二項（同法第九条第二項（同法第十二条第四項において準用する場合を含む。）又は同法第十二条第四項において準用する場合を含む。）、航空法第三十九条第一項（同法第四十三条第二項において準用する場合を含む。）並びに土地区画整理法第九条第一項（同法第十条第三項において準用する場合を含む。）、同法第二十一条第一項（同法第三十九条第二項において準用する場合を含む。）及び同法第五十一条の九第一項（同法第五十一条の十第二項において準用する場合を含む。）
二　法第三十三条第二項第二号の法律の規定であって政令で定めるもの	道路整備特別措置法第三条第五項（同条第八項において準用する場合を含む。）、第十条第三項及び第十二条第五項、水道法第八条第一項（同法第十条第二項において準用する場合を含む。）及び同法第二十八条第一項（同法第三十条第二項において準用する場合を含む。）、工業用水道事業法第五条（同法第六条第三項において準用する場合を含む。）、廃棄物の処理及び清掃に関する法律第八条の二第一項（同法第九条第二項において準用する場合を含む。）及び同法第十五条の二第一項（同法第十五条の二の六第二項において準用する場合を含む。）並びに都市計画法第六十一条（同法第六十三条第二項において準用する場合を含む。）
三　法第三十三条第二項第三号の法律の規定であって政令で定めるもの	道路整備特別措置法第十条第四項及び第十二条第六項、道路法第七十四条、河川法第七十九条第一項、独立行政法人水資源機構法第十三条第一項、全国新幹線鉄道整備法第九条第一項及び附則第十一項、軌道法第五条第一項及び第三十三条（軌道法施行令第六条第一項に係る場合に限る。）並びに土地区画整理法第五十二条第一項、第五十五条第十二項、第七十一条の二第一項及び第七十一条の三第十四項

○環境影響評価法施行規則

（平成十年六月十二日総理府令第三十七号）

最近改正　平成二四年一〇月二四日環境省令第三一号

環境影響評価法（平成九年法律第八十一号）の規定に基づき、環境影響評価法施行規則を次のように定める。

環境影響評価法施行規則

（配慮書の記載事項）

第一条　環境影響評価法（平成九年法律第八十一号。以下「法」という。）第三条の三第一項第五号の環境省令で定める事項は、法第三条の七第一項の規定により配慮書の案についての意見を求めた場合における関係する行政機関の意見又は一般の意見の概要とする。

２　法第三条の三第一項の規定により配慮書を作成するに当たっては、前項の意見についての第一種事業を実施しようとする者の見解を記載するように努めるものとする。

（配慮書の公表）

第一条の二　法第三条の四第一項の規定により配慮書及びこれを要約した書類（以下この条において「配慮書等」という。）を公表する場所は、第一種事業に係る環境影響を受ける範囲であると想定される地域内において、次に掲げる場所のうちから、できる限り一般の参集の便を考慮して定めるものとする。

一　第一種事業を実施しようとする者の事務所

二　関係都道府県の協力が得られた場合にあっては、関係都道府県の庁舎その他の関係都道府県の施設

三　関係市町村の協力が得られた場合にあっては、関係市町村の庁舎その他の関係市町村の施設

四　前三号に掲げるもののほか、第一種事業を実施しようとする者が利用できる適切な施設

２　法第三条の四第一項の規定による配慮書等の公表は、前項の場所において行うとともに、次に掲げるインターネットの利用による公表の方法のうち適切な方法により行うものとする。

一　第一種事業を実施しようとする者のウェブサイトへの掲載

二　関係都道府県の協力を得て、関係都道府県のウェブサイトに掲載すること。

三　関係市町村の協力を得て、関係市町村のウェブサイトに掲載すること。

３　前二項に規定する方法による公表は、配慮書等の内容を周知するための相当な期間を定めて行うものとする。

（学識経験を有する者からの意見聴取）

第一条の三　環境大臣は、法第三条の五の規定により意見を述

べるに当たって必要があると認めるときは、学識経験を有する者の意見を聴くことができる。

（第一種事業の廃止等の場合の公表）

第一条の四　法第三条の九第一項の規定による公表は、次に掲げる方法のうち適切な方法により行うものとする。

一　官報への掲載

二　関係都道府県の協力を得て、関係都道府県の公報又は広報紙に掲載すること。

三　関係市町村の協力を得て、関係市町村の公報又は広報紙に掲載すること。

四　時事に関する事項を掲載する日刊新聞紙への掲載

2　法第三条の九第一項の規定による公表は、次に掲げる事項について行うものとする。

一　第一種事業を実施しようとする者の氏名及び住所（法人にあってはその名称、代表者の氏名及び主たる事務所の所在地）

二　第一種事業の名称、種類及び規模

三　法第三条の九第一項各号のいずれかに該当することとなった旨及び該当した号

四　法第三条の九第一項第三号に該当した場合にあっては、引継ぎにより新たに第一種事業を実施しようとする者となった者の氏名及び住所（法人にあってはその名称、代表者の氏名及び主たる事務所の所在地）

（方法書の記載事項）

第一条の五　法第五条第一項第八号の環境省令で定める事項は、次に掲げるものとする。

一　法第三条の三第一項の規定により配慮書を作成した場合については、次に掲げるもの

イ　法第三条の七第一項の規定により配慮書の案又は配慮書について関係する行政機関又は一般の意見を求めたときは、関係する行政機関の意見又は一般の意見の概要

ロ　前号の意見についての第一種事業を実施しようとする者の見解

ハ　法第三条の二第一項の規定による事業が実施されるべき区域その他の主務省令で定める事項を決定する過程における環境の保全の配慮に係る検討の経緯及びその内容

二　条例又は行政手続法（平成五年法律第八十八号）第三十六条に規定する行政指導（地方公共団体が同条の規定の例により行うものを含む。）その他の措置（以下「行政指導等」という。）の定めるところに従って、対象事業に係る計画の立案の段階において、当該事業が実施されるべき区域その他の事項を決定するに当たって、一又は二以上の当該事業の実施が想定された区域における当該事業に係る環境の保全のために配慮すべき事項についての検討を行った

書類を作成した場合については、次の各号に掲げる事項のうち、条例又は行政指導等において法第五条の方法書に相当する書類の記載事項として定められているもの
イ　当該書類の内容
ロ　当該書類についての関係する行政機関の意見がある場合には、その意見
ハ　当該書類についての一般の意見がある場合には、その概要
ニ　前二号の意見についての事業者の見解
ホ　当該事業が実施されるべき区域その他の事項を決定する過程における環境の保全の配慮に係る検討の経緯及びその内容

（方法書についての公告の方法）
第一条の六　法第七条の規定による公告は、次に掲げる方法のうち適切な方法により行うものとする。
一　官報への掲載
二　関係都道府県の協力を得て、関係都道府県の公報又は広報紙に掲載すること。
三　関係市町村の協力を得て、関係市町村の公報又は広報紙に掲載すること。
四　時事に関する事項を掲載する日刊新聞紙への掲載

（方法書の縦覧）
第二条　法第七条の規定により方法書及びこれを要約した書類（以下「方法書等」という。）を縦覧に供する場所は、次に掲げる場所のうちから、できる限り縦覧する者の参集の便を考慮して定めるものとする。
一　事業者の事務所
二　関係都道府県の協力が得られた場合にあっては、関係都道府県の庁舎その他の関係都道府県の施設
三　関係市町村の協力が得られた場合にあっては、関係市町村の庁舎その他の関係市町村の施設
四　前三号に掲げるもののほか、事業者が利用できる適切な施設

（方法書について公告する事項）
第三条　法第七条の環境省令で定める事項は、次に掲げるものとする。
一　事業者の氏名及び住所（法人にあってはその名称、代表者の氏名及び主たる事務所の所在地）
二　対象事業の名称、種類及び規模
三　対象事業が実施されるべき区域
四　法第六条第一項の対象事業に係る環境影響を受ける範囲であると認められる地域の範囲
五　方法書等の縦覧の場所、期間及び時間
六　方法書について環境の保全の見地からの意見を書面によ

り提出することができる旨

七　法第八条第一項の意見書の提出期限及び提出先その他意見書の提出に必要な事項

（方法書の公表）

第三条の二　法第七条の規定による方法書等の公表は、次に掲げる方法のうち適切な方法により行うものとする。

一　事業者のウェブサイトへの掲載

二　関係都道府県の協力を得て、関係都道府県のウェブサイトに掲載すること。

三　関係市町村の協力を得て、関係市町村のウェブサイトに掲載すること。

（方法書説明会の開催）

第三条の三　法第七条の二第一項の規定による方法書説明会は、できる限り方法書説明会に参加する者の参集の便を考慮して開催の日時及び場所を定めるものとし、対象事業に係る環境影響を受ける範囲であると認められる地域に二以上の市町村の区域が含まれることその他の理由により事業者が必要と認める場合には、方法書説明会を開催すべき地域を二以上の区域に区分して当該区域ごとに開催するものとする。

（方法書説明会の開催の公告）

第三条の四　第一条の六の規定は、法第七条の二第二項の規定による公告について準用する。

2　法第七条の二第二項の規定による公告は、次に掲げる事項について行うものとする。

一　事業者の氏名及び住所（法人にあってはその名称、代表者の氏名及び主たる事務所の所在地）

二　対象事業の名称、種類及び規模

三　対象事業が実施されるべき区域

四　対象事業に係る環境影響を受ける範囲であると認められる地域の範囲

五　方法書説明会の開催を予定する日時及び場所

（責めに帰することができない事由）

第三条の五　法第七条の二第四項の事業者の責めに帰することができない事由であって環境省令で定めるものは、次に掲げる事由とする。

一　天災、交通の途絶その他の不測の事態により方法書説明会の開催が不可能であること。

二　事業者以外の者により方法書説明会の開催が故意に阻害されることによって方法書説明会を円滑に開催できないことが明らかであること。

（方法書についての意見書の提出）

第四条　法第八条第一項の規定による意見書には、次に掲げる事項を記載するものとする。

一　意見書を提出しようとする者の氏名及び住所（法人その

他の団体にあってはその名称、代表者の氏名及び主たる事務所の所在地）
二　意見書の提出の対象である方法書の名称
三　方法書についての環境の保全の見地からの意見
２　前項第三号の意見は、日本語により、意見の理由を含めて記載するものとする。
（学識経験を有する者からの意見聴取）
第四条の二　第一条の三の規定は、法第十一条第三項の規定により環境大臣が意見を述べる場合について準用する。
（準備書の記載事項）
第四条の三　第一条の五の規定は、法第十四条第一項第九号の環境省令で定める事項について準用する。
（準備書についての公告の方法）
第五条　第一条の六の規定は、法第十六条（法第四十八条第二項において準用する場合を含む。）の規定による公告について準用する。
（準備書の縦覧）
第六条　第二条の規定は、法第十六条の規定による縦覧について準用する。この場合において、第二条中「方法書及びこれを要約した書類（以下「方法書等」という。）」とあるのは「準備書及びこれを要約した書類（以下「準備書等」という。）」と読み替えるものとする。

２　第二条の規定は、法第四十八条第二項において準用する法第十六条の規定による縦覧について準用する。この場合において、第二条中「方法書及びこれを要約した書類（以下「方法書等」という。）」とあるのは「準備書及びこれを要約した書類（以下「準備書等」という。）」と、同条第一号及び第四号中「事業者」とあるのは「港湾管理者」と読み替えるものとする。
（準備書について公告する事項）
第七条　法第十六条の環境省令で定める事項は、次に掲げるものとする。
一　事業者の氏名及び住所（法人にあってはその名称、代表者の氏名及び主たる事務所の所在地）
二　対象事業の名称、種類及び規模
三　対象事業が実施されるべき区域
四　関係地域の範囲
五　準備書等の縦覧の場所、期間及び時間
六　準備書について環境の保全の見地からの意見を書面により提出することができる旨
七　法第十八条第一項の意見書の提出期限及び提出先その他意見書の提出に必要な事項
２　前項の規定は、法第四十八条第二項において準用する法第十六条の規定による公告について準用する。この場合において、前項第一号中「事業者の氏名及び住所（法人にあっては、その名称、代表者の氏名及び主たる事務所の所在地）」とあるのは「港湾管理者の名称及び住所」と、同項第二号中「対象事業の名称、種類及び規模」とあるのは「対象港湾計画の名称及び対象港湾計画に定められる埋立て等区域（決定後の港湾計画の変更にあっては、当該変更前の港湾計画に定められていたものを除く。）の面積」と、同項第三号中「対象事業」とあるのは「対象港湾計画に定められる港湾開発等」と、同項第七号中「法第十八条第一項」とあるのは「法第四十八条第二項において準用する法第十八条第一項」と読み替えるものとする。

（準備書の公表）

第七条の二　第三条の二の規定は、法第十六条の規定による公表について準用する。この場合において、第三条の二中「方法書等」とあるのは「準備書等」と読み替えるものとする。

2　第三条の二の規定は、法第四十八条第二項において準用する法第十六条の規定による公表について準用する。この場合において、同条中「方法書等」とあるのは「準備書等」と、同条第一号中「事業者」とあるのは「港湾管理者」と読み替えるものとする。

（準備書説明会の開催）

第八条　第三条の三の規定は、法第十七条第一項の規定による準備書説明会について準用する。この場合において、第三条の三中「方法書説明会」とあるのは「準備書説明会」と、「対象事業に係る環境影響を受ける範囲であると認められる地域」とあるのは「関係地域」と読み替えるものとする。

2　第三条の三の規定は、法第四十八条第二項において準用する法第十七条第一項の規定による説明会について準用する。この場合において、第三条の三中「方法書説明会」とあるのは「準備書説明会」と、「事業者」とあるのは「港湾管理者」と読み替えるものとする。

（準備書説明会の開催の公告）

第九条　第一条の六の規定は、法第十七条第二項において準用する法第七条の二第二項の規定による公告について準用する。

2　第三条の四第二項の規定は、法第十七条第二項において準用する法第七条の二第二項の規定による公告について準用する。この場合において、第三条の四中「方法書説明会」とあるのは「準備書説明会」と、同条第二項第四号中「対象事業に係る環境影響を受ける範囲であると認められる地域」とあるのは「関係地域」と読み替えるものとする。

3　第一条の六及び第三条の四第二項の規定は、法第四十八条第二項において準用する法第十七条第二項において準用する法第七条の二第二項の規定による公告について準用する。この場合において、第三条の四第二項第一号中「事業者の氏名及び住所（法人にあってはその名称、代表者の氏名及び主たる事務所の所在地）」とあるのは「港湾管理者の名称及び住所」と、同項第二号中「対象事業の名称、種類及び規模」とあるのは「対象港湾計画の名称及び対象港湾計画に定められる埋立て等区域（決定後の港湾計画の変更にあっては、当該変更前の港湾計画に定められていたものを除く。）の面積」と、同項第三号中「対象事業」とあるのは「対象港湾計画に定められる港湾開発等」と、同項第五号中「方法書説明会」とあるのは「準備書説明会」と読み替えるものとする。

（責めに帰することができない事由）

第十条　第三条の五の規定は、法第十七条第二項において準用する法第七条の二第四項の事業者の責めに帰することができない事由について準用する。この場合において、第三条の五中「方法書説明会」とあるのは「準備書説明会」と読み替えるものとする。

2　第三条の五の規定は、法第四十八条第二項において準用する法第十七条第四項において準用する法第七条の二第四項の港湾管理者の責めに帰することができない事由について準用する。この場合において、第三条の五第二号中「事業者」とあるのは「港湾管理者」と、「方法書説明会」とあるのは「準備書説明会」と読み替えるものとする。

（準備書の記載事項の周知）

第十一条　法第十七条第四項（法第四十八条第二項において準用する場合を含む。）の規定による準備書の記載事項の周知は、次に掲げる方法のうち適切な方法により行うものとする。

一　要約書を求めに応じて提供することを周知した後、要約書を求めに応じて提供すること。

二　準備書の概要を公告すること。

三　前二号に掲げるもののほか、準備書の記載事項を周知させるための適切な方法

2　第一条の規定は、前項第二号の規定による公告について準用する。

（準備書についての意見書の提出）

第十二条　第四条の規定は、法第十八条第一項（法第四十八条第二項において準用する場合を含む。）の規定による意見書について準用する。この場合において、第四条中「方法書」とあるのは「準備書」と読み替えるものとする。

（学識経験を有する者からの意見聴取）

第十二条の二　第一条の三の規定は、法第二十三条の規定により環境大臣が意見を述べる場合について準用する。

（評価書についての公告の方法）

第十三条　第一条の六の規定は、法第二十七条（法第四十八条

第二項において準用する場合を含む。）の規定による公告について準用する。

（評価書の縦覧）

第十四条　第二条の規定は、法第二十七条の規定による縦覧について準用する。この場合において、第二条中「方法書及びこれを要約した書類（以下「方法書等」という。）」とあるのは「評価書、これを要約した書類及び法第二十四条の書面（以下「評価書等」という。）」と読み替えるものとする。

2　第二条の規定は、法第四十八条第二項において準用する法第二十七条の規定による縦覧について準用する。この場合において、第二条中「方法書及びこれを要約した書類（以下「方法書等」という。）」とあるのは「評価書及びこれを要約した書類」と、同条第一号及び第四号中「事業者」とあるのは「港湾管理者」と読み替えるものとする。

（評価書について公告する事項）

第十五条　法第二十七条の環境省令で定める事項は、次に掲げるものとする。

一　事業者の氏名及び住所（法人にあってはその名称、代表者の氏名及び主たる事務所の所在地）

二　対象事業の名称、種類及び規模

三　対象事業が実施されるべき区域

四　関係地域の範囲

五　評価書等の縦覧の場所、期間及び時間

2　前項の規定は、法第四十八条第二項において準用する法第二十七条の規定による公告について準用する。この場合において、前項第一号中「事業者の氏名及び住所（法人にあってはその名称、代表者の氏名及び主たる事務所の所在地）」とあるのは「港湾管理者の名称及び住所」と、同項第二号中「対象事業の名称、種類及び規模」とあるのは「対象港湾計画の名称及び対象港湾計画に定められる埋立て等区域（決定後の港湾計画の変更にあっては、当該変更前の港湾計画に定められていたものを除く。）の面積」と、同項第三号中「対象事業」とあるのは「対象港湾計画に定められる港湾開発等」と、同項第五号中「評価書等」とあるのは「評価書及びこれを要約した書類」と読み替えるものとする。

（評価書の公表）

第十五条の二　第三条の二の規定は、法第二十七条の規定による公表について準用する。この場合において、第三条の二中「方法書等」とあるのは「評価書等」と読み替えるものとする。

2　第三条の二の規定は、法第四十八条第二項において準用する法第二十七条の規定による公表について準用する。この場合において、第三条の二中「方法書等」とあるのは「評価書及びこれを要約した書類」と、同条第一号中「事業者」とあるのは「港湾管理者」と読み替えるものとする。

（判定により手続から離れる場合の公告）

第十六条　第一条の六の規定は、法第二十九条第三項の規定による公告について準用する。

２　法第二十九条第三項の規定による公告は、次に掲げる事項について行うものとする。

一　法第二十九条第一項の規定による届出をした者の氏名及び住所（法人にあってはその名称、代表者の氏名及び主たる事務所の所在地）

二　法第二十九条第二項において準用する法第四条第三項第二号に規定する措置がとられた事業の名称、種類及び規模

三　法第二十九条第二項において準用する法第四条第三項第二号に規定する措置がとられた旨

３　第一条の六及び前項の規定は、法第三十二条第三項において準用する法第二十九条第三項の規定による公告について準用する。この場合において、前項第一号中「法第二十九条第一項」とあるのは「法第三十二条第三項において準用する法第二十九条第一項」と、同項第二号及び第三号中「法第二十九条第二項」とあるのは「法第三十二条第三項において準用する法第二十九条第二項」と読み替えるものとする。

４　第一条の六及び第二項の規定は、法第五十五条第二項において準用する法第二十九条第三項の規定による公告について準用する。この場合において、第二項第一号中「法第二十九条第一項」とあるのは「法第五十五条第二項において準用する法第二十九条第一項」と、同項第二号及び第三号中「法第二十九条第二項」とあるのは「法第五十五条第二項において準用する法第二十九条第二項」と読み替えるものとする。

（対象事業の廃止等の場合の公告）

第十七条　第一条の六の規定は、法第三十条第一項の規定による公告について準用する。

２　法第三十条第一項の規定による公告は、次に掲げる事項について行うものとする。

一　事業者の氏名及び住所（法人にあってはその名称、代表者の氏名及び主たる事務所の所在地）

二　対象事業の名称、種類及び規模

三　法第三十条第一項各号のいずれかに該当することとなった旨及び該当した号

四　法第三十条第一項第三号に該当した場合にあっては、引継ぎにより新たに事業者となった者の氏名及び住所（法人にあってはその名称、代表者の氏名及び主たる事務所の所在地）

３　第一条の六及び前項の規定は、法第三十二条第三項において準用する法第三十条第一項の規定による公告について準用する。この場合において、前項第三号及び第四号中「法第三

十条第一項」とあるのは「法第三十二条第三項において準用する法第三十条第一項」と読み替えるものとする。

4　第一条の六及び第二項（第四号を除く。）の規定は、法第四十八条第二項において準用する法第三十条第一項の規定による公告について準用する。この場合において、第二項第一号中「事業者の氏名及び住所（法人にあってはその名称、代表者の氏名及び主たる事務所の所在地）」とあるのは「港湾管理者の名称及び住所」と、同項第二号中「対象事業の名称、種類及び規模」とあるのは「対象港湾計画の名称及び対象港湾計画に定められる埋立て等区域（決定後の港湾計画の変更にあっては、当該変更前の港湾計画に定められていたものを除く。）の面積」と、同項第三号中「法第三十条第一項」とあるのは「法第四十八条第二項において準用する法第三十条第一項」と読み替えるものとする。

5　第一条の六及び第二項の規定は、法第五十五条第二項において準用する法第三十条第一項の規定による公告について準用する。この場合において、第二項第一号中「事業者」とあるのは「法第五十五条第一項に規定する新規対象事業等を実施しようとする者」と、同項第二号中「対象事業」とあるのは「法第五十五条第一号に規定する新規対象事業等」と、同項第三号及び第四号中「法第三十条第一項」とあるのは「法第五十五条第二項において準用する法第三十条第一項」と、同号中「事業者」とあるのは「法第五十五条第一項に規定する新規対象事業等を実施しようとする者」と読み替えるものとする。

（評価書公告後の引継ぎの場合の公告）

第十八条　第一条の六の規定は、法第三十一条第四項の規定による公告について準用する。

2　法第三十一条第四項の規定による公告は、次に掲げる事項について行うものとする。

一　引継ぎ前の事業者の氏名及び住所（法人にあってはその名称、代表者の氏名及び主たる事務所の所在地）

二　対象事業の名称、種類及び規模

三　対象事業の実施を他の者に引き継いだ旨

四　引継ぎにより新たに事業者となった者の氏名及び住所（法人にあってはその名称、代表者の氏名及び主たる事務所の所在地）

3　第一条の六及び前項の規定は、法第三十二条第三項において準用する法第三十一条第四項の規定による公告について準用する。

4　第一条の六及び第二項の規定は、法第五十五条第二項において準用する法第三十一条第四項の規定による公告について準用する。この場合において、第二項第一号中「事業者」とあるのは「法第五十五条第一項に規定する新規対象事業等を実施しようとする者」と、同項第二号及び第三号中「対象事業」とあるのは「法第五十五条第一項に規定する新規対象事業等」と、同項第四号中「事業者」とあるのは「法第五十五条第一項に規定する新規対象事業等を実施しようとする者」と読み替えるものとする。

（環境影響評価その他の手続の再実施の場合の公告）

第十九条　第一条の六の規定は、法第三十二条第二項の規定による公告について準用する。

2　法第三十二条第二項の規定による公告は、次に掲げる事項について行うものとする。

一　事業者の氏名及び住所（法人にあってはその名称、代表者の氏名及び主たる事務所の所在地）

二　対象事業の名称、種類及び規模

三　法第三十二条第一項の規定により環境影響評価その他の手続を行うこととした旨及び行うこととした手続

3　第一条の六及び前項の規定は、法第五十五条第二項において準用する法第三十二条第二項の規定による公告について準用する。この場合において、前項第一号中「事業者」とあるのは「法第五十五条第一項に規定する新規対象事業等を実施しようとする者」と、同項第二号中「対象事業」とあるのは「法第五十五条第一項に規定する新規対象事業等」と、同項第三号中「法第三十二条第一項」とあるのは「法第五十五条第二項において準用する法第三十二条第一項」と読み替えるものとする。

（環境保全の効果が不確実な措置等）

第十九条の二　法第三十八条の二第一項の環境省令で定めるものは、次に掲げるものとする。

一　希少な動植物の生息環境又は生育環境の保全に係る措置

二　希少な動植物の保護のために必要な措置

三　前二号に掲げるもののほか、回復することが困難であるためその保全が特に必要と認められる環境が周囲に存在する場合に講じた措置であって、その効果が確実でないもの

（報告書の公表）

第十九条の三　第一条の二の規定は、法第三十八条の三第一項の規定による報告書の公表について準用する。この場合において、第一条の二第一項中「第一種事業に係る環境影響を受ける範囲と想定される地域内」とあるのは「関係地域内」と、同項第一号、第四号及び同条第二項第一号中「第一種事業を実施しようとする者」とあるのは「事業者」と読み替えるものとする。

（学識経験を有する者からの意見聴取）

第十九条の四　第一条の三の規定は、法第三十八条の四の規定により環境大臣が意見を述べる場合について準用する。

（都市計画決定権者が手続を行う場合の読替え）

第十九条の五　法第三十八条の六第一項及び第二項の規定により都市計画決定権者が計画段階配慮事項についての検討その他の手続を行う場合においては、第一条から第一条の四まで（第一条の四第二項第四号を除く。）の規定を適用するものとし、この場合におけるこれらの規定の適用については、第一条第一項中「第三条の三第一項第五号」とあるのは「第三十八条の六第三項の規定により読み替えて適用される法第三条の三第一項第五号」と、「法第三条の七第一項」とあるのは「法第三十八条の六第三項の規定により読み替えて適用される法第三条の七第一項」と、同条第二項中「法第三条の三第一項」とあるのは「法第三十八条の六第三項の規定により読み替えて適用される法第三条の三第一項」と、第一条の二第一項中「法第三条の四第一項」とあるのは「法第三十八条の六第三項の規定により読み替えて適用される法第三条の四第一項」と、「第一種事業に」とあるのは「都市計画第一種事業に」と、同項第一号及び第四号中「第一種事業を実施しようとする者」とあるのは「都市計画決定権者」と、同条第二項中「法第三条の四第一項」とあるのは「法第三十八条の六第三項の規定により読み替えて適用される法第三条の四第一項」と、同項第一号中「第一種事業を実施しようとする者」とあるのは「都市計画決定権者」と、第一条の四の見出し中「第一種事業」とあるのは「都市計画第一種事業」と、同条第一項及び第二項中「法第三条の九第一項」とあるのは「法第三十八条の六第三項の規定により読み替えて適用される法第三条の九第一項」と、同項第一号中「第一種事業を実施しようとする者の氏名及び住所（法人にあってはその名称、代表者の氏名及び主たる事務所の所在地）」とあるのは「都市計画決定権者の名称」と、同項第二号中「第一種事業」とあるのは「都市計画第一種事業」とする。

第二十条　法第三十八条の六第一項及び第四十条第一項の規定により都市計画決定権者が環境影響評価その他の手続を行う場合においては、第一条の五から第十九条まで（第六条第二項、第七条第二項、第七条の二第二項、第八条第二項、第九条第三項、第十条第二項、第十四条第二項、第十五条第二項、第十五条の二第二項、第十六条第三項及び第四項、第十七条第二項第四号及び第三項から第五項まで、第十八条第三項及び第四項並びに第十九条第三項を除く。）の規定を適用するものとし、この場合におけるこれらの規定の適用については、第一条の五中「法第五条第一項第八号」とあるのは「法第四十条第二項の規定により読み替えて適用される法第五条第一項第八号」と、同項第一号中「法第三条の三第一項」とあるのは「法第三十八条の六第三項の規定により読み替えて適用される法第三条の三第一項」と、「法第三条の七第一項」とあるのは「法第三十八条の六第三項の規定により読み替えて適用される法第三条の七第一項」と、「第一種事業を実施しようとする者」とあるのは「都市計画決定権者」と、「法第三条の二第一項」とあるのは「法第三十八条の六第三項の規定により読み替えて適用される法第三条の二第一項」と、第一条の六及び第二条中「法第七条」とあるのは「法第四十条第二項の規定により読み替えて適用される法第七条」と、同条第一号及び第四号中「事業者」とあるのは「都市計画決定権者」と、第三条中「法第七条」とあるのは「法第四十条第二項の規定により読み替えて適用される法第七条」と、同条第一号中「事業者の氏名及び住所（法人にあってはその名称、代表者の氏名及び主たる事務所の所在地）」とあるのは「都市計画決定権者の名称」と、同条第二号から第四号までの規定中「対象事業」とあるのは「都市計画対象事業」と、同号中「法第六条第一項」とあるのは「法第四十条第二項の規定により読み替えて適用される法第六条第一項」と、同条第七号中「法第八条第一項」とあるのは「法第四十条第二項の規定により読み替えて適用される法第八条第一項」と、第三条の二中「法第七条」とあるのは「法第四十条第二項の規定により読み替えて適用される法第七条」と、同条第一号中「事業者」とあるのは「都市計画決定権者」と、第三条の三中「法第七条の二第一項」とあるのは「法第四十条第二項の規定により読み替えて適用される法第七条の二第一項」と、「対象事業」とあるのは「都市計画対象事業」と、「事業者」とあるのは「都市計画決定権者」と、第三条の四第一項及び第二項中「法第七条の二第二項」とあるのは「法第四十条第二項の規定により読み替えて適用される法第七条の二第二項」と、同項第一号中「事業者の氏名及び住所（法人にあってはその名称、代表者の氏名及び主たる事務所の所在地）」とあるのは「都市計画決定権者の名称」と、同項第二号から第四号までの規定中「対象事業」とあるのは「都市計画対象事業」と、第三条の五中「法第七条の二第四項」とあるのは「法第四十条第二項の規定により読み替えて適用される法第七条の二第四項」と、「事業者」とあるのは「都市計画決定権者」と、第四条第一項中「法第八条第一項」とあるのは「法第四十条第二項の規定により読み替えて適用される法第八条第一項」と、第四条の二中「法第十一条第三項」とあるのは「法第四十条第二項の規定により読み替えて適用される法第十一条第三項」と、第四条の三中「法第十四条第一項第九号」とあるのは「法第四十条第二項の規定により読み替えて適用される法第十四条第一項第九号」と、第五条第一項中「法第十六条（法第四十八条第二項において準用する場合を含む。）」とあるのは「法第四十条第二項の規定により読み替えて適用される法第十六条」と、第六条第一項及び第七条第一項中「法第十六条」とあるのは

「法第四十条第二項の規定により読み替えて適用される法第十六条」と、同項第一号中「事業者の氏名及び住所（法人にあってはその名称、代表者の氏名及び主たる事務所の所在地）」とあるのは「都市計画決定権者の名称」と、同項第二号及び第三号中「対象事業」とあるのは「都市計画対象事業」と、同項第七号中「法第十八条第一項」とあるのは「法第四十条第二項の規定により読み替えて適用される法第十八条第一項」と、第七条の二第一項中「法第十六条」とあるのは「法第四十条第二項の規定により読み替えて適用される法第十六条」と、第八条第一項中「法第十七条第一項」とあるのは「法第四十条第二項の規定により読み替えて適用される法第十七条第一項」と、第九条第一項及び第二項中「法第十七条第二項」とあるのは「法第四十条第二項の規定により読み替えて適用される法第十七条第二項」と、同項第一号中「事業者の氏名及び住所（法人にあってはその名称、代表者の氏名及び主たる事務所の所在地）」とあるのは「都市計画決定権者の名称」と、同項第二号及び第三号中「対象事業」とあるのは「都市計画対象事業」と」を「法第十七条第二項」と」と、「法第十七条第四項」とあるのは「法第四十条第二項の規定により読み替えて適用される法第十七条第四項」を「法第十七条第二項」とあるのは「法第四十条第二項の規定により読み替えて適用される法第十七条第二項、第十条第一項中「法第十七条第四項」とあるのは「法第四十条第二項の規定により読み替えて適用される法第十七条第四項」と、「事業者」とあるのは「都市計画決定権者」と、第十二条中「法第十八条第一項（法第四十八条第二項において準用する場合を含む。）」とあるのは「法第四十条第二項の規定により読み替えて適用される法第十八条第一項」と、第十三条中「法第二十七条（法第四十八条第二項において準用する場合を含む。）」とあるのは「法第四十条第二項の規定により読み替えて適用される法第二十七条」と、第十四条第一項及び第十五条第一項中「法第二十七条」とあるのは「法第四十条第二項の規定により読み替えて適用される法第二十七条」と、同項第一号中「事業者の氏名及び住所（法人にあってはその名称、代表者の氏名及び主たる事務所の所在地）」とあるのは「都市計画決定権者の名称」と、同項第二号及び第三号中「対象事業」とあるのは「都市計画対象事業」と、第十五条の二中「法第二十七条」とあるのは「法第四十条第二項の規定により読み替えて適用される法第二十七条」と、第十六条第一項及び第二項中「法第二十九条第三項」とあるのは「法第四十条第二項の規定により読み替えて適用される法第二十九条第三項」と、同項第一号中「法第二十九条第一項の規定による届出をした者の氏名及び住所（法人にあってはその名称、代表者の氏名及び主たる事務所の所在地）」とあるのは「法第四十条第二項の規定により読み替えて適用される法第二十九条第一項の規定による届出をした者の名称」と、同項第二号及び第三号中「法第二十九条第二項において準用する法第四条第三項第二号」とあるのは「法第四十条第二項の規定により読み替えて適用される法第二十九条第二項において準用する、法第三十九条第二項の規定により読み替えて適用される法第四条第三項第二号」と、第十七条第一項及び第二項（第四号を除く。）中「法第三十条第一項」とあるのは「法第四十条第二項の規定により読み替えて適用される法第三十条第一項」と、同項第一号中「事業者の氏名及び住所（法人にあってはその名称、代表者の氏名及び主たる事務所の所在地）」とあるのは「都市計画決定権者の名称」と、同項第二号中「対象事業」とあるのは「都市計画対象事業」と、第十八条第一項及び第二項中「法第三十一条第四項」とあるのは「法第四十条第二項の規定により読み替えて適用される法第三十一条第四項」とする。

（都市計画対象事業の環境保全措置等の報告等についての読替え）

第二十一条　法第四十条の二の規定により都市計画決定権者が環境影響評価その他の手続を行う場合においては、第十九条の二から第十九条の四までの規定を適用するものとし、この場合におけるこれらの規定の適用については、第十九条の二中「法第三十八条の二第一項」とあるのは「法第四十条の二の規定により読み替えて適用される法第三十八条の二第一項」と、第十九条の三中「法第三十八条の三第一項」とあるのは「法第四十条の二の規定により読み替えて適用される法第三十八条の三第一項」と、「事業者」とあるのは「都市計画事業者」とする。

附　則　抄

（施行期日）

第一条　この府令は、法の施行の日（平成十一年六月十二日）から施行する。ただし、第一条から第四条まで、第二十条（第一条から第四条までに係る部分に限る。）及び附則第三条の規定は、公布の日から施行する。

（法附則第四条第一項の規定により手続を行う場合の手続）

第三条　第一条及び第十六条第二項の規定は、法附則第四条第二項において準用する法第二十九条第三項の規定による公告について準用する。この場合において、第十六条第二項第一号中「法第二十九条第一項」とあるのは「法附則第四条第二項において準用する法第二十九条第二項」と、同項第二号及び第三号中「法第二十九条第一項」とあるのは「法附則第四条第二項において準用する法第二十九条第二項」と読み替えるものとする。

2　第一条及び第十七条第二項の規定は、法附則第四条第二項において準用する法第三十条第一項の規定による公告について準用する。この場合において、第十七条第二項第一号中「事業者」とあるのは「法附則第四条第一項に規定する第一種事業又は第二種事業を実施しようとする者」と、同項第二号中「対象事業」とあるのは「法附則第四条第一項に規定する第一種事業又は第二種事業」と、同項第三号及び第四号中「法第三十条第一項」とあるのは「法附則第四条第二項において準用する法第三十条第一項」と、同号中「事業者」とあるのは「法附則第四条第一項に規定する第一種事業又は第二種事業を実施しようとする者」と読み替えるものとする。

３　第一条及び第十八条第二項の規定は、法附則第四条第二項において準用する法第三十一条第四項の規定による公告について準用する。この場合において、第十八条第二項第一号中「事業者」とあるのは「法附則第四条第一項に規定する第一種事業又は第二種事業を実施しようとする者」と、同項第二号及び第三号中「対象事業」とあるのは「法附則第四条第一項に規定する第一種事業又は第二種事業」と、同項第四号中「事業者」とあるのは「法附則第四条第一項に規定する第一種事業又は第二種事業を実施しようとする者」と読み替えるものとする。

４　第一条及び第十九条第二項の規定は、法附則第四条第二項において準用する法第三十二条第二項の規定による公告について準用する。この場合において、第十九条第二項第一号中「事業者」とあるのは「法附則第四条第一項に規定する第一種事業又は第二種事業を実施しようとする者」と、同項第二号中「対象事業」とあるのは「法附則第四条第一項に規定する第一種事業又は第二種事業」と、同項第三号中「法第三十二条第一項」とあるのは「法附則第四条第二項において準用する法第三十二条第一項」と読み替えるものとする。

（法施行前に方法書の手続を行う場合の届出）

第三条　法附則第五条第二項の規定による届出は、次に掲げる事項を届け出て行うものとする。

一　法の施行後に事業者となるべき者の氏名及び住所（法人にあってはその名称、代表者の氏名及び主たる事務所の所在地）

二　法附則第五条第一項の規定により行われる環境影響評価その他の手続に係る事業の名称、種類及び規模

三　法附則第五条第一項の規定により行われる環境影響評価その他の手続に係る事業が実施されるべき区域

四　法の施行後に法第六条第一項の対象事業に係る環境影響を受ける範囲であると認められる地域となるべき地域の範囲

五　法附則第五条第一項の規定に基づき、法第五条から第十二条までの規定の例による環境影響評価その他の手続を行

うこととした旨

2　前項の規定は、法附則第五条第六項において準用する同条第二項の規定による届出について準用する。この場合において、前項第一号中「事業者となるべき者の氏名及び住所（法人にあってはその名称、代表者の氏名及び主たる事務所の所在地）」とあるのは「法第四十条第一項の規定により環境影響評価その他の手続を事業者に代わるものとして行う都市計画決定権者となるべき者の名称」と、同項第二号及び第三号中「法附則第五条第一項」とあるのは「法附則第五条第六項において準用する同条第一項」と、同項第四号中「法第六条第一項の対象事業」とあるのは「法第四十条第二項の規定により読み替えて適用される法第六条第一項の都市計画対象事業」と、同項第五号中「法附則第五条第一項」とあるのは「法附則第五条第六項において準用する同条第一項」と、「法第五条」とあるのは「法第四十条第二項の規定により読み替えて適用される法第五条」と読み替えるものとする。

附　則（平成一二年八月一四日総理府令第九四号）　抄

1　この府令は、内閣法の一部を改正する法律（平成十一年法律第八十八号）の施行の日（平成十三年一月六日）から施行する。

附　則（平成二三年一〇月一四日環境省令第二七号）

この省令は、平成二十四年四月一日から施行する。

附　則（平成二四年一〇月二四日環境省令第三一号）

この省令は、平成二十五年四月一日から施行する。

○環境影響評価法の規定による主務大臣が定めるべき指針等に関する基本的事項

（平成二十四年四月二日環境省告示第六十三号）

最近改正　平成二六年六月二七日環境省告示第八三号

環境影響評価法（平成九年法律第八十一号）第三条の二第三項、第三条の七第二項、第四条第九項、第十一条第四項、第十二条第二項及び第三十八条の二第二項の規定に基づき、環境影響評価法第四条第九項の規定による主務大臣及び国土交通大臣が定めるべき基準並びに同法第十一条第三項及び第十二条第二項の規定による主務大臣が定めるべき指針に関する基本的事項（平成九年十二月環境庁告示第八十七号）の全部を次のように改正したので、同法第三条の八、第四条第十項、第十三条及び第三十八条の二第三項の規定に基づき、公表する。

この基本的事項は、環境影響評価法（以下「法」という。）第三条の二第三項の規定により主務大臣（主務大臣が内閣府の外局の長であるときは、内閣総理大臣。以下同じ。）が定めるべき「計画段階配慮事項の選定並びに当該計画段階配慮事項に係る調査、予測及び評価の手法に関する指針」（以下「計画段階配慮事項等選定指針」という。）、法第三条の七第二項の規定により主務大臣が定めるべき「計画段階配慮事項についての検討に当たって関係する行政機関及び一般の環境の保全の見地からの意見を求める場合の措置に関する指針」（以下「計画段階意見聴取指針」という。）、法第四条第九項の規定により主務大臣及び国土交通大臣が定めるべき「第二種事業の判定の基準」（以下「判定基準」という。）、法第十一条第四項の規定により主務大臣が定めるべき「環境影響評価の項目並びに当該項目に係る調査、予測及び評価を合理的に行うための手法を選定するための指針」（以下「環境影響評価項目等選定指針」という。）、法第十二条第二項の規定により主務大臣が定めるべき「環境の保全のための措置（以下「環境保全措置」という。）に関する指針」（以下「環境保全措置指針」という。）並びに法第三十八条の二第二項の規定により主務大臣が定めるべき「報告書の作成に関する指針」（以下「報告書作成指針」という。）に関する基本となるべき事項について定めるものである。

環境影響評価法の規定による主務大臣が定めるべき指針等に関する基本的事項

第一　計画段階配慮事項等選定指針に関する基本的事項

一　一般的事項

(1)　第一種事業に係る計画段階配慮事項の選定並びに調査、予測及び評価は、法第三条の二第三項の規定に基づき、計画段階配慮事項等選定指針の定めるところにより行われるものである。

(2)　計画段階配慮事項の範囲は、別表に掲げる環境要素の区分及び影響要因の区分に従うものとする。

(3)　計画段階配慮事項の検討に当たっては、第一種事業に係る位置・規模又は建造物等の構造・配置に関する適切な複数案（以下「位置等に関する複数案」という。）を設定することを基本とし、位置等に関する複数案を設定しない場合は、その理由を明らかにするものとする。

(4)　計画段階配慮事項の調査、予測及び評価は、設定された複数案及び選定された計画段階配慮事項（以下「選定事項」という。）ごとに行うものとする。

(5)　調査は、選定事項について適切に予測及び評価を行うために必要な程度において、選定事項に係る環境要素の状況に関する情報並びに調査の対象となる地域の範囲（以下「調査地域」という。）の気象、水象等の自然条件（以下単に「自然条件」という。）及び人口、産業、土地又は水域利用等の社会条件（以下単に「社会条件」という。）に関する情報を、原則として国、地方公共団体等が有する既存の資料等により収集し、その結果を整理し、及び解析することにより行うものとする。重大な環境影響を把握する上で必要と認められるときは、専門家等からの知見を収集するものとし、なお必要な情報が得られないときは、現地調査・踏査その他の方法により情報を収集するものとする。

(6)　予測は、第一種事業の実施により選定事項に係る環境要素に及ぶおそれのある影響の程度について、適切な方法により、知見の蓄積や既存資料の充実の程度に応じ、環境の状態の変化又は環境への負荷の量について、可能な限り定量的に把握することを基本とし、定量的な把握が困難な場合は定性的に把握することにより行うものとする。

(7)　評価は、調査及び予測の結果を踏まえ、位置等に関する複数案が設定されている場合は、当該複数案ごとの選定事項について環境影響の程度を整理し、これらを比較することを基本とする。また、必要であると認められる場合には、選定事項以外の環境要素について、適切な方法により調査及び予測を行い、複数案ごとに環境影響の程度を整理し、これらを比較するものとする。

位置等に関する複数案が設定されていない場合は、選定事項についての環境影響が、事業者により実行可能な範囲内で回避され、又は低減されているものであるか否かについて評価を行うものとする。

これらの場合において、国又は地方公共団体によって、環境要素に関する環境の保全の観点からの基準又は目標が示されている場合は、これらとの整合性が図られているか否かについても可能な限り検討するものとする。

二　計画段階配慮事項の区分ごとの調査、予測及び評価の基本的な方針

(1)　別表中「環境の自然的構成要素の良好な状態の保持」に区分される選定事項については、環境基本法（平成五年法律第九十一号）第十四条第一号に掲げる事項の確保を旨として、当該選定事項に係る環境要素に含まれる汚染物質の濃度その他の指標により測られる当該環境要素の汚染の程度及び広がり又は当該環境要素の状態の変化（構成要素そのものの量的な変化を含む。）の程度及び広がりについて、これらが人の健康、生活環境及び自然環境に及ぼす影響を把握するため、調査、予測及び評価を行うものとする。

(2)　別表中「生物の多様性の確保及び自然環境の体系的保全」に区分される選定事項については、環境基本法第十四条第二号に掲げる事項の確保を旨として、次に掲げる方針を踏まえ、調査、予測及び評価を行うものとする。

ア　「植物」及び「動物」に区分される選定事項については、陸生及び水生の動植物に関し、生息・生育種及び植生の調査を通じて抽出される重要種の分布、生息・生育状況及び重要な群落の分布状況並びに動物の集団繁殖地等注目すべき生息地の分布状況について調査し、これらに対する影響の程度を把握するものとする。

イ　「生態系」に区分される選定事項については、以下のような重要な自然環境のまとまりを場として把握し、これらに対する影響の程度を把握するものとする。

(ア)　自然林、湿原、藻場、干潟、サンゴ群集及び自然海岸等、人為的な改変をほとんど受けていない自然環境や一度改変すると回復が困難な脆《ぜい》弱な自然環境

(イ)　里地里山（二次林、人工林、農地、ため池、草原等）並びに河川沿いの氾濫原の湿地帯及び河畔林等のうち、減少又は劣化しつつある自然環境

(ウ)　水源涵《かん》養林、防風林、水質浄化機能を有する干潟及び土砂崩壊防止機能を有する緑地等、地域において重要な機能を有する自然環境

(エ)　都市に残存する樹林地及び緑地（斜面林、社寺林、屋敷林等）並びに水辺地等のうち、地域を特徴づける重要な自然環境

(3)　別表中「人と自然との豊かな触れ合い」に区分される選定事項については、環境基本法第十四条第三号に掲げ

る事項の確保を旨として、次に掲げる方針を踏まえ、調査、予測及び評価を行うものとする。

ア　「景観」に区分される選定事項については、主要な眺望景観及び景観資源に関し、眺望される状態及び景観資源の分布状況を調査し、これらに対する影響の程度を把握するものとする。

イ　「触れ合い活動の場」に区分される選定事項については、野外レクリエーション及び地域住民等の日常的な自然との触れ合い活動に関し、それらの活動が一般的に行われる施設及び場の状態及び利用の状況を調査し、これらに対する影響の程度を把握するものとする。

(4)　別表中「環境への負荷」に区分される選定事項については、環境基本法第二条第二項の地球環境保全に係る環境への影響のうち温室効果ガスの排出量等環境への負荷量の程度を把握することが適当な事項に関してはそれらの発生量等を、廃棄物等に関してはそれらの発生量、最終処分量等を把握することにより、調査、予測及び評価を行うものとする。

(5)　別表中「一般環境中の放射性物質」に区分される選定事項については、放射性物質による環境の汚染の状況に関しては放射線の量を把握することにより、調査、予測及び評価を行うものとする。

三　計画段階配慮事項並びに調査、予測及び評価の手法の選定等に当たっての一般的留意事項

(1)　第一種事業を実施しようとする者が、位置等に関する複数案を設定するに当たっての留意事項、並びに計画段階配慮事項並びに調査、予測及び評価の手法を選定するに当たって一般的に把握すべき情報の内容及びその把握に当たっての留意事項を、計画段階配慮事項等選定指針において定めるものとする。

(2)　位置等に関する複数案の設定に当たっては、位置・規模に関する複数案の設定を検討するよう努めるべき旨、また、重大な環境影響を回避し、又は低減するために建造物等の構造・配置に関する複数案の検討が重要となる場合があることに留意すべき旨を、計画段階配慮事項等選定指針において定めるものとする。

(3)　位置等に関する複数案には、現実的である限り、当該事業を実施しない案を含めるよう努めるべき旨を、計画段階配慮事項等選定指針において定めるものとする。

(4)　(1)の計画段階配慮事項並びに調査、予測及び評価の手法を選定するに当たって一般的に把握すべき情報には、第一種事業の内容（以下第一において「事業特性」という。）並びに第一種事業の実施が想定される区域及びそ

の周囲の地域の自然的社会的状況（以下第一において「地域特性」という。）に関する情報が含まれることが必要である旨を、計画段階配慮事項等選定指針において定めるものとする。

(5) 第一種事業を実施しようとする者が、計画段階配慮事項並びに調査、予測及び評価の手法を選定するに当たっては、選定の理由を明らかにすることが必要である旨、計画段階配慮事項等選定指針において定めるものとする。

(6) 第一種事業を実施しようとする者が、計画段階配慮事項並びに調査、予測及び評価の手法を選定するに当たっては、必要に応じ専門家等の助言を受けること等により客観的かつ科学的な検討を行うべき旨、計画段階配慮事項等選定指針において定めるものとする。なお、専門家等の助言を受けた場合には、当該助言の内容及び当該専門家等の専門分野を明らかにすることが必要である旨並びに専門家等の所属機関の属性を明らかにするよう努めるべき旨、計画段階配慮事項等選定指針において定めるものとする。

(7) 計画段階配慮事項の選定に当たっては、法第三条の二第二項の主務省令により事業の種類ごとに定められる事業が実施されるべき区域その他の事項を踏まえ、それぞれの事業ごとに、影響要因を事業特性に応じて適切に区分した上で、事業特性及び地域特性に関する情報等を踏まえ、影響要因の区分ごとに当該影響要因によって重大な影響を受けるおそれのある環境要素の区分を明らかにすべき旨、計画段階配慮事項等選定指針において定めるものとする。

この場合において、工事の実施に係る影響要因の区分については、影響の重大性に着目して、必要に応じ計画段階配慮事項を選定するものとする。

(8) 第一種事業を実施しようとする者による調査、予測及び評価の手法の選定に当たっては、事業による重大な環境影響の程度及び当該環境影響が回避され、又は低減される効果の程度を適切に把握できるようにすべき旨、計画段階配慮事項等選定指針において定めるものとする。

第二　計画段階意見聴取指針に関する基本的事項

一　一般的事項

(1) 第一種事業に係る計画段階配慮事項についての検討に当たって関係する行政機関及び一般の環境の保全の見地からの意見を求める場合の措置は、法第三条の七第二項の規定に基づき、計画段階意見聴取指針の定めるところにより行われるものである。

(2) 意見聴取は、第一種事業の実施が想定される区域を管轄する都道府県及び市町村その他の当該事業に関係すると認められる地方公共団体（以下「関係地方公共団体」という。）の長並びに一般からの意見を求めることを基本とし、これらの者からの意見を求めない場合は、その理由を明らかにするものとする。また、意見聴取に当たっては、当該事業の計画の立案の複数の段階において、関係地方公共団体の長及び一般の意見を求めるよう努めるものとする。

(3)　関係地方公共団体の長及び一般からの意見を求める場合は、可能な限り、配慮書の案について意見を求めるよう努めるものとする。このとき、まず一般からの意見を求め、次に関係地方公共団体の長からの意見を求めるよう努めるものとする。関係地方公共団体の長に意見を求めるに当たっては、一般からの意見の概要及び当該意見に対する第一種事業を実施しようとする者の見解をあらかじめ関係地方公共団体の長へ送付するよう努めるものとする。

二　意見聴取に当たっての留意事項

第一種事業に係る計画段階配慮事項についての検討に当たって関係する行政機関及び一般の環境の保全の見地からの意見を求める場合の措置に関する留意事項を、計画段階意見聴取指針において定めるものとする。当該留意事項には、次に掲げる事項が含まれるものとする。

(1)　一般からの意見を求める場合は、その旨を、官報、関係地方公共団体の広報紙、日刊新聞紙及びインターネットへの掲載等適切な方法で公表するものとし、その際、「第一種事業を実施しようとする者の氏名及び住所（法人にあってはその名称、代表者の氏名及び主たる事務所の所在地）」、「第一種事業の名称、種類及び規模」、「第一種事業の実施が想定される区域」及び「供覧等の方法及び期間」その他必要な事項を公表内容に含める旨、計画段階意見聴取指針において定めるものとする。

(2)　一般から意見を求める場合の配慮書の案又は配慮書の一般への公表は、書面による供覧及びインターネットの利用等適切な方法により、適切な期間を確保して実施する旨、計画段階意見聴取指針において定めるものとする。

(3)　関係地方公共団体の長からの意見を求める場合は、配慮書の案又は配慮書を当該地方公共団体に送付し、適切な期間を確保して意見を求める旨、計画段階意見聴取指針において定めるものとする。

第三　判定基準に関する基本的事項

一　一般的事項

(1)　第二種事業についての判定は、法第四条第三項の規定に基づき、判定基準の定めるところにより行われるものである。

(2)　判定基準は、環境影響の程度が著しいものとなるおそれがあると認められる事業として法第四条第三項第一号の措置をとらなければならない場合について定めるものとする。

(3)　判定基準は、第二種事業の種類ごとの一般的な事業の内容を踏まえつつ、次に掲げる事項が含まれるよう定めるものとする。

ア　個別の事業の内容に基づく判定基準

イ　第二種事業が実施されるべき区域及びその周辺の区域の環境の状況その他の事情（以下「環境の状況その他の事情」という。）に基づく判定基準

二　判定基準の内容

(1)　個別の事業の内容に基づく判定基準

個別の事業の内容に基づく判定基準は、次に掲げる内容を含むものとする。

ア　当該事業が、同種の事業の一般的な事業の内容と比べて環境影響の程度が著しいものとなるおそれがある場合

例えば、当該事業において用いられる技術、工法等の実施事例が少なく、かつ、その環境影響に関する知見が十分でないものであって、環境影響の程度が著しいものとなるおそれがある場合

イ　当該事業が、他の密接に関連する同種の事業と一体的に行われることにより、総体としての環境影響の程度が著しいものとなるおそれがある場合

(2)　環境の状況その他の事情に基づく判定基準

環境の状況その他の事情に基づく判定基準は、次に掲げる内容を含むものとする。

ア　環境影響を受けやすい地域又は対象等が存在する場合

例えば、次に掲げる場合がこれに該当する。

(ア)　閉鎖性の高い水域等の、当該事業の実施により排出される汚染物質が滞留しやすい地域において、当該汚染物質により環境影響の程度が著しいものとなるおそれがある場合

(イ)　学校、病院、住居専用地域、水道原水取水地点等の人の健康の保護又は生活環境の保全上の配慮が特に必要な地域又は対象に対して人の健康の保護又は生活環境の保全上の影響の程度が著しいものとなるおそれがある場合

(ウ)　人為的な改変をほとんど受けていない自然環境、野生生物の重要な生息・生育の場としての自然環境

その他、次に掲げる重要な自然環境に対して環境影響の程度が著しいものとなるおそれがある場合

(i)　自然林、湿原、藻場、干潟、サンゴ群集及び自然海岸等、人為的な改変をほとんど受けていない自然環境や一度改変すると回復が困難な脆《ぜい》弱な自然環境

(ii)　里地里山（二次林、人工林、農地、ため池、草原等）並びに河川沿いの氾濫原の湿地帯及び河畔林等のうち、減少又は劣化しつつある自然環境

(iii)　水源涵《かん》養林、防風林、水質浄化機能を有する干潟及び土砂崩壊防止機能を有する緑地等、地域において重要な機能を有する自然環境

(iv)　都市に残存する樹林地及び緑地（斜面林、社寺林、屋敷林等）並びに水辺地等のうち、地域を特徴づける重要な自然環境

イ　環境の保全の観点から法令等により指定された地域又は対象が存在する場合

例えば、大気汚染防止法（昭和四十三年法律第九十七号）又は水質汚濁防止法（昭和四十五年法律第百三十八号）に基づき総量規制基準が定められた地域、自然公園法（昭和三十二年法律第百六十一号）に基づき自然公園として指定された地域等法令等により環境の保全を目的として又は環境の保全に資するものとして指定された地域又は対象に対して環境影響の程度が著しいものとなるおそれがある場合

ウ　既に環境が著しく悪化し、又はそのおそれが高い地域が存在する場合

例えば、環境基本法に基づき定められた環境基準の未達成地域において、環境基準未達成項目に係る環境影響の程度が著しいものとなるおそれがある場合

三　判定基準を定めるに当たっての留意事項

判定基準を定めるに当たっては、次に掲げる事項に留意するものとする。

(1)　法第四条第一項の規定により届出が行われた第二種事業の種類及び規模、第二種事業が実施されるべき区域その他第二種事業の概要並びに第二種事業に係る判定を行う者（以下「判定権者」という。）が入手可能な地域の自然的社会的状況に関する知見に基づき、判定権者が客観的に判定できるものとすること。

(2)　二(1)及び二(2)に掲げる内容に沿って法第四条第二項の規定により述べられた都道府県知事の意見が適切に反映できるものとすること。

第四　環境影響評価項目等選定指針に関する基本的事項

一　一般的事項

(1)　対象事業に係る環境影響評価の項目並びに調査、予測及び評価の手法は、法第十一条第一項の規定に基づき、環境影響評価項目等選定指針の定めるところにより、選定されるものである。

(2)　環境影響評価の項目の範囲は、別表に掲げる環境要素の区分及び影響要因の区分に従うものとする。

(3)　調査、予測及び評価は、選定された環境影響評価の項目（以下「選定項目」という。）ごとに行うものとする。調査、予測及び評価に当たっては、計画段階配慮事項についての検討段階において収集し、及び整理した情報並びにその結果を最大限活用するものとする。

(4)　調査は、選定項目について適切に予測及び評価を行うために必要な程度において、選定項目に係る環境要素の状況に関する情報並びに調査地域の自然条件及び社会条件に関する情報を、国、地方公共団体等が有する既存の資料等の収集、専門家等からの科学的知見の収集、現地調査・踏査等の方法により収集し、その結果を整理し、及び解析することにより行うものとする。

(5)　予測は、対象事業の実施により選定項目に係る環境要素に及ぶおそれのある影響の程度について、工事中及び供用時における環境の状態の変化又は環境への負荷の量について、数理モデルによる数値計算、模型等による実験、既存事例の引用又は解析等の方法により、定量的に把握することを基本とし、定量的な把握が困難な場合は定性的に把握することにより行うものとする。

(6)　評価は、調査及び予測の結果を踏まえ、対象事業の実施により選定項目に係る環境要素に及ぶおそれのある影響が、事業者により実行可能な範囲内で回避され、又は低減されているものであるか否かについての事業者の見解を明らかにすることにより行うものとする。この場合において、国又は地方公共団体によって、選定項目に係る環境要素に関する環境の保全の観点からの基準又は目標が示されている場合は、これらとの整合性が図られているか否かについても検討するものとする。

(7)　調査、予測及び評価に当たっては、選定項目ごとに取りまとめられた調査、予測及び評価の結果の概要を一覧できるように取りまとめること等により、他の選定項目に係る環境要素に及ぼすおそれがある影響について、検討が行われるよう留意するものとする。

二　環境要素の区分ごとの調査、予測及び評価の基本的な方針

(1)　別表中「環境の自然的構成要素の良好な状態の保持」に区分される選定項目については、環境基本法第十四条第一号に掲げる事項の確保を旨として、当該選定項目に

係る環境要素に含まれる汚染物質の濃度その他の指標により測られる当該環境要素の汚染の程度及び広がり又は当該環境要素の状態の変化（構成要素そのものの量的な変化を含む。）の程度及び広がりについて、これらが人の健康、生活環境及び自然環境に及ぼす影響を把握するため、調査、予測及び評価を行うものとする。

(2)　別表中「生物の多様性の確保及び自然環境の体系的保全」に区分される選定項目については、環境基本法第十四条第二号に掲げる事項の確保を旨として、次に掲げる方針を踏まえ、調査、予測及び評価を行うものとする。

ア　「植物」及び「動物」に区分される選定項目については、陸生及び水生の動植物に関し、生息・生育種及び植生の調査を通じて抽出される重要種の分布、生息・生育状況及び重要な群落の分布状況並びに動物の集団繁殖地等注目すべき生息地の分布状況について調査し、これらに対する影響の程度を把握するものとする。

イ　「生態系」に区分される選定項目については、地域を特徴づける生態系に関し、アの調査結果等により概括的に把握される生態系の特性に応じて、生態系の上位に位置するという上位性、当該生態系の特徴をよく現すという典型性及び特殊な環境等を指標するという特殊性の視点から、注目される生物種等を複数選び、これらの生態、他の生物種との相互関係及び生息・生育環境の状態を調査し、これらに対する影響の程度を把握する方法その他の適切に生態系への影響を把握する方法によるものとする。

(3)　別表中「人と自然との豊かな触れ合い」に区分される選定項目については、環境基本法第十四条第三号に掲げる事項の確保を旨として、次に掲げる方針を踏まえ、調査、予測及び評価を行うものとする。

ア　「景観」に区分される選定項目については、眺望景観及び景観資源に関し、眺望される状態及び景観資源の分布状況を調査し、これらに対する影響の程度を把握するものとする。

イ　「触れ合い活動の場」に区分される選定項目については、野外レクリエーション及び地域住民等の日常的な自然との触れ合い活動に関し、それらの活動が一般的に行われる施設及び場の状態及び利用の状況を調査し、これらに対する影響の程度を把握するものとする。

(4)　別表中「環境への負荷」に区分される選定項目については、環境基本法第二条第二項の地球環境保全に係る環境への影響のうち温室効果ガスの排出量等環境への負荷量の程度を把握することが適当な項目に関してはそれらの発生量等を、廃棄物等に関してはそれらの発生量、最終処分量等を把握することにより、調査、予測及び評価を行うものとする。

(5)　別表中「一般環境中の放射性物質」に区分される選定項目については、放射性物質による環境の汚染の状況に関しては放射線の量を把握することにより、調査、予測及び評価を行うものとする。

三　環境影響評価の項目並びに調査、予測及び評価の手法の選定に当たっての一般的留意事項

(1)　事業者が環境影響評価の項目並びに調査、予測及び評価の手法を選定するに当たって一般的に整理すべき情報の内容及びその整理に当たっての留意事項を、環境影響評価項目等選定指針において定めるものとする。

この場合において、当該情報には、計画の立案の段階以降の事業の内容の具体化の過程における環境保全の配慮に係る検討の経緯及びその内容に関する情報が含まれ、また、必要に応じ、当該事業の内容（以下「事業特性」という。）並びに当該事業に係る対象事業が実施されるべき区域及びその周辺の地域の自然的社会的状況（以下「地域特性」という。）に関する計画段階配慮事項についての検討後に追加的に収集した情報が含まれるよう定めるものとする。また、事業特性に関する情報の整理に当たっての留意事項として、当該事業に係る内容の具体化の過程における環境保全の配慮に係る検討の経緯及びその内容についても整理することが含まれるものとする。地域特性に関する情報の整理に当たっての留意事項として、入手可能な最新の文献、資料等に基づき把握すること、これらの出典が明らかにされるよう整理すること、過去の状況の推移及び将来の状況並びに当該地域において国及び地方公共団体が講じている環境の保全に関する施策の内容についても整理することが含まれるものとする。

(2)　事業者が、環境影響評価の項目並びに調査、予測及び評価の手法を選定するに当たっては、選定の理由を明らかにすることが必要である旨、環境影響評価項目等選定指針において定めるものとする。

(3)　事業者が、環境影響評価の項目並びに調査、予測及び評価の手法を選定するに当たっては、必要に応じ専門家等の助言を受けること等により客観的かつ科学的な検討を行うべき旨、環境影響評価項目等選定指針において定めるものとする。なお、専門家等の助言を受けた場合には、当該助言の内容及び当該専門家等の専門分野を明らかにすることが必要である旨並びに専門家等の所属機関

の属性を明らかにするよう努めるべき旨、環境影響評価項目等選定指針において定めるものとする。

(4)　環境影響評価の実施中において環境への影響に関して新たな事実が判明した場合等においては、必要に応じ選定項目及び選定された手法を見直し、又は追加的に調査、予測及び評価を行うよう留意すべき旨、環境影響評価項目等選定指針において定めるものとする。

四　環境影響評価の項目の選定に関する事項

(1)　環境影響評価項目等選定指針において、対象事業の種類ごとの一般的な事業の内容を明らかにするとともに、この内容を踏まえつつ、別表に掲げる影響要因の細区分の内容を規定し、影響要因の細区分ごとに当該影響要因によって影響を受けるおそれのある環境要素の細区分（以下「参考項目」という。）を明らかにするものとする。この場合において、次の事項に留意するものとする。

ア　影響要因の細区分は、環境影響評価を行う時点における事業計画の内容等に応じて、(ア)当該対象事業に係る工事の実施、(イ)当該工事が完了した後の土地（他の対象事業の用に供するものを除く。）又は工作物（以下「土地等」という。）の存在（法第二条第二項第一号トに掲げる事業の種類に該当する事業以外の事業にあっては土地等の供用に伴い行われることが予定される事業活動その他の人の活動を含む。）のそれぞれに関し、物質等を排出し、又は既存の環境を損ない若しくは変化させる等の要因を整理するものとする。

イ　環境要素の細区分は、法令による規制・目標の有無、環境に及ぼすおそれのある影響の重大性等を考慮して、適切に定められるものとする。

(2)　個別の事業ごとの環境影響評価の項目の選定に当たっては、それぞれの事業ごとに、影響要因を事業特性に応じて適切に区分した上で、参考項目を勘案しつつ、事業特性及び地域特性に関する情報、法第三章に規定する手続を通じて得られた環境の保全の観点からの情報等を踏まえ、影響要因の細区分ごとに当該影響要因によって影響を受けるおそれのある環境要素の細区分を明らかにすべき旨、環境影響評価項目等選定指針において定めるものとする。

この場合において、対象事業の一部として、当該対象事業が実施されるべき区域にある工作物の撤去若しくは廃棄が行われる場合、又は対象事業の実施後、当該対象事業の目的に含まれる工作物の撤去若しくは廃棄が行われることが予定されている場合には、これらの撤去又は廃棄に係る影響要因が整理されるものとすること。

五　調査、予測及び評価の手法の選定に関する事項

(1)　事業者による調査の手法の選定に当たっての留意事項を環境影響評価項目等選定指針において定めるものとする。当該留意事項には、次に掲げる事項が含まれるものとする。

ア　調査すべき情報の種類及び調査法

選定項目の特性、事業特性及び地域特性を勘案し、選定項目に係る予測及び評価において必要とされる精度が確保されるよう、調査又は測定により収集すべき具体的な情報の種類及び当該情報の種類ごとの具体的な調査又は測定の方法（以下「調査法」という。）を選定するものとすること。地域特性を勘案するに当たっては、当該地域特性が時間の経過に伴って変化するものであることを踏まえるものとすること。

法令等により調査法が定められている場合には、当該調査法を踏まえつつ適切な調査法を設定するものとすること。

イ　調査地域

調査地域の設定に当たっては、調査対象となる情報の特性、事業特性及び地域特性を勘案し、対象事業の実施により環境の状態が一定程度以上変化する範囲を含む地域又は環境が直接改変を受ける範囲及びその周辺区域等とすること。

ウ　調査の地点

調査地域内における調査の地点の設定に当たっては、選定項目の特性に応じて把握すべき情報の内容及び特に影響を受けるおそれがある対象の状況を踏まえ、地域を代表する地点その他の情報の収集等に適切かつ効果的な地点が設定されるものとすること。

エ　調査の期間及び時期

調査の期間及び時期の設定に当たっては、選定項目の特性に応じて把握すべき情報の内容、地域の気象又は水象等の特性、社会的状況等に応じ、適切かつ効果的な期間及び時期が設定されるものとすること。この場合において、季節の変動を把握する必要がある調査対象については、これが適切に把握できる調査期間が確保されるものとするとともに、年間を通じた調査については、必要に応じて観測結果の変動が少ないことが想定される時期に開始されるものとすること。

また、既存の長期間の観測結果が存在しており、かつ、現地調査を行う場合には、当該観測結果と現地調査により得られた結果とが対照されるものとすること。

オ　調査によって得られる情報の整理の方法

調査によって得られる情報は、当該情報が記載されていた文献名、当該情報を得るために行われた調査の前提条件、調査地域等の設定の根拠、調査の日時等について、当該情報の出自及びその妥当性を明らかにできるように整理されるものとすること。

また、希少生物の生息・生育に関する情報については、必要に応じ公開に当たって種及び場所を特定できない形で整理する等の配慮が行われるものとすること。

カ　環境への影響の少ない調査の方法の選定

調査の実施そのものに伴う環境への影響を回避し、又は低減するため、可能な限り環境への影響の少ない調査の方法が選定されるものとすること。

(2)　事業者による予測の手法の選定に当たっての留意事項を環境影響評価項目等選定指針において定めるものとする。当該留意事項には、次に掲げる事項が含まれるものとする。

ア　予測法

選定項目の特性、事業特性及び地域特性を勘案し、選定項目に係る評価において必要とされる水準が確保されるよう、具体的な予測の方法（以下「予測法」という。）を選定するものとすること。

イ　予測地域

予測の対象となる地域の範囲（以下「予測地域」という。）は、事業特性及び地域特性を十分勘案し、選定項目ごとの調査地域の内から適切に設定されるものとすること。

ウ　予測の地点

予測地域内における予測の地点は、選定項目の特性、保全すべき対象の状況、地形、気象又は水象の状況等に応じ、地域を代表する地点、特に影響を受けるおそれがある地点、保全すべき対象等への影響を的確に把握できる地点等が設定されるものとすること。

エ　予測の対象となる時期

予測の対象となる時期は、事業特性、地域の気象又は水象等の特性、社会的状況等を十分勘案し、供用後の定常状態及び影響が最大になる時期（当該時期が設定されることができる場合に限る。）、工事の実施による影響が最大になる時期等について、選定項目ごとの環境影響を的確に把握できる時期が設定されるものとすること。

また、工事が完了した後の土地等の供用後定常状態に至るまでに長期間を要し、若しくは予測の前提条件が予測の対象となる期間内で大きく変化する場合又は対象事業に係る工事が完了する前の土地等について供用されることが予定されている場合には、必要に応じ中間的な時期での予測が行われるものとすること。

オ　予測の前提条件の明確化

予測の手法に係る予測地域等の設定の根拠、予測の手法の特徴及びその適用範囲、予測の前提となる条件、予測で用いた原単位及びパラメータ等について、地域の状況等に照らし、それぞれその内容及び妥当性を予測の結果との関係と併せて明らかにできるように整理されるものとすること。

カ　将来の環境の状態の設定のあり方

環境の状態の予測に当たっては、当該対象事業以外の事業活動等によりもたらされる地域の将来の環境の状態（将来の環境の状態の推定が困難な場合等においては、現在の環境の状態とする。）を明らかにできるように整理し、これを勘案して行うものとすること。この場合において、地域の将来の環境の状態は、関係する地方公共団体が有する情報を収集して設定されるよう努めるものとすること。

なお、国又は地方公共団体による環境保全措置又は環境保全施策が講じられている場合であって、将来の環境の状態の推定に当たって当該環境保全措置等の効果を見込む場合には、当該措置等の内容を明らかにできるように整理されるものとすること。

キ　予測の不確実性の検討

科学的知見の限界に伴う予測の不確実性について、その程度及びそれに伴う環境への影響の重大性に応じて整理されるものとすること。この場合において、必要に応じて予測の前提条件を変化させて得られるそれぞれの予測の結果のばらつきの程度により、予測の不確実性の程度を把握するものとすること。

(3)　事業者による評価の手法の選定に当たっての留意事項を環境影響評価項目等選定指針において定めるものとする。当該留意事項には、次に掲げる事項が含まれるものとする。

ア　環境影響の回避・低減に係る評価

建造物の構造・配置の在り方、環境保全設備、工事の方法等を含む幅広い環境保全対策を対象として、複数案を時系列に沿って又は並行的に比較検討すること、実行可能なより良い技術が取り入れられているか否かについて検討すること等の方法により、対象事業の実施により選定項目に係る環境要素に及ぶおそれのある影響が、回避され、又は低減されているものであるか否かについて評価されるものとすること。この場合において、評価に係る根拠及び検討の経緯を明らかにできるように整理されるものとすること。

なお、これらの評価は、事業者により実行可能な範囲内で行われるものとすること。

イ　国又は地方公共団体の環境保全施策との整合性に係る検討

評価を行うに当たって、環境基準、環境基本計画その他の国又は地方公共団体による環境の保全の観点からの施策によって、選定項目に係る環境要素に関する基準又は目標が示されている場合は、当該評価において当該基準又は目標に照らすこととする考え方を明らかにできるように整理しつつ、当該基準等の達成状況、環境基本計画等の目標又は計画の内容等と調査及び予測の結果との整合性が図られているか否かについて検討されるものとすること。

なお、工事の実施に当たって長期間にわたり影響を受けるおそれのある環境要素であって、当該環境要素に係る環境基準が定められているものについても、当該環境基準との整合性が図られているか否かについて検討されるものとすること。

ウ　その他の留意事項

評価に当たって事業者以外が行う環境保全措置等の効果を見込む場合には、当該措置等の内容を明らかにできるように整理されるものとすること。

(4)　環境影響評価項目等選定指針において、(1)又は(2)に規定するところにより留意事項を示すに当たっては、対象事業の種類ごとの一般的な事業の内容を踏まえつつ、参考項目の特性、参考項目に係る環境要素に及ぼすおそれのある影響の重大性、既に得られている科学的知見等を考慮し、(1)又は(2)に規定する留意事項の趣旨を踏まえ、調査法、調査地域、調査の期間及び時期、予測法、予測地域、予測の対象となる時期等のそれぞれについて、事業者が地域特性等を勘案するに当たって参考となる調査又は予測の手法（以下「参考手法」という。）を定め、これを留意事項とともに示すことができるものとする。この場合において、参考手法には、最新の科学的知見を反映するよう努めるとともに、事業者が個別の事業特性や地域特性等に合わせて最適な手法を選択できるよう複数の手法を含めるよう努めること。

(5)　参考手法を定める場合には、環境影響評価項目等選定指針において、個別の事業ごとの調査及び予測の手法の選定に当たって、それぞれの事業ごとに参考手法を勘案しつつ事業特性及び地域特性に関する情報、法第三章に規定する手続を通じて得られた環境の保全の観点からの情報等を踏まえ選定すべき旨、定めるものとする。

六　参考項目又は参考手法を勘案して項目又は手法を選定するに当たっての留意事項

参考項目又は参考手法を勘案しつつ、事業特性及び地域特性に関する情報、法第三章に規定する手続を通じて得られた環境の保全の観点からの情報等を踏まえ、項目及び手法を選定するに当たっての留意事項として、以下の内容を環境影響評価項目等選定指針において定めるものとする。

(1)　参考項目及び参考手法を定めるに当たって踏まえられた対象事業の種類ごとの一般的な事業の内容と個別の事業の内容との相違を把握するものとすること。

(2)　環境への影響がないか又は影響の程度が極めて小さいことが明らかな場合、影響を受ける地域又は対象が相当期間存在しないことが明らかな場合、類似の事例により影響の程度が明らかな場合等においては、参考項目を選定しないこと又は参考手法よりも簡略化された形の調査若しくは予測の手法を選定することができること。

(3)　環境影響を受けやすい地域又は対象が存在する場合、環境の保全の観点から法令等により指定された地域又は対象が存在する場合、既に環境が著しく悪化し又はそのおそれが高い地域が存在する場合等においては、参考手法よりも詳細な調査又は予測の手法を選定するよう留意すべきこと。

第五　環境保全措置指針に関する基本的事項

一　一般的事項

(1)　対象事業に係る環境保全措置は、法第十二条第一項の規定に基づき、環境保全措置指針の定めるところにより、検討されるものである。

(2)　環境保全措置は、対象事業の実施により選定項目に係る環境要素に及ぶおそれのある影響について、事業者により実行可能な範囲内で、当該影響を回避し、又は低減すること及び当該影響に係る各種の環境の保全の観点からの基準又は目標の達成に努めることを目的として検討されるものとする。

二　環境保全措置の検討に当たっての留意事項

環境保全措置の検討に当たっての留意事項を環境保全措置指針において定めるものとする。当該留意事項には、次に掲げる事項が含まれるものとする。

(1)　環境保全措置の検討に当たっては、環境への影響を回避し、又は低減することを優先するものとし、これらの検討結果を踏まえ、必要に応じ当該事業の実施により損なわれる環境要素と同種の環境要素を創出すること等により損なわれる環境要素の持つ環境の保全の観点からの価値を代償するための措置（以下「代償措置」という。）の検討が行われるものとすること。

(2)　環境保全措置は、事業者により実行可能な範囲内において検討されるよう整理されるものとすること。

(3)　環境保全措置の検討に当たっては、次に掲げる事項を可能な限り具体的に明らかにできるようにするものとすること。

ア　環境保全措置の効果及び必要に応じ不確実性の程度

イ　環境保全措置の実施に伴い生ずるおそれのある環境影響

ウ　環境保全措置を講ずるにもかかわらず存在する環境影響

エ　環境保全措置の内容、実施期間、実施主体その他の環境保全措置の実施の方法

(4)　代償措置を講じようとする場合には、環境への影響を回避し、又は低減する措置を講ずることが困難であるか否かを検討するとともに、損なわれる環境要素と代償措置により創出される環境要素に関し、それぞれの位置、損なわれ又は創出される環境要素の種類及び内容等を検討するものとし、代償措置の効果及び実施が可能と判断した根拠を可能な限り具体的に明らかにできるようにするものとすること。

(5)　環境保全措置の検討に当たっては、環境保全措置についての複数案の比較検討、実行可能なより良い技術が取り入れられているか否かの検討等を通じて、講じようとする環境保全措置の妥当性を検証し、これらの検討の経過を明らかにできるよう整理すること。この場合において、当該検討が段階的に行われている場合には、これらの検討を行った段階ごとに環境保全措置の具体的な内容を明らかにできるように整理すること。また、位置等に関する複数案の比較を行った場合には、当該位置等に関する複数案から対象事業に係る位置等の決定に至る過程でどのように環境影響が回避され、又は低減されているかについての検討の内容を明らかにできるように整理すること。

(6)　選定項目に係る予測の不確実件が大きい場合、効果に係る知見が不十分な環境保全措置を講ずる場合、工事中又は供用後において環境保全措置の内容をより詳細なものにする場合等においては環境への影響の重大性に応じ、代償措置を講ずる場合においては当該代償措置による効果の不確実性の程度及び当該代償措置に係る知見の充実の程度を踏まえ、当該事業による環境への影響の重大性に応じ、工事中及び供用後の環境の状態等を把握するための調査（以下「事後調査」という。）の必要性を検討するとともに、事後調査の項目及び手法の内容、事

後調査の結果により環境影響が著しいことが明らかとなった場合等の対応の方針、事後調査の結果を公表する旨等を明らかにできるようにすること。

なお、事後調査を行う場合においては、次に掲げる事項に留意すること。

ア　事後調査の項目及び手法については、必要に応じ専門家の助言を受けること等により客観的かつ科学的根拠に基づき、事後調査の必要性、事後調査を行う項目の特性、地域特性等に応じて適切な内容とするとともに、事後調査の結果と環境影響評価の結果との比較検討が可能なように設定されるものとすること。

イ　事後調査の実施そのものに伴う環境への影響を回避し、又は低減するため、可能な限り環境への影響の少ない事後調査の手法が選定され、採用されるものとすること。

ウ　事後調査において、地方公共団体等が行う環境モニタリング等を活用する場合、当該対象事業に係る施設等が他の主体に引き継がれることが明らかである場合等においては、他の主体との協力又は他の主体への要請等の方法及び内容について明らかにできるようにすること。

エ　事後調査の終了の判断並びに事後調査の結果を踏まえた環境保全措置の実施及び終了の判断に当たっては、必要に応じ専門家の助言を受けること等により客観的かつ科学的な検討を行うものとすること。

第六　報告書作成指針に関する基本的事項

一　一般的事項

(1)　対象事業に係る報告書の作成は、法第三十八条の二第二項の規定に基づき、報告書作成指針の定めるところにより行われるものである。

(2)　報告書は、対象事業に係る工事が完了した段階で一回作成することを基本とし、この場合、当該工事の実施に当たって講じた環境保全措置の効果を確認した上で、その結果を報告書に含めるよう努めるものとする。

(3)　必要に応じて、工事中又は供用後において、事後調査や環境保全措置の結果等を公表するものとする。

二　報告書の記載事項

(1)　報告書の記載事項は、以下のとおりとする。

ア　事業者の氏名及び住所（法人にあってはその名称、代表者の氏名及び主たる事務所の所在地）、対象事業の名称、種類及び規模、並びに対象事業が実施された区域等、対象事業に関する基礎的な情報

イ　事後調査の項目、手法及び結果

ウ　環境保全措置の内容、効果及び不確実性の程度

エ　専門家の助言を受けた場合はその内容等

オ　報告書作成以降に事後調査や環境保全措置を行う場合はその計画、及びその結果を公表する旨

(2)　対象事業に係る工事中に事業主体が他の者に引き継がれた場合又は事業主体と供用後の運営管理主体が異なる等の場合には他の主体との協力又は他の主体への要請等の方法及び内容を、報告書に記載するものとする。

第七　都市計画に定められる対象事業等の特例に基づく事業者等の読替え

法第三十八条の六第一項又は第二項の規定により、都市計画決定権者が当該対象事業に係る事業者に代わる場合において、第一の適用については、一(7)中「事業者」とあるのは「都市計画事業者」と、三(1)、(5)、(6)及び(8)中「第一種事業を実施しようとする者」とあるのは「都市計画決定権者」とする。また、第二の適用については、一(3)中「第一種事業を実施しようとする者」とあるのは「都市計画決定権者」と、二(1)中「第一種事業を実施しようとする者の氏名及び住所（法人にあってはその名称、代表者の氏名及び主たる事務所の所在地）」とあるのは「都市計画決定権者の名称」とする。

法第四十条第二項の規定により、都市計画決定権者が当該対象事業に係る事業者に代わる場合において、第四の適用については、一(6)中「事業者の」とあるのは「都市計画決定権者の」と、「事業者により」とあるのは「都市計画事業者により」と、三(1)から(3)まで中「事業者」とあるのは「都市計画決定権者」と、五(1)及び(2)中「事業者」とあるのは「都市計画決定権者」と、同(3)中「事業者による」とあるのは「都市計画決定権者による」と、「事業者により」とあるのは「都市計画決定権者により」と、「事業者以外」とあるのは「都市計画事業者以外」と、同(4)中「事業者」とあるのは「都市計画決定権者」とする。また、第五の適用については、一(2)中「事業者」とあるのは「都市計画事業者」と、二(2)中「事業者」とあるのは「都市計画事業者」とする。

法第四十条の二の規定により、都市計画決定権者が当該対象事業に係る環境影響評価その他の手続を行う場合において、第六の適用については、二(1)ア中「事業者」とあるのは「都市計画事業者」とする。

第八　その他

本基本的事項並びにこれに基づき主務大臣が定める基準及び指針に用いられる科学的知見については、常にその妥当性についての検討を行うとともに、当該検討及び環境影

響評価の実施状況に係る検討を踏まえ、本基本的事項並びに基準及び指針について、必要な改定を随時行うものとする。特に、本基本的事項の内容全般については、五年程度ごとを目途に点検し、その結果を公表するものとする。

〈別表〉（平26環省告83・一部改正）

環境要素の区分 ＼ 影響要因の区分			細区分	工事			存在・供用			
				細区分						
環境の自然的構成要素の良好な状態の保持	大気環境	大気質								
		騒音・低周波音								
		振　動								
		悪　臭								
		その他								
	水　環　境	水　質								
		底　質								
		地下水								
		その他								
	土壌環境・その他の環境	地形・地質								
		地　盤								
		土　壌								
		その他								
生物の多様性の確保及び自然環境の体系的保全	植　物									
	動　物									
	生態系									
人と自然との豊かな触れ合い	景　観									
	触れ合い活動の場									
環境への負荷		廃棄物等								
		温室効果ガス等								
一般環境中の放射性物質		放射線の量								

○環境影響評価法の規定による国土交通大臣が定めるべき港湾環境影響評価に係る指針に関する基本的事項

（平成二十四年四月二日　環境省告示第六十四号）

最近改正　平成二六年六月二七日環境省告示第八四号

環境影響評価法（平成九年法律第八十一号）第四十八条第二項において準用する同法第十一条第四項及び第十二条第二項の規定に基づき、第四十八条第二項において準用する同法第十一条第三項及び第十二条第二項の規定による国土交通大臣が定めるべき指針に関する基本的事項（平成九年十二月環境庁告示第八十八号）の全部を次のように改正したので、同法第四十八条第二項において準用する同法第十三条の規定に基づき、公表する。

この基本的事項は、環境影響評価法（以下「法」という。）第四十八条第二項において準用する法第十一条第四項の規定により国土交通大臣が定めるべき「港湾環境影響評価の項目並びに当該項目に係る調査、予測及び評価を合理的に行うための手法を選定するための指針」（以下「港湾環境影響評価項目等選定指針」という。）及び法第十二条第二項の規定により国土交通大臣が定めるべき「環境の保全のための措置（以下「環境保全措置」という。）に関する指針」（以下「環境保全措置指針」という。）に関する基本となるべき事項について定めるものである。なお、港湾環境影響評価については、港湾計画が港湾における開発、利用及び保全等に関する基本的な事項を定める計画であることに鑑み、これに応じた項目及び手法が選定されるものとする。

環境影響評価法の規定による国土交通大臣が定めるべき港湾環境影響評価に係る指針に関する基本的事項

第一　港湾環境影響評価項目等選定指針に関する基本的事項

一　一般的事項

(1)　対象港湾計画に定められる港湾開発等に係る港湾環境影響評価の項目並びに調査、予測及び評価の手法は、法第四十八条第二項において準用する法第十一条第一項の規定に基づき、港湾環境影響評価項目等選定指針の定めるところにより、選定されるものである。

(2)　港湾環境影響評価の項目の範囲は、別表に掲げる環境要素の区分及び影響要因の区分に従うものとする。

(3)　調査、予測及び評価は、選定された港湾環境影響評価の項目（以下「選定項目」という。）ごとに行うものとする。

(4)　調査は、選定項目について適切に予測及び評価を行うために必要な程度において、選定項目に係る環境要素の状況に関する情報並びに調査の対象となる地域の範囲（以下「調査地域」という。）の気象、水象等の自然条件及び人口、産業、土地又は水域利用等の社会条件に関する情報を、国、地方公共団体等が有する既存の資料等の収集、専門家等からの科学的知見の収集、現地調査・踏査等の方法により収集し、その結果を整理し、及び解析することにより行うものとする。

(5)　予測は、対象港湾計画に定められる港湾開発等により選定項目に係る環境要素に及ぶおそれのある影響の程度について、対象港湾計画に定められる港湾開発等による環境影響を的確に把握できる時期における環境の状態の変化又は環境への負荷の量について、数理モデルによる数値計算、模型等による実験、既存事例の引用又は解析等の方法により、定量的に把握することを基本とし、定量的な把握が困難な場合は定性的に把握することにより行うものとする。

(6)　評価は、調査及び予測の結果を踏まえ、対象港湾計画に定められる港湾開発等により選定項目に係る環境要素に及ぶおそれのある影響が、港湾管理者により実行可能な範囲内で回避され、又は低減されているものであるか否かについての港湾管理者の見解を明らかにすることにより行うものとする。この場合において、国又は地方公共団体によって、選定項目に係る環境要素に関する環境の保全の観点からの基準又は目標が示されている場合は、これらとの整合性が図られているか否かについても検討するものとする。

(7)　調査、予測及び評価に当たっては、選定項目ごとに取りまとめられた調査、予測及び評価の結果の概要を一覧できるように取りまとめること等により、他の選定項目に係る環境要素に及ぼすおそれがある影響について、検討が行われるよう留意するものとする。

二　環境要素の区分ごとの調査、予測及び評価の基本的な方針

(1)　別表中「環境の自然的構成要素の良好な状態の保持」に区分される選定項目については、環境基本法第十四条第一号に掲げる事項の確保を旨として、当該選定項目に係る環境要素に含まれる汚染物質の濃度その他の指標により測られる当該環境要素の汚染の程度及び広がり又は当該環境要素の状態の変化（構成要素そのものの量的な変化を含む。）の程度及び広がりについて、これらが人の健康、生活環境及び自然環境に及ぼす影響を把握するため、調査、予測及び評価を行うものとする。

(2)　別表中「生物の多様性の確保及び自然環境の体系的保

全」に区分される選定項目については、環境基本法第十四条第二号に掲げる事項の確保を旨として、次に掲げる方針を踏まえ、調査、予測及び評価を行うものとする。

ア　「植物」及び「動物」に区分される選定項目については、陸生及び水生の動植物に関し、生息・生育種及び植生の調査を通じて抽出される重要種の分布、生息・生育状況及び重要な群落の分布状況並びに動物の集団繁殖地等注目すべき生息地の分布状況について調査し、これらに対する影響の程度を把握するものとする。

イ　「生態系」に区分される選定項目については、地域を特徴づける生態系に関し、アの調査結果等により概括的に把握される生態系の特性に応じて、生態系の上位に位置するという上位性、当該生態系の特徴をよく現すという典型性及び特殊な環境等を指標するという特殊性の視点から、注目される生物種等を複数選び、これらの生態、他の生物種との相互関係及び生息・生育環境の状態を調査し、これらに対する影響の程度を把握する方法その他の適切に生態系への影響を把握する方法によるものとする。

(3)　別表中「人と自然との豊かな触れ合い」に区分される選定項目については、環境基本法第十四条第三号に掲げる事項の確保を旨として、次に掲げる方針を踏まえ、調査、予測及び評価を行うものとする。

ア　「景観」に区分される選定項目については、眺望景観及び景観資源に関し、眺望される状態及び景観資源の分布状況を調査し、これらに対する影響の程度を把握するものとする。

イ　「触れ合い活動の場」に区分される選定項目については、野外レクリエーション及び地域住民等の日常的な自然との触れ合い活動に関し、それらの活動が一般的に行われる施設及び場の状態及び利用の状況を調査し、これらに対する影響の程度を把握するものとする。

(4)　別表中「環境への負荷」に区分される選定項目については、環境基本法第二条第二項の地球環境保全に係る環境への影響のうち温室効果ガスの排出量等環境への負荷量の程度を把握することが適当な項目に関してはそれらの発生量等を、廃棄物等に関してはそれらの発生量、最終処分量等を把握することにより、調査、予測及び評価を行うものとする。

(5)　別表中「一般環境中の放射性物質」に区分される選定項目については、放射性物質による環境の汚染の状況に関しては放射線の量を把握することにより、調査、予測及び評価を行うものとする。

三　港湾環境影響評価の項目並びに調査、予測及び評価の手法の選定に当たっての一般的留意事項

(1)　港湾管理者が港湾環境影響評価の項目並びに調査、予測及び評価の手法を選定するに当たって一般的に把握すべき情報の内容及びその把握に当たっての留意事項を、港湾環境影響評価項目等選定指針において定めるものとする。

この場合において、当該情報には、当該港湾計画に定められる港湾開発等の内容（以下「港湾計画特性」という。）並びに当該港湾計画に定められる港湾開発等が実施されるべき区域及びその周囲の地域の自然的社会的状況（以下「地域特性」という。）に関する情報が含まれるよう定めるものとする。また、地域特性に関する情報の把握に当たっての留意事項として、入手可能な最新の文献、資料等に基づき把握すること、これらの出典が明らかにされるよう整理すること、過去の状況の推移及び将来の状況並びに当該地域において国及び地方公共団体が講じている環境の保全に関する施策の内容についても把握することが含まれるものとする。

(2)　港湾管理者が、港湾環境影響評価の項目並びに調査、予測及び評価の手法を選定するに当たっては、選定の理由を明らかにすることが必要である旨、港湾環境影響評価項目等選定指針において定めるものとする。

(3)　港湾管理者が、港湾環境影響評価の項目並びに調査、予測及び評価の手法を選定するに当たっては、必要に応じ専門家等の助言を受けること等により客観的かつ科学的な検討を行うべき旨、港湾環境影響評価項目等選定指針において定めるものとする。なお、専門家等の助言を受けた場合には、当該助言の内容及び当該専門家等の専門分野を明らかにすることが必要である旨並びに専門家等の所属機関の属性を明らかにするよう努めるべき旨、港湾環境影響評価項目等選定指針において定めるものとする。

(4)　港湾環境影響評価の実施中において環境への影響に関して新たな事実が判明した場合等においては、必要に応じ選定項目及び選定された手法を見直し、又は追加的に調査、予測及び評価を行うよう留意すべき旨、港湾環境影響評価項目等選定指針において定めるものとする。

四　港湾環境影響評価の項目の選定に関する事項

(1)　港湾環境影響評価項目等選定指針において、一般的な港湾計画に定められる港湾開発等の内容を明らかにするとともに、この内容を踏まえつつ、別表に掲げる影響要因の細区分の内容を規定し、影響要因の細区分ごとに当

該影響要因によって影響を受けるおそれのある環境要素の細区分（以下「参考項目」という。）を明らかにするものとする。この場合において、次の事項に留意するものとする。

ア　影響要因の細区分は、港湾環境影響評価を行う時点における港湾計画に定められる港湾開発等の内容等に応じて、当該港湾計画に定められる港湾開発等に係る土地又は工作物の存在（主要な港湾施設の供用、土地の造成等に伴い行われることが予定される事業活動その他の人の活動を含む。）に関し、物質等を排出し、又は既存の環境を損ない若しくは変化させる等の要因を整理するものとする。

イ　環境要素の細区分は、法令による規制・目標の有無、環境に及ぼすおそれのある影響の重大性等を考慮して、適切に定められるものとする。

(2)　個別の港湾計画ごとの港湾環境影響評価の項目の選定に当たっては、それぞれの港湾計画ごとに、影響要因を港湾計画特性に応じて適切に区分した上で、参考項目を勘案しつつ、港湾計画特性及び地域特性に関する情報等を踏まえ、影響要因の細区分ごとに当該影響要因によって影響を受けるおそれのある環境要素の細区分を明らかにすべき旨、港湾環境影響評価項目等選定指針において定めるものとする。

この場合において、対象港湾計画に定められる港湾開発等に工作物の撤去又は廃棄が含まれる場合には、当該撤去又は廃棄に係る影響要因が整理されるものとすること。

五　調査、予測及び評価の手法の選定に関する事項

(1)　港湾管理者による調査の手法の選定に当たっての留意事項を港湾環境影響評価項目等選定指針において定めるものとする。当該留意事項には、次に掲げる事項が含まれるものとする。

ア　調査すべき情報の種類及び調査法

選定項目の特性、港湾計画特性及び地域特性を勘案し、選定項目に係る予測及び評価において必要とされる精度が確保されるよう、調査又は測定により収集すべき具体的な情報の種類及び当該情報の種類ごとの具体的な調査又は測定の方法（以下「調査法」という。）を選定するものとすること。地域特性を勘案するに当たっては、当該地域特性が時間の経過に伴って変化するものであることを踏まえるものとすること。

法令等により調査法が定められている場合には、当該調査法を踏まえつつ適切な調査法を設定するものとすること。

イ　調査地域

調査地域の設定に当たっては、調査対象となる情報の特性、港湾計画特性及び地域特性を勘案し、対象港湾計画に定められる港湾開発等により環境の状態が一定程度以上変化する範囲を含む地域又は環境が直接改変を受ける範囲及びその周辺区域等とすること。

ウ　調査の地点

調査地域内における調査の地点の設定に当たっては、選定項目の特性に応じて把握すべき情報の内容及び特に影響を受けるおそれがある対象の状況を踏まえ、地域を代表する地点その他の情報の収集等に適切かつ効果的な地点が設定されるものとすること。

エ　調査の期間及び時期

調査の期間及び時期の設定に当たっては、選定項目の特性に応じて把握すべき情報の内容、地域の気象又は水象等の特性、社会的状況等に応じ、適切かつ効果的な期間及び時期が設定されるものとすること。この場合において、季節の変動を把握する必要がある調査対象については、これが適切に把握できる調査期間が確保されるものとするとともに、年間を通じた調査については、必要に応じて観測結果の変動が少ないことが想定される時期に開始されるものとすること。

また、既存の長期間の観測結果が存在しており、かつ、現地調査を行う場合には、当該観測結果と現地調査により得られた結果とが対照されるものとすること。

オ　調査によって得られる情報の整理の方法

調査によって得られる情報は、当該情報が記載されていた文献名、当該情報を得るために行われた調査の前提条件、調査地域等の設定の根拠、調査の日時等について、当該情報の出自及びその妥当性を明らかにできるように整理されるものとすること。

また、希少生物の生息・生育に関する情報については、必要に応じ公開に当たって種及び場所を特定できない形で整理する等の配慮が行われるものとすること。

カ　環境への影響の少ない調査の方法の選定

調査の実施そのものに伴う環境への影響を回避し、又は低減するため、可能な限り環境への影響の少ない調査の方法が選定されるものとすること。

(2)　港湾管理者による予測の手法の選定に当たっての留意事項を港湾環境影響評価項目等選定指針において定めるものとする。当該留意事項には、次に掲げる事項が含まれるものとする。

ア　予測法

選定項目の特性、港湾計画特性及び地域特性を勘案し、選定項目に係る評価において必要とされる水準が確保されるよう、具体的な予測の方法（以下「予測法」という。）を選定するものとすること。

イ　予測地域

予測の対象となる地域の範囲（以下「予測地域」という。）は、港湾計画特性及び地域特性を十分勘案し、選定項目ごとの調査地域の内から適切に設定されるものとすること。

ウ　予測の地点

予測地域内における予測の地点は、選定項目の特性、保全すべき対象の状況、地形、気象又は水象の状況等に応じ、地域を代表する地点、特に影響を受けるおそれがある地点、保全すべき対象等への影響を的確に把握できる地点等が設定されるものとすること。

エ　予測の対象となる時期

予測の対象となる時期は、港湾計画特性、地域の気象又は水象等の特性、社会的状況等を十分勘案して、選定項目ごとの環境影響を的確に把握できる時期（以下「予測年次」という。）が設定されるものとすること。

オ　予測の前提条件の明確化

予測の手法に係る予測地域等の設定の根拠、予測の手法の特徴及びその適用範囲、予測の前提となる条件、予測で用いた原単位及びパラメータ等について、地域の状況等に照らし、それぞれその内容及び妥当性を予測の結果との関係と併せて明らかにできるように整理されるものとすること。

カ　将来の環境の状態の設定のあり方

環境の状態の予測に当たっては、当該対象港湾計画に定められる港湾開発等以外の事業活動等によりもたらされる地域の予測年次における環境の状態（予測年次における環境の状態の推定が困難な場合等においては、現在の環境の状態とする。）を明らかにできるように整理し、これを勘案して行うものとすること。この場合において、地域の予測年次における環境の状態は、関係する地方公共団体が有する情報を収集して設定されるよう努めるものとすること。

なお、国又は地方公共団体による環境保全措置又は環境保全施策が講じられている場合であって、予測年次における環境の状態の推定に当たって当該環境保全措置等の効果を見込む場合には、当該措置等の内容を明らかにできるように整理されるものとすること。

キ　予測の不確実性の検討

科学的知見の限界に伴う予測の不確実性について、その程度及びそれに伴う環境への影響の重大性に応じて整理されるものとすること。この場合において、必要に応じて予測の前提条件を変化させて得られるそれぞれの予測の結果のばらつきの程度により、予測の不確実性の程度を把握するものとすること。

(3)　港湾管理者による評価の手法の選定に当たっての留意事項を港湾環境影響評価項目等選定指針において定めるものとする。当該留意事項には、次に掲げる事項が含まれるものとする。

ア　環境影響の回避・低減に係る評価

港湾施設の配置、土地の造成のあり方を含む幅広い環境保全対策を対象として、複数案を時系列に沿って又は並行的に比較検討すること、実行可能なより良い技術が取り入れられているか否かについて検討すること等の方法により、対象港湾計画に定められる港湾開発等により選定項目に係る環境要素に及ぶおそれのある影響が、回避され、又は低減されているものであるか否かについて評価されるものとすること。この場合において、評価に係る根拠及び検討の経緯を明らかにできるように整理されるものとすること。

なお、これらの評価は、港湾管理者により実行可能な範囲内で行われるものとすること。

イ　国又は地方公共団体の環境保全施策との整合性に係る検討

評価を行うに当たって、環境基準、環境基本計画その他の国又は地方公共団体による環境の保全の観点からの施策によって、選定項目に係る環境要素に関する基準又は目標が示されている場合は、当該評価において当該基準又は目標に照らすこととする考え方を明らかにできるように整理しつつ、当該基準等の達成状況、環境基本計画等の目標又は計画の内容等と調査及び予測の結果との整合性が図られているか否かについて検討されるものとすること。

ウ　その他の留意事項

評価に当たって港湾管理者以外が行う環境保全措置等の効果を見込む場合には、当該措置等の内容を明らかにできるように整理されるものとすること。

(4)　港湾環境影響評価項目等選定指針において、(1)又は(2)に規定するところにより留意事項を示すに当たっては、一般的な港湾計画に定められる港湾開発等の内容を踏まえつつ、参考項目の特性、参考項目に係る環境要素に及ぼすおそれのある影響の重大性、既に得られている科学的知見等を考慮し、(1)又は(2)に規定する留意事項の趣旨を踏まえ、調査法、調査地域、調査の期間及び時期、予測法、予測地域、予測の対象となる時期等のそれぞれについて、港湾管理者が地域特性等を勘案するに当たって参考となる調査又は予測の手法（以下「参考手法」という。）を定め、これを留意事項とともに示すことができるものとする。この場合において、参考手法には、最新の科学的知見を反映するよう努めるとともに、複数の手法を含めるよう努めることにより、事業者が個別の事業特性や地域特性等に合わせて最適な手法を選択できるようにすること。

(5)　参考手法を定める場合には、港湾環境影響評価項目等選定指針において、個別の港湾計画に定められる港湾開発等ごとの調査及び予測の手法の選定に当たって、それぞれの港湾計画に定められる港湾開発等ごとに参考手法を勘案しつつ港湾計画特性及び地域特性に関する情報等を踏まえ選定すべき旨、定めるものとする。

六　参考項目又は参考手法を勘案して項目又は手法を選定するに当たっての留意事項

参考項目又は参考手法を勘案しつつ、港湾計画特性及び地域特性に関する情報等を踏まえ、項目及び手法を選定するに当たっての留意事項として、以下の内容を港湾環境影響評価項目等選定指針において定めるものとする。

(1)　参考項目及び参考手法を定めるに当たって踏まえられた一般的な港湾計画に定められる港湾開発等の内容と個別の港湾計画に定められる港湾開発等の内容との相違を把握するものとすること。

(2)　環境への影響がないか又は影響の程度が極めて小さいことが明らかな場合、影響を受ける地域又は対象が相当期間存在しないことが明らかな場合、類似の事例により影響の程度が明らかな場合等においては、参考項目を選定しないこと又は参考手法よりも簡略化された形の調査若しくは予測の手法を選定することができること。

(3)　環境影響を受けやすい地域又は対象が存在する場合、環境の保全の観点から法令等により指定された地域又は対象が存在する場合、既に環境が著しく悪化し又はそのおそれが高い地域が存在する場合等においては、参考手法よりも詳細な調査又は予測の手法を選定するよう留意すべきこと。

第二　環境保全措置指針に関する基本的事項

一　一般的事項

(1)　対象港湾計画に定められる港湾開発等に係る環境保全措置は、法第四十八条第二項の規定により準用する法第十二条第一項の規定に基づき、環境保全措置指針の定めるところにより、検討されるものである。

(2)　環境保全措置は、対象港湾計画に定められる港湾開発等により選定項目に係る環境要素に及ぶおそれのある影響について、港湾管理者により実行可能な範囲内で、当該影響を回避し、又は低減すること及び当該影響に係る各種の環境の保全の観点からの基準又は目標の達成に努めることを目的として検討されるものとする。

二　環境保全措置の検討に当たっての留意事項

環境保全措置の検討に当たっての留意事項を環境保全措置指針において定めるものとする。当該留意事項には、次に掲げる事項が含まれるものとする。

(1)　環境保全措置の検討に当たっては、環境への影響を回避し、又は低減することを優先するものとし、これらの検討結果を踏まえ、必要に応じ当該港湾計画に定められる港湾開発等により損なわれる環境要素と同種の環境要素を創出すること等により損なわれる環境要素の持つ環境の保全の観点からの価値を代償するための措置（以下「代償措置」という。）の検討が行われるものとすること。

(2)　環境保全措置は、港湾管理者により実行可能な範囲内において検討されるよう整理されるものとすること。

(3)　環境保全措置の検討に当たっては、次に掲げる事項を可能な限り具体的に明らかにできるようにするものとすること。

ア　環境保全措置の効果及び必要に応じ不確実性の程度

イ　環境保全措置の実施に伴い生ずるおそれのある環境影響

ウ　環境保全措置を講ずるにもかかわらず存在する環境影響

エ　環境保全措置の内容その他の環境保全措置の実施の方法

(4)　代償措置を講じようとする場合には、環境への影響を回避し、又は低減する措置を講ずることが困難であるか否かを検討するとともに、損なわれる環境要素と代償措置により創出される環境要素に関し、それぞれの位置、損なわれ又は創出される環境要素の種類及び内容等を検討するものとし、代償措置の効果及び実施が可能と判断した根拠を可能な限り具体的に明らかにできるようにするものとすること。

(5)　環境保全措置の検討に当たっては、環境保全措置についての複数案の比較検討、実行可能なより良い技術が取り入れられているか否かの検討等を通じて、講じようとする環境保全措置の妥当性を検証し、これらの検討の経過を明らかにできるよう整理すること。この場合において、当該検討が段階的に行われている場合には、これらの検討を行った段階ごとに環境保全措置の具体的な内容を明らかにできるように整理すること。

(6)　選定項目に係る予測の不確実性が大きい場合、効果に係る知見が不十分な環境保全措置を講ずる場合、当該港湾計画の決定又は変更後において環境保全措置の内容をより詳細なものとする場合等においては環境への影響の重大性に応じ、代償措置を講ずる場合においては当該代償措置による効果の不確実性の程度及び当該代償措置に係る知見の充実の程度を踏まえ、当該港湾計画に定められる港湾開発等による環境への影響の重大性に応じ、当該港湾計画の決定又は変更後の環境の状態等を把握するための調査（以下「事後調査」という。）の必要性を検討するとともに、事後調査を行う項目の特性及び地域特性等、当該調査そのものによる環境影響、地方公共団体等の他の主体との協力の方法等に留意しつつ、事後調査の項目及び手法の内容、事後調査の結果により環境影響が著しいことが明らかとなった場合等の対応の方針、事後調査の結果を公表する旨等を明らかにできるようにすること。

なお、事後調査を行う場合においては、次に掲げる事項に留意すること。

ア　事後調査の項目及び手法については、必要に応じ専門家等の助言を受けること等により客観的かつ科学的な根拠に基づき設定されるものとすること。

イ　事後調査の終了の判断並びに事後調査の結果を踏まえた環境保全措置の実施及び終了の判断に当たっては、必要に応じ専門家等の助言を受けること等により客観的かつ科学的な検討が行われるものとすること。

第三　その他

本基本的事項並びにこれに基づき国土交通大臣が定める基準及び指針に用いられる科学的知見については、常にその妥当性についての検討を行うとともに、当該検討及び港湾環境影響評価の実施状況に係る検討を踏まえ、本基本的事項並びに基準及び指針について、必要な改定を随時行うものとする。特に、本基本的事項の内容全般については、五年程度ごとを目途に点検し、その結果を公表するものとする。

〈別表〉（平26環省告84・一部改正）

環境要素の区分			影響要因の区分／細区分（横）・細区分（縦）	存在・供用			
環境の自然的構成要素の良好な状態の保持	大気環境	大気質					
		騒音・低周波音					
		振　動					
		悪　臭					
		その他					
	水環境	水　質					
		底　質					
		地下水					
		その他					
	土壌環境・その他の環境	地形・地質					
		地　盤					
		土　壌					
		その他					
生物の多様性の確保及び自然環境の体系的保全	植物						
	動物						
	生態系						
人と自然との豊かな触れ合い	景観						
	触れ合い活動の場						
環境への負荷		廃棄物等					
		温室効果ガス等					
一般環境中の放射性物質		放射線の量					

○電気事業法（抄）

（昭和三十九年七月十一日法律第百七十号）

最近改正　平成二九年五月三一日法律第四一号

第一章　総則

（目的）

第一条　この法律は、電気事業の運営を適正かつ合理的ならしめることによつて、電気の使用者の利益を保護し、及び電気事業の健全な発達を図るとともに、電気工作物の工事、維持及び運用を規制することによつて、公共の安全を確保し、及び環境の保全を図ることを目的とする。

第三章　電気工作物

第二節　事業用電気工作物

第三款　環境影響評価に関する特例

（事業用電気工作物に係る環境影響評価）

第四十六条の二　事業用電気工作物の設置又は変更の工事であつて環境影響評価法（平成九年法律第八十一号）第二条第二項に規定する第一種事業又は同条第三項に規定する第二種事業に該当するものに係る同条第一項に規定する環境影響評価（以下「環境影響評価」という。）その他の手続については、同法及びこの款の定めるところによる。

（簡易な方法による環境影響評価）

第四十六条の三　事業用電気工作物の設置又は変更の工事であつて環境影響評価法第二条第三項に規定する第二種事業に該当するものをしようとする者は、同法第四条第一項前段の書面には、同項前段に規定する事項のほか、その工事について経済産業省令で定める簡易な方法により環境影響評価を行つた結果を、経済産業省令で定めるところにより、記載しなければならない。

（方法書の作成）

第四十六条の四　事業用電気工作物の設置又は変更の工事であつて環境影響評価法第二条第四項に規定する対象事業に該当するもの（以下「特定対象事業」という。）をしようとする者（以下「特定事業者」という。）は、同法第五条第一項の環境影響評価方法書（以下「方法書」という。）には、同項第七号の規定にかかわらず、特定対象事業に係る環境影響評価の項目並びに調査、予測及び評価の手法を記載しなければならない。

（方法書の届出）

第四十六条の五　特定事業者は、環境影響評価法第六条第一項の規定による送付をするときは、併せて方法書及びこれを要約した書類を経済産業大臣に届け出なければならない。

（方法書についての意見の概要等の届出等）

第四十六条の六　特定事業者は、環境影響評価法第九条の書類には、同条に規定する事項のほか、同法第八条第一項の意見についての事業者の見解を記載しなければならない。

２　特定事業者は、環境影響評価法第九条の規定による送付をするときは、併せて同条の書類を経済産業大臣に届け出なければならない。

（方法書についての都道府県知事等の意見）

第四十六条の七　環境影響評価法第十条第一項の都道府県知事の意見並びに同条第四項の政令で定める市の長及び同条第五項の都道府県知事の意見であつて特定対象事業に係るものについては、これらの規定にかかわらず、事業者に替えて経済産業大臣に対し、これらの規定の意見として述べるものとする。

２　都道府県知事は、環境影響評価法第十条第一項の意見であつて特定対象事業に係るものについては、同条第三項の規定によるほか、前条第一項の規定により同法第九条の書類に記載された事業者の見解に配意しなければならない。

３　環境影響評価法第十条第四項の政令で定める市の長は、同項の意見であつて特定対象事業に係るものについては、同条第六項の規定によるほか、前条第一項の規定により同法第九条の書類に記載された事業者の見解に配意しなければならない。

（方法書についての勧告）

第四十六条の八　経済産業大臣は、第四十六条の五の規定による方法書の届出があつた場合において、環境影響評価法第十条第一項の都道府県知事の意見又は同条第四項の政令で定める市の長の意見及び同条第五項の都道府県知事の意見がある場合にはその意見を勘案するとともに、第四十六条の六第二項の規定による届出に係る同法第八条第一項の意見の概要及び当該意見についての事業者の見解に配意して、その方法書を審査し、その方法書に係る特定対象事業につき、環境の保全についての適正な配慮がなされることを確保するため必要があると認めるときは、第四十六条の五の規定による届出を受理した日から経済産業省令で定める期間内に限り、特定事業者に対し、その特定対象事業に係る環境影響評価の項目並びに調査、予測及び評価の手法について必要な勧告をすることができる。

２　経済産業大臣は、前項の規定による勧告をする必要がないと認めたときは、遅滞なく、その旨を特定事業者に通知しなければならない。

３　経済産業大臣は、第一項の規定による勧告又は前項の規定による通知を行うときは、併せて特定事業者に対し、環境影響評価法第十条第一項の書面又は同条第四項の書面及び同条第五項の書面がある場合にはその書面の写しを送付しなければならない。

（環境影響評価の項目等の選定）

第四十六条の九　特定事業者は、前条第一項の規定による勧告があつたときは、環境影響評価法第十一条第一項の規定による検討において、同項の規定により同法第十条第一項、第四項又は第五項の意見を勘案するとともに同法第八条第一項の意見に配意するほか、その勧告を踏まえて、当該検討を加えなければならない。

（準備書の作成）

第四十六条の十　特定事業者は、環境影響評価法第十四条第一項の環境影響評価準備書（以下「準備書」という。）には、同項各号に掲げる事項のほか、第四十六条の八第一項の規定による勧告の内容を記載しなければならない。

（準備書の届出）

第四十六条の十一　特定事業者は、環境影響評価法第十五条の規定による送付をするときは、併せて準備書及びこれを要約した書類を経済産業大臣に届け出なければならない。

（準備書についての意見の概要等の届出）

第四十六条の十二　特定事業者は、環境影響評価法第十九条の規定による送付をするときは、併せて同条の書類を経済産業大臣に届け出なければならない。

（準備書についての関係都道府県知事等の意見）

第四十六条の十三　環境影響評価法第二十条第一項の関係都道府県知事の意見並びに同条第四項の政令で定める市の長及び同条第五項の関係都道府県知事の意見であつて特定対象事業に係るものについては、これらの規定にかかわらず、事業者に替えて経済産業大臣に対し、これらの規定の意見として述べるものとする。

（準備書についての勧告）

第四十六条の十四　経済産業大臣は、第四十六条の十一の規定による準備書の届出があつた場合において、環境影響評価法第二十条第一項の関係都道府県知事の意見又は同条第四項の政令で定める市の長の意見及び同条第五項の関係都道府県知事の意見がある場合にはその意見を勘案するとともに、第四十六条の十二の規定による届出に係る同法第十八条第一項の意見の概要及び当該意見についての事業者の見解に配意して、その準備書を審査し、その準備書に係る特定対象事業につき、環境の保全についての適正な配慮がなされることを確保するため必要があると認めるときは、第四十六条の十一の規定による届出を受理した日から経済産業省令で定める期間内に限り、特定事業者に対し、その特定対象事業に係る環境影響評価について必要な勧告をすることができる。

2　経済産業大臣は、前項の規定による審査をするときは、環境大臣の環境の保全の見地からの意見を聴かなければならない。

３　経済産業大臣は、第一項の規定による勧告をする必要がないと認めたときは、遅滞なく、その旨を特定事業者に通知しなければならない。

４　経済産業大臣は、第一項の規定による勧告又は前項の規定による通知を行うときは、併せて特定事業者に対し、環境影響評価法第二十条第一項の書面又は同条第四項の書面及び同条第五項の書面がある場合にはその書面の写しを送付しなければならない。

（評価書の作成）

第四十六条の十五　特定事業者は、前条第一項の規定による勧告があつたときは、環境影響評価法第二十一条第一項の規定による検討において、同項の規定により同法第二十条第一項、第四項又は第五項の意見を勘案するとともに同法第十八条第一項の意見に配意するほか、その勧告を踏まえて、当該検討を加えなければならない。

２　特定事業者は、環境影響評価法第二十一条第二項の環境影響評価書（以下「評価書」という。）には、同項各号に掲げる事項のほか、第四十六条の八第一項及び前条第一項の規定による勧告の内容を記載しなければならない。

（評価書の届出）

第四十六条の十六　特定事業者は、環境影響評価法第二十一条第二項の規定により評価書を作成したときは、その評価書を経済産業大臣に届け出なければならない。次条第一項の規定による命令があつた場合において、これを変更したときも、同様とする。

（変更命令）

第四十六条の十七　経済産業大臣は、前条の規定による届出があつた評価書に係る特定対象事業につき、環境の保全についての適正な配慮がなされることを確保するため特に必要があり、かつ、適切であると認めるときは、同条の規定による届出を受理した日から経済産業省令で定める期間内に限り、特定事業者に対し、相当の期限を定め、その届出に係る評価書を変更すべきことを命ずることができる。

２　経済産業大臣は、前項の規定による命令をする必要がないと認めたときは、遅滞なく、その旨を特定事業者に通知しなければならない。

（評価書の送付）

第四十六条の十八　経済産業大臣は、前条第二項の規定による通知をしたときは、その通知に係る評価書の写しを環境大臣に送付しなければならない。

２　特定事業者は、前条第二項の規定による通知を受けたときは、速やかに、環境影響評価法第十五条に規定する関係都道府県知事及び関係市町村長に対し、その通知に係る評価書、これを要約した書類及び前条第一項の規定による命令の内容を記載した書類を送付しなければならない。

（評価書の公告及び縦覧）

第四十六条の十九　特定事業者に対する環境影響評価法第二十七条の適用については、同条中「第二十五条第三項の規定による送付又は通知をした」とあるのは「電気事業法第四十六条の十七第二項の規定による通知を受けた」と、「評価書を」とあるのは「当該通知に係る評価書、これを要約した書類及び同条第一項の規定による命令の内容を記載した書類」と、「評価書等」とあるのは「評価書等」とする。

（環境の保全の配慮）

第四十六条の二十　特定事業者は、環境影響評価法第三十八条第一項の規定により、環境の保全についての適正な配慮をしてその特定対象事業を実施するとともに、第四十六条の十七第二項の規定による通知に係る評価書に記載されているところにより、環境の保全についての適正な配慮をしてその特定対象事業に係る事業用電気工作物を維持し、及び運用しなければならない。

（報告書の公表）

第四十六条の二十一　特定事業者に対する環境影響評価法第三十八条の三第一項の適用については、同項中「第二十二条第一項の規定により第二十一条第二項の評価書の送付を受けた者にこれを送付するとともに、これ」とあるのは、「これ」とする。

（環境影響評価法の適用に当たつての技術的読替え等）

第四十六条の二十二　この款に定めるもののほか、特定事業者に対する環境影響評価法の規定の適用に当たつての技術的読替えその他特定事業者に対する同法の規定の適用に関し必要な事項は、政令で定める。

（環境影響評価法の適用除外）

第四十六条の二十三　特定事業者の特定対象事業については、環境影響評価法第二十二条から第二十六条まで、第三十三条から第三十七条まで、第三十八条の三第二項、第三十八条の四及び第三十八条の五の規定は、適用しない。

第四款　工事計画及び検査

（工事計画）

第四十七条　事業用電気工作物の設置又は変更の工事であつて、公共の安全の確保上特に重要なものとして主務省令で定めるものをしようとする者は、その工事の計画について主務大臣の認可を受けなければならない。ただし、事業用電気工作物が滅失し、若しくは損壊した場合又は災害その他非常の場合において、やむを得ない一時的な工事としてするときは、この限りでない。

2　前項の認可を受けた者は、その認可を受けた工事の計画を変更しようとするときは、主務大臣の認可を受けなければならない。ただし、その変更が主務省令で定める軽微なものであるときは、この限りでない。

3　主務大臣は、前二項の認可の申請に係る工事の計画が次の各号のいずれにも適合していると認めるときは、前二項の認可をしなければならない。

一　その事業用電気工作物が第三十九条第一項の主務省令で定める技術基準に適合しないものでないこと。

二　事業用電気工作物が一般送配電事業の用に供される場合にあつては、その事業用電気工作物が電気の円滑な供給を確保するため技術上適切なものであること。

三　特定対象事業に係るものにあつては、その特定対象事業に係る第四十六条の十七第二項の規定による通知に係る評価書に従つているものであること。

四　環境影響評価法第二条第三項に規定する第二種事業（特定対象事業を除く。）に係るものにあつては、同法第四条第三項第二号（同条第四項及び同法第二十九条第二項において準用する場合を含む。）の措置がとられたものであること。

4　事業用電気工作物を設置する者は、第一項ただし書の場合は、工事の開始の後、遅滞なく、その旨を主務大臣に届け出なければならない。

5　第一項の認可を受けた者は、第二項ただし書の場合は、その工事の計画を変更した後、遅滞なく、その変更した工事の計画を主務大臣に届け出なければならない。ただし、主務省令で定める場合は、この限りでない。

第四十八条　事業用電気工作物の設置又は変更の工事（前条第一項の主務省令で定めるものを除く。）であつて、主務省令で定めるものをしようとする者は、その工事の計画を主務大臣に届け出なければならない。その工事の計画の変更（主務省令で定める軽微なものを除く。）をしようとするときも、同様とする。

2　前項の規定による届出をした者は、その届出が受理された日から三十日を経過した後でなければ、その届出に係る工事を開始してはならない。

3　主務大臣は、第一項の規定による届出のあつた工事の計画が次の各号のいずれにも適合していると認めるときは、前項に規定する期間を短縮することができる。

一　前条第三項各号に掲げる要件

二　水力を原動力とする発電用の事業用電気工作物に係るものにあつては、その事業用電気工作物が発電水力の有効な利用を確保するため技術上適切なものであること。

4　主務大臣は、第一項の規定による届出のあつた工事の計画が前項各号のいずれかに適合していないと認めるときは、その届出をした者に対し、その届出を受理した日から三十日（次項の規定により第二項に規定する期間が延長された場合にあつては、当該延長後の期間）以内に限り、その工事の計画を変更し、又は廃止すべきことを命ずることができる。

5　主務大臣は、第一項の規定による届出のあつた工事の計画が第三項各号に適合するかどうかについて審査するため相当の期間を要し、当該審査が第二項に規定する期間内に終了しないと認める相当の理由があるときは、当該期間を相当と認める期間に延長することができる。この場合において、主務大臣は、当該届出をした者に対し、遅滞なく、当該延長後の期間及び当該延長の理由を通知しなければならない。

附　則　（平成九年六月一八日法律第八八号）

（施行期日）

第一条　この法律は、環境影響評価法の施行の日から施行する。

（施行の日＝平成一一年六月一二日）

（経過措置）

第二条　環境影響評価法附則第三条第一項又は第三項の規定により、同法第二章から第七章までの規定の適用を受けないこととされた第一種事業又は第二種事業に係る事業用電気工作物については、この法律による改正後の電気事業法（以下「新法」という。）第三章第二節第二款の二の規定は、適用しない。

2　この法律による改正前の電気事業法（以下「旧法」という。）第四十七条第一項の規定による認可であってこの法律の施行前にされたものに係る工事の計画の変更の認可であって、環境影響評価法附則第三条第一項又は第三項の規定により、同法第二章から第七章までの規定の適用を受けないこととされた第一種事業又は第二種事業に該当する工事の計画の変更に係るものについての新法第四十七条第三項の規定の適用については、同項中「次の各号」とあるのは、「次の各号（第三号及び第四号を除く。）」とする。

3　旧法第四十八条第一項の規定による届出であってこの法律の施行前にされたもの及び当該届出に係る工事の計画の変更の届出であって環境影響評価法附則第三条第一項又は第三項の規定により同法第二章から第七章までの規定の適用を受けないこととされた第一種事業又は第二種事業に該当する工事の計画の変更に係るものについての新法第四十八条第三項及び第四項の規定の適用については、同条第三項第一号中「前条第三項各号」とあるのは「前条第三項各号（第三号及び第四号を除く。）」と、同条第四項中「前項各号」とあるのは「前条第三項第一号若しくは第二号又は前項第二号」とする。

（政令への委任）

第三条　前条に定めるもののほか、この法律の施行に関して必要な経過措置は、政令で定める。

（検討）

第四条　政府は、この法律の施行後十年を経過した場合において、この法律の施行の状況について検討を加え、その結果に基づいて必要な措置を講ずるものとする。

附　則　（平成二三年四月二七日法律第二七号）　抄

（施行期日）

第一条　この法律は、公布の日から起算して二年を超えない範囲内において政令で定める日から施行する。ただし、次の各号に掲げる規定は、当該各号に定める日から施行する。

（平成二三年政令第三一五号で平成二五年四月一日から施行）

一　略

二　第一条の規定、第二条中環境影響評価法第二章中第四条の前に一節及び節名を加える改正規定（同法第三条の八に係る部分に限る。）及び同法第六章中第三十八条の次に四条を加える改正規定（同法第三十八条の二第三項に係る部分に限る。）並びに次条から附則第四条までの規定及び附則第十一条の規定（電気事業法（昭和三十九年法律第百七十号）の目次の改正規定、同法第四十六条の四及び第四十六条の二十二の改正規定並びに同法第三章第二節第二款の二中同条を第四十六条の二十三とし、第四十六条の二十一を第四十六条の二十二とし、第四十六条の二十の次に一条を加える改正規定を除く。）　公布の日から起算して一年を超えない範囲内において政令で定める日

（平成二三年政令第三一五号で平成二四年四月一日から施行）

○電気事業法施行令（抄）

（昭和四十年六月十五日　政令第二百六号）

最近改正　平成二九年一一月一〇日政令第二七五号

（環境影響評価法の適用に当たつての技術的読替え）

第二十条　法第四十六条の二十二の規定による特定事業者に対する環境影響評価法（平成九年法律第八十一号）の規定の適用に当たつての技術的読替えは、次の表のとおりとする。

読み替える環境影響評価法の規定	読み替えられる字句	読み替える字句
第四条第一項第一号	者	者（当該者が産業保安監督部長であるときは、経済産業大臣）
第二十一条第一項第一号	第二十七条	第二十七条まで及び電気事業法第四十六条の四から第四十六条の十八
第二十一条第一項第二号	又は	若しくは
	事項	事項又は電気事業法第四十六条の八第一項の規定による勧告の内容
	第二十七条	第二十七条まで並びに電気事業法第四十六条の十五第二項及び第四十六条の十六から第四十六条の十八
第二十八条	前条まで	前条まで及び電気事業法第四十六条の四から第四十六条の十八まで
第三十条第一項	送付	送付又は届出
第三十二条第一項、第五十五条第一項及び附則第四条第一項	第十一条から第二十七条まで	第十一条から第二十七条まで及び電気事業法第四十六条の四から第四十六条の十八まで又は同法第四十六条の十から第四十六条の十八まで
第五十三条第一項第十号及び附則第二条第一項第八号	第二十六条第二項の	電気事業法第四十六条の十七第二項の規定による通知に係る
第五十四条第一項及び第三項	前章まで	前章まで及び電気事業法第三章第二節第三款

（環境影響評価法施行令の適用に当たつての技術的読替え）

第二十一条　特定事業者に対する環境影響評価法施行令（平成九年政令第三百四十六号）第十条第二項（同令第十二条第二項において準用する場合を含む。）の規定の適用については、同令第十条第二項中「事業者」とあるのは、「経済産業大臣」とする。

附　則（平成一〇年六月一〇日政令第二〇四号）

（施行期日）

1　この政令は、環境影響評価法の施行の日（平成十一年六月十二日）から施行する。ただし、次項の規定は、同法附則第一条第二号に掲げる規定の施行の日（平成十年六月十二日）から施行する。

（経過措置）

2　環境影響評価法の施行後に電気事業法の一部を改正する法律（平成九年法律第八十八号）による改正後の電気事業法第四十六条の四に規定する特定事業者となるべき者についての環境影響評価法附則第五条第一項及び第四項の規定の適用については、これらの規定中「第十二条」とあるのは、「第十二条まで及び電気事業法の一部を改正する法律（平成九年法律第八十八号）による改正後の電気事業法第四十六条の四から第四十六条の九」とする。

附　則（平成一〇年八月一二日政令第二七三号）

この政令は、環境影響評価法の施行の日（平成十一年六月十二日）から施行する。

附　則（平成二三年一〇月一四日政令第三一六号）　抄

（施行期日）

第一条　この政令は、環境影響評価法の一部を改正する法律（平成二十三年法律第二十七号）附則第一条第二号に掲げる規定の施行の日（平成二十四年四月一日）から施行する。

附　則（平成二四年一〇月二四日政令第二六五号）　抄

（施行期日）

1　この政令は、環境影響評価法の一部を改正する法律（平成二十三年法律第二十七号）の施行の日（平成二十五年四月一日）から施行する。

○電気事業法施行規則（抄）

（平成七年十月十八日）
（通商産業省令第七十七号）

最近改正　令和元年七月一日経済産業省令第一七号

第三章　電気工作物

第二節　事業用電気工作物

第二款の二　環境影響評価に関する特例

（簡易な方法による環境影響評価）

第六十一条の二　法第四十六条の三の経済産業省令で定める簡易な方法は、次のとおりとする。

一　環境影響評価の項目については、別表第一の二の上欄に掲げる項目とすること。

二　環境影響評価法（平成九年法律第八十一号）第二条第三項に規定する第二種事業を行おうとする者に係る調査及び予測については、既存の文献又は資料の収集等により、別表第一の二の下欄に掲げる内容を行うものとすること。

三　環境影響評価法第二条第三項に規定する第二種事業を行おうとする者に係る簡易な方法による環境影響評価については、発電所の設置又は変更の工事の事業に係る計画段階配慮事項の選定並びに当該計画段階配慮事項に係る調査、予測及び評価の手法に関する指針、環境影響評価の項目並びに当該項目に係る調査、予測及び評価を合理的に行うための手法を選定するための指針並びに環境の保全のための措置に関する指針等を定める省令（平成十年通商産業省令第五十四号）第十六条各号に掲げる要件に該当するかどうかに関し、当該第二種事業を行おうとする者の見解を明らかにすることにより行うものとすること。

２　法第四十六条の三の書面には、前項第二号及び第三号により行われた調査、予測及び評価の結果を記載するものとすること。

（方法書の届出）

第六十一条の三　法第四十六条の五の規定による届出をしようとする者は、様式第四十六の二の環境影響評価方法書届出書に方法書を添えて提出しなければならない。

（方法書についての意見の概要等の届出）

第六十一条の四　法第四十六条の六第二項の規定による届出をしようとする者は、様式第四十六の三の環境影響評価方法書についての意見の概要等届出書に環境影響評価法第九条に規定する書類を添えて提出しなければならない。

（方法書についての勧告期間）

第六十一条の五　法第四十六条の八第一項の経済産業省令で定める期間は百八十日とする。ただし、法第四十六条の七第一項の規定による都道府県知事の意見がその期間内に提出されないときその他その期間内に勧告をすることができない合理的な理由があるときは、その期間を延長することができる。

２　経済産業大臣が前項の規定により同項の期間を延長する場合には、法第四十六条の五の規定による方法書の届出をした者に対し、同項の期間内に延長する期間及び期間を延長する理由を通知しなければならない。

（準備書の届出）

第六十一条の六　法第四十六条の十一の規定による届出をしようとする者は、様式第四十六の四の環境影響評価準備書届出書に準備書及びこれを要約した書類を添えて提出しなければならない。

（準備書についての意見の概要等の届出）

第六十一条の七　法第四十六条の十二の規定による届出をしようとする者は、様式第四十六の五の環境影響評価準備書についての意見の概要等届出書に環境影響評価法第十九条に規定する書類を添えて提出しなければならない。

（準備書についての勧告期間）

第六十一条の八　法第四十六条の十四第一項の経済産業省令で定める期間は二百七十日とする。ただし、法第四十六条の十三の規定による都道府県知事の意見がその期間内に提出されないときその他その期間内に勧告をすることができない合理的な理由があるときは、その期間を延長することができる。

２　経済産業大臣が前項の規定により同項の期間を延長する場合には、法第四十六条の十一の規定による準備書の届出をした者に対し、同項の期間内に延長する期間及び期間を延長する理由を通知しなければならない。

（評価書の届出）

第六十一条の九　法第四十六条の十六の規定による届出をしようとする者は、様式第四十六の六の環境影響評価書届出書に評価書を添えて提出しなければならない。

（評価書の変更命令期間）

第六十一条の十　法第四十六条の十七の経済産業省令で定める期間は三十日とする。

附　則（平成一〇年六月一二日通商産業省第五五号）

（施行期日）

この省令は、環境影響評価法の施行の日（平成十一年六月十二日）から施行する。ただし、第六十一条の二から第六十一条の五までの規定は、環境影響評価法附則第一条第二号に掲げる規定の施行の日（平成十年六月十二日）から施行する。

附　則（平成二四年一〇月一日経済産業省令第七五号）

この省令は、環境影響評価法施行令の一部を改正する政令の施行の日（平成二十四年十月一日）から施行する。

附　則（平成二五年三月二一日経済産業省令第八号）

この省令は、環境影響評価法の一部を改正する法律の施行の日（平成二十五年四月一日）から施行する。

別表第一の二（第六十一条の二関係）

項目	調査及び予測の内容
一　水力発電所 (一)　騒音に関する項目	1　調査項目 (1)　騒音の諸元 イ　建設機械の稼働の状況 ロ　工事用資材等の搬出入に使用する自動車の稼働の状況 (2)　騒音の状況 国又は地方公共団体の測定している騒音の測定点（以下「騒音の測定点」という。）の測定値及び位置 (3)　地形 騒音の伝搬に影響を及ぼす地形及び大規模な建築物の状況 (4)　地域の基準 環境基本法（平成五年法律第九十一号）第十六条第一項の規定による騒音に係る環境上の条件についての基準（以下「騒音に係る環境基準」という。） (5)　保全対象 イ　学校教育法（昭和二十二年法律第二十六号）第一条に規定する学校、児童福祉法（昭和二十二年法律第百六十四号）第七条に規定する保育所、医療法（昭和二十三年法律第二百五号）第一条の五第一項に規定する病院又は同条第二項に規定する診療所のうち患者の収容施設を有するもの（以下「学校等」と総称する。） ロ　都市計画法（昭和四十三年法律第百号）第九条第一項から第七項までに定める地域 ハ　幹線道路の沿道の整備に関する法律（昭和五十五年法律第三十四号）第五条第一項の規定により指定された沿道整備道路 ニ　騒音の測定点において騒音に係る環境基準が確保されていない地点 ホ　騒音規制法第十七条第一項の規定に基づく指定地域内における自動車騒音の限度を定める命令（昭和四十六年総理府令・厚生省令第三号）に規定する限度を超えている地域 2　調査地域 (1)　発電所の設置又は変更の工事

	（以下「工事」という。）を行う場所の周囲一キロメートルの範囲内の区域 (2)　保全対象のハからホまでについては、工事を行う場所の周囲十キロメートルの範囲内において工事用資材等の搬出入に使用する自動車が通過する道路に面する区域 ３　予測 (1)　工事による影響については、調査により確認された保全対象のイ、ロ又はニが存在する地域における騒音が最大となるときの騒音の影響の程度を定量的に予測する。 (2)　工事用資材等の搬出入に使用する自動車による影響については、調査により確認された保全対象のハからホまでが存在する地域における工事用資材等の搬出入に使用する自動車の台数がそれぞれ最大となる日の道路交通騒音の影響の程度を定量的に予測する。
(二)　振動に関する項目	１　調査項目 (1)　振動の諸元 工事用資材等の搬出入に使用

	する自動車の稼働の状況 (2)　保全対象 振動規制法施行規則（昭和五十一年総理府令第五十八号）第十二条に規定する限度を超えている地域 ２　調査地域 工事を行う場所の周囲十キロメートルの範囲内において工事用資材等の搬出入に使用する自動車が通過する道路に面する区域 ３　予測 調査により確認された保全対象が存在する地域において工事用資材等の搬出入に使用する自動車の台数が最大となる日の道路交通振動の影響の程度を定量的に予測する。
(三)　水質に関する項目	１　調査項目 (1)　排水の諸元 排水の生物化学的酸素要求量又は化学的酸素要求量、窒素含有量及び燐《りん》含有量並びに排出量 (2)　水質の状況 水道原水水質保全事業の実施の促進に関する法律（平成六年法律第八号）第二条第三項に規定する取水地点（以下「水道原

水取水地点」という。）並びに国又は地方公共団体が測定している水質の測定点（以下「水質の測定点」という。）の生物化学的酸素要求量又は化学的酸素要求量、全窒素、全燐《りん》並びに位置

(3) 地域の基準

環境基本法第十六条第一項の規定による水質汚濁（生物化学的酸素要求量、化学的酸素要求量、全窒素又は全燐《りん》に関するものに限る。）に係る環境上の条件についての基準（以下「水質汚濁に係る環境基準」という。）

(4) 保全対象

イ　排水基準を定める省令（昭和四十六年総理府令第三十五号）別表第二備考6及び7に規定する湖沼

ロ　水道原水取水地点

ハ　水質汚濁防止法（昭和四十五年法律第百三十八号）第四条の二第一項に規定する指定水域又は指定地域

ニ　湖沼水質保全特別措置法（昭和五十九年法律第六十一号）第三条第一項に規定する指定湖沼又は同条第二項に規定する指定地域

ホ　水質の測定点において生物化学的酸素要求量、化学的酸素要求量、全窒素又は全燐《りん》の水質汚濁に係る環境基準が確保されていない地点

2　調査地域

排水の排出により水質の状態が変化するおそれのある水域及び減水区間

3　予測

(1) 調査により確認された保全対象（保全対象のロを除く。）における排水の排出による生物化学的酸素要求量又は化学的酸素要求量、全窒素及び全燐《りん》の影響の程度を排水口直近の水質の測定点において定量的に予測する。

(2) 排水の排出によって、調査により確認された保全対象のロに影響が及ぶかどうかを定量的に予測する。

(3) 調査により確認された保全対象のロが存在する水域が減水区間となる場合にあっては、当該

	保全対象（ただし、当該保全対象での測定が困難な場合、当該保全対象の直近の水質の測定点。）において影響の程度を定量的に予測する。
(四)　植物に関する項目	1　調査項目 国又は地方公共団体の調査により確認された自然林及び野生植物の重要な生育の場の状況 2　調査地域 環境影響評価法第四条第一項に規定する第二種事業が実施されるべき区域（以下「事業実施区域」という。）及びその周辺区域並びに排水の排出により水質の状態が変化するおそれのある水域及び減水区間 3　予測 (1)　国又は地方公共団体の調査により確認された野生植物の重要な生育の場に影響が及ぶかどうかを予測する。 (2)　事業実施区域の周囲一キロメートルの範囲内に国又は地方公共団体の調査により確認された自然林又は野生植物の重要な生育の場が存在するかどうかを予測する。

(五)　動物に関する項目	1　調査項目 国又は地方公共団体の調査により確認された野生動物の重要な生息の場の状況 2　調査地域 事業実施区域及びその周辺区域並びに排水の排出により水質の状態が変化するおそれのある水域及び減水区間 3　予測 (1)　国又は地方公共団体の調査により確認された野生動物の重要な生息の場に影響が及ぶかどうかを予測する。 (2)　事業実施区域の周囲一キロメートルの範囲内に国又は地方公共団体の調査により確認された野生動物の重要な生息の場が存在するかどうかを予測する。
(六)　自然保護に関する項目	1　調査項目 (1)　環境の保全を目的として指定された地域その他の対象の状況 (2)　国又は地方公共団体の調査により確認された人為的な改変を受けていない自然湖岸又は河川の水際線が人工改変を受けていない河岸の状況 2　調査地域

	事業実施区域の周囲一キロメートルの範囲内の区域 3　予測 (1)　調査により確認された環境の保全を目的として指定された地域その他の対象への影響の程度を予測する。 (2)　事業実施区域の周囲一キロメートルの範囲内に国又は地方公共団体の調査により確認された人為的な改変を受けていない自然湖岸又は河川の水際線が人工改変を受けていない河岸が存在するかどうかを予測する。
二　火力発電所（地熱を利用するものを除く。） (一)　大気質に関する項目	1　調査項目 (1)　排ガスの諸元 イ　硫黄酸化物、窒素酸化物及びばいじんの濃度及び排出量 ロ　煙突の出口のガスの排出量、速度及び温度、地表上の高さ並びに個数 (2)　大気質の状況 国又は地方公共団体の測定している大気の測定点（以下「大気の測定点」という。）の二酸化硫黄、二酸化窒素及び浮遊粒子状物質の地上濃度並びに位置 (3)　気象 地上の風向及び風速 (4)　地形 大気の拡散に影響を及ぼす地形及び大規模な建築物の状況 (5)　地域の基準 環境基本法第十六条第一項の規定による大気の汚染（二酸化硫黄、二酸化窒素及び浮遊粒子状物質に関するものに限る。）に係る環境上の条件についての基準（以下「大気の汚染に係る環境基準」という。） (6)　保全対象 イ　学校等 ロ　都市計画法第九条第一項から第七項までに定める地域 ハ　大気汚染防止法（昭和四十三年法律第九十七号）第五条の二第一項に規定する指定地域 ニ　自動車から排出される窒素酸化物及び粒子状物質の特定地域における総量の削減等に

関する特別措置法（平成四年法律第七十号）第六条第一項に規定する窒素酸化物対策地域又は同法第八条第一項に規定する粒子状物質対策地域

ホ　大気の測定点における二酸化硫黄、二酸化窒素又は浮遊粒子状物質の大気の汚染に係る環境基準が確保されていない地点

2　調査地域

発電所を設置する区域の周囲二十キロメートルの範囲内の区域

3　予測

調査により確認された保全対象が存在する地域における二酸化硫黄、二酸化窒素及び浮遊粒子状物質の大気の測定点への影響を定量的に予測する。

㈡　騒音に関する項目

1　調査項目

(1)　騒音の諸元

イ　建設機械及び発電所の施設の稼働の状況

ロ　工事用資材等の搬出入に使用する自動車の稼働の状況

(2)　地形

騒音の伝搬に影響を及ぼす地形及び大規模な建築物の状況

(3)　保全対象

イ　学校等

ロ　都市計画法第九条第一項から第七項までに定める地域

ハ　幹線道路の沿道の整備に関する法律第五条第一項の規定により指定された沿道整備道路

ニ　騒音の測定点において騒音に係る環境基準が確保されていない地点

ホ　騒音規制法第十七条第一項の規定に基づく指定地域内における自動車騒音の限度を定める命令に規定する限度を超えている地域

2　調査地域

(1)　事業実施区域の周囲一キロメートルの範囲内の区域

(2)　保全対象のハからホまでについては、事業実施区域の周囲十キロメートルの範囲内において工事用資材等の搬出入に使用する自動車が通過する道路に面する区域

3　予測

(1)　工事及び発電所の施設の稼働による影響については、調査に

	より確認された保全対象のイ、ロ又はニが存在する地域における騒音が最大となる日の騒音の影響の程度を定量的に予測する。 (2)　工事用資材等の搬出入に使用する自動車による影響については、調査により確認された保全対象のハからホまでが存在する地域における工事用資材等の搬出入に使用する自動車の台数がそれぞれ最大となる日の道路交通騒音の影響の程度を定量的に予測する。		
(三)　振動に関する項目	1　調査項目 (1)　振動の諸元 工事用資材等の搬出入に使用する自動車の稼働の状況 (2)　保全対象 振動規制法施行規則第十二条に規定する限度を超えている地域 2　調査地域 事業実施区域の周囲十キロメートルの範囲内において工事用資材等の搬出入に使用する自動車が通過する道路に面する区域 3　予測 調査により確認された保全対象が存在する地域における工事用資材等の搬出入に使用する自動車の台数が最大となる日の道路交通振動の影響の程度を定量的に予測する。		
(四)　水質に関する項目	1　調査項目 (1)　排水の諸元 イ　排水の生物化学的酸素要求量又は化学的酸素要求量、窒素含有量、燐《りん》含有量並びに排出量 ロ　温排水の排出量及び排水の温度 (2)　水質の状況 水道原水取水地点及び水質の測定点の生物化学的酸素要求量又は化学的酸素要求量、全窒素、全燐《りん》、水温並びに位置 (3)　地域の基準 水質汚濁に係る環境基準 (4)　保全対象 イ　排水基準を定める省令別表第二備考6及び7に規定する湖沼及び海域 ロ　水道原水取水地点 ハ　水質汚濁防止法第四条の二第一項に規定する指定水域又		

	は指定地域 ニ　湖沼水質保全特別措置法第三条第一項に規定する指定湖沼又は同条第二項に規定する指定地域 ホ　瀬戸内海環境保全特別措置法（昭和四十八年法律第百十号）第二条第一項に規定する瀬戸内海又は同条第二項の関係府県の区域（瀬戸内海環境保全特別措置法施行令（昭和四十八年政令第三百二十七号）第三条の区域を除く。） ヘ　水質の測定点において生物化学的酸素要求量、化学的酸素要求量、全窒素又は全燐《りん》に係る環境基準が確保されていない地点 2　調査地域 排水の排出により水質の状態が変化するおそれのある水域 3　予測 (1)　調査により確認された保全対象（保全対象のロを除く。）に対する排水の排出による生物化学的酸素要求量又は化学的酸素要求量、全窒素及び全燐《りん》の影響の程度を排水口直近の水質の測定点において定量的に予測する。 (2)　排水の排出によって、調査により確認された保全対象のロに影響が及ぶかどうかを定量的に予測する。
(五)　植物に関する項目	1　調査項目 国又は地方公共団体の調査により確認された自然林、藻場及び野生植物の重要な生育の場の状況 2　調査地域 事業実施区域の周辺区域及び排水の排出により水質の状態が変化するおそれのある水域及び排水の排出により水温の状態が一定程度以上変化するおそれのある水域 3　予測 (1)　国又は地方公共団体の調査により確認された藻場又は野生植物の重要な生育の場に影響が及ぶかどうかを予測する。 (2)　事業実施区域の周囲一キロメートルの範囲内に国又は地方公共団体の調査により確認された自然林、藻場又は野生植物の重要な生育の場が存在するかどうかを予測する。
(六)　動物に関する項目	1　調査項目

る項目	国又は地方公共団体の調査により確認されたさんご群集及び野生動物の重要な生息の場の状況 2　調査地域 事業実施区域及びその周辺区域並びに排水の排出により水質の状態が変化するおそれのある水域及び排水の排出により水温の状態が一定程度以上変化するおそれのある水域 3　予測 (1)　国又は地方公共団体の調査により確認されたさんご群集又は野生動物の重要な生息の場に影響が及ぶかどうかを予測する。 (2)　事業実施区域の周囲一キロメートルの範囲内に国又は地方公共団体の調査により確認されたさんご群集又は野生動物の重要な生息の場が存在するかどうかを予測する。
(七)　自然保護に関する項目	1　調査項目 (1)　環境の保全を目的として指定された地域その他の対象の状況 (2)　国又は地方公共団体の調査により確認された干潟、汽水湖、人為的な改変を受けていない自然海岸、自然湖岸及び河川の水

三　火力発電所（地熱を利用するものに限る。）		
		際線が人工改変を受けていない河岸の状況 2　調査地域 事業実施区域の周囲一キロメートルの範囲内の区域並びに排水の排出により水温の状態が一定程度以上変化するおそれのある水域 3　予測 (1)　調査により確認された環境の保全を目的として指定された地域その他の対象への影響の程度を予測する。 (2)　事業実施区域の周囲一キロメートルの範囲内に国又は地方公共団体の調査により確認された干潟、汽水湖、人為的な改変を受けていない自然海岸、自然湖岸又は河川の水際線が人工改変を受けていない河岸が存在するかどうかを予測する。 (3)　調査により確認された干潟に影響が及ぶかどうかを予測する。

(一)　大気質に関する項目	1　調査項目 (1)　排ガスの諸元 イ　硫化水素の濃度及び排出量 ロ　排出口のガスの排出量、速度及び温度、地表上の高さ並びに個数 ハ　冷却塔の運転の状況 (2)　気象 地上の風向及び風速 (3)　地形 大気の拡散に影響を及ぼす地形及び大規模な建築物の状況 2　調査地域 排出ガス中の硫化水素が影響を及ぼすおそれがある範囲内の区域 3　予測 2の区域における硫化水素の濃度を定量的に予測する。		
(二)　騒音に関する項目	1　調査項目 (1)　騒音の諸元 イ　建設機械及び発電所の施設の稼働の状況 ロ　工事用資材等の搬出入に使用する自動車の稼働の状況 (2)　地形 騒音の伝搬に影響を及ぼす地形及び大規模な建築物の状況 (3)　保全対象 イ　学校等 ロ　都市計画法第九条第一項から第七項までに定める地域 ハ　幹線道路の沿道の整備に関する法律第五条第一項の規定により指定された沿道整備道路 ニ　騒音の測定点において騒音に係る環境基準が確保されていない地点 ホ　騒音規制法第十七条第一項の規定に基づく指定地域内における自動車騒音の限度を定める命令に規定する限度を超えている地域 2　調査地域 (1)　事業実施区域の周囲一キロメートルの範囲内の区域 (2)　保全対象のハからホまでについては、事業実施区域の周囲十キロメートルの範囲内において工事用資材等の搬出入に使用する自動車が通過する道路に面する区域 3　予測 (1)　工事及び発電所の施設の稼働による影響については、調査により確認された保全対象のイ、		

ロ又は二が存在する地域における騒音が最大となる日の騒音の影響の程度を定量的に予測する。

(2)　工事用資材等の搬出入に使用する自動車による影響については、調査により確認された保全対象のハからホまでが存在する地域における工事用資材等の搬出入に使用する自動車の台数がそれぞれ最大となる日の自動車騒音の影響の程度を定量的に予測する。

㈢　振動に関する項目

1　調査項目

(1)　振動の諸元

工事用資材等の搬出入に使用する自動車の稼働の状況

(2)　保全対象

振動規制法施行規則第十二条に規定する限度を超えている地域

2　調査地域

事業実施区域の周囲十キロメートルの範囲内において工事用資材等の搬出入に使用する自動車が通過する道路に面する区域

3　予測

調査により確認された保全対象が存在する地域における工事用資材等の搬出入に使用する自動車の台数が最大となる日の道路交通振動の影響の程度を定量的に予測する。

㈣　水質に関する項目

1　調査項目

(1)　排水の諸元

イ　排水の生物化学的酸素要求量又は化学的酸素要求量、窒素含有量、燐《りん》含有量並びに排出量

ロ　温排水の排出量及び排水の温度

(2)　水質の状況

水道原水取水地点及び水質の測定点の生物化学的酸素要求量又は化学的酸素要求量、全窒素、全燐《りん》、水温並びに位置

(3)　地域の基準

水質に係る環境基準

(4)　保全対象

イ　排水基準を定める省令別表第二備考6及び7に規定する湖沼

ロ　水道原水取水地点

ハ　水質汚濁防止法第四条の二第一項に規定する指定地域

ニ　湖沼水質保全特別措置法第

	三条第一項に規定する指定湖沼又は同条第二項に規定する指定地域 ホ　水質の測定点において生物化学的酸素要求量、化学的酸素要求量、全窒素又は全燐《りん》の水質汚濁に係る環境基準が確保されていない地点 ２　調査地域 排水の排出により水質の状態が変化するおそれのある水域 ３　予測 (1)　調査により確認された保全対象（保全対象のロを除く。）に対する排水の排出による生物化学的酸素要求量又は化学的酸素要求量、全窒素及び全燐《りん》の影響の程度を排水口直近の水質の測定点において定量的に予測する。 (2)　排水の排出によって、調査により確認された保全対象のロに影響が及ぶかどうかを定量的に予測する。
(五)　植物に関する項目	１　調査項目 国又は地方公共団体の調査により確認された自然林及び野生植物の重要な生育の場の状況 ２　調査地域 事業実施区域及びその周辺区域並びに硫化水素の排出により影響を及ぼすおそれのある範囲内の区域、排水の排出により水質の状態が変化するおそれのある水域及び排水の排出により水温の状態が一定程度以上変化するおそれのある水域 ３　予測 (1)　国又は地方公共団体の調査により確認された野生植物の重要な生育の場に影響が及ぶかどうかを予測する。 (2)　事業実施区域の周囲一キロメートルの範囲内において国又は地方公共団体の調査により確認された自然林又は野生植物の重要な生育の場が存在するかどうかを予測する。
(六)　動物に関する項目	１　調査項目 国又は地方公共団体の調査により確認された野生動物の重要な生息の場の状況 ２　調査地域 事業実施区域及びその周辺区域並びに排水の排出により水質の状態が変化するおそれのある水域及

び排水の排出により水温の状態が一定程度以上変化するおそれのある水域

3　予測

(1)　国又は地方公共団体の調査により確認された野生動物の重要な生息の場に影響が及ぶかどうかを予測する。

(2)　事業実施区域の周囲一キロメートルの範囲内において国又は地方公共団体の調査により確認された野生動物の重要な生息の場が存在するかどうかを予測する。

(七)　自然保護に関する項目

1　調査項目

(1)　環境の保全を目的として指定された地域その他の対象の状況

(2)　国又は地方公共団体の調査により確認された人為的な改変を受けていない自然湖岸及び河川の水際線が人工改変を受けていない河岸の状況

2　調査地域

事業実施区域の周囲一キロメートルの範囲内の区域

3　予測

(1)　調査により確認された環境の保全を目的として指定された地域その他の対象への影響の程度を予測する。

(2)　事業実施区域の周囲一キロメートルの範囲内に国又は地方公共団体の調査により確認された人為的な改変を受けていない自然湖岸又は河川の水際線が人工改変を受けていない河岸が存在するかどうかを予測する。

四　風力発電所

(一)　騒音に関する項目

1　調査項目

(1)　騒音の諸元

イ　建設機械及び発電所の施設の稼働の状況

ロ　工事用資材等の搬出入に使用する自動車の稼働の状況

(2)　地形

騒音の伝搬に影響を及ぼす地形及び大規模な建築物の状況

(3)　保全対象

イ　学校等

ロ　都市計画法第九条第一項から第七項までに定める地域

ハ　幹線道路の沿道の整備に関する法律第五条第一項の規定により指定された沿道整備道路

	ニ　騒音の測定点において騒音に係る環境基準が確保されていない地点 ホ　騒音規制法第十七条第一項の規定に基づく指定地域内における自動車騒音の限度を定める命令に規定する限度を超えている地域 ２　調査地域 (1)　事業実施区域の周囲一キロメートルの範囲内の区域 (2)　保全対象のハからホまでについては、事業実施区域の周囲十キロメートルの範囲内において工事用資材等の搬出入に使用する自動車が通過する道路に面する区域 ３　予測 (1)　工事及び発電所の施設の稼働による影響については、調査により確認された保全対象のイ、ロ又はニが存在する地域における騒音がそれぞれ最大となる日の騒音の影響の程度を定量的に予測する。 (2)　工事用資材等の搬出入に使用する自動車による影響については、調査により確認された保全対象のハからホまでが存在する地域における工事用資材等の搬出入に使用する自動車の台数がそれぞれ最大となる日の道路交通騒音の影響の程度を定量的に予測する。
(二)　振動に関する項目	１　調査項目 (1)　振動の諸元 工事用資材等の搬出入に使用する自動車の稼働の状況 (2)　保全対象 振動規制法施行規則第十二条に規定する限度を超えている地域 ２　調査地域 工事を行う場所の周囲十キロメートルの範囲内において工事用資材等の搬出入に使用する自動車が通過する道路に面する区域 ３　予測 調査により確認された保全対象が存在する地域において工事用資材等の搬出入に使用する自動車の台数が最大となる日の道路交通振動の影響の程度を定量的に予測する。
(三)　水質に関する項目	１　調査項目 (1)　排水の諸元

排水の生物化学的酸素要求量又は化学的酸素要求量、窒素含有量、燐《りん》含有量並びに排出量

(2)　水質の状況

水道原水取水地点及び水質の測定点の生物化学的酸素要求量又は化学的酸素要求量、全窒素、全燐《りん》、水温並びに位置

(3)　地域の基準

水質汚濁に係る環境基準

(4)　保全対象

イ　排水基準を定める省令別表第二備考6及び7に規定する湖沼及び海域

ロ　水道原水取水地点

ハ　水質汚濁防止法第四条の二第一項に規定する指定水域又は指定地域

ニ　湖沼水質保全特別措置法第三条第一項に規定する指定湖沼又は同条第二項に規定する指定地域

ホ　瀬戸内海環境保全特別措置法第二条第一項に規定する瀬戸内海又は同条第二項の関係府県の区域（瀬戸内海環境保全特別措置法施行令第三条の区域を除く。）

ヘ　水質の測定点において生物化学的酸素要求量、化学的酸素要求量、全窒素又は全燐《りん》に係る環境基準が確保されていない地点

2　調査地域

排水の排出により水質の状態が変化するおそれのある水域

3　予測

(1)　調査により確認された保全対象（保全対象のロを除く。）に対する排水の排出による生物化学的酸素要求量又は化学的酸素要求量、全窒素及び全燐《りん》の影響の程度を排水口直近の水質の測定点において定量的に予測する。

(2)　排水の排出によって、調査により確認された保全対象のロに影響が及ぶかどうかを定量的に予測する。

(四)　植物に関する項目

1　調査項目

国又は地方公共団体の調査により確認された自然林、藻場及び野生植物の重要な生育の場の状況

2　調査地域

事業実施区域の周辺区域及び排水の排出により水質の状態が変化

	するおそれのある水域 ３　予測 (1)　国又は地方公共団体の調査により確認された藻場又は野生植物の重要な生育の場に影響が及ぶかどうかを予測する。 (2)　事業実施区域の周囲一キロメートルの範囲内に国又は地方公共団体の調査により確認された自然林、藻場又は野生植物の重要な生育の場が存在するかどうかを予測する。
(五)　動物に関する項目	１　調査項目 国又は地方公共団体の調査により確認されたさんご群集及び野生動物の重要な生息の場の状況 ２　調査地域 事業実施区域及びその周辺区域並びに排水の排出により水質の状態が変化するおそれのある水域 ３　予測 (1)　国又は地方公共団体の調査により確認されたさんご群集又は野生動物の重要な生息の場に影響が及ぶかどうかを予測する。 (2)　事業実施区域の周囲一キロメートルの範囲内に国又は地方公共団体の調査により確認されたさんご群集又は野生動物の重要な生息の場が存在するかどうかを予測する。
(六)　自然保護に関する項目	１　調査項目 (1)　環境の保全を目的として指定された地域その他の対象の状況 (2)　国又は地方公共団体の調査により確認された干潟、汽水湖、人為的な改変を受けていない自然海岸、自然湖岸及び河川の水際線が人工改変を受けていない河岸の状況 ２　調査地域 事業実施区域の周囲一キロメートルの区域 ３　予測 (1)　調査により確認された環境の保全を目的として指定された地域その他の対象への影響の程度を予測する。 (2)　事業実施区域の周囲一キロメートルの範囲内に国又は地方公共団体の調査により確認された干潟、汽水湖、人為的な改変を受けていない自然海岸、自然湖岸又は河川の水際線が人工改変を受けていない河岸が存在するかどうかを予測する。

⑶　調査により確認された干潟に影響が及ぶかどうかを予測する。

○都市計画法（抄）

（昭和四十三年六月十五日
法　律　第　百　号）

最近改正　平成三〇年四月二五日法律第二二号

第一章　総則

（定義）

第四条　（略）

2〜4　（略）

5　この法律において「都市施設」とは、都市計画において定められるべき第十一条第一項各号に掲げる施設をいう。

6　（略）

7　この法律において「市街地開発事業」とは、第十二条第一項各号に掲げる事業をいう。

8〜16　（略）

第二章　都市計画

第一節　都市計画の内容

（都市計画の図書）

第十四条　都市計画は、国土交通省令で定めるところにより、総括図、計画図及び計画書によつて表示するものとする。

2・3　（略）

第二節　都市計画の決定及び変更

（都市計画を定める者）

第十五条　次に掲げる都市計画は都道府県が、その他の都市計画は市町村が定める。

一　都市計画区域の整備、開発及び保全の方針に関する都市計画

二　区域区分に関する都市計画

三　都市再開発方針等に関する都市計画

四　第八条第一項第四号の二、第九号から第十三号まで及び第十六号に掲げる地域地区（同項第四号の二に掲げる地区にあつては都市再生特別措置法第三十六条第一項の規定による都市再生特別地区に、第八条第一項第九号に掲げる地区にあつては港湾法（昭和二十五年法律第二百十八号）第二条第二項の国際戦略港湾、国際拠点港湾又は重要港湾に係るものに、第八条第一項第十二号に掲げる地区にあつては都市緑地法第五条の規定による緑地保全地域（二以上の市町村の区域にわたるものに限る。）、首都圏近郊緑地保全法（昭和四十一年法律第百一号）第四条第二項第三号の近郊緑地特別保全地区及び近畿圏の保全区域の整備に関する法律（昭和四十二年法律第百三号）第六条第二項の近郊緑地特別保全地区に限る。）に関する都市計画

五　一の市町村の区域を超える広域の見地から決定すべき地域地区として政令で定めるもの又は一の市町村の区域を超える広域の見地から決定すべき都市施設若しくは根幹的都

市施設として政令で定めるものに関する都市計画

六　市街地開発事業（土地区画整理事業、市街地再開発事業、住宅街区整備事業及び防災街区整備事業にあつては、政令で定める大規模なものであつて、国の機関又は都道府県が施行すると見込まれるものに限る。）に関する都市計画

七　市街地開発事業等予定区域（第十二条の二第一項第四号から第六号までに掲げる予定区域にあつては、一の市町村の区域を超える広域の見地から決定すべき都市施設又は根幹的都市施設の予定区域として政令で定めるものに限る。）に関する都市計画

２～４　（略）

（都市計画の案の縦覧等）

第十七条　都道府県又は市町村は、都市計画を決定しようとするときは、あらかじめ、国土交通省令で定めるところにより、その旨を公告し、当該都市計画の案を、当該都市計画を決定しようとする理由を記載した書面を添えて、当該公告の日から二週間公衆の縦覧に供しなければならない。

２　前項の規定による公告があつたときは、関係市町村の住民及び利害関係人は、同項の縦覧期間満了の日までに、縦覧に供された都市計画の案について、都道府県の作成に係るものにあつては都道府県に、市町村の作成に係るものにあつては市町村に、意見書を提出することができる。

３～５　（略）

（都道府県の都市計画の決定）

第十八条　都道府県は、関係市町村の意見を聴き、かつ、都道府県都市計画審議会の議を経て、都市計画を決定するものとする。

２　都道府県は、前項の規定により都市計画の案を都道府県都市計画審議会に付議しようとするときは、第十七条第二項の規定により提出された意見書の要旨を都道府県都市計画審議会に提出しなければならない。

３　都道府県は、国の利害に重大な関係がある政令で定める都市計画の決定をしようとするときは、あらかじめ、国土交通省令で定めるところにより、国土交通大臣に協議し、その同意を得なければならない。

４　国土交通大臣は、国の利害との調整を図る観点から、前項の協議を行うものとする。

（市町村の都市計画の決定）

第十九条　市町村は、市町村都市計画審議会（当該市町村に市町村都市計画審議会が置かれていないときは、当該市町村の存する都道府県の都道府県都市計画審議会）の議を経て、都市計画を決定するものとする。

２　市町村は、前項の規定により都市計画の案を市町村都市計画

画審議会又は都道府県都市計画審議会に付議しようとするときは、第十七条第二項の規定により提出された意見書の要旨を市町村都市計画審議会又は都道府県都市計画審議会に提出しなければならない。

3　市町村は、都市計画区域又は準都市計画区域について都市計画（都市計画区域について定めるものにあつては区域外都市施設に関するものを含み、地区計画等にあつては当該都市計画に定めようとする事項のうち政令で定める地区施設の配置及び規模その他の事項に限る。）を決定しようとするときは、あらかじめ、都道府県知事に協議しなければならない。この場合において、町村にあつては都道府県知事の同意を得なければならない。

4　都道府県知事は、一の市町村の区域を超える広域の見地からの調整を図る観点又は都道府県が定め、若しくは定めようとする都市計画との適合を図る観点から、前項の協議を行うものとする。

5　都道府県知事は、第三項の協議を行うに当たり必要があると認めるときは、関係市町村に対し、資料の提出、意見の開陳、説明その他必要な協力を求めることができる。

（都市計画の告示等）

第二十条　都道府県又は市町村は、都市計画を決定したときは、その旨を告示し、かつ、都道府県にあつては関係市町村長に、市町村にあつては都道府県知事に、第十四条第一項に規定する図書の写しを送付しなければならない。

2　都道府県知事及び市町村長は、国土交通省令で定めるところにより、前項の図書又はその写しを当該都道府県又は市町村の事務所に備え置いて一般の閲覧に供する方法その他の適切な方法により公衆の縦覧に供しなければならない。

3　（略）

（都市計画の変更）

第二十一条　（略）

2　第十七条から第十八条まで及び前二条の規定は、都市計画の変更（第十七条、第十八条第二項及び第三項並びに第十九条第二項及び第三項の規定については、政令で定める軽易な変更を除く。）について準用する。この場合において、施行予定者を変更する都市計画の変更については、第十七条第五項中「当該施行予定者」とあるのは、「変更前後の施行予定者」と読み替えるものとする。

（都市計画の決定等の提案）

第二十一条の二　都市計画区域又は準都市計画区域のうち、一体として整備し、開発し、又は保全すべき土地の区域としてふさわしい政令で定める規模以上の一団の土地の区域について、当該土地の所有権又は建物の所有を目的とする対抗要件を備えた地上権若しくは賃借権（臨時設備その他一時使用のため設定されたことが明らかなものを除く。以下「借地権」という。）を有する者（以下この条において「土地所有者等」という。）は、一人で、又は数人共同して、都道府県又は市町村に対し、都市計画（都市計画区域の整備、開発及び保全の方針並びに都市再開発方針等に関するものを除く。次項及び第七十五条の九第一項において同じ。）の決定又は変更をすることを提案することができる。この場合においては、当該提案に係る都市計画の素案を添えなければならない。

2　まちづくりの推進を図る活動を行うことを目的とする特定非営利活動促進法（平成十年法律第七号）第二条第二項の特定非営利活動法人、一般社団法人若しくは一般財団法人その他の営利を目的としない法人、独立行政法人都市再生機構、地方住宅供給公社若しくはまちづくりの推進に関し経験と知識を有するものとして国土交通省令で定める団体又はこれらに準ずるものとして地方公共団体の条例で定める団体は、前項に規定する土地の区域について、都道府県又は市町村に対し、都市計画の決定又は変更をすることを提案することができる。同項後段の規定は、この場合について準用する。

3　（略）

（計画提案に対する都道府県又は市町村の判断等）

第二十一条の三　都道府県又は市町村は、計画提案が行われたときは、遅滞なく、計画提案を踏まえた都市計画（計画提案に係る都市計画の素案の内容の全部又は一部を実現することとなる都市計画をいう。以下同じ。）の決定又は変更をする必要があるかどうかを判断し、当該都市計画の決定又は変更をする必要があると認めるときは、その案を作成しなければならない。

（計画提案を踏まえた都市計画の案の都道府県都市計画審議会等への付議）

第二十一条の四　都道府県又は市町村は、計画提案を踏まえた都市計画（当該計画提案に係る都市計画の素案の内容の全部を実現するものを除く。）の決定又は変更をしようとする場合において、第十八条第一項又は第十九条第一項（これらの規定を第二十一条第二項において準用する場合を含む。）の規定により都市計画の案を都道府県都市計画審議会又は市町村都市計画審議会に付議しようとするときは、当該都市計画の案に併せて、当該計画提案に係る都市計画の素案を提出しなければならない。

（国土交通大臣の定める都市計画）

第二十二条　二以上の都府県の区域にわたる都市計画区域に係る都市計画は、国土交通大臣及び市町村が定めるものとする。この場合においては、第十五条、第十五条の二、第十七条第一項及び第二項、第二十一条第一項、第二十一条の二第一項及び第二項並びに第二十一条の三中「都道府県」とあり、並びに第十九条第三項から第五項までの規定中「都道府県知事」とあるのは「国土交通大臣」と、第十七条の二中「都道府県又は市町村」とあるのは「市町村」と、第十八条第一項及び第二項中「都道府県は」とあるのは「国土交通大臣は」と、第十九条第四項中「都道府県が」とあるのは「国土交通大臣が」と、第二十条第一項、第二十一条の四及び前条中「都道府県又は」とあるのは「国土交通大臣又は」と、第二十条第一項中「都道府県にあつては関係市町村長」とあるのは「国土交通大臣にあつては関係都府県知事及び関係市町村長」と、「都道府県知事」とあるのは「国土交通大臣及び都府県知事」とする。

２・３　（略）

○環境影響評価法の施行について

（平成十年一月二十三日環企評第十九号
環境事務次官から各都道府県知事、政令市長あて通知）

環境影響評価法（平成九年法律第八一号。以下「法」という。）は、平成九年六月一三日に公布され、その一部が平成九年一二月一二日から施行されたところである（環境影響評価法の一部の施行期日を定める政令（平成九年政令第三四五号））。また、これに伴い、環境影響評価法施行令（平成九年政令第三四六号）が平成九年一二月三日に公布され、平成九年一二月一二日から施行されたところである。

法は、規模が大きく環境影響の程度が著しいものとなるおそれがある事業に関し、その実施が環境に及ぼす影響について調査、予測及び評価等を行う環境影響評価を事業者が行うとともに、その方法及び結果について地方公共団体の長、事業の実施に係る免許等を行う者その他の環境の保全の見地からの意見を有する者がその意見を述べるための手続等を定め、その手続等によって行われた環境影響評価の結果を事業の内容に関する決定に反映させるための措置を講ずること等を内容とするものである。

貴職におかれても、法の厳正かつ実効性のある施行について、下記の事項に十分御留意の上、格段の御協力をお願いするとともに、貴管下市町村にも周知方お願いいたしたい。

なお、詳細については、別途、環境庁企画調整局長（都市計画に定められる対象事業等に関する特例については、環境庁企画調整局長及び建設省都市局長）から通知する旨申し添える。

記

一　法制定の趣旨

近年、環境問題は、地球環境問題や、事業者や国民の通常の活動に起因する環境負荷の問題などにみられるように、時間的、空間的、社会的に広がりを有するものとなっているが、こうした環境問題の様相の変化に対応し、持続可能な経済社会の構築を図るため、環境の保全の基本理念とこれに基づく基本的施策の総合的な枠組みを示すものとして環境基本法（平成五年法律第九一号）が制定され、環境の保全に関する基本的な施策の一つとして、環境影響評価の推進が位置付けられたところである。

大規模な開発事業等の実施前に、事業者自らその環境影響について評価を行い、環境の保全に配慮する環境影響評価は、環境悪化を未然に防止し、持続可能な社会を構築していくための極めて重要な施策である。我が国においては、昭和四七年の閣議了解以来取組みが進められ、昭和五九年の閣議決定等に基づき、その実績が着実に積み重ねられるとともに、多くの地方公共団体においても環境影響評価制度が整備されるなど、着実な進展をみてきたところであるが、近年、行政手続法の制定により行政運営の公正の確保と透明性の向上が求められることとなり、また、地方分権推進法の制定により国と地方の役割分担の在り方が示されるなど、環境影響評価制度を巡り新たな状況が生じてきている。

法は、このような状況に適切に対応するため、土地の形状の変更、工作物の新設等の事業を行う事業者がその事業の実施に当たりあらかじめ環境影響評価を行うことが環境の保全上極めて重要であることにかんがみ、環境影響評価について国等の責務を明らかにするとともに、規模が大きく環境影響の程度が著しいものとなるおそれがある事業について環境影響評価が適切かつ円滑に行われるための手続その他所要の事項を定め、その手続等によって行われた環境影響評価の結果をその事業に係る環境の保全のための措置その他のその事業の内容に関する決定に反映させるための措置をとること等により、その事業に係る環境の保全について適正な配慮がなされることを確保し、もって現在及び将来の国民の健康で文化的な生活の確保に資することを目的とするものである。

二　国等の責務

法においては、国、地方公共団体、事業者及び国民は、事業の実施前における環境影響評価の重要性を深く認識して、この法律の規定による環境影響評価その他の手続が適切かつ円滑に行われ、事業の実施による環境への負荷をできる限り回避し、又は低減することその他の環境の保全についての配慮が適正になされるようにそれぞれの立場で努めなければならないこととされている。

具体的には、例えば、国においては、制度の適切な管理及び運営を行うことのほか、環境影響評価に関する情報の提供等の環境影響評価を支える基盤の整備を行うこと、地方公共団体においては、地域の環境保全に責任を有する立場から事業者等に対し意見を述べる等、法において地方公共団体が行うこととされている事務について、法の円滑かつ適切な運用を行う観点から確実に行うことのほか、地域の環境情報の収集・提供を行うこと、事業者においては、事業計画の熟度を高めていく過程のできる限り早い段階から情報を提供して外部の意見を聴取する仕組みとすることにより、早い段階からの環境配慮を行うことを可能とすること、国民においては、環境影響評価その他の手続が円滑かつ適切に行われるよう有益な環境情報の提供を行うこと、関係法規の遵守はもとより、自主的積極的に環境の保全についての配慮を適正に行うこと等により、それぞれの立場において、その役割を果たすことが求められている。

三　法の対象となる事業

法の対象となる事業については、国の立場からみて一定の水準が確保された環境影響評価を実施することにより環境保全上の配慮をする必要があり、かつ、そのような配慮を国として確保できる事業とすることが適当であるとの観点から、法においては、規模が大きく環境影響の程度が著しいものとなるおそれがあり、かつ、国が実施し、又は免許等により関与する事業とした。また、具体的に法の対象となる事業についても、現行の閣議決定要綱に基づく環境影響評価の対象となっている事業種に加え、その対象を拡大するとともに、必要に応じ事業種の見直しを行うことができるよう、政令で事業種を追加することができる仕組みとした。

四　第二種事業に係る判定

事業者にとっては、対象事業があらかじめ定められていることが望ましいが、事業の環境影響は、個別の事業により、また、事業の行われている地域によって異なることから、個別判断の余地を残すことが必要である。

したがって、法においては、規模要件によって必ず環境影響評価その他の手続を実施すべき事業を第一種事業として定めるとともに、その規模を下回る事業についても一定規模以上のものは、事業の内容、事業が実施される地域の環境の状況等によって法による環境影響評価その他の手続を実施するか否かを個別の事業ごとに判断する手続として、第二種事業に係る判定手続を設けることとした。

五　環境影響評価方法書の作成等

事業計画において適切な環境配慮が行われるためには、事業計画のできる限り早い段階で、環境情報の収集が幅広く行われることが必要である。また、事業の環境影響は、当該事業の具体的な内容や当該事業が実施される地域の環境の状況に応じて異なることから、調査、予測及び評価の項目及び方法については、画一的に定めるものではなく、包括的に定め、個別の案件ごとに絞り込んでいく仕組みとすることが必要である。

こうした要請に応えるため、法においては、準備書の作成・提出前の事業者が環境影響評価に係る調査・予測を開始する際に、その時点で提供しうる事業に関する情報、事業者が行おうとする調査等に関する情報を提供しつつ、地方公共団体、住民、専門家等から環境情報を収集し、準備書に反映させるための意見聴取手続である環境影響評価方法書（以下「方法書」という。）の作成に係る手続を設けた。このような手続を導入することによって、論点が絞られた効率的な予測評価や関係者の理解の促進、作業の手戻りの防止等の効果が期待されるとともに、提供された有益な情報を活用することにより事業計画の早期段階での環境配慮に資することが期待される。

また、調査、予測及び評価の対象については、環境基本法の制定により、公害と自然という区分を超えた統一的な環境行政の枠組みが形成され、大気、水、土壌その他の環境の自然的構成要素を良好な状態に保持すること、生物の多様性の確保を図るとともに多様な自然環境を体系的に保全すること、人と自然との豊かな触れ合いを保つことが求められるようになってきたことを踏まえ、法においては、環境基本法の下での環境保全施策の対象を評価できるようにした。

六　環境影響評価準備書

法においては、環境影響評価準備書（以下「準備書」という。）の作成主体については、閣議決定要綱と同様に事業者とした。これは、環境に著しい影響を及ぼすおそれのある事業を行おうとする者が自らの責任で事業の実施に伴う環境影響について配慮することが適当であり、事業者が事業計画を作成する段階で環境影響についての調査、予測及び評価を一体として行うことにより、その結果を事業計画や環境保全対策の検討、施工・供用時の環境配慮等に反映できることによるものである。

また、閣議決定要綱では、意見の提出を求める者の範囲を関係地域内に住所を有する者に限定していたが、地域の環境情報は、その地域の住民に限らず、環境の保全に関する調査研究を行っている専門家等によって広範に保有されていることと等から、有益な環境情報を収集するため、法においては、方法書、準備書共に意見提出者の地域的範囲を限定しないこととした。さらに、準備書の記載事項についても充実を図ることとし、具体的には、環境保全対策の検討の経過、科学的知見の限界に伴う予測の不確実性の存在に関する記載、調査等の委託を受けた者の氏名等の記載のほか、予測の不確実性が大きい場合等において、環境への影響の重大性に応じ必要性を検討した上で実施する評価後の調査等に関する事項を記載させることとした。

七　環境影響評価書

環境影響評価制度における審査のプロセスにおいては、その信頼性を確保する観点から、事業についての免許等を行う者等による審査のほか、意見の提出を通じて第三者が参画することが必要である。そのため、法においては、地域の環境保全を図る立場から都道府県知事が方法書及び準備書の段階で事業者に対して意見を述べるとともに、環境庁長官が環境影響評価書（以下「評価書」という。）の送付を受けたときは、環境保全行政を総合的に推進する立場から必要に応じて免許等を行う者等に対して意見を述べることができることとした。

また、事業の免許等を行う者等は、環境庁長官の意見を勘案して事業者に対して意見を述べることとするとともに、事業者が、この意見を勘案して、評価書の記載事項につき再検討を行う仕組みとすることにより、この段階において事業者の自主的努力を促すこととした。

八　評価書の公告及び縦覧後の手続

法による環境影響評価その他の手続は事業の実施前に行うものであり、当該手続が終了する前に事業が実施されるようなことがあれば、事業に係る環境の保全について適正な配慮がなされることを確保するという法の趣旨に反することとなってしまう。そのため、法においては、評価書の公告を行うまでは対象事業を実施してはならないこととした。

加えて、法による環境影響評価その他の手続の終了後、事業が長期間未着工の場合等においては、その間に環境の状態にも変化が生じ、予測及び評価の前提がくずれることがある。そのような場合には、法による環境影響評価その他の手続が再実施されることが望ましいことから、法においては、そのような場合に手続の再実施ができることとした。

また、法による環境影響評価その他の手続を行った事業については、環境影響評価の結果に基づき事業者自らが適正な環境配慮を行うことが必要であり、この場合、環境影響評価の結果を事業の免許等に反映させる等の仕組みを設けることにより、環境配慮が確実に行われるようにすることが重要である。このため、法においては、免許等を行う者等は、免許等を行う場合等に当たって環境影響評価の結果を併せて判断して処分等を行う趣旨の規定を設けた。

九　都市計画に定められる場合の特例

対象事業が行われる場合には、当該対象事業等に関する特例

対象事業又は対象事業に係る施設が都市計画に定められることが少なくない。また、対象事業又は対象事業に係る施設が都市計画に定められた場合には、その段階で事業の諸元が決定されることとなることから、このような状況の下で法による環境影響評価その他の手続が適切にその機能を果たしていくためには、環境影響評価制度と都市計画制度との調整を図る必要がある。

したがって、法においては、対象事業が市街地開発事業として都市計画に定められる場合又は対象事業に係る施設が都市施設として都市計画に定められる場合には、当該都市計画の決定又は変更を行う都道府県知事又は市町村（以下「都市計画決定権者」という。）が事業者に代わるものとして第二種事業又は対象事業についての環境影響評価その他の手続を行うこととした。この際、都市計画法（昭和四三年法律第一〇〇号）においては、都市計画決定に当たっての利害関係人等の意見聴取手続が定められているが、これらの手続において意見書を提出する住民等に混乱を生じさせないようにするとともに、これらの手続を行う都市計画決定権者の事務負担を考慮して、都市計画の決定手続と併せて法の規定による環境影響評価その他の手続を行う仕組みとした。

一〇　港湾計画に係る環境影響評価その他の手続

港湾法（昭和二五年法律第二一八号）による港湾計画については、港湾が人と物の交流を支える交通基盤として、また、国民生活や産業活動を支える基盤として多様な利用がなされており、港湾計画の策定の際には、これまでも環境影響の把握が行われてきたことから、法において、港湾計画の策定に当たっての環境影響評価について規定することとした。なお、港湾計画に係る環境影響評価は、計画についての環境影響評価であることから、法においてはそのような特性を踏まえ、準備書の作成から始まる手続とした。

一一　その他

㈠　発電所に係る環境影響評価

発電所については、過去二〇年間、電源立地の円滑化のため、通商産業省の省議決定に基づく環境影響評価手続において、手続の各段階から国が監督指導を行い十分な実績を上げてきたこと、民間事業者の個別事業が電力の安定供給という国の施策と強い関わりを持つという特殊な性格を有していることから、法による手続に加えて、電気事業法（昭和三九年法律一七〇号）の一部を改正し、手続の各段階において国が関与する特例を設けた。

㈡　条例との関係

法においては、国の立場からみて一定の水準が確保された環境影響評価を実施することにより環境保全上の配慮をする必要があり、かつ、そのような配慮を国として確保できる事業を対象事業とすることとし、このような法の対象事業については、法の手続と地方公共団体の条例による制度による手続の重複を避けるため、法の手続のみを適用することとした。

ただし、法の対象事業についても、当該地方公共団体における手続に関する事項については、地方公共団体の条例において必要な規定を設けることは妨げられるものではない。

㈢　経過措置

法の施行の際に、閣議決定要綱、地方公共団体の制度等によりすでに環境影響評価に係る手続が進行しているものについては、法の円滑な施行を図る必要があることから、法の施行の際に、これらの制度によって作成されている書類を法に規定する一定の書類とみなすことにより、その段階以降の手続を法の規定により行うこととした。

また、法の施行の際に、法に規定する書類の作成まで至らないような場合も考えられることから、法の施行前においても、方法書に係る手続を行うことができるものとした。

○環境影響評価法の施行について

（平成十年一月二十三日環企評第二十号
環境庁企画調整局長から各都道府県知事政令市長あて通知）

環境影響評価法（平成九年法律第八一号。以下「法」という。）の施行については、平成一〇年一月二三日付け環企評第一九号をもって環境事務次官から通知したところであるが、その詳細については、下記のとおりであるので、貴職におかれても十分御留意の上、格段の御協力をお願いするとともに、貴管下市町村にも周知方お願いいたしたい。

なお、本通知は、法及び既に制定されている政令事項に係る事項についてのものであり、現時点において未だ制定されていない政令事項及び省令事項に係るものについては、当該事項に係る政令及び省令が制定された後において改めて通知する旨、また、都市計画に定められる対象事業等に関する特例に関するものについては、別途、建設省都市局長及び当職より通知する旨を申し添える。

記

第一　総則

一　環境影響評価

「環境影響評価」とは、事業（特定の目的のために行われる一連の土地の形状の変更（これと併せて行うしゅんせつを含む。）並びに工作物の新設及び増改築をいう。）の実施が環境に及ぼす影響（当該事業の実施後の土地又は工作物において行われることが予定される事業活動その他の人の活動が当該事業の目的に含まれる場合には、これらの活動に伴って生じる影響を含む。以下単に「環境影響」という。）について環境の構成要素ごとに調査、予測及び評価を行うとともに、これらを行う過程においてその事業に係る環境の保全のための措置を検討し、この措置が講じられた場合における環境影響を総合的に評価することをいうこととした（法第二条第一項）。

ここでいう「環境影響を総合的に評価すること」とは、選定された環境影響評価の項目（以下「選定項目」という。）ごとに取りまとめられた調査、予測及び評価の結果の概要を一覧できるように取りまとめること等を意味するものであり、それにより、他の選定項目に係る環境要素に及ぼすおそれがある影響について検討が行われることを想定したものである。なお、「環境影響評価」には、環境の保全の見地からの意見の聴取等のいわゆる外部手続は含まれない（これらについては「環境影響評価その他の手続」の「その他の手続」に該当する。）。

二　第一種事業及び第二種事業

㈠　第一種事業

「第一種事業」とは、以下に掲げる事業種要件及び国関与要件を満たしている事業であって、規模（形状が変更される部分の土地の面積、新設される工作物の大きさその他の数値で表される事業の規模をいう。）が大きく、環境影響の程度が著しいおそれがあるものとして政令で定めるものをいうこととした（法第二条第二項）。

ア　次に掲げる事業の種類のいずれかに該当する一の事業であること（事業種要件）

(ア)　高速自動車国道、一般国道その他の道路法（昭和二七年法律第一八〇号）第二条第一項に規定する道路その他の道路の新設及び改築の事業

(イ)　河川法（昭和三九年法律第一六七号）第三条第一項に規定する河川に関するダムの新築、堰の新築及び改築の事業（以下この号において「ダム新築等事業」という。）並びに同法第八条の河川工事の事業でダム新築等事業でないもの

(ウ)　鉄道事業法（昭和六一年法律第九二号）による鉄道及び軌道法（大正一〇年法律第七六号）による軌道の建設及び改良の事業

(エ)　空港整備法（昭和三一年法律第八〇号）第二条第一項に規定する空港その他の飛行場及びその施設の設置又は変更の事業

(オ)　電気事業法（昭和三九年法律第一七〇号）第三八条に規定する事業用電気工作物であって発電用のものの設置又は変更の工事の事業

(カ)　廃棄物の処理及び清掃に関する法律（昭和四五年法律第一三七号）第八条第一項に規定する一般廃棄物の最終処分場及び同法第一五条第一項に規定する産業廃棄物の最終処分場の設置並びにその構造及び規模の変更の事業

(キ)　公有水面埋立法（大正一〇年法律第五七号）による公有水面の埋立て及び干拓その他の水面の埋立て及び干拓の事業

(ク)　土地区画整理法（昭和二九年法律第一一九号）第二条第一項に規定する土地区画整理事業

(ケ)　新住宅市街地開発法（昭和三八年法律第一三四号）第二条第一項に規定する新住宅市街地開発事業

(コ)　首都圏の近郊整備地帯及び都市開発区域の整備に関する法律（昭和三三年法律第九八号）第二条第六項に規定する工業団地造成事業及び近畿圏の近郊整備区域及び都市開発区域の整備及び開発に関する法律（昭和三九年法律第一四五号）第二条第四項に規定する工業団地造成事業

(サ)　新都市基盤整備法（昭和四七年法律第八六号）第

二条第二項に規定する新都市基盤整備事業

(シ)　流通業務市街地の整備に関する法律（昭和四一年法律第一一〇号）第二条第二項に規定する流通業務団地造成事業

(ス)　(ア)から(シ)までに掲げるもののほか、一の事業に係る環境影響を受ける地域の範囲が広く、その一の事業に係る環境影響評価を行う必要の程度がこれらに準ずるものとして政令で定める事業

イ　次のいずれかに該当する事業であること（国関与要件）

(ア)　法律の規定であって政令で定めるものにより、その実施に際し、免許、特許、許可、認可若しくは承認又は届出（当該届出に係る法律において、当該届出に関し、当該届出を受理した日から起算して一定の期間内に、その変更について勧告又は命令をすることができることが規定されているものに限る。）が必要とされる事業（(オ)に掲げるものを除く。）

(イ)　国の補助金等（補助金等に係る予算の執行の適正化に関する法律（昭和三〇年法律第一七九号）第二条第一項第一号の補助金及び同項第二号の負担金をいう。）の交付の対象となる事業（(ア)に掲げるものを除く。）

(ウ)　特別の法律により設立された法人（国が出資しているものに限る。）がその業務として行う事業（(ア)及び(イ)に掲げるものを除く。）

(エ)　国が行う事業（(ア)及び(オ)に掲げるものを除く。）

(オ)　国が行う事業のうち、法律の規定であって政令で定めるものにより、その実施に際し、免許、特許、許可、認可若しくは承認又は届出が必要とされる事業

具体的な第一種事業は、この両者の要件を満たすものとして政令で定められることとなる（(三)参照）。なお、イの(ア)から(エ)までの国関与要件については、当該要件に定められた環境影響評価の結果の反映の方途について、他律性が強い順に規定しており、一の事業について複数の国関与要件が該当する場合には、より他律性が強い要件で捉えられることとなる。また、イの(ア)の政令で定めるものについては、当該事業の実施について中核的であり、事業実施そのものに係るものを規定することとしている。

また、イの(オ)の政令としては、土地改良事業に適用される場合の公有水面埋立法（大正一〇年法律第五七号）第四二条第一項の規定を定め（環境影響評価法施行令（平成九年政令第三四六号。以下「施行令」という。）

第四条）、国が土地改良事業として行う公有水面の埋立て及び干拓の事業については、当該事業を所管する大臣と公有水面埋立法の承認を所管する大臣の双方が主務大臣として法の手続に関与することとした。

(二)　第二種事業

法において「第二種事業」とは、(一)のア及びイに掲げる要件を満たしている事業であって、第一種事業に準ずる規模（その規模に係る数値の第一種事業の規模に係る数値に対する比が政令で定める数値以上であるものに限る。）を有するもののうち、環境影響の程度が著しいものとなるおそれがあるかどうかの判定を行う必要があるものとして政令で定めるものをいうこととした（法第二条第三項）。

また、「政令で定める数値」は、「第一種事業に準ずる規模」という語義からみて妥当な数値として〇・七五としており（施行令第五条）、具体的な第二種事業の規模は第一種事業の規模の七五％値を下限として事業種ごとに個別に定められることとなる。なお、第二種事業とは当該判定を受ける前の事業を指しており、一旦判定を受けた場合には、対象事業となるか、対象事業でも第二種事業でもないものとなるかのいずれかであり、判定後においては第二種事業という概念は存在しない。

(三)　第一種事業及び第二種事業の具体的内容

(一)及び(二)にあるように、第一種事業及び第二種事業の具体的内容については、それぞれ第一種事業又は第二種事業の要件を満たすものとして、それぞれの事業種ごとに施行令で定められている（施行令第一条、第三条、第六条及び別表）。その内容は本通知の別紙一及び以下のとおりである。

ア　法第二条第二項第一号イに掲げる事業の種類（道路）

(ア)　法第二条第二項第一号イに掲げる事業の種類に該当する第一種事業又は第二種事業については、高速自動車国道、首都高速道路、阪神高速道路若しくは指定都市高速道路（以下「首都高速道路等」という。）若しくは一般国道の新設若しくは改築の事業又は森林開発公団が実施する大規模林道事業とした。

(イ)　施行令別表の一の項のへの「道路の区域を変更して車線の数を増加させるもの」とは、道路の拡幅の事業のみを指し、バイパスの建設の事業はこの概念には含まれない（バイパスの建設の事業は「道路の区域を変更して新たに道路を設けるもの」である。）。

(ウ)　施行令別表の一の項のトの「幅員が六・五メートル以上」とは、二車線の林道を指す。なお、この幅員とは、「大規模林業圏開発林道構造規程」（昭和六二年四月一日62林野計第二〇五号林野庁長官通達）の第四の車道及び第五の路肩の幅員の合計を指すものであり、同規程の第六の保護路肩の幅員は含まれない。

イ　法第二条第二項第一号ロに掲げる事業の種類（ダム、堰等）

(ア)　法第二条第二項第一号ロに掲げる事業の種類に該当する第一種事業又は第二種事業については、ダムの新築、堰の新築及び改築、湖沼水位調節施設の新築並びに放水路の新築の事業とした。なお、「湖沼水位調節施設」とは、環境影響評価実施要綱（昭和五九年八月二八日閣議決定。以下「閣議決定要綱」という。）の対象事業である「湖沼開発」と同義のものである。

(イ)　ダム及び堰については、河川工事として建設大臣又は都道府県知事が行うもののほか、①水道事業又は水道用水供給事業を経営し、又は経営しようとする者が行うもの、②工業用水道事業を営み、又は営もうとする者が行うもの、③土地改良事業として行うもの及び④水資源開発公団が行うものを定め、また、湖沼水位調節施設及び放水路については、河川工事として行うものを定めた。

(ウ)　ダム又は堰であって、当該ダム又は堰が水力発電所の設備となる場合については、当該ダム又は堰について、同号ロに掲げる事業の種類に該当するものとして行う手続と同号ホに掲げる事業の種類に該当するものとして行う手続とが重複して義務付けられることのないよう、いずれかの事業の種類として整理できるよう所要の規定を設けた。具体的には、別紙二に掲げるとおりであり、発電専用設備の部分、及びダム又は堰の施工主体が電気事業法上の電気事業者である場合又は卸供給事業者（その者が建設大臣、都道府県知事又は水資源開発公団である場合を除く。）である場合については、当該ダム又は堰の部分については同号ホの事業の種類に該当するものとした。

(エ)　同号ロに掲げる事業の種類に該当するダム又は堰について、複数の目的のために新築等が行われるもの（特定多目的ダム法（昭和三二年法律第三五号）によるもの又は水資源開発公団が新築等を行うものを除く。）は、法においてはそれぞれの目的（水力発電を目的に含む場合の当該目的を除く。）に該当するダム又は堰として取り扱われるものである。具体的には、例えば河川工事として行われるダムの新築の事業が、同時に水道用ダムの新築の事業でもある場合には、施行令別表の二の項のイの事業にも同項のロの事業にも該当し、最終的には環境影響評価の結果をそれぞれの国関与要件に反映することとなる。

なお、特定多目的ダム法によるもの又は水資源開発公団が新築等を行うものについては、複数の目的が含まれているものであるが、新築等を行う者が建設大臣又は水資源開発公団に限られることから、法においては、複数の事業に該当するものとは取り扱わないものであり、例えばダムの場合には、同項のイの事業又はホの事業のみに該当することとなる。

ウ　法第二条第二項第一号ハに掲げる事業の種類（鉄道等）

(ア)　法第二条第二項第一号ハに掲げる事業の種類に該当する第一種事業又は第二種事業については、新幹線鉄道又は新幹線鉄道規格新線の建設又は改良の事業のほか、鉄道及び軌道については、普通鉄道又は新設軌道のうち普通鉄道の構造と同様の構造を有するもので、一定規模以上のものの建設又は改良の事業とした。

(イ)　改良の事業については、環境影響の観点から、一の停車場に係るものを除く本線路を増設するもの（複線化、複々線化の事業）、本線路の地下移設、高架移設等の本線路の移設の事業のうち線路の位置の変更の規模が一定規模以上のものとした。

エ　法第二条第二項第一号ニに掲げる事業の種類（飛行場）

(ア)　法第二条第二項第一号ニに掲げる事業の種類に該当する第一種事業又は第二種事業については、一定規模以上の滑走路の設置を伴う飛行場及びその施設の設置の事業、既設の飛行場に新たに一定規模以上の滑走路を新設する場合の飛行場及びその施設の変更の事業又は既設の滑走路を一定規模以上延長した結果一定規模以上の滑走路になる場合の飛行場及びその施設の変更の事業とした。

(イ)　施行令別表の四の項のイの第三欄中「この項の第二欄に掲げる要件に該当するものを除く。」とは、例えば、三、○○○メートルの滑走路と二、○○○メートルの滑走路を同時に設置する場合には、同項のイの第二欄に該当する事業として取り扱うという趣旨である。また、同項のロの第三欄中「この項の第二欄に掲げる要件に該当するものを除く。」とは、同様に上記の二本の滑走路を同時に新設する場合には、同項のロの第二欄に該当する事業として取り扱うという趣旨である。

オ　法第二条第二項第一号ホに掲げる事業の種類（発電所）

(ア)　法第二条第二項第一号ホに掲げる事業の種類に該当する第一種事業又は第二種事業については、水力発電所、火力発電所（地熱発電所を含む。）及び原子力発電所の設置の工事又は変更の工事の事業とした。

(イ)　水力発電所については、イの(ウ)で規定した考え方により、当該水力発電所の設備にダム又は堰が含まれている場合の取扱いについて所要の整理を行い、発電専用設備以外の兼用工作物であるダム又は堰について、その施工主体が電気事業者又は卸供給事業者（その者が建設大臣、都道府県知事又は水資源開発公団である場合を除く。）である場合には、当該ダム又は堰の部分を含め同号ホに掲げる事業の種類に該当する事業として取り扱うこととした（別紙二参照）。

(ウ)　なお、水力発電所としては第二種事業の規模要件に該当する水力発電所の設置の工事の事業のうち、ダム又は堰に係る事業として第一種事業の規模要件に該当するダム又は堰に係る事業を伴うものについては、ダム又は堰に係る事業としては第一種事業の規模要件に該当する以上は法の手続を踏む必要があると考えられることから、このような事業については、水力発電所としての第一種事業とすることとした（発電設備の新設を伴う変更の工事の場合も同様）。

カ　法第二条第二項第一号へに掲げる事業の種類（廃棄物最終処分場）

法第二条第二項第一号へに掲げる事業の種類に該当する第一種事業又は第二種事業については、埋立処分の用に供される場所の面積が一定規模以上の一般廃棄物最終処分場又は産業廃棄物最終処分場の設置又は規模の変更の事業とした。

キ　法第二条第二項第一号トに掲げる事業の種類（公有水面の埋立て等）

法第二条第二項第一号トに掲げる事業の種類に該当する第一種事業又は第二種事業については、公有水面の埋立て又は干拓の事業とした。本事業種に該当する事業に係る環境影響評価については、公有水面の埋立地又は干拓地において行われることが予定される事業活動その他の人の活動に伴って生じる影響は含まない。なお、第一種事業の規模要件として埋立て又は干拓に係る区域の面積が五〇ヘクタールを超えるものとしたのは、公有水面埋立法施行令（大正一一年勅令第一九四号）第三二条に規定する主務大臣の認可対象となる要件との整合を図ったものである。

ク　法第二条第二項第一号チからヲまでに掲げる事業の種類（土地区画整理事業等）

法第二条第二項第一号チからヲまでに掲げる事業の種類に該当する第一種事業又は第二種事業として、それぞれの事業について定めたものである。なお、ここで定めた事業については全て都市計画法（昭和四三年法律第一〇〇号）の規定により都市計画に定められることとなる。

ケ　法第二条第二項第一号ワに掲げる事業の種類

(ア)　法第二条第二項第一号ワに掲げる事業の種類については、宅地の造成の事業のうち造成後の宅地又は当該宅地の造成と併せて整備されるべき施設が不特定かつ多数の者に供給されるものとしている（施行令第二条）。これは、同号ワで定める事業の種類は、一の事業に係る環境影響を受ける地域の範囲が広く、その一の事業に係る環境影響評価を行う必要の程度が同号イからヲまでに掲げるものに準ずるものとして定められるものであることから、同号チからヲまでに掲げる事業の種類に準ずることにより定めた宅地の造成の事業について、その準じている内容を明らかにしたものである。その上で、具体的に同号ワに掲げる事業の種類に該当する第一種事業又は第二種事業として、環境事業団、住宅・都市整備公団又は地域振興整備公団が行う宅地の造成の事業を定めたものである。

なお、閣議決定要綱では、農用地整備公団が行う五〇〇ヘクタール以上の農用地の造成に係る事業が対象事業とされていたが、同公団はすでに当該事業から撤退していること等から、法の対象とはしないこととした。なお、念のために申し添えれば、農用地の拡大のために行われる公有水面の埋立て・干拓については、キの埋立て・干拓事業として引き続き対象となる。

(イ)　施行令別表一三の項のロの「住宅・都市整備公団が行う宅地の造成の事業」及び同項のハの「地域振興整備公団が行う土地の造成の事業」とは、それぞれ具体的には、住宅・都市整備公団法（昭和五六年法律第四八号）第二九条第一項第二号、第五号又は第一五号イ（同項第六号の業務として行われる事業と併せて行われるものに限る。）に規定する業務として行う宅地の造成の事業及び地域振興整備公団法（昭和三七年法律第九五号）第一九条第一項第一号イ、第三号又は第四号に規定する業務として行う宅地の造成の事業を指すものである。

コ　第一種事業又は第二種事業が公有水面の埋立て等を伴う場合

上記アからオまで又はク若しくはケの事業の種類に該当する事業については、公有水面の埋立て又は干拓を伴う場合が考えられるが、その場合に公有水面の埋立て又は干拓の事業の部分について、同時に上記キの事業の種類に該当する事業としても法の手続が重複して義務付けられることのないよう、当該埋立て又は干拓が上記キの事業の種類に該当する事業として対象事業となる場合には、法においては、当該埋立て又は干拓については上記キに該当する事業として捉えることとした（施行令第一条及び第六条ただし書）。なお、当該埋立て又は干拓が上記キの事業の種類に該当する事業として対象事業とならない場合には、当該埋立て又は干拓については、上記アからオまで又はク若しくはケの事業の種類に該当する事業として法の手続が行われることとなる。

なお、カの廃棄物最終処分場の設置又は規模の変更の事業であって、公有水面の埋立てを伴う場合で、当該埋立てが上記キの事業の種類に該当する事業として対象事業になる場合については、廃棄物最終処分場の事業と公有水面の埋立ての事業を切り分けることが困難であることから、この場合には上記のような取扱いは行わず、カ及びキの双方の事業として捉えることとした。

三　対象事業

法において「対象事業」とは、第一種事業又は第四条の規定による判定手続の結果同条第三項第一号の措置がとられたもの、すなわち同条の規定による判定手続の結果法による環境影響評価その他の手続が行われる必要があるとされた事業をいうものとした（法第二条第四項）。なお、第二種事業については、その後の事業内容の変更による再度の判定手続の結果、法による環境影響評価その他の手続が行われる必要がないとされたものについては、対象事業ではなくなることとなる。

四　事業者

法（第一章を除く。）において「事業者」とは、対象事業を実施しようとする者をいい、国が行う対象事業にあっては当該対象事業の実施を担当する行政機関（地方支分部局を含む。）の長、委託に係る対象事業にあってはその委託をしようとする者とした（法第二条第五項）。

なお、委託に係る対象事業について、事業者をその委託をしようとする者としたのは、当該対象事業の内容について最終的な意思決定を行う権限を有する者を事業者とするということであり、他の各法において「委託」という用語が用いられている場合であっても、その委託が法の「委託」に該当するかどうかは当該各法の解釈によって決まってくるものである。したがって、例えば、広域臨海環境整備センター法（昭和五六年法律第七六号）第一九条に規定する「委託」及び廃棄物の処理及び清掃に関する法律第一五条の六に規定する「委託」については、この場合の「委託」には該当せず、この場合には、それぞれ広域臨海環境整備センター及び廃棄物処理センターが法の事業者となる。

第二　第二種事業に係る判定

一　第二種事業を実施しようとする者は、その氏名及び住所並びに第二種事業の種類及び規模、第二種事業が実施されるべき区域その他第二種事業の概要を㈠から㈤までに掲げる第二種事業の区分に応じ、当該㈠から㈤までに定める者に書面により届け出なければならないものとした。この場合において、㈣又は㈤に掲げる第二種事業を実施しようとする者が㈣又は㈤に定める主任の大臣であるときは、主任の大臣に届け出ることに代えて、それらを記載した書面を作成するものとした（法第四条第一項）。

㈠　第一の二のイの(ア)に該当する第二種事業　第一の二のイの(ア)に規定する免許、特許、許可、認可若しくは承認（以下「免許等」という。）を行い、又は第一の二のイの(ア)に規定する届出（以下「特定届出」という。）を受理する者

㈡　第一の二のイの(イ)に該当する第二種事業　第一の二のイの(イ)に規定する国の補助金の交付の決定を行う者（以下「交付決定権者」という。）

㈢　第一の二のイの(ウ)に該当する第二種事業　第一の二のイの(ウ)に規定する法律の規定に基づき第一の二のイの(ウ)に規定する法人を当該事業に関して監督する者（以下「法人監督者」という。）

㈣　第一の二のイの(エ)に該当する第二種事業　当該事業の実施に関する事務を所掌する主任の大臣

㈤　第一の二のイの(オ)に該当する第二種事業　当該事業の実施に関する事務を所掌する主任の大臣及び第一の二の

イの㈹に規定する免許、特許、許可、認可若しくは承認を行う者又は第一の二のイの㈹に規定する届出の受理を行う者

二　一の㈠から㈤までに定める者は、一による届出（一の後段による書面の作成を含む。）に係る第二種事業が実施されるべき区域を管轄する都道府県知事に届出に係る書面の写しを送付して、三〇日以上の期間を指定して法の規定による環境影響評価その他の手続が行われる必要があるかどうかについての意見及びその理由を求めなければならないものとし、都道府県知事の意見が述べられたときはこれを勘案して、届出の日から起算して六〇日以内に届出に係る第二種事業についての判定を行い、環境影響の程度が著しいものとなるおそれがあると認めるときは㈠の措置を、著しいものとなるおそれがないと認めるときは㈡の措置をとらなければならないものとした（法第四条第二項及び第三項）。この場合において、「環境影響の程度が著しいものとなるおそれがないと認めるとき」とは、「環境影響の程度が著しいものとなるおそれがあると認めるとき」に該当しないときという趣旨である。

㈠　法の規定による環境影響評価その他の手続が行われる必要がある旨及びその理由を、書面をもって届出をした者及び都道府県知事（一の後段の場合にあっては、都道府県知事）に通知すること。

㈡　法の規定による環境影響評価その他の手続が行われる必要がない旨及びその理由を、書面をもって届出をした者及び都道府県知事（一の後段の場合にあっては、都道府県知事）に通知すること。

判定権者については、事業の実施による環境影響は事業種によって異なるものであり、法の仕組みが最終的に環境影響評価の結果を免許等の審査等に反映するものとなっていることから、事業の実施による環境影響について十分な知見を有する免許等を行う者等を判定権者としたものである。また、この際、地域の環境情報という観点から都道府県知事の意見を聴くこととしたものであるが、この都道府県知事の意見については、地域の環境の保全に責任を有する立場から述べられるものであり、判定権者に十分に受け止められ、当該意見が判定に適切に反映させることが必要となる重要な意見として位置付けられるものである。なお、都道府県知事が意見を述べる場合において、必要に応じ市町村長の意見を求め、又は住民等の意見が聴くことができるものとする等、第一〇の九の趣旨に沿った形で、地域の特性を踏まえた運用を行うことができるものであり、また、環境庁としては、都道府県知事が意見を述べる際には、自然的環境の保護に関連する施策に携わっているとい

う観点から、文化財保護担当部局及び農林水産担当部局との連絡調整を図ることが適当であると考えているところであるので、この旨併せて御配慮願いたい。

三　二㈠の措置がとられた者が当該第二種事業の規模又はその実施されるべき区域を変更して当該事業を実施しようとする場合に、当該変更後の事業が第二種事業に該当するときは、当該変更後の当該事業について再び一の届出をすることができることとし、この段階での事業内容の見直しにより環境影響の程度が著しいものとなるおそれがなくなる場合を想定して、再度判定の機会を与えることとした（法第四条第四項）。

四　第二種事業（対象事業に該当するものを除く。）を実施しようとする者は、二㈡の措置がとられるまでに第二種事業を実施してはならないこととした（法第四条第五項）。

五　第二種事業を実施しようとする者が自ら進んで法の手続を行う意思を有している場合に適切に対応するため、第二種事業を実施しようとする者は、一にかかわらず、判定を受けることなくこの法律の規定による環境影響評価その他の手続を行うことができることとした。この場合において、第二種事業を実施しようとする者は、一の㈣又は㈤に定める主任の大臣以外の者にあっては法の規定による環境影響評価その他の手続を行うこととした旨を一の㈠から㈤までに掲げる第二種事業の区分に応じ一の㈠から㈤までに定める者に書面により通知し、一の㈣又は㈤に定める主任の大臣にあってはその旨の書面を作成するものとし、その通知を受け、又は書面を作成した者は、通知又は書面の作成に係る第二種事業が実施されるべき区域を管轄する都道府県知事に通知又は作成に係る書面の写しを送付しなければならないこととした（法第四条第六項、第七項及び第八項）。

六　第二種事業の種類及び規模、第二種事業が実施されるべき区域及びその周辺の区域の環境の状況その他の事情を勘案して二による判定が適切に行われることを確保するため、二の判定の基準を主務大臣が環境庁長官に協議して定めることとし、環境庁長官は、関係する行政機関の長に協議して、主務大臣が定めるべき基準に関する基本的事項を定めて公表するものとした（法第四条第九項及び第一〇項）。

なお、この基本的事項については、「環境影響評価法第四条第九項の規定により主務大臣及び建設大臣が定めるべき基準並びに同法第一一条第三項及び第一二条第二項の規定により主務大臣が定めるべき指針に関する基本的事項を定める件」（平成九年一二月一二日環境庁告示第八七号）

により公表したところである。

第三　方法書の作成等

一　方法書の作成

事業者は、対象事業に係る環境影響評価を行う方法（調査、予測及び評価に係るものに限る。）について、次に掲げる事項を記載した環境影響評価方法書（以下「方法書」という。）を作成しなければならないものとした。なお、相互に関連する二以上の対象事業を実施しようとする場合には、当該対象事業に係る事業者は、これらの対象事業について、併せて方法書を作成することができることとした（第五条）。

㈠　事業者の氏名及び住所等

㈡　対象事業の目的及び内容

㈢　対象事業が実施されるべき区域（以下「対象事業実施区域」という。）及びその周囲の概況

㈣　対象事業に係る環境影響評価の項目並びに調査、予測及び評価の手法（当該手法が決定されていない場合にあっては、対象事業に係る環境影響評価の項目）

㈣で「当該手法が決定されていない場合にあっては」とあるのは、事業によっては事業の内容をある程度固めた後でなければ具体的な手法までは確定できない場合が想定されるが、これらを必要的記載事項とした場合には方法書手続の開始の時点がそれにより遅くなることが想定されることによるものである。なお、㈢の「区域及びその周囲の概況」については、当該事業の実施に伴う環境影響の調査、予測及び評価に当たって概況を把握することが必要であると事業者が判断した区域について、入手可能な最新の文献、資料等に基づき把握されることを想定しており、事業者に現地調査を義務付けるものではない。

二　方法書の送付等

事業者は、方法書を作成したときは、対象事業に係る環境影響を受ける範囲であると認められる地域を管轄する都道府県知事及び市町村長に対し方法書を送付しなければならないものとし、主務大臣は環境庁長官に協議して、当該地域が対象事業に係る環境影響評価につき環境の保全の見地からの意見を求める上で適切な範囲のものとなることを確保するための基準となるべき事項を定めるものとした（第六条）。

対象事業に係る環境影響を受ける地域については、事業種ごとに異なることが想定されることから、事業の種類ごとに基準を主務省令で定めることとしたものである。なお、環境庁としては、都道府県知事が方法書の送付を受けた場合、当該方法書の内容に道路交通法（昭和三五年法律第一〇五号）第二条第一項第二三号の交通公害（以下「交

通公害」という。）に係るものが含まれるときは、都道府県公安委員会に連絡し、当該都道府県公安委員会の求めがあるときは、当該方法書を送付していただくことが適当であると考えているところであり、この旨御配慮願いたい。

三　方法書についての公告及び縦覧

事業者は、方法書を作成したときは、環境影響評価の項目並びに調査、予測及び評価の手法について環境の保全の見地からの意見を求めるため、方法書を作成した旨等を公告し、二の地域内において、方法書を公告の日から起算して一月間縦覧に供しなければならないものとした（第七条）。

四　方法書についての意見書の提出

方法書について環境の保全の見地からの意見を有する者は、方法書に係る公告の日から、方法書の縦覧期間満了の日の翌日から起算して二週間を経過する日までの間に、事業者に対し、意見書の提出によりこれを述べることができるものとした（第八条）。

この方法書についての意見書の提出は、環境影響評価の項目並びに調査、予測及び評価の手法についてのものであり、有益な環境情報を提供するという観点から適切な意見が出されることが求められることとなる。

五　方法書についての意見の概要の送付

事業者は、方法書についての意見書の提出期間を経過した後、二の地域を管轄する都道府県知事及び市町村に対し、方法書について環境の保全の見地からの意見を有する者の意見の概要を記載した書類を送付しなければならないものとした（第九条）。

六　方法書についての都道府県知事等の意見

都道府県知事は、五の書類の送付を受けたときは、一定期間内に、事業者に対し、方法書についての環境の保全の見地からの意見を書面により述べるものとし、この場合において、都道府県知事は、期間を指定して、方法書について五の市町村長に対し環境の保全の見地からの意見を求め、その意見を勘案するとともに、方法書について環境の保全の見地からの意見を有する者の意見に配意するものとした（第一〇条）。

この都道府県知事の意見については、地域の環境の保全に責任を有する立場から述べられる重要な意見であることから、環境影響評価の項目等の選定の際には事業者に十分に受け止められ、当該意見が適切に反映されることが必要であるものである。

この際、環境庁としては、手続の円滑な進行を確保する観点から、都道府県知事は意見の内容が確定した場合（意見がない場合を含む。）には、政令で定める期間内であっても速やかに意見を述べることが適当であると考えているところであり、この旨御配慮願いたい。また、都道府県知事が意見を述べる際には、交通公害に係る内容についてあらかじめ当該都道府県公安委員会の意見を聴くとともに、都道府県知事又は市町村長が意見を述べる際には、自然的環境の保護に関連する施策に携わっているという観点から、文化財保護担当部局及び農林水産担当部局との連絡調整を図ることが適当であると考えているところであるので、この旨併せて御配慮願いたい。

第四　環境影響評価の実施等

一　環境影響評価の項目等の選定

(一)　事業者は、方法書についての都道府県知事の意見が述べられたときはこれを勘案するとともに、方法書について環境の保全の見地からの意見を有する者の意見に配意して第三の一の(四)に掲げる事項に検討を加え、対象事業に係る環境影響評価の項目並びに調査、予測及び評価の手法を選定しなければならないものとした。この場合において、事業者は、その選定を行うに当たり必要があると認めるときは、主務大臣に対し、技術的な助言を記載した書面の交付を受けたい旨の申出を書面によりすることができるものとした（第一一条第一項及び第二項）。

この段階において、事業者は、都道府県知事の意見を勘案し、環境の保全の見地からの意見を有する者の意見に配意した上で、環境影響評価の項目並びに調査、予測及び評価の手法を選定することとしたものである。

(二)　(一)の規定による選定は、環境基本法（平成五年法律第九一号）第一四条各号に掲げる事項の確保を旨として、既に得られている科学的知見に基づき、対象事業に係る環境影響評価を適切に行うために必要であると認められる環境影響評価の項目並びにその項目に係る調査、予測及び評価を合理的に行うための手法を選定するための、主務大臣が環境庁長官に協議して定める指針に定めるところにより行わなければならないものとした（第一一条第三項）。

二　環境影響評価の実施

事業者は、一の規定により選定した項目及び手法に基づいて、対象事業に係る環境影響評価を行わなければならないものとした。この場合における環境影響評価は、対象事業に係る環境影響評価を適切に行うために必要であると認められる環境の保全のための措置に関する、主務大臣が環境庁長官に協議して定める指針に定めるところにより行わなければならないものとした（第一二条）。

三　基本的事項の公表

環境庁長官は、関係する行政機関の長に協議して、二及び三の規定により主務大臣が定めるべき指針に関する基本的事項を定めて公表するものとした（第一三条）。

なお、基本的事項については、「環境影響評価法第四条第九項の規定により主務大臣及び建設大臣が定めるべき基準並びに同法第一一条第三項及び第一二条第二項の規定により主務大臣が定めるべき指針に関する基本的事項を定める件」（平成九年一二月一二日環境庁告示第八七号）により公表したところである。

第五　準備書

一　準備書の作成

事業者は、対象事業に係る環境影響評価を行った後、その結果について環境の保全の見地からの意見を聴くための準備として、次に掲げる事項を記載した環境影響評価準備書（以下「準備書」という。）を作成しなければならないものとした（第一四条）。

㈠　第三の一の㈠から㈢までに掲げる事項

㈡　方法書について環境の保全の見地からの意見を有する者の意見の概要

㈢　方法書に係る都道府県知事の意見

㈣　㈡及び㈢の意見についての事業者の見解

㈤　環境影響評価の項目並びに調査、予測及び評価の手法

㈥　第四の一の㈠の助言がある場合には、その内容

㈦　環境影響評価の結果のうち、次に掲げるもの

ア　調査の結果の概要並びに予測及び評価の結果を環境影響評価の項目ごとにとりまとめたもの（環境影響評価を行ったにもかかわらず環境影響の内容及び程度が明らかとならなかった項目に係るものを含む。）

イ　環境の保全のための措置（当該措置を講ずることとするに至った検討の状況を含む。）

ウ　イに掲げる措置が将来判明すべき環境の状況に応じて講ずるものである場合には、当該環境の状況の把握のための措置

エ　対象事業に係る環境影響の総合的な評価

㈧　環境影響評価の全部又は一部を他の者に委託して行った場合には、その者の氏名及び住所等

このうち、㈦のイの「当該措置を講ずることとするに至った検討の状況」とは、個々の事業者により実行可能な範囲内で環境への影響をできる限り回避し、又は低減するものであるか否かを評価する視点を取り入れる観点から、事業者が事業計画の検討を進める過程で行われる環境の保全のための措置の検討を経過を明らかにするために記載事項としたものであるが、これは、建造物の構造、配置の在り方、環境保全設備、工事の方法等を含む幅広い環境保全対策を対象として、複数の案を時系列に沿って若しくは並

行的に比較検討すること、実行可能なより良い技術が取り入れられているか否かについて検討すること等を念頭においたものである。

また、ウの「環境の状況の把握のための措置」とは、個々の事業の状況に応じた対応が可能であるものであり、エの「環境影響の総合的な評価」とは、選定項目ごとに取りまとめられた調査、予測及び評価の結果の概要を一覧できるように取りまとめること等を意味するものであり、それにより、他の選定項目に係る環境要素に及ぼすおそれがある影響について検討が行われることを想定したものである。

二　準備書の送付等

事業者は、準備書を作成したときは、第三の二の基準により、対象事業に係る環境影響を受ける範囲であると認められる地域（以下「関係地域」という。）を管轄する都道府県知事（以下「関係都道府県知事」という。）及び関係地域を管轄する市町村長（以下「関係市町村長」という。）に対し、準備書及びこれを要約した書類を送付しなければならないものとした（第一五条）。

関係地域については、方法書段階と同一の主務省令による基準により定められることとなるが、この段階では環境影響評価がすでに実施済みであり、より具体的な情報が得られていることから、方法書段階とは関係地域の範囲が異なることも想定されるものである。ここで、法において「第六条第一項の地域に追加すべきものと認められる地域を含む」とされているが、地域を追加した場合には事業者に新たな義務が課されるため入念的に規定しているものであり、地域を縮小した場合は縮小後の地域を関係地域として解釈できるものである。また、準備書については要約書の作成を義務付けているが、これは、環境影響評価その他の手続を円滑に進める上では、専門的知識を有しない者等に対しても内容をわかりやすく周知することが必要であることによるものである。なお、環境庁としては、都道府県知事が準備書の送付を受けた場合、当該準備書の内容に交通公害に係るものがあるときは、都道府県公安委員会に連絡し、当該都道府県公安委員会の求めがあるときは、当該準備書を送付していただくことが適当であると考えているところであり、この旨御配慮願いたい。

三　準備書についての公告及び縦覧

事業者は、準備書等の送付を行った後、準備書に係る環境影響評価の結果について環境の保全の見地からの意見を求めるため、準備書を作成した旨等を公告し、関係地域内において、準備書等を公告の日から起算して一月間縦覧に供しなければならないものとした（第一六条）。

四　説明会の開催等

事業者は、準備書の縦覧期間内に、関係地域内において、準備書の記載事項を周知させるための説明会を開催しなければならないものとした。この場合において、事業者は、その責めに帰することができない事由で説明会を開催することができない場合には、当該説明会を開催することを要せず、他の方法により準備書の周知に努めなければならないものとした（第一七条）。

五　準備書についての意見書の提出

準備書について環境の保全の見地からの意見を有する者は、準備書に係る公告の日から、準備書の縦覧期間満了の日の翌日から起算して二週間を経過する日までの間に、事業者に対し、意見書の提出により、これを述べることができるものとした（第一八条）。

この準備書についての意見書の提出は、環境影響評価の結果に関する事項についてのものであり、有益な環境情報を提供するという観点から適切な意見が出されることが求められることとなる。

六　準備書についての意見の概要等の送付

事業者は、準備書についての意見書の提出期間を経過した後、関係都道府県知事及び関係市町村長に対し、準備書について環境の保全の見地からの意見を有する者の意見の概要及びその意見についての事業者の見解を記載した書類を送付しなければならないものとした（第一九条）。

七　準備書についての関係都道府県知事等の意見

関係都道府県知事は、書類の送付を受けたときは、一定期間内に、事業者に対し、準備書について環境の保全の見地からの意見を書面により述べるものとし、この場合において、関係都道府県知事は、期間を指定して、準備書について関係市町村長の環境の保全の見地からの意見を求め、その意見を勘案するとともに、準備書について環境の保全の見地からの意見を有する者の意見に配意するものとした（第二〇条）。

この都道府県知事の意見については、地域の環境の保全に責任を有する立場から述べられるものであり、事業者に十分に受け止められ、当該意見が評価書の作成において適切に反映されることが必要となる重要な意見として位置付けられるものである。

この際、環境庁としては、手続の円滑な進行を確保する観点から、都道府県知事は意見の内容が確定した場合（意見がない場合を含む。）には、政令で定める期間内であっても速やかに意見を述べることが適当であると考えているところであり、この旨御配慮願いたい。また、都道府県知事が意見を述べる際には、交通公害に係る内容についてあらかじめ当該都道府県公安委員会の意見を聴くとともに、都道府県知事又は市町村長が意見を述べる際には、自然的環境の保護に関連する施策に携わっているという観点から、文化財保護担当部局及び農林水産担当部局との連絡調整を図ることが適当であると考えているところであるので、この旨併せて御配慮願いたい。

第六　評価書

一　評価書の作成

(一)　事業者は、準備書について関係都道府県知事の意見が述べられたときはこれを勘案するとともに、準備書について環境の保全の見地からの意見を有する者の意見に配意して準備書の記載事項について検討を加え、当該事項の修正を必要とすると認めるときは、次のアからウまでに掲げる当該修正の区分に応じ当該アからウまでに定める措置をとらなければならないものとした（法第二一条第一項）。

ア　第三の一の(二)に掲げる事項の修正（事業規模の縮小、政令で定める軽微な修正その他の政令で定める修正に該当するものを除く。）　第三から第六までによる環境影響評価その他の手続を経ること。

イ　第三の一の(一)又は第五の一の(二)から(四)まで、(六)若しくは(八)に掲げる事項の修正　(二)及び二から七までによる環境影響評価その他の手続を行うこと。

ウ　ア及びイに掲げるもの以外のもの　第四の一及び二の指針により当該修正に係る部分について対象事業に係る環境影響評価を行うこと。

この段階において、事業者は、都道府県知事の意見を勘案し、環境の保全の見地からの意見を有する者の意見に配意した上で、準備書の記載事項に検討を加えることとなる。

また、その結果、アに該当する場合には再び方法書手続から実施することとなり、ウに該当する場合には修正に係る部分について環境影響評価（例：追加調査、環境の保全のための措置の再検討等）が行われることとなる。なお、イは事業者の氏名、住所等準備書の内容の形式的な修正の場合を想定しており、この場合には当該形式的な修正が行われることとなる。

(二)　事業者は、(一)のアに該当する場合を除き、(一)のウの規定による環境影響評価を行った場合には当該環境影響評価及び準備書に係る環境影響評価の結果に、(一)のウの規定による環境影響評価を行わなかった場合には準備書に係る環境影響評価の結果に係る次に掲げる事項を記載した環境影響評価書（以下六まで並びに第七の二及び三において「評価書」という。）を作成しなければならないものとした（法第二一条第二項）。
ア　第五の一の㈠から㈧までに掲げる事項
イ　準備書について環境の保全の見地からの意見を有する者の意見の概要
ウ　準備書に係る関係都道府県知事の意見
エ　イ及びウの意見についての事業者の見解

二　免許等を行う者等への送付
㈠　事業者は、評価書を作成したときは、速やかに、次のアからカまでに掲げる評価書の区分に応じ当該アからカまでに定める者にこれを送付しなければならないものとした（法第二二条第一項）。
ア　第一の二のイの㈠に該当する対象事業（免許等に係るものに限る。）に係る評価書　当該免許等を行う者
イ　第一の二のイの㈠に該当する対象事業（特定届出に係るものに限る。）に係る評価書　当該特定届出の受理を行う者
ウ　第一の二のイの㈡に該当する対象事業に係る評価書　交付決定権者
エ　第一の二のイの㈢に該当する対象事業に係る評価書　法人監督者
オ　第一の二のイの㈣に該当する対象事業に係る評価書　第二の一の㈣に定める者
カ　第一の二のイの㈤に該当する対象事業に係る評価書　第二の一の㈤に定める者
㈡　㈠のアからカまでに定める者（環境庁長官を除く。）が次のア又はイに掲げる者であるときは、その者は、評価書の送付を受けた後、速やかに、当該ア又はイに定める措置をとらなければならないものとした（法第二二条第二項）。
ア　内閣総理大臣若しくは各省大臣又は委員会若しくは庁の長である国務大臣（以下イ及び六㈠において「内閣総理大臣等」という。）　環境庁長官に当該評価書の写しを送付して意見を求めること。
イ　委員会若しくは庁の長（国務大臣を除く。）又は国の行政機関の地方支分部局の長　その委員会若しくは庁又は地方支分部局が置かれている府若しくは省又は委員会若しくは庁の長である内閣総理大臣等を経由して環境庁長官に当該評価書の写しを送付して意見を求めること。
　したがって、対象事業に係る免許等又は特定届出に係る事務が機関委任事務として都道府県知事の事務とされている場合には、当該免許等又は特定届出に係る事務を所掌する主任の大臣及び環境庁長官へは評価書は送付されず、当該免許等又は特定届出を行う都道府

県知事が事業者に対して四により意見を述べることができることとなる。

三　環境庁長官の意見

環境庁長官は、二の㈡のア又はイの措置がとられたときは、必要に応じ、一定期間内に、二の㈡のア又はイに掲げる者に対し、評価書について環境の保全の見地からの意見を書面により述べることができるものとした。この場合において、二の㈡のイに掲げる者に対する意見は、二の㈡のイに規定する内閣総理大臣等を経由して述べるものとした（法第二三条）。

四　免許等を行う者等の意見

二の㈠のアからカまでに定める者は、二の㈠による送付を受けたときは、必要に応じ、一定期間内に、事業者に対し、評価書について環境の保全の見地からの意見を書面により述べることができるものとした。この場合において、三による環境庁長官の意見があるときは、これを勘案しなければならないものとした（法第二四条）。

五　評価書の再検討及び補正

㈠　事業者は、評価書に係る四の意見が述べられたときはこれを勘案して、評価書の記載事項に検討を加え、当該事項の修正を必要とすると認めるときは、次のアからウまでに掲げる当該修正の区分に応じ当該アからウまでに定める措置をとらなければならないものとした（法第二五条第一項）。

ア　第三の一の㈡に掲げる事項の修正（事業規模の縮小、政令で定める軽微な修正その他の政令で定める修正に該当するものを除く。）　第三から第六までによる環境影響評価その他の手続を経ること。

イ　第三の一の㈠又は第五の一の㈡から㈣まで、㈥若しくは㈧又は一の㈡のイからエまでに掲げる事項の修正　評価書について所要の補正をすること。

ウ　ア及びイに掲げるもの以外のもの　第四の一及び二の指針により当該修正に係る部分について対象事業に係る環境影響評価を行うこと。

㈡　事業者は、㈠のウの規定による環境影響評価を行った場合には、当該環境影響評価及び評価書に係る環境影響評価の結果に基づき評価書の補正をしなければならないものとした（法第二五条第二項）。

㈢　事業者は、㈠のアに該当する場合を除き、㈠のイ又は㈡の規定による補正後の評価書の送付（補正を必要としないと認めるときは、その旨の通知）を、二の㈠のアからカまでに掲げる評価書の区分に応じ当該アからカまでに定める者に対してしなければならないものとした（法第二五条第三項）。

六　環境庁長官等への評価書の送付

(一)　二の(一)のアからカまでに定める者（環境庁長官を除く。）が次のア又はイに掲げる者であるときは、その者は、五の(三)による送付又は通知を受けた後、当該ア又はイに定める措置をとらなければならないものとした（法第二六条第一項）。

ア　内閣総理大臣等　環境庁長官に五の(三)による送付を受けた補正後の評価書の写しを送付し、又は五の(三)による通知を受けた旨を通知すること。

イ　委員会若しくは庁の長（国務大臣を除く。）又は国の行政機関の地方支分部局の長　その委員会若しくは庁又は地方支分部局が置かれている府若しくは省又は委員会若しくは庁の長である内閣総理大臣等を経由して環境庁長官に五の(三)の規定による送付を受けた補正後の評価書の写しを送付し、又は五の(三)の規定による通知を受けた旨を通知すること。

(二)　事業者は、五の(三)による送付又は通知をしたときは、速やかに、関係都道府県知事及び関係市町村長に評価書（五の(一)のイ又は五の(二)の規定による評価書の補正をしたときは、当該補正後の評価書。七、第七及び第八において同じ。）、これを要約した書類及び四の書面を送付しなければならないものとした（法第二六条第二項）。

七　評価書の公告及び縦覧

事業者は、五の(三)による送付又は通知をしたときは、評価書を作成した旨等を公告し、関係地域内において、評価書、要約書及び四の意見に係る書面を公告の日から起算して一月間縦覧に供しなければならないものとした（法第二七条）。

第七　対象事業の内容の修正等

一　事業内容の修正の場合の環境影響評価その他の手続

事業者は、第三の三による方法書に係る公告を行ってから第六の七による評価書の公告を行うまでの間に第三の一の(二)に掲げる事項を修正しようとする場合において、当該修正後の事業が対象事業に該当するときは、当該修正後の事業について第三から第六までによる環境影響評価その他の手続を経なければならないものとした。ただし、当該事項の修正が事業規模の縮小、政令で定める軽微な修正その他の政令で定める修正に該当する場合にはこの限りでないものとした（法第二八条）。

二　事業内容の修正の場合の第二種事業に係る判定

事業者は、第三の三による方法書に係る公告を行ってから第六の七による評価書の公告を行うまでの間に第三の一の(二)に掲げる事項を修正しようとする場合において、当該修正後の事業が第二種事業に該当するときは、当該修正後の事業について、第二種事業に係る判定を受けるための届出をすることができることとした（法第二九条）。

三　対象事業の廃止等

㈠　事業者は、第三の三による方法書に係る公告を行ってから第六の七による評価書の公告を行うまでの間に、次のアからウまでのいずれかに該当することとなった場合には、方法書、準備書又は評価書の送付を当該事業者から受けた者にその旨を通知するとともに、その旨を公告しなければならないこととした（法第三〇条第一項）。

ア　対象事業を実施しないこととしたとき。

イ　第三の一の㈡に掲げる事項を修正した場合において当該修正後の事業が第一種事業にも第二種事業にも該当しないこととなったとき。

ウ　対象事業の実施を他の者に引き継いだとき。

㈡　㈠のウの場合において、当該引継ぎ後の事業が対象事業であるときは、㈠による公告の日以前に当該引継ぎ前の事業者が行った環境影響評価その他の手続は新たに事業者となった者が行ったものとみなし、当該引継ぎ前の事業者について行われた環境影響評価その他の手続は新たに事業者となったものについて行われたものとみなすものとした（法第三〇条第二項）。

第八　評価書の公告及び縦覧後の手続

一　対象事業の実施の制限

㈠　事業者は、第六の七による評価書に係る公告を行うまでは、対象事業を実施してはならないものとした（法第三一条第一項）。

事務次官通知に述べたとおり、この規定は、環境影響評価その他の手続は事業の実施前に行うものであり、当該手続が終了する前に事業が実施されるようなことがあれば、事業に係る環境の保全について適正な配慮がなされることを確保するという法の趣旨に反することとなってしまうことから設けたものである。この点からわかるとおり、法は対象事業を実施しようとする場合の環境影響評価その他の手続について定めるものであり、すでに工事が終了した事業及び工事実施中の事業を対象としたものではない。なお、このような趣旨の規定であることから、ここでいう対象事業の実施は、工事に着手することを指しているものであり、例えば、個別の免許法上の申請手続等を開始する行為については該当せず、また、工事の調査のためのボーリング等の事前調査の一環として行われる行為についてもこれに該当しない。

㈡　事業者は、第六の七による評価書に係る公告を行った後に第三の一の㈡に掲げる事項を変更しようとする場合において、当該変更が事業規模の縮小、政令で定める軽微な変更その他の政令で定める変更に該当するときは、この法律の規定による環境影響評価その他の手続を経ることを要しないこととした（法第三一条第二項）。

二　評価書の公告後における環境影響評価その他の手続の再実施

㈠　事業者は、第六の七による評価書に係る公告を行った後に、対象事業実施区域及びその周囲の環境の状況の変化その他の特別の事情により、対象事業の実施において環境の保全上の適正な配慮をするために第五の一の㈤又は㈦に掲げる事項を変更する必要があると認めるときは、当該変更後の対象事業について、更に第三から第六まで又は第四から第六までの例による環境影響評価その他の手続を行うことができるものとした（法第三二条第一項）。

㈡　事業者は、㈠により環境影響評価その他の手続を行うこととしたときは、遅滞なく、その旨を公告するものとした（法第三二条第二項）。

三　免許等に係る環境の保全の配慮についての審査等

㈠　対象事業に係る免許等を行う者は、当該免許等の審査に際し、評価書の記載事項及び第六の四の書面に基づいて、当該対象事業につき、環境の保全についての適正な配慮がなされるものであるかどうかを審査しなければならないものとした（法第三三条第一項）。

㈡　㈠の場合においては、次のアからウまでに掲げる当該免許等の区分に応じ、当該アからウまでに定めるところによるものとした（法第三三条第二項）。

ア　一定の基準に該当している場合には免許等を行うものとする旨の法律の規定に係る免許等　当該免許等を行う者は、当該免許等に係る当該規定にかかわらず、当該規定に定める当該基準に関する審査と㈠の規定による環境の保全に関する審査の結果を併せて判断するものとし、当該基準に該当している場合であっても、当該判断に基づき、当該免許等を拒否する処分を行い、又は当該免許等に必要な条件を付することができるものとする。

イ　一定の基準に該当している場合には免許等を行わないものとする旨の法律の規定に係る免許等　当該免許等を行う者は、当該免許等に係る当該規定にかかわらず、当該規定に定める当該基準に該当している場合のほか、対象事業の実施による利益に関する審査と㈠の規定による環境の保全に関する審査の結果を併せて判断するものとし、当該判断に基づき、当該免許等を拒否する処分を行い、又は当該免許等に必要な条件を付することができるものとする。

ウ　免許等を行い又は行わない基準を法律の規定で定めていない免許等　当該免許等を行う者は、対象事業の実施による利益に関する審査と㈠の規定による環境の保全に関する審査の結果を併せて判断するものとし、当該判断に基づき、当該免許等を拒否する処分を行い、又は当該免許等に必要な条件を付することができるものとする。

㈢　対象事業に係る免許等であって対象事業の実施において環境の保全についての適正な配慮がなされるものでなければ当該免許等を行わないものとする旨の法律の規定があるものを行う者は、評価書の記載事項及び第六の四の書面に基づいて、当該法律の規定による環境の保全に関する審査を行うものとすることとした（法第三三条第三項）。

四　特定届出に係る環境の保全の配慮についての審査等

対象事業に係る特定届出を受理した者は、評価書の記載事項及び第六の四の書面に基づいて、当該対象事業につき、環境の保全についての適正な配慮がなされるものであるかどうかを審査し、この配慮に欠けると認めるときは、当該特定届出に係る法律の規定にかかわらず、当該特定届出をした者に対し、当該規定によって勧告又は命令をすることができることとされている期間内において、当該特定届出に係る事項の変更の勧告又は命令をすることができるものとした（法第三四条）。

五　交付決定権者の行う環境の保全の配慮についての審査等

対象事業に係る交付決定権者は、評価書の記載事項及び第六の四の書面に基づいて、当該対象事業につき、環境の保全についての適正な配慮がなされるものであるかどうかを審査しなければならないものとした。この場合において、当該審査は、補助金等に係る予算の執行の適正化に関する法律の規定による調査として行うものとした（法第三五条）。

六　法人監督者の行う環境の保全の配慮についての審査等

対象事業に係る法人監督者は、評価書の記載事項及び第六の四の書面に基づいて、当該対象事業につき、環境の保全についての適正な配慮がなされるものであるかどうかを審査し、当該法人に対する監督を通じて、この配慮がなされることを確保するようにしなければならないものとした（法第三六条）。

七　主任の大臣の行う環境の保全の配慮についての審査等

国が直轄事業として行う対象事業に係る当該事業の実施に関する事務を所掌する主任の大臣は、評価書の記載事項及び第六の四の書面に基づいて、当該対象事業につき、環境の保全についての適正な配慮がなされるものであるかどうかを審査し、この配慮がなされることを確保するようにしなければならないものとした（法第三七条）。

八　事業者の環境の保全の配慮等

(一)　事業者は、評価書に記載されているところにより、環境の保全についての適正な配慮をして当該対象事業を実施するようにしなければならないものとした（法第三八条第一項）。

(二)　第八において環境の保全に関する審査を行うべき者が事業者の地位を兼ねる場合には、当該審査を行うべき者は、当該審査に係る業務に従事するその者の職員を当該事業の実施に係る業務に従事させないように努めなければならないものとした（法第三八条第二項）。

第九　港湾計画に係る環境影響評価その他の手続

一　港湾環境影響評価

法において「港湾環境影響評価」とは、港湾法（昭和二五年法律第二一八号）に規定する重要港湾に係る港湾計画（以下「港湾計画」という。）に定められる港湾の開発、利用及び保全並びに港湾に隣接する地域の保全（以下「港湾開発等」という。）が環境に及ぼす影響（以下「港湾環境影響」という。）について環境の構成要素に係る項目ごとに調査、予測及び評価を行うとともに、これらを行う過程においてその港湾計画に定められる港湾開発等に係る環境保全のための措置を検討し、この措置が講じられた場合における港湾環境影響を総合的に評価することをいうものとした（法第四七条）。

二　港湾計画に係る港湾環境影響評価その他の手続

(一)　港湾管理者は、港湾計画の決定又は決定後の港湾計画の変更のうち、規模の大さい埋立てに係るものであることその他の政令で定める要件に該当する内容のものを行おうとするときは、当該決定又は変更に係る港湾計画（以下「対象港湾計画」という。）について、本法に定めるところにより港湾環境影響評価その他の手続を行わなければならないものとした（法第四八条第一項）

(二)　対象港湾計画については、具体的には以下のとおりとした（施行令第七条）。

ア　港湾計画の決定であって、当該港湾計画に定められる港湾開発等の対象となる区域のうち、埋立てに係る区域及び土地を掘り込んで水面とする区域（イにおいて「埋立て等区域」という。）の面積の合計が三〇〇ヘクタール以上であるもの

イ　決定後の港湾計画の変更であって、当該変更後の港湾計画に定められる港湾開発等の対象となる区域のうち、埋立て等区域（当該変更前の港湾計画に定められていたものを除く。）の面積の合計が三〇〇ヘクター

ル以上であるもの

㈢　㈠に規定するもののほか、港湾管理者が対象港湾計画に係る港湾環境影響評価その他の手続を行う場合について所要の規定を設けるとともに、港湾管理者は、対象港湾計画の決定又は決定後の対象港湾計画の変更を行う場合には、港湾法に定めるところによるほか、港湾環境影響評価書に記載されているところにより、当該港湾計画に定められる港湾開発等に係る港湾環境影響について配慮し、環境の保全が図られるようにするものとした（法第四八条第二項及び第三項）。

㈣　なお、港湾計画に係る港湾環境影響評価その他の手続においては、対象事業に係る環境影響評価その他の手続を準用することとしているが、港湾計画という計画の策定段階で行われる環境影響評価であるという本手続の特性を踏まえ、第二及び第三の手続については準用しないこととした。

第一〇　雑則

一　地方公共団体との連絡

事業者等は、この法律の規定による公告若しくは縦覧又は説明会の開催について、関係する地方公共団体と密接に連絡し、必要があると認めるときはこれに協力を求めることができることとした（法第四九条）。

これは、地方公共団体が住民等への周知の手段を有し、また、縦覧、説明会に適した場所を管理している立場にあることを踏まえた規定であるが、当該協力に要する実費は、本来事業者によって負担されるべき性格のものである。

二　国の配慮

国は、地方公共団体（港湾管理者を含む。）が国の補助金等の交付を受けて対象事業の実施（対象港湾計画の決定又は変更を含む。）をする場合には、この法律の規定による環境影響評価その他の手続に要する費用について適切な配慮をするものとした（法第五〇条）。

三　技術開発

国は、環境影響評価に必要な技術の向上を図るため、当該技術の研究及び開発の推進並びにその成果の普及に努めるものとした（法第五一条）。

四　適用除外等

㈠　この法律の規定は、放射性物質による大気の汚染、水質の汚濁（水質以外の水の状態又は水底の底質が悪化することを含む。）及び土壌の汚染については、適用しないこととした（法第五二条第一項）。

㈡　法第二章から第七章までの規定は、災害対策基本法（昭和三六年法律第二二三号）第八七条の規定による災害復旧の事業又は同法第八八条第二項に規定する事業、建築基準法（昭和二五年法律第二〇一号）第八四条の規定が適用される場合における同条第一項の都市計画に定められる事業又は同項に規定する事業及び被災市街地復興特別措置法（平成七年法律第一四号）第五条第一項の被災市街地復興推進地域において行われる同項第三号に規定する事業については、適用しないこととした（法第五二条第二項）。

五　命令の制定とその経過措置

㈠　第一種事業又は第二種事業を定める政令の制定又は改廃により新たに対象事業となる事業（新たに第二種事業となる事業のうち第二の二の㈠の措置がとられたものを含む。以下「新規対象事業等」という。）があるもの（以下㈢までにおいて「対象事業等政令」という。）の施行の際、当該新規対象事業等について、条例又は行政手続法（平成五年法律第八八号）第三六条に規定する行政指導（地方公共団体が同条の規定の例により行うものを含む。）その他の措置（以下「行政指導等」という。）の定めるところに従って作成された次のアからケまでに掲げる書類（対象事業等政令の施行に際し㈡により指定されたものに限る。）があるときは、当該書類は、それぞれ当該アからケまでに定める書類とみなすものとした（法第五三条第一項）。

ア　環境影響評価の項目を記載した書類であって環境影響を受ける範囲であると認められる地域を管轄する地方公共団体の長（以下ケまでにおいて「関係地方公共団体の長」という。）に対する送付、縦覧その他の第三者の意見を聴くための手続を経たものであると認められるもの　第三の三の公告及び縦覧の手続を経た方法書

イ　アに掲げる書類に対する環境の保全の見地からの意見の概要を記載した書類であって関係地方公共団体の長に対する送付の手続を経たものであると認められるもの　第三の五の意見の概要の送付の手続を経た当該意見の概要を記載した書類

ウ　関係地方公共団体の長がアに掲げる書類について環境の保全の見地からの意見を述べたものであると認められる書類　第三の六の環境の保全の見地からの意見に係る書面

エ　環境影響評価の結果について環境の保全の見地からの一般の意見を聴くための準備として作成された書類であって第五の三の公告及び縦覧並びに第五の四による周知のための措置に相当する手続を経たものであると認められるもの　第五の三及び第五の四の手続を経

た準備書

オ　エに掲げる書類に対する環境の保全の見地からの意見の概要を記載した書類であって関係地方公共団体の長に対する送付の手続を経たものであると認められるもの　第五の六の意見の概要を送付の手続を経た当該意見の概要を記載した書類

カ　関係地方公共団体の長がエに掲げる書類について環境の保全の見地からの意見を述べたものであると認められる書類　第五の七の環境の保全の見地からの意見に係る書面

キ　カの意見が述べられた後にエに掲げる書類の記載事項の検討を行った結果を記載したものであると認められる書類　第六の一の㈡の評価書

ク　関係する行政機関の意見が述べられる機会が設けられており、かつ、その意見を勘案してエ又はキに掲げる書類の記載事項の検討を行った結果を記載したものであると認められる書類　第六の六の㈡の評価書

ケ　第六の七の公告に相当する公開の手続を経たものであると認められる書類　第六の七の手続を経た評価書

本規定は、対象事業等政令の制定又は改廃に当たって、新たに対象事業となる事業について、既存の条例又は行政指導等の他の制度で一定の手続が進行している場合に、その実績を尊重することにより対象事業等政令の円滑な施行を確保する観点から設けられたものであるが、この基本的考え方としては、法の一連の手続が書面主義で構成されていることから、これらの書面に着目して、当該他の制度において法の書面のいずれかに相当する書面が確定している場合には、当該書面を法の手続によって作成された書面とみなすことにより、法においては、そのみなされた書面以降の手続のみを行うこととするものである。なお、これによりアからケまでに定める書類とみなされた他の制度で作成された書類については、当該書類が規定された当該他の制度によって作成されることとなるため、当該書類の記載事項及び内容は、法において必要とされる記載事項及び内容とは異なるものとなるが、この点をもって当該書類に不備があると解釈されるものではないものである。

㈡　㈠のアからケまでに掲げる書類は、当該書類の作成の根拠が条例又は行政指導等（地方公共団体に係るものに限る。）であるときは環境庁長官が当該地方公共団体の意見を聴いて、行政指導等（国の行政機関に係るものに限る。）であるときは主務大臣が環境庁長官（都市計画を定める都市計画決定権者が環境影響評価その他の手続を行うものとする旨を定める行政指導等にあっては、建

設大臣が主務大臣及び環境庁長官）に協議して、それぞれ指定し、公表するものとした（法第五三条第二項及び第三項）。

㈢　新規対象事業等であって次に掲げるもの（アからエまでに掲げるものにあっては、対象事業等政令の施行の日㈤までにおいて「政令施行日」という。）以後その内容を変更せず、又は事業規模を縮小し、若しくは政令で定める軽微な変更その他の政令で定める変更のみをして実施されるものに限る。）については、法第二章から第七章までの規定は、適用しないこととした（法第五四条第一項）。

ア　第一の二のイの(ア)に該当する事業であって、政令施行日前に免許等が与えられ、又は特定届出がなされたもの

イ　第一の二のイの(イ)に該当する事業であって、政令施行日前に第一の二のイの(イ)に規定する国の補助金等の交付の決定がなされたもの

ウ　ア及びイに掲げるもののほか、法律の規定により定められる国の計画で政令で定めるものに基づいて実施される事業であって、政令施行日前に当該国の計画が定められたもの

エ　アからウまでに掲げるもののほか、政令施行日前に都市計画法第一七条第一項の規定による公告が行われた同法の都市計画に定められた事業（当該都市計画に定められた都市施設に係る事業を含む。以下同じ。）

オ　ウ及びエに掲げるもののほか、第一の二のイの(ウ)から(オ)までに該当する新規対象事業等であって、政令施行日から起算して六月を経過する日までに実施されるもの

本規定は、対象事業等政令の施行の際、既に事業の実施に係る免許等が終了している等の一定の段階にあるものについては、法的安定性の要請を考慮して法による環境影響評価その他の手続を行うことを要しないこととしたものである。ただし、これらの場合であっても、施行日以降において一定の変更をする場合については、法の適用除外とする必要はないものと考えられることから、法による環境影響評価その他の手続を行う必要があることとしたものである。なお、エにおいて「都市計画に定められた」とされているのは、当該事業に係る都市計画決定が施行日前に行われていることが必要であるという趣旨である。

㈣　㈢の場合において、当該新規対象事業等について政令施行日前に条例の定めるところに従って㈠のアからケまでに掲げる書類のいずれかが作成されているときは、九

にかかわらず、当該条例の定めるところに従って引き続き当該事業に係る環境影響評価その他の手続を行うことができることとした（法第五四条第二項）。

本規定は、九の規定によれば、法が対象として取り上げた事業については、条例による環境影響評価に関する一連の手続を適用することはできないこととなるが、法が対象として取り上げた上で㈢により法の適用が免除される事業についてまで、条例による一連の手続を途中で適用できなくなるのは不都合が生ずるため、このような場合に限り、引き続き条例による一連の手続を行うことができることとしたものである。

㈤　㈢のアからオまでに掲げる事業に該当する事業であって、政令施行日以後の内容の変更（環境影響の程度を低減するものとして政令で定める条件に該当するものに限る。）により新規対象事業等として実施されるものについては、法第二章から第七章までの規定は、適用しないこととした（法第五四条第三項）。

㈥　㈢のアからオまでに掲げる事業に該当する新規対象事業等を実施しようとする者は、㈢にかかわらず、当該新規対象事業等について、第二から第六まで又は第三から第六までの例による環境影響評価その他の手続を行うことができることとした（法第五五条第一項）。

これは、第八の二と同趣旨の規定である。

㈦　㈠から㈥までに定めるもののほか、この法律に基づき命令を制定し、又は改廃する場合においては、その命令で、その制定又は改廃に伴い合理的に必要と判断される範囲内において、所要の経過措置を定めることができることとした（第五六条）。

六　政令への委任

この法律に定めるもののほか、この法律の実施のため必要な事項は、政令で定めることとした（法第五七条）。

七　主務大臣等

㈠　この法律において主務大臣は、次のアからカまでに掲げる事業及び港湾計画の区分に応じ、当該アからカまでに定める大臣とした（法第五八条第一項）。

ア　第一の二のイの㈠に該当する事業　免許等又は特定届出に係る事務を所掌する主任の大臣

イ　第一の二のイの㈡に該当する事業　交付決定権者の行う決定に係る事務を所掌する主任の大臣

ウ　第一の二のイの㈢に該当する事業　法人監督者が行う監督に係る事務を所掌する主任の大臣

エ　第一の二のイの㈣に該当する事業　当該事業の実施に関する事務を所掌する主任の大臣

オ　第一の二のイの㈤に該当する事業　当該事業の実施

に関する事務を所掌する主任の大臣及び当該事業に係る第一の二のイの(オ)の免許、特許、許可、認可若しくは承認又は届出に係る事務を所掌する主任の大臣

カ　港湾計画　運輸大臣

㈡　この法律において、主務省令とは主務大臣の発する命令（主務大臣が総理府の外局の長であるときは、総理府令）とし、主務省令・建設省令とは主務大臣（主務大臣が総理府の外局の長であるときは、内閣総理大臣）及び建設大臣の発する命令（主務大臣が建設大臣であるときは、建設大臣の発する命令）とした（法第五八条第二項）。

八　他の法律との関係

電気事業法第三八条に規定する事業用電気工作物であって発電用のものの設置又は変更の事業に該当する第一種事業又は第二種事業に係る環境影響評価その他の手続については、この法律及び電気事業法の定めるところによることとした（法第五九条）。

九　条例との関係

㈠　この法律の規定は、地方公共団体が次に掲げる事項に関し条例で必要な規定を定めることを妨げるものではないこととした（法第六〇条）。

ア　第二種事業及び対象事業以外の事業に係る環境影響評価その他の手続に関する事項

イ　第二種事業又は対象事業に係る環境影響評価についての当該地方公共団体における手続に関する事項（この法律の規定に反しないものに限る。）

㈡　アでいう第二種事業とは、第一の二の㈡にあるとおり、第二種事業に係る判定を受ける前の概念であり、したがって、第二種事業のうち第二の二の㈡に該当することにより環境影響評価その他の手続が行われる必要がないという判定がなされ、対象事業とならなかった事業については、地方公共団体が条例により環境影響評価その他の手続を規定し、これを行うことを妨げるものではない。

㈢　イの地方公共団体とは、㈠の条例を定める「地方公共団体」であり、事業者（都市計画に定められる対象事業等に関する特例が適用される場合にあっては都市計画決定権者。以下同じ。）たる地方公共団体ではない。

㈣　イは、対象事業等について、条例によって、法律の規定に反しない限りにおいて地方公共団体における手続を規定すること（例えば、地方公共団体の意見の形成に当たって公聴会、審査会を開催すること等）ができ、法律で定められた手続を変更し、又は手続の進行を妨げるような形で事業者に義務を課すこと（例えば、事業者に対

して、公聴会の出席など説明会以外の方法によって準備書を周知する義務を課すること、見解書を縦覧し住民等の意見を求める義務を課すること等）はできないことを意味するものである。

なお、イは、法により環境影響評価に関する一連の手続が定められている第二種事業又は対象事業については、条例により環境影響評価に関する一連の手続を定めることができないという趣旨を表す表現として「地方公共団体における手続」という表現を使用したものであり、したがって、このような包括的表現によって、第二種事業又は対象事業について法律の規定に反しない限りにおいて条例を定めることができる範囲が変更されるものではないものである。

㈤　なお、㈠は、同規定が法と条例との関係を規定する入念的な規定であることから、対象港湾計画についても同様の整理となる。

一〇　地方公共団体の施策におけるこの法律の趣旨の尊重

地方公共団体は、当該地域の環境に影響を及ぼす事業について環境影響評価に関し必要な施策を講ずる場合においては、この法律の趣旨を尊重して行うものとした（第六一条関係）。

なお、この規定は、地方公共団体が条例その他の施策により環境影響評価その他の手続を定めるに当たっては、法律全体の趣旨を参照し、整合のとれたものとすることが要請されるという考え方の方向を訓示規定として示しているものであり、法の個々の手続を個別に参照することを求めたものでない。

第一一　附則

一　施行期日

この法律は、公布の日から起算して二年を超えない範囲内において政令で定める日から施行することとした。ただし、次の各号に掲げる規定は、当該各号に定める日から施行することとした（法附則第一条）。

㈠　第一条、第二条、第四条第一〇項、第一三条、第三九条第二項（第四条第一〇項に係る部分に限る。）、第四八条第一項及び第二項（第一三条に係る部分に限る。）、第五八条並びに附則第八条の規定　公布の日から起算して六月を超えない範囲内において政令で定める日

㈡　第四条第三項（同項の主務省令に係る部分に限る。以下この号において同じ。）及び第九項、第五条第一項（同項の主務省令に係る部分に限る。以下この号において同じ。）、第六条第一項（同項の主務省令に係る部分に限る。）及び第二項、第七条（同条の総理府令に係る部分に限る。）、第八条第二項（同項の総理府令に係る部分

に限る。）、第一一条第一項（同項の主務省令に係る部分に限る。以下この号において同じ。）及び第三項、第一二条第一項（同項の主務省令に係る部分に限る。以下この号において同じ。）及び第二項、第三九条第二項（第四条第三項及び第九項に係る部分に限る。）、第四〇条第二項（第五条第一項に係る部分に限る。）、第四八条第二項（第一一条第一項及び第三項並びに第一二条第一項及び第二項に係る部分に限る。）、附則第二条第二項及び第三項並びに第四項（同条第二項及び第三項に係る部分に限る。）並びに附則第五条の規定　公布の日から起算して一年を超えない範囲内において政令で定める日

具体的には、法の円滑な施行を確保する観点から、目的、定義（第一種事業及び第二種事業の内容等）、基本的事項、主務大臣及び環境庁設置法に係る部分については、公布後六月で施行することとし、また、これらの施行を受けて主務大臣が定める各種の指針、方法書の手続に係る総理府令及び主務省令、経過措置に係る相当書類の指定、法の施行前に方法書の手続を行うことができる旨の規定を公布後一年で施行することとしたものである。なお、公布後六月施行分の施行日は、環境影響評価法の一部の施行期日を定める政令（平成九年政令第三四五号）により、平成九年一二月一二日と定められたところである。

二　経過措置

㈠　法の施行の際、当該施行により新たに対象事業となる事業（新たに第二種事業となる事業のうち第二の二の㈠の措置がとられたものを含む。）について条例又は行政指導等の定めるところに従って作成された書類（この法律の施行に際し次項の規定により指定されたものに限る。）があるときは当該書類を第一〇の五の㈠と同様の考え方より法に定める同様の書類とみなすこと等、法の施行の際の経過措置として第一〇の五と同様の規定を設けた（法附則第二条、第三条及び第四条）。

㈡　法の施行後に事業者となるべき者は、一の㈡に掲げる規定の施行後法の施行前において、第三並びに第四の一及び二の例による環境影響評価その他の手続を行うことができることとした（法附則第五条）。

㈢　その他、この法律の施行に関し必要な経過措置に関する事項は、政令で定めることとした（法附則第六条）。

三　検討

政府は、この法律の施行後一〇年を経過した場合において、この法律の施行の状況について検討を加え、その結果に基づいて必要な措置を講ずるものとした（法附則第七条）。

四　環境庁設置法の一部改正

環境庁設置法において所要の改正を行った（法附則第八条）。

第一二　その他

法の施行に伴い、新たに都道府県及び市町村において団体事務としての法施行事務が発生することとなるが、その際には、行政改革の折り、極力現有の職員を活用することによって処理することとし、むやみに職員の増加を招くことのないようにすることが望ましいと考えているところであり、その旨御配慮願いたい。

別紙一

事業の種類	第一種事業の要件	第二種事業の要件	法律の規定
一　法第二条第二項第一号イに掲げる事業の種類			
	イ　高速自動車国道法（昭和三二年法律第七九号）第四条第一項の高速自動車国道の新設の事業		
	ロ　高速自動車国道法第四条第一項の高速自動車国道の改築の事業であって、車線（道路構造令（昭和四五年政令第三二〇号）第二条第六号の登坂車線、同条第七号の屈折車線及び同条第八号の変速車線を除く。以下同じ。）の数の増加を伴うもの（車線の数の増加に係る部分の長さが一キロメートル以上であるものに限る。）		
	ハ　道路整備特別措置法（昭和三一年法律第七号）第七条の二第一項に規定する首都高速道路若しくは同条第二項に規定する阪神高速道路又は同法第七条の一四第一項に規定する指定都市高速道路（以下「首都高速道路等」という。）の新設の事業（車線の数が四以上である道路を設けるものに限る。）		道路整備特別措置法第七条の三第一項又は第七条の一四第一項若しくは第六項
	ニ　首都高速道路等の改築の事業であって、車線の数の増加を伴うもの（改築後の車線の数が四以上であり、かつ、車線		

の数の増加に係る部分の長さが一キロメートル以上であるものに限る。）		
ホ　道路法（昭和二七年法律第一八〇号）第五条第一項に規定する道路（首都高速道路等であるものを除く。以下「一般国道」という。）の新設の事業（車線の数が四以上であり、かつ、長さが一〇キロメートル以上である道路を設けるものに限る。）	一般国道の新設の事業（車線の数が四以上であり、かつ、長さが七・五キロメートル以上一〇キロメートル未満である道路を設けるものに限る。）	事業を実施しようとする者（以下「事業主体」という。）が建設大臣以外の者である場合につき、道路法第七四条第二号、道路整備特別措置法第三条第一項若しくは第四項若しくは第七条の一二第一項若しくは第四項又は本州四国連絡橋公団法（昭和四五年法律第八一号）第三一条第一項
ヘ　一般国道の改築の事業であって、道路の区域を変更して車線の数を増加させ又は新たに道路を設けるもの（車線の数の増加に係る部分（改築後の車線の数が四以上であるものに限る。）及び変更後の道路の区域において新たに設けられる道路の部分（車線の数が四以上であるものに限る。）の長さの合計が一〇キロメートル以上であるものに限る。）	一般国道の改築の事業であって、道路の区域を変更して車線の数を増加させ又は新たに道路を設けるもの（車線の数の増加に係る部分（改築後の車線の数が四以上であるものに限る。）及び変更後の道路の区域において新たに設けられる道路の部分（車線の数が四以上であるものに限る。）の長さの合計が七・五キロメートル以上一〇キロメートル未満であるものに限る。）	
ト　森林開発公団法施行令（昭和三一年政令第二一八号）第二条第一項第二号の二に規定する大規模林道事業（幅員が六・五メートル以上であり、かつ、長さが二〇キロメートル以上である林道を設けるものに限る。）	森林開発公団法施行令第二条第一項第二号の二に規定する大規模林道事業（幅員が六・五メートル以上であり、かつ、長さが一五キロメートル以上二〇キロメートル未満である林道を設けるものに限る。）	

二　法第二条第二項第一号ロに掲げる事業の種類	イ　河川管理施設等構造令（昭和五一年政令第一九九号）第二条第二号のサーチャージ水位（サーチャージ水位がないダムにあっては、同条第一号の常時満水位。この項のイの第三欄において同じ。）における貯水池の水面の面積が一〇〇ヘクタール以上であるダムの新築（五の項において「大規模ダム新築」という。）の事業（当該ダムが水力発電所の設備となる場合にあっては、当該事業を実施しようとする者（当該事業を実施しようとする者が二以上である場合において、これらの者のうちから代表する者を定めたときは、その代表する者）が当該水力発電所をその事業の用に供する電気事業法（昭和三九年法律第一七〇号）第二条第一項第八号の電気事業者（以下単に「電気事業者」という。）又は同項第九号の卸供給を行う事業を営み、若しくは営もうとする者（その者が建設大臣、都道府県知事又は水資源開発公団である場合を除く。以下「卸供給事業者」という。）であるもの（当該水力発電所の出力が二万二、五〇〇キロワット以上である場合に限る。）及び当該水力発電所の専用設備の設置に該当するものを除く。以下「第一種ダム新築事業」という。）であって、建設大臣	サーチャージ水位における貯水池の水面の面積が七五ヘクタール以上一〇〇ヘクタール未満であるダムの新築の事業（当該ダムが水力発電所の設備となる場合にあっては、当該事業を実施しようとする者（当該事業を実施しようとする者が二以上である場合において、これらの者のうちから代表する者を定めたときは、その代表する者）が当該水力発電所をその事業の用に供する電気事業者又は卸供給事業者であるもの（当該水力発電所の出力が二万二、五〇〇キロワット以上である場合に限る。）及び当該水力発電所の専用設備の設置に該当するものを除く。以下「第二種ダム新築事業」という。）であって、建設大臣又は都道府県知事が河川工事として行うもの	都道府県知事が事業を実施する場合（二級河川について高さが一五メートル未満のダムの新築を行う場合を除く。）につき、河川法第七九条第一項（河川法施行令（昭和四〇年政令第一四号）第四五条第二号に係る場合に限る。）又は第二項第二号

又は都道府県知事が河川法（昭和三九年法律第一六七号）第八条に規定する河川工事（以下単に「河川工事」という。）として行うもの		
ロ　第一種ダム新築事業であって、当該ダムを用いて水道法（昭和三二年法律第一七七号）第三条第二項の水道事業（以下単に「水道事業」という。）又は同条第四項の水道用水供給事業（以下単に「水道用水供給事業」という。）を経営し、又は経営しようとする者が行うもの	第二種ダム新築事業であって、当該ダムを用いて水道事業又は水道用水供給事業を経営し、又は経営しようとする者が行うもの	水道法第六条第一項、第二六条又は第三〇条第一項
ハ　第一種ダム新築事業であって、当該ダムを用いて工業用水道事業法（昭和三三年法律第八四号）第二条第四項の工業用水道事業（以下単に「工業用水道事業」という。）を営み、又は営もうとする者が行うもの（地方公共団体が法第二条第二項第二号ロの国の補助金等の交付を受けないで行うものを除く。）	第二種ダム新築事業であって、当該ダムを用いて工業用水道事業を営み、又は営もうとする者が行うもの（地方公共団体が法第二条第二項第二号ロの国の補助金等の交付を受けないで行うものを除く。）	事業主体が地方公共団体以外の者である場合につき、工業用水道事業法第三条第二項又は第六条第二項
ニ　第一種ダム新築事業であって、土地改良法第二条第二項の土地改良事業（以下単に「土地改良事業」という。）として行うもの	第二種ダム新築事業であって、土地改良事業として行うもの	事業主体が国又は都道府県以外の者である場合につき、土地改良法第五条第一項、第四八条第一項、第九五条第一項、第九五条の二第

		一項、第九六条の二第一項又は第九六条の三第一項
ホ　第一種ダム新築事業であって、水資源開発公団が行うもの	第二種ダム新築事業であって、水資源開発公団が行うもの	水資源開発公団法（昭和三六年法律第二一八号）第二〇条第一項
へ　計画湛《たん》水位（堰《せき》の新築又は改築に関する計画において非洪水時に堰《せき》によってたたえることとした流水の最高の水位で堰《せき》の直上流部におけるものをいう。）における湛《たん》水区域の面積（以下「湛《たん》水面積」という。）が一〇〇ヘクタール以上である堰《せき》の新築（五の項において「大規模堰《せき》新築」という。）の事業（当該堰《せき》が水力発電所の設備となる場合にあっては、当該事業を実施しようとする者（当該事業を実施しようとする者が二以上である場合において、これらの者のうちから代表する者を定めたときは、その代表する者）が当該水力発電所をその事業の用に供する電気事業者又は卸供給事業者であるもの（当該水力発電所の出力が二万二、五〇〇キロワット以上である場合に限る。）及び当該水力発電所の専用設備の設置に該当するものを除く。以下「第一種堰《せき》新築事業」という。）であって、建設大臣又は	湛《たん》水面積が七五ヘクタール以上一〇〇ヘクタール未満である堰《せき》の新築の事業（当該堰《せき》が水力発電所の設備となる場合にあっては、当該事業を実施しようとする者（当該事業を実施しようとする者が二以上である場合において、これらの者のうちから代表する者を定めたときは、その代表する者）が当該水力発電所をその事業の用に供する電気事業者又は卸供給事業者であるもの（当該水力発電所の出力が二万二、五〇〇キロワット以上である場合に限る。）及び当該水力発電所の専用設備の設置に該当するものを除く。以下「第二種堰《せき》新築事業」という。）であって、建設大臣又は都道府県知事が河川工事として行うもの	都道府県知事が一級河川について事業を実施する場合につき、河川法第七九条第一項（河川法施行令第四五条第一号に係る場合に限る。）

都道府県知事が河川工事として行うもの			
ト　改築後の湛《たん》水面積が一〇〇ヘクタール以上であり、かつ、湛《たん》水面積が五〇ヘクタール以上増加することとなる堰《せき》の改築（五の項において「大規模堰《せき》改築」という。）の事業（当該改築後の堰《せき》が水力発電所の設備となる場合にあっては、当該事業を実施しようとする者（当該事業を実施しようとする者が二以上である場合において、これらの者のうちから代表する者を定めたときは、その代表する者）が当該水力発電所をその事業の用に供する電気事業者又は卸供給事業者であるもの（当該水力発電所の出力が二万二、五〇〇キロワット以上である場合に限る。）及び当該水力発電所の専用設備の設置に該当するものを除く。以下「第一種堰《せき》改築事業」という。）であって、建設大臣又は都道府県知事が河川工事として行うもの	改築後の湛《たん》水面積が七五ヘクタール以上であり、かつ、湛《たん》水面積が三七・五ヘクタール以上増加することとなる堰《せき》の改築の事業（第一種堰《せき》改築事業に該当しないものに限るものとし、当該改築後の堰《せき》が水力発電所の設備となる場合にあっては、当該事業を実施しようとする者（当該事業を実施しようとする者が二以上である場合において、これらの者のうちから代表する者を定めたときは、その代表する者）が当該水力発電所をその事業の用に供する電気事業者又は卸供給事業者であるもの（当該水力発電所の出力が二万二、五〇〇キロワット以上である場合に限る。）及び当該水力発電所の専用設備の設置に該当するものを除く。以下「第二種堰《せき》改築事業」という。）であって、建設大臣又は都道府県知事が河川工事として行うもの	
チ　第一種堰《せき》新築事業であって、当該堰《せき》を用いて水道事業又は水道用水供給事業を経営し、又は経営しようとする者が行うもの	第二種堰《せき》新築事業であって、当該堰《せき》を用いて水道事業又は水道用水供給事業を経営し、又は経営しようとする者が行うもの	水道法第六条第一項、第一〇条第一項、第二六条又は第三〇条第一項
リ　第一種堰《せき》改築事業であって、当該堰《せき》を	第二種堰《せき》改築事業であって、当該堰《せき》を用	

用いて水道事業又は水道用水供給事業を経営し、又は経営しようとする者が行うもの	いて水道事業又は水道用水供給事業を経営し、又は経営しようとする者が行うもの	
ヌ　第一種堰《せき》新築事業であって、当該堰《せき》を用いて工業用水道事業を営み、又は営もうとする者が行うもの（地方公共団体が法第二条第二項第二号ロの国の補助金等の交付を受けないで行うものを除く。）	第二種堰《せき》新築事業であって、当該堰《せき》を用いて工業用水道事業を営み、又は営もうとする者が行うもの（地方公共団体が法第二条第二項第二号ロの国の補助金等の交付を受けないで行うものを除く。）	事業主体が地方公共団体以外の者である場合につき、工業用水道事業法第三条第二項又は第六条第二項
ル　第一種堰《せき》改築事業であって、当該堰《せき》を用いて工業用水道事業を営み、又は営もうとする者が行うもの（地方公共団体が法第二条第二項第二号ロの国の補助金等の交付を受けないで行うものを除く。）	第二種堰《せき》改築事業であって、当該堰《せき》を用いて工業用水道事業を営み、又は営もうとする者が行うもの（地方公共団体が法第二条第二項第二号ロの国の補助金等の交付を受けないで行うものを除く。）	
ヲ　第一種堰《せき》新築事業であって、土地改良事業として行うもの	第二種堰《せき》新築事業であって、土地改良事業として行うもの	事業主体が国又は都道府県以外の者である場合につき、土地改良法第五条第一項、第四八条第一項、第九五条の二第一項、第九六条の二第一項又は第九六条の三第一項
ワ　第一種堰《せき》改築事業であって、土地改良事業として行うもの	第二種堰《せき》改築事業であって、土地改良事業として行うもの	
カ　第一種堰《せき》新築事業であって、水資源開発公団が行うもの	第二種堰《せき》新築事業であって、水資源開発公団が行うもの	水資源開発公団法第二〇条第一項

ヨ　第一種堰《せき》改築事業であって、水資源開発公団が行うもの	第二種堰《せき》改築事業であって、水資源開発公団が行うもの		
タ　施設が設置される土地の面積及び施設の操作により露出することとなる水底の最大の水平投影面積の合計が一〇〇ヘクタール以上である湖沼水位調節施設の新築の事業であって、建設大臣、都道府県知事又は水資源開発公団が河川工事として行うもの	施設が設置される土地の面積及び施設の操作により露出することとなる水底の最大の水平投影面積の合計が七五ヘクタール以上一〇〇ヘクタール未満である湖沼水位調節施設の新築の事業であって、建設大臣、都道府県知事又は水資源開発公団が河川工事として行うもの	都道府県知事が一級河川について事業を実施する場合又は水資源開発公団が事業を実施する場合につき、河川法第七九条第一項（河川法施行令第四五条第二号に係る場合に限る。）又は水資源開発公団法第二〇条第一項	
レ　一〇〇ヘクタール以上の面積の土地の形状を変更する放水路の新築の事業であって、建設大臣又は都道府県知事が河川工事として行うもの	七五ヘクタール以上一〇〇ヘクタール未満の面積の土地の形状を変更する放水路の新築の事業であって、建設大臣又は都道府県知事が河川工事として行うもの	都道府県知事が一級河川について事業を実施する場合につき、河川法第七九条第一項（河川法施行令第四五条第二号に係る場合に限る。）	
三　法第二条第二項第一号ハに掲げる事業の種類			
イ　全国新幹線鉄道整備法（昭和四五年法律第七一号）第四条第一項に規定する建設線の建設（既設の同法附則第六項第一号の新幹線鉄道規格新線（以下単に「新幹線鉄道規格新線」という。）の区間につ		全国新幹線鉄道整備法第九条第一項	

いて行うものを除く。）の事業		
ロ　全国新幹線鉄道整備法第二条の新幹線鉄道に係る鉄道施設の改良（本線路の増設（一の停車場に係るものを除く。）又は地下移設、高架移設その他の移設（軽微な移設を除く。）に限る。以下「鉄道施設の改良」という。）の事業		鉄道事業法（昭和六一年法律第九二号）第一二条第一項又は同条第四項において準用する同法第九条第一項
ハ　新幹線鉄道規格新線の建設の事業		全国新幹線鉄道整備法附則第一一項
ニ　新幹線鉄道規格新線に係る鉄道施設の改良の事業		鉄道事業法第一二条第一項又は同条第四項において準用する同法第九条第一項
ホ　鉄道事業法による鉄道（懸垂式鉄道、跨《こ》座式鉄道、案内軌条式鉄道、無軌条電車、鋼索鉄道、浮上式鉄道その他の特殊な構造を有する鉄道並びに新幹線鉄道及び新幹線鉄道規格新線を除く。以下「普通鉄道」という。）の建設（全国新幹線鉄道整備法附則第六項第二号の新幹線鉄道直通線の建設を除く。）の事業（長さが一〇キロメートル以上である鉄道を設けるものに限る。）	普通鉄道の建設（全国新幹線鉄道整備法附則第六項第二号の新幹線鉄道直通線の建設を除く。）の事業（長さが七・五キロメートル以上一〇キロメートル未満である鉄道を設けるものに限る。）	鉄道事業法第八条第一項若しくは第九条第一項又は本州四国連絡橋公団法第三一条第一項

ヘ　普通鉄道に係る鉄道施設の改良の事業（改良に係る部分の長さが一〇キロメートル以上であるものに限る。）	普通鉄道に係る鉄道施設の改良の事業（改良に係る部分の長さが七・五キロメートル以上一〇キロメートル未満であるものに限る。）	鉄道事業法第一二条第一項又は同条第四項において準用する同法第九条第一項
ト　軌道法（大正一〇年法律第七六号）による新設軌道（普通鉄道の構造と同様の構造を有するものに限る。以下単に「新設軌道」という。）の建設の事業（長さが一〇キロメートル以上である軌道を設けるものに限る。）	新設軌道の建設の事業（長さが七・五キロメートル以上一〇キロメートル未満である軌道を設けるものに限る。）	軌道法第五条第一項又は第三三条（軌道法施行令（昭和二八年政令第二五八号）第六条第一項に係る場合に限る。）
チ　新設軌道に係る線路の改良（本線路の増設（一の停車場に係るものを除く。）又は地下移設、高架移設その他の移設（軽微な移設を除く。）に限る。この項のチの第三欄において「線路の改良」という。）の事業（改良に係る部分の長さが一〇キロメートル以上であるものに限る。）	新設軌道に係る線路の改良の事業（改良に係る部分の長さが七・五キロメートル以上一〇キロメートル未満であるものに限る。）	軌道法第三三条（軌道法施行令第六条第一項に係る場合に限る。）
四　法第二条第二項第一号ニに掲げる事業の種類		
イ　飛行場及びその施設の設置の事業（長さが二、五〇〇メートル以上である滑走路を設けるものに限る。）	飛行場及びその施設の設置の事業（長さが一、八七五メートル以上二、五〇〇メートル未満である滑走路を設けるものとし、この項のイの第二欄に掲げる要件に該当するものを除く。）	事業主体が国以外の者である場合につき、航空法（昭和二七年法律第二三一号）第三八条第一項又は第五五条の三第一項

	ロ　滑走路の新設を伴う飛行場及びその施設の変更の事業（新設する滑走路の長さが二、五〇〇メートル以上であるものに限る。）	滑走路の新設を伴う飛行場及びその施設の変更の事業（新設する滑走路の長さが一、八七五メートル以上二、五〇〇メートル未満であるものに限るものとし、この項のロの第二欄に掲げる要件に該当するものを除く。）	事業主体が国以外の者である場合につき、航空法第四三条第一項又は第五五条の三第一項
	ハ　滑走路の延長を伴う飛行場及びその施設の変更の事業（延長後の滑走路の長さが二、五〇〇メートル以上であり、かつ、滑走路を五〇〇メートル以上延長するものに限る。）	滑走路の延長を伴う飛行場及びその施設の変更の事業（延長後の滑走路の長さが一、八七五メートル以上であり、かつ、滑走路を三七五メートル以上延長するものに限るものとし、この項のハの第二欄に掲げる要件に該当するものを除く。）	
五　法第二条第二項第一号ホに掲げる事業の種類	イ　出力が三万キロワット以上である水力発電所の設置の工事の事業（当該水力発電所の設備にダム又は堰《せき》が含まれる場合において、当該ダムの新築又は当該堰《せき》の新築若しくは改築を行おうとする者（その者が二以上である場合において、これらの者のうちから代表する者を定めたときは、その代表する者）が当該水力発電所をその事業の用に供する卸供給事業者であって電気事業者でないときは、当該ダムの新築又は当該堰《せき》の新築若しくは改築である部分を除く。）	出力が二万二、五〇〇キロワット以上三万キロワット未満である水力発電所の設置の工事の事業（この項のロの第二欄に掲げる要件に該当しないものに限るものとし、当該水力発電所の設備にダム又は堰《せき》が含まれる場合において、当該ダムの新築又は当該堰《せき》の新築若しくは改築を行おうとする者（その者が二以上である場合において、これらの者のうちから代表する者を定めたときは、その代表する者）が当該水力発電所をその事業の用に供する電気事業者又は卸供給事業者でないときは、当該ダムの新築又は当該堰《せき》の	電気事業法第四七条第一項若しくは第二項又は第四八条第一項

	新築若しくは改築である部分を除く。）
ロ　出力が二万二、五〇〇キロワット以上三万キロワット未満である水力発電所の設置の工事の事業（当該水力発電所の設置の工事が大規模ダム新築又は大規模堰《せき》新築若しくは大規模堰《せき》改築（以下「大規模ダム新築等」という。）を伴い、かつ、大規模ダム新築等を行おうとする者（その者が二以上である場合において、これらの者のうちから代表する者を定めたときは、その代表する者）が当該水力発電所をその事業の用に供する電気事業者又は卸供給事業者であるものに限る。）	
ハ　出力が三万キロワット以上である発電設備の新設を伴う水力発電所の変更の工事の事業（当該水力発電所の変更の工事がダムの新築又は堰《せき》の新築若しくは改築を伴う場合において、当該ダムの新築又は当該堰《せき》の新築若しくは改築を行おうとする者（その者が二以上である場合において、これらの者のうちから代表する者を定めたときは、その代表する者）が当該水力発電所をその事業の用に供する電気事業者又は卸供給事業者でないときは、当該ダムの新築又は当該堰《せき》の新築若しくは改築である部分を除く。）	出力が二万二、五〇〇キロワット以上三万キロワット未満である発電設備の新設を伴う水力発電所の変更の工事の事業（この項のニの第二欄に掲げる要件に該当しないものに限るものとし、当該水力発電所の変更の工事がダムの新築又は堰《せき》の新築若しくは改築を伴う場合において、当該ダムの新築又は当該堰《せき》の新築若しくは改築を行おうとする者（その者が二以上である場合において、これらの者のうちから代表する者を定めたときは、その代表する者）が当該水力発電所をその事業の用に供する電気事業者又は卸供

	給事業者でないときは、当該ダムの新築又は当該堰《せき》の新築若しくは改築である部分を除く。）
ニ　出力が二万二、五〇〇キロワット以上三万キロワット未満である発電設備の新設を伴う水力発電所の変更の工事の事業（当該水力発電所の変更の工事が大規模ダム新築等を伴い、かつ、大規模ダム新築等を行おうとする者（その者が二以上である場合において、これらの者のうちから代表する者を定めたときは、その代表する者）が当該水力発電所をその事業の用に供する電気事業者又は卸供給事業者であるものに限る。）	
ホ　出力が一五万キロワット以上である火力発電所（地熱を利用するものを除く。）の設置の工事の事業	出力が一一万二、五〇〇キロワット以上一五万キロワット未満である火力発電所（地熱を利用するものを除く。）の設置の工事の事業
ヘ　出力が一五万キロワット以上である発電設備の新設を伴う火力発電所（地熱を利用するものを除く。）の変更の工事の事業	出力が一一万二、五〇〇キロワット以上一五万キロワット未満である発電設備の新設を伴う火力発電所（地熱を利用するものを除く。）の変更の工事の事業
ト　出力が一万キロワット以上である火力発電所（地熱を利用するものに限る。）の	出力が七、五〇〇キロワット以上一万キロワット未満である火力発電所（地熱を

	設置の工事の事業	利用するものに限る。）の設置の工事の事業	
	チ　出力が一万キロワット以上である発電設備の新設を伴う火力発電所（地熱を利用するものに限る。）の変更の工事の事業	出力が七、五〇〇キロワット以上一万キロワット未満である発電設備の新設を伴う火力発電所（地熱を利用するものに限る。）の変更の工事の事業	
	リ　原子力発電所の設置の工事の事業		
	ヌ　発電設備の新設を伴う原子力発電所の変更の工事の事業		
六　法第二条第二項第一号へに掲げる事業の種類	イ　廃棄物の処理及び清掃に関する法律（昭和四五年法律第一三七号）第八条第一項に規定する一般廃棄物の最終処分場（以下「一般廃棄物最終処分場」という。）又は同法第一五条第一項に規定する産業廃棄物の最終処分場（以下「産業廃棄物最終処分場」という。）の設置の事業（埋立処分の用に供される場所の面積が三〇ヘクタール以上であるものに限る。）	一般廃棄物最終処分場又は産業廃棄物最終処分場の設置の事業（埋立処分の用に供される場所の面積が二五ヘクタール以上三〇ヘクタール未満であるものに限る。）	廃棄物の処理及び清掃に関する法律第八条第一項、第九条の三第一項又は第一五条第一項
	ロ　一般廃棄物最終処分場又は産業廃棄物最終処分場の規模の変更の事業（埋立処分の用に供される場所の面積が三〇ヘクタール以上増加するものに限る。）	一般廃棄物最終処分場又は産業廃棄物最終処分場の規模の変更の事業（埋立処分の用に供される場所の面積が二五ヘクタール以上三〇ヘクタール未満増加するものに限る。）	廃棄物の処理及び清掃に関する法律第九条第一項、第九条の三第七項又は第一五条の二の四第一項

七　法第二条第二項第一号トに掲げる事業の種類	公有水面埋立法による公有水面の埋立て又は干拓の事業（埋立て又は干拓に係る区域の面積が五〇ヘクタールを超えるものに限る。）	公有水面埋立法による公有水面の埋立て又は干拓の事業（埋立て又は干拓に係る区域の面積が四〇ヘクタール以上五〇ヘクタール以下であるものに限る。）	事業主体が土地改良事業を行う農林水産大臣以外の者である場合につき、公有水面埋立法第二条第一項又は第四二条第一項
八　法第二条第二項第一号チに掲げる事業の種類	土地区画整理法（昭和二九年法律第一一九号）第二条第一項に規定する土地区画整理事業である事業（都市計画法（昭和四三年法律第一〇〇号）の規定により都市計画に定められ、かつ、施行区域の面積が一〇〇ヘクタール以上であるものに限る。）	土地区画整理法第二条第一項に規定する土地区画整理事業である事業（都市計画法の規定により都市計画に定められ、かつ、施行区域の面積が七五ヘクタール以上一〇〇ヘクタール未満であるものに限る。）	事業主体が建設大臣以外の者である場合につき、土地区画整理法第四条第一項、第一〇条第一項、第一四条第一項、第三九条第一項、第五二条第一項、第五五条第一二項、第六六条第一項、第六九条第一二項、第七一条の二第一項若しくは第七一条の三第一四項又は住宅・都市整備公団法（昭和五六年法律第四八号）第四一条第一項若しくは第一四項（地域振興整備公団法（昭和三七年法律第九五号）第二一条の二において準用する場合を含

			む。）
九　法第二条第二項第一号リに掲げる事業の種類	新住宅市街地開発法（昭和三八年法律第一三四号）第二条第一項に規定する新住宅市街地開発事業である事業（施行区域の面積が一〇〇ヘクタール以上であるものに限る。）	新住宅市街地開発法第二条第一項に規定する新住宅市街地開発事業である事業（施行区域の面積が七五ヘクタール以上一〇〇ヘクタール未満であるものに限る。）	都市計画法第五九条第一項から第四項まで又は第六三条第一項
十　法第二条第二項第一号ヌに掲げる事業の種類	イ　首都圏の近郊整備地帯及び都市開発区域の整備に関する法律（昭和三三年法律第九八号）第二条第六項に規定する工業団地造成事業である事業（施行区域の面積が一〇〇ヘクタール以上であるものに限る。）	首都圏の近郊整備地帯及び都市開発区域の整備に関する法律第二条第六項に規定する工業団地造成事業である事業（施行区域の面積が七五ヘクタール以上一〇〇ヘクタール未満であるものに限る。）	都市計画法第五九条第一項から第三項まで又は第六三条第一項
	ロ　近畿圏の近郊整備区域及び都市開発区域の整備及び開発に関する法律（昭和三九年法律第一四五号）第二条第四項に規定する工業団地造成事業である事業（施行区域の面積が一〇〇ヘクタール以上であるものに限る。）	近畿圏の近郊整備区域及び都市開発区域の整備及び開発に関する法律第二条第四項に規定する工業団地造成事業である事業（施行区域の面積が七五ヘクタール以上一〇〇ヘクタール未満であるものに限る。）	
十一　法第二条第二項第一号ルに掲げる事業の種類	新都市基盤整備法（昭和四七年法律第八六号）第二条第一項に規定する新都市基盤整備事業である事業（施行区域の面積が一〇〇ヘクタール以上であるものに限る。）	新都市基盤整備法第二条第一項に規定する新都市基盤整備事業である事業（施行区域の面積が七五ヘクタール以上一〇〇ヘクタール未満であるものに限る。）	都市計画法第五九条第一項から第三項まで又は第六三条第一項
十二　法第二条	流通業務市街地の整備に関する法律（昭和	流通業務市街地の整備に関する法律第二	都市計画法第五九条第

第二項第一号ヲに掲げる事業の種類	四一年法律第一一〇号）第二条第二項に規定する流通業務団地造成事業である事業（施行区域の面積が一〇〇ヘクタール以上であるものに限る。）	条第二項に規定する流通業務団地造成事業である事業（施行区域の面積が七五ヘクタール以上一〇〇ヘクタール未満であるものに限る。）	一項から第三項まで又は第六三条第一項
十三　宅地の造成の事業（第二条に規定する宅地の造成の事業に限る。以下この項において同じ。）	イ　環境事業団が行う宅地の造成の事業（造成に係る土地の面積が一〇〇ヘクタール以上であるものに限る。）	環境事業団が行う宅地の造成の事業（造成に係る土地の面積が七五ヘクタール以上一〇〇ヘクタール未満であるものに限る。）	環境事業団法（昭和四〇年法律第九五号）第二一条第一項
	ロ　住宅・都市整備公団が行う宅地の造成の事業（造成に係る土地の面積が一〇〇ヘクタール以上であるものに限る。）	住宅・都市整備公団が行う宅地の造成の事業（造成に係る土地の面積が七五ヘクタール以上一〇〇ヘクタール未満であるものに限る。）	
	ハ　地域振興整備公団が行う宅地の造成の事業（造成に係る土地の面積が一〇〇ヘクタール以上であるものに限る。）	地域振興整備公団が行う宅地の造成の事業（造成に係る土地の面積が七五ヘクタール以上一〇〇ヘクタール未満であるものに限る。）	地域振興整備公団法第一九条第六項に規定する業務を行う場合につき、同法第一九条の二第一項

別紙二

発電の用に供されるダム又は堰の取扱いについて

兼用工作物（ダム又は堰）で発電を目的に含むものについては、以下の考え方により環境影響評価法第二条第二項第一号ロに該当する事業とする場合と同号ホに該当する事業とする場合に分けることとする。

一　二以外の場合

発電専用設備と兼用工作物（発電専用設備以外）に分け、それぞれについて環境影響評価を行う。

法第二条第二項第一号ホ ＼ 法第二条第二項第一号ロ	第二種事業未満	第二種事業	第一種事業
第二種事業未満	――	②―	②―
第二種事業	―①	②①	②①
第一種事業	―①	②①	②①

＊右段：発電専用設備　左段：兼用工作物（発電専用設備以外）

①：発電専用設備に係る環境影響評価　法第二条第二項第一号ホ

②：①以外の兼用工作物に係る環境影響評価　法第二条第二項第一号ロ

二　ダム又は堰の施工主体が、電気事業者又は卸供給事業者（建設大臣、都道府県知事又は水資源開発公団の場合を除く。）の場合

兼用工作物の環境影響評価を環境影響評価法第二条第二項第一号ホ又は同号ロのいずれかの事業として行う。

法第二条第二項第一号ホ ＼ 法第二条第二項第一号ロ	第二種事業未満	第二種事業	第一種事業
第二種事業未満	――	②―	②―
第二種事業	①①	①①	①①（注２）（注２）
第一種事業	①①	①①	①①

＊右段：発電専用設備　左段：兼用工作物（発電専用設備以外）

（注１）「施工主体」とは、ダムの新築又は堰の新築若しくは改築の事業を実施しようとする者（当該事業を実施しようとする者が二以上である場合において、これらの者のうちから代表者を定めたときは、その者）をいう。

（注２）環境影響評価法第二条第二項第一号ホに該当する第一種事業とする。

○環境影響評価法第七章第一節の都市計画に定められる対象事業等に関する特例の施行について

（平成十年一月二十七日環企評第二十三号、建設省都計発第八号
環境庁企画調整局長、建設省都市局長から各都道府県知事あて通知）

環境影響評価法（平成九年法律第八一号。以下「法」という。）の施行については、平成一〇年一月二三日付け環企評第一九号をもって環境事務次官から通知したところであるが、その詳細のうち、法第七章第一節の都市計画に定められる対象事業等に関する特例（以下「対象事業等特例」という。）の施行については、下記のとおりであるので、貴職におかれても十分御留意の上、格段の御協力をお願いするとともに、貴管下市町村にも周知方お願いいたしたい。

なお、本通知は、法に係る事項についてのものであり、現時点において未だ制定されていない政令事項及び省令事項に係るものについては、当該事項に係る政令及び省令が制定された後に改めて通知する旨申し添える。

記

第一　対象事業等特例の基本的考え方

一　対象事業等特例の概要

第二種事業若しくは対象事業が市街地開発事業として都市計画法（昭和四三年法律第一〇〇号）の規定により都市計画に定められる場合における当該第二種事業若しくは対象事業又は第二種事業若しくは対象事業に係る施設が都市施設として同法の規定により都市計画に定められる場合における当該都市施設に係る第二種事業又は対象事業については、当該都市計画を定める都道府県知事又は市町村（二都府県にまたがる都市計画にあっては、建設大臣又は市町村。以下「都市計画決定権者」という。）が、事業者に代わるものとして、第二種事業又は対象事業についての環境影響評価その他の手続を行うこととした。

また、対象事業については、当該対象事業又は対象事業に係る施設（以下「対象事業等」という。）に関する都市計画の決定又は変更をする手続と併せて法の規定による環境影響評価その他の手続を行うこととした。

二　対象事業等特例の必要性

㈠　都市計画決定権者が事業者に代わるものとして環境影響評価その他の手続を行う理由

都市施設又は市街地開発事業について都市計画決定がなされた場合には、当該都市計画の区域内においては建築物の建築等について許可が必要となるなどの権利制限が課せられることにかんがみれば、都市計画決定の際に

環境影響評価その他の手続が行われていない場合には、事後の環境影響評価その他の手続によって当該都市計画を修正すべきとの判断が行われる可能性が残されることとなるので、都市計画の法的安定性を大きく阻害することとなる。一方、事業者が環境影響評価その他の手続を行っていない限り都市計画決定権者が都市計画決定できないとするのは、まちづくりの基本的な権能を著しく減殺することとなる。

環境影響評価その他の手続は、事業計画の熟度を高めていく過程において十分な環境情報のもとに適正な環境保全上の配慮を行っていくことをその本質とするものであり、環境影響評価その他の手続により得られた情報を事業計画に相当する都市計画の内容の検討に生かせるような仕組みとすることが適当である。

したがって、対象事業等が都市計画に定められる場合には、都市計画決定権者が事業者に代わるものとして環境影響評価その他の手続を行うこととした。

㈡　環境影響評価その他の手続と都市計画決定手続と併せて行う理由

環境影響評価その他の手続と都市計画決定手続とは、双方とも、国民に対して正確な情報を提供して広範な意見を集め、公平中立的な判断を行うことを手続の基本的な考え方としている。このため、これらの手続については、環境影響評価その他の手続においては環境影響評価準備書（以下「準備書」という。）の公告・縦覧及び意見書の提出、都市計画においては都市計画の案の公告・縦覧及び意見書の提出という類似した手続が設けられている。

また、準備書は、都市計画に定められる事業に係る環境の保全について適正な配慮がなされることを確保するために、その事業が環境に与える影響を評価するための図書であるが、都市計画決定の手続においては、環境面から都市計画の案の合理性・妥当性を判断する際の図書である。

このように、双方の手続は密接な関連を有していることから、都市計画決定権者が双方の手続を行うに当たっては、これらを併せて行うこととしたものである。

第二　特例の具体的内容

一　都市計画に定められる第二種事業等

㈠　第二種事業に係る判定手続については、都市計画が都市計画の認可又は承認（以下「都市計画認可」という。）を要するものである場合には、都市計画決定権者が、事業者に代わるものとして、事業の免許等を行う者等と都市計画認可を行う建設大臣又は都道府県知事（以下「都市計画認可権者」という。）の双方に届出を行わなければならないものとし、事業の免許等を行う者等及び都市計画認可権者は、それぞれ、当該第二種事業が実施されるべき区域を管轄する都道府県知事の意見等を求めた上で、第二種事業に係る判定を行うこととした（法第三九条）。

なお、都市計画が都市計画認可を要しないものである場合には、当該都市計画に係る都市計画決定権者は届出事項を記載した書面を作成し、事業の免許等を行う者等及び当該都市計画決定権者が上記の第二種事業に係る判定を行うこととなる。

(二)　法において、事業の免許等を行う者等と並び都市計画認可権者が判定を行うこととしたのは、都市計画認可権者は都市計画認可に環境影響評価の結果を反映させるものであり、都市計画に定められる事業について環境影響評価その他の手続が必要であるか否かという事業所管とは異なる観点から判定をする必要があるためである。

このような仕組みとする結果、対象事業等が都市計画に定められる場合には、判定を行う者が複数になるが、本則の免許等を行う者等が複数になる場合と同様、事業の免許等を行う者等と都市計画認可権者の両者により第四条第三項第二号の手続を要しない旨の通知がなされるまでは事業への着手制限が課せられることとなり、両者のいずれかにより手続を要する旨の判定がなされれば、当該事業を都市計画に定めようとする都市計画決定権者は環境影響評価方法書（以下「方法書」という。）の作成以降の手続を行わなければならない。

なお、判定の基準となるべき事項は、事業の免許等の事務を所掌する主任の大臣と建設大臣の共同省令により定められる。

二　都市計画に定められる対象事業等

対象事業が都市計画に定められる場合又は対象事業に係る施設が都市計画に定められる場合には、都市計画決定権者が、事業者に代わるものとして、方法書の作成以降の手続を行うこととした（法第四〇条）。

(一)　評価書に対する意見

都市計画が都市計画認可を要するものである場合には、都市計画決定権者が環境影響評価書（以下「評価書」という。）を作成したときは、事業の免許等を行う者等と併せて都市計画認可権者にも評価書が送付され、両者がそれぞれ都市計画決定権者に意見を述べることができる仕組みとした。

法では、都市計画認可に環境影響評価の結果を反映することとしており（法第四二条第三項等）、事業の免許等を行う者等が免許等に先立ち事業者に意見を述べることと同様の関係が都市計画認可権者と都市計画決定権者との間にあることから、都市計画認可権者が都市計画決定権者に対し評価書について意見を述べることができる仕組みとしたものである。この場合において、事業の免許等を行う者等は、都市計画認可権者を経由して都市計画決定権者に意見を述べ、都市計画認可権者は事業の免許等を行う者等の意見を勘案して自らの意見を述べることとしているが、これは、都市計画認可権者が事業の免許等を行う者等の意見を認識して自らの意見を述べる必要があるためである。

㈡　都市計画地方審議会

都市計画法第一八条第一項等においては、都道府県知事又は建設大臣が都市計画決定をしようとするときは都市計画地方審議会の議を経なければならないこととされており、これにより都市計画決定における専門的、技術的かつ中立的な判断を担保している。都市計画地方審議会においては、環境を含めた多様な公益を総合的に判断することが不可欠であり、都市計画の案とともに評価書について審議することにより、その結果を都市計画の内容に反映させるとともに、評価書の内容にも反映させる必要がある。したがって、評価書について都市計画地方審議会の議を経ることとしたものである。

なお、都市計画地方審議会は最終的に都市計画に反映されるべき環境影響評価の結果を審議するものであることから、都市計画地方審議会への付議は、評価書について関係行政機関の長の意見が述べられ、これらの意見を勘案して評価書の検討及び補正がなされた後に行われるものとした。

㈢　主務大臣の技術的助言

法第四〇条第二項の規定により読み替えて適用される法第一一条第二項の規定は、都市計画決定権者が、当該規定によらず都市計画法を所管する立場としての建設大臣に対し、一般的な技術的助言その他の一般的な支援を求めることを排除する趣旨ではない。

三　都市計画に係る手続との調整

都市計画決定手続及び環境影響評価その他の手続は、同時期に、両者の整合性を確保しつつ、かつ住民等による参加の便宜を図る形で実施されることが適切である。このため、対象事業等特例においては、公告、縦覧、意見書の提出等対象事業に係る環境影響評価その他の手続と都市計画決定手続を併せて行うこととしており、これにより、両手続が整合を図りながらそれぞれ円滑に行われることとした（法第四一条）。

㈠　公告

準備書の公告と都市計画の案の公告を併せて行うこととするとともに、評価書の公告と都市計画の告示も同様とした（法第四一条第一項）。

㈡　縦覧

準備書の縦覧と都市計画の案の縦覧を併せて行うこととした（法第四一条第二項及び第三項）。

㈢　意見書

環境影響評価その他の手続と都市計画決定手続の趣旨はそれぞれ異なるものであるが、準備書と都市計画の案については、相互に密接に関係するものであることから、これらに対して提出された意見書が準備書の内容についてのものか、都市計画の案についてのものか、区別することが難しい場合が想定される。また、環境影響評価その他の手続における意見書の提出先と都市計画決定手続における意見書の提出先は、ともに都市計画決定権者となるものであり、形式的にも両者を区別することは難しい。

このような理由から、実際に提出されてきた意見書が、準備書についての意見書か、都市計画の案についての意見書か判別できないときは、いずれでもあるとみなすこととし、その旨を法律上も明記することとした（法第四一条第四項）。

㈣　都市計画地方審議会への付議

二の㈢で述べたように、評価書について都市計画地方審議会の議を経ることとしているが、評価書の付議を都市計画法に基づく都市計画の案の付議と併せて行うことを明らかにすることにより（法第四一条第五項）、実質的にも評価書と都市計画の案とが一体的に審議されることを確保している。

四　対象事業等を定める都市計画に係る手続に関する都市計画法の特例

環境影響評価その他の手続と都市計画決定手続とを併せて行うことに伴う都市計画法の特例を定めた（法第四二条）。

㈠　縦覧期間等の一致

法においては、準備書の縦覧期間を公告から一月間、これについての意見提出期間を同じく公告から縦覧期間終了後二週間以内としている。一方、都市計画法においては、都市計画の案の縦覧期間を公告から二週間、これについての意見書提出期間を縦覧期間内としている。

対象事業等特例においては、すでに述べたとおり、準備書の縦覧と都市計画の案の縦覧を併せて行うこととしており、そのためには縦覧の場所及び意見提出の方法だけでなく、その期間も一致させることが必要であることから、都市計画法の縦覧期間等を延長することとした（法第四二条第一項）。

(二)　環境影響評価の結果の都市計画決定への反映

本特例により行った環境影響評価の結果を都市計画決定に反映できるよう、都市計画決定権者は、対象事業等を都市計画に定めようとするときは、都市計画に係る対象事業の実施による環境への影響について配慮し、環境の保全が図られるようにすることとするとともに、都市計画が都市計画認可を要するものである場合には、都市計画認可権者においても、都市計画認可に当たって、都市計画について環境の保全についての適正な配慮がなされるものであるかどうかを審査しなければならない旨の都市計画法の特例を定めた（法第四二条第二項及び第三項）。

五　対象事業の内容の変更を伴う都市計画の変更の場合の再実施

評価書の公告後において都市計画の変更を行う場合についても、都市計画決定権者が事業者に代わるものとして、環境影響評価その他の手続と都市計画の変更手続を併せて行うこととした（法第四三条）。

六　事業者の行う環境影響評価との調整

都市計画決定権者が対象事業等を都市計画に定めようとするときに、既に事業者が環境影響評価その他の手続を開始している場合があり得るが、このような場合において、事業者が行った手続を無効にし、改めて都市計画決定権者が方法書の作成（第二種事業であれば判定に係る届出）から行わなければならないとするのは不合理である。このため、事業者が既に行った手続を都市計画決定権者が行ったものとみなすなど、手続の引継ぎが可能な仕組みとした（法第四四条）。

(一)　手続を引き継ぐ上で必要な手続

対象事業等を都市計画に定めるかどうかは、都市計画決定権者の判断によるものであることから、既に環境影響評価その他の手続を行っている事業者に対し、都市計画決定権者が当該事業者に係る事業を都市計画に定める旨を、事業者とそれまでに手続に関係してきた者に通知することとした。なお、通知を受けた事業者は、その段階に応じて、方法書、準備書又は評価書を都市計画決定権者に送付しなければならない。

(二)　手続を引き継ぐ時点

環境影響評価その他の手続は、一連のものとして行われて初めて有効に機能するものである。したがって、事業者の手続が引き継がれる場合には、住民等に混乱をもたらさないよう、また、事業者の検討行為等が分断されることのないようにしなければならない。このような観点から、事業者から都市計画決定権者への引継ぎの時点は、各段階の成果物（方法書、準備書）が作成済みであり、かつ、次の段階の手続に入っていない時点で行うこととしている。また、分割できない手続の過程にある場合には、その一体として行われるべき手続の成果物の作成後に引継ぎが可能な仕組みとしている。具体的には、方法書の作成後で公告縦覧の開始前の時点、準備書の作成後で公告縦覧の開始前の時点で引き継ぐことができることとした（法第四四条第一項から第四項まで）。

事業者が準備書の公告を行ってから評価書の公告を行う間において、都市計画の案の公告がなされた場合については、準備書に係る手続から評価書の完成という一体的な手続を異なる主体が分割して行うことは適切でないことから、事業者が引き続き当該都市計画に係る対象事業についての環境影響評価その他の手続を行うこととし、都市計画決定権者は手続を行うことを要しないこととした。なお、この場合において、当該事業者が行った環境影響評価の結果を都市計画決定に反映できるよう、評価書の公告後にこれを都市計画決定権者に送付することとした（法第四四条第五項）。

七　事業者が環境影響評価を行う場合の都市計画法の特例

法第四四条第五項の規定により、事業者が評価書を作成した後、これを都市計画決定権者に送付した場合に、環境影響評価の結果を都市計画決定に反映することができるよう都市計画法の特例を定めた（法第四五条）。

八　事業者の協力

対象事業等特例の適用がある場合には、事業を行う者に代わるものとして都市計画決定権者が一連の手続を行うこととなるが、個々の事業ごとに異なる事情もあり、事業を行う者の協力がなければ、都市計画決定権者としても事業の環境の保全についての適正な配慮ができないことが想定され、また、事業者が相応の負担をすべきとの考え方もあることから、都市計画決定権者が事業者に必要な協力を求めることができることとした（法第四六条第一項）。

また、国の行政機関の長、特殊法人等は、これらの者と都市計画決定権者との関係を考慮すると、一般の事業者以上に都市計画決定権者が行う環境影響評価その他の手続に協力すべきと考えられる。このため、都市計画決定権者から要請があった場合には、必要な環境影響評価を行わなければならないこととした（法第四六条第二項）。なお、この義務を負うこととなる者については、追って政令で定めることとしている。

○環境影響評価法施行令の一部改正等について

（平成十年八月三十一日環企評第二百八十一号
環境庁企画調整局長から各都道府県知事、政令市長あて通知）

環境影響評価法施行規則（平成一〇年総理府令第三七号）が平成一〇年六月一二日に、環境影響評価法施行令及び電気事業法施行令の一部を改正する政令（平成一〇年政令第二七三号）が平成一〇年八月一二日に公布され、また、環境影響評価法附則第二条第二項の規定に基づく書類の指定について平成一〇年六月一二日に告示されたところである。

これらの規定の内容は下記のとおりであるので、貴職におかれては、環境影響評価法（以下「法」という。）の施行について、下記の事項に十分御留意の上、格段の御協力をお願いするとともに、貴管下市町村にも周知方お願いいたしたい。

記

一　環境影響評価法施行令の一部改正について

(一)　都道府県知事の意見提出期間

環境影響評価方法書（以下「方法書」という。）又は環境影響評価準備書（以下「準備書」という。）について都道府県知事が意見を述べる期間は、都道府県知事が環境の保全の見地からの意見を有する者の意見の概要の送付を受けてから、方法書については九〇日、準備書については一二〇日とした（第七条第一項及び第八条第一項）。

ただし、意見を述べるため実地の調査を行う必要がある場合において、積雪その他の自然現象により長期間にわたり当該実地の調査が著しく困難であるときは、方法書については一二〇日を超えない範囲内において、準備書については一五〇日を超えない範囲内において都道府県知事が定める期間とした（第七条第一項ただし書及び第八条第一項ただし書）。

これは、都道府県知事は意見を述べるに当たり実地の調査を必ず実施する必要があるわけではないが、事業によっては実地の調査を行うことが必要と判断される場合があるため、その際には、実地の調査を行うための期間は、積雪その他の自然現象により長期間にわたり実地の調査が著しく困難な状況が生じた際にも確保されるべきとの考え方のもとに規定したものである。ここで、「実地の調査」とは、現地の状況を確認する程度の簡略な調査を想定している。

なお、「長期間にわたり」とは、数ケ月間以上の期間にわたることを指すものである。また、「実地の調査が著しく困難である」とは、交通の途絶により現地に到達できない場合及び現地に到達はできたとしても、現地の状況を確認する程度の簡略な調査が困難な場合という、極めて例外的な場合を指すものである。具体的には、北海道の山間部や本州の豪雪地帯において積雪により入山禁止となる場合などを想定しており、これ以外の場合は通常は想定し難いものである。例えば、植物が積雪下にあるために植物の分布や生育状況が確認できないことは、「実地の調査が著しく困難である」ことには当たらない。

　また、意見提出期間は上限として定められる性格のものであり、都道府県知事は、早期に意見を提出することができる場合（意見がない場合を含む。）には、意見提出期間の末期を待つことなく、可能な限り早期に意見を提出するべきである。

㈡　意見提出期間を定めた場合の通知

　都道府県知事は、㈠により意見提出期間を定めたときは、事業者に対し、遅滞なくその旨及びその理由を通知しなければならないこととした（第七条第二項及び第八条第二項）。また、当該通知について、都市計画に定められる対象事業等に関する手続の特例、対象港湾計画に関する手続及び電気事業法（昭和三九年法律第一七〇号）第四六条の四に規定する特定対象事業に関する手続の特例を定めた（第九条及び第一一条並びに電気事業法施行令第六条の二）。

　都道府県知事は、意見提出期間を定めるかどうかの判断を可能な限り早期に行うべきであり、通常は、意見提出期間を定めた旨の通知は、方法書又は準備書に対する意見の概要の送付を受けてから二〇日程度以内に行うべきである。なお、やむを得ずその後に通知を行う場合においても、意見提出期間を定める前の意見提出期間（方法書であれば九〇日、準備書であれば一二〇日）内には行わなければならないものである。

㈢　法附則第三条第一項第三号の国の計画

　国の計画であって、法の施行日に定められていた場合には当該国の計画に基づいて実施される事業に対して法の第二章から第七章までの規定が適用されないこととなるものは、特定多目的ダム法（昭和三二年法律第三五号）第四条第一項に規定する基本計画及び土地改良法（昭和二四年法律第一九五号）第八七条又は第八七条の二に規定する土地改良事業計画（農林水産大臣が定めるものに限る。）とした。

㈣　施行期日

　この政令は、法の施行の日（平成一一年六月一二日）から施行することとした。

　なお、都道府県知事は、法附則第五条第四項の規定により、法第五条から第一二条までの規定の例による手続を行う場合にあっては、㈠及び㈡の規定の趣旨を踏まえて手続を行うよう御協力をお願いしたい。

二　環境影響評価法施行規則について

㈠　公告の方法

方法書を作成した旨の公告は、以下の方法のうちから、事業者が適切な方法を選択して行うこととした（第一条）。

①　官報への掲載

②　関係都道府県の協力を得て、関係都道府県の公報又は広報紙に掲載すること。

③　関係市町村の協力を得て、関係市町村の公報又は広報紙に掲載すること。

④　時事に関する事項を掲載する日刊新聞紙への掲載

これは、「今後の環境影響評価制度の在り方について」（平成九年二月一〇日付け中央環境審議会答申）Ⅱ六㈢において、事業者による周知の地域的範囲を定めることが必要であると指摘されたことを踏まえ、公告の方法として、関係地域内において誰でも容易に入手できる出版物への掲載の方法を定めたものである。なお、地方公共団体の公報又は広報紙については、掲載するかどうかは当該地方公共団体が判断するものであるため、掲載に当たってはその協力を得ることが必要であることとしている。

また、準備書、環境影響評価書（以下「評価書」という。）を作成した旨などの公告についても同様の方法により行うこととした（第五条、第九条第一項、第一三条、第一六条、第一七条、第一八条、第一九条、附則第二条）。

なお、②の「関係都道府県」、③の「関係市町村」とは、手続が方法書の段階にある事業については法第六条第一項の環境影響を受ける範囲であると認められる地域がある都道府県又は市町村を指し、手続が準備書以降の段階にある事業については法第一五条の関係地域がある都道府県又は市町村を指すものである。また、④の「日刊新聞紙」とは、関係地域内において一般に販売されている新聞を指し、全国紙に限られるものではない。

㈡　縦覧の場所

方法書を縦覧に供する場所は、以下の場所のうちから、できる限り、意見を述べるために方法書を縦覧する者の参集の便を考慮して事業者が定めることとした（第二条）。

①　事業者の事務所

②　関係都道府県の協力が得られた場合にあっては、関係都道府県の庁舎その他の関係都道府県の施設

③　関係市町村の協力が得られた場合にあっては、関係市町村の庁舎その他の関係市町村の施設

④　①から③までに掲げるもののほか、事業者が利用でき

る適切な施設

なお、地方公共団体の施設については、これを利用させるかどうかは当該地方公共団体が判断するものであるため、利用に当たってはその協力を得ることが必要であることとしている。

また、準備書、評価書の縦覧についても同様の場所において行うこととした（第六条、第一四条）。

㈢　公告する事項

方法書について公告する事項は、方法書を作成した旨のほか、以下の事項とした（第三条）。

①　事業者の氏名及び住所（法人にあってはその名称、代表者の氏名及び主たる事務所の所在地）
②　対象事業の名称、種類及び規模
③　対象事業が実施されるべき区域
④　法第六条第一項の対象事業に係る環境影響を受ける範囲であると認められる地域の範囲
⑤　方法書の縦覧の場所、期間及び時間
⑥　方法書について環境の保全の見地からの意見を書面により提出することができる旨
⑦　法第八条第一項の意見書の提出期限及び提出先その他意見書の提出に必要な事項

準備書について公告する事項は、方法書の場合と同様の事項とし（第七条第一項）、評価書について公告する事項は、方法書の場合から意見書の提出に関する事項を除いたものとした（第一五条第一項）。また、その他の場合の公告について、公告する事項を定めた（第九条第二項、第一六条第二項、第一七条第二項、第一八条第二項、第一九条第二項）。

㈣　意見書の提出

方法書についての意見書には、以下の事項を記載すべきこととした（第四条第一項）。

①　意見書を提出しようとする者の氏名及び住所（法人その他の団体にあってはその名称、代表者の氏名及び主たる事務所の所在地）
②　意見書の提出の対象である方法書の名称
③　方法書についての環境の保全の見地からの意見

③の環境の保全の見地からの意見については、日本語により、意見の理由を含めて記載すべきこととした（第四条第二項）。また、準備書についての意見書についても、同様の事項を記載すべきこととした（第一二条）。

なお、意見書の記載事項の一部に不備があったとしても、方法書又は準備書に対する環境の保全の見地からの意見が記載されていると認められる場合は、有効な意見書として取り扱われるべきである。

(五)　説明会の開催

説明会の日時及び場所は、できる限り、説明会に参加する者の参集の便を考慮して事業者が定めることとし、関係地域に二以上の市町村の区域が含まれることその他の理由により事業者が必要と認める場合には、二以上の区域ごとに説明会を開催することとした（第八条第一項）。

その他、説明会の開催を要しないこととなる事由（第一〇条第一項）、説明会の開催を行わなかった場合の準備書の記載事項の周知の方法（第一一条第一項）を定めた。

なお、第一一条第一項第一号の規定により、求めに応じての要約書の提供の方法により周知を行う場合、事業者は、対応できないほどの大量請求に応じる義務を負うものではない。

(六)　その他

(一)から(五)までのほか、法施行前に方法書の手続を行う場合に主務大臣へ届け出る事項、環境庁組織規則の一部改正について定めた。また、(一)から(五)までの事項について、都市計画に定められる対象事業等に関する手続の特例、対象港湾計画に関する手続を定めた。

なお、都市計画に定められる対象事業等に関する環境影響評価その他の手続については、都市計画決定手続と併せて行うものとなることから、公告の方法、縦覧の時間・場所等は、都市計画決定手続の運用実績を踏まえ、両手続の整合がとれるように定められることとなるよう御協力をお願いしたい。

(七)　施行期日

環境影響評価法施行規則は、方法書の手続に関する部分は公布の日（平成一〇年六月一二日）から、残りの部分は法の全面施行の日（平成一一年六月一二日）から施行することとした。

三　法附則第二条第二項の規定に基づく書類の指定について

法附則第二条では、法の対象となる事業について、法の施行時に条例、行政指導等の定めるところに従って作成された一定の書類があるときは、これを法の手続を経た書類とみなすことにより、法の手続を途中から開始できることとする経過措置を設けている。

法附則第二条第二項の規定に基づく書類の指定は、条例、行政指導等の定めるところに従って作成されたどの書類が、法のどの手続を経たものとみなされるかを指定するものである。指定は、条例又は地方公共団体の行政指導等に係る書類については環境庁長官が、国の行政指導等に係る書類については主務大臣が、都市計画に定められる事業に関する国の行政指導等に係る書類については建設大臣が行い、以下のとおり告示された。

○　環境影響評価法の経過措置に係る書類であって作成の根拠が条例又は地方公共団体の行政指導等であるものを指定する件（平成一〇年環境庁告示第二九号）

○　環境影響評価法の主務大臣が環境庁長官である事業について同法の経過措置に係る書類を指定する件（平成一〇年環境庁告示第二八号）

○　環境影響評価法附則第二条第二項の規定に基づき書類を指定する件（平成一〇年厚生省告示第一七二号）

○　環境影響評価法附則第二条第二項の規定に基づき、同条第一項各号に掲げる書類であってその作成の根拠が国の行政機関に係る行政指導等であるものを指定した件（平成一〇年厚生省・農林水産省・通商産業省・建設省告示第一号）

○　環境影響評価法附則第二条第二項の規定に基づき、同条第一項各号に掲げる書類であってその作成の根拠が国の行政機関に係る行政指導等であるものを指定した件（平成一〇年農林水産省・運輸省・建設省告示第一号）

○　環境影響評価法附則第二条第二項の規定に基づき、同条第一項各号に掲げる書類（通商産業大臣が同法の主務大臣である事業に係るものに限る。）であってその作成の根拠が国の行政機関に係る行政指導等であるものを指定した件（平成一〇年通商産業省告示第三二〇号）

○　環境影響評価法附則第二条第二項の規定に基づき、同条第一項各号に掲げる書類であってその作成の根拠が国の行政機関に係る行政指導等であるものを指定した件（平成一〇年運輸省告示第二八八号）

○　環境影響評価法附則第二条第二項の規定に基づき、同条第一項各号に掲げる書類であってその作成の根拠が国の行政機関に係る行政指導等であるものを指定した件（平成一〇年建設省告示第一三四六号）

○　環境影響評価法附則第二条第二項の規定に基づき、同条第一項各号に掲げる書類であってその作成の根拠が国の行政機関に係る行政指導等で都市計画に係るものを指定した件（平成一〇年建設省告示第一三四七号）

なお、法附則第二条第二項の規定に基づき、条例、行政指導等の定めるところに従って作成された書類を法の手続を経た書類とみなすに当たっては、以下の事項に留意する必要がある。

(一)　法附則第二条第一項第一号に掲げる書類について

法の施行の日において「法第七条の手続を経た方法書」とみなされるため、(二)から(六)までの書類が作成されていない場合は、事業者は法第七条の手続を行う必要はないが法第八条の規定により、法の施行の日から起算して二週間を経過する日までの間は、当該書類について環境の保全の見地からの意見を有する者は、事業者に意見書を提出することができることとなり、当該期間中は、事業者は法第九条の規定による方法書についての意見の概要の送付の手続を行うことができない。

なお、法附則第二条第一項第一号に掲げる書類について条例又は行政指導等に定めるところに従って提出された環境の保全の見地からの意見があるときは、当該意見は、以降の手続において法第八条第一項の規定により提出された意見と同様に取り扱われるべきであり、事業者は、その概要を法第九条の規定により都道府県知事及び市町村長に送付すべきである。

㈡　法附則第二条第一項第二号に掲げる書類について

法の施行の日において「法第九条の手続を経た同条の書類」とみなされるため、㈢から㈨までの書類が作成されていない場合は、法第一〇条の規定により、法の施行の日から九〇日以内に、都道府県知事は事業者に環境の保全の見地からの意見を述べることとなる。

なお、当該書類が法第九条に規定する都道府県知事及び市町村長の一部のみに送付されている場合は、送付されている団体が送付されていない団体に送付することにより、当該都道府県知事及び市町村長のすべてが当該書類を有することとなることが適当と考えているので、この旨御配慮願いたい。

また、都道府県知事は、法の施行の日から九〇日以内に意見を述べることとなるが、当該書類の送付を実際に受けた時点から検討を始めることができることにかんがみ、事業者に過大な負担をかけないよう、法の施行前に検討を行っていた期間を勘案して迅速に事務を処理することが適当であるので、この旨御配慮願いたい。

㈢　法附則第二条第一項第三号に掲げる書類について

法の施行の日において「法第一〇条第一項の書面」とみなされるため、㈣から㈨までの書類が作成されていない場合は、法第一一条の規定により、事業者は、当該書類の内容を勘案した上で環境影響評価の項目及び手法を選定することとなる。

㈣　法附則第二条第一項第四号に掲げる書類について

法の施行の日において「法第一六条及び第一七条の手続を経た準備書」とみなされるため、㈤から㈨までの書類が作成されていない場合は、事業者は法第一六条及び第一七条の手続を行う必要はないが法第一八条の規定により、法の施行の日から起算して二週間を経過する日までの間は、当該書類について環境の保全の見地からの意見を有する者は、事業者に意見書を提出することができることとなり、当該期間中は、事業者は法第一九条の規定による準備書についての意見の概要の送付の手続を行うことができない。

なお、法附則第二条第一項第四号に掲げる書類について条例又は行政指導等に定めるところに従って提出された環境の保全の見地からの意見の取扱いについては、(一)と同様である。

(五)　法附則第二条第一項第五号に掲げる書類について

法の施行の日において「法第一九条の手続を経た同条の書類」とみなされるため、(六)から(九)までの書類が作成されていない場合は、法第二〇条の規定により、法の施行の日から一二〇日以内に、都道府県知事は事業者に環境の保全の見地からの意見を述べることとなる。

なお、当該書類が法第一九条の関係都道府県知事及び関係市町村長の一部のみに送付されている場合の考え方、都道府県知事の意見提出期間についての考え方については、(二)と同様である。

(六)　法附則第二条第一項第六号に掲げる書類について

法の施行の日において「法第二〇条第一項の書面」とみなされるため、(七)から(九)までの書類が作成されていない場合は、法第二一条第一項の規定により、事業者は、当該書類の内容を勘案した上で準備書の記載事項について検討を加え、同項各号に定める措置をとることとなる。

(七)　法附則第二条第一項第七号に掲げる書類について

法の施行の日において「法第二一条第二項の評価書」とみなされるため、(八)又は(九)の書類が作成されていない場合は、法第二二条第一項の規定により、事業者は、当該書類を同項各号に定める者に送付することとなる。

(八)　法附則第二条第一項第八号に掲げる書類について

法の施行の日において「法第二六条第二項の評価書」とみなされる。「法第二六条第二項の手続を経た評価書」とみなされてはいないため、(九)の書類が作成されていない場合は、事業者は、法第二六条第二項の手続を行う必要があり、当該書類、これを要約した書類及び法第二四条の書面（免許等を行う者等の意見）を、関係都道府県知事及び関係市町村長へ送付することとなる。

(九)　法附則第二条第一項第九号に掲げる書類について

法の施行の日において「法第二七条の手続を経た評価書」とみなされるため、当該書類に係る事業については、法第六章「評価書の公告及び縦覧後の手続」の諸規定が適用されることとなる。

なお、法第三三条から第三七条までの規定、いわゆる横断条項の適用に当たり、免許等を行う者、特定届出を受理した者、交付決定権者、法人監督者、主任の大臣が当該書類の送付を受けていない場合は、これらの者は、これらの規定による審査を行うに当たって、事業者に当該書類の提出を求めることとなる。

○環境影響評価法の一部を改正する法律の施行について

（平成二十四年三月十四日環政評発第一二〇三一四〇〇一号　環境省総合環境政策局長から各都道府県知事、各環境影響評価法政令市長あて通知）

環境影響評価法の一部を改正する法律（平成二三年法律第二七号。以下「改正法」という。）については、平成二三年四月二七日付けで公布され、環境影響評価法の一部を改正する法律の施行期日を定める政令（平成二三年政令第三一五号）によって、新たに創設された計画段階環境配慮書手続（以下「配慮書手続」という。）及び環境保全措置等の報告等の手続（以下「報告書手続」という。）については平成二五年四月一日から施行され、その他の規定については平成二四年四月一日から施行されることとなった。

また、平成二四年四月一日から施行される法改正事項については、環境影響評価法施行令の一部を改正する政令（平成二三年政令第三一六号。以下「改正政令」という。）及び環境影響評価法施行規則の一部を改正する省令（平成二三年環境省令第二七号。以下「改正省令」という。）が一〇月一四日に公布されたところである。

これらの規定の内容は以下のとおりであるので、貴職におかれては、改正法による改正後の環境影響評価法（平成九年法律第八一号。以下「法」という。）の施行について、下記の事項に十分御留意の上、各段の御協力をお願いするとともに、貴管下市町村にも周知願いたい。

なお、本通知は、地方自治法（昭和二二年法律第六七号）第二四五条の四第一項の規定に基づく技術的な助言であることを申し添える。

記

第一　改正の背景

平成一一年六月の環境影響評価法の施行から一〇年が経過する中で、環境影響評価法の施行を通して把握された課題等を踏まえ、更なる取組の充実が求められている。一方、今日の環境政策の課題は、生物多様性の保全や地球温暖化対策等、一層多様化・複雑化しており、その中で環境影響評価が果たすべき機能や評価技術をめぐる状況も変化してきている。

環境影響評価法附則第七条においては、「政府は、この法律の施行後一〇年を経過した場合において、この法律の施行の状況について検討を加え、その結果に基づいて必要な措置を講ずるものとする」こととされており、上述の状況も踏まえ、平成二一年八月、環境大臣から中央環境審議会に対し、今後の環境影響評価制度の在り方について諮問がなされた。主に中央環境審議会総合政策部会に設置された専門委員会において調査・審議がなされ、平成二二年二月に中央環境審議会から「今後の環境影響評価制度の在り方について」答申がなされた。

答申において、事業の早期段階での環境配慮（戦略的環境アセスメント）については、事業の実施段階での環境影響評価の限界を補う等の有効性、国や地方公共団体における取組の実績や諸外国の状況等を踏まえ、法制化の必要性が示された。また、補助金の交付金化への対応や事後調査の制度化等に関する必要性等、法の改正事項に関する方針が示された。

この答申に基づき、政府部内において法制化の検討を進め、環境影響評価法の一部を改正する法律案が平成二二年三月に閣議決定され、平成二三年四月に改正法が公布された。

第二　環境影響評価法の一部改正について

一　対象事業の範囲の拡大

環境影響評価法制定後に補助金の交付金化の動きが進められたこと、環境の保全の観点から捉えると、補助金と交付金には本質的な違いはないことを踏まえ、法対象事業として、補助金等に係る予算の執行の適正化に関する法律（昭和三〇年法律第一七九号）第二条第一項第四号の政令で定める給付金のうち政令で定めるものの交付の対象となる事業を追加することとした（法第二条第二項第二号ロ）。具体的には、地域自主戦略交付金、沖縄振興自主戦略交付金、及び社会資本総合整備交付金を指定した（改正政令による改正後の環境影響評価法施行令（平成九年政令第三六四号。以下「政令」という。）第四条）。なお、本改正事項については、平成二四年四月一日より施行予定である。

これらの三つの交付金については、いずれも、地方公共団体が事業実施に関する計画の策定を行い、それに基づき、国が地方公共団体に対し交付決定を行う仕組みとなっていることから、貴都道府県及び市町村におかれては、これらの交付金を用いた法対象事業の実施を計画する場合は、なるべく早い段階から環境省へ情報提供いただき、法に基づく手続が円滑に行われるよう御協力をお願いする。

二　配慮書手続の創設

事業に係る環境の保全について適正な配慮がなされるためには、可能な限り早期の段階において、環境の保全の見地からの検討を加え、事業に反映していくことが望ましい。このため、方法書の作成前の手続として、対象事業に関する位置・規模や施設の配置・構造等の計画の立案段階において環境の保全のために配慮すべき事項（計画段階配慮事項）について検討し、その検討の結果についてまとめた配慮書を作成する手続を法に位置付け（法第三条の二～第三条の一〇）、その結果を踏まえた上で、方法書以降の手続を行うこととした（法第五条）。

作成した配慮書は、当該事業の主務大臣へ送付されるとともに、その要約書とあわせて公表することとし、当該送付を受けた主務大臣は、速やかに、環境大臣に当該配慮書の写しを送付して意見を求めなければならないこととした。環境大臣は必要に応じて主務大臣に対して配慮書について意見を書面で述べること、主務大臣は、必要に応じて事業を実施しようとする者に対して意見を述べること、環境大臣の意見があるときは、これを勘案しなければならないこととした。

一方、地方公共団体を含む関係行政機関及び一般に対する配慮書の案又は配慮書に対する意見聴取は努力義務としたが、事業の立案段階から適切な環境配慮を盛り込むためには、当該事業の実施が想定される区域に係る環境情報の収集が必要不可欠であるため、貴都道府県及び市町村におかれては、積極的な情報提供に御協力をお願いする。

なお、計画段階配慮事項についての検討の手続を実施する義務を負う者は、第一種事業を実施しようとする者であるが、第二種事業を実施しようとする者においても、自主的な判断により計画段階配慮事項についての検討の手続を実施することを可能とし、実施する場合は第一種事業を行おうとする者と法律上同様に取り扱うこととしている（法第三条の一〇）。

なお、本改正事項については、平成二五年四月一日より施行予定であり、必要な政省令等の改正を今後実施することとしている。当該項目の施行に係る通知等については、これらの改正後、改めて御連絡させていただく。

三　インターネットによる公表の義務化

環境影響評価制度は、環境保全に関する外部との情報交流を義務付けることにより事業者の十全な環境配慮を確保する制度であり、環境影響評価図書（方法書、準備書、評価書）へのアクセスの利便性を向上させることによる情報交流の充実は制度の根幹に関わる重要な問題である。このため、環境の保全の見地からの意見を有する者が、居住地域に限定されることなく環境影響評価図書を確認できる必要があることから、事業者が作成する方法書、準備書及び評価書について、その要約した書類（以下「要約書」という。）等とともに、インターネットの利用その他の方法により公表することを義務付けることとした（法第七条、第一六条及び第二七条）。

環境影響評価図書及びその要約書等の公表は、以下のうち適切な方法により行うこととした（改正省令による改正後の環境影響評価法施行規則（以下「省令」という。）第三条の二）。

①　事業者のウェブサイトへの掲載

②　関係都道府県の協力を得て、関係都道府県のウェブサイトに掲載すること

③　関係市町村の協力を得て、関係市町村のウェブサイトに掲載すること

なお、本改正事項については、平成二四年四月一日より施行予定である。

四　事業者に対し直接意見を述べることのできる市の指定

近年の地方分権の進展により地方自治法に定める政令指定都市等が地域環境管理の観点から果たす役割は大きくなっており、また多くの地方自治法に定める政令指定都市等において独自の環境影響評価条例が制定されていること等を踏まえ、対象事業に係る環境影響を受ける範囲であると認められる地域が一つの政令で定める市の区域内に限られるものである場合であって、当該市が単独で意見を形成し、提出することができるだけの能力と体制を有していれば、必ずしも都道府県知事が当該市の意見を聴取した上で意見を述べる必要はなく、方法書及び準備書に関して、事業者に対し直接意見を述べることができるものと規定した（法第一〇条及び第二〇条）。このような市の指定については、必要に応じて見直しを行うことができるよう、政令で個別に定めることができる仕組みとし、具体的には、札幌市、仙台市、さいたま市、千葉市、横浜市、川崎市、新潟市、名古屋市、京都市、大阪市、堺市、吹田市、神戸市、尼崎市、広島市、北九州市及び福岡市の一七市を指定した（政令第九条）。

また、当該地域が政令で定める市の区域内に収まっていると事業者が判断した場合であっても、他の市町村への影響が懸念される場合や、都道府県全体の環境保全に係る計画・政策との整合性等の観点から都道府県知事の意見提出が必要とされる場合が想定されるため、都道府県知事は必要に応じて意見提出を行うことができることとした。本改正事項については、平成二四年四月一日より施行予定である。

なお、政令で定める市の長と都道府県知事はともに環境保全の観点から意見を述べるものであり、これらの意見は相補うものであって不整合等が生じる事態は通常想定されないと考えられるが、地方公共団体間で密に連携し情報を共有する等の対応により、このような事態を回避するための配慮をお願いする。

五　方法書手続の改正

①　方法書の記載内容の追加

事業者が配慮書手続を行っている場合、方法書の作成に当たっては、配慮書の内容を踏まえるとともに、配慮書手続における主務大臣の意見が述べられたときはこれを勘案した上で、事業に係る環境影響評価のための項目や手法等の必要な情報を整理した形で方法書をまとめることとした（法第五条）。

②　方法書の要約書の送付・公表

方法書については、その大部化及び内容の高度化が進んでいることから、内容をわかりやすく周知するために、要約書を作成し、対象事業に係る環境影響を受ける範囲であると認められる地域を管轄する都道府県知事及び市町村長に送付するとともに公表することとした（法第六条、第七条）。

③　方法書説明会の開催

方法書については記載事項の周知を図るため、縦覧期間内に、対象事業により環境影響を受ける範囲であると認められる地域内において、方法書の説明会を開催することを義務付けた（法第七条の二）。方法書段階の説明会の開催に当たっては、準備書段階と同様、開催日時や場所等の公告義務のほか、事業者の責めに帰すことができない事由により公告どおりの説明会が開催できない場合の例外規定を定めた（法第七条の二）。

また、インターネットによる公表が義務付けられ、方法書及び準備書の記載事項について周知がなされることから、説明会を開催できない場合における記載事項の周知に係る規定は削除することとした。

なお、本改正事項については、平成二四年四月一日より施行予定である。

六　環境影響評価の項目等の選定段階における環境大臣の関与

事業者は、対象事業に係る環境影響評価の項目並びに調査、予測及び評価の手法の選定に当たり、事業者が必要と認めるときは、主務大臣に対し、技術的な助言を記載した書面の交付を受けたい旨の申出を書面によりすることができることとされていたが、この場合において、主務大臣が当該助言を記載した書面を交付するときは、あらかじめ、環境大臣の意見を聴かなければならないこととした（法第一一条第三項）。

なお、本改正事項については、平成二四年四月一日より施行予定である。

七　免許等を行う者が地方公共団体等である事業の評価書に係る環境大臣の助言に係る規定の創設

免許等を行う者が地方公共団体その他公法上の法人で政令で定める者（以下「地方公共団体等」という。）である事業の場合、環境大臣が地方公共団体等に対して意見を述べる手続は設けられていなかった。しかし、環境大臣と地方公共団体の長とでは、①国が定める計画との整合を図る視点、②環境保全に関する条約等の実効性を確保していく立場からの視点、③全国各地の事例や技術的知見を集積している立場からの視点という観点において、環境保全の見地からの意見に相違があると考えられる。

このため、規模が大きく環境影響の程度が著しいものとなるおそれがある事業について、環境の保全について適正な配慮がなされることを確保するため、免許等を行う者が地方公共団体等である場合、当該地方公共団体等の長が意見を述べる必要があると認める場合には、当該地方公共団体等の長が環境大臣に評価書の写しを送付し、助言を求めるよう努めなければならないこととした（法第二三条の二）。

「公法上の法人で政令で定める者」には、公有水面埋立事業は港湾管理者としての港務局が免許等を行う者となる場合があり得るため、港務局を指定した（政令第一三条）。本改正事項については、平成二四年四月一日より施行予定である。

なお、当該送付から助言の提出までの期間については特段の規定はないが、地方公共団体等の長は、環境大臣の助言の形成及び当該助言を活用するための期間を十分に確保するよう考慮されたい。

八　報告書手続の創設

評価書に盛り込まれた事後調査や一部の環境保全措置については、評価書の確定時点においては、事業着手後にこれらの措置を実施した結果や効果を見通すことができない。一方で、事業者には、事業の実施に当たり環境の保全に配慮する責務があり、環境影響評価手続における不確実性を補う観点から、環境影響評価手続を含めて事業の実施に係る手続に関係する行政機関や事業に関心を有する住民等一般に対して、その配慮の状況を明らかにしていく一般的な責務を有すると解される。

また、これらの措置は技術的にも高度な内容を有していることから、その実施を事業者の内部に完結させるのではなく、措置の内容や実施状況を事業者の外部の者に対して明らかにすることにより、以後の環境影響評価手続の対象事業における各事業者の対応や、主務大臣・環境大臣等による審査のための知見として役立てられるという効果も期待できる。

これらを踏まえ、特に一般や行政の関心が高く、実施状況を明らかにすることの意義が大きい事後調査や、当該事後調査により判明した環境状況に応じて講ずる環境保全措置及び評価書作成の時点では効果が得られるかどうか確実でない環境保全措置については、事業者に対して、その内容や実施状況を一般に公表し、行政機関に報告することを義務付けることとし、措置内容の充実を図るために行政機関が意見を述べることができることとした（法第三八条の二～第三八条の五）。

なお、本改正事項については、平成二五年四月一日より施行予定であり、必要な政省令等の改正を今後実施することとしている。当該項目の施行に係る通知等については、これらの改正後、改めて御連絡させていただく。

九　都市計画に定められる対象事業等に関する特例

対象事業が都市計画に定められる場合又は対象事業に係る

施設が都市施設として都市計画に定められる場合には、当該都市計画の決定又は変更を行う都道府県又は市町村が法に基づく配慮書から評価書に係る手続を行うこととした（法第三八条の六第三項）。

一方、都市計画に定められる事業であっても、環境の保全についての適正な配慮は事業者が実施することとされていること等から、報告書手続は、当該事業を実施する事業者が行うこととした（法第四〇条の二）。

なお、港湾法（昭和二五年法律第二一八号）による港湾計画及び発電所に係る環境影響評価手続についても所要の技術的修正を行った（法第四八条第二項、改正法附則第一一条）。

○環境影響評価法の一部を改正する法律の施行について

（平成二十五年三月二十九日環政評発第一三〇三二九一号
環境省総合環境政策局長から各都道府県知事、各環境影響評価法政令市長あて通知）

環境影響評価法の一部を改正する法律（平成二三年法律第二七号。以下「改正法」という。）が平成二三年四月二七日付けで公布され、環境影響評価法の一部を改正する法律の施行期日を定める政令（平成二三年政令第三一五号）によって、計画段階環境配慮書手続（以下「配慮書手続」という。）及び環境保全措置等の報告等の手続（以下「報告書手続」という。）について平成二五年四月一日から施行されることとなった。

これに伴い、改正法による改正後の環境影響評価法（平成九年法律第八一号。以下「法」という。）に基づく基本的事項（平成九年一二月環境庁告示第八七号。以下「基本的事項」という。）の改正が平成二四年四月二日に告示されたほか、環境影響評価法施行令の一部を改正する政令（平成二四年政令第二六五号。以下「改正政令」という。）及び環境影響評価法施行規則の一部を改正する省令（平成二四年環境省令第三一号。以下「改正省令」という。）が平成二四年一〇月二四日に公布されたところである。

これらの規定の内容については、「環境影響評価法の一部を改正する法律の施行について（通知）」（環政評発第一二〇三三一四〇〇一号）に掲げるほか、以下のとおりであるので、貴職におかれては、改正法による改正後の法の施行について、下記の事項に十分御留意の上、格段の御協力をお願いするとともに、貴管下市町村にも周知願いたい。

併せて、法対象事業種ごとの特性を踏まえ、主務省令に新たに「計画段階配慮事項の選定並びに当該計画段階配慮事項に係る調査、予測及び評価の手法に関する指針」、「計画段階配慮事項についての検討に当たって関係する行政機関及び一般の環境の保全の見地からの意見を求める場合の措置に関する指針」、「報告書の作成に関する指針」などが規定されることに留意されたい。

なお、本通知は、地方自治法（昭和二二年法律第六七号）第二四五条の四第一項の規定に基づく技術的な助言である旨、また、都市計画に定められる対象事業等に関する特例に関するものについては、別途、国土交通省都市局長及び当職より通知する旨を申し添える。

また、平成二五年四月一日より改正法により配慮書手続が創設されることから、平成一九年四月五日付け環政評発第〇七〇四〇五〇〇二号をもって通知した「戦略的環境アセスメント導入ガイドライン」は平成二五年三月三一日限り廃止する。

記

第一　配慮書手続の創設

事業に係る環境の保全について適正な配慮がなされるためには、可能な限り早期の段階において、環境の保全の見地からの検討を加え、事業に反映していくことが望ましいことから、方法書の作成前の手続として、配慮書手続を義務付けた（法第三条の二から法第三条の一〇まで）。

配慮書手続の詳細について、改正政令による改正後の環境影響評価法施行令（以下「政令」という。）及び改正省令による改正後の環境影響評価法施行規則（以下「省令」という。）において以下の一及び二のとおり規定した。

また、基本的事項において、配慮書手続の基本的な考え方について以下三のとおり規定した。

配慮書手続の主な目的は、第一種事業（法第三条の一〇の規定により配慮書手続を行うこととした第二種事業を含む。以下この項において同じ。）に係る計画の立案の段階において、重大な環境影響について簡易な調査、予測、及び評価を行うことにより、当該影響を回避又は低減することを企図するものであって、環境影響について網羅的かつ詳細に調査、予測、及び評価を行う方法書以降の手続とは役割が異なることに留意されたい。

加えて、環境面以外の社会面、経済面からの比較評価を配慮書手続の中で行う必要はないが、社会面、経済面に係る検討を配慮書手続の中で実施することを妨げるものではないことに留意されたい。

一　環境影響評価法施行令の改正

○法第三条の五の規定により、配慮書について環境大臣が主務大臣に対して環境の保全の見地からの意見を述べる期間は四五日とした（政令第八条）。

○法第三条の六の規定により、配慮書について主務大臣が第一種事業を実施しようとする者に対して環境の保全の見地からの意見を述べる期間は九〇日とした（政令第九条）。

二　環境影響評価法施行規則の改正

○配慮書の記載事項は、配慮書の案について意見を求めた場合は関係行政機関の意見又は一般の意見の概要とした。また、当該意見についての第一種事業を実施しようとする者の見解を記載するように努めるものとした（省令第一条）。

○配慮書及びこれを要約した書類の公表については、以下の場所のうちから、一般の参集の便を考慮して定めるものとした（省令第一条の二第一項）。

①　第一種事業を実施しようとする者の事務所

②　関係都道府県の協力が得られた場合にあっては、関係都道府県の庁舎その他の関係都道府県の施設

③　関係市町村の協力が得られた場合にあっては、関係市

町村の庁舎その他の関係市町村の施設

④　①から③までに掲げるもののほか、第一種事業を実施しようとする者が利用できる適切な施設

○配慮書及びこれを要約した書類のインターネットの利用による公表については、以下の方法のうち適切な方法により行うものとした（省令第一条の二第二項）。

①　第一種事業を実施しようとする者のウェブサイトへの掲載

②　関係都道府県の協力を得て、関係都道府県のウェブサイトに掲載すること。

③　関係市町村の協力を得て、関係市町村のウェブサイトに掲載すること。

○方法書及び準備書の記載事項は、配慮書を作成した場合については、以下のとおりとした（省令第一条の五第一号及び第四条の三）。

①　配慮書の案又は配慮書についての関係行政機関の意見又は一般の意見の概要

②　それらに対する第一種事業を実施しようとする者の見解

③　配慮書手続後において実施した、事業に係る位置・規模又は建造物等の構造・配置を決定する過程での環境保全上の検討の経緯及びその内容

○条例等に基づいて配慮書手続を行った場合は、方法書及び準備書の記載事項として、上記①〜③の記載事項のうち条例等において方法書の記載事項として規定されているものとした（省令第一条の五第二号及び第四条の三）。

三　基本的事項の改正

㈠　配慮書手続に係る一般的事項

○第一種事業に係る位置・規模又は建造物等の構造・配置に関する適切な複数案（以下「位置等に関する複数案」という。）を設定することを基本とし、位置等に関する複数案を設定しない場合は、その理由を明らかにするものとした（基本的事項第　の一㈢）。

○調査は、選定事項について適切に予測及び評価を行うために必要な程度において、選定事項に係る環境要素の状況に関する情報並びに調査地域の自然条件及び社会条件に関する情報を、原則として国、地方公共団体等が有する既存の資料等により収集し、その結果を整理し、及び解析することにより行うものとした。重大な環境影響を把握する上で必要と認められるときは、専門家等からの知見を収集するものとし、なお必要な情報が得られないときは、現地調査・踏査その他の方法により情報を収集するものとした（基本的事項第一の一㈤）。

○予測は、第一種事業の実施により選定事項に係る環境要

素に及ぶおそれのある影響の程度について、適切な方法により、知見の蓄積や既存資料の充実の程度に応じ、環境の状態の変化又は環境への負荷の量について、可能な限り定量的に把握することを基本とし、定量的な把握が困難な場合は定性的に把握することにより行うものとした（基本的事項第一の一㈥）。

○評価は、調査及び予測の結果を踏まえ、位置等に関する複数案が設定されている場合は、当該複数案ごとの選定事項について環境影響の程度を整理し、これらを比較することを基本とした。また、必要であると認められる場合には、選定事項以外の環境要素について、適切な方法により調査及び予測を行い、複数案ごとに環境影響の程度を整理し、これらを比較するものとした。

　位置等に関する複数案が設定されていない場合は、選定事項についての環境影響が、第一種事業を実施しようとする者により実行可能な範囲内で回避され、又は低減されているものであるか否かについて評価を行うものとした。

　これらの場合において、国又は地方公共団体によって、環境要素に関する環境の保全の観点からの基準又は目標が示されている場合は、これらとの整合性が図られているか否かについても可能な限り検討するものとした（基本的事項第一の一㈦）。

　なお、配慮書手続には、複数案から一の案への決定過程は含めず、方法書において記載するものとした。

㈡　配慮書手続に係る一般的留意事項

○複数案の設定に当たっては、基本的には、位置・規模に関する複数案を設定することの方が、建造物等の配置・構造の複数案を設定することよりも重大な環境影響を回避し、又は低減できる余地が大きいと考えられることを踏まえ、位置・規模に関する複数案の設定を検討するよう努めるものとしており、また、事業によっては建造物等の配置・構造の複数案の検討が重要となる場合があることに留意すべきであるとした（基本的事項第一の三㈡）。

○また、事業を実施しない案（いわゆるゼロ・オプション）については、他の施策を組み合せることで当該事業の目的を達成することにより法対象事業を実施しない場合等、ゼロ・オプションを設定することが現実的である場合には、複数案に含めるよう努めるものとした（基本的事項第一の三㈢）。

㈢　配慮書手続における意見聴取に関する基本的事項

法第三条の七において、配慮書の案又は配慮書について意見聴取を行うよう努めることとされているが、より早期の段階で外部の意見を取り入れ、事業計画に反映させる観点から、可能な限り、配慮書の案の段階において意見聴取を行うよう努めるものとした（基本的事項第二の一㈢）。

㈣　その他

配慮書手続の創設に伴い、方法書段階においては、計画段階配慮事項についての検討段階において収集し、及び整理した情報並びにその結果を最大限に活用するものとした（基本的事項第四の一（三））。

四　その他

第一種事業を実施しようとする者が法第三条の七の規定により、一般からの意見を求める場合、意見聴取の期間については、行政手続法（平成五年法律第八八号）に基づく意見公募手続（パブリックコメント）の意見提出期間が三〇日以上と定められていること、及び方法書以降の手続における縦覧期間を目安とする。

第二　報告書手続の創設

評価書に盛り込まれた事後調査や一部の環境保全措置については、評価書の確定時点においては、事業着手後にこれらの措置を実施した結果や効果を見通すことができない。一方で、事業者には、法第三八条第一項の規定により、評価書に記載されているところにより環境の保全について適正な配慮をして事業を実施する責務がある。これらのことから、環境影響評価手続における不確実性を補い、環境の保全について適正な配慮がなされることを確保する観点から、事業者に対して、評価書の確定時点ではその効果が得られるかどうか確実でない環境保全措置等について報告する手続を義務付けた（法第三八条の二から法第三八条の五まで）。

なお、法第二条第二項第一号ホに規定する発電用のものの設置又は変更の工事の事業については、電気事業法（昭和三九年法律第一七〇号）第四七条第三項第三号及び第四八条第四項に基づき、工事計画の認可等において評価書に従っているものであることなどについて確認しており、適切に環境保全に係る措置が講じられていることが担保されていることから、報告書に係る公表部分のみ適用し、行政機関が環境の保全の見地から意見を述べることができることを定めている規定など（法第三八条の三第二項、法第三八条の四及び法第三八条の五）は適用しない。

報告書手続の詳細について、政令、省令、及び基本的事項において以下一から三までのとおり規定した。

一　環境影響評価法施行令の改正

○法第三八条の四の規定により、報告書について環境大臣が免許等を行う者等に対して環境の保全の見地からの意見を述べる期間は四五日とした（政令第二〇条）。

○法第三八条の五の規定により、報告書について免許等を行う者等が法第二七条の規定による公告を行った事業者に対して環境の保全の見地からの意見を述べる期間は九〇日とした（政令第二一条）。

二　環境影響評価法施行規則の改正

○報告書への記載の対象となる環境保全措置は、希少な動植物の生息環境又は生育環境の保全に係る措置、希少な動植物の保護のために必要な措置及びその他の措置とした（省令第一九条の二）。

三　基本的事項の改正

○報告書は、対象事業に係る工事が完了した段階で一回作成することを基本とし、この場合、当該工事の実施に当たって講じた環境保全措置の効果を確認した上で、その結果を報告書に含めるよう努めるものとした（基本的事項第六の一㈡）。

○必要に応じて、工事中又は供用後において、事後調査や環境保全措置の結果等を公表するものとした（基本的事項第六の一㈢）。

四　その他

事業者が報告書を公表する期間については、三〇日間を目安とする。なお、当該公表期間が終了した後も、対象事業に対する国民の理解や環境保全に関する知見の共有・蓄積といった観点から、インターネットによる公表（掲載）を継続することにより、広く一般に活用可能とすることが望ましい。

第三　配慮書手続に係る経過措置

改正法の施行の前に、条例や行政指導指針等に基づき、配慮書手続に相当する手続を行った事業について、改正法の施行の際、改正後の法に基づく配慮書手続を初めからやり直す必要がないよう、改正法附則第六条において、配慮書手続に相当する手続を定める条例又は行政指導等に基づいて作成された書類（以下「相当書類」という。）を、法に基づく書類とみなす経過措置が定められている。

一　地方公共団体の条例等について

地方公共団体の条例等に関しては、「環境影響評価法の経過措置に係る書類であってその作成の根拠が条例又は地方公共団体に係る行政指導等であるものを指定した件」（平成二四年一〇月環境庁告示第一五九号）により、下記の相当書類を、法第三条の三第一項の配慮書に相当するものとして指定した。

・埼玉県戦略的環境影響評価実施要綱（平成一四年三月二七日知事決裁）第一二条の規定により作成された戦略的環境影響評価報告書

・千葉県計画段階環境影響評価実施要綱（平成二〇年三月三一日知事決裁）第五条の規定により作成された計画段階環

境配慮検討書
・環境配慮評価システム実施要綱（平成一四年三月二八日神奈川県環境農政部長決裁）第五条第一項の規定により作成された環境配慮検討書
・三重県環境調整システム推進要綱（平成一〇年三月四日三重県環境安全部長決裁）第三条第一項の規定により作成された環境配慮検討書
・仙台市環境調整システム実施要綱（平成一二年九月二九日市長決裁）第四条第一項の規定により作成された構想段階環境配慮検討書（同条第四項の規定による書類が作成されていない場合に限る。）又は同条第四項の規定により作成された構想段階環境配慮方針報告書
・川崎市環境影響評価に関する条例（平成一一年一二月二四日条例第四八号）第八条第一項の規定により作成された環境配慮計画書
・堺市環境影響評価条例（平成一八年一二月二二日条例第七八号）第八条第一項の規定により作成された事前配慮計画書

二　国の行政指導等について
法第二条第二項第一号イに規定する道路の新設及び改築の事業、同号ロに規定するダム新築等事業その他の河川工事の事業、並びに同号トに規定する公有水面等の埋立て及び干拓の事業に係る国の行政指導等に関しては、主務大臣が環境大臣に協議した上で、以下の相当書類を国土交通省告示により指定した。

㈠　法第三条の三第一項の配慮書
・公共事業の構想段階における計画策定プロセスガイドライン（平成二〇年四月国土交通省）第二の（五）により作成された複数案の比較評価をとりまとめた書類
・構想段階における市民参画型道路計画プロセスのガイドライン（平成一七年九月国土交通省道路局）第四章の四により作成された複数の比較案の比較評価をとりまとめた書類
・河川法の一部を改正する法律等の運用について（平成一〇年一月二三日付け建設省河政発第五号、建設省河計発第三号、建設省河環発第四号、建設省河治発第二号、建設省河開発第五号建設省河川局水政課長、建設省河川局河川計画課長、建設省河川局河川環境課長、建設省河川局治水課長、建設省河川局開発課長通達）二の２の③により作成された河川整備計画で定める目標を達成するための代替案との比較等を含む書類

㈡　法第三条の六の主務大臣の環境の保全の見地からの意見

を述べた書面
・河川法（昭和三九年法律第一六七号）第十六条の二第一項の規定により定められた河川整備計画

○環境影響評価法第九章第一節の都市計画に定められる対象事業等に関する特例に係る環境影響評価法の一部を改正する法律の施行について

（平成二十五年三月二十九日環政評発第一三〇三二九二号、国都計第一六七号　環境省総合環境政策局長、国土交通省都市局長から各都道府県知事、各環境影響評価法政令市長あて通知）

環境影響評価法の一部を改正する法律（平成二三年法律第二七号。以下「改正法」という。）の施行については、平成二五年三月二九日付け環政評発第一三〇三二九一号をもって通知したところであるが、環境影響評価法（平成九年法律第八一号。以下「法」という。）第九章第一節の都市計画に定められる対象事業等に関する特例（以下「都市計画特例」という。）の施行については、下記のとおりであるので、貴職におかれても十分御留意の上、格段の御協力をお願いするとともに、貴管下市町村にも周知方お願いいたしたい。

なお、本通知は、地方自治法（昭和二二年法律第六七号）第二四五条の四第一項の規定に基づく技術的な助言であることを申し添える。

記

第一　配慮書手続に係る改正

一　配慮書手続に係る都市計画特例

法では従来から、対象事業又は対象事業に係る施設（以下「対象事業等」という。）が都市計画に定められる場合、当該都市計画の決定又は変更を行う都市計画決定権者が事業者に代わって、都市計画の決定又は変更の手続と併せて環境影響評価手続を行うこととされているが、配慮書手続についても、

・都市計画決定権者が、事業の諸元が決定していない段階における位置、規模等の検討を行うことは、都市計画の案の作成に際し、より環境に配慮した計画の立案に資するものであり、環境の保全上の意義を有する

・都市計画特例は、対象事業等が都市計画に定められる場合における当該事業を実施しようとする者が決まっていない場合においても、都市計画決定権者が環境影響評価手続及び都市計画決定手続を進め、都市計画決定することにより、まちづくりの基本的な権能を確保する仕組みとなっていることから、事業を実施しようとする者が決定していない場合における配慮書手続においても、都市計画決定権者が手続を進めることができるよう措置することが適当である

といった理由から、従来の都市計画特例と同様に、第一種事業又は第一種事業に係る施設が都市計画に定められる場合、

当該都市計画の決定又は変更を行う都市計画決定権者が、事業を実施しようとする者に代わって配慮書手続を行うこととした。（法第三八条の六第一項）

一方、第二種事業については、配慮書の作成は義務付けられていないものの、第二種事業に係る施設が都市計画に定められる場合、第二種事業又は第二種事業に係る施設が都市計画に定められる場合、都市計画決定権者が自主的に配慮書手続を行うことは、より環境に配慮した計画の立案に資するという観点から望ましいものであることから、配慮書手続についても当該都市計画の決定又は変更を行う都市計画決定権者が、事業を実施しようとする者に代わって自主的に行うことを可能とした。（法第三八条の六第二項）

二　事業者の行う環境影響評価との調整

第一種事業を実施しようとする者が配慮書の公表を行ってから方法書の公告を行うまでの間に、当該事業又は当該事業に係る施設を都市計画に定めようとする都市計画決定権者が環境影響評価を引き継ぐ場合、当該事業を実施しようとする者は当該配慮書と法第三条の六の書面（以下「配慮書等」という。）を都市計画決定権者に送付するものとし、送付までの第一種事業を実施しようとする者に関する行為は全て都市計画決定権者に関するものとみなすこととした。（法第四四条第一項及び第二項）

また、都市計画決定権者がスクリーニング手続を行った結果、方法書以降の環境影響評価手続を実施する必要があると判定された第二種事業についても、当該事業を実施しようとする者が法第三八条の六第二項の規定に基づき配慮書を作成している場合は、第二種事業を実施しようとする者は、当該配慮書等を都市計画決定権者に送付するものとし、送付までの第二種事業を実施しようとする者に関する行為は全て都市計画決定権者に関するものとみなすこととした。（法第三九条第三項及び第四項）

第二　報告書手続に係る改正

一　都市計画対象事業の環境保全措置等の報告

都市計画特例が適用された事業については、事業者自身ではなく当該事業に係る都市計画決定を行う都市計画決定権者が環境影響評価手続を実施することとなるが、

・都市計画特例の目的は環境影響評価手続と都市計画決定手続との適切な調整を図ることであり、当該事業に対する都市計画決定権者の関与は、都市計画決定がなされ評価書が公告される時までとすることが適切であること

・都市計画特例の対象事業であっても、第三八条の事業実施に当たり環境の保全に配慮する責務は都市計画決定権者ではなく事業者にかけられていること

から、環境保全措置等の報告等に関する義務は当該事業を実施する事業者が負うこととした。（法第四〇条の二）

第三　事業者の協力に係る改正

都市計画決定権者は、事業を実施しようとする者に対し、配慮書手続を行うための資料の提供その他の必要な協力を求めることができることとした。（法第四六条第一項）

第二章　資　料

○（旧）環境影響評価法案

（昭和五十六年四月二十八日閣議決定・国会提出
昭和五十八年十一月二十八日に廃案）

目次

第一章　総則

（目的）

第一条　この法律は、土地の形状の変更、工作物の新設等の事業の実施前にその事業に係る環境影響評価を行うことが、公害の防止及び自然環境の保全上極めて重要であることにかんがみ、環境影響評価に関し、国等の責務を明らかにするとともに、その手続その他所要の事項を定めることにより、環境影響評価が適切かつ円滑に行われ、事業の実施に際し、公害の防止及び自然環境の保全について適正な配慮がなされることを期し、もつて国民の健康で文化的な生活の確保に資することを目的とする。

（定義）

第二条　この法律において「対象事業」とは、次に掲げる事業で、規模が大きく、その実施により環境に著しい影響（公害又は自然環境に係るものに限る。以下同じ。）を及ぼすおそれがあるものとして政令で定めるものをいう。

一　高速自動車国道、一般国道その他の道路の新設及び改築
二　河川法（昭和三十九年法律第百六十七号）第三条第一項に規定する河川に関するダムの新築その他同法第八条の河川工事
三　鉄道の建設及び改良
四　飛行場の設置及びその施設の変更
五　埋立て及び干拓
六　土地区画整理法（昭和二十九年法律第百十九号）第二条

第一項に規定する土地区画整理事業
七　新住宅市街地開発法（昭和三十八年法律第百三十四号）第二条第一項に規定する新住宅市街地開発事業
八　首都圏の近郊整備地帯及び都市開発区域の整備に関する法律（昭和三十三年法律第九十八号）第二条第六項に規定する工業団地造成事業及び近畿圏の近郊整備区域及び都市開発区域の整備及び開発に関する法律（昭和三十九年法律第百四十五号）第二条第四項に規定する工業団地造成事業
九　新都市基盤整備法（昭和四十七年法律第八十六号）第二条第一項に規定する新都市基盤整備事業
十　流通業務市街地の整備に関する法律（昭和四十一年法律第百十号）第二条第二項に規定する流通業務団地造成事業
十一　特別の法律により設立された法人によつて行われる住宅の用に供する宅地、工場又は事業場のための敷地その他の土地の造成
十二　前各号に掲げるもののほか、これらに準ずるものとして政令で定める土地の形状の変更（これと併せて行うしゆんせつを含む。以下同じ。）並びに工作物の新設及び増改築
2　この法律において「公害」とは、公害対策基本法（昭和四十二年法律第百三十二号）第二条第一項に規定する公害（放射性物質による大気の汚染、水質の汚濁及び土壌の汚染によるものを除く。）をいう。
3　この法律において「事業者」とは、対象事業を実施しようとする次に掲げる者（委託に係る対象事業にあつては、その委託をする次に掲げる者）をいう。
一　国又は対象事業をその業務として行う特別の法律により設立された法人（国が出資しているものに限る。）
二　対象事業の実施に関する法律の規定で政令で定めるものにより、対象事業の実施に係る免許、特許、許可、認可若しくは承認若しくは指示若しくは命令を受け、又は対象事業の実施に係る届出（当該届出に係る法律において、当該届出に関し、一定の期間内に、その変更について勧告又は命令をすることができることが規定されているものに限る。以下同じ。）をして対象事業を実施しようとする者
三　国の補助金等（補助金等に係る予算の執行の適正化に関する法律（昭和三十年法律第百七十九号）第二条第一項第一号の補助金及び同項第二号の負担金並びにこれらに係る同条第四項第一号の間接補助金等をいう。以下同じ。）の交付を受けて対象事業を実施しようとする者

（国等の責務）
第三条　国、地方公共団体、事業者及び住民は、事業の実施前における環境影響評価の重要性を深く認識して、この法律に規定する環境影響評価に関する手続等が適切かつ円滑に行わ

れ、事業の実施に際し、公害の防止及び自然環境の保全（以下「公害の防止等」という。）について適正な配慮がなされるよう、それぞれの立場において努めなければならない。

第二章　環境影響評価に関する手続等

第一節　環境影響評価準備書の作成

（準備書の作成）

第四条　事業者は、対象事業を実施しようとするときは、当該対象事業の実施が環境に及ぼす影響（当該対象事業が第二条第一項第五号の事業以外の事業である場合には、当該対象事業の実施後の土地（当該対象事業以外の対象事業の用に供するものを除く。）又は工作物において行われることが予定される事業活動その他の人の活動に伴つて生ずる影響を含むものとし、当該対象事業の実施のために行う同号に掲げる事業により生ずる影響を含まないものとする。以下「対象事業の実施による影響」という。）について、調査、予測及び評価（以下「調査等」という。）を行い、主務省令で定めるところにより、次に掲げる事項を記載した環境影響評価準備書（以下「準備書」という。）を作成しなければならない。

一　氏名又は名称及び住所並びに法人にあつては、その代表者の氏名

二　対象事業の目的及び内容

三　調査の結果の概要

四　対象事業の実施による影響の内容及び程度並びに公害の防止等のための措置

五　対象事業の実施による影響の評価

2　一又は二以上の事業者が相互に関連する二以上の対象事業を実施しようとするときは、これらの事業者は、これらの対象事業について、併せて、前項の規定による調査等を行い、同項の準備書を作成することができる。

3　二以上の事業者が一の対象事業又は相互に関連する二以上の対象事業を実施しようとする場合において、これらの事業者のうちから代表する者を定めたときは、その代表する者が、当該一の対象事業について、又は当該二以上の対象事業について、併せて、第一項の規定による調査等を行い、同項の準備書を作成するものとする。

（調査等の指針等）

第五条　前条第一項の規定による調査等は、主務大臣が環境庁長官に協議して対象事業の種類ごとに主務省令で定める指針に従つて行うものとする。

2　前項の指針においては、既に得られている科学的知見に基づき、対象事業の実施による影響を明らかにするために一般的に必要と認められる調査等の項目及び対象事業の実施による影響を明らかにするための合理的な調査等の技術的方法を定めるものとする。

第六条　環境庁長官は、関係行政機関の長に協議して、前条の規定により主務大臣が指針を定める場合に考慮すべき第四条第一項の規定による調査等のための基本的事項を定め、官報で公示するものとする。

第二節　環境影響評価準備書に関する周知及び意見

（準備書の送付等）

第七条　事業者（第四条第三項の規定により代表する者が定められたときは、当該代表する者。第十条を除き、以下第十五条までにおいて同じ。）は、準備書を作成したときは、主務大臣が環境庁長官に協議して主務省令で定める環境に影響を及ぼす地域に関する基準に該当すると認める地域を管轄する都道府県知事に、準備書及びその地域を記載した書類を送付しなければならない。

2　前項の準備書及び地域を記載した書類の送付を受けた都道府県知事は、政令で定める期間内に、事業者の意見を聴いた上、同項の主務省令で定める基準に該当する地域を定め、これを事業者に通知するものとする。

3　事業者は、前項の通知を受けたときは、同項の規定により定められた地域（以下「関係地域」という。）を管轄する都道府県知事（以下「関係都道府県知事」という。）の定める期間内に、関係地域を管轄する市町村長（特別区の区長を含む。以下「関係市町村長」という。）に準備書を送付しなければならない。

4　関係都道府県知事は、第二項の規定により関係地域を定める場合において、関係地域とすべき地域の一部が第一項の地域を管轄する都道府県知事以外の都道府県知事の管轄する区域に含まれることが明らかであると認めるときは、事業者に対してその旨を通知し、当該地域の範囲に関し、情報の提供をすることができる。

（準備書の公告及び縦覧）

第八条　関係都道府県知事は、前条第二項の規定による通知をしたときは、政令で定める期間内に、総理府令で定めるところにより、準備書の送付を受けた旨及び関係地域、縦覧の場所その他総理府令で定める事項を公告し、準備書を公告の日から一月間縦覧に供しなければならない。

（説明会の開催等）

第九条　事業者は、前条の縦覧期間内に、関係地域内において、準備書の説明会（以下「説明会」という。）を開催しなければならない。この場合において、関係地域内に説明会を開催する適当な場所がないときは、関係地域以外の地域において開催することができる。

2　事業者は、説明会を開催するときは、その開催予定の日時及び場所を定め、関係都道府県知事に通知するとともに、総理府令で定めるところにより、これらを説明会の開催予定の日の一週間前までに公告しなければならない。

３　事業者は、説明会の開催予定の日時及び場所を定めようとするときは、関係都道府県知事の意見を聴くことができる。

４　事業者は、総理府令で定めるその責めに帰することのできない理由で第二項の規定により公告した説明会を開催することができない場合には、当該説明会を開催することを要しない。この場合において、事業者は、総理府令で定めるところにより、前条の縦覧期間内に、準備書について、その概要を記載した書類の提供その他の方法により、周知に努めなければならない。

５　前各項に定めるもののほか、説明会の開催に関し必要な事項は、総理府令で定める。

（関係住民の意見）

第十条　関係地域内に住所を有する者（以下「関係住民」という。）は、事業者に対し、準備書について公害の防止等の見地からの意見を述べることができる。

２　前項の意見は、第八条の規定による公告の日から同条の縦覧期間満了の日の翌日から起算して二週間を経過する日までの間に、事業者に対する意見書の提出により述べるものとする。

３　前項の意見書の提出に関し必要な事項は、総理府令で定める。

第十一条　事業者は、前条第二項の期間を経過した後、関係都道府県知事及び関係市町村長に同条第一項の意見の概要を記載した書面を送付しなければならない。

（関係都道府県知事等の意見）

第十二条　関係都道府県知事は、前条の書面の送付を受けたときは、政令で定める期間内に、事業者に対し、準備書について公害の防止等の見地からの意見を述べるものとする。

２　前項の場合において、関係都道府県知事は、期限を付し、準備書について関係市町村長の公害の防止等の見地からの意見を聴くものとする。

３　関係都道府県知事は、第一項の意見を述べようとする場合において、特に必要があると認めるときは、関係住民の意見を聴くための公聴会を開催することができる。

第三節　環境影響評価書の作成等

（評価書の作成）

第十三条　事業者は、前条第一項の意見が述べられた後（同項の意見が述べられないときは、同項の期間を経過した日以後）、準備書の記載事項について検討を加え、主務省令で定めるところにより、次に掲げる事項を記載した環境影響評価書（以下「評価書」という。）を作成しなければならない。

一　第四条第一項各号に掲げる事項

二　関係住民の意見の概要

三　関係都道府県知事の意見
四　前二号の意見についての事業者の見解
２　事業者は、評価書を作成したときは、関係都道府県知事及び関係市町村長に評価書を送付しなければならない。

（評価書の公告及び縦覧）

第十四条　関係都道府県知事は、前条第二項の規定による評価書の送付を受けたときは、政令で定める期間内に、総理府令で定めるところにより、その旨及び縦覧の場所その他総理府令で定める事項を公告し、評価書を公告の日から一月間縦覧に供しなければならない。

第四節　環境影響評価準備書の変更等

（準備書の変更等）

第十五条　第七条第一項の規定による準備書の送付後第十三条第一項の規定による評価書の作成までの間において、事業者が準備書についてその記載事項（第四条第一項第一号に掲げる事項を除く。）の内容を変更する必要があると認めるときは、その変更する部分に係る環境影響評価に関する手続その他の行為（以下「手続等」という。）は、第四条から第十三条までの規定の例により行うものとする。ただし、当該事業者は、総理府令で定める書類を提出して関係都道府県知事の承認を受け（当該事業者が国である場合には、関係都道府県知事と協議し）、その手続等の全部又は一部を行わないことができる。

２　前項ただし書の規定により、承認を受け、又は協議を行つた事業者は、総理府令で定めるところにより、同項ただし書の規定による承認の内容又は協議の結果その他総理府令で定める事項を準備書又は評価書に記載しなければならない。

（対象事業の廃止等）

第十六条　第七条第一項の規定による準備書の送付後第十四条の縦覧期間満了の日までの間において、事業者が、対象事業を実施しないこととした場合、対象事業を対象事業以外の事業に変更した場合又は対象事業の実施を他の者に引き継いだ場合には、事業者（第四条第三項の規定により代表する者が定められたときは、当該代表する者。第十八条第一項、第二十八条、第二十九条第一項及び第二項並びに第三十三条から第三十五条までにおいて同じ。）は、準備書の送付を受けた者（第十八条第一項の規定により評価書を送付した後であるときは、準備書の送付を受けた者及び当該評価書の送付を受けた者）にその旨を通知しなければならない。

２　関係都道府県知事は、第八条の規定による公告の日以後において前項の規定による通知を受けたときは、総理府令で定めるところにより、その通知に係る事項を公告しなければならない。

３　第一項の場合において、対象事業の実施を引き継いだ者が事業者であるときは、前項の規定による公告の日以前に、従前の事業者が行つた手続等は新たに事業者となつた者が行つたものとみなし、従前の事業者について行われた手続等は新たに事業者となつた者について行われたものとみなす。

４　前項の場合において、第四条第三項の規定により代表する者が定められているときにおける前項の規定の適用に関し必要な事項は、政令で定める。

第五節　対象事業の実施等

（対象事業の実施の制限等）

第十七条　事業者は、第十四条の規定による公告の日までは、当該対象事業を実施してはならない。

２　事業者が評価書に記載された対象事業の内容を変更して対象事業を実施しようとする場合には、当該対象事業について は、第一節からこの節までの規定による手続等を行わなければならない。ただし、その変更が軽微な変更である場合その他の政令で定める場合は、この限りでない。

３　前条第三項及び第四項の規定は、第十四条の縦覧期間満了の日後において、事業者が他の事業者に対象事業の実施を引き継いだ場合について準用する。

（評価書の行政庁への送付）

第十八条　事業者は、第十四条の規定による公告の日以後、速やかに、評価書を次の各号に掲げる評価書の区分に応じ当該各号に定める者に送付しなければならない。

一　第二条第三項第二号の政令で定める規定による免許、特許、許可、認可若しくは承認（以下「免許等」という。）、当該政令で定める規定による指示若しくは命令（以下「指示等」という。）又は当該政令で定める規定による届出（以下「届出」という。）を要する対象事業に係る評価書　当該免許等、指示等又は届出の受理を行う者

二　国の補助金等の交付を受けて行う対象事業（前号に規定するものを除く。）に係る評価書　当該国の補助金等の交付の決定を行う者

三　第二条第三項第一号に掲げる法人（以下「公団等」という。）が行う対象事業（前二号に規定するものを除く。）に係る評価書　当該対象事業に関し公団等を監督する者

四　国が行う対象事業に係る評価書　環境庁長官

２　前項第一号又は第二号に定める者が国の行政機関の地方支分部局の長であるときは、その長は、評価書の送付を受けた後、速やかに、その地方支分部局が置かれている府又は省の長たる内閣総理大臣又は各省大臣（以下「内閣総理大臣等」という。）に評価書を送付しなければならない。

３　第一項第一号から第三号までに定める者（前項の地方支分部局の長、地方公共団体の長及び港湾法（昭和二十五年法律第二百十八号）第二条第一項の港湾管理者（以下「港湾管理

者」という。）の長を除く。）及び内閣総理大臣等は、評価書の送付を受けた後、速やかに、環境庁長官に評価書を送付しなければならない。

（環境庁長官の意見）

第十九条　環境庁長官は、必要に応じ、前条の規定により送付を受けた評価書について、当該評価書を送付した者に対し、公害の防止等の見地からの意見を述べることができる。

２　前項の場合において、同項の評価書を送付した者が内閣総理大臣等であるときは、環境庁長官は、同項の意見を、内閣総理大臣等を経由して、前条第二項の地方支分部局の長に対して述べるものとする。

（公害の防止等の配慮についての審査等）

第二十条　対象事業の実施に係る免許等（次条第一項に規定するものを除く。以下この条において同じ。）を行う者は、当該免許等の審査に際し、評価書の記載事項につき、当該対象事業の実施において公害の防止等についての適正な配慮がなされるものであるかどうかを審査しなければならない。この場合においては、当該免許等に係る法律の規定にかかわらず、当該規定に定めるところによるほか、当該審査の結果を併せて判断して当該免許等に関する処分を行うものとする。

２　前条の規定により環境庁長官が意見を述べる場合には、免許等を行う者が前項の審査を行う前にこれを述べるものとし、免許等を行う者は、その意見に配意して同項の審査を行うものとする。

３　環境庁長官の意見を述べる時期は、免許等を行う者の申出に基づき環境庁長官と当該免許等を行う者との協議により定めることができる。

４　公有水面埋立法（大正十年法律第五十七号）の規定による免許等における公害の防止等についての適正な配慮については、第一項の規定にかかわらず、同法の規定による。

第二十一条　対象事業の実施に係る免許等（公団等が行う対象事業の監督のためのものに限る。）又は指示等を行う者は、これらを行うに当たつては、評価書の記載事項につき、審査又は調査を行い、当該対象事業の実施において公害の防止等についての適正な配慮がなされることを確保するようにしなければならない。

２　前条第二項の規定は、前項の場合について準用する。

３　前二項の規定は、第十八条第一項第三号に定める者が公団等に対して同号に規定する対象事業に関する監督を行う場合について準用する。

第二十二条　対象事業（第十八条第一項第一号に規定するものを除く。）に対して行う国の補助金等の交付の決定に関しては、補助金等に係る予算の執行の適正化に関する法律第六条第一項の規定により各省各庁の長が行っべき調査には、当該対象事業の実施において公害の防止等についての適正な配慮がなされるものであるかどうかの調査を含むものとする。この場合において、当該調査は、評価書の記載事項につき、行うものとする。

２　第二十条第二項の規定は、前項の場合について準用する。

第二十三条　対象事業の実施に係る届出を受理した者は、評価書の記載事項からみて、届出に係る対象事業の実施が公害の防止等についての適正な配慮に欠けると認めるときは、その届出をした者に対し、当該届出に係る法律で当該届出に関し勧告又は命令をすることができることとされている期間内において、届出に係る事項の変更を勧告することができる。

２　第二十条第二項の規定は、前項の場合について準用する。

（事業者の公害の防止等の配慮）

第二十四条　第二十条から前条までに定めるところによるほか、事業者は、評価書に記載されているところにより対象事業の実施による影響につき考慮するとともに、第十九条の規定による環境庁長官の意見が述べられているときはその意見に配意し、公害の防止等についての適正な配慮をして当該対象事業を実施しなければならない。

第六節　環境影響評価に関する手続の特例等

（都市計画に係る対象事業等に関する特例）

第二十五条　事業者が行う対象事業が都市計画法（昭和四十三年法律第百号）第四条第七項に規定する市街地開発事業として同法の規定により都市計画に定められる場合における当該対象事業又は事業者が行う対象事業に係る施設が同条第五項に規定する都市施設として同法の規定により都市計画に定められる場合における当該都市施設に係る対象事業について、第一節から前節までの規定により行うべき手続等は、次項から第六項まで及び次条から第二十八条までに定めるところにより、当該都市計画を定める都道府県知事又は市町村（同法第二十二条第一項に規定する都市計画にあつては、建設大臣又は市町村。以下（「都道府県知事等」という。）が当該事業者に代わるものとして、当該対象事業又は対象事業に係る施設（以下「対象事業等」という。）に関する都市計画を定める手続と併せて行うものとする。この場合において、第四条第二項及び第三項並びに第十六条第三項及び第四項の規定は適用しない。

２　前項の規定により都道府県知事等が手続等を行う場合における第一節から前節まで（第四条第二項及び第三項並びに第十六条第三項及び第四項を除く。）の規定の適用については、第四条第一項中「事業者」とあるのは「第二十五条第一項の都道府県知事等（以下第十八条までにおいて「都道府県知事等」という。）」と、「対象事業を実施しようとする」とあるのは「同項の対象事業等を都市計画法（昭和四十三年法律第百号）の規定により都市計画に定めようとする」と、「当該対象事業」とあるのは「当該都市計画に係る対象事業」と、「主務省令」とあるのは「主務省令、建設省令」と、同項第一号中「氏名又は名称及び住所並びに法人にあつては、その代表者の氏名」とあるのは「都道府県知事等の名称」と、同項第二号、第四号及び第五号中「対象事業」とあるのは「当該都市計画に係る対象事業」と、第七条第一項中「事業者（第四条第三項の規定により代表する者が定められたときは、当該代表する者。第十条を除き、以下第十五条までにおいて同じ。）」とあるのは「都道府県知事等」と、同条第二項から第四項までの規定中「事業者」とあるのは「都道府県知事等」と、第八条中「関係都道府県知事」とあるのは「関係都道府県知事（第二十五条第一項に規定する都市計画を、建設大臣が定める場合にあつては建設大臣、その他の者が定める場合にあつては関係地域のうちその都市計画が定められる地域をその区域とする都道府県の区域については同項の都道府県知事（市町村の定める都市計画に係る市町村の区域については同項の市町村）。第十四条において同じ。）」と、「通知をしたとき」とあるのは「通知をし、又は通知を受けたとき」と、「準備書の送付を受けた旨」とあるのは「準備書の送付を受け、又は準備書を作成した旨」と、第九条から第十二条までの規定中「事業者」とあるのは「都道府県知事等」と、第十三条第一項中「事業者」とあるのは「都道府県知事等」と、「主務省令」とあるのは「主務省令、建設省令」と、同条第二項中「事業者」とあるのは「都道府県知事等」と、第十四条中「評価書の送付を受けたとき」とあるのは「評価書の送付を受け、又は評価書を送付したとき」と、「その旨」とあるのは「評価書の送付を受け、又は評価書を作成した旨」と、第十五条第一項中「事業者」とあるのは「都道府県知事等」と、「国」とあるのは「建設大臣」と、同条第二項中「事業者」とあるのは「都道府県知事等」と、第十六条第一項中「縦覧期間満了の日」とあるのは「公告の日の前日」と、「事業者が、対象事業を実施しないこととした場合、対象事業を対象事業以外の事業に変更した場合又は対象事業の実施を他の者に引き継いだ場合には、事業者（第四条第三項の規定により代表する者が定められたときは、当該代表する者。第十八条第一項、第二十八条、第二十九条第一項及び第二項並びに第三十二条から第三十五条までにおいて同じ。）」とあるのは「第二十五条第一項の対象事業等を都市計画に定めないこととした場合又は当該対象事業等を対象事業又は対象事業に係る施設以外の事業又は施設に変更して都市計画に定めようとする場合には、都道府県知事等」と、第十七条第三項中「前条第三項及び第四項」とあるのは「第十六条第三項」と、「縦覧期間満了の日後」とあるのは「公告の日以後」と、第十八条第一項中「事業者は、第十四条の規定による公告の日以後、速やかに、評価書を次の各号に掲げる評価書の区分に応じ当該各号に定める者」とあるのは「都道府県知事等は、評価書を作成したときは、速やかに、評価書を次の各号に掲げる評価書の区分に応じ当該各号に定める者（都市計画法第五十九条又は第六十三条の認可又は承認（土地区画整理法その他の政令で定める法律の規定により都市計画法第五十九条の認可又は承認とみなされる処分を含む。）、土地区画整理法第五十五条第十二項の認可その他の政令で定める法律の規定による処分を行う者を除く。）」と、同項第四号中「国」とあるのは「第二十五条第一項の事業者」と、「環境庁長官」とあるのは「当該事業者」と、同条第三項中「及び内閣総理大臣等」とあるのは「、第一項第四号に定める者（国に限る。）及び内閣総理大臣等」とする。

3　前項の規定により読み替えて適用される第八条又は第十四条の規定により都道府県知事等が行う公告は、これらの者が定める都市計画についての都市計画法第十七条第一項（同法第二十一条第二項において準用する場合及び同法第二十二条第一項の規定により読み替えて適用される場合を含む。以下同じ。）の規定による公告又は同法第二十条第一項（同法第二十一条第二項において準用する場合及び同法第二十二条第一項の規定により読み替えて適用される場合を含む。）の規定による告示と併せて行うものとする。

4　第一項の都道府県知事（都市計画法第十八条第三項（同法第二十一条第二項において準用する場合を含む。以下同じ。）に規定する都市計画を定めようとするものに限る。第二十九条第三項において同じ。）又は市町村は、第二項の規定により読み替えて適用される第十三条第一項の規定により評価書を作成した場合には、速やかに、当該都道府県知事にあつては建設大臣に、当該市町村にあつては同法第十九条第一項（同法第二十一条第二項において準用する場合及び同法第二十二条第一項の規定により読み替えて適用される場合を含む。以下同じ。）の規定による承認を行う都道府県知事（同法第二十二条第一項に規定する都市計画にあつては、建設大臣）に、当該評価書を送付しなければならない。

5　建設大臣は、第二項の規定により読み替えて適用される第十三条第一項の規定により評価書を作成し、又は前項の規定により評価書の送付を受けたときは、速やかに、環境庁長官に評価書を送付しなければならない。

6　環境庁長官は、第十九条の規定に定めるところによるほか、必要に応じ、前項の規定により送付を受けた評価書について、建設大臣に対し、公害の防止等の見地からの意見を述べることができる。

第二十六条　都道府県知事等は、対象事業等を都市計画に定めようとするときは、都市計画法に定めるところによるほか、評価書に記載されているところにより当該都市計画に係る対象事業の実施による影響について配慮し、公害の防止等が図られるようにするものとする。

2　前条第四項の規定により評価書の送付を受けた建設大臣又は都道府県知事は、前項の都市計画について、都市計画法第十八条第三項の規定による認可又は同法第十九条第一項の規定による承認を行うに当たつては、当該都市計画が前項の規定に従つて定められるものであるかどうかを審査するものとする。

3　前条第六項の規定により環境庁長官が意見を述べる場合には、同条第一項の建設大臣が第一項の都市計画を定める前又は前項の建設大臣が同項の審査を行う前にこれを述べるものとし、建設大臣は、その意見に配意して、第一項の都市計画を定め、又は前項の審査を行うものとする。

第二十七条　第十七条第二項の規定は、第二十五条第二項の規定により読み替えて適用される第十四条の規定による公告の日以後、都道府県知事等が当該評価書に記載された都市計画に係る対象事業の内容の変更に伴う当該都市計画の変更をしようとする場合について準用する。この場合において、第十七条第二項中「第一節からこの節まで」とあるのは、「第二十五条第二項の規定により読み替えて適用される第一節から第五節まで並びに同条第三項から第六項まで及び第二十六条」と読み替えるものとする。

2　前項に規定する場合においては、事業者は、第十七条第二項の規定にかかわらず、同項本文の規定による手続等を行うことを要しない。

第二十八条　事業者が第四条第一項の規定により準備書を作成した後、第八条の規定による公告の日前に、当該準備書に係る対象事業等を都市計画に定めようとする都道府県知事等が事業者（事業者が既に第七条の規定により当該準備書を送付しているときは、事業者及びその送付を受けている者）にその旨を通知したときは、当該都市計画に係る対象事業についての第二十五条第一項の規定による手続等は、事業者がその通知を受けたときから行われるものとし、事業者は、その通知を受けた後、直ちに当該準備書を都道府県知事等に送付しなければならない。この場合において、その通知を受ける前に事業者が行つた手続等は都道府県知事等が行つたものとみなし、事業者に対して行われた手続等は都道府県知事等に対して行われたものとみなす。

第二十九条　前条の準備書についての公告の日前に、同条の事業者に対する通知がなかつたときは、当該対象事業については、引き続き第二節から前節までの規定による手続等を行うものとし、第二十五条第一項の規定による手続等は、行わないものとする。

2　前項の規定の適用がある場合において、同項の公告の日以後前条の準備書に係る評価書についての第十四条の規定による公告の日前に、前条の都市計画につき都市計画法第十七条第一項の規定による公告が行われたときは、事業者は、第十四条の規定による公告の日以後、速やかに、都道府県知事等に当該評価書を送付しなければならない。

3　第二十五条第四項の規定は、都道府県知事及び市町村が前項の規定により評価書の送付を受けた場合について準用する。

4　第二十五条第五項の規定は、建設大臣が第二項の規定又は前項において準用する同条第四項の規定により評価書の送付を受けた場合について準用する。

5　第二十五条第六項の規定は、前項において準用する同条第五項の規定により環境庁長官が評価書の送付を受けた場合について準用する。

6　第二十六条第一項の規定は都道府県知事等が第二項の規定により送付を受けた評価書に係る対象事業等を都市計画に定めようとする場合について、同条第二項の規定は当該都市計画について建設大臣又は都道府県知事が都市計画法第十八条第三項の規定による認可又は同法第十九条第一項の規定による承認を行う場合について、第二十六条第三項の規定は建設大臣が当該都市計画を定める場合又は当該都市計画について同法第十八条第三項の規定による認可に係る審査を行う場合について準用する。この場合において、第二十六条第二項中「前条第四項」とあるのは「第二十九条第三項において準用する第二十五条第四項」と、同条第三項中「前条第六項」とあるのは「第二十九条第五項において準用する第二十五条第六項」と読み替えるものとする。

第三十条　都道府県知事等は、事業者に対し、第二十五条第二項の規定により読み替えて適用される第四条から第十八条まで及び第二十七条第一項において準用する第十七条第二項の規定による手続等を行うための資料の提供、説明会への出席その他の必要な協力を求めることができる。

2　第二十五条第一項の事業者のうち公団等その他の政令で定めるものは、都道府県知事等から要請があったときは、その要請に応じ、準備書（当該事業者に係るものに限る。）の作成のため必要な調査等を行うものとする。

（指示等により行う対象事業に関する特例）

第三十一条　事業者が指示等を受けて行う対象事業について当該事業者が第一節から前節までの規定により行うべき手続等は、次項から第七項までに定めるところにより、当該指示等を行う国の行政機関（以下「代行者」という。）が当該事業者に代わるものとして、行うことができる。この場合においては、当該対象事業について第十六条第三項及び第四項、第十七条第三項、第十八条、第十九条第二項並びに第二十条から第二十三条までの規定は適用しない。

2　前項の規定により代行者が手続等を行う場合における第一節から前節まで（同項の対象事業については、第十六条第三項及び第四項、第十七条第三項、第十八条、第十九条第二項並びに第二十条から第二十三条までを除く。次項において同じ。）の規定の適用については、第四条第一項中「事業者」とあるのは「第三十一条第一項の規定により手続等を行う国の行政機関（以下「代行者」という。）」と、「対象事業を実施しようとする」とあるのは「対象事業の実施を指示し、又は命令しようとする」と、同項第一号中「氏名又は名称及び住所並びに法人にあつては、その代表者の氏名」とあるのは「代行者の名称」と、同条第二項及び第三項中「事業者」とあるのは「事業者（代行者を含む。）」と、第七条及び第九条から第十三条までの規定中「事業者」とあるのは「代行者」と、第十五条第一項中「事業者が準備書」とあるのは「代行者が準備書」と、「当該事業者は」とあるのは「当該代行者は」と、「の承認を受け（当該事業者が国である場合には、関係都道府県知事と協議し）」とあるのは「と協議し」と、同条第二項中「承認を受け、又は協議」とあり、及び「承認の内容又は協議」とあるのは「協議」と、「事業者」とあるのは「代行者」と、第十六条第一項中「事業者」とあるのは「代行者」と、「対象事業を実施しないこととした場合、対象事業を対象事業以外の事業に変更した場合又は対象事業の実施を他の者に引き継いだ場合」とあるのは「対象事業の実施を指示せず、若しくは命令しないこととした場合又は対象事業を対象事業以外の事業に変更した場合」と、第十七条第二項中「事業者」とあるのは「代行者」と、「対象事業を実施しようとする」とあるのは「対象事業の実施を指示し、又は命令しようとする」と、第十九条第一項中「前条」とあるのは「第三十一条第四項」と、第二十四条中「第二十条から前条まで」とあるのは「第三十一条第六項」とする。

3　前項に定めるもののほか、第一項の場合における第一節から前節までの規定の適用についての技術的読替えその他必要な事項については、政令で定める。

4　代行者は、第十四条の規定による公告の日以後、速やかに、環境庁長官に評価書を送付しなければならない。

5　代行者は、事業者に対象事業の実施に係る指示等を行うときは、事業者に評価書を送付しなければならない。

6　代行者は、前項の指示等を行うに当たつては、評価書に記載されているところにより対象事業の実施による影響につき考慮するとともに、第二項の規定により読み替えて適用される第十九条の規定による環境庁長官の意見が述べられているときはその意見に配意し、当該対象事業の実施において公害の防止等についての適正な配慮がなされることを確保するようにしなければならない。

7　前項の環境庁長官の意見は、同項の規定により代行者が指示等を行う前に述べるものとする。

（港湾計画に係る環境影響評価）

第三十二条　港湾管理者は、港湾法第二条第二項に規定する重要港湾に係る同法第三条の三第一項に規定する港湾計画（規模の大きい埋立てに係るものであることその他の政令で定める要件に該当する内容のものに限る。）の決定又は同項の港湾計画の変更（その変更の内容が当該政令で定める要件に該当するものに限る。）を行おうとするときは、当該決定又は変更に係る港湾計画（以下「対象港湾計画」という。）に定められる港湾の開発、利用及び保全並びに港湾に隣接する地域の保全に関する事項（以下「港湾開発等」という。）の実施が環境に及ぼす影響について、調査等を行い、主務省令で定めるところにより、次に掲げる事項を記載した準備書を作成しなければならない。

一　港湾管理者の名称及び住所

二　対象港湾計画の目的及び内容

三　調査の結果の概要

四　環境に及ぼす影響の内容及び程度並びに公害の防止等のための措置

五　環境に及ぼす影響の評価

2　港湾管理者は、対象港湾計画の決定又は変更を行う場合には、港湾法に定めるところによるほか、評価書に記載されているところにより対象港湾計画に定められる港湾開発等の実施が環境に及ぼす影響について配慮し、公害の防止等が図られるようにするものとする。

3　対象港湾計画に係る手続等については、前二項に定めるところによるほか、第一節から第四節まで（第四条並びに第十六条第三項及び第四項を除く。）の規定を準用する。この場合において、第五条第一項中「前条第一項」とあるのは「第三十二条第一項」と、「対象事業の種類ごとに主務省令」とあるのは「主務省令」と、同条第二項中「対象事業の実施による影響」とあるのは「第三十二条第一項の港湾開発等の実施が環境に及ぼす影響」と、第六条中「第四条第一項」とあるのは「第三十二条第一項」と、第七条第一項中「事業者（第四条第三項の規定により代表する者が定められたときは、当該代表する者。第十条を除き、以下第十五条までにおいて同じ。）」とあるのは「第十八条第三項の港湾管理者（以下第十六条までにおいて「港湾管理者」という。）」と、同条第二項から第四項まで及び第九条から第十二条までの規定中

「事業者」とあるのは「港湾管理者」と、第十三条第一項中「事業者」とあるのは「港湾管理者」と、同項第一号中「第四条第一項各号」とあるのは「第三十二条第一項各号」と、同条第二項中「事業者」とあるのは「港湾管理者」と、第十五条第一項中「事業者が準備書」とあるのは「港湾管理者が準備書」と、「第四条第一項第一号」とあるのは「第三十二条第一項第一号」と、「第四条から第十三条まで」とあるのは「第三十二条第三項において準用する第五条から第十三条まで」と、「当該事業者は」とあるのは「当該港湾管理者は」と、「承認を受け（当該事業者が国である場合には、関係都道府県知事と協議し）」とあるのは「承認を受け」と、同条第二項中「承認を受け、又は協議を行った事業者」とあるのは「承認を受けた港湾管理者」と、「承認の内容又は協議の結果」とあるのは「承認の内容」と、第十六条第一項中「事業者が、対象事業以外の事業に変更した場合又は対象事業の実施を他の者に引き継いだ場合には、事業者（第四条第三項の規定により代表する者が定められたときは、当該代表する者。第十八条第一項、第二十八条、第二十九条第一項及び第二項並びに第三十三条から第三十五条までにおいて同じ。）」とあるのは「第三十二条第一項の対象港湾計画の決定又は変更を行わないこととした場合又は同項の対象港湾計画を同項の対象港湾計画以外の港湾計画に変更した場合には、港湾管理者」と読み替えるものとする。

第三章　雑則

（資料の提供）

第三十三条　国又は地方公共団体は、事業者、都道府県知事等、代行者又は港湾管理者（以下「事業者等」という。）から準備書又は評価書の作成のための資料の提供を求められたときは、これらの作成に必要と認める範囲において、既に得ている資料を提供するものとする。

（説明会等の委託）

第三十四条　都道府県は、特に必要があると認めるときは、事業者又は代行者の委託を受けて、説明会の開催を行うことができる。

2　前項に規定するもののほか、政令で定める法律の規定により地方公共団体の要請をまつて実施することとされている対象事業については、その要請を行う地方公共団体は、その事業者の委託を受けて、当該対象事業に係る前章の規定による手続等の一部を行うことができる。

（地方公共団体との連絡）

第三十五条　事業者等は、第四条第一項（第二十五条第二項及び第三十一条第二項の規定により読み替えて適用される場合を含む。）又は第三十二条第一項の規定による調査等その他の前章の規定による手続等を行おうとするときは、関係の地方公共団体と密接に連絡するものとする。

（国の配慮）

第三十六条　国は、地方公共団体（港湾管理者を含む。）が国の補助金等の交付を受けて対象事業の実施（対象港湾計画の決定又は変更を含む。）をする場合には、前章の規定による手続等に要する費用について適切な配慮をするものとする。

（技術開発）

第三十七条　国は、環境影響評価に必要な技術の向上を図るため、当該技術の研究及び開発の推進並びにその成果の普及に努めるものとする。

（地方公共団体の施策）

第三十八条　地方公共団体は、当該地域の環境に影響を及ぼす土地の形状の変更又は工作物の新設若しくは増改築の事業について環境影響評価に関し必要な施策を講ずる場合においては、この法律の趣旨を尊重して行うものとする。

（適用除外）

第三十九条　前章の規定は、災害対策基本法（昭和三十六年法律第二百二十三号）第八十七条の規定による災害復旧事業又は再度災害の防止のため災害復旧事業と併せて施行することを必要とする施設の新設若しくは改良に関する事業である対象事業及び建築基準法（昭和二十五年法律第二百一号）第八十四条の規定が適用される場合の同条に規定する事業（同条の都市計画に定められるものを含む。）である対象事業については、適用しない。

（政令の制定とその経過措置）

第四十条　この法律に基づき政令を制定し、又は改廃する場合においては、その政令で、その制定又は改廃に伴い合理的に必要と判断される範囲内において、所要の経過措置を定めることができる。

（主務大臣等）

第四十一条　この法律において主務大臣は、次の各号に掲げる対象事業及び対象港湾計画の区分に応じ、当該各号に定める大臣とする。

一　免許等、指示等又は届出を要する対象事業　当該免許等、指示等又は届出に係る事務を所掌する大臣

二　国の補助金等の交付を受けて行う対象事業（前号に規定するものを除く。）　当該対象事業に関する国の補助金等の交付の決定に係る事務を所掌する大臣

三　公団等が行う対象事業（前二号に規定するものを除く。）　当該対象事業に関する監督に係る事務を所掌する大臣

四　国が行う対象事業（第一号に規定する対象事業以外のもの又は政令で定める法律の規定により国が実施するものに

限る。）　当該対象事業に係る事業者としての国の行政機関の長たる大臣

五　対象港湾計画　運輸大臣

２　この法律において、主務省令とは主務大臣の発する命令（主務大臣が総理府の外局の長であるときは、総理府令）とし、主務省令、建設省令とは主務大臣（主務大臣が総理府の外局の長であるときは、内閣総理大臣）及び建設大臣の発する命令とする。

（条例との関係）

第四十二条　この法律の規定は、事業者が行う対象事業以外の土地の形状の変更又は工作物の新設若しくは増改築の事業について、地方公共団体が条例で環境影響評価に係る必要な規定を定めることを妨げるものではない。

附　則

（施行期日）

１　この法律は、公布の日から起算して二年を超えない範囲内において政令で定める日から施行する。ただし、次の各号に掲げる規定は、当該各号に定める日から施行する。

一　第一条、第二条、第六条、第三十二条第一項（港湾計画の決定又は変更に関する政令に係る部分に限る。）及び第三項（第六条を準用する部分に限る。）、第四十一条並びに附則第十二項の規定　公布の日から起算して六月を超えない範囲内において政令で定める日

二　第五条、第三十二条第三項（第五条を準用する部分に限る。）並びに附則第四項（同項に規定する条例等の指定に係る部分に限る。）及び附則第九項（当該指定に係る部分に限る。）の規定　公布の日から起算して一年を超えない範囲内において政令で定める日

（経過措置）

２　次に掲げる事業については、第二章の規定は適用しない。

一　次の事業でこの法律の施行の際対象事業に該当し、この法律の施行の日（以下「施行日」という。）以後その内容を変更せずに実施されるもの（軽微な変更その他の政令で定める変更をして実施されるものを含む。）

イ　その実施につき免許等、指示等又は届出を要する事業で施行日前に免許等若しくは指示等が与えられ、又は届出がなされたもの

ロ　施行日前にその実施のための国の補助金等の交付の決定がなされた事業

ハ　高速自動車国道法（昭和三十二年法律第七十九号）第五条第一項に規定する整備計画その他政令で定める国の計画に基づいて実施される事業で施行日前に定められた当該国の計画に基づいて実施されるもの

二　施行日前に都市計画法第十七条第一項の規定による公

告が行われた都市計画に定められる事業（当該都市計画に定められる都市施設に係る事業を含む。以下同じ。）

二　この法律の施行の際対象事業に該当していない前号イからニまでに掲げる事業で施行日以後内容の変更（公害の防止等に支障がないものとして政令で定める条件に該当するものに限る。）により対象事業となつたもの

3　免許等、指示等及び届出並びに前項第一号ハの政令で定める国の計画に基づくことを要しない対象事業（国の補助金等の交付を受けて実施される事業及び都市計画法第十七条第一項の規定による公告が行われる都市計画に定められる事業を除く。）については、施行日から起算して六月を経過する日までは、第二章の規定は適用しない。

4　この法律の施行の際、対象事業（前二項の規定に該当するものを除く。）又は対象港湾計画について、第二章（第五節を除く。）の規定による手続等に相当する環境影響評価に関する手続その他の行為（以下「相当手続等」という。）が定められているものとして環境庁長官が指定する条例又は施行日前に国の行政機関若しくは地方公共団体の長が定めた相当手続等に関する措置で環境庁長官（国の行政機関の長の定めたものにあつては、主務大臣）が指定するもの（以下「条例等」という。）の定めるところに従つて相当手続等が行われている場合には、本則の規定にかかわらず、施行日以後も、引き続き当該条例等の定めるところに従つて相当手続等を行うことができる。

5　前項の規定により相当手続等が行われた対象事業（施行日前に同項の相当手続等の全部が行われたものを含む。）については、第二章第五節の規定は適用しない。

6　事業者は、前項の対象事業について、附則第四項の相当手続等において作成された評価書に相当する書類に記載された対象事業の内容を変更して当該対象事業を実施するときは、当該対象事業について第二章の規定による手続等を行わなければならない。ただし、その変更が軽微な変更である場合その他の政令で定める場合は、この限りでない。

7　附則第五項の対象事業の実施を他の事業者に引き継いだ場合には、この附則の規定の適用については、従前の事業者が行つた相当手続等は新たに事業者となつた者が行つたものとみなし、従前の事業者について行われた相当手続等は新たに事業者となつた者について行われたものとみなす。

8　施行日以後引き続き附則第四項の規定による相当手続等が行われている場合において、事業者その他当該相当手続等を行うべき者が当該相当手続等を行わないこととしたときは、事業者は、同項の条例又は地方公共団体の長が定めた措置に従つて行われていた相当手続等にあつては総理府令で定めるところにより環境庁長官に申し出てその承認を受けて、同項

の国の行政機関の長が定めた措置に従つて行われていた相当手続等にあつては主務省令で定めるところにより主務大臣に申し出てその承認を受けて、第二章の規定による手続等を行うものとする。この場合において、これらの相当手続等で既に行われたものについては、それぞれ当該承認をしたところにより、第二章の相当規定により行われた手続等とみなす。

9　環境庁長官が附則第四項の規定により指定し、及び前項の規定により承認をしようとするときは、当該地方公共団体の長の意見を聴くものとし、主務大臣が附則第四項の規定により指定し、及び前項の規定により承認をしようとするときは、環境庁長官に協議するものとする。

10　附則第二項及び第三項の規定に該当する対象事業でこの法律の施行の際附則第四項の条例による相当手続等が行われているものについては、施行日以後も、当該条例の定めるところに従つて相当手続等を行うことができる。

（政令への委任）

11　附則第二項から前項までに定めるもののほか、この法律の施行に関し必要な経過措置に関する事項は、政令で定める。

（環境庁設置法の一部改正）

12　環境庁設置法（昭和四十六年法律第八十八号）の一部を次のように改正する。

第四条第五号の二の次に次の一号を加える。

五の三　環境影響評価法（昭和五十六年法律第　　号）の施行に関する事務を処理すること（他の行政機関の所掌に属するものを除く。）。

第五条第三項中「第五号、第五号の二」を「第五号から第五号の三まで」に改める。

○環境影響評価の実施について

（昭和五十九年八月二十八日　閣議決定）

一　政府は、事業の実施前に環境影響評価を行うことが、公害の防止及び自然環境の保全上極めて重要であることにかんがみ、環境影響評価の手続等について、下記のとおり、環境影響評価実施要綱を決定する。

二　国の行政機関は、環境影響評価を実施するため、この要綱に基づき、国の行う対象事業については所要の措置を、免許等を受けて行われる対象事業については、当該事業者に対する指導等の措置をできるだけ速やかに講ずるものとする。

三　政府は、この要綱に基づく措置が円滑に実施されるよう事業者及び地方公共団体の理解と協力を求めるものとする。

四　政府は、地方公共団体において環境影響評価について施策を講ずる場合においては、この決定の趣旨を尊重し、この要綱との整合性に配意するよう要請するものとする。

五　この要綱で別に定めるとされている事項等この要綱に基づく手続等に必要な共通的事項を定めるため、別紙に定めるところにより、内閣に環境影響評価実施推進会議を設ける。

記

環境影響評価実施要綱

第一　対象事業等

一　対象事業は、次に掲げる事業で、規模が大きく、その実施により環境に著しい影響（公害（放射性物質によるものを除く。）又は自然環境に係るものに限る。）を及ぼすおそれがあるものとして主務大臣が環境庁長官に協議して定めるものとすること。

(一)　高速自動車国道、一般国道その他の道路の新設及び改築

(二)　河川法に規定する河川に関するダムの新築その他同法の河川工事

(三)　鉄道の建設及び改良

(四)　飛行場の設置及びその施設の変更

(五)　埋立及び干拓

(六)　土地区画整理法に規定する土地区画整理事業

(七)　新住宅市街地開発法に規定する新住宅市街地開発事業

(八)　首都圏の近郊整備地帯及び都市開発区域の整備に関する法律に規定する工業団地造成事業及び近畿圏の近郊整備区域及び都市開発区域の整備及び開発に関する法律に規定する工業団地造成事業

(九)　新都市基盤整備法に規定する新都市基盤整備事業

㈩　流通業務市街地の整備に関する法律に規定する流通業務団地造成事業
㈩㈠　特別の法律により設立された法人によつて行われる住宅の用に供する宅地、工場又は事業場のための敷地その他の土地の造成
㈩㈡　㈠から㈩㈠までに掲げるもののほか、これらに準ずるものとして主務大臣が環境庁長官に協議して定めるもの
二　環境影響評価を行う者は事業者とし、事業者とは、対象事業を実施しようとする別に定める者とすること。

第二　環境影響評価に関する手続等
一　環境影響評価準備書の作成
㈠　事業者は、対象事業を実施しようとするときは、対象事業の実施が環境に及ぼす影響（対象事業が第一の一㈤の事業以外の事業である場合には、対象事業の実施後の土地（当該対象事業以外の対象事業の用に供するものを除く。）又は工作物において行われることが予定される事業活動その他の人の活動に伴つて生じる影響を含むものとし、対象事業の実施のために行う第一の一㈤に掲げる事業により生ずる影響を含まないものとする。）について、調査、予測及び評価を行い、次に掲げる事項を記載した環境影響評価準備書を作成すること。
①　氏名及び住所等
②　対象事業の目的及び内容
③　調査の結果の概要
④　対象事業の実施による影響の内容及び程度並びに公害の防止及び自然環境の保全のための措置
⑤　対象事業の実施による影響の評価
㈡　㈠の調査等は、主務大臣が環境庁長官に協議して対象事業の種類ごとに定める指針に従つて行うものとし、環境庁長官は、関係行政機関の長に協議して、主務大臣が指針を定める場合に考慮すべき調査等のための基本的事項を定めること。
二　準備書に関する周知
㈠　事業者は、関係地域を管轄する都道府県知事及び市町村長に準備書を送付するとともに、当該都道府県知事及び市町村長の協力を得て、準備書を作成した旨等を公告し、準備書を公告の日から一月間縦覧に供すること。
㈡　事業者は、準備書の縦覧期間内に、関係地域内において、その説明会を開催すること。この場合において、事業者は、その責めに帰することのできない理由で説明会を開催することができない場合には、当該説明会を開催することを要せず、他の方法により周知に努めること。
三　準備書に関する意見
㈠　事業者は、準備書について公害の防止及び自然環境の

保全の見地からの関係地域内に住所を有する者の意見（準備書の縦覧期間及びその後二週間の間に意見書により述べられたものに限る。）の把握に努めること。

㈡　事業者は、関係都道府県知事及び関係市町村長に㈠の意見の概要を記載した書面を送付するとともに、関係都道府県知事に対し、送付を受けた日から三月間内に、準備書について公害の防止及び自然環境の保全の見地からの意見を関係市町村長の意見を聴いた上で述べるよう求めること。

四　環境影響評価書の作成等

㈠　事業者は、準備書に関する意見が述べられた後又は三㈡の期間を経過した日以後、準備書の記載事項について検討を加え、次に掲げる事項を記載した環境影響評価書を作成すること。

①　一㈠の①から⑤までに掲げる事項

②　関係地域内に住所を有する者の意見の概要

③　関係都道府県知事の意見

④　②及び③の意見についての事業者の見解

㈡　事業者は、関係都道府県知事及び関係市町村長に評価書を送付するとともに、当該関係都道府県知事及び関係市町村長の協力を得て、評価書を作成した旨等を公告し、評価書を公告の日から一月間縦覧に供すること。

五　環境影響評価の手続等に係るその他の事項

㈠　事業者は、都道府県等と協議の上、説明会の開催等を都道府県等に委託することができること。

㈡　国は、地方公共団体が国の補助金等の交付を受けて対象事業の実施をする場合には、環境影響評価の手続等に要する費用について適切な配慮をするものとすること。

第三　公害の防止及び自然環境の保全についての行政への反映

一　評価書の行政庁への送付

㈠　事業者は、評価書に係る公告の日以後、速やかに、免許等が行われる対象事業にあつては別に定める者に、国が行う対象事業にあつては環境庁長官に評価書を送付すること。

㈡　㈠により評価書の送付を受けた国の行政機関の長は、評価書の送付を受けた後、速やかに、環境庁長官に評価書を送付すること。

二　環境庁長官の意見

主務大臣は、一により環境庁長官に評価書が送付された対象事業のうち、規模が大きく、その実施により環境に及ぼす影響について、特に配慮する必要があると認められる事項があるときは、当該事業に係る評価書に対する公害の防止及び自然環境の保全の見地からの環境庁長官の意見を求めること。

三　公害の防止及び自然環境の保全の配慮についての審査等

㈠　対象事業の免許等を行う者は、免許等に際し、当該免許等に係る法律の規定に反しない限りにおいて、評価書の記載事項につき、当該対象事業の実施において公害の防止及び自然環境の保全についての適正な配慮がなされるものであるかどうかを審査し、その結果に配慮すること。

㈡　二により環境庁長官が意見を述べる場合には、㈠の審査等の前にこれを述べるものとし、免許等を行う者は、当該免許等に係る法律の規定に反しない限りにおいて、その意見に配意して審査等を行うこと。

㈢　事業者は、評価書に記載されているところにより対象事業の実施による影響につき考慮するとともに、二による環境庁長官の意見が述べられているときはその意見に配意し、公害の防止及び自然環境の保全についての適正な配慮をして当該対象事業を実施すること。

第四　その他

一　主務大臣が定める事項、別に定める事項等この要綱に基づく手続等に必要な事項は、できるだけ速やかに定めること。ただし、第二の一㈡の基本的事項その他この要綱に基づく手続等に必要な共通的事項は、本決定の日から三月以内に定めること。

二　この要綱の実施に関する経過措置については、別に定めること。

別紙

環境影響評価実施推進会議について

一　環境影響評価実施推進会議（以下「推進会議」という。）は、内閣官房副長官を議長とし、内閣官房内閣審議室長及び環境庁企画調整局長を副議長とする。

二　推進会議の構成員は次のとおりとする。ただし、議長は必要があると認めるときは、構成員を追加することができる。

防衛庁長官官房長
国土庁長官官房長
大蔵省大臣官房長
厚生省生活衛生局長
農林水産大臣官房長
通商産業省立地公害局長
運輸省運輸政策局長
建設省建設経済局長
自治大臣官房長

三　推進会議に幹事を置く。幹事は、関係行政機関の職員で議長の指名する官職にある者とする。

四　推進会議の庶務は、環境庁及びその他の関係省庁の協力を得て、内閣官房において処理する。

○環境影響評価制度総合研究会報告書（抄）

（平成八年六月三日
環境影響評価制度総合研究会）

環境影響評価制度の現状と課題について

目次

四　まとめ

これまで、環境影響評価に関する内外の動向を概観し、環境影響評価をめぐる現状と課題を分析・整理した。以上を踏まえて、今後の我が国の環境影響評価制度のあり方を検討する上で重要と考えられるものについてまとめると、次のとおりである。

四―一　環境影響評価制度に関する内外の動向

昭和五九年に行われた「環境影響評価の実施について」の閣議決定（閣議アセス）は、制定以来、一〇余年を経過し、その実績は着実に積み重ねられてきている。

閣議アセスは、多様な事業に関し包括的に環境影響評価手続を規定するものであるが、現在、公有水面埋立法、港湾法等個別法に基づく環境影響評価手続、通商産業省議決定による発電所アセス手続、運輸大臣通達による整備五新幹線アセスの手続も行われている。

地方公共団体においては、平成七年七月末現在、都道府県・政令市計五九団体中、条例制定団体六、要綱等制定団体四四、計五〇団体が、独自の環境影響評価制度を有するに至っている。また、現在制度を持たない九団体においても、六団体で制度化の予定を有しており、当面制度化の予定がない三団体も環境基本条例等の策定を踏まえ、又は国の動向を踏まえて検討するとしている。このように、国における閣議アセスの導入の後、地方公共団体における制度化がほぼ全国的に広がり、定着してきている。

諸外国では、現在、ＯＥＣＤ加盟国二七カ国中、日本を除く二六カ国のすべてが、環境影響評価の一般的な手続を規定する何らかの法制度を有するに至っている。その他の国においても環境影響評価制度の法制化は広がりを見せており、環境庁調査によれば、全世界で五〇カ国以上が関連法制を備えていることが確認されている。なお、近年諸外国では、政府機関が行う各種の政策立案、計画策定等についての環境影響評価の重要性が認識されつつあり、戦略的環境アセスメント（ＳＥＡ）の概念のもとでその実施例がみられつつある。

国際条約・議定書、国際機構の決定・勧告・宣言、開発援助に際するガイドライン、海外での事業活動に際してのガイドライン等、国際的な取組においても、環境影響評価の考え方は、一九八〇年代以降、定着してきており、また、近年では、各種条約・議定書にも具体的に取り入れられるようになってきている状況にあり、我が国としても対応を求められている。

四―二　早期段階での環境配慮と環境影響評価の実施時期

我が国の環境影響評価は、事業の立地地点や基本的諸元等事業の概略が固まった段階で、手続が開始されているが、この段階では環境影響評価の結果が事業内容の変更等に反映されにくい等の指摘がある。とりわけ、自然環境については、具体的な改変が行われてからでは、影響の修正や代償を行うことが困難であり、早い段階から調査を行い、対策を検討することが重要となる。一方、具体的な事業の諸元が明らかにされていない段階では、環境影響の調査・予測に限界が生じるため、効果的な環境影響評価を行うためには、環境影響評価手続が開始される前に、ある程度、具体的な事業の諸元が明確にされることが必要との要請がある。事業の熟度を高めていく過程は各事業種ごとに異なっており、最も適切に環境影響評価を行いうる時期を各事業種ごとに具体的に検討する必要がある。また、主要諸国や我が国の地方公共団体においては、環境影響評価準備書の作成のための調査を開始する前にスコーピング手続や環境影響評価の実施計画書の提出などの事前手続を導入することが広まりつつある。このような事前手続は、論点を絞り、効率的でメリハリの効いた予測評価や関係者の理解の促進、作業の手戻りの防止等の効果が期待されるとともに、調査の開始から準備書の提出までの間にはかなりの期間を要する場合もあり、提供された有益な情報がこの間に活用できることから、事業計画の早期段階での環境配慮に資することが期待される。一方、事前手続において、時間や事務量のいたずらな増大を懸念する指摘もある。また、用地取得の前に事業計画を公表することは、事業内容によっては、用地の取得を困難とし、地価の上昇を招くなど、国土が狭隘な我が国においては、結果として事業の遂行を困難にするという意見もある。

また、主要諸国においては、個別事業段階での環境影響評価については、経済社会の持続可能性の評価など社会経済活動に伴う環境影響の総体としての評価や累積的な影響の把握などに限界があることなどから、国際的には、上位計画や政策レベルでの戦略的環境アセスメントへの取組が進みつつある。このような国際的動向や我が国での現状を踏まえて、上位計画・政策段階での環境配慮方策を検討することが必要である。

四―三　対象事業

（対象事業を定める形式）

環境影響評価が必要な事業を限定列記する方式は、事業者に対して予見可能性を与えることができる。一方、環境影響の重大性は個別の事業や事業の行われる地域によって大きな差があることから、個別判断の余地を残さないことは、環境影響が重大な場合を見過ごしてしまうおそれがある。この点に関して、主要諸国においては、個別の事業ごとに、事業の内容、地域の特性等に関する情報を踏まえて、環境影響の程度を簡易に推定して、詳細な環境影響評価を実施する対象とするかどうかを、関係機関等への意見照会により判断する手続（スクリーニング）が取り入れられつつある。

（対象事業を選ぶ視点）

閣議アセスの対象事業は、①国が実施し、又は免許等により国が関与するもの、②規模が大きく、その実施により環境に著しい影響を及ぼすものという二つの視点で選定されている。①についてては、主要諸国のほとんどで国関与要件を備えているが、地方アセスでは、ゴルフ場やスキー場のように事業実施自体が法的な許認可等の対象にならない事業も対象としている例がみられる。事業に係る既存の国の関与は必ずしも環境保全の観点から設けられているものではないため、既存の許認可の枠にとらわれずに、環境保全の見地から問題となりうる事業については、環境影響評価手続を行うこととするべきだとの考え方がある。この場合、既存の国の関与がない事業については、環境影響評価の適切な実施を期するため、当該事業に対する新たな監督・規制の仕組みが必要となる。一方、この点については規制緩和や地方分権の流れを踏まえて検討することが必要であり、国による許認可等の制度が備えられているものについて国が責任を負い、その他については国が殊更に関与を設けるべきではないとの考え方がある。②について、内外の制度を見ると、事業規模、地域特性、影響特性という三つの視点で対象事業が選定されている。閣議アセスについては、事業種ごとに規模要件が定められているが、地域特性を勘案した規模要件等は取り入れられていない。また汚染物質の排出等に着目した事業種の選定は基本的には行われていない。

（対象とする事業種と環境影響評価の実施状況）

閣議アセスにおいては、一一の事業が対象とされ、平成六年度末までに二七九件の環境影響評価が実施されている。地方アセスにおいては、レクリエーション施設や廃棄物処理施設等、国の制度で対象としていない事業や、国の制度に比べ小規模なものも対象となっているが、その実施状況を見ると、ゴルフ場を中心とするレクリエーション施設の実施件数が最も多く、各種土地造成事業、道路事業などがそれに引き続いている。

我が国と欧米諸国の環境影響評価の実施状況は、母数となる事業の総数、社会経済情勢、さらには環境影響評価制度自体が各国で異なっているため、一概には比較できないが、各国の実施件数を国内総生産、人口、国土面積との比率で見ると、我が国は全体的にみればあまり高くない状況と言えそうである。

（国外での事業の扱い）

我が国の開発援助に際しての環境影響評価については、国際協力事業団等がガイドラインを策定して取り組んでいる。また、企業の海外進出に関しては、経済団体連合会が定めた地球環境憲章において、環境アセスメントを十分に行って適切な対応策を講ずるものとされている。主要諸国における自国の海外活動に関する環境影響評価の取扱としてはアメリカでは他の主権国の領土内でのNEPAの適用は極めて難しいとの解釈が通説となりつつある。カナダでは、各国の主権を尊重しつつ、カナダ環境アセスメント法の特例を設けることを検討中である。

四―四　評価対象

（評価対象等を定める形式）

閣議アセスでは、主務大臣が定めた技術指針に調査等の対象範囲が具体的に列挙され、実際の予測評価は、各技術指針の枠内で行われている。一方、主要諸国では、制度上は調査等の対象とする環境要素やその範囲についてその選定の考え方や例示を示すことにより包括的に規定するにとどめ、具体的には各案件ごとにその特性に応じて絞り込んでいく手続（スコーピング）が広く取り入れられている。また、地方アセスにおいても、環境影響評価実施計画書の提出等を通じ、調査等を行う項目やその留意点等につき、事業者を個別に指導する機会を確保している例がみられる。このようなスコーピングの手続は、その地域において課題となる環境要素の範囲とそれぞれの重要度を早い段階から明らかにすることによって、論点が絞られたメリハリの効いた予測評価を行うことができる効果を有することが期待される。また、地域住民、専門家、研究団体等の意見・情報を予め幅広く収集しつつスコーピングを行うことにより、より幅広い情報をもとに調査等が実施できるとともに、関係者の理解が促進され、作業の手戻り等を防止することを通じて、無駄な作業を省いた効率的なアセスメントを行うことができることが期待される。一方、スコーピングにおいて、手続にいたずらに時間を要したり、公衆参加を求める場合に際限のない調査等の要求が出る等、かえって非効率となることを懸念する意見もある。

（評価対象の内容）

閣議決定要綱では、基本的事項により対象を典型七公害（大気汚染、水質汚濁、騒音、振動、悪臭、地盤沈下、土壌汚染）及び自然環境保全に係る五要素（動物、植物、地形・地質、景観、野外レクリエーション地）に限っている。一方、地方アセス、発電所アセス及び整備五新幹線アセスでは、これら一二要素以外に日照阻害、電波障害、風害、史跡・文化財、低周波空気振動、廃棄物、水象、気象等を対象としているものもある。国内の制度における対象の要素の列挙方法としては、公害等に係る要素及び自然環境の保全に係る要素を並列に列挙する「公害・自然区分型」、影響を受ける環境圏である「気圏、地圏、水圏及び生物圏」という区分の下に環境影響現象を列挙する「環境圏区分型」がある。

近年、環境基本法の制定により、公害と自然という区分を超えた統一的な枠組みが形成されたこと、生物の多様性の確保、多様な自然環境の体系的保全、自然との触れ合いの場としての保全の視点が必要とされるようになってきたことなど、環境の保全に関する新たなニーズが生じてきている。また、地球の温暖化をはじめとする地球環境保全、廃棄物の発生の抑制などに関しても、環境の保全の対象として従前にも増して認識されてきた。さらに、生物多様性条約や気候変動枠組み条約への対応も必要となる。このような新たなニーズに適切に対応できるように、評価対象とする環境要素について検討することが課題となっている。

また、主要諸国において広く取り扱われている累積的影響については、①当該事業以外の活動による影響の重合、②汚染物質の環境中での蓄積や複合化による影響の発現、③温室効果ガス排出による気候変化などの地球規模の環境影響などを内容とするものである。このような累積的影響について、閣議アセスでは、①については、バックグラウンドの状況の調査・予測に含めて取り扱われている。また、②や③の場合は環境の状態を予測評価することが困難であるが、排出される汚染物質の量や資源・エネルギーの消費量等、算定手法等の明確な指標により、環境への負荷段階の予測評価を行うことが可能な場合もあり、この点の取扱を検討することが必要となっている。

四―五　評価の実施

（評価書の作成主体）

閣議アセスでは、準備書や評価書の作成は事業者が行うこととされているが、このことについては、事業者自身の責任と負担で環境への影響について配慮することが適当であること、環境影響評価の結果を事業計画や環境保全対策等に反映できること等が理由とされている。主要諸国においても、アメリカでは連邦政府機関の責任のもとに環境影響評価書を作成することとされているものの、その他の国においては原則として事業者が環境影響評価書を作成することとされている。環境基本法は、このような状況を前提として、調査・予測・評価の主体は事業者であるとしている。事業者が、評価書を作成することとする場合には、作成主体以外の者による評価の審査等により、国民等からの信頼性を確保することが重要である。

（評価の視点）

国内の制度では、環境の保全上の支障を防止するという観点から、各環境要素毎に得られた予測結果を、あらかじめ事業者によって設定された環境保全目標に照らして事業者の見解を明らかにすることを、準備書・評価書における「評価」の内容とするという考え方が基本となっている。

環境保全目標については、環境基準値等具体的な数値を示す定量的な目標と、「著しい支障を生じないこと」等のように具体的な数値を示さない定性的な目標の二種類が用いられている。特に、自然環境要素では、多様な価値軸があり、しかも地域特性により価値付けが異なるような要素については、類型化され全国で一律に利用できるような尺度が求め難く、国内の制度では、三又は四段階のランク付けに応じた保全目標を設定して、評価を行っていることが多い。この際、生物の予測評価では、学術上重要な動植物の種及びその生息・生育環境の保全を重視してきており、景観及び野外レクリエーション地の予測評価では、既存法令等で保全されているものを重視してきている現状にある。

主要諸国の制度においては、我が国のように、「環境保全目標に照らして評価を行うこと」に類するような規定はみられず、評価の視点は、事業者がとり得る実行可能な範囲内で環境影響を最小化するものか否かという点に置かれている。実行可能な範囲内で環境影響を最小化するものであるか否かを判断する手法として、主要諸国ではどの代替案がより望ましいかという観点で実行可能な代替案の比較検討を取り入れている場合が多い。国内の制度においても、東京都、大阪府等の一部の地方公共団体において、代替案の検討に関する規定を、技術指針に取り入れているものがある。また、代替案の比較検討によらずに、事業者にとって実行可能な最善の努力が講じられているかどうかを判断する場合もある。

環境基準や行政上の指針値を環境保全目標とすることは、環境保全上の行政目標の達成に重要な役割を果たしてきた。一方、一定の目標を達成するか否かを評価の基準とすることについては、環境影響評価を一種の安全宣言的なものとし、恵み豊かな環境を維持し、環境への負荷をできる限り低減しようとする自主的かつ積極的な取組に対するインセンティブが働きにくいという指摘がある。さらに、環境保全目標の水準を環境基準や行政上の指針値とすることについては、例えば現況で環境基準より清浄な地域において、そこまでは許容される汚染レベルととられることを懸念する指摘もある。したがって、主要諸国のように、実行可能な範囲内で環境への影響を回避し最小化するものであるか否かを評価する視点を取り入れていくことが必要との考え方がある。

また、生物の多様性の確保、多様な自然環境の体系的保全、自然との触れ合いの場としての保全や地球環境の保全など、環境基本法等によって認識されている環境の保全に関する新たなニーズについては、画一的な環境保全目標にはなじみ難い場合が多く、この観点から、個別案件に応じて、実行可能な対応がなされているかどうかを評価する手法の導入が効果的であるという考え方もある。これについては、実行可能な範囲であるかどうかを評価することが困難な場合、事業者に過度の負担が生じるのではないかとの指摘がある。また、景観、自然との触れ合い等、環境に接する者の主観に依拠する環境項目については地域住民、学識経験者、関係機関等の意見を集約しつつ目標を形成するべきであるという考え方もある。

一方、主要諸国においてみられる代替案の検討については、立地決定の以前に代替案を含めて公表して議論を行うことは、我が国の場合、環境影響以外の利害を含んだ議論をより際だった形で誘発するおそれや事業内容によっては地域間の対立を生じ混乱を発生させるおそれ等から、実際問題として難しいという意見がある。これに対し、立地決定に至る過程で事業者によって複数の案が環境保全上の観点を含めて検討されることが必要であり、このため検討された代替案の内容、環境への影響等について、準備書等に記載することが重要であるという指摘もある。

なお、事業の公益性・社会的必要性等、環境の保全以外の観点に係る評価を併せて評価することも概念上考えられるが、主要な内外の環境影響評価制度においては、環境影響の一環として社会的・経済的影響等を取り扱う制度がみられるものの、事業自体の必要性を直接に評価する枠組みとなっているものは見あたらなかった。

（評価の前提）

環境影響評価が科学的知見に基づいて適切に行われるためには、環境影響に関する調査・予測・評価を行う技術手法が重要である。このような技術手法は近年さらに発展してきており、その成果を環境影響評価において活用され、よりよい環境配慮が行えるよう、技術手法に関する情報の収集、継続的な評価及び検証、その結果の幅広い提供・普及に努めることが重要である。また、近年の環境保全行政の取り組みの拡充が反映されるよう、技術指針等での扱いを検討する必要がある。

対象事業による環境への影響を定量的に評価するためには、当該事業が行われる地域における環境の現況を調査し、当該事業以外の活動による環境影響を含んだ環境の状態（バックグラウンド）の推移を併せて予測することが一般に必要とされる。

また、動物、植物等では、保全対象と同様なものの事業対象地域以外における分布やその将来動向が保全対象の価値付け、予測結果の評価において重要な意味を持っている。

このようなバックグラウンドの調査・予測については、事業者にとって困難である場合も多く、現況と同じと仮定することも多く行われているところであり、国あるいは地方公共団体による情報提供の一層の充実が必要とされている。

予測結果には、不確実性や情報の限界が伴うものであり、予測結果の正しい理解、影響の重大性や事後調査の必要性の判断等、意思決定における不確実性を適切に扱うために、不確実性の程度や内容を明らかにすることが重要である。このため、予測の不確実性を踏まえてこそ、信頼性の高い評価が可能となることを関係者が理解した上で、諸外国でみられるような、情報の不足や技術的困難点の評価書への記載、不確実性の要因の分析や感度分析の実施等の方法を検討する必要がある。

（環境保全対策の検討）

わが国の制度では、環境影響評価の手続の中に環境保全対策の検討が位置づけられているところであり、主要諸国の制度でも、環境への影響を緩和するための措置の検討が環境影響評価に含められている。例えば、アメリカでは、影響緩和手段の定義が置かれており、回避、最小化、修正、軽減、代償の順で緩和措置に優先順位を設けている。

環境保全対策では回避や最小化を優先すべきであり、損なわれる環境を他の場所や方策で埋め合わせを行うという代償的措置を検討する場合には、その内容を適切に評価することが求められる。このためには、他の優先すべき対策が困難であることを明らかにするとともに、保全または回復すべき価値に照らして失われる環境と創造される環境を総合的に比較し、評価することが求められる。

（準備書又は評価書の記載内容）

閣議アセスでは、準備書に必要な記載事項として、①氏名及び住所等、②対象事業の目的及び内容、③調査の結果の概要、④対象事業の実施による影響の内容及び程度並びに公害の防止及び自然環境の保全のための措置、⑤対象事業の実施による影響の評価を定めており、評価書に必要な記載事項としては、上記のほか、①関係地域内に住所を有する者の意見の概要、②関係都道府県知事の意見、③①及び②の意見についての事業者の見解を定めている。地方アセスにおいても、準備書の記載事項は、基本的に閣議アセスを踏襲したものとなっている。なお、東京都等においては、調査、予測等の委託を受けた者の氏名等についても記載を求めている事例がみられる。

一方、主要諸国においては、代替案の記載を求めるもの、不確実性の存在・情報の欠如に関する記載を求めるもの、事後のフォローアップに関する記載を求めるもの、調査等に従事した者の名前等の記載を求めるものがみられ、アメリカ、カナダ、ＥＣ指令、イギリス、オランダ、フランス、イタリア及びドイツにおいては、平易な概要の記載を義務づけている。

準備書の表現内容等については、閣議アセスでも、わかりやすい記述を求めているところであるが、地方アセスにおいては、分かりやすい記述、概要版の作成、技術資料等の添付、出典の明記を求めている事例がある。主要諸国においては、アメリカでは、評価書のページ数の制限が設けられており、評価書は平易な文章で書くこと等、文章表現についての規定もみられる。さらに、アメリカ、イギリス、イタリアでは、付属資料やテクニカル・ドキュメント等の添付資料についての規定がみられる。

四―六　住民の関与

（住民関与の位置づけ）

閣議アセスにおいては、関係地域内に住所を有する者から、公害の防止及び自然環境の保全の見地からの意見を聞くこととされているが、意見の内容としては、生活体験に基づく地域の環境情報や環境影響についての懸念等が想定されており、事業そのものに対する賛否を問う趣旨のものではない。また、意見の提出・事業者による検討のプロセスを通じて、公害の防止等についての配慮が行われるとともに、関係住民の理解が深まることも期待されている。地方アセスにおいても、何らかの形で住民関与を定めており、準備書等について、住民が環境保全の観点から意見を述べることができる旨の規定が置いている制度が一般的である。主要諸国においても、中国を除き、住民関与が制度に位置づけられているが、この場合、環境影響評価は主に環境を配慮した合理的な意思決定のための情報の交流を促進する手段としてとらえられており、個別の事業等に係る政府の意思決定そのものへの住民の参画は環境影響評価制度とは別の制度で取り扱われていると考えられる。その位置づけとしては、公衆への情報提供、公衆からの情報収集、理解やコミュニケーションの促進などを挙げている制度がみられる。

（住民の意見を求める対象）

準備書に相当する文書への意見の提出機会を設けることは、環境影響評価手続の核となる部分であり、内外の制度では、中国を除きすべての制度でこの旨の規定がみられる。

事業者が調査・予測・評価を実施する前の段階については、主要諸国の中では、アメリカ、カナダ、オランダ、イギリスにおいて、公衆の意見の提出機会を認めている。また、地方アセスでは、埼玉県において、調査計画書に対する意見の提出を認めている。

また、閣議アセスでは、準備書に対する住民意見の提出の後に再度住民意見を求める仕組みにはなっていない。地方アセスにおいては、五団体において、準備書に対する知事又は市長の意見が出される前に、二回の住民意見の提出機会を設けている事例がある。主要諸国では、アメリカ、カナダにおいて、準備書相当文書への意見提出の後に、必要な場合に、再度、住民参加を求めることとしている例がみられるが、欧州の主要諸国においては、準備書・評価書という二段階の仕組みは設けられておらず、評価書について住民意見が述べられた後に、再度、意見を求めることとはされていない。

（関係地域の範囲）

周知手続を行い、意見を求める関係地域の範囲は、閣議アセスにおいては、事業の実施が環境に影響を及ぼす地域であって、当該地域内に住所を有する者に対し準備書の内容を周知することが適当と認められる地域とされており、具体的には事業者が設定することとしている。一方、地方アセスにおいて、関係地域の設定方法を定めている団体では、その設定に当たって知事又は市長が関与している団体が大部分である。

周知手続を行う地域の範囲は、事業に関係する地域とするのが、内外の制度において一般的である。

意見の提出を求める者の範囲は、閣議アセスでは、関係地域内に住所を有する者とされている。その他の国レベルの制度でも、同様である。地方アセスでは、関係地域の住民に限って意見提出の機会を与えている団体が多いが、七団体は、誰でも文書での意見の提出ができることとなっており、二団体は、当該地方公共団体の住民なら誰でも意見の提出ができることとなっている。主要諸国の制度では、韓国を除き、意見提出者について、区域を明確に限定しない例がほとんどである。例えば、自然環境に係る情報など、地域の環境情報は、関係地域の住民のみではなく、環境の保全に関する調査研究を行っている専門家や民間団体、関係地域に通勤する者、関係地域で産業活動やレクリエーション活動を行う者等によって、広範に保有されていることを考慮すれば、意見の提出者の範囲を限定しないことによって、有効な環境情報が収集できることが期待される。しかし、一方で区域を明確にしない場合、意見の件数が増加することにより事業者等においてその対応に多大な負担を要することを懸念する意見もある。

（住民への周知の方法）

閣議アセスの手続きの中では、準備書と評価書の公告・縦覧の主体は事業者とされている。ただし、公告・縦覧に当たっては、関係知事及び市町村長の協力を得ることとなっている。一方、地方アセスでは、準備書の縦覧の主体を知事又は市長とする団体が約半数みられる。主要諸国の中では、イギリス及びイタリアが、評価書等を作成した旨の公告等の主体を事業者としている一方、アメリカ、オランダ、フランス、ドイツ及び韓国では、所管官庁が、カナダでは、環境官庁が、公告等を行うこととされている。

準備書・評価書の公告・縦覧の主体については、閣議決定の形を取ることとなった際に、知事に義務づけることは法制的にできなかったため、閣議アセスでは事業者が公告・縦覧の主体となっている。手続の節目となる準備書・評価書の公告・縦覧については、地方公共団体が何らかの形で関与することで、住民に対する周知を効率的に行えること、手続の進行に関する信頼を得やすいこと等の効果が期待されるとの指摘がある。また、事業者自身が公告・縦覧を行うことによってもこれらの効果は十分に確保できるとの指摘がある。

閣議アセスでは、環境庁局長通知において、準備書の公告は、住民が関与する手続が開始されることを告知するものであり、関係住民が通常その内容を知りうる方法により行われるものであるとされている。発電所アセスでは、新聞広告、電気事業者等の広報紙への掲載を、関係市町村の協力のもとに行われるその公報への掲載とともに行うこととされている。また、主要諸国では、準備書相当文書に関する公告について、ＥＣ指令、イギリス、オランダ、韓国、アメリカにおいて、新聞への公告の掲載等の手段を掲げる事例がある。

準備書・評価書の縦覧期間は、内外の制度において、概ね、一月～四五日程度となっており、閣議アセスにおける一月という準備書・評価書の縦覧期間は、概ねこの傾向に沿っている。

閣議アセスでは、事業者は、準備書の縦覧期間内に、関係地域内において、準備書の説明会を開催することとされている。ただし、事業者の責めに期すことができない理由で説明会を開催することができない場合は、他の方法による周知に努めることとなっている。

地方アセスにおいては、ほとんどの団体で準備書相当文書に係る説明会の開催規定が置かれており、その開催主体は、ほとんどの団体で事業者とされている。また、地方アセスでは、事業者による周知の方法について、一二団体で、事業者と知事（市長）との間で調整するための規定を有している。主要諸国においては、アメリカ、ＥＣ指令、韓国において、必要に応じた説明会の開催の規定がみられる。また、カナダでは、環境影響評価手続に関する文書への公衆の簡便なアクセスを公開登録台帳を通じて保証している。

（意見の提出方法）

意見の提出先は、閣議アセスにおいては、事業者となっている。地方アセスにおいては、事業者に提出することとしているのは、三五団体であり、知事又は市長に提出することとしているのは一一団体である。なお、事業者又は知事（市長）に提出とする事例もみられる。また、主要諸国においては、意見の提出先は、アメリカ、カナダ及びＥＣ指令のいずれもが、主管官庁等の公共機関とされている。ただし、韓国においては、意見の提出先は、事業者とされており、日本の閣議アセスに近い。

準備書に相当する文書に係る意見提出可能期間は、内外の制度において、概ね一月～四五日程度の期間が確保されており、閣議アセスにおける一月＋二週間という期間は、概ねこの傾向に沿ったものとなっている。

閣議アセスでは、書面による意見聴取を想定しており、公聴会の規定は設けられていない。地方アセスにおいても、書面による意見聴取が基本となっているが、約四割の団体において公聴会の規定が置かれている。また、主要諸国では、アメリカ、カナダ、イタリア、韓国、オランダにおいて、書面による意見提出の規定のほかに、公聴会の開催規定が規定されているが、すべての場合に公聴会を義務づけている例はオランダにみられるのみである。また、フランス、ドイツでは行政手続法等の他の法令の定めに従って公聴会を行うこととしている例もみられる。なお、公聴会において十分な議論がなされ、その機能を果たすためには、公聴会に参加する者がその趣旨を十分に理解することが必要であるとの指摘がある。

四―七　評価の審査

（審査の主体）

閣議アセスでは、準備書は、地方公共団体のレベルで実質的に審査が行われ、関係都道府県知事意見として事業者に伝えられることとなる。評価書は、対象事業の免許等権者によって審査を受け、審査の結果は免許等に際し配意されることとなる。評価書の審査に当たって、環境庁長官が意見を述べている場合には、その意見に配意して審査等を行うこととされている。一方、主要諸国では、当該事業の免許等の権限を有する機関と環境担当機関の双方が審査に関与している場合がほとんどである。

閣議アセスでは既存の法的権限を変えないとの立場から全体が構成されていたため、環境庁に主体的な意見提出権限が与えられず、環境庁長官は、環境庁長官に評価書が送付され、かつ、主務大臣がその意見を求めた場合に、意見を述べることとされており、①免許権者等が都道府県知事であり評価書が知事のレベルに留まる場合、②主務大臣が環境庁長官の意見を求めない場合は環境庁は審査プロセスに参画しないこととなっている。これまで、環境庁長官に意見が求められた事例は二七九件中一六件である。

また、閣議アセスでは、国の機関の審査が行われる前に評価書が完成しており、環境庁長官の意見は、許認可等へ反映されるのみで、評価書の内容の改善には反映されないこととなる。この点について、閣議アセスの対象は国の関与があるものとされており全国的な視点からの意見も必要であることなどから、環境庁をはじめとする国の機関の意見を評価書の内容改善に反映させることができる手続とすることが望ましいとの考え方もある。一方、国の機関の意見を評価書に反映させることができる手続とすることに対しては、地域の環境の現況、地域の環境保全施策等に関する情報を豊富に有している地方公共団体が審査すれば十分であるとの意見もある。

（第三者機関等の関与）

閣議アセスでは、審議会等の第三者機関の関与は規定されていないが、発電所アセス、都市計画における環境影響評価、また、地方アセスの九割においては、審議会等第三者機関の関与を設けている。環境部局における意見形成に際して、第三者機関や環境の保全に関する専門家の関与を求め、技術的・専門的事項について、環境保全の見地からの意見を聴取することは、環境影響評価手続の信頼性の確保に寄与するものと考えられる。また、主要諸国では、オランダ及びイタリアにおいて、環境影響評価書の審査のための第三者機関が設置されており、韓国では、専門家からの意見聴取の規定を有している。

（審査の視点）

閣議アセスでは、国レベルの審査は、「評価書の記載事項につき、当該対象事業の実施において公害の防止及び自然環境の保全についての適切な配慮がなされるものであるかどうかを審査する」こととしている。また、地方公共団体の意見は、公害の防止及び自然環境保全の見地からの意見を求めることとしている。発電所アセスでは、通産省が環境審査指針を明らかにしており、主要諸国では、アメリカ、オランダ等に置いて審査の基準を明らかにしている事例がみられる。審査の視点は、評価の視点に応じて適切に設けられることが必要となる。

四－八　許認可等への反映方法

閣議アセスでは、対象事業の免許等を行う者は、免許等に当たり、当該免許等に係る法律の規定に反しない限りにおいて、評価書の記載事項を審査し、その結果に配慮することとされている。なお、「当該免許等に係る法律の規定にかかわらず、当該規定に定めるところによるほか、当該審査の結果を併せて判断して当該免許等に関する処分を行うものとする」といういわゆる横断条項については、閣議決定の形をとることとなったゆえに、閣議アセスには盛り込まれていない。地方アセスにおいては、対象事業の許認可等を知事（市長）が行う場合に評価書の内容を配慮する旨の規定や、知事（市長）以外の許認可権者等に対し評価書の内容の配慮を要請する規定が広く置かれており、神奈川県条例に横断条項類似の規定がみられる。主要諸国においては、いずれの国においても許認可等の行政に反映させることとしており、イギリス、オランダ、アメリカ、カナダ、韓国等、主要諸国の環境影響評価関連の法規にはそのための条項を設けているものがみられる。

現行の閣議アセスは、行政指導によって実施された環境影響評価の結果を、許認可等に反映させる形となっているが、個々の許認可等を定める法令に環境の保全の観点が含まれておらず、かつ、許認可等を定める法令の定めに従う範囲で具体的に定められる審査基準にも環境の保全の観点を含めることができない場合等には、許認可等への反映に限界があり、このことは行政手続法の制定により、さらに明確にされている。

また、閣議アセスにおいては、環境影響評価の結果が、どのように許認可等へ反映されたかについては公表されていない。

一方、アメリカ、カナダ、韓国の法規及びＥＣ指令にみられるように、主要諸国では、環境影響評価手続を踏まえて行われる許認可等の決定に関し、その内容や条件等について公開する旨を環境影響評価手続の中に定める制度が多い。主要諸国の制度にみられるように、許認可等に当たって、国のレベルでの審査の結果等について、何らかの形で明らかにすることは、国民等の理解の促進に寄与するとともに、事業の実施前に行われる環境影響評価手続によって得られた情報と環境保全対策の実施等事業の実施後の対策の連携を明確にする効果を有するとの考えもある。また、許認可等への反映結果として公表する内容については十分検討する必要がある。

四―九　評価後の手続

（評価後の監視・調査等）

閣議アセスでは、事業着手後の手続については具体的に定められていないが、予測の不確実性に鑑み、影響の重大性や不確実性の程度に応じ、予期し得なかった影響を検出し、必要に応じて対策を講ずるため、工事中や供用後の環境の状態、環境への負荷、事業やその環境保全対策の実施状況を調査する事後調査が、内外で広く行われている。

事後調査は、評価書の内容について事後的に検証を図ることができる、予測し得ぬ要因による環境影響の回避や周辺住民とのトラブルの防止が可能となる、予測手法等の改善につながる、環境保全対策の実施状況や効果の確認が可能となるなどの観点から効果が期待できる。また、事後調査が環境影響評価において一体的に計画されれば、事後調査の実施を考慮した調査、予測、対策の内容の決定が可能となる。

一方、事後調査については、その目的、その調査手法や期間の考え方、事業主体が変更・消滅した場合の対応等を明確にする必要がある。

（事業内容の変更等の取扱い）

事業の内容に大幅な変更があった場合について、閣議アセスの体系においては、評価書に記載された対象事業の内容を変更して対象事業を実施しようとする場合は、軽微な変更をして実施される場合を除き、原則として再度環境影響評価の手続を実施することとされている。地方アセスにおいては、四七団体において、事業内容が変更された場合の対応方針を有しており、その内容については、基本的に国制度と同様の取扱をしている。また、主要諸国の制度においては、アメリカや韓国において、環境影響評価手続をやり直す場合又は補足を必要とする場合についての規定が置かれている。

環境影響評価書の作成後、事業が長期間未着工である場合、その期間に環境自体にも変化が生じ、予測評価の前提がくずれることが予想され、環境影響評価手続の一部又は全部について再び行う「再評価」の必要性を検討することを求めている制度もみられる。閣議アセスにおいては、事業が長期間未着工の場合の再評価の仕組みは設けられていないが、地方アセスにおいては、事業が長期間未着工の場合の取扱いに関し、五団体で、知事又は市長が必要に応じて手続の一部又は全部を再度実施することを求める旨の規定を設けている例がみられる。一方、主要諸国においては、オランダ環境管理法とアメリカの環境諮問委員会の質疑応答集において再評価に関連する規定がみられるが、その他の主要諸国では関連規定はみられない。

四—一〇　国と地方との関係

（国の制度における地方公共団体の役割）

閣議アセスの手続において地方公共団体は、地域の環境保全に関する事務を所掌し、地域の環境について広範な情報を保有する立場から、準備書に意見を述べ、関連情報を提供するとともに、関係住民への周知手段を有し、その利用の便宜を図れる立場から、公告、縦覧及び説明会の手続に協力することが期待されている。閣議アセスにおいては、閣議決定という形式のため、準備書及び評価書の公告・縦覧等の事務は、都道府県知事の事務として位置づけるのではなく、これらは事業者が行い、地方公共団体はそれに協力する立場とされている。ただし、この点については、地方分権の動きに留意しつつ検討する必要がある。なお、閣議アセスにおいて、都市計画に係る場合は、都市計画決定権者がこれらの事務を行うよう指導されている。

（国の制度と地方公共団体の制度との関係）

閣議アセスは、地方公共団体における環境影響評価条例等の制定を妨げるものではないが、手続の二度手間を避ける観点から、地方公共団体に閣議決定手続との整合性を図るよう求めている。

地方アセスにおいては、同一の事業に閣議決定要綱手続をはじめとする国制度と地方制度手続が重複してかかる場合の調整、国又は特殊法人が行う事業についての調整、都市計画における環境影響評価についての調整が、条例・要綱の規定に基づき、あるいは実態的に広く行われているが、国の制度が行政指導にとどまっているため、その調整に統一的なルールがなく、また、案件により複数の手続が重複して行われる場合もあり、国の制度と地方の制度の分担・調整のあり方について検討することが課題となっている。

国の制度と地方の制度の分担・調整のあり方の検討に当たっては、地方分権推進法において示されている考え方や、地方公共団体において、地方公共団体の主体性と自主性を尊重し地方公共団体の制度が後退することのないように配慮すべき等の意見が多くみられていること、地方公共団体において独自の制度化がほぼ行き渡ったという状況の変化等を踏まえて検討することが必要となる。

四―一一　環境影響評価を支える基盤の整備

（環境影響評価に関連する情報提供）

閣議アセスの体系においては、国又は地方公共団体による情報の提供に関する具体的な施策は制度上に位置づけられていないが、主要諸国の中には、カナダにおいて、評価書等の資料の収集、記録、保存、提供等のための仕組み（公開登録台帳）を制度上に位置付けられている例がみられる。また、地方アセスにおいては、知事等の責務として、情報の収集・整理・提供を規定している例がみられ、地方公共団体によっては、条例等の規定に基づき、情報の提供に関する具体的な措置を講じている場合もある。

国あるいは地方公共団体による適切な情報の提供は、①事業者による適切な調査・予測・評価の実施、②住民による適切な意見の形成、③地方公共団体における適切な審査の実施等の観点から重要である。具体的には、①累積的な環境影響を評価するためのバックグラウンド濃度や他の事業者による事業計画等に関する情報の提供、②生物の生息状況等多様な自然環境の現状に関する情報の提供、③過去の環境影響評価事例に関する情報の提供、④新しい調査予測手法等環境影響評価の技術手法に関する情報の提供等を推進することが重要である。また、国が保有している情報や事業者等の民間が保有する情報で評価書等に記載されていないものにも、環境影響評価に有益なものがあるが、それぞれバラバラに保有されていたりすることから活用できない場合があるとの指摘もあり、これらについて、情報源情報を整備するとともに、可能なものは収集・整理・公開を進めていくことが重要である。さらに、我が国からも技術や知見を、諸外国へ提供していくことが重要である。

上記の諸点を考慮しつつ、事業者、関連機関、国民等の情報へのアクセス性の向上を図るため、関連する情報の所在についての情報源情報の整備、環境影響評価書及びその関連資料を含めた環境影響評価事例に関する情報、事後調査結果、生物の分布や生態に関する情報、予測に必要な原単位や排出量等の情報をはじめとした情報を国が中心となって組織的に収集、整備及び提供することが必要である。

（環境影響評価に関わる信頼性の確保）

環境影響評価において、科学的かつ合理的な調査が的確に行われるとともに、その結果が国民等から信頼されることも重要である。

環境影響評価において、具体的な調査等を受託するコンサルタントや調査会社によってより質の高い調査・予測が行われるためには、幅広い知識と技術を備えた調査等の従事者の育成、確保を図ることが重要である。また、環境要素の内容によっては、調査が可能な者の所在やその能力の把握が課題となっており、このため、環境影響評価に係わる人材に係る情報の提供等の方策も考えられる。さらに、環境影響評価に係わる人材の能力の確保のためには研修等の推進が重要である。

国民等からの信頼性の向上に資する制度としては、①環境影響評価の調査等に従事する者や組織に関する資格制度、②調査等に従事した者の名前等を評価書に記載すること、③関連する情報へのアクセスを提供することなどがあげられる。

（環境影響評価を支える調査研究・技術開発）

生物の多様性や生態系の保全の必要性、地球環境の保全の必要性、累積的影響の予測の必要性など、高度化、複雑化する環境影響評価をとりまくニーズに効果的に対応できるよう、環境影響評価の調査予測等の技術手法の開発・改良が必要となっている。また、複雑な条件下の問題や特定の場の固有の問題に関する調査予測等の手法については、従来より、その開発が望まれている。さらに、従来から用いられてきている調査予測等の技術手法については、精度や信頼性の向上、利用性や効率性の向上のため、さらなる改善が必要である。調査・予測等の技術手法に加えて、環境保全対策に係わる技術についても、関連技術の開発を進めるとともに、その効果について適切に評価することが求められている。これらのニーズに対応するため、調査・予測等の技術手法、環境保全対策の技術手法など、環境影響評価を支える技術手法のレビュー作業を継続的に行い、技術手法や知見の進展を環境影響評価制度の中に迅速に取り入れていくとともに、新しい関連技術手法の開発を図っていくことが必要である。

四―一二　今後の検討の方向

我が国において環境影響評価は、すでに多くの実績が積み重ねられる中で環境配慮が促進されるなど相応の機能を果たしており、環境の保全を図る上で重要な施策となっている。しかしながら、我が国の制度には、内外の制度をめぐる課題について分析整理を行った本調査研究において明らかにしたように、今後検討することが必要な課題が数多く存する状況にある。

このような状況を踏まえ、本研究会の成果を活用しつつ、法制化も含め、今後の環境影響評価制度のあり方について、具体的な検討が進められることを期待するものである。

○今後の環境影響評価制度の在り方について

（平成九年二月十日）
（中央環境審議会答申）

平成八年六月二八日付け諮問第三五号をもって中央環境審議会に対してなされた「今後の環境影響評価制度の在り方について」の諮問について、別紙のとおり結論を得たので答申する。

当審議会における審議に当たっては、関係省庁、経済団体、環境関係NGO等から環境影響評価の実施状況の説明や今後の環境影響評価制度の在り方についての意見を直接聴取するとともに、全国六ヶ所でのヒアリング、郵送、電子メール等による一般意見受付を行って、国民各界各層の意見を聴取し、これらを審議にできる限り活かすように努めた。

本答申は、国の制度としての環境影響評価制度について、新たな制度が備えるべき基本原則を明らかにしたものである。

政府においては、環境影響評価に係る法制度の確立の重要性を認識し、また、国民各界各層から当審議会の審議に対して寄せられた期待に応えるために、本答申に即して、速やかに環境影響評価の法制化を図られたい。

別紙

Ⅰ　はじめに

一　環境影響評価をめぐる経過と現状

環境影響評価制度は、一九六九年（昭和四四年）にアメリカにおいて世界で初めて制度化されて以来、世界各国で、その制度化が進展してきている。

我が国においても、昭和四七年の「各種公共事業に係る環境保全対策について」の閣議了解を嚆矢として、環境影響評価の考え方の重要性が認識され、各種の制度化が進められてきた。

昭和五〇年、環境庁長官は、当審議会の前身である中央公害対策審議会に対し「環境影響評価制度のあり方について」の諮問を行い、同審議会は昭和五四年に、速やかに環境影響評価の法制度化を図られたい旨の答申を行った。これを受け、政府は昭和五六年に環境影響評価法案を閣議決定し、国会に提出した。しかしながら、同法案は、昭和五八年の衆議院解散に伴い廃案となり、当面の事態に対応するため、実効ある行政措置を講ずるべく、同法案をベースとして、昭和五九年に「環境影響評価の実施について」の閣議決定が行われ、環境影響評価実施要綱（以下「閣議決定要綱」という。）が定められた。

閣議決定要綱は、多様な事業に関し包括的に環境影響評価手続を規定するものであるが、現在、公有水面埋立法、港湾法等個別法に基づく環境影響評価手続、「発電所の立地に関する環境影響調査及び環境審査の強化について」（通商産業省議決定）や「整備五新幹線に関する環境影響評価の実施について」（運輸大臣通達）による環境影響評価手続も行われている。

閣議決定要綱の制定以来、一〇余年を経過し、環境影響評価の実績は着実に積み重ねられてきている。

また、地方公共団体においては、平成九年一月末現在、都道府県・政令市計五九団体中、条例制定団体六、要綱等制定団体四五、計五一団体が、独自の環境影響評価制度を有するに至っている。このように、国における閣議決定要綱に基づく環境影響評価制度の導入の後、地方公共団体における制度化がほぼ全国的に広がり、定着してきている。

近年、環境問題は、社会の持続可能性の確保の問題、地球環境問題、事業者や国民の通常の活動に起因する環境負荷の集積の問題など、時間的、空間的、社会的に広がりを有するものとなっている。平成五年に制定された環境基本法は、こうした環境問題の様相の変化に対応できるよう、環境の保全の基本的理念とこれに基づく基本的施策の総合的枠組みを示すものであり、その中において、環境の保全に関する基本的な施策の一つとして「環境影響評価の推進」が位置づけられた。

環境基本法に基づき平成六年に当審議会の答申を受けて策定された環境基本計画においては、「我が国におけるこれまでの経験の積み重ね、環境保全に果たす環境影響評価の重要性に対する認識の高まり等にかんがみ、内外の制度の実施状況等に関し、関係省庁一体となって調査研究を進め、その結果等を踏まえ、法制化も含め所要の見直しを行う」との方針が示された。これを受けて、平成八年六月二八日、今後の環境影響評価制度はいかに在るべきかについて、内閣総理大臣から当審議会に対して意見が求められたところである。

二　制度の見直しの基本的考え方

環境影響評価制度は、以上のように推移してきたが、近年、環境基本法の制定により環境の保全の基本的理念とこれに基づく基本的施策の総合的枠組みが示されたこと、行政手続法の制定により行政運営における公正の確保と透明性の向上が求められるようになったこと、地方分権推進法の制定により国と地方の役割分担等についての考え方が示されたことなど、環境影響評価制度をめぐり、新たな状況が生じている。また、当審議会に寄せられた国民各界各層の意見には、法制化をはじめ現行制度の改善を求める意見が数多く見られたところである。環境影響評価制度は、こうした状況に対応して、適切に見直されるべきである。

本答申では、このような視点に立って、現行制度を見直すべき点を中心に、新たな制度が備えるべき基本原則を示すこととした。その基本原則の要点は次のとおりである。

① 環境影響評価に関わる広範な主体の役割や行動のルールを明確にするために、法律による制度とすること。

② 環境影響評価制度は、事業者自らが広範な人々から意見を聴取しつつ環境影響評価を行って、十分な環境情報の下に適正な環境配慮を行い、国が許認可等によって事業に関与する際に、環境影響評価の結果を適切に反映させるという趣旨の制度であること。

③ 事業者が事業計画の熟度を高めていく過程のできる限り早い段階から情報を出して外部の意見を聴取する仕組みとすることにより、早い段階から環境配慮を行うことを可能とすること。

④ 制度の対象とする事業は、国の立場からみて一定の水準が確保された環境影響評価を実施することにより環境保全上の配慮をする必要があり、かつ、そのような配慮を国が許認可等の関与によって確保することが可能な事業とすることとし、このような観点から現行閣議決定要綱よりも対象を拡大すること。

⑤ 環境基本法に対応して、生物の多様性などの新たな要素を評価できるよう、評価対象を見直すとともに、評価に当たっては、環境基準等の行政目標をクリアしているかどうかだけでなく、環境影響をできる限り回避し低減するという観点から評価する視点を取り入れること。

⑥ 予測の不確実性にかんがみ、環境影響評価後のフォローアップの措置を取り入れること。

⑦ 国の制度の対象とする事業については、国の手続と地方公共団体の手続の重複を避けるため国の制度に一本化する必要があるが、法律による手続の過程で地方公共団体の意見が十分聴取され、反映されるような仕組みとすること。

なお、実効ある環境影響評価が行われるためには、効率性にも配慮しつつ事業の特性や地域の実態に即した対応が可能な柔軟な仕組みとすることが求められるが、本答申はこれらの点に配慮しており、こうした要請に応える場合も、本答申で示す基本原則に従って対応することが必要である。また、基本原則を具体化するに当たっては、統一的で、透明性が保たれ、わかりやすい制度とするよう留意する必要がある。

以上の基本的考え方を踏まえ、以下に、今後の環境影響評価制度の在り方についての当審議会の考え方を述べる。

Ⅱ　今後の環境影響評価制度の在り方

一　制度の目的及び形式

㈠　制度の目的

環境影響評価制度は、事業者自らが、その事業計画の熟度を高めていく過程において十分な環境情報のもとに適正に環境保全上の配慮を行うように、関係機関や住民等、事業者以外の者の関与を求めつつ、事業に関する環境影響について調査・予測・評価を行う手続を定めるとともに、これらの結果を当該事業の許認可等の意思決定に適切に反映させることを目的とする制度である。

㈡　制度の形式

立場の異なる広範な主体の役割・行動のルールを定める制度は、法律によって定めることが基本である。環境影響評価制度を行政指導の形で実施することについては、行政手続法の制定により許認可等への反映の限界が明確になったこと、地方の制度との調整の観点で限界があること等が指摘されている。これらの点を勘案して、法律による環境影響評価制度を設けることが適当である。

二　早期段階での環境配慮と環境影響評価の実施時期

㈠　事業に係る環境影響評価手続の開始時期

ア　環境影響評価のプロセスで得られる環境情報により、事業計画において適切な環境配慮が行われるためには、事業計画のできる限り早い段階で、環境情報の収集が幅広く行われることが必要である。

我が国の環境影響評価は、事業者による各種の調査等を経て関連情報が準備書にまとめられ、準備書の提出によって、事業の関連情報が住民や地方公共団体に提供されることになっているが、その時点では、事業の立地地点や基本的諸元等事業の概略が事業者としてほぼ固まっているのが現状である。

イ　早期段階での環境配慮の要請に応えるためには、主要諸国において広まりつつあるように、準備書の作成・提出前の事業者が環境影響評価に係る調査・予測を開始する際に、その時点で提供しうる事業に関する情報、事業者が行おうとする調査等に関する情報を提供しつつ、地方公共団体、有益な環境情報を保有する住民、専門家等から環境情報を収集し、準備書に反映させるための意見聴取手続を導入することを基本とすべきである。

このような手続の導入に当たっては、事業の熟度を高めていく過程は各事業種ごとに異なり、また、早い段階での情報提供が用地取得等に影響を与える場合もあることを考慮すべきである。したがって、事業者が環境影響評価に係る調査等を開始する時点で幅広く環境情報を収集することを前提としつつ、情報の提供時期、提供する情報の内容等については、事業種等に応じた対応のできる仕組みとすることが適当である。

ウ　このような手続を導入することによって、論点が絞られた効率的な予測評価や関係者の理解の促進、作業の手戻りの防止等の効果が期待されるとともに、提供された有益な情報を活用することにより事業計画の早期段階での環境配慮に資することが期待される。

(二)　上位計画・政策における環境配慮

環境基本法第一九条にもあるとおり、個別の事業の計画・実施に枠組みを与えることになる計画（上位計画）や政策についても、環境の保全について配慮することが必要である。

ただし、現時点では、上位計画・政策における環境配慮をするための具体的な手続等の在り方を議論するにはなお検討を要する事項が多く、また、主要諸国においてもその取り組みが始められつつあるような状況にある。したがって、政府としてはできるところから取り組む努力をしつつ、国際的動向や我が国での現状を踏まえて、今後具体的な検討を進めるべきである。

三　対象事業

(一)　対象事業の範囲

ア　現行閣議決定要綱では一一の事業を対象としているが、このほか、国の制度としては、公有水面埋立法、港湾法等の個別法や「発電所の立地に関する環境影響調査及び環境審査の強化について」（通商産業省省議決定）、「整備五新幹線に関する環境影響評価の実施について」（運輸大臣通達）等により環境影響評価手続が実施されている。閣議決定要綱においては、国が実施し、又は許認可等を行う事業で、規模が大きく環境に著しい影響を及ぼすおそれがあるものを対象事業とし、事業種を限定列記するとともに、事業種ごとに全国一律の規模要件を設定している。ただし、規模要件に満たない事業についても、環境影響評価を行うことができるとしている例もみられる。

イ　対象事業の選定に当たっては、地方公共団体においても地域の環境保全の観点から環境影響評価が実施されていることに鑑み、国の制度においては、国の立場からみて一定の水準が確保された環境影響評価を実施することにより環境保全上の配慮をする必要があり、かつ、そのような配慮を国として確保できる事業を対象とすることが適当である。このような観点から、新たな制度においては、規模が大きく環境に著しい影響を及ぼすおそれがあり、かつ、国が実施し、又は許認可等を行う事業を対象事業に選定することが適当である。なお、今後、事業に係る規制緩和が行われる場合や、地方分権の推進によって、事業の実施や許認可等に係る国と地方との役割分担が見直される場合には、その時点で、本制度の対象事業の在り方についても再度検討が行われることが適当である。

ウ　具体的にどの事業種を対象とするかについては、現在閣議決定要綱により環境影響評価が行われるものに加え、対象を拡大することが適当である。なお、この場合、必要に応じ事業種の見直しが行える仕組みとすることが適当である。これらの場合においては、事業の実態を踏まえ、社会的要請を考慮しつつ、検討を行うことが適当である。

㈡　対象事業の定め方

事業者にとっては、対象事業があらかじめ定められていることが望ましいが、環境に対する影響は、個別の事業により、また、事業の行われる地域によって異なることから、個別判断の余地を残すことが必要である。

したがって、上記の対象事業の選定の考え方により一定の事業種を列挙した上で、①規模要件によって必ず環境影響評価を実施すべき事業を定めるとともに、②その規模を下回る事業についても一定規模以上のものは、事業の規模、事業が実施される地域の環境の状況等によって、環境影響評価を実施するか否かを個別の事業ごとに判断する手続（スクリーニング手続）を導入することが適当である。スクリーニングの判断は、事業者が提出する事業計画の概要をもとに、当該地域の状況等に関する基本的情報を考慮して、地方公共団体の意見を聞きつつ国が行うことを基本とすべきである。なお、あらかじめスクリーニングの審査期間や基本的な判断基準を明確にしておくことが必要である。

㈢　国外での事業の扱い

我が国の事業者が海外において実施する事業については、当該国の管轄下で行われるものであること、当該国の制度や合意形成プロセスが様々であることから、我が国の環境影響評価の手続を直接適用できるものではないが、こうした事業についても、事業者が自主的に適切な環境配慮を行うよう努めることが必要であり、国としても事業者に対して情報の提供等に努めるべきである。また、我が国による政府開発援助（ＯＤＡ）に係る事業に関しても、我が国の環境影響評価の手続を直接適用できるものではないが、現在国際協力事業団（ＪＩＣＡ）や海外経済協力基金（ＯＥＣＦ）が策定したガイドラインに基づく環境影響評価が実施されており、引き続きこうした取り組みを推進するべきである。

四　調査・予測・評価の対象

(一)　調査・予測・評価の対象の内容

ア　閣議決定要綱に基づく制度では、環境庁長官が定める基本的事項において、調査・予測・評価の対象を典型七公害（大気汚染、水質汚濁、騒音、振動、悪臭、地盤沈下、土壌汚染）及び自然環境保全に係る五要素（動物、植物、地形・地質、景観、野外レクリエーション地）に限定している。さらに、事業別に示された技術指針においては、事業特性に応じ、公害については調査等の対象が具体的に列挙され、調査・予測・評価を行う対象の選定の考え方が示されており、自然環境保全に係る要素については、学術上の重要性、既存法令等の指定状況等をもとに自然環境保全上の重要な保全対象を見いだすこととなっている。

イ　環境基本法の制定により、公害と自然という区分を超えた統一的な環境行政の枠組みが形成され、大気、水、土壌その他の環境の自然的構成要素を良好な状態に保持すること、生物の多様性の確保を図るとともに多様な自然環境を体系的に保全すること、人と自然の豊かな触れ合いを保つことが求められるようになったことを踏まえ、環境基本法の下での環境保全施策の対象を評価できるよう、調査・予測・評価の対象を見直すことが適当である。

(二)　調査・予測・評価の項目及び方法の定め方

ア　事業が環境に及ぼす影響は、当該事業の具体的な内容や当該事業が実施される地域の環境の状況に応じて異なることから、調査・予測・評価の項目及び方法については、画一的に定めるのではなく、包括的に定めておいて、個別の案件ごとに絞りこんでいく仕組みとすることが必要である。

このため、事業者が、環境影響評価手続に係る調査を開始するに当たって事業に関する情報や実施しようとする調査等に関する情報を地方公共団体や住民・専門家等に提供し、意見を幅広く聴いて、具体的な調査項目等の設定を事業者が個別に判断する手続（スコーピング手続）を導入することを基本とすべきである。

イ　この場合、手続に長期間を要し、また、調査等の範囲が際限なく拡がる等、かえって非効率となるのではないかとの懸念もあることから、①地方公共団体、住民等に意見を求める期間を定めること、②地域特性等を勘案する際に基礎となる標準的な調査・予測・評価の項目及び方法を国があらかじめ示しておくこと、③事業者の求めに応じ国が技術的助言を行うことができることとすることなどの配慮を行うことが適当である。

五　調査・予測・評価の実施

㈠　準備書・評価書の作成主体

準備書・評価書の作成は、以下の理由から、事業者の責任において行うことを基本とすることが適切である。

①　環境に著しい影響を及ぼすおそれのある事業を行おうとする者が、自らの責任で事業の実施に伴う環境への影響について配慮することが適当であること。

②　事業者が事業計画を作成する段階で、環境影響についての調査・予測・評価を一体として行うことにより、その結果を事業計画や環境保全対策の検討、施工・供用時の環境配慮等に反映できること。

この場合、作成主体以外の者によって評価の審査を行うこと等により、国民等からの信頼性を確保することが重要である。

㈡　評価の視点

ア　従来の国内の制度では、あらかじめ事業者が環境基準や行政上の指針値等を環境保全目標として設定し、この目標を満たしているか否かという観点から評価を行うという考え方が基本となっている。環境基準や行政上の指針値を環境保全目標とすることは、環境保全上の行政目標の達成に重要な役割を果たしてきた。

一方、こうした観点からの評価に対しては、①環境基準や行政上の指針値が達成されている場合には、それ以上自主的かつ積極的に環境への負荷をできる限り低減しようとする取り組みがなされない場合があること、②生物の多様性の確保など、環境基本法が掲げる環境保全の新たな要請については、画一的な環境保全目標を設定することにはなじみ難い場合が多いことなどの問題がある。

イ　したがって、個々の事業者により実行可能な範囲内で環境への影響をできる限り回避し低減するものであるか否かを評価する視点を取り入れていくことが適当である。こうした視点から、主要諸国においてみられるように、複数案を比較検討したり、実行可能なより良い技術が取り入れられているかどうかを検討する手法を、わが国の状況に応じて導入していくことが適当である。

この場合、複数案の比較検討の内容は、建造物の構造・配置の在り方、環境保全設備、工事の方法等を含む幅広い環境保全対策について比較し検討することを意味するものであり、事業者が事業計画の検討を進める過程で行われるこうした環境保全対策の検討の経過を明らかにする枠組みとすることが適当である。

ウ　不特定多数の主体の活動による環境への負荷により、長期間かけて環境保全上の支障に至る性質の問題については、個別の事業が環境の状態にどのような影響を及ぼすかを予測・評価することは困難であるが、このような場合には、当該個別事業に係る環境への負荷を予測した上で、上記イの考え方に沿って複数案を比較検討したり、実行可能なより良い技術が取り入れられているかどうかを検討する手法を用いて評価を行うことが可能である。

エ　環境保全対策の中では環境への影響をできる限り回避し低減することを優先すべきである。損なわれる環境を他の場所や方策で埋め合わせる代償的措置を検討する場合には、事業者が、他の優先すべき対策をとることが困難であることを明らかにするとともに、保全または回復すべき価値に照らして、損なわれる環境と代償的措置によって創造される環境とを総合的に比較し、適切にその内容を評価することが必要である。

㈢　準備書・評価書の記載内容

準備書・評価書においては、上記の諸点を踏まえ、各種の環境保全施策における基準・目標を考慮しつつ、当該事業に伴う環境影響の程度を客観的に記載するとともに、先に述べたような環境保全対策の検討の経過を記載することが必要である。

このほか、科学的知見の限界に伴う予測の不確実性の存在に関する記載や、調査等の委託を受けた者の名前の記載を含めることが必要である。

さらに、データや手法の出典等、調査・予測・評価の基礎となった技術的情報についても記載が行われることが適当である。この場合、調査・予測・評価の基礎となった観測データ等については、通例大部にわたるため、準備書等にすべて記載することは効率的でないが、準備書等の内容の理解の促進に資するため、準備書等に観測データ等の出典を記載する等、こうした情報が必要に応じ利用できるように配慮することが適当である。

また、環境影響評価手続を円滑に進めるためには、必ずしも専門家ではない住民等にも内容が十分理解されるような記載をすることが必要である。このため、準備書等は、わかりやすく記述するとともに、平易な概要を記載することが必要である。

六　住民等の関与

㈠　関与の位置づけ

環境影響評価は、主要諸国において、主に環境を配慮した合理的な意思決定のための情報の交流を促進する手段として位置づけられ、個々の事業等に係る政府の意思決定そのものに住民等が参加するための制度とはされておらず、我が国においても、同様の考え方に立つことが適当である。

したがって、環境影響評価制度における住民等の関与は、事業者が事業に関する情報を提供し、これに対して住民等が環境の保全の見地からの意見を述べ、その意見に対応して事業者が環境配慮を行う過程を通じて、事業に係る意思決定に反映させるべき環境情報の形成に住民等が参加するものとして位置づけるべきである。

㈡　関与の範囲

ア　閣議決定要綱においては、準備書に対して意見提出の機会が設けられているが、これに加えて、スコーピング手続においても、より早い段階で幅広く有益な環境情報を収集・形成する観点から、意見提出の機会を設けることを基本とすべきである。

イ　閣議決定要綱は、意見の提出を求める者の範囲を、関係地域内に住所を有する者に限定している。環境影響評価における意見聴取手続は、地域の環境情報を収集することが主たる目的となるので、意見の提出を求めるべき範囲は、事業が環境に影響を及ぼす地域の住民が中心となる。しかし、地域の環境情報は、その地域の住民に限らず、環境の保全に関する調査研究を行っている専門家等によって広範に保有されていること等から、有益な環境情報を収集するため、意見提出者の地域的範囲は限定しないことが適当である。

㈢　関与の手続

事業者が住民等から意見を求めるに際しては、適切に周知を行うことが必要であり、事業者が、スコーピング手続において提出する文書及び準備書について公告し、縦覧に供することが必要である。また、準備書は、事業者が各種の調査等を経て、事業及びその環境影響についての事業者としての考えを取りまとめた文書であるので、事業が環境に影響を及ぼす地域において事業者が説明会を開催することが必要である。

その際、住民等からの意見提出期間、事業者による周知の地域的範囲、縦覧期間を定めることが必要であるとともに、周知に当たっては、必要に応じて地方公共団体の協力を求めることができることとすることが適当である。このほか、事業者は、説明会において準備書等の内容を住民等に対してわかりやすく説明することに努めるなどの配慮を行うことが適当である。

七　評価の審査

㈠　審査の意義

環境影響評価制度における審査のプロセスは、準備書等の環境情報について十分なデータ、分析等が記載されているかどうか、環境保全についての適切な配慮がなされるものであるかどうかについて科学的かつ客観的な検討を加え、その妥当性を判断するプロセスである。

㈡　審査の主体及び方法

ア　現行の閣議決定要綱では、まず、準備書について、地方公共団体において実質的に審査が行われ、その結果が関係都道府県知事意見として事業者に伝えられる。次に、評価書について、対象事業の許認可等を行う者が許認可等に際し、審査を行い、環境庁長官は、主務大臣から意見を求められた場合に意見を述べることとされている。

イ　審査のプロセスには、その信頼性を確保する観点から、許認可等を行う者による審査のほか、意見の提出を通じて第三者が参画することが必要である。したがって、地域の環境保全を図る立場から都道府県知事が事業者等に対して意見を述べるとともに、環境保全行政を総合的に推進する立場から環境庁長官が必要に応じて主務大臣に対して意見を述べることができるものとすることが適当である。この場合、環境庁長官の意見が述べられたときは、主務大臣は、その意見に配意して審査するものとすることが適当である。

なお、こうした審査のプロセスにおいては、地方公共団体における意見形成に際して審議会等の意見を聴く機会を設ける例が多くみられ、関係機関の審査体制の中でさまざまに専門家の活用が図られている現状を踏まえて、専門家の知識や経験が案件に応じて活用されることが重要である。

八　許認可等への反映

ア　環境影響評価手続を行った事業については、環境影響評価に基づき、事業者自らが適正な環境配慮を行うことが必要である。この場合、環境影響評価の結果を許認可等に反映させる仕組みを設けることにより、環境配慮が確実に行われるようにすることが重要である。

イ　現行閣議決定要綱の下では、許認可等を定める個別の法令の審査基準に環境の保全の観点を含めることができない場合は、環境影響評価の結果を許認可等に反映させることに限界がある。したがって、新たな制度においては、許認可等を行う者は、許認可等に当たって環境影響評価の結果をあわせて判断して処分を行うという趣旨の規定を法律に設けることが必要である。

九　評価後の手続

㈠　評価後の調査等

ア　新規又は未検証の技術や手法等に伴う予測の不確実

性にかんがみ、評価書が公告・縦覧された後において、影響の重大性や不確実性の程度に応じ、工事中や供用後の環境の状態や環境への負荷の状況、環境保全対策の効果を調査し、その結果に応じて必要な対策を講ずることが重要である。

このような評価後の調査等は、予測の不確実性を補うものであるので、環境影響評価制度の中に位置づけることが適当である。

イ　評価後の調査等の必要な項目、範囲、調査手法、期間等については、個別の事業ごとに異なると考えられるので、柔軟な対応ができる仕組みとすることが必要である。このため、事業者において、評価後の調査等に関する事項及びその結果の公表に関する事項を検討し、これらを準備書・評価書に記載することとし、個別にその内容を審査する仕組みが適切である。

ウ　評価後の調査等については、予測の不確実性を補うという範囲内で、事業者が評価書の記載内容にしたがって実施することが適当である。ただし、地方公共団体等が行う環境モニタリング等を活用する場合、事業に係る施設が他の主体に引き継がれることが明らかである際に管理主体に要請することとする場合など、他の主体との協力又は他の主体への要請により評価後の調査等を行う場合もあることに留意する必要がある。

エ　また、評価後の調査等の結果に関する情報を収集・整理し、継続的に技術的評価を行い、その情報を提供することを通じて、環境影響評価の技術的向上を図っていくことが適当である。

㈡　手続の再実施

ア　評価書に記載された事業の内容を変更して事業を実施しようとする場合は、軽微な変更をして実施される場合等を除き、再度環境影響評価手続を実施することが必要である。この場合、軽微な変更等であるか否かの判断の基準を国があらかじめ明確にしておくことが必要である。

イ　環境影響評価手続の終了後、事業が長期間未着工の場合、事業に着手しても長期間休止する場合等においては、その間に環境の状態にも変化が生じ、予測評価の前提がくずれることもある。これらについては、事業の実施に対する許認可等が見直される場合はともかく、環境影響評価を再実施することを一律に法律上の義務として課すことは困難である。また、環境の状態の変化が事業者以外の特定の者の行為によることが明らかな場合など、事業者に環境影響評価手続の再実施を求めることが適切かどうか検討を要する場合がある。しかしながら、許認可等の時点から環境が大きく変化している等の場合においては、環境影響評価手続が再実施されることが望ましいことがあるので、このような場合には事業者が環境影響評価手続を実施できることとするのが適当である。

一〇　国と地方公共団体の関係

(一)　国の制度と地方公共団体の制度の調整

国の制度においては、国の立場からみて一定の水準が確保された環境影響評価を実施することにより環境保全上の配慮をする必要があり、かつ、そのような配慮を国として確保できる事業を対象とすることとし、国の制度の対象事業については、国の手続と地方公共団体の手続の重複を避けるため、国の制度による手続のみを適用することが適当である。ただし、スコーピング段階、準備書段階などにおいて地方公共団体の意見を聴取することにより、地域の自然的社会的特性に応じた環境影響評価が実施されるよう、制度の運用面における配慮を行うことが適切である。

(二)　国の制度における地方公共団体の役割

国の制度において、地方公共団体は、地域の環境保全に関する事務を所掌し、地域の環境について広範な情報を保有する立場から、関連情報を提供し、準備書等に意見を述べるとともに、住民への周知手段を有し、その利用の便宜を図り得る立場から、事業者等が行う準備書等の周知に協力することが期待される。

一一　環境影響評価を支える基盤の整備

ア　事業者による適切な環境影響評価の実施、住民等の適切な意見の形成などのためには、国及び地方公共団体による情報の収集・提供が重要である。このため、国が中心となって、生物の分布等環境の現況に関する情報、調査予測等の技術手法に関する情報、評価書及び評価後の調査等の結果を含む環境影響評価の事例に関する情報、関連する情報に関する情報源情報等を組織的に収集・整理・提供することが適当である。この際、情報へのアクセスの向上等の観点から電子媒体の活用等も図られるべきである。また、希少生物の生息・生育に関する情報については、公表することにより密猟等を誘発する懸念もあることから、種・場所を特定できない形で示す等の公表の手法についての配慮が必要である。

イ　高度化、複雑化する環境影響評価をとりまく要請に効果的に対応するとともに、予測の不確実性の低減や信頼性の向上、利用性や効率性の向上を図る観点から、調査予測等の技術手法の開発・改良が必要である。また、環境保全対策に関わる技術についても開発を進めるとともに、その効果について適切に評価することが必要である。このため、環境影響評価を支える技術手法のレビュー作業を継続的に行い、技術手法や知見の進展を環境影響評価制度の中に迅速に取り入れていくとともに、新しい関連技術手法の開発を図っていくことが必要である。

ウ　質の高い調査予測等が行われるためには、幅広い知識と技術を備えた調査等の従事者の育成・確保が必要であり、人材の能力の確保のための研修等の推進、専門的な知識を持った人材に係る情報の提供が重要である。

Ⅲ　おわりに

以上が、当審議会への諮問に対する意見である。

当審議会としては、本答申に即して構築される新たな環境影響評価制度の下に、国、地方公共団体、事業者、国民が、環境影響評価の趣旨についての理解を深め、それぞれの立場に応じた役割を果たすことにより、環境影響評価に関する手続が適切かつ円滑に行われ、事業の実施に際し環境の保全について適正な配慮がなされることを期待したい。

○今後の環境影響評価制度の在り方について

（平成二十二年二月二十二日）
（中央環境審議会答申）

Ⅰ　はじめに

環境影響評価制度は、規模が大きく環境に著しい影響を及ぼすおそれのある事業の実施前に、事業者自らが事業に係る環境影響について評価を行うこと等により、環境の保全について適正な配慮がなされることを確保するための仕組みであり、現在及び将来の国民の健康で文化的な生活の確保に資するため、極めて重要な制度である。

我が国においては、昭和五九年「環境影響評価の実施について」の閣議決定に基づく実施要綱（以下「閣議決定要綱」という。）が定められ、環境影響評価の実績が積み重ねられてきた。また、閣議決定に基づく実績等を踏まえ、平成九年に環境影響評価が適切かつ円滑に行われるための手続等を定めた環境影響評価法（平成九年法律第八一号。以下「法」という。）が制定された。

平成一一年六月の法の完全施行以降、法に基づく環境影響評価の適用実績は着実に積み重ねられてきている。また、各地方公共団体でも法の趣旨を踏まえた環境影響評価条例の制定・改正が進められた結果、法と条例とが一体となって幅広い規模・種類の事業を対象に、環境影響評価の所要の手続を通じて、より環境保全に配慮した事業の実施を確保する機能を果たしてきた。

法の施行から一〇年が経過する中で、法の施行を通して浮かび上がってきた課題等を踏まえ、更なる取組の充実が必要となっている。法附則第七条においては、「政府は、この法律の施行後十年を経過した場合において、この法律の施行の状況について検討を加え、その結果に基づいて必要な措置を講ずるものとする」こととされている。また、第三次環境基本計画（平成一八年四月閣議決定）においても、法の施行の状況について検討を加え、法の見直しを含め必要な措置を講ずることとされている。

一方で、今日の環境政策の課題は、生物多様性の保全や地球温暖化対策等、一層多様化・複雑化しており、その中で環境影響評価が果たすべき機能や評価技術をめぐる状況も変化してきている。

例えば、生物多様性の保全については、平成一九年一一月に、我が国の生物多様性の保全及び持続可能な利用施策の基本となるべき第三次生物多様性国家戦略が策定され、平成二〇年六月には生物多様性基本法（平成二〇年法律第五八号）が公布された。第三次生物多様性国家戦略においては、各種事業の実施にあたり、事業者が事業計画段階から多様な生物の生息・生育・繁殖環境に与える影響を可能な限り回避・低減、又は代償できるように環境保全措置を講じ、自然環境への配慮を行う旨が記載されている。また、生物多様性基本法においては、「国は、生物の多様性が微妙な均衡を保つことによって成り立っており、一度損なわれた生物の多様性を再生することが困難であることから、生物の多様性に影響を及ぼす事業の実施に先立つ早い段階での配慮が重要であることにかんがみ、生物の多様性に影響を及ぼすおそれのある事業を行う事業者等が、その事業に関する計画の立案の段階からその事業の実施までの段階において、その事業に係る生物の多様性に及ぼす影響の調査、予測又は評価を行い、その結果に基づき、その事業に係る生物の多様性の保全について適正に配慮することを推進するため、事業の特性を踏まえつつ、必要な措置を講ずるものとする。」とされている（生物多様性基本法第二五条）。法においても、生物多様性基本法の趣旨を踏まえ、生物多様性の保全の観点から、早期段階における環境配慮の充実が求められているところである。

また、地球温暖化対策における環境影響評価の重要性も増している。我が国は、低炭素社会づくり行動計画（平成二〇年七月閣議決定）において、地球温暖化対策に関する二〇五〇年（平成六二年）までの長期目標として現状から六〇％から八〇％の温室効果ガスを削減する目標を設定した。また、中期目標については、我が国は、二〇一〇年一月に国連気候変動枠組条約事務局に対し、すべての主要国による公平かつ実効性のある国際枠組みの構築と意欲的な目標の合意を前提に、一九九〇年比で言えば二〇二〇年までに温室効果ガスを二五％削減するとの目標を提出した。こうした中長期目標の達成に向けて、我が国では地球温暖化対策の一層の強化が進められているところであり、今後大規模な再生可能エネルギーを利用した発電設備等の増加や、二酸化炭素排出のより少ない発電所への更新（リプレース）事業の進展が見込まれている。さらには、二酸化炭素の回収・貯留や放射性廃棄物処分場の建設等、温室効果ガスの低減に資する革新的な技術の導入に向けた研究・技術開発等も進められている。これらに対応して、地球温暖化対策を推進しつつ適切な環境配慮を確保していくことが求められている。

さらに、近年の行政全体の動きとして、「国から地方へ」の流れ（地方分権）が進められ、環境行政の分野においても、都道府県の公害防止事務の多くが政令指定都市・中核市等に移管されている状況にある。これに加えて、行政におけるインターネット等の情報技術の活用や、双方向のコミュニケーション手法の活用も進んでいる。例えば、平成一四年には行政手続等における情報通信の技術の利用に関する法律（平成一四年法律一五一号）等が制定され、法令に基づく行政機関等の手続について、書面に加え、原則として全てオンラインにより手続することが可能となった。
このような状況を踏まえ、平成二一年八月一九日、環境大臣から中央環境審議会に対し、今後の環境影響評価制度の在り方について諮問がなされたところである。法の施行の状況及び今後の環境影響評価制度の在り方について調査を行うために、中央環境審議会総合政策部会は専門委員会を設置し、この諮問を受けて、法の施行を通して浮かび上がってきた課題等について整理・検討し、適切な見直しに関して調査を行ってきた。当審議会は、専門委員会の報告を踏まえて、今後の環境影響評価制度の在り方について、以下のとおり考え方を述べる。

Ⅱ　今後の環境影響評価制度の在り方

一　早期段階での環境配慮（戦略的環境アセスメント）について

㈠　経緯

戦略的環境アセスメント（Strategic Environment Assessment。以下「ＳＥＡ」という。）とは、本来、個別の事業に先立つ「戦略的な意志決定段階」、すなわち、個別の事業の実施に枠組みを与えることになる計画（上位計画）、さらには政策を対象とする環境影響評価である。

事業の実施段階で行う環境影響評価は、事業の実施に係る環境の保全に効果を有する一方、既に事業の枠組みが決定されているため、事業者が環境保全措置の実施や複数案の検討等について柔軟な措置をとることが困難な場合がある。このような課題に対して、ＳＥＡは、事業の実施段階の環境影響評価の限界を補い、事業の早期段階における環境配慮を可能とするものである。

地方公共団体においては、平成一四年に埼玉県で「埼玉県戦略的環境影響評価実施要綱」が施行されたのをはじめとして、東京都・埼玉県・広島市・京都市・千葉県の五都県市でＳＥＡ制度が導入されている。そして、これらの条例・要綱に基づき、ＳＥＡが実施された事例が蓄積されつつある。また、その他の道府県及び政令市でも、約半数近くにおいてＳＥＡ制度の検討が行われている。

一方、国の公共事業においても、早期段階の住民参画や環境配慮の取組が既に進められている。特に、平成一四年以降は、国土交通省において、個別の事業種における関連ガイドライン等により、環境影響評価実施前における環境配慮の取組が進められている。

こうした取組の実績を踏まえ、我が国の現行の環境影響評価制度を念頭に置き、平成一九年に、環境省において、事業の位置・規模等の検討段階のものについてのＳＥＡの共通的な手続等を示す「戦略的環境アセスメント導入ガイドライン」（以下「ＳＥＡガイドライン」という。）が取りまとめられた。

また、平成二〇年には、国土交通省において、ＳＥＡを含むものとして「公共事業の構想段階における計画策定プロセスガイドライン」が取りまとめられ、平成二一年には、環境省において、「最終処分場における戦略的環境アセスメント導入ガイドライン（案）」が取りまとめられている。

諸外国でも、ＳＥＡの導入が進められている。具体的な手続や内容（法令のレベル、事業の対象範囲、対象となる計画の検討・策定段階、評価手法等）は、国によって様々である。我が国のＳＥＡガイドラインにおいては、上位計画のうち個別事業の計画・実施段階前における位置等の検討段階を対象としている。そして、このような時点での環境配慮は、諸外国ではＳＥＡとして位置付けるものもあるが、これを事業実施段階における環境影響評価の一部として位置付けているものもある。

(二)　今回、我が国で導入すべきＳＥＡ制度の概要

このように、ＳＥＡは、環境に著しい影響を与え得る事業の策定・実施に当たって、環境への配慮を意思決定に統合すること、事業の実施段階での環境影響評価の限界を補うこと、第三者による検討の機会を設けること、事業者にとっても早期段階からの調査・予測・評価を行うことにより重大な環境影響の回避・低減が効果的に図られその後の環境影響評価の充実及び効率化が期待できること、等の利点があることから有効な手法である。国のガイドラインに基づく取組や地方公共団体における条例・要綱に基づく取組がこれまで積み重ねられてきたことや、諸外国においても制度化が進んでいるといった法施行後の状況が進展してきたことも踏まえ、我が国においても法において制度化すべきである。

今回、我が国で導入するＳＥＡ制度については、我が国における事業の特性及び事業計画の決定プロセスの特性並びに環境影響評価制度に係る歴史的経緯や、諸外国のＳＥＡに係る制度の状況等を踏まえ、原則として以下の項目を含むものとし、事業の種類、特性等に応じた柔軟な制度とすることが適当である。

ア　制度の対象

ＳＥＡ制度の円滑な導入を推進する観点から、対象とする計画の段階については、現行のＳＥＡガイドライン、条例・要綱で対象としている個別事業の計画・実施段階前における事業の位置、規模又は施設の配置、構造等の検討段階とすべきである。

対象とする事業については、前述のとおり、既存のＳＥＡガイドライン等を踏まえて個別事業の計画・実施段階前の段階を対象とすることを踏まえると、法が対象とする、環境影響の程度が著しいものとなるおそれがある第一種事業相当の事業を対象とすることが適当である。

実施主体については、今回、我が国で導入するＳＥＡの検討段階は、諸外国では事業実施段階における環境影響評価の段階で民間事業者等が主体となって実施する場合もあることも踏まえれば、国等が行う公共事業だけでなく民間事業も含めた事業の計画策定者も対象とすべきである。

イ　調査、予測及び評価の手法

調査及び予測の手法については、国内外の事例を踏まえ、原則、既存資料を元に実施することとし、情報の蓄積が不十分な場合等には、必要に応じて現地調査等を実施することとするべきである。

評価の手法については、国内外の事例を踏まえ、原則、複数案を対象に比較評価を行うこととすべきである。何を以て複数案とするかについては、国内外の事例を踏まえ、対象となる個々の事業の事業主体や事業内容の特性等に応じ、位置、規模又は施設の配置、構造等の様々な要素について複数案の検討ができるような柔軟な制度にすべきである。また、諸外国においては、環境面の影響のみを評価している国がある一方、ＳＥＡにおいて環境影響の中に社会環境や経済環境への影響を含めて評価している国もある。我が国でＳＥＡを導入するに当たっては、環境面の影響のみの評価を行うこととすることが適当である。なお、事業計画の決定に当たっては、環境面の影響についての評価のほか、事業の必要性、経済性、社会性等も含めた総合的な評価が行われることになる。

ウ　住民、地方公共団体及び国（環境省）の役割

地域の環境影響を適切に評価するため、また住民との情報交流を円滑に進めるためには、様々な形で関係地方公共団体や公衆の関与が必要である。ただし、事業者が事業計画を策定する際に、当該計画の内容について関係地方公共団体に相談することが多く、このような連携には様々な形態があることから、関係地方公共団体が柔軟に関わることができる制度とすべきである。また、第三者の立場から客観的に環境面の影響について意見を述べるため、対象計画に係る環境面の影響についての評価に対して国（環境省）が意見を述べることができる制度とすべきである。

エ　評価結果の取扱

調査、予測及び評価の結果の公表は、ＳＥＡの趣旨を踏まえれば、事業実施段階における環境影響評価の方法書の前の段階で行う必要がある。

評価結果のその後の環境影響評価への活用（ティアリング）については、事業者がＳＥＡにおいて把握した情報等を、その後の環境影響評価に活用することは、環境影響評価が効果的に実施されることとなり環境配慮の充実に資するとともに、事業実施段階の調査の重点化を通じた手続の効率化が図られるため、事業者にとってもメリットがあると考えられることから、積極的に行うべきである。

なお、我が国で導入すべきＳＥＡ制度の柔軟性にかんがみれば、その評価手続自体をもってその後の事業実施段階における環境影響評価の手続自体を完全に省略することは適当ではないと考えられる。

二　対象事業について

(一)　法と条例の役割分担

法では、地方公共団体の環境影響評価制度の存在を念頭に置いた上で、対象事業の事業種要件及び法的関与要件を定めることが適当と整理している。

このように、我が国の環境影響評価制度は、法対象とならない小規模の事業や法対象外の事業種について、各地方公共団体が地域の実情も踏まえながら環境影響評価条例において対象事業とするという役割分担を前提に、法と条例とが一体となって、より環境の保全に配慮した事業の実施を確保してきている。今後とも、法と条例との役割分担を尊重すべきである。

(二)　法的関与要件

法では、「国が実施し、又は許認可等を行う事業を対象に選定することが適当」（平成九年中央環境審議会答申）の整理から、一）法律に基づく許認可を受けて実施される事業、二）補助金の交付を受けて実施される事業、三）特殊法人によって行われる事業、四）国が自ら実施する事業のいずれかの条件（法的関与要件）を満たす事業を対象事業としている。

許認可等の法的関与要件を対象事業の条件の一つとすることは、環境影響評価制度の根幹であり、維持すべきである。

(三)　補助金事業の交付金化への対応

平成一六年以降に進められた三位一体の改革の一環として、地方公共団体の裁量を高めるため、補助金を交付金化する取組が進められている。法では、法的関与要件の一つとして「国の補助金等の交付の対象となる事業」が規定されているが、交付金は当該要件の範囲に含まれていない。現在交付金の交付対象となっている事業種には、法の対象事業も含まれており、その中には許認可等の他の法的関与要件で捕捉することのできない事業種も含まれている。今後交付金化の動きが拡大した場合、従来は法対象となっていた大規模で環境影響の程度が著しい事業が対象でなくなる可能性もある。

今後交付金化の動きが拡大する可能性もあることを考慮し、補助金と交付金の違い等も考慮しつつ、交付金の交付対象事業についても法対象とできるよう対応が必要である。

㈣　将来的に実施が見込まれる事業種への対応

現時点で、将来的に実施が見込まれる事業のうち、規模が大きく環境影響の程度が著しいと考えられる事業としては、放射性廃棄物処分場の建設事業及び国内での実証試験実施に向けた検討が開始されている二酸化炭素の回収・貯留に関する事業がある。これらの事業については、国の関与のもとに、何らかの形で環境影響評価を行う仕組みの検討が必要である。

しかしながら、放射性廃棄物最終処分場での最終処分の開始は平成四〇年（二〇二八年）代後半目途であり、二酸化炭素の回収・貯留については平成三二年（二〇二〇年）までの実用化が目指されている等、これらの事業は現時点では実証試験等の段階にあることから、知見を蓄積し、実用化の状況を見た上でこの法律の対象に追加するかどうかを判断すべきである。

㈤　風力発電施設への対応

近年我が国における風力発電施設の導入量は増加しており、地球温暖化対策の推進により、今後、民間事業者による大規模な風力発電事業の大幅な増加が予想される。

風力発電施設の設置に当たっては、騒音、バードストライク等の被害も報告されている。現在は、一部の地方公共団体において条例による環境影響評価が義務付けられている他、独立行政法人新エネルギー・産業技術総合開発機構（ＮＥＤＯ）が作成したマニュアルによる自主的な環境影響評価が実施されているものの、条例以外による環境影響評価等を実施した風力発電設備設置者に対するアンケートにおいては、環境影響評価を実施した案件のうち約四分の一が住民の意見聴取手続を行っていないこと、また、ＮＧＯへのヒアリングにおいては、方法書・評価書案の縦覧を行わずに補助金の申請がなされている事例があること、といった課題が挙げられている。また、電気事業法（昭和三九年法律第一七〇号）の許認可を捉えて環境影響評価を実施することが可能である。以上の点も踏まえ、風力発電施設の設置を法の対象事業として追加することを検討すべきである。

なお、専門委員会における議論の中では、風力発電施設は風況の関係から適地も限られるため、条例やＮＥＤＯのマニュアルにより対応することが適切であるという意見もある。また、自然公園区域を管轄する個別法等の手続と法の手続が重複するような場合が出てくるかもしれず、整理が必要ではないかという意見もある一方、生物多様性保全の観点から自然公園区域では風力発電施設も含め規制されるべきという意見もある。

三　スコーピング手続について

(一)　方法書段階における説明会

法では、環境影響評価図書についての説明会の開催は、準備書段階においてのみ義務付けられており、方法書段階での説明会の開催は義務付けられていない。

法施行後に作成されている方法書は、法制定時の想定と比べて、図書紙数の分量が多く、内容も専門的なものとなっている。方法書段階の住民等意見には、調査方法ではなく方法書の理解を深めるための方法書の趣旨や内容の周知を求める意見が見られる。

こうした状況の下で、事業者側の対応としても、方法書段階での自主的な説明会の実施や、概略説明資料の添付等の独自の工夫がみられる。

こうした取組を広げ、方法書の目的についての理解を深め、方法書段階でのコミュニケーションを充実させるために、方法書段階での説明会を法において制度化するべきである。

なお、方法書段階で説明会を開催しても、住民の求める情報との不一致が生じ、実際は形骸化するおそれも懸念される。方法書段階での説明会の導入について検討する場合には、環境省が方法書の位置づけを明らかにするとともに、運用上のガイドラインや一般的な用語解説を作って事業者の負担軽減についてあわせて措置することが必要である。

(二)　評価項目等の選定における弾力的な運用

閣議決定要綱に基づく環境影響評価では保全目標クリア型の評価（事業者が目標を設定し、その目標を満たすか否かの観点から行う評価）が基本となっていたが、法ではベスト追求型の評価（事業者が実行可能な範囲で環境保全措置を検討することにより環境影響を回避・低減されているか否かの観点から行う評価）の視点が取り入れられている。また、法では、方法書手続におけるスコーピングを通じて効率的でメリハリのある環境影響評価を行うこととしている。平成一七年の環境影響評価法に基づく基本的事項（環境庁告示第八七号。以下「基本的事項」という。）見直しの結果、その観点を強化するため、標準項目・標準手法を参考項目・参考手法に変更し、「類似の事例により影響の程度が明らかな場合等においては、参考項目を選定しないこと又は参考手法よりも簡略化された形の調査若しくは予測の手法を選定することができる」としている。

発電所のリプレース事業のように、土地改変等による環境影響が限定的で、温室効果ガスや大気汚染物質による環境負荷の低減が図られる案件については、早く運用に供されることが望ましいことから、ベスト追求型の観点も踏まえ、方法書における評価項目の絞り込みを通じた環境影響評価に要する期間の短縮等、弾力的な運用で対応することが必要である。

四　国からの意見提出について

(一)　現状では環境大臣からの意見提出手続のない事業の取扱

法では、許認可等権者が地方公共団体である事業については、環境大臣の意見提出の機会が設けられていない。例えば公有水面埋立事業については、環境影響評価手続において環境大臣の意見提出がないことが問題であると指摘された事例がみられ、地方公共団体の側からも、環境大臣の意見提出が必要等との意見が多くみられる。

環境影響評価手続における環境大臣意見の役割の一つとして、生物多様性の保全や地球温暖化対策等の全国的な視点からの意見を述べることが挙げられるが、許認可等権者が地方公共団体である事業であっても、こうした視点から意見を述べる必要があると考えられる。

行政全体としては地方分権の動きが進展していることにも留意した上で、許認可権者が地方公共団体である事業についても、環境影響評価手続において環境大臣の意見提出の機会を設けることが必要である。

(二)　方法書段階での環境大臣からの意見提出

法における各主体の役割分担については、意見を有する者や地方公共団体が、方法書・準備書の段階では地域の環境情報を補完する観点から意見を述べるのに対し、環境大臣は、免許等権者が評価書について意見を述べる段階で、環境保全に関する行政を総合的に推進する立場から意見を述べることとされている。

このように、法では環境大臣意見は評価書の段階のみで述べられることとなっているが、その結果として、環境大臣意見において方法書段階で述べられるべき環境影響評価の項目や手法に関する根本的な内容が含まれ、新たな調査等により終了するまで長期間かかることが想定される事例がみられている。

事業者が方法書段階で主務大臣に助言を求めることができる法の規定を受け、この際に環境大臣も技術的見地からの意見を述べられる仕組みが必要である。

五　地方公共団体からの意見提出について

(一)　政令指定都市等からの意見提出

法に基づく環境影響評価手続における地方公共団体の関与については、方法書段階及び準備書段階において、関係都道府県知事が、関係市町村長の意見を集約したうえで、事業者に対して意見を述べる仕組みとなっている。

このような仕組みについて、関係市長が、関係都道府県知事を介さず事業者に対して直接意見提出することを可能にするよう求める地方公共団体側からの要望がある。

このような要望については、地方分権の進展により都道府県が担う公害防止事務の多くが政令指定都市等に移管され、政令指定都市等が地域環境管理の観点から果たす役割は大きくなっているという状況がみられること、大半の政令指定都市等において独自の環境影響評価条例が制定されていること等を踏まえ、事業の影響が単独の市の区域内のみに収まると考えられる場合は、当該市に対し事業者への直接の意見提出権限を付与することが必要である。

意見提出権限を付与する範囲については、環境影響評価条例の制定や、都道府県及び政令指定都市で意見を提出する際に有識者の知見を活用するための審査会の設置の有無といった実態を踏まえたうえで、政令指定都市以外の市町村も含めて検討することが必要である。また、政令指定都市等の長に意見提出権限を付与する場合であっても、関係都道府県知事が広域的な観点から引き続き意見提出をできる仕組みが必要である。なお、政令指定都市等の長と関係都道府県知事の意見の不整合等がある場合は、事業者の混乱を回避するための配慮も必要である。

㈡　**複数の地方公共団体の区域にまたがる事業の審査**

現状では、環境影響評価条例を制定している全ての都道府県及び政令指定都市において、方法書や準備書に対する意見を形成するための審査会が設置されている。

事業実施区域が複数の地方公共団体の区域にまたがる対象事業の場合には、事業者が各地方公共団体の審査会に対応する必要があるため、合同審査会の開催等により審査手続を効率化し、事業者の負担を軽減するよう求める意見がある。

審査手続の効率化は地方公共団体の判断により運用上対応することも可能であるが、地方公共団体がそのような対応をとりやすくなるような工夫をすべきである。

六　環境影響評価結果の事業への反映について

㈠　事後調査

事後調査とは、法に基づく「将来判明すべき環境の状況に応じて講ずるものである場合に行う環境の状況の把握のための措置」について、基本的事項において、当該措置に係る「工事中及び供用後の環境の状況等を把握するための調査」と位置付けられているものである。ただし、法においては、環境影響評価書に記載された環境保全措置の実施状況や事後調査の結果について、行政機関や第三者が確認できるための仕組みは設けられていない。一方、全ての都道府県・政令指定都市の条例において、事後調査の実施及び報告に係る手続規定が設けられている他、このうち多くの条例において、事後調査に関する公表や事後調査結果を踏まえた対応方針等に係る規定が設けられている。

法対象事業の実施においては、事後調査の結果を受けて追加措置が行われた事例がみられることから、環境保全措置を含む事後調査は、特に生物多様性の保全の観点から、環境影響評価後の環境配慮の充実に資するものである。これに加えて、住民等からの信頼性確保、透明性及び客観性の確保、予測・評価技術の向上の観点からも、その結果の報告及び公表は有効であり、事後調査には積極的な意義が認められる。

しかしながら、事業者並びに地方公共団体に対するアンケートや環境省の調査結果によれば、環境保全措置を含む事後調査結果の公表は一部にとどまっているところであり、事後調査を実施した上で、環境保全措置を含む事後調査の結果の報告及び公表を法制度化する必要がある。また、環境保全措置を含む事後調査結果に対して、第三者の立場から客観的に環境面の意見を述べるため、環境大臣が意見を述べられる仕組みとすることが必要である。この際、環境保全措置を含む事後調査の手法、実施期間等や、報告及び公表の頻度、事業主体が変わった場合の扱いをどうするのかといった点について、概ねの目安の設定等の基本的な考え方を、別途、科学的な知見や事業者の負担を考慮しつつ検討し、基本的事項において整理する必要がある。

㈡　許認可の反映

法の対象事業について許認可等を行った際に、環境影響評価の結果をどのように考慮したかを公表する仕組みを設けるべきとの意見もあるが、他制度での類似の事例が少ないことや個別法で対応するべきとの考え方もあることも踏まえ、導入の可能性について検討することが適当である。

㈢　未着手案件の環境影響評価手続の再実施

環境影響評価手続の終了後に未着手となっている案件の取扱については、他の事業による影響等によることも考えられることから、一定の期間が経過した案件について一律に再度手続を行うことを義務付けることは困難である。

七　環境影響評価手続に係る情報交流について

㈠　電子化

法では、閣議決定要綱における意見提出者の地域限定を撤廃し、対象事業について環境保全上の見地からの意見を有する者は、居住する地域に関係なく意見を提出できることとなっている。法施行後の状況の変化の一つとして、行政手続電子化の進展が挙げられる。地方公共団体における環境影響評価制度の動向をみても、環境影響評価図書の電子縦覧、インターネットによる意見書受付のような電子化が徐々に進められている。また、諸外国においても、カナダではインターネットによる環境影響評価図書の情報提供が制度上位置づけられているのをはじめとして、各国において環境影響評価図書の電子縦覧が進められつつある。

環境影響評価図書の電子縦覧をはじめとする環境影響評価手続の電子化については、環境省による調査の結果、地方公共団体や法対象事業の事業者は、それぞれホームページを有しており、外部に情報を発信、また外部から意見を受け付ける電子的体制を整備していることが明らかになっている。また、実際に、環境影響評価手続の電子化を行った事例について環境省が調査を行った結果、電子化に伴う特段の問題が発生したという事例はみられない。

希少種の生息地等に関する情報や安全保障の観点からの情報等の管理、電子公開を行う際のシステムの整備等、電子化に伴い想定される問題点について整理・議論をした上で、環境影響評価図書の電子縦覧の手続電子化を義務付けるべきである。

その際、中小事業者が対応することが困難であれば、国や地方公共団体のシステムとの連携によって対応することについても、検討の余地がある。

(二)　公聴会

環境の保全の見地から意見を有する者の意見聴取に関しては、法では事業者が書面により意見を受け付けることとなっている。こうした意見聴取を活発化するため、都道府県・政令指定都市六二団体のうち五一団体で公聴会手続が設けられており、そのうち四五団体では、法対象事業にも公聴会手続が設けられている。

このように、既に多くの地方公共団体が条例に基づき公聴会を開催していることから、法での新たな義務付けは不要である。

(三)　方法書意見への対応

法では、方法書への意見に対する事業者の見解は、準備書において明らかとされることとされている。これは、環境影響評価が、方法書について提出された意見も踏まえ、相当の期間にわたり調査等を行っていくものであり、その過程においても調査項目や手法が見直されうるものであることから、環境影響評価を終了する前の段階で、事業者が個々の意見について採否等の判断をし公表することはなじまないという考え方に基づいている。

方法書への意見が、その後の環境影響評価手続に十分に反映されるよう、方法書への意見に対する事業者の見解を準備書作成前に公表することを義務化すべきという意見もあるが、手続の長期化につながるおそれがあるため、義務化は適当でなく、むしろ方法書についての説明会や情報提供を充実させ、方法書の内容の理解を促進させることが優先課題である。

八　環境影響評価の項目及び技術について

㈠　評価項目の拡大

環境影響評価における調査・予測・評価の対象は、閣議決定要綱では、典型七公害及び自然環境保全に係る五要素に限定されていたが、法制定時に、環境基本法（平成五年法律第九一号）の環境保全施策の対象を調査・予測・評価できるよう見直しを行っている。

地方公共団体の環境影響評価条例では、歴史的・文化的な環境等、法の調査・予測・評価対象となっていない要素を調査・予測・評価項目に組み入れている事例もみられる。

調査・予測・評価項目の追加は、事業種に応じた工夫や地域固有の取組による対応が既になされており、地域のもつ歴史的・文化的項目を法における評価項目の対象として追加することの是非については、この法律で一律に対応することは避けるべきであること、調査・予測・評価項目は環境基本法の射程範囲内に位置付けるべきであることから、個別の事業法や規制法等で対応すべきである。

㈡　生物多様性の保全に関する技術

本年、名古屋市で第一〇回生物多様性条約締約国会議が開催され、生物多様性の保全に関する動向に関心が高まっている中、生物多様性オフセット（開発事業により引き起こされる生物多様性に対する悪影響を、それを低減するのに適切な措置を実施した後、それでもなお残存する悪影響を対象とした代償行為により得られる定量可能な保全の効果）等の生物多様性の保全に関する新たな技術動向について整理が必要である。

1　「ビジネスと生物多様性オフセットプログラム」（The Business and Biodiversity Offset Program）による定義

生物多様性オフセットは、生物多様性の損失を最小限にする手段の一つとして有効な一面もある。まずは、国内外の事例の蓄積が必要であり、基本的事項の検討の場において具体的に議論すべきである。

九　環境影響評価における審査の透明性確保について

環境省における現在の審査のプロセスでは、環境大臣の意見提出のある対象事業のうち、特に専門的な知見が必要となる案件に関して、外部の有識者の知見を得ながら必要な調査

・検討を行い、その結果も踏まえて審査を行っている。

また、条例を制定している全ての都道府県・政令指定都市では、有識者からなる審査会を設けており、意見提出に際して有識者の知見の活用が図られている。

この他に、法対象事業の環境影響評価において有識者の知見を活用している例として、発電所事業の環境影響評価においては有識者による顧問会への意見聴取や、都市計画の環境影響評価においては審議会における議論が実施されている。

環境大臣が意見提出に当たって常設の審査会を設けることについては、以上のとおり手続の重複の可能性があること等から、不要であるという意見が多数を占めた。ただし、環境大臣意見の形成過程において透明性や社会的な理解を高める観点から、有識者の意見をより的確に踏まえることが望ましいと考えられることから、その具体的な方法について検討することが必要である。

十　今後の課題

㈠　戦略的環境アセスメントの充実に向けて

生物多様性基本法において、国は、事業に関する計画の立案段階等での生物多様性に係る環境影響評価を推進することとされている。このため、将来的には、今後の社会状況の変化を踏まえた上で、生物多様性に影響を及ぼすおそれのある事業について適切な環境配慮の更なる推進を図っていく必要がある。また、個別の事業における環境影響評価では対応できない広域的複合的影響への配慮をＳＥＡにおいて行うことや、事業者が利用可能な生物多様性情報等を踏まえてＳＥＡの実施の必要性を判断するような仕組みについても検討する必要がある。

さらに、環境基本法第一九条にもあるとおり、国は、環境に影響を及ぼすと認められる施策の策定及び実施に当たって、環境の保全について配慮することが必要である。将来的には、今後の社会状況の変化を踏まえた上で、諸外国等で実施されている個別の事業の計画・実施に枠組みを与えることになる上位の計画や政策の検討段階を対象とした環境配慮の枠組みを、我が国のＳＥＡとして導入することについても検討する必要がある。

㈡　環境影響評価に関する情報の発信と整備

生物多様性の保全のためには、自然環境に関する基礎的情報については現状では質及び量が必ずしも十分ではなく、その整備強化が求められている。第三次生物多様性国家戦略（平成一九年一一月閣議決定）においても、生物多様性を保全するうえで重要な動植物種の分布等に関する調査等、施策ニーズに応じた的確な情報の収集整備・提供を行うことが必要であるとされている。

今後、自然環境に関する基礎的情報の更なる整備強化を図るとともに、我が国の環境影響評価制度においても、全国的観点から整備された生物多様性情報システム等の自然環境情報に加え、例えば、これらの環境情報を加工して提供することや、電子化された環境影響評価図書及び事後調査報告書に含まれる環境情報を国においてデータベースとして収集することにより、他の事業者、地方公共団体や地域住民が、SEAや事後調査を含む事業の実施段階における環境影響評価の実施に当たって当該情報を利用できるような仕組みを検討すべきである。その際、的確な助言もできる環境影響評価についての専門性を有する人材の育成も求められる。

(三)　環境影響評価手続に係る不服申立・争訟手続

環境影響評価制度において不服申立や争訟の手続を構築することについて検討すべきであるという意見がある。具体的には、環境影響評価手続において環境保全上の見地からの意見を提出した者に法律上の利益があるという整理に立ち、提出した意見の扱われ方に関して不服がある場合について救済手続を設けるべきではないかという考え方や、団体訴訟の導入により争訟手段を確保すべきではないかという考え方がある。

国際的には、「環境に関する、情報へのアクセス、意思決定における市民参加、司法へのアクセスに関する条約」（オーフス条約）の制定により環境という公益を保護するための司法手続へのアクセスの保障が進んでいること等を踏まえれば、環境影響評価手続における争訟手続の取扱についても検討を進める余地がある。

しかし、これらを、環境影響評価法という個別法において取り扱うべきかどうかについては、法の体系の観点からも慎重な検討が必要である。また、個別法で取り扱うとしても、提出した意見の扱われ方に不服があるだけでなく当該事業の許認可に誤りがあることの証明を要求するかどうか等、検討すべき数多くの課題が指摘されている。加えて、環境影響評価法に、争訟手続の特例を設けた場合には、都市計画法（昭和四三年法律第一〇〇号）のような制度への影響が生じることを懸念する意見や、事業の円滑な実施の妨げとなることを危惧する意見がある。

このように、環境影響評価手続に係る不服申立・争訟手続については、上述の他制度との整合性等にも十分に留意し、今後の課題として検討していくことが必要である。

○太陽光発電事業に係る環境影響評価の在り方について

（平成三十一年四月　中央環境審議会答申）

Ⅰ　はじめに

脱炭素で持続可能な社会に向けて、地域資源を活用する「地域循環共生圏」を構築し、イノベーションにより成長を牽引していくことが求められており、再生可能エネルギーはその核となる重要な要素である。二〇一八年七月に閣議決定されたエネルギー基本計画においても、再生可能エネルギーについては、長期安定的な主力電源として持続可能なものとなるよう、円滑な大量導入に向けた取組を引き続き積極的に推進していくこととされているところである。

その一方で、大規模な太陽光発電事業の実施に伴い、土砂流出や濁水の発生、景観への影響、動植物の生息・生育環境の悪化などの問題が生じている事例がある。これらの環境影響を踏まえ、一部の地方公共団体においては、太陽光発電事業について環境影響評価条例により環境影響評価が義務付けられているが、環境影響評価法（平成九年法律第八一号。以下「法」という。）においては対象事業とされていない。

このような状況を踏まえ、二〇一九年三月七日、環境大臣から中央環境審議会に対し、太陽光発電事業に係る環境影響評価の在り方について諮問がなされた。

本答申は、この諮問を受けて、太陽光発電事業に係る環境影響評価の在り方について取りまとめたものである。

Ⅱ　太陽光発電事業に係る環境影響評価の在り方

一　太陽光発電事業についての環境影響評価の基本的考え方

太陽光発電事業については、建物屋上や工場敷地内の空き地等に加え、森林等の中山間地域において大規模に設置する事例が増加している。新聞報道や地方公共団体へのアンケートの結果によれば、土砂災害や景観、水の濁り等の環境保全上の懸念が生じており、環境保全と両立した形で適正に太陽光発電事業を導入することが、地域の理解も得て、結果的に太陽光発電事業の円滑な普及促進に貢献することとなる。

適正な太陽光発電事業の導入促進のため、一部の地方公共団体において太陽光発電事業を環境影響評価条例の対象としているところであるが、様々な問題が全国的に顕在化している現状に鑑み、既に法で対象となっている事業と同程度以上に環境影響が著しいと考えられる大規模な太陽光発電事業については法の対象事業とすることで、国が全国的見地から制度的枠組みを整備し、国としての方向性を明らかにするとともに、技術的水準を示していくべきである。

なお、法対象とならない規模の事業については、各地方公共団体の実情に応じ、各地方公共団体の判断で、環境影響評価条例の対象とすることが考えられる。

また、環境影響評価条例の対象ともならないような小規模の事業であっても、環境に配慮し地域との共生を図ることが重要である場合があることから、必要に応じてガイドライン等による自主的で簡易な取組を促すべきである。

今後の太陽光発電事業の実施に当たっては、太陽光発電事業者が透明性の高い環境影響評価の手続を適切に実施し、より環境の保全に配慮した事業の実施を図ることにより、従来よりさらに地域にも受け入れられやすい再生可能エネルギーの導入が促進され、これにより地球温暖化対策がより推進されていくことが可能となると考える。

二　太陽光発電事業に関する規模要件等について

(一)　規模要件の指標について

法は、環境影響評価手続の結果を許認可等の審査に直接反映させることとしており（法第三三条、電気事業法（昭和三九年法律第一七〇号）第四七条）、発電所の許認可等を行う電気事業法は、対象施設の届出の要否を、系統接続段階の総出力（交流、kW）で区分している。

太陽光発電事業に伴う環境影響は土地造成等の面的開発に係る側面に大きく左右されるが、電気事業法は電気安全の観点で出力の区分に応じた必要な規制を行っており、事業区域の面積に着目した規制を行っていない。

そこで、太陽光発電事業において、面積と総出力は概ね比例関係にあることから、電気事業法との整合性の観点、また、事業者及び行政当局が法の対象事業か否かを判断する上での簡便性の観点からすれば、太陽光発電事業に関する規模要件は、総出力（kW）を指標とすることが適当である。

なお、法が規模要件の指標を総出力（kW）としても、地方公共団体が環境影響評価条例において太陽光発電事業を対象とする際に、規模要件の指標を面積（ha）とすることを否定するものではない。指標として面積を用いるか出力を用いるかについては、地方公共団体において判断するものであるが、法の規模要件と条例の規模要件の指標が異なっていても、それが、相互に補完し合い、環境影響評価を実施すべき事案を確実に対象に含めることができることになることが期待される。

(二)　規模要件の水準について

我が国の環境影響評価制度においては、法と環境影響評価条例とが一体となってより環境の保全に配慮した事業の実施を確保しており、法は第一条で、「規模が大きく環境影響の程度が著しいものとなるおそれがある事業」について環境影響評価を行うものと定めている。規模要件の水準については、これを踏まえて設定する必要がある。そして、環境影響評価条例における第一種事業相当の規模要件については、五〇ha以上としている地方公共団体が最も多い。

また、太陽光発電事業において、特に環境影響が大きいのは土地の面的な改変による影響であるが、法における土地区画整理事業などの面整備事業の規模要件をみると、施行区域の面積が一〇〇ha以上を第一種事業、また、その七五％に相当する七五ha以上を第二種事業とすることを基本としている。

規模要件となる太陽光発電事業の総出力の水準を検討するに当たって、事業区域面積一〇〇ha相当の事業における平均的な出力（交流）を一つの目安として、要件としての総出力を試算すると、現時点における事業区域面積一〇〇ha当たりの出力（交流）は三二～三七MW程度であるが、今後の技術革新により、発電効率が向上することが想定される。

これらを踏まえると、当面、規模要件の水準は、系統接続段階の発電出力ベース（交流）において四〇MW（四万kW）以上を第一種事業、三〇MW（三万kW）以上四〇MW（四万kW）未満を第二種事業とすることが適当である。

ただし、太陽光発電事業特有の環境影響に関するデータが不足していること、面積と出力の関係についても蓄電池の併設が進むなど抜本的な状況の変化が生じる可能性があることから、制度運用状況も踏まえて五年程度で規模要件の見直しの検討を行うことが適当である。

(三) 地域特性について

法において、第二種事業については、地域特性等を考慮し、環境影響評価を実施すべきかどうか判定（スクリーニング）することとなっている。

スクリーニングに当たっての地域特性の考慮については、以下のような考え方を基本とすることが適当である。

・人為的な影響の比較的低い地域については、大規模な森林の伐採や裸地化に伴い、水の濁り、斜面地で事業を実施することによる土地の安定性への影響、動植物の生息・生育環境の消失など、環境への影響が著しくなるおそれがあり、環境影響評価を行うべきと考えられる。

・施設の敷地等、人為的な影響の比較的高い地域については、環境影響は小さいと考えられる。ただし、住宅地の近隣に設置する場合等にあっては、供用時の騒音等の観点から環境影響評価を行うべきと考えられる。

・建物の屋上や壁面（構造物と一体的に設置されているもの）に設置する場合については、施設の敷地等での設置に比べ、更に環境影響は小さいと考えられる。

環境保全と両立した形で適正に太陽光発電事業を導入す

るためには、環境への影響が懸念される地域ではなく、環境への影響が小さいと想定される地域に導入することが望ましく、規模要件の設定や評価項目の選定など、環境影響評価の実施に当たっても、地域特性を考慮することが必要である。

三　環境影響評価の項目の選定等の基本的考え方について

法対象事業における評価項目については、環境影響評価法の規定による主務大臣が定めるべき指針等に関する基本的事項（平成九年一二月一二日環境庁告示第八七号）を踏まえて事業の種類ごとに策定される主務省令に基づき選定することとされている。発電所事業については、発電所の設置又は変更の工事の事業に係る環境影響評価の項目並びに当該項目に係る調査、予測及び評価を合理的に行うための手法を選定するための指針、環境の保全のための措置に関する指針等を定める省令（平成一〇年通商産業省令第五四号。以下「発電所アセス省令」という。）に、一般的な事業内容を想定して参考項目が定められることとなる。また、環境影響評価条例対象とした場合において、技術指針等において参考項目を定めている地方公共団体もある。

個別の案件において、どの項目を評価項目として選定するかは、事業特性・地域特性に応じて事業者が行うこととなっているが、その基本的考え方について、土地区画整理事業を代表とする面的な開発事業や、太陽光発電事業を明示的に環境影響評価の対象としている環境影響評価条例等も参考にしつつ、次のとおり整理を行った。太陽光発電事業は、立地場所が様々であることから、評価項目の選定に当たっては、個々の事業の地域特性等に応じて、評価項目の絞り込みや重点化を行い、効果的・効率的な環境影響評価を行うことが重要である。

＜面的な土地改変による環境影響＞

面的な土地改変による環境影響として、工事の実施に伴う影響と、存在及び供用に伴う影響がある。

工事の実施に伴う影響としては、工事中における建設機械の稼働及び工事用資材等の搬出入に伴う大気質（粉じん）・騒音・振動、工事中における建設機械の稼働や造成等の施工による一時的な影響としての水の濁り、造成等の施工による一時的な動物・植物・生態系への影響、工事用資材等の搬出入による人と自然との触れ合いの活動の場への影響、工事の実施に伴う廃棄物等の発生に伴う影響が挙げられる。

また、造成工事により放射性物質が相当程度拡散・流出するおそれがある場合（原子力災害対策特別措置法（平成一一年法律第一五六号）第二〇条第二項に基づく原子力災害対策本部長指示による避難の指示が出されている区域（以下「避難指示区域」という。）等で事業を実施する場合等）には、放射性物質への影響が挙げられる。

存在及び供用に伴う影響としては、特に林地や傾斜地で事業を実施する場合における土砂流出に伴う水の濁り、重要な地形・地質への影響、斜面崩壊など土地の安定性への影響、動物・植物・生態系への影響、景観・人と自然との触れ合いの活動の場への影響が挙げられる。水の濁り、土地の安定性については、近年の気候変動の影響による異常気象も背景に太陽光発電事業において問題となることが多く、特に林地や傾斜地で実施する場合には、項目として選定する必要がある。

＜太陽光発電事業特有の環境影響＞

太陽光発電事業特有の環境影響として、供用時におけるパワーコンディショナからの騒音と、太陽光パネルからの反射光による影響が挙げられる。太陽光パネルからの反射光による影響としては、近隣の住環境への影響、景観への影響が挙げられるほか、飛来する生物等の生態系への影響のおそれもあるとの意見もある。

また、太陽光パネルの撤去・廃棄については、固定価格買取制度による買取期間が終了した後の放置や不法投棄が懸念されている。工作物の撤去又は廃棄が行われることが予定されている場合には、必要に応じ、撤去に伴う廃棄物について評価項目として選定することが考えられる。

四　調査、予測及び評価手法等の基本的考え方について

法対象事業における調査、予測及び評価手法等については、発電所アセス省令に定められる参考手法を勘案しつつ、最新の科学的知見を踏まえるよう努めるとともに、事業特性・地域特性を踏まえて各事業者において選定することとされている。

参考手法の検討にあたって、面的な土地改変による環境影響に関する調査、予測及び評価手法等については、既存の知見の活用が可能であるが、パワーコンディショナからの純音性の騒音など、太陽光発電事業に特有の環境影響に関する調査、予測及び評価手法等については、現時点では十分な知見が得られているとは言えず、今後の知見の蓄積を図るべきである。

また、事業特性・地域特性に応じて、環境保全措置として沈砂池の設置や排水路の設置等を行う場合には適切な維持管理を行うとともに、動物・植物・生態系に係る環境保全措置の追跡調査が必要な場合には、環境への影響の重大性に応じ事後調査を実施すべきである。

なお、法又は環境影響評価条例の対象として環境影響評価を実施する場合の技術手法と比較して、それに満たない小規模な太陽光発電事業について自主的に環境影響評価を実施する場合の技術手法は、事業規模に見合った簡易な取組とする

必要がある。小規模な太陽光発電事業を対象とした自主的な環境影響評価の手法については、別途検討し、ガイドライン等としてまとめるべきである。

五　太陽光発電事業の地域との共生に向けて

太陽光発電事業を始めとする再生可能エネルギー発電事業は、地球温暖化対策の観点からも、主力電源化に向けた取組を引き続き積極的に推進していくべきものである。また、太陽光発電事業は、地域資源を活用する「地域循環共生圏」の構築のため、自律分散型のエネルギーシステムの構築による再生可能エネルギーの地産地消、災害に強いまちづくり、農業者の所得向上に資する営農型太陽光発電など、様々な課題を同時に解決し得る鍵となっている。

他方、設備の安全性の問題や、防災・環境上の懸念等をめぐる地域住民とのトラブル等、様々な問題も顕在化している。これらの懸念を払拭し、適正な太陽光発電事業を推進していくため、国及び地方公共団体において、様々な取組が進められている。

環境影響評価とは、事業者が環境影響の調査、予測及び評価を行い、その結果を公表して住民、地方公共団体等の意見を聴き、それらを踏まえ環境保全措置を講じ、より良い事業計画を作り上げていく制度である。太陽光発電事業について、透明性の高い環境影響評価を実施することにより、地域の理解と受容が進み、環境と調和した形での再生可能エネルギーの健全な立地が促進されると考えられる。

しかし、環境影響評価は一定の手続を定めた規定であり、それのみで全ての問題が解決するというものではない。他の法律や条例による規制措置なども組み合わせて、国の関係省庁及び関係地方公共団体が連携し、地域との共生に向けた様々な施策を総合的に進めることで、太陽光発電事業の適正な導入促進を図ることが重要である。

地域と共生した再生可能エネルギーが、円滑に導入され、事業として発展することを期待する。

逐条解説　環境影響評価法　改訂版

令和元年11月１日　第１刷発行

編　集　環境影響評価研究会

発　行　株式会社ぎょうせい

〒136-8575　東京都江東区新木場1-18-11

電話　編集　03-6892-6508

営業　03-6892-6666

フリーコール　0120-953-431

URL:https://gyosei.jp

〈検印省略〉

印刷　ぎょうせいデジタル株式会社

ISBN978-4-324-10036-3

(5108178-00-000)

〔略号：逐条環境評価（改訂）〕